Understanding Child Development
(Tenth Edition)

理解学前儿童心理发展

[美]罗莎琳德·查尔斯沃思（Rosalind Charlesworth） 著

王思睿 孙梦 封周奇 陈叶梓 译

中国轻工业出版社

图书在版编目(CIP)数据

理解学前儿童心理发展/(美)罗莎琳德·查尔斯沃思(Rosalind Charlesworth)著;王思睿等译. —北京:中国轻工业出版社,2019.12(2024.8重印)

ISBN 978-7-5184-2535-8

Ⅰ. ①理… Ⅱ. ①罗… ②王… Ⅲ. ①学前儿童-儿童心理学 Ⅳ. ①B844.12

中国版本图书馆CIP数据核字(2019)第124007号

版权声明

Understanding Child Development, Tenth Edition
ISBN: 978-1-305-50103-4
Rosalind Charlesworth
王思睿 孙梦 封周奇 陈叶梓 译

Copyright © 2017, 2014 Cengage Learning.

Original edition published by Cengage Learning. All rights reserved. 本书原版由圣智学习出版公司出版。版权所有,盗印必究。

China Light Industry Press Ltd. is authorized by Cengage Learning to publish and distribute exclusively this simplified Chinese edition. This edition is authorized for sale in the People's Republic of China only (excluding Hong Kong, Macao SAR and Taiwan). Unauthorized export of this edition is a violation of the Copyright Act. No part of this publication may be reproduced or distributed by any means, or stored in a database or retrieval system, without the prior written permission of the publisher.

本书中文简体字翻译版由圣智学习出版公司授权中国轻工业出版社有限公司独家出版发行。此版本仅限在中华人民共和国境内(不包括中国香港特别行政区、中国澳门特别行政区及中国台湾)销售。未经授权的本书出口将被视为违反版权法的行为。未经出版者预先书面许可,不得以任何方式复制或发行本书的任何部分。

ISBN: 978-7-5184-2535-8

Cengage Learning Asia Pte. Ltd.
151 Lorong Chuan, #02-08 New Tech Park, Singapore 556741

本书封面贴有Cengage Learning防伪标签,无标签者不得销售。

责任编辑:孙蔚雯　　责任终审:杜文勇
策划编辑:孙蔚雯　　责任校对:刘志颖　　责任监印:吴维斌

出版发行:中国轻工业出版社(北京鲁谷东街5号,邮编:100040)

印　　刷:三河市鑫金马印装有限公司

经　　销:各地新华书店

版　　次:2024年8月第1版第3次印刷

开　　本:850×1092　1/16　印张:29.25

字　　数:560千字

书　　号:ISBN 978-7-5184-2535-8　定价:98.00元

读者热线:010-65181109

发行电话:010-85119832　　010-85119912

网　　址:http://www.chlip.com.cn　　http://www.wqedu.com

电子信箱:1012305542@qq.com

版权所有　侵权必究

如发现图书残缺请拨打读者热线联系调换

241111Y2C103ZYW

译者序

作为成人,我们总是以为童年是一个阶段,一段不成熟的时光,它存在的意义就是为以后更重要的人生做准备。我们告诉孩子,只要他们足够努力,就会变得睿智、强大、洞悉人生的意义。成长,也许是一个不断失去的过程。失去天真,失去好奇心,失去想象力,失去人生的各种可能性。童年不是为了长大成人而存在的,它是为了童年本身、为了体会做孩子时才能体验的事物而存在的。从这个角度来说,孩子也许比我们更懂得生命的意义,因为他们更忠于自己的本心,做自己热爱做的事情。而这一切,都要从了解一个孩子的发展,理解成长规律开始,这是我以儿童心理学家作为终身职业的初心,也与本书英文书名《Understanding Child Development》(直译为"理解儿童发展")不谋而合。

本书是一本专业性强但并不枯燥的权威书籍。作者 Rosalind Charlesworth 博士笔触优美,娓娓道来,介绍了学前期儿童(新生儿、婴儿以及幼儿阶段)心理学领域的众多理论与最新的研究进展。全书共分六个部分:第一部分对本书内容进行了总体介绍,第二部分着重介绍从出生到8岁儿童的学习过程,第三部分介绍从孕期到婴儿期的心理发展过程,第四部分介绍学步儿期的发展,第五部分介绍儿童在幼儿园和学前班阶段(3—6岁)的发展过程,第六部分着重介绍了幼小衔接的相关内容。本书共14章,每一章集中探讨一个专题,语言清晰,内容丰富,难易适度,既呈现了必要的理论基础,也提供了专业的操作规范,将理论与应用、发展与实践很好地结合在了一起。

本书既可以作为学前专业本科生与研究生的教材,也尤其适合从事学前事业的工作者学习、阅读并作为实践指导,包括幼儿园园长、教师、早教指导师、早教机构负责人、婴幼儿课程开发者以及婴幼儿产品和教具研发者等。同时,它可以作为心理学临床医生、临床心理学研究者、家庭治疗师、社会工作者、儿科医生、护士以及家长等的学习资料。对于从事相关工作的人们而言,本书提供了大量的科学研究证据、建议和应用于实践的方法。阅读这本书,读者会发现,它几乎涵盖了学前儿童心理的方方面面。

本书的翻译由我和我的同事共同完成,由我负责统稿和统校。本书的翻译团队集中了一批国内从事儿童心理学一线工作的年轻学者:我本人(负责翻译本书第1—2章以及第4—6章)博士毕业后任职于中国科学院心理研究所,从事儿童心理健康与儿童产品及课程研发工作;孙梦(负责第8—11章)是美国哈佛大学儿童发展和心理学硕士,麻省州立大学双语、英语为第二语言、多元文化教育硕士,曾任教于美国公立小学,参与美国波士顿地区幼儿园教学评价工作;许应花(负责第 3 章）就读于中科院心理所儿童发展与教育研究专业，世界五百强企业员工；封周奇与陈叶梓（负责第 12—14 章）均任教于南通大学，前者任教于教育科学学院心理系，后者任教于教育科学学院学前教育系。另外，中国人民解放军总医院第七医学中心儿童基础外科的申州医生，以及北京民康医院的丁琳医生为本书翻译过程中涉及的医学内容提供了指导和帮助。

本书即将付梓，我要感谢的人很多！特别要感谢的是孙蔚雯编辑，她扎实的业务水平以及不辞辛劳的工作让人感动，没有她的付出就没有本书的顺利面世。我还要感谢所有参与本书翻译工作的同事和提供指导的朋友以及我的学生，还有我的家人。念及此处，感慨良多。在翻译本书的过程中，我的女儿申翊出生了。她的出现让我从此拥有了"斜杠人生"——母亲 / 儿童心理学工作者。因而，在此我也要感谢申翊，是她，让我对自己所从事的儿童心理学事业有了全新的体悟与责任感。

限于译者的水平，书中难免有疏漏和不当之处，恳请各界专家与读者批评指正，我与我的翻译团队在此不胜感激！

王思睿
2019 年 2 月于中国科学院心理研究所

前 言

本书是专为从事托儿所、幼儿园以及低年级儿童教学和培训工作的人员设计的。本书对于从事社会服务专业、特殊教育、家庭访谈工作的人以及家长和其他想了解关于幼儿发展实用知识的人来说也是一部有价值的工具书。对于学生来说，本书展示了幼儿独特的一面（有别于年纪大一些的儿童），并且向他们展示了如何根据幼儿的发展水平开展相应的工作。对于从事一线服务工作的教师来说，本书提供了一个审视自己所持幼儿观的机会，让他们有机会将自己的幼儿观与本书中的幼儿观加以比较。对于所有从事幼儿相关工作的成人来说，本书为他们展开了一幅幼儿在家庭、学校以及文化大环境下的"画卷"。

本书结构

从事与幼儿相关的工作是具有挑战性的。从事这项工作的人都认同：对于幼儿的成长来说，发展和教育的影响是密不可分的。在本书中，发展中的概念是从实践的视角去解读的。理论、研究以及实践在每天和孩子们的互动中相互作用。在每一章，我们都考虑到了成人的角色——从教师到家庭成员——对幼儿发展的支持作用。

本书包含六大部分，共14章。第一部分对幼儿、儿童发展理论以及幼儿研究方法进行了简要的描述。第二部分重点关注幼儿的学习，这些学习成分如何被运用在孩子从出生到8岁这个阶段。

第三部分讲述了孩子从出生前到婴儿期，上幼儿园，上学前班*，再到上小学低年级的这段岁月，重点关注儿童身体/运动与健康、认知以及情感领域的发展。每一阶段都按照发展的顺序进行了主题撰写，同时也会关注与幼儿发展相关的关键性社会及文化影响因素。此外，关于如何针对有特殊需要儿童开展相关工作的内容也会整合在本书之中。

本书第十版中的新内容

对理论和研究的实践应用是本书的基础，在第十版中，我在如下与儿童发展相关的提议上做了进一步论述：

- 更新了本书中的人口统计学信息
- 真实性评价（第1章）
- 更新了幼儿领域的技术运用的相关内容（第2章）
- 家庭中的电子化媒体（第3章）
- 同性恋、双性恋以及变性父母（第3章）

---

* 在美国的教育体系中，prekindergarten 与 preschool 即本书所指的"幼儿园"，面向的是 3—5 岁儿童；kindergarten 即本书所指的"学前班"，面向的是 5—6 岁儿童。美国公立学校提供的基础教育一般称为"K—12 教育"（类似于国内的"九年义务制教育"），是从学前班到十二年级一共13年的免费义务教育的总称，由美国的学区政府提供。——译者注

- 早产儿使用 Surfaxin*（第 4 章）
- 脑发育（第 4 章）
- 气质（第 4 章）
- 特殊教育（第 5 章）
- 父亲在育儿中的角色（第 5 章）
- 呼吸道合胞体病毒（RSV）（第 5 章）
- 言语和语言，包括非言语沟通（第 6 章）
- 跨文化环境下的父母养育（第 6 章）
- 父母物质滥用带来的影响（第 7 章）
- 对引导的描述（第 7 章）
- 创伤后应激障碍（第 7 章）
- 食物不安全的问题（第 8 章）
- 写字和绘画（第 8 章）
- 自我约束（第 8 章）
- 智力、天赋和创造力（第 9 章）
- "不让一个孩子落后"法案及其影响（第 10 章）
- 多语儿童的特征（第 10 章）
- 幼儿园中的阅读（第 10 章）
- 反思性学习（第 11 章）
- 电子书（第 11 章）
- 儿童社会情绪行为及特征（第 12 章）
- 同性恋、双性恋以及变性儿童（第 12 章）
- 引导性训导（第 13 章）
- 欺凌（第 13 章）
- 低年级儿童的游戏（第 14 章）
- 从幼儿园（Pre-K 阶段）到后续教育的过渡（第 14 章）
- 入学准备（第 14 章）

章节资源

在每一章都会列出学习目标，以及与本章内容相关的美国幼儿教育协会（National Association for the Education of Young Children, NAEYC）项目标准及儿童发展适宜性实践（developmentally appropriate practice, 简称 DAP）的指导方针。

与学习目标相关的每一个目标标号都会被强调。

本书的专栏包括了"思考时间""早期儿童教育技术""大脑发育"以及"现实世界中的儿童发展"。

每一章都会有小结，与每一章开头的学习目标相呼应。

另有 13 个专业资源图表可从 www.wqedu.com 下载。

---

* Surfaxin 是一种经美国食品药品管理局（Food and Drug Administration, FDA）批准，治疗早产儿呼吸窘迫综合征的药物。——译者注

目　录

第一部分　年幼儿童概观：0—8岁

第1章　年幼儿童研究 / 1

- 1.1　年幼儿童与环境 / 2
- 1.2　典型儿童与非典型儿童 / 4
  - 1.2a　婴儿 / 4
  - 1.2b　学步儿 / 4
  - 1.2c　3岁 / 4
  - 1.2d　4岁 / 5
  - 1.2e　5岁 / 5
  - 1.2f　6—8岁 / 6
- 1.3　成人的关键作用 / 6
- 1.4　儿童发展理论 / 7
  - 1.4a　儿童发展与学习理论的类型 / 8
  - 1.4b　有影响力的理论家 / 9
  - 1.4c　发展和学习的理论：社会文化视角 / 13
  - 1.4d　生态学理论 / 13
  - 1.4e　理论尝试解释的若干发展领域 / 13
  - 1.4f　理论应用 / 15
- 1.5　谨慎应用发展与学习的理论及研究 / 18
- 1.6　儿童研究简史 / 19
  - 1.6a　19世纪至20世纪30年代 / 20
  - 1.6b　20世纪40年代至60年代 / 20
  - 1.6c　20世纪60年代至80年代 / 20
  - 1.6d　20世纪80年代至21世纪 / 20
- 1.7　儿童研究方法与真实性评价 / 22
  - 1.7a　逸事法 / 23
  - 1.7b　日记法 / 23
  - 1.7c　家长访谈 / 23
  - 1.7d　与儿童一对一访谈 / 23
  - 1.7e　连续记录 / 24
  - 1.7f　真实性评价与非适宜性评价所带来的挑战 / 25
- 1.8　职业伦理 / 26

第二部分　学习：0—8岁

第2章　游戏技术和数字化媒体 / 29

- 2.1　学习概述 / 30
- 2.2　知觉 / 33
  - 2.2a　注意 / 33
  - 2.2b　通过感觉卷入实现学习 / 34

2.2c 记忆 / 35
2.3 学习是如何发生的 / 36
　　2.3a 同化和顺应 / 37
　　2.3b 经典条件反射 / 37
　　2.3c 操作性条件反射 / 37
　　2.3d 观察和模仿 / 38
　　2.3e 在成人和同伴的支持下学习 / 38
　　2.3f 儿童引导以及成人引导的主动学习 / 39
　　2.3g 学习风格 / 40
　　2.3h 学习动机 / 40
2.4 技术和数字化媒体作为学习的工具 / 42
　　2.4a 通过电视和视频游戏学习 / 43
　　2.4b 通过计算机、触屏和手机学习 / 45
　　2.4c 照片 / 46

2.5 游戏在学习中的作用 / 47
　　2.5a 游戏的理论 / 47
2.6 游戏的工具和功能 / 49
　　2.6a 包含动作和互动的游戏 / 49
　　2.6b 包含物品的游戏 / 50
　　2.6c 包含语言的游戏 / 52
　　2.6d 包含社会性材料的游戏 / 53
　　2.6e 游戏的功能 / 54
2.7 游戏的情境 / 57
　　2.7a 游戏的社会文化视角 / 60
2.8 有特殊需求的儿童参与游戏 / 61
　　2.8a 多样化的游戏环境 / 63
　　2.8b 游戏场所 / 64

第3章 影响学习的因素 / 67

3.1 成人的作用：将理论应用于现实 / 68
　　3.1a 理论家关于成人在提供环境方面所起作用的观点 / 69
　　3.1b 基于理论的学习方法 / 69
　　3.1c 皮亚杰关于学习的建构主义观点 / 69
　　3.1d 维果茨基关于学习的观点 / 70
　　3.1e 行为学家对于学习的观点：斯金纳和班杜拉 / 71
　　3.1f 奖励儿童行为带来的影响 / 72
　　3.1g 保持对学习的自然动机 / 73
　　3.1h 对实际应用理论的选择 / 73
3.2 思考、解决问题以及学习的环境 / 73
　　3.2a 胜任力 / 75
　　3.2b 成人对在游戏中学习的支持 / 75
　　3.2c 成人在提供游戏环境方面的作用 / 76
3.3 成人为适当的媒体使用所做的准备 / 77
　　3.3a 幼儿课堂中的电子媒体 / 78
　　3.3b 家庭中的电子媒体 / 78

　　3.3c 平板电脑与传统计算机 / 78
　　3.3d 技术与残障儿童 / 79
3.4 融合班级中的教学 / 80
　　3.4a 幼儿园和小学阶段的准备 / 80
3.5 提供优质的环境和优质的指导 / 81
　　3.5a 综合质量 / 81
　　3.5b 师生互动和亲子互动对儿童学习的重要性 / 81
　　3.5c 教师的观念与实践 / 83
　　3.5d 防止倦怠 / 83
　　3.5e 美国幼儿教育协会关于发展和学习的原则 / 84
3.6 家庭在儿童的学习中的作用 / 85
　　3.6a 同性家庭 / 87
　　3.6b 非双亲抚育 / 88
　　3.6c 父母/照顾者的教育和参与 / 88
　　3.6d 有特殊需求儿童家人的参与 / 90

第三部分 孕期与婴儿期

第 4 章 孕期、出生和最初两周 / 93

- 4.1 怀孕：天性与教养／遗传与环境 / 94
  - 4.1a 受孕之后：环境和遗传之间的相互作用 / 95
- 4.2 遗传学的重要性 / 96
  - 4.2a 遗传咨询 / 99
- 4.3 环境中的危险因素 / 100
  - 4.3a 物质滥用 / 101
  - 4.3b 艾滋病暴露 / 101
- 4.4 在孕期发展过程中的环境作用 / 102
  - 4.4a 营养 / 103
  - 4.4b 母体特征与经历 / 103
  - 4.4c 药物与疾病 / 105
- 4.5 怀孕的家长的角色与责任 / 106
- 4.6 受精与怀孕 / 107
- 4.6a 受精 / 108
- 4.7 孕期发展阶段 / 109
  - 4.7a 受精卵 / 110
  - 4.7b 胚胎 / 110
  - 4.7c 胎儿 / 112
  - 4.7d 胎儿的感觉能力和学习 / 112
- 4.8 出生与分娩 / 112
- 4.9 新生儿阶段 / 115
  - 4.9a 新生儿评估 / 117
  - 4.9b 早产婴儿 / 118
  - 4.9c 婴儿的敏感度 / 119
  - 4.9d 婴儿气质 / 121
  - 4.9e 专业职责：新生儿与家长 / 122

第 5 章 婴儿期：理论、环境、健康和动作发展 / 125

- 5.1 理论家们是如何看待婴儿的 / 126
  - 5.1a 埃里克森的理论，信任对不信任 / 126
  - 5.1b 弗洛伊德理论的第一阶段：口唇阶段 / 126
  - 5.1c 儿童对社会化经验的整合 / 127
  - 5.1d 家长对儿童的接纳 / 127
  - 5.1e 皮亚杰的感知运动阶段 / 127
  - 5.1f 维果茨基的第一个发展阶段 / 127
  - 5.1g 斯金纳：儿童在最佳可能环境中学习特定的行为 / 128
  - 5.1h 结论：婴儿是主动的学习者 / 128
- 5.2 婴儿的感觉能力 / 129
  - 5.2a 特殊需要和早期干预 / 131
- 5.3 婴儿的环境 / 132
  - 5.3a 父亲的角色 / 133
  - 5.3b 婴儿期家长的工作 / 134
  - 5.3c 分居和离婚 / 135
  - 5.3d 优质的婴儿保育 / 135
  - 5.3e 家长教育与支持 / 137
  - 5.3f 婴儿的家庭环境和后续发展 / 138
- 5.4 影响婴儿健康的重要因素 / 139
  - 5.4a 总体健康状况 / 139
  - 5.4b 营养 / 139
  - 5.4c 免疫与疾病 / 141
  - 5.4d 疾病与病痛的预防与识别 / 143
  - 5.4e 安全与外伤 / 144
  - 5.4f 居住条件 / 145
  - 5.4g 心理及精神健康 / 146
- 5.5 婴儿的生理发育 / 147
  - 5.5a 生理发育的原则 / 147

　　　　5.5b 生理发展迟滞或受限 / 151
　5.6 婴儿的动作发展 / 151
　　　　5.6a 婴儿粗大动作的发展 / 151
　　　　5.6b 婴儿精细动作的发展 / 157

第 6 章 婴儿认知和情感发展 / 159

　6.1 婴儿认知学习与发展 / 160
　　　　6.1a 物体恒存和物体识别 / 160
　　　　6.1b 分类 / 162
　　　　6.1c 计划 / 162
　　　　6.1d 物体操纵 / 163
　6.2 交流、语言和阅读能力发展 / 163
　6.3 婴儿期的脑发育 / 166
　　　　6.3a 大脑的偏侧性 / 167
　6.4 社会参照与游戏 / 168
　　　　6.4a 游戏 / 169
　6.5 成人与婴儿的互动 / 169
　　　　6.5a 节律和互惠 / 172
　6.6 依恋 / 174
　　　　6.6a 依恋理论 / 176
　　　　6.6b 依恋与非家长育儿 / 176
　　　　6.6c 分离悲伤或焦虑 / 177
　6.7 与成人和同龄人的互动 / 178
　6.8 气质与情绪发展 / 180
　　　　6.8a 情绪发展 / 181
　　　　6.8b 照顾者的情感行为和参与 / 183
　6.9 文化与亲子互动模式 / 184

第四部分　学步儿：在发展中走向独立

第 7 章 学步儿：自主性发展 / 189

　7.1 走向自主 / 190
　7.2 理论家眼中的学步儿 / 190
　7.3 健康与营养 / 192
　　　　7.3a 成人在营养与医疗保健中起的作用 / 192
　　　　7.3b 物质滥用 / 193
　　　　7.3c 不健康的膳食 / 194
　7.4 身体和动作发展 / 195
　　　　7.4a 学步儿粗大动作发展 / 195
　　　　7.4b 如厕 / 196
　　　　7.4c 学步儿的精细动作技能 / 198
　7.5 有效的指导 / 199
　　　　7.5a 斯金纳的理论：行为矫正 / 199
　　　　7.5b 影响引导策略有效性的其他因素 / 201
　　　　7.5c 有特殊需求的学步儿 / 202
　7.6 皮亚杰、维果茨基和认知发展 / 203
　7.7 概念和语言发展 / 204
　　　　7.7a 言语和语言发展 / 207
　　　　7.7b 皮亚杰和维果茨基对自语的理解 / 209
　　　　7.7c 16—18 个月时的典型言语 / 209
　　　　7.7d 成人在学步儿语言发展中的角色 / 210
　　　　7.7e 概念、知识、语言以及读写能力的相互作用 / 211
　7.8 社会文化因素 / 213
　7.9 学步儿的发展和游戏 / 214
　　　　7.9a 游戏和社会关系 / 215
　7.10 成人对学步儿情感发展的影响 / 218
　　　　7.10a 学步儿的社会敏感性和情绪表达 / 220
　　　　7.10b 情绪和社会障碍 / 225
　　　　7.10c 气质 / 225

第五部分　儿童：3—6 岁

第 8 章　身体和运动发展 / 231

- 8.1　身体发育：身高、体重和身体比例 / 232
- 8.2　保健、身体适应性以及心理健康 / 235
  - 8.2a　身体适应性 / 235
  - 8.2b　心理健康 / 237
- 8.3　营养：重要性和指导方针 / 237
  - 8.3a　肥胖 / 238
- 8.4　安全 / 239
- 8.5　营养、安全和健康教育 / 241
- 8.6　粗大动作 / 242
  - 8.6a　运动发展的过程 / 243
  - 8.6b　残疾儿童的运动发展 / 245
  - 8.6c　支持基本动作技能发展 / 246
  - 8.6d　户外游戏 / 246
- 8.7　精细动作技能：书写以及画画 / 247
  - 8.7a　书写 / 248
  - 8.7b　发展绘画技能 / 251
- 8.8　动作技能的评估 / 254
  - 8.8a　综合动作技能发展 / 254
- 8.9　学习和运动发展 / 254

第 9 章　认知系统、概念发展与智力 / 259

- 9.1　理解认知系统以及认知发展理论 / 260
  - 9.1a　支持认知发展 / 262
- 9.2　认知结构和机制 / 263
  - 9.2a　心理理论 / 264
  - 9.2b　认知功能 / 267
- 9.3　认知特征和概念发展 / 269
  - 9.3a　前运算思维的基本特征 / 269
  - 9.3b　具体运算思维的基本特征 / 270
  - 9.3c　基本概念 / 270
  - 9.3d　数学应用 / 276
- 9.4　发展适宜性教育理论的应用 / 277
  - 9.4a　皮亚杰理论的应用 / 277
  - 9.4b　维果茨基理论的应用 / 277
  - 9.4c　技术和发展适宜性实践概念指导 / 278
  - 9.4d　大脑和认知 / 278
- 9.5　关于智力的主要观点 / 280
  - 9.5a　心理测量法 / 280
  - 9.5b　信息加工论 / 281
  - 9.5c　认知发展理论 / 282
  - 9.5d　三元成功智力理论 / 282
  - 9.5e　多元智能理论 / 283
  - 9.5f　习性学理论 / 284
  - 9.5g　智力的新视角 / 284
- 9.6　智商分值：批评和警示 / 285
- 9.7　无偏见测验：环境和文化影响 / 286
- 9.8　创造力、智力和智力超常 / 287
  - 9.8a　什么是智力超常？ / 289
  - 9.8b　创造力、智力和智力超常 / 291
  - 9.8c　创造力、好奇心以及问题解决能力 / 291
  - 9.8d　艺术发展 / 292

第 10 章　口语和书写语言的发展 / 297

- 10.1　语言规则和语言学习 / 298
  - 10.1a　语言规则 / 299
  - 10.1b　口语是如何习得的 / 300
- 10.2　思维和语言 / 303

10.2a 思维反映在语言中 / 303
10.3 语言发展和使用的文化层面 / 304
　　10.3a 语言学习中的社会经济差异 / 305
10.4 从幼儿园到小学的语言使用 / 307
　　10.4a 游戏中语言的使用 / 310
10.5 幼儿成为具有读写能力的人 / 311
10.6 平衡的阅读和写作教学方法 / 314
　　10.6a 阅读的事实 / 315
　　10.6b 儿童应该在什么时候成为传统型阅读者？/ 316
10.7 关于阅读、写作、印刷和拼写，幼儿知道什么？/ 316
　　10.7a 写作 / 318
　　10.7b 幼儿对印刷和拼写都了解什么 / 322
10.8 阅读和写作中的社会文化因素 / 322

第 11 章　成人如何丰富儿童的语言和概念的发展 / 327

11.1 采用有意识的教学支持语言和概念发展 / 328
11.2 口语发展中成人的作用：支持性策略 / 329
　　11.2a 支持性语言发展 / 329
11.3 语言的文化多元性与发展 / 335
　　11.3a 支持第二语言学习者 / 336
　　11.3b 教授第二语言的学习者 / 338
　　11.3c 对于 ELL 来说的英语能力关键期 / 338
11.4 幼儿如何学习书面语言 / 338
　　11.4a 在家阅读和写字 / 339
　　11.4b 在学校阅读和写字 / 341
　　11.4c 成人在早期阅读和写作发展中的作用 / 342
11.5 为游戏提供机会 / 343
11.6 成人如何培养幼儿概念、语言和读写能力发展中的创造性 / 344

第 12 章　情感发展 / 349

12.1 主要的理论家对情感发展的观点 / 350
　　12.1a 弗洛伊德 / 350
　　12.1b 埃里克森 / 352
　　12.1c 罗杰斯和马斯洛 / 353
　　12.1d 皮亚杰 / 353
　　12.1e 维果茨基 / 354
　　12.1f 斯金纳 / 355
　　12.1g 班杜拉 / 355
　　12.1h 结论 / 355
12.2 情绪发展 / 356
　　12.2a 依恋 / 358
　　12.2b 依赖 / 358
　　12.2c 恐惧与焦虑 / 359
　　12.2d 压力 / 362
　　12.2e 敌意与愤怒 / 364
　　12.2f 愉快和幽默 / 364
　　12.2g 教师的信念 / 365
　　12.2h 识别情绪与情绪调节 / 365
12.3 人格发展 / 366
　　12.3a 性别特征形成和性别角色 / 367
　　12.3b 性别角色标准 / 368
　　12.3c 性别差异 / 370
　　12.3d 性别特征形成 / 370
12.4 性态 / 372
12.5 幼儿的自我概念 / 375
　　12.5a 有特殊需求的儿童 / 376
　　12.5b 种族和社会阶级因素与自我概念 / 376
12.6 社会性发展 / 377

12.6a　理论家们的观点 / 377
12.7　关系 / 379
　　　12.7a　社会能力 / 379
　　　12.7b　自我约束 / 379
12.8　同伴关系 / 380
　　　12.8a　同伴强化与同伴声望 / 381
　　　12.8b　友谊 / 382
　　　12.8c　兄弟姐妹 / 384
　　　12.8d　社会性孤立者与不受欢迎的人 / 385

12.9　道德发展 / 387
　　　12.9a　亲社会行为 / 389
　　　12.9b　暴力与攻击 / 390
　　　12.9c　社会经济地位和行为 / 392
　　　12.9d　课堂冲突 / 392
　　　12.9e　打闹游戏 / 393
　　　12.9f　权威者的观点 / 393
12.10　融合性的环境与社会行为 / 394

第 13 章　成人如何支持儿童的情感发展 / 397

13.1　美国幼儿教育协会决策指南 / 398
13.2　爱和感情 / 399
13.3　发展适宜性引导技术 / 401
　　　13.3a　引导和训导技术 / 402
　　　13.3b　父母教养技术对儿童行为的影响 / 403
　　　13.3c　教学风格对儿童行为的影响 / 405
　　　13.3d　惩罚 / 405

13.4　民主、非暴力与道德发展教育 / 408
　　　13.4a　民主教学 / 409
　　　13.4b　为非暴力而教学 / 410
　　　13.4c　道德发展教育 / 411
　　　13.4d　其他教学情感发展策略 / 413
13.5　在危机时刻提供支持 / 414
　　　13.5a　倾听儿童的心声 / 415

第六部分　幼小衔接

第 14 章　从幼儿园到小学：与小学低年级的衔接 / 417

14.1　从学前班学龄前到小学的连续性 / 418
　　　14.1a　旨在获得连续性的计划 / 421
　　　14.1b　成功的过渡方法 / 422
　　　14.1c　发展适宜性课堂 / 423
14.2　准备状态概念中的主要因素 / 424
　　　14.2a　测量入学准备状态所面临的挑战 / 425
　　　14.2b　族群与文化的考虑 / 426
　　　14.2c　学前班结束后的发展性预期 / 427
　　　14.2d　共同核心州立标准 / 427
14.3　儿童早期的评估选择 / 429

　　　14.3a　发展适宜性评价 / 431
14.4　为儿童准备未来所需要的技能 / 433
14.5　小学阶段的学业成就和适应能力 / 434
　　　14.5a　关注学业成就和学校适应 / 435
　　　14.5b　文化因素 / 435
14.6　发展适宜性学校教育 / 437
　　　14.6a　课堂引导与管理 / 440
　　　14.6b　融合学校 / 440
　　　14.6c　促进发展的学校教育 / 441

第一部分
年幼儿童概观：0—8 岁

第 1 章 年幼儿童研究

本章涉及的标准

naeyc

美国幼儿教育协会项目标准

1a：了解并理解 0—8 岁儿童的特点和需求

1b：了解并理解影响 0—8 岁儿童发展和学习的多种因素

3a：理解早期教育的目标、收益以及评价

3b：了解并会使用观察法、档案法以及其他恰当的评价工具及手段

3c：理解并实践可靠的评估，来促进在每个儿童身上获得积极的效果

6b：了解并践行伦理标准以及其他职业指导方针

DAP

儿童发展适宜性实践指导方针

1：为学习者构建一个充满关爱的社区

2：教师运用发展适宜性教学实践

3C 2：在做规划时，将发展路径纳入考虑范围

4A 1：教师在计划、执行以及评价课堂体验时，对发展和学习的评价至关重要

学习目标

在阅读本章之后，你应当能够：

1.1 描述年幼儿童及其所处环境。

1.2 比较典型和非典型的婴儿、学步儿、3—5 岁儿童和 6—8 岁的儿童。

1.3 识别成人对年幼儿童所起的关键作用。

1.4 描述儿童发展理论的历史，定义理论这个概念，明确各种理论类型及其可能的应用方式。

1.5 讨论在对低社会经济阶层的儿童或少数族裔儿童应用各种理论时，需要注意的事项。

1.6 总结儿童研究领域的重要历史事件。

1.7 介绍儿童研究的方法，解释真实性评价

1.8 解释在实践中为什么需要伦理准则。

1.1 年幼儿童与环境

年幼儿童指的是什么人？根据美国幼儿教育协会（National Association for the Education of Young Children, NAEYC）的定义，**年幼儿童**指的是从出生到 8 岁的孩子（Copple & Bredekamp, 2009；NAEYC, 2008）。对于 0—8 岁的儿童，通常按照如下模式进行大致区分：

婴儿：出生到 1 岁
学步儿：1—3 岁
幼儿园儿童：3—5 岁
学前班儿童：5—6 岁
小学低年级儿童：6—8 岁

年幼儿童是一个小小的人，他们总是很复杂，有时候让人百思不得其解。Jerry Tello（1995）描绘了带着不同家庭背景的孩子们是如何走进教室的。有些孩子还没有准备好走进课堂，他们还不能完全吸收课堂提供给他们的东西。有些孩子可能"说着一种完全不同的语言，带着不同的文化背景，期待着不同的养育方式，遵循着不同的价值观，围绕在他周围的人看起来也是不同的，或者有着各种不同的特定需求"（Tello, 1995）。本章所介绍的内容涵盖了童年早期的年龄阶段，以及童年早期会呈现的多样化行为。

年幼儿童会出现哪些行为？新生儿关注的是个人需要的满足：感受到温暖，吃得不错，而且裹在身上的尿不湿是干爽的。很快，新生儿学会了期待来自他人的关注，被他人搂在怀里。这里的"他人"是在新生儿所处环境中为他们提供照料的那些人。再过不久，**婴儿**开始出现对自己身体的意识，以及对环境中的自己能够控制的事

照片 1.1 爬行中的婴儿全神贯注地够环境中的物品。

物的意识（照片 1.1）。到 1 岁时，婴儿进入**学步儿**阶段。在 1—3 岁，学步儿最感兴趣的是四处活动，并且探索一切（照片 1.2）。到幼儿园儿童阶段，图画、黏土、球类、游戏、玩偶、卡车以及书籍都是他们能够拿来玩的原材料。到 3 岁，儿童能够完成许多常规任务，比如吃饭、睡觉、洗澡、如厕以及穿衣服。年幼的小男孩和小女孩可以做到行走、跑步、攀爬、喊叫、和他人对话以及低声细语。他们也能够表达自己的感受——开心、悲伤、满足、愤怒以及烦躁——这是显而易见的。

儿童到 3—4 岁时，我们通常称他们为**幼儿园儿童**，也就是说这些孩子还没有上学前班和小学。许多 5 岁的孩子还没有上学前班，所以也都可以称作幼儿园儿童（照片 1.3）。虽然孩子们上幼儿园的时间可能是 3 岁、4 岁、5 岁或者 6 岁，这取决于他们的出生日期以及入学年龄，但是 5 岁儿童通常就是**学前班儿童**了。6—8

照片1.2　年幼儿童喜欢穿成大人的样子。

照片1.3　4岁的孩子喜欢其他孩子的陪伴，和3岁时相比，他们的独立性更强了。

照片1.4　小学一年级的孩子比幼儿园儿童更独立。

岁的孩子或者一至三年级的孩子通常被称为**小学低年级儿童**（照片1.4）。这些年龄段的界定是相对宽松的，并不能为我们提供太多关于儿童已经发展到哪个程度的信息。因此，下文所描述的都是一些案例，并不是所有孩子都严格地符合这些描述。

我们前文已经提到，婴儿需依赖他人。在1—3岁，年幼儿童的独立性迅速增强。而3—5岁的幼儿园儿童已经准备好离开家庭和父母的庇护，去"自己打拼"了。许多孩子在3岁之前就已经身处家庭之外的环境了，比如儿童托管家庭、亲戚家、婴儿或学步儿游戏中心，或者全日制托儿机构。但是，3岁的孩子和在婴儿期和学步儿期时相比，已经具备了部分技能了，几乎可以在成人不在身边的时候自己完成一些事了。

对于全日制托儿机构、非全日制的学前项目、小学、医疗机构、社会服务中心或者家庭中的成人来说，需要面临的一个"亘古不变"的问题就是如何为这些小小的人类提供最好的教育以及最好的抚养。本章将介绍年幼儿童的特点以及行为，让读者初步了解这个年龄段的孩子，本章还会介绍在开展年幼儿童的工作时，成人所起到的关键作用有哪些。

1.2 典型儿童与非典型儿童

我们接下来要描绘的儿童来自各种背景，他们的能力水平和需求也是多种多样的。我们要介绍的内容包括：不同年龄段的儿童（从出生到小学阶段）、典型和非典型发展的儿童，以及来自不同文化的儿童。

1.2a 婴儿

在地板上，玛丽亚（3个月大）开心地坐在自己的小汽车座位里。爸爸跪在地上，和玛丽亚说着话，眼睛的高度和她平齐。爸爸开始发出各种音高的单音节声音，玛丽亚一边笑，一边看着爸爸，举起了自己的小拳头，把脚抬了起来，模仿着爸爸发出来的声音。

安迪（9个月大）坐在自己的婴儿车里，座位的椅背立着，于是他可以更容易地坐起来。安迪一家吃着快餐，坐在快餐店的角落里。婴儿车朝向安迪的妈妈，这样她就能给安迪喂饭了。妈妈面对的方向是游乐区，这样她就能时刻关注家里另外两个年纪大一点的孩子。她给两个大一点的孩子和自己摆好了食物，然后给了安迪一块饼干。安迪一直发出愉快的呀呀声，看着自己的妈妈，手臂挥来挥去，精力旺盛地试图晃动婴儿车。他看着桌上的食物，兴奋地想要吃。可妈妈给了他一块饼干，让他磨牙，他拒绝接受这种安排。他闭上了嘴，皱起了眉头。手臂开始四处猛挥，开始发出哼哼唧唧的声音。安迪表现出了和其他人吃一样食物的意愿。妈妈找了一根软一点的炸薯条，掰下来一小块，递给了他。他张开嘴，对吃到嘴里的这块东西的味道和质地表现出了惊奇的样子。他用牙床把薯条磨碎，然后热切地期盼着下一块薯条。

在日托中心的婴儿房，安（9个月大）爬进了一个小架子里。她在里面坐了一小会儿，然后又爬了出来。她捡起一个玩具，然后又把玩具扔掉，然后再捡起来。她重复了几次这些动作。接下来，她朝着6个月大的苏西爬了过去，猛拽苏西的头发。苏西哭了起来。听到哭声的老师试图安抚苏西。安看着苏西和老师，也跟着哭了起来。

1.2b 学步儿

萨默已经17.5个月大了。她坐在地板上，正在看书。爸爸叫沃尔夫去叼过来一个狗玩具，沃尔夫是家里的德国牧羊犬。萨默跳了起来，走向沃尔夫的狗玩具篮子，抓起了沃尔夫最喜欢的玩具，递给了它。然后，萨默又递给了沃尔夫另一个玩具，沃尔夫摇着尾巴，咬住其中一个玩具，很明显，它很享受这个过程。

哈尼亚是一名脑瘫学步儿，唐娜把哈尼亚放到了工作台的一个特殊的座位上，这样哈尼亚就能把自己的手放到水龙头下面了。乔纳森从旁边的游戏区来到水龙头这里洗手，因为吃小零食的时间到了。于是唐娜对乔纳森说："请帮哈尼亚把水龙头打开。"乔纳森这样做了。哈尼亚看了他一眼，脸上露出了一抹浅浅的笑容。她把手伸到了水龙头下，似乎很享受流水带来的清凉感受。乔纳森也把手伸到了水龙头下，两个孩子一起把水弄得水花四溅（Bredekamp & Copple, 1997, p.65）。

1.2c 3岁

《迈阿密先驱报》（*Miami Herald*）专栏作家Dave Barry这样描写自己3岁的女儿苏菲（Barry, 2003）：

苏菲有一个美人鱼玩偶，叫艾瑞尔。这个玩偶有一头漂亮的头发！她几乎和苏菲形影不离！苏菲每天晚上洗澡都要带着她，于是艾瑞尔的头发会被弄得非常湿。但是苏菲还是想抱着她一起睡。于是爸爸就只能帮艾瑞尔把头发吹干，然后还要帮她把头发梳好。天天如此！想象一下，一位父亲天天帮美人鱼做发型是怎样的心情，而其他父亲这时候做的事情是看《体育世界》（Sports Center）节目。

乔希是一个3岁的男孩，有一双可爱的棕色眼睛，脸上常常挂着笑，有一头黑色的卷发。帕特是乔希的老师，她很关注乔希。她发现乔希走路和跑步的姿势有些古怪，还经常摔跤。乔希不爱说话，而且在理解语言方面有困难。他常常流口水。对于班里其他孩子很容易完成的简单谜题，乔希始终做不对（Chandler，1994，p.4）。

塔米克（3岁）金黄色的卷发散落在她甜美的脸上，她安静地坐在藤条编的椅子里看着自己34岁的妈妈正在准备每日所需的东西。妈妈的朋友多琳·麦克唐纳从衣服下面拿出了几块可卡因，再把几块乳白色的石头扔到一根管子里。然后两个大人轮流对着小玻璃管子吸，带着爆裂声的烟雾围绕着塔米克，她在妈妈的怀里有点睁不开眼睛（Nazario，1997）。

1.2d　4岁

4岁的约格和3岁的滨子在一座城堡的空场上。这种城堡是封闭式的，墙上有窗户。在城堡的内部，有两个在边上的舵轮，在另一边有一个滑梯。约格假装这座城堡是一艘大船，他自己是船长。当约格掌舵航行的时候，滨子也用另一个舵轮模仿他。约格玩累了航行的游戏，就在滑梯的顶上坐了下来。他招呼滨子也来和他一起玩滑梯。滨子坐在他后面。两个人像一列火车一样，从滑梯上面滑了下来。

4岁的明迪是一个阳光又好奇的女孩，在入园报名的那一周，她和妈妈来到了幼儿园，明迪可以很轻松地和老师还有其他小朋友交谈。明迪患有脊柱裂，她的腰部以下是没有感觉的。因此，她每天需要导尿若干次，以防止尿路感染。她腿上有支架，并使用助行器。明迪渴望独立。她拒绝外界的协助，并且自己照顾自己。她不希望自己受到别人的特殊关照，并为自己的事情自己做而感到骄傲（Chandler，1994，p.34）。

一天，4岁的塞德里克来到凯茜·梅恩老师的办公室。塞德里克很焦虑，他要跟老师说一件事。前一天晚上，在小组活动时间，塞德里克和自己的同学说，爸爸带他开车去兜风了。爸爸和爸爸的朋友坐在前排，塞德里克和妈妈坐在后排。爸爸和朋友一边喝酒一边抽大麻。然后，警察开始追他们，于是爸爸就把车开上了高速公路，还把车开得飞快。妈妈喊着："停车！停车！"最后，警察让他们把车停在了路边。警察把爸爸从车里拉了出来，并且把他按在车头上，给他戴上了手铐，并带到了警察局（这个事件在接下来的几天里成了游戏的重点。塞德里克和小朋友们一直在"重现"这件事的所有经过）（Teaching Tolerance Project，1997，p.173）。

> **思考时间**
>
> 请思考，在刚刚提到的案例中，儿童有哪些特殊需求。请说一说你会做出怎样的反应，有哪些思考。你是否认为在不同年龄段存在着"典型的"儿童？哪些因素会导致儿童成为风险易感人群？

1.2e　5岁

在幼儿园的时候，查理和班里的另外两个男孩一起玩拼图。拼图的图案是一盒蜡笔。男孩们打开拼图的盖子，然后开始把拼图一块一块拿出来。查理建议，他们应当先从所有带有直线边缘的拼图块开始拼。在几个孩子一起拼的过程中，查理说："绿色，绿色，我要绿色。"然后，他说："这实在太简单了。"他最后还是卡在一个地方拼不下去了，于是他对泰勒说："给我看看盖子上的图案！"在拼图整个完成之后，查理把自己的手放在拼图上，然后笑了。科菲说："我们再拼下一个吧！"查理回答说："科菲，你先要帮我们把现在这个收拾好。"

约翰斯顿太太到了幼儿园，向自己女儿所在班级的小朋友介绍非裔美国人的宽扎节。约翰斯顿太太用双手抱住自己的女儿，然后唱道："宽扎节是庆祝的节日，是我们劳动的果实，是不是很伟大！庆祝宽扎节，宽扎节！"在第二遍重复的时候，班里许多孩子一边传着小饼干，一边开始跟着哼唱了（Paley，1995，p.8）。

1.2f　6—8岁

儿童到了小学阶段，似乎进入了一个整合式的发展阶段。他们可以处理自己的个人需求。他们遵守家里吃饭和看电视的规则，也出现了个人隐私的需求。大人可以让他们到外面跑腿办事了，无论是在家还是在学校，他们都能担负起一些简单的责任了。换句话说，这些孩子能够实现自我控制，也能够控制他们周围的直接环境了。他们还喜欢有挑战性和竞争性的任务。他们喜欢制作带有个人标记、能够被认出来的东西，也喜欢参加集体活动（Marotz & Allen，2013，pp.160，162）（照片1.5）。

在低年级，学生们会画多元文化自画像。每一个孩子选择一种颜色，来做自画像，这种颜色要和自己的肤色相匹配。

"我的皮肤是姜饼色的。"罗德里戈说。

"我的皮肤是蜜瓜色和赤褐色。"米莉说。

"举起你的手。"黛布拉说，"如果你觉得自

照片1.5　低年级的孩子喜欢大规模的集体活动。

己皮肤的颜色和米莉是相似的。"

爱普尔自告奋勇地举起了手。

"爱普尔皮肤的颜色比米莉更深一点。"一些学生说（Teaching Tolerance Project，1997，p.12）。

从出生到8岁，从上述关于儿童成长的简要描述中，我们可以发现，儿童的独立性和自信心有明显增加。与此同时，我们似乎还看到了一种类似循环的现象，3岁的时候比较平静，到了4岁会变得活跃，然后5岁的时候又会表现出比较平静。从事年幼儿童照护的工作者必须明确这些典型的变化。除此之外，对于幼儿来说，他们的文化背景、过往经验以及特殊需求各不相同，上面这些例子也体现了这些方面。

1.3　成人的关键作用

成人对幼儿的健康成长和发展起着至关重要的作用。儿科医生T. Berry Brazelton（Hallmich，2013）提出了在婴儿刚出生时家长养育的必要性。Brazelton使用新生儿行为评定量表对婴儿的气质和行为反应进行了测量。他指出，家长如何解读婴儿的行为影响着他们和婴儿的互动方式。幼儿需要成人后天的养育，需要他们给予成长过

程中必要的刺激（照片1.6）。一些机构，例如，美国幼儿教育协会、零到三（Zero to Three）以及国际儿童教育协会（Association for Childhood Education International，简称ACEI），都提出了成人与儿童之间良性互动的重要性。下面，我们将按照年龄、阶段和环境的特点来探讨成人的角色和作用。

童年早期的发展问题引起了政策制定层面的关注。Shonkoff（2010）设计了一个框架，希望以此指导未来童年早期政策的制定。他设计这个框架的基础是我们日益增长的关于早期发展的知识，这些知识来自遗传学研究、脑发育研究、有关家庭和社区早期经验对儿童影响的研究，以及对这些因素之间的相互作用的研究。Shonkoff得出的结论是，政策制定者有责任为幼儿提供培养和教育项目，这些项目的目的是为儿童今后的人生奠定坚实的基础。

在针对幼儿及其家庭开展工作时，工作人员必须明确所服务人群的**发展适宜性实践**（developmentally appropriate practice，DAP）的核心部分是什么，也就是工作人员需要了解这些孩子是在怎样的社会和文化背景下成长的（NAEYC，2008）。Okagaki和Diamond（2003）提示，早期儿童教育者必须关注家长的信仰与育儿实践对儿童发展产生的重大影响，要对此保持敏感。他们称，教育者不应当对其他家庭的育儿方式形成任何预先假设，相反，应当努力了解每一个家庭的需求和期望。在本书中，我们认为社会文化因素与儿童的发展息息相关。

1.4　儿童发展理论

在20世纪和21世纪，对儿童的研究是一个受到科学界极大关注的话题。学者们已经从儿童身上收集了大量信息，并使用这些信息形成了关于儿童成长和发展的各种理论。绝大多数学者的

照片1.6　阅读强化了心智与情绪的发展。

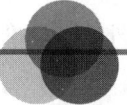

大脑发育

脑的发育和活动在儿童发展研究领域日益受到关注。过去，绝大多数神经科学研究是在动物身上开展的，比如大鼠和猴子。今天，科学家们已经掌握了研究人类大脑的方法。现在，我们正在逐渐积累和掌握人脑的发育和功能方面的信息。但是，我们的所知仍旧非常有限，无法拼出一张完整的拼图。在本书其他的"大脑发育"专栏中，我们将更加具体地看一看关注年幼儿童大脑发育的科学家们已经掌握了哪些内容。

主要工作都是收集信息。但是，也有部分学者试图构建关于儿童如何学习和成长的更加宽泛的理念。这些理念可以被称为**理论**。理论就是计划或制定一系列规则，目的是解释、描述或者预测在儿童成长和学习的过程中会发生的情况。本章将会对若干主流理论进行介绍。

儿童发展理论在传统上就是教育和儿童养育实践的基础。美国幼儿教育协会发布的早期儿童教育实践指导是被称为发展适宜性实践的指导方针（Bredekamp，1987；Bredekamp & Copple，1997；Copple & Bredekamp，2009）。发展适宜性实践已经有所拓展，它关注的重点涵盖了对少数群体和低社会经济地位家庭中的儿童的抚养和教育（i.e.，Mallory & New，1994；Lubeck，1998a）。发展适宜性实践的内容拓展的原因是，以往的内容仅从欧裔美国人的视角形成了针对欧裔美国人的理论。因此，一些童年早期教育者认为，将其应用于其他文化、民族和种族人士时（例如亚裔、拉美裔以及美国原住民），并不一定适用，无论这些群体是生活在美国还是自己的国家。因此，理论家们开始将社会文化理论应用于早期儿童教育和发展的实践当中。Marshall（1997）提出了一个结合发展适宜性实践和多元文化视角的模型，**发展与文化适宜性实践**（developmentally and culturally appropriate practice，DCAP）。除了介绍主流的发展与**学习**理论，以及介绍儿童发展理论中日益强烈的文化基础，这部分内容还包括了在早期发展和教育领域应用传统儿童发展理论和视角时应注意的问题。

1.4a 儿童发展与学习理论的类型

有些理论家认为，儿童的发展应当关注**发育**；有些理论家认为，儿童的发展应当关注学习发生的方式；有些理论家认为，二者应当兼而有之。发育这个术语通常用来指变化的结果或阶段，这些变化的最终目标是成为一个成人，而且这些变化大部分是受遗传因素控制并按时序发生的，例如，儿童的头部发育在身体发育之前。学习指的是由环境影响而发生的行为变化。在美国，儿童通常会将英语或西班牙语作为第一语言；而在德国，儿童通常会以德语为第一语言。**发展理论**通常用来解释通过发育和学习的相互作用而得到的结果。所有的儿童都是以相似的模式发展的。例如，婴儿会学到即使自己看不到某个物体，它仍然是客观存在的，在此之前，婴儿会通过视觉、味觉、触觉、听觉和嗅觉来实现对物体的学习。**行为主义理论**关注的是在特定环境的学习过程中发生的变化。例如，如果婴儿听到了一种语言，然后加以模仿，并且由于发出了这些声音而获得了奖励，就用这种方式学会了说话。行为主义理论在解释儿童的学习时不考虑儿童的年龄或儿童所处的阶段。一些以学习为导向的理论旨在解释儿童的思维。另一些理论只关注儿童外部可见的行为。总而言之，行为主义者主要关注外部环境因素如何影响儿童的学习和发展。发展理论者则关注内部遗传因素和外部环境因素的相互作用对儿童学习新概念和技能的影响，以及这些因素是如何使儿童从一个发展阶段进入下一个发展阶段的。

标准论/成熟论以另一种方式看待儿童的发展。**标准**的定义是，在某一个年龄段，绝大多数儿童会做什么。标准成熟论强调的是标准，例如，绝大多数孩子能够坐、爬、行走、说话、数到10或者和其他儿童进行合作游戏的时间。另外一些标准是在具体某一个年龄段，儿童的平均体态、体型、体重或者身高。此外，标准还能够提示一些典型行为特征，例如，学步儿出现负面情绪是很正常的现象，因为他们在这个阶段会努力尝试获得独立性。理论和标准是相关联的，因为理论的作用是尝试在标准出现的时候解释其为何出现。

1.4b 有影响力的理论家

儿童发展理论家试图提出若干基本过程，从而解释儿童是如何学习的，并且解释儿童在什么时候会更容易学习特定的概念和技能。一些理论家相信，无论年龄多大，人类学习的方式基本相同。另一些理论家相信，在不同阶段，不同的人要通过不同的方式实现学习。对于幼儿教师来说，熟悉各种理论取向是极为重要的，因为这有助于帮助教师理解、解释并回应幼儿的行为。

对于部分理论家来说，他们的理念受到了让·皮亚杰（Jean Piaget）、列夫·维果茨基（Lev Vygotsky）、西格蒙德·弗洛伊德（Sigmund Freud）、埃里克·埃里克森（Erik Erikson）、B.F. 斯金纳（B. F. Skinner）、阿尔伯特·班杜拉（Albert Bandura）、卡尔·罗杰斯（Carl Rogers）以及亚拉伯罕·马斯洛（Abraham Maslow）的巨大影响。阿诺德·格塞尔（Arnold Gesell）的标准论/成熟论观点也让我们在儿童发展知识的积累上受益良多。表1.1 列出了这些理论家通过自己的理论或研究提出的关于儿童发展的观点。

表1.1　儿童发展和学习理论

表最左侧一栏是三个主要的发展领域。上面一行代表了两种理论：发展理论和行为主义理论。

理论试图解释何领域的变化	发展理论：发育与学习交互作用	行为主义理论：学习是行为的主要决定因素
认知领域： 语言概念、问题解决、智力需求	认知发展：发展导向（皮亚杰） 语言/交流：学习导向（维果茨基） 标准/成熟（格塞尔） 自我实现（马斯洛）： 实例：一名能够提供支持的成人和一个丰富的、能够让儿童自由探索的外部环境，有助于学习的发生以及智力的发展。	行为主义（斯金纳）： 实例：学习说话；学习颜色：红色、蓝色以及黄色。 社会认知理论（班杜拉）： 实例：儿童观察自己所在文化中其他人如何运用语言，并且模仿自己看到的、听到的。
情感领域： 攻击性、依赖、合作、恐惧、自我概念、情感需求、动机	性心理（弗洛伊德） 社会心理（埃里克森） 自我概念（罗杰斯） 社会文化（维果茨基） 社会道德（皮亚杰）： 实例：通过游戏，幼儿能够学习合作的价值。对于儿童来说，依赖必须首先发生，之后才会出现独立。	行为主义（斯金纳）： 实例：学习拥抱他人，而不是打别人。 社会认知理论（班杜拉）： 实例：儿童观察其他孩子因为布置桌面而受到表扬。之后这个儿童就会模仿自己所看到的、听到的。
生理和运动领域： 体型、动作技能（例如，爬行、行走、抓握）的发展速率	标准/成熟（格塞尔）： 实例：头部和大脑在童年早期会以最快的速度发育；因此，神经发育也非常迅速，并且决定了认知和动作的发展。	行为主义（斯金纳）： 实例：复杂的技能，例如，骑自行车或者滑冰；与生理相关的行为，例如，吃有营养的食物。 社会认知理论（班杜拉）： 实例：在教练踢足球的时候，儿童被告知要认真看，然后教练会让儿童按照同样的方式自己踢一次球。

如表 1.1 所示，除了斯金纳，每一位理论家都主要对儿童发展或学习的某一个领域感兴趣。斯金纳的理论涵盖了儿童所有的习得行为，无论是在认知、情感、生理还是运动领域（我们会在后面的章节对这些内容加以介绍）。斯金纳是一名行为主义者，他相信，通过提供正性的强化，可以明显地观察到行为的加强，或者行为的塑造（Miller, 2011）。正强化（positive reinforcement）包括了物质奖励、微笑、赞美和其他可能提高行为再次发生可能性的反应。如果不良行为或者不希望发生的行为受到了忽视，这些行为发生的频率就会降低，或者行为消失，或者行为彻底不再出现。斯金纳提出的原则对于幼儿，特别是学步儿、幼儿园儿童和学前班儿童，特别适用（Newman & Newman, 2007）。这些原则也适用于年纪再大一点的孩子。这些原则也会被频繁运用于特殊教育领域，能够用来逐步改善必须加以规范的特殊行为。

班杜拉是另一位行为主义者，他广为人知的研究工作是在社会学习领域。班杜拉发现，很多学习行为是通过观察或以间接的方式发生的。也就是说，学习不仅可以通过对学习者施加外部影响而实现，也可以依赖学习者对他人行为的观察而发生。被学习者观察的人被称为榜样，学习的过程被称为对榜样的模仿（Newman & Newman, 2007）（见表 1.1 中实例）。

表 1.1 同时列出了皮亚杰、维果茨基、弗洛伊德、埃里克森、马斯洛、罗杰斯和格塞尔的观点，这些理论家关注的重点是儿童发展与环境之间的交互作用。皮亚杰和维果茨基可被称为认知发展论理论家，因为他们把儿童的思维与环境联系在一起。皮亚杰突出的研究工作包括儿童的逻辑思维、社会道德知识以及行为的发展。他的研究同时关注了概念的发展。在儿童与环境交互的过程中，他们会建构知识。皮亚杰认为，和直接的讲授相比，知识建构是更有效的学习途径。皮亚杰相信，儿童的学习动机来自天生对世界的好奇心（Mooney, 2000）。观点采择或者从他人的角度进行思考，是皮亚杰的理论中的另一块重要内容（Newman & Newman, 2007）。维果茨基关注的重点也是儿童如何学习思考、说话，以及儿童与成人、同龄人及社区发生社会性交互过程在儿童的学习中的重要作用（Miller, 2011）。对维果茨基来说，幼儿学习的关键是来自成人和更有能力的同龄人的支持。虚构游戏（imaginative play）对幼儿来说至关重要（Mooney, 2000）。维果茨基认为，词语的语义与言语、思维相联系，因此语言就是学习的关键。私人的或者内部的言语是"自我调节、自我导向目标实现以及实用性问题解决"的核心（Newman & Newman, 2007, p.249）。学习和发展都和最近发展区相关（Zone of Proximal Development；在本书的第 3 章进行介绍）。

弗洛伊德和埃里克森广为人知的理论观点关乎儿童社会性和人格发展。弗洛伊德关注的重点是作为动机的性驱力和攻击性驱力，而埃里克森（他是弗洛伊德的女儿安娜·弗洛伊德的学生，她也是一位著名的精神病学家）更感兴趣的是社会性动机。弗洛伊德提出了本我、自我和超我的概念，在看待我们如何发展自我的调节能力和做出道德决策方面，这些概念是十分有价值的。埃里克森的社会心理理论在童年早期教育者群体中极受欢迎。埃里克森的理论关注的重点是儿童个体与环境之间的互动。在生命的每一个阶段，个体都必须处理一种危机。这些危机是常态化的应激，当我们试图适应社会需要的时候，应激就会发生（Newman & Newman, 2007）。在早期发展阶段，每一种危机都代表了对一种行为的潜在描述，这些行为是我们能够看到的儿童需要加以处理的行为。

罗杰斯关注的是发展和自我概念的结构，他认为，儿童是具备自我指导能力的。成人有责任为儿童提供支持，支持他们努力发展控制自身行为的能力。在成人与儿童的关系问题上，罗杰斯和维果茨基的观点是相似的。Thomas Gordon 是罗杰斯的学生，他根据罗杰斯的理论提出了一套儿童指导计划（Marion, 2007）。下面这些指导策略是基于罗杰斯的理论提出的，并且被广为应用（Marion, 2007, p.302）：

- 界定问题，是成人的问题，还是儿童的问题。
- 如果是儿童的问题，就积极倾听。
- 如果是成人的问题，就传递一种"我信息"。

马斯洛的理论贡献是提出人类的需求按照层级排列。生理需求是最基本的需要，接下来是安全的需求，然后是归属的需求，再然后是自尊的需求，最后是对自我实现的需求。自我实现满足的是人类的一种希望发挥自我潜能的需要。格塞尔的研究关注的是身体发育和发展标准，以及这些内容在儿童抚养及教育方面的实际运用。

在上面提到的这些理论家或研究者中，一部分人认为儿童从出生到成年期的发育和学习是一个过程，这个过程遵循一定的先后顺序。表 1.2 表明了每一位理论家提出的相关阶段。格塞尔收集的数据表明，儿童生理和动作发展是连续且快速的，一直持续到大约 6 岁左右。根据皮亚杰的理论，幼儿会经历三个认知和社会道德发展时期，时间跨度是从出生到 12 岁。在情感领域，弗洛伊德和埃里克森关注的发展领域是不同的。埃里克森是安娜·弗洛伊德的学生，所以他提出的童年早期的三步结构和弗洛伊德的观点相似也不足为奇。但是，弗洛伊德提出的发展阶段更加关注儿童的性心理层面，埃里克森关注的则是心理社会层面。他关注的是学习的社会层面，即成人以及年长一些的孩子在帮助儿童认知、自我调控和语言发展方面的作用。读者可以发现，不同的理论家提出的主要阶段具有平行的特征。每一位理论家都注意到了在大致相同的年龄上所发生的发展性变化。

从严格意义上说，马斯洛和罗杰斯关注的领域既不是纯粹的学习，也不是纯粹的发展。他们的观点集中在如何实现积极的自我概念的过程上。来自父母的爱以及和同龄人的积极互动，能够帮助儿童达成成年期的自我实现。对一个达成自我实现的成人来说，他对生存、安全、归属和自尊的需求是已经满足了的。于是，这样一个成人有能力实现知识和审美上的需求，就能成为一个功能全面完善的人。

皮亚杰和维果茨基的理论是应用最广的，被用来指导儿童的早期教育和发展。他们的观点从认知和情感的角度关注学习，并且组成了**建构主义理论**取向的基础，建构主义取向也是发展适宜性实践的基础。最初，建构主义取向由皮亚杰的理论发展而来（DeVries & Kohlberg, 1990; DeVries, 1997; DeVries, Zan, Hildebrandt, Edmiaston, & Sales, 2002; Papert, 2004）。其后，维果茨基的理论也加入进来（Berk & Winsler, 1995; Bodrova & Leong, 2007）。在社会性/情绪领域，埃里克森的理论非常流行，并且非常实用。对于有特殊需要的儿童，在开展工作时，行为主义理论也是被广泛采用的，原因在于，行为主义理论善于分析行为，而且能够以此构建方案，服务于特殊发展和教学需要。

表 1.2　儿童发展阶段：从出生到 13 岁

年龄	生理运动领域 （格塞尔）	情感领域 社会性／人格 （埃里克森）	情感领域 人格 （弗洛伊德）	认知领域 （皮亚杰）	认知领域 （维果茨基）
出生—16个月	身体快速发育，顺序是从头部到脚趾（抬头，然后抬肩膀，然后坐起来），从中央到四周（先是伸够，然后是抓）	危机1：信任对不信任 在喂养的过程中与照顾者之间的关系是核心。	口唇期 嘴部是愉悦感的来源；喂食和长牙是核心。	感觉运动阶段 儿童的感觉（听觉、味觉、触觉、视觉、嗅觉）和动作技能发展，这些是儿童学习的手段。	婴儿期 （2个月—1岁） 学习活动：情绪交流。 个人言语：表现在外的咿咿呀呀声。
1.5—2岁		危机2：自主对羞耻与怀疑 儿童极力争取自主与独立。	肛门期 肠道运动是愉悦感的来源。如厕训练是关键任务。	前运算阶段 语言和认知发展迅速，儿童通过模仿、游戏和其他自发的活动实现学习。 注意：在本列下一行，仍是前运算阶段。	童年早期 （1—3岁） 学习活动：操纵物品。明显的个人言语帮助自我调节的发展。
3岁		危机3：主动对内疚 儿童计划并执行各种活动，学习社会规则的边界。	性器期 性别角色认同以及良知的发展是关键。		
6岁	到了6岁，发展的速率趋缓				学前期 （3—7岁） 学习活动：游戏。明显的个人言语帮助自我调节的发展。
7—13岁	儿童有能力参与需要更多身体力量和协调性的活动	危机4：勤奋与自卑 儿童需要有所收获并获得成就感。失败会导致自卑。	潜伏期 儿童对之前几个发展阶段加以固化。	具体运算阶段 抽象的符号和想法能够被运用到具体的经验中。	学龄期 （7—13岁） 学习活动：学习。无声的个人言语能够指导与任务相关的行为以及表现。

1.4c 发展和学习的理论：社会文化视角

正如前文提到的，自从发展适宜性实践指导方针发布之日起，在早期教育领域应用发展理论的适宜性问题，以及对来自多元文化和能力起点不同的儿童应用发展理论的适宜性问题，吸引了越来越多的关注（New & Mallory, 1994）。面对这些问题，美国幼儿教育协会在指导方针的修订版中做出了回应（Copple & Bredekamp, 2009；NAEYC, 2008）。

早期儿童教育者并不接受以发展和学习理论作为理解幼儿和为幼儿规划教育模式的基础，因为他们认为，社会文化因素才是构成幼儿教育的基石。Lubeck（1998a）认为，传统的早期儿童发展理论会导致冲突，并且导致对多样性的忽视，因为这些理论提供的是普适性的发展阶段，继而是普适性的教学方法。Lubeck还提出，早期儿童教育者不应执着于固有的信念，取而代之的应当是避免千篇一律的指导建议。应当基于儿童所在的文化和社区来规划对儿童的教育。Ryan和Grieshaber（2004）认为，时至今日，只是具备关于儿童发展的知识基础已经不足以教育现在的孩子。如果研究的对象不只是相似性很高的白人中产阶级群体，就有理由质疑这些研究在实践中的文化适宜性价值。他们指出，传统的儿童发展观点已经过时了，不适用于处理当今社会儿童所面临的问题。因此，Ryan和Grieshaber相信，应当从**批判性理论**的视角看待儿童。批判性理论关注的是在课堂环境中，关系所产生的力量。他们鼓励教师，"如果他们这样做，结果就是学生们获得的机会不均等"（Ryan & Grieshaber, 2004, p.45）。他们相信，知识是通过社会性的方式建构的，并没有放之四海而皆准的真理、原则或法则能够被应用于每一个人，这种思路与发展理论及行为主义理论的观点相左。因此，可以这样说，发展理论及行为主义理论与批判性理论之间存在巨大差异。作者认为（Charlesworth, 1998a, b），发展的普遍性是存在的，同时教育规划也应当把对文化和社区的关注纳入其中。这样的观点和具体规划的灵活性并不冲突；相反，这是对灵活性的支持。正如在这一领域的专业人员所建议的那样，对于儿童的发展和学习，应当在儿童所在的文化背景下考虑个体的需求（Mallory & New, 1994）。

1.4d 生态学理论

"人在环境中"是近年来日益受到关注的一种理论视角（Miller, 2011）。这种类型的理论与社会文化视角有着密切的联系，从这个角度看，应当把个体放入他所在的文化中加以思考。尤里·布朗芬布伦纳（Urie Bronfenbrenner）的生态系统取向已经产生了极大的影响力。第3章会对布朗芬布伦纳的系统图谱加以介绍。他的理论包括了多个层级系统，从儿童所处的直接环境（例如，家庭、学校和同辈群体），到与这些直接环境联系的社会机构（例如，经济体系、政府以及大众传媒），再到与这些社会机构联系的社会信念和价值观。这些层级之间会发生相互作用，也会与儿童发生相互作用。

在本章后面的内容里，我们将界定并提供一些理论家和研究者感兴趣的儿童主要发展领域的范例（并会在本书的第三部分至第六部分对每一个领域加以介绍）。最后，我们还会介绍这些范例是怎样在解决日常问题中发挥作用的。

1.4e 理论尝试解释的若干发展领域

由于尝试解释和描述的儿童发展和学习的具体方面不同，理论也各不相同。为了研究所需，儿童成长通常被分为四个领域：认知、情感、生理和动作。

认知发展的核心是思维，及其在儿童成长和学习中如何发挥作用。皮亚杰和维果茨基是这个领域的翘楚（见表 1.2）。

- 詹妮，14 个月大，指着她的宠物猫说，"KiKi"。詹妮正在学习说话，而且已经学会了猫（KiKi）这个概念。
- 贾维尔，3 岁，尝试拿高处的杯子，但是够不到。他拿来了一个厨房凳，爬上去，然后拿到了想要的杯子。贾维尔解决了这个问题。
- 莱莱，5 岁，拿到了一盘子饼干，并且被要求给班里每一个小朋友相同数量的饼干。于是，她从一个小朋友到另一个小朋友，每次给一个人一块饼干。通过一一对应的概念，莱莱懂得了如何把一些东西平分成几组。
- 比尔，6 岁，把 3 块红色积木和 4 块蓝色积木装在一起。然后，他拿起铅笔在一张纸上写"3+4=7"。比尔正在把具体的事物和抽象的符号联系起来。

情感发展的核心是自我概念以及社会、情绪以及人格特征的发展（照片 1.7）。弗洛伊德、埃里克森、罗杰斯和马斯洛都特别关注这一领域（参见表 1.1 和表 1.2）。

- 史密斯太太抱着 1 个月大的托尼，摇着他，轻柔地唱着摇篮曲。史密斯太太正在和托尼建立依恋关系，这是托尼之后获得人生独立性的必要

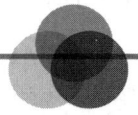

现实世界中的儿童发展

发展理论和发展适宜性项目的结构

理论能够为发展适宜性项目的结构提供指导。在一些领域，对于任何项目来说，结构都是必要的，比如在教室的空间、指导技术、教学方法、材料、课程以及评价领域。基于儿童发展制订的结构包括以下和发展理论相关的因素：

- 教室的空间可以被清晰地分割成几个区域，包括桌子区域、有地毯的区域、可以当作教学空间使用的地板区域以及被开放式架子包围起来的区域（学生可以在这里选择材料）。（皮亚杰、埃里克森）
- 指导技术应当是明确的、前后一致的、积极的以及遵循归纳逻辑的。时间模块是广泛且灵活的，但是要遵循前后一致的常规流程。儿童可以选择适合自己能力、兴趣和学习风格的活动。儿童也可以参与规则制定的过程。（罗杰斯、班杜拉、埃里克森、皮亚杰和维果茨基）
- 教学方法涉及适合整个班级、小组和个人的活动。鼓励儿童自己建构知识。重点在于创造性思维和问题解决。同伴之间的互动也受到鼓励，游戏是主要的学习途径。（皮亚杰、维果茨基）
- 空间中布置的材料是具体的、开放的、能够激发创造力的。材料能够提供第一手经验。（皮亚杰）
- 课程遵循一定的标准、范畴和顺序，但是也会根据学生个体的发展情况做出调整。内容是经过整合的，对认知、情感和心理运动这几个发展领域都投入了同等的关注。（皮亚杰、维果茨基和埃里克森）
- 评价也是结构化的，主要是通过观察和个体访谈的方式进行，使用适当的材料。观察是每天都在进行的，获得的信息用于儿童的教学规划。用于规划教育的信息还会考虑儿童当前的能力水平和兴趣。在做教学策略规划时，另外要考虑的因素就是年龄、个体特征以及文化适宜性。（皮亚杰、维果茨基）

照片1.7 从一名温暖并且关心自己的成人那里获得情绪和游戏支持,有助于孩子在情感和认知领域发展。

照片1.8 学前儿童能够达到的发展阶段是可以参与并乐于参与简单的有教师指导的游戏。

基础。

- 约翰,4岁,总是在笑,看上去很开心。其他孩子喜欢他,并且想和他一起玩。他对其他孩子很友善,并且试图找个地方让大家一起玩儿。约翰拥有积极的自我概念,并且在情感领域发展良好。
- 卢西亚,5岁,无论她想要什么就去拿,如果别的小朋友要护着自己的东西,她就打别的小朋友。她还没有获得与他人进行积极互动的技能。
- 蒂伊,6岁,想要在吃饭前吃糖果。但是妈妈说蒂伊必须等到饭后才能吃糖。单是想到吃糖这件事就能让蒂伊感到内疚。因此,在6岁时,蒂伊已经发展出了一种良知,这种良知告诉她,不能违背自己的母亲。

生理发育是身体的发展(照片1.8)。格塞尔关注的就是这一领域的发展和典型行为(参见表1.1和表1.2)。

- 约翰,4岁,体重16.6公斤,身高104厘米。这是他这个年纪的平均水平。
- 凯丽,2岁半,体重16.1公斤,身高90厘米。她的体重高于平均水平而身高低于平均水平。她看上去矮矮胖胖的。
- 卡洛斯,7岁,比例匀称。他的腿已经不再像学步儿时那么短了。

动作发展指的是运用身体及其各部分的技能。格塞尔关注的是这一领域的标准化发展(参见表1.1和表1.2)。

- 皮特,3岁半,吃午饭时表现良好。他用勺子喝汤时,只洒出去了一点点而已,从大罐子里面倒牛奶已经难不倒他了。
- 罗莎,接近5岁,还没有完全学会跳跃,只能单脚跳3次,再多的话就会失去平衡,而且她还走不了直线。
- 阿扎姆,7岁,他和班里的几个同学参加了课后足球队。他目前正在协调自己的身体和思维,而且已经准备好加入需要遵守规则的运动队了。

1.4f 理论应用

为了澄清理论观点以及这些重要的理论家的观点的可用性,下面是应用这些理论的简要实例。

应用1:皮亚杰

教师希望了解,学前儿童是否真的需要进

行角色扮演游戏。通过阅读皮亚杰的理论，教师会发现，皮亚杰认为，角色扮演游戏对儿童的认知发展至关重要。通过假装扮演别人，通过用物品原始用途之外的方式使用物品（例如，用沙子假装成馅饼），儿童获得了最初的使用符号的经验。这些经验是更加抽象化的符号学习的基础。例如，儿童可以学习使用作为符号的字母、数字以及单词（照片 1.9）。教师还查阅了维果茨基对于游戏的观点。维果茨基强调通过游戏学习自我调节，即儿童可通过游戏学习社会互动规则。

照片 1.9 小学阶段的学生乐于和他人一起完成任务。

应用 2：维果茨基

儿童的照顾者想知道，为什么给儿童提供诸如对话和读故事这类活动对于儿童的语言发展有重要的帮助作用。在一次专业研讨会上，儿童的照顾者参与了其中一个关于**支架**的研讨，所谓支架就是成人为儿童语言发展提供支持的一个过程，从而强化儿童的口语表达。在读故事书的过程中可以运用这种方法，成人可以通过向儿童提问来拓展儿童的经验。这个过程还可以继续加以拓展，成人还可以鼓励儿童提出问题，并且把故事和儿童的个人经验联系起来。

应用 3：埃里克森

学前教师希望了解在 4—5 岁的孩子在自己完成任务时，成人应当给他们多大的自由度。根据埃里克森的观点，教师会发现，这个年龄段的孩子必须学会以适当的方式做出行为。与此同时，他们还必须弄清哪些行为是不允许的，规则是什么。教师要意识到，在过于宽容和过于严格之间，必须找到一种微妙的平衡状态。

应用 4：弗洛伊德

拉米雷兹太太有点担心自己 2 岁的女儿塔莎，她觉得塔莎对如厕训练的反应并不好。在健康中心，拉米雷兹太太和经过弗洛伊德学派训练的心理学家进行了沟通。心理学家向她解释说，对于塔莎这个年纪的孩子来说，如厕是很重要的活动，家长在处理这个问题的时候应当温柔而富有耐心。

应用 5：马斯洛

奥格登先生是一名幼儿园教师，他担心明年在他的幼儿园里无法继续实施早餐计划，理由是得不到资金支持。奥格登先生认为，良好的早餐习惯是必要的，这不仅出于健康的原因，同时也给了孩子们一种安全感，因为他们知道自己的需求能够以一种可预期的方式满足。如果一个孩子要担心自己的下一顿饭该从哪里来，这个孩子就不能集中注意力，这会导致孩子无法完成学校希望他完成的社会性任务和认知任务。

应用 6：罗杰斯

当地早期儿童教育专业组织与州立法机构联络，希望获得他们的支持，提高在州儿童照料中心的成人与婴儿比（简称成婴比）。来自这一组织的教育者的诉求是有理论依据的，其中就包括了罗杰斯的理论。根据罗杰斯的理论，儿童必须在充满爱和能够感到安全的环境下成长，这样他们才能成为充满爱意的成人。这种爱和安全感源自儿童和照顾者之间的关系。儿童，尤其是婴儿，需要大量的一对一的关注；提高成婴比有助于满足上述需求。

应用 7：斯金纳

有一个孩子每天在家里都会表现出相当强的攻击性，孩子的照顾者对此忧心忡忡。于是她向一位心理学家求助，心理学家从斯金纳理论的角度提出了建议。首先，孩子的照顾者每天要仔细观察他的行为，连续观察1周，记录这个孩子打别的小朋友或毁坏玩具的次数，同时记录这个孩子没有出现攻击性时的表现。到了第二周，孩子的照顾者要在孩子每次表现出积极行为时给予他关注，当孩子有不良行为时就忽视这些行为，除非孩子的不良行为是伤害他人。如果孩子出现了伤害他人的行为，就让他去"冷静椅"上平静一段时间，直到这个孩子能够重新控制自己的行为为止。3周之后，孩子的照顾者要对孩子的攻击行为和积极行为进行再次计数。她发现，孩子的积极行为增加了，消极行为减少了。

应用 8：班杜拉

有一个孩子会说一些不恰当的话，孩子的母亲对此很担心，她去和孩子的老师交流这个问题。老师提出，应当找出孩子是从哪里学来这些不恰当用语。母亲意识到，问题在孩子的外公身上，在家中，他经常说脏话。孩子有大量时间是和外公待在一起的，他会观察外公，并且模仿他的用语。

应用 9：格塞尔

一位母亲对自己3.5岁女儿做出的一些行为忧心忡忡。女儿的老师给这位母亲介绍了格塞尔及其同事的研究，并把相关书籍介绍给她。在孩子从3岁向3.5岁过渡期间，一些意料之外的、让家长困惑的事情发生了。所有这些波动和麻烦是从何而来的？为什么孩子会出现这样的对抗行为——屡屡拒绝服从家长，甚至连尝试都不尝试一下（Gesell et al., 1974）。这位母亲读了格塞尔的著作，然后长舒一口气，因为她发现自己的孩子不过是一个典型的（即使是让人头疼的）3.5岁的女孩而已。

应用 10：社会文化理论

约翰·休斯是美国最大的印第安部落纳瓦霍地区的小学校长。在学生是否按规定到校的问题上，学生的家长和他持不同看法，这让休斯校长很头疼。一位朋友推荐他更深入地了解一下纳瓦霍文化。于是他阅读了 Jennie R. Joe（1994）的著作，这本书介绍了纳瓦霍关于正式教育的内容。休斯校长了解到，纳瓦霍文化认为学习是持续一生的事，从一出生就开始了，纳瓦霍人将一个人一生的学习分为三个阶段。最初的教育是非正式的，它关注的重点是语言、宗教、风俗习惯以及成为一名合格的纳瓦霍社会成员的其他必学内容。第二阶段是职业教育，通过学徒的方式学习必要的技能。第三阶段也就是正式教育阶段，特指对纳瓦霍年轻成人的教育，这种教育的对象是希望成为医者或宗教领袖的纳瓦霍人。

这就解释了为什么当美国政府把正规的学校教育引入纳瓦霍地区时，大多数纳瓦霍人错误地理解了政府的意图，并且拒绝送自己的孩子去学校。此外，由于纳瓦霍人崇尚个人自治，因此他们不会强迫自己的孩子去学校上学。而且，由于政府没有让纳瓦霍家长参与教育的过程，因此学校和家长之间的沟通和信息共享机制无从建立。在了解到这些信息之后，休斯校长认为有必要和家长们进行信息共享，让纳瓦霍家长了解自己主张的学校教育是与当地的文化息息相关的。休斯校长决定会见地区领导者，并和他形成一个规划，鼓励更多的纳瓦霍家长参与学校的课堂活动、政策制定以及决策制定。在此过程中，家长们能看到正规教育的价值，也会让孩子去学校了。

表1.3对以上发展和学习理论在实践中的应用进行了归纳。读者可在表1.3中看到成人所起的作用以及相应的环境因素。

对于从事早期教育工作的成人来说，在开展工作的过程中必须具备良好的理论依据和基础（Glascott, 1994）。纵观本书，内容的重点都是将理论应用于实际。但是，必须谨慎地澄清的是，在运用任何理论时，都应当考虑理论的局限性，切勿教条。无论何时，理论的运用应当考虑儿童的家庭、社区、文化以及语言的社会大背景。

1.5 谨慎应用发展与学习的理论及研究

关于理论和实践之间的关系，Stott和Bowman（1996）提出了一种非常有见地的观点。他们指出，理论和研究只不过是一系列数据，这些数据也许可以指导教师的实践。纵观全局，个体的个人经验和儿童在家庭和社区中的角色也是相当重要的。因此，将理论和研究应用于实践时应保持谨慎。

理论值得被研读和讨论的原因不是它能够提出反映现实情况的假设，而是它能够提供建议和判断——这些是能够指导我们思维的东西。理论之所以有效，是因为它能够帮助我们组织事实，并且为事实赋予意义，它能够指导更加深入的观察和研究（Stott & Bowman, 1996, p.171）。

Stott和Bowman同时也指出，其他领域的科学，诸如人类学、社会学、数学、其他科学以及艺术，都能够用来指导教学实践。除此之外，每一个人和每一种文化群体对教育的目的有自己的看法。这就是为什么教师必须具备对多元化视角

表1.3 应用于实践的主要的发展和学习理论汇总

理论	成人的角色	环境因素
认知发展/建构主义（皮亚杰、维果茨基）	指导；提供支架；设定学习阶段	部分自由和选择；具体的材料和活动；社会互动的机会
精神分析（弗洛伊德、埃里克森、罗杰斯、马斯洛）	指导；特别关注情感领域；设定学习阶段	部分自由和选择；具体的材料和活动；社会互动的机会；环境具有治疗作用（养育和在表达感受时觉得舒适）
行为主义（斯金纳）	教导；设定学习阶段；提供强化和惩罚；管理行为	允许对适宜的适应性行为施加最大限度的积极强化
社会认知（班杜拉）	适当的行为榜样	提供适当的社会榜样；澄清适当的行为
社会文化（Lubeck和Ryan）	促进和干涉；帮助儿童识别关于种族、性别和性的观点	提供多样化的环境来鼓励儿童发展个人兴趣，甚至个人观点

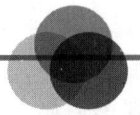

大脑发育

将研究应用于实践

关于大脑发育的各种研究发现被不恰当地运用于许多教育领域。研究人员不无担心地指出，很多大脑研究可能被错误地解读了，这导致对不同肤色儿童或者贫困儿童的不公正待遇。很多所谓以大脑研究为基础的育儿方法和教学方法都建立在心理学和教育学的研究基础之上，而不是建立在大脑研究之上。年幼儿童的照料者和教育者接触到的必须是准确的信息。

进行整合的能力。

发展研究也可以从不同的视角加以思考。一组儿童发展研究提出了一种研究少数民族儿童发展的模型（Coll et al., 1996）。这是一种线性模型，从社会文化变量到儿童的能力。Coll 和同事们认为，儿童最初的发展过程是相同的，无论儿童的肤色如何，他们最初的发展过程与白人儿童相同。但是，这些儿童身处的特殊环境也极其重要，例如，儿童的族群、社会地位和文化等。不能把对中产阶级白人儿童的研究结果和方法直接运用到所有儿童身上，而应当考虑不同肤色儿童的养育实践。与肤色问题同等重要的还有儿童的特征——他们的年龄、气质、健康状况、生理成熟程度以及民族。Coll 和同事们也指出，不同肤色的儿童在生理因素方面也可能存在明显差异，这些差异也会影响儿童的发展。Coll 等人的模型涉及影响发展的许多关键要素。

关于行为和发展的社会文化相关内容以及教学相关内容是本节关注的重点，本节通篇都在说明文化、内容以及发展之间的关系。如果要理解某一个具体的儿童个体的发展，从事幼儿工作的成人就应当甄选、融合并且整合各种理论和价值观。

无论是以发展为导向的理论还是以行为为导向的理论，宗旨都是试图解释儿童在心理、社会、生理和动作技能方面的发展。社会文化理论为我们提供了一种更加多元化的视角。每一种理论取向对于早期发展的解释能够应用于日常工作。关于这些理论家和研究者的观点的具体内容将在本书接下来的章节中做详细介绍。从理想化的角度来看，儿童发展和早期儿童教育应当是一个整体（Elkind, 1993）。这本书的目的就是帮助读者了解如何把这二者整合为一个整体。

> **思考时间**
>
> 纵观这些理论，哪一个理论或者哪几个理论是你觉得最有吸引力的？为什么我们在把发展理论和研究应用于教学实践时需要格外谨慎？

1.6 儿童研究简史

从事幼儿工作的成人近年来会越来越感觉到了解儿童发展方式的必要性。成人现在意识到掌握儿童发展相关知识对于理解儿童、和儿童开展互动以及为儿童做规划是十分必要的。但是，事实并非总是如此。关于儿童如何成长和学习发展的研究从 20 世纪才占据了一席之地。在 20 世纪之前，绝大多数成人认为没有必要特意了解儿童。因此，关于年幼儿童的研究在人类发展研究领域没有受到重视。

最近，从事儿童发展研究的研究者们开展了一系列工作，目的是帮助从事幼儿教育实践的工作者们找到想要的答案。在 21 世纪，和儿童研究相关的例子包括：儿童获得照料的质量对发展的影响；正规的早期教育对儿童及其家庭的影响；技术对儿童行为和发展的影响；婴儿拥有怎样的特征；大脑发育的速率；母亲妊娠期间的物质滥用对儿童的影响；儿童读写能力的发展；父亲在儿童生命中的角色与作用。

1.6a 19 世纪至 20 世纪 30 年代

在 19 世纪晚期，**婴儿生活事件记录**开始出现，这是在儿童研究领域最早出现的一种记录。父母写日记，记录婴儿每天发生的有意思的事情。这些日记激发了早期儿童研究者的灵感。随着 20 世纪的到来，G. Stanley Hall 实施了第一次有组织的研究项目，研究的对象是一个大规模的儿童样本。Hall 在全美国范围内找到了一些家长，请他们填写关于自己孩子的问卷。这项研究标志着我们今天所谓儿童发展领域研究的开端。在 20 世纪三四十年代，阿诺德·格塞尔开始了关于儿童动作发展的研究，弗洛伊德的精神分析理论在当时变得具有相当大的影响力，同时代的约翰·华生（John B. Watson）也提出了行为主义理论，不同于弗洛伊德和埃里克森，华生认为心理学研究的对象应当是可以从外部观察的行为，而不是内部的思维，心理学的目的是控制外部行为，而不是控制内部思维。华生的研究工作导致当时行为控制和行为改变方法大行其道，时至今日还被应用于特殊教育和行为疗法当中。

1.6b 20 世纪 40 年代至 60 年代

在 1943—1963 年，人们将学习理论运用于发展研究的热情一度高涨。人们希望把弗洛伊德的理论"翻译"成学习理论中的术语，例如，攻击性、性的类型以及依赖。John Whiting 尝试把童年早期的养育实践和后期的人格发展联系起来。Robert R. Sears 关心的则是童年早期养育实践之间的关系，例如，断奶、如厕、惩罚、依赖以及与这些方面相关的内容。与此同时，斯金纳提出了操作性条件反射，这种思路被广泛应用于对儿童的研究。Sears 和斯金纳的研究工作反映出当时人们对实践应用的关注和兴趣。在 1943—1963 年，人们日益了解生理因素对行为的影响作用以及童年早期经历对日后发展的重要影响。皮亚杰的理论对北美地区发生影响则是在 20 世纪 60 年代（Parke, 2004）。

1.6c 20 世纪 60 年代至 80 年代

Parke（2004）这样描述 1963—1983 年的特征：相对于各种理论，若干议题更加占据主导地位。主要的议题包括认知发展、婴儿敏感期、社会学习、社会互动以及情绪。皮亚杰的著作被翻译成英文，J. McVicker Hunt 和 John Flavell 对皮亚杰的理论进行了解读。皮亚杰关于儿童先天和后天问题的论述在当时大为流行。得益于布朗芬布伦纳的研究工作（我们稍后会在本章加以介绍），环境的重要性成为主要的关注点。这一时期的另一个重大进展是发现婴儿具有极为强大的学习能力。

1.6d 20 世纪 80 年代至 21 世纪

在 1983—2003 年，行为的神经基础成了关注的重点，这股热潮持续至今（Parke, 2004）。

对大理论的探索被人们抛弃，取而代之的是更折中、更灵活的理论应用模型。在理解儿童发展的问题上，理论变得更有灵活的指导意义。在重大科学发现中，科学家们指出，在儿童5—6岁时，大脑皮层功能会发生改变，与此同时，发生改变的还有儿童的学习和记忆；因此，还有一些令人兴奋的发现，基因和激素也会对行为和发展产生影响作用。

Parke（2004）指出，有必要开展跨学科的研究，更加关注解决童年期的问题，研究还应当具有更高的文化敏感度，所有这些在今天都受到了越来越多的关注。虽然从开始之日至今，关于儿童发展的研究已经取得了大量进展，但是仍有许多问题需要研究人员继续探索。随着时代的发展，我们看到了儿童复杂的一面，我们看到的更多的是问题而不是答案。

在关于幼儿的研究中，我们希望了解所有问题的答案。David G. Smith（n.d.）提示，我们无法定义儿童是什么。我们要做的是把儿童放到他们和其他人的各种关系中加以思考，例如，他们和父母的关系、和老师的关系以及和同龄人的关系。每一个和儿童有联系的人都会产生自己关于这个儿童的看法。即便是把这些看法整合到一起之后，我们还是无法了解儿童的全貌。因此，当我们考虑儿童研究和应用问题时，需要时刻保持谨慎，时刻记得虽然我们试图解释所有问题，但事实是我们做不到这一点。Smith（n.d.，p.4）指出，"由于儿童心理学的目标是努力理解儿童的全貌，去了解儿童的每一个部分，然后实现对儿童的控制，所以这实则有所偏颇。儿童通常超出了我们了解的范畴，因为他们超出了我们观察的范畴。"在头脑中时刻保持这种谨慎，我们就能从对儿童发展的科学研究所获得的"只言片语"里受益良多。

生态学研究模型

虽然我们无法了解一个孩子的所有方面，但是我们希望尽可能多地了解。为了实现这个目标，布朗芬布伦纳（Bronfenbrenner, 1979, 1989, 1992）提出了一个**生态学研究模型**（图1.1）。布朗芬布伦纳强调的是在儿童所在的所有环境中考察儿童扮演的所有角色。必须在儿童所处的**微系统**中加以研究，微系统包括儿童和家庭的关系、和学校的关系、和邻居的关系、和同辈群体的关系以及和教会之间的关系。与微系统同等重要的还有另外三个生态系统，这三个系统也会影响儿童的生活。围绕在微系统之外的是**中系统**，包括在家庭、学校、教会、同辈群体和邻居之间的互动和关系。再向外拓展，对儿童产生影响的是**外系统**，包括诸如当地学校董事会、当地政府、家长的工作场所、大众媒体以及当地工业经济带来的影响。在这个系统之外是**宏观系统**，包括了占主导地位的信仰以及文化意识形态。横跨所有这些系统的是**时间系统**，它是和儿童环境相关的时间维度，儿童的个人历史和年龄是这个维度的例子。

在所有的微系统中，教室就是一例，"这是环境设定的结构和内容，发展可以发生在其中，也就是可以发生在教室中。从大的方面说，它是被文化、亚文化或者其他宏观结构所确定和界定的，而微系统是嵌入其中的"（Bronfenbrenner, 1989）。如果要观察每天在教室当中的儿童，就应当同时考虑对儿童行为产生影响的其他外部因素。在儿童的生态系统中，家庭是另一个占据重要位置的因素。许多因素都会对家庭产生冲击，重要的是，研究人员要去了解家庭应激事件是如何影响孩子的（Swick & Williams, 2006）。

与20世纪初期相比，21世纪的发展研究领域已经发生了翻天覆地的变化。Fabes、Martin、Hanish和Updegraff（2000）总结并评价了其中

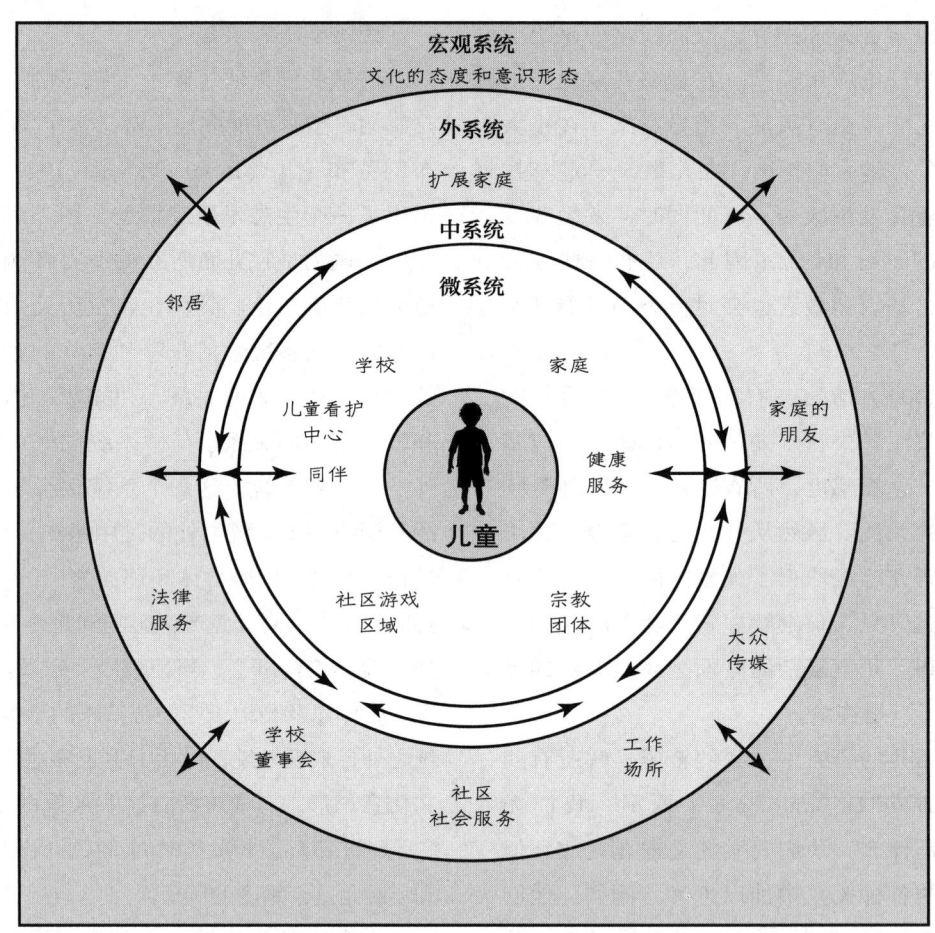

图 1.1 生态学研究模型。

的部分差异。从描述性研究相对狭窄的关注范围到随后的实验室研究，研究领域已经被拓展到很多问题上，而这些问题受到了布朗芬布伦纳系统理论框架的影响（Bronfenbrenner, 1979, 1989, 1992）。人们现在更加重视的是可以帮助儿童改善生活质量的问题和有助于公共政策制定的问题。例如，在20世纪和21世纪发生的美国校园枪击惨案就给了人们更大的动力去研究暴力行为。

1.7 儿童研究方法与真实性评价

所有从事幼儿工作的成人都需要近距离地研究儿童。对于每一个孩子来说，成人需要尽可能多地了解他们，从而为他们创设适宜的学习环境。重要的是，成人从一个儿童的发展历程中学到了什么，哪些是可以应用到其他孩子身上的。从对儿童照料的研究中，成人能够获得有价值的信息，这些信息继而可以应用于对儿童及其家庭的规划建议当中。例如，可以在和家长进行会面的过程中和他们分享具体的信息。

一些收集和记录信息的方法能够为教师、家长和其他幼儿工作者所用。这些方法包括了日记法、对照顾者或儿童的个案访谈以及自然观察法。在组织从教师和学生那里收集来的信息时，档案系统是很多人会使用的方法（Gelfer & Perkins，2006；Grace & Shores，1998；Seitz & Bartholomew，2008；Gestwicki，2011，Mueller，2014）。档案是儿童作品的集合，**档案系统**能够提供关于一名儿童当下的各种记录，从而帮助儿童平稳过渡到新的班级和新的学习项目中。尽可能地合理运用上述机遇能够为儿童工作从业者后期的职业发展提供益处。下面就是几种方法的范例。

1.7a 逸事法

1. 儿童：山姆；这是他来到学步儿教室的第二天。
2. 环境/活动：孩子们吃完早饭。山姆还坐在自己吃饭的位置上。
3. 逸事：山姆正在咬自己的餐巾纸。他把餐巾纸咬成一块一块的，然后一边环视房间，一边费很大力气地咀嚼餐巾纸。这时，海蒂老师注意到山姆已经吃完早饭了，而且正在咬餐巾纸。她弯下腰，平静地对山姆说他应当把那些已经被口水弄得湿乎乎的餐巾纸吐到垃圾筐里。山姆转过身，站起来，很配合地按照海蒂老师的话做了，海蒂老师则向山姆演示了如何拿起自己的碗并且把碗放到洗碗池里面去。

这里的逸事是一个简短的场景，它描绘了一个重要的事件。在这个案例中，这篇记录显示了山姆在刚开始学校生活时的感受是很舒适的，而且他能够做到耐心地等待（虽然咬餐巾纸这件事情也许表明山姆还是感受到了些许压力），直到有人告诉他早餐之后的下一步"常规动作"是什么。在事件发生的时候，成人可以先大略地记录一下，然后等有时间的时候再补充更多的细节信息。

1.7b 日记法

奶奶正在记录4岁的萨默的发展。

7月15日。今天，萨默跑进房间，急切地向我展示了她手里拿着的一本书。她让我坐在一把椅子里。然后，她靠在我的一只胳膊上，跟我说，她能给我讲一个《垫子上的猫》（*The Cat on the Mat*）的故事。她对自己的成就十分满意。在读故事的时候，她指着书上的每一个词，展现出了对文字和口语表达之间关系的良好理解力。

1.7c 家长访谈

一位母亲正在接受访谈，访谈的主要内容是关于儿童照料的（Pausell & Nogales，2003，p.34）：

我儿子，他喜欢上学。如果哪一天我没有带他去学校或者其他地方，他就会对我发脾气。他说，"不，妈妈，我想去上学。我必须去上学。"在学校放春假期间，他谈论的所有内容都是关于去上学的，但是我的回答是类似这样的，"宝贝，现在学校没有人。"这实在是挺有意思的，他真的希望去学校，而且我知道，他喜欢他的班级。

1.7d 与儿童一对一访谈

访谈者：是什么让天上的云彩飘动的？
儿　童：老天爷。
访谈者：老天爷是怎么做到的？
儿　童：他会去推着云彩走……（云彩）能够在天上是因为老天爷希望它们在天上。（Piaget，1966，p.63）

1.7e 连续记录

这是假期结束之后，学前班开学的第一天。安是教师组长，她还带着两名新教师，凯特和桑迪。母亲把萨默送到学前班的时候已经是上午 10 点 30 分了（其他小朋友已经上了 30 分钟的课了）。其他小朋友都在忙着自己的活动：倒水、跳迷你蹦床、写东西、在画架上画画、捏橡皮泥、过家家、看书，还有在桌上摆弄各种玩具的。萨默在母亲送自己进来的时候环顾了教室。然后，母亲走了。萨默把脸对着画架，拿起了一支画笔，画了起来。在她拿着画笔的时候，她的注意力被蹦床吸引了。她走了过去，站在一旁看着。老师问萨默，"你是不是也想尝试一下"，然后鼓励她试试看，但是萨默说自己还是站在旁边看着吧。过了一会儿，她又走到桌子旁边，桌上有淡绿色的橡皮泥。老师邀请萨默坐下。萨默拿起一块橡皮泥扔到了桌上。就在这时候，她的注意力还是在其他活动上。她站了起来，走到蹦床边。虽然萨默看上去似乎下定了决心，但是当两个男孩跳上蹦床之后，她又回到画架边了。

通过日记法，我们能够了解，一个家长或者成人认为什么是重要且值得记录的。因此，通过日记法得到的信息是高度选择性的。一名了解并且具备完善的儿童发展知识的成人能够从这些记录中获取有价值内容，无论是关于某个儿童还是某群儿童的记录。对于教师来说，可能没有时间去记录每个孩子每天发生的各种事件，无法完成一本记录着各种细节的日记，但是他可以把一些似乎特别重要的事件或逸事记录下来（Nicolson & Shipstead, 1994；Bentzen, 2009）。

对家长和儿童的访谈可以用来针对访谈者特别感兴趣的问题收集信息。家长访谈信息的准确性依赖于家长对过去事件的记忆，以及家长对儿童行为的看法（照片 1.10）。虽然通过访谈法获得的信息具有极大的主观性，但是它仍然是一种有价值的方法，能够提供其他方法不能提供的信息。儿童访谈对于教学过程来说非常重要（照片 1.11）。非正式提问（在后面的章节会加以介绍）是了解儿童所知内容和儿童思考方式的必要途径。观察法和访谈法对教师来说是最重要的两种工具。

在上面提到的示例中，**连续记录**观察法是由外部观察者完成的，它记录了儿童行为的细节，记录的是真实发生的事件（照片 1.12）。判断这些记录中哪些内容重要的任务可交给记录阅读者。这种类型的记录通常被称为连续记录或者**标本记录**（Nicolson & Shipstead, 1994；Bentzen, 2009）。使用这种方法收集信息需要花费大量时间，但是产出也非常可观。发展和教育研究人

照片 1.10　公告板可以用来向家长展示学校开展的活动。

照片 1.11 在一对一的儿童访谈中,访谈者能够获得一些具体的事实。

照片 1.12 自然观察法可以用来研究儿童在日常活动中的表现。

员如今更倾向使用自然观察法和访谈法来收集关于儿童和教师的信息(McLean, 1993; New, 1994)。通过使用事先准备好的行为分类或者行为核查表,自然观察法可以更具备结构化的特性,并且更加节约时间(Nicolson & Shipstead, 1994; Bentzen, 2009)。

从事幼儿工作的成人和收集幼儿信息的成人必须是熟练的观察者(Jablon, Dombro, & Dichtelmiller, 2007)。例如,随着学生组成的多样化,教师需要根据不同学生的文化背景思考教学相关问题。New(2004)提出,教师应扮演三种角色:第一,教师应当具备使用图片、视频、音频、儿童作品样例、逸事记录以及其他观察数据的能力,以此形成对学生日常活动的记录;第二,教师应当具备实验能力,能够尝试不同的教学策略和教学材料,从而在实践中提升学生的学习动机;第三,教师应当能够像一名人类学家一样探索每一名学生的文化背景。在早期儿童教育领域,研究人员和教师在研究方法层面的合作以及教师本身作为研究者开展探索,都是越来越普遍的现象了。

> **早期儿童教育技术**
>
> 使用图书馆数据库和在线搜索引擎,能够找到教师和儿童是如何使用技术获取信息来完善儿童档案的。

1.7f 真实性评价与非适宜性评价所带来的挑战

标准化测验的压力让所有层级的教师都体验到了挫败感(Kohn, 2001a)。即便是学前项目,如开端计划(Head Start)*,也要对儿童进行各种评价。对于教师来说,他们面临着压力,为了达到标准测试的要求,他们被迫使用更加不适宜儿童发展规律的教学方法来帮助孩子们准备只关注很窄领域并且不符合发展规律的测试(Popham, 2005)。在每个年龄段,年幼儿童并不是按照同样速率发展的。就算是儿童掌握

---

* 开端计划是美国卫生及公共服务部门为低收入家庭提供的一个项目。这个项目旨在培养稳定的家庭关系,增强儿童的身心健康状况,以及创建一个可发展有利的认知技巧的环境。——译者注

了某种概念或技能，他们也可能没有办法在小组测试中表现出自己已经掌握了什么。退一步说，即便是一对一的个体评价，还会出现问题。这样的评价只能对很少一部分内容进行评价，并且需要花费大量时间。例如，第一阅读计划（Reading First Initiative）就要求对儿童进行早期读写能力的测评，测评用到的工具是早期基础读写技能动态指标考试（Dynamic Indicators of Early Literacy Skills，简称 DIBELS，这是一项针对小学一至三年级学生的考试），这项考试只关注儿童在一个很窄范畴内的能力，所占用的时间本可以用更具适宜性的评价方法更加合理地应用于更符合儿童发展规律的测评。DIBELS 关注的是次级技能，忽略了对材料的阅读理解等技能（Gordinier & Foster, 2004/2005；Li & Zhang, 2008）。

这些强制性的考试要求给教师和学生都造成了很大的压力。对于教师来说，挑战在于他们想要让学生把准备某项具体考试的时间尽可能地压缩，这样一来，班里的孩子就能够把时间花在更有意义的学习上，花在更加符合发展规律的真实性评价上。除此之外，教师和家长需要携手努力，改变现在这种体制（Kohn, 2001a）。对幼儿适宜的评价方法包括观察记录、访谈、从儿童的作品中收集样例、使用核查表、使用量表以及**评价准则**（也就是评价指导）（McAfee, Leong, & Bodrova, 2004）。这些策略和工具可以成为日常教学工作的一部分。

越来越多的教育者主张进行真实性评价。所谓真实性评价指的是诸如表现性评价（performance assessment）、选择性评价（alternative assessment）或者直接评价（direct assessment）。和传统的以测验（多项选择题、判断题、填空题或者项目匹配题）为基础的评价不同，真实性评价要求通过实际表现考察参与者掌握知识和技能的情况（Mueller, 2014）。实际表现的内容来自现实世界中的任务。Mueller（2014）提供了一个详细的在线真实性评价工具箱。在参与真实性评价的过程中，学生会选择一个需要解决的问题，例如，给宠物鼠建一座房子，规划一座花园并且实施自己的规划，或者找到好用的降落伞的最佳特征。通常，真实性评价会使用条目或计分表来记录结果，如表 1.4 所示。

对课堂质量的评价也是重要的。童年早期环境评价量表（Early Childhood Environmental Rating Scales，简称 ECERS）和课堂评价评分系统（Classroom Assessment Scoring System，简称 CLASS）是这类评价常用的工具。ECERS 有四个分量表，每个分量表评价的是如下几种课堂特征：物理条件、环境、基本照料、课程、互动、时间表和项目结构、家长和教职工教育。CLASS 观察和评价的是学生与教师之间在课堂互动过程中的平等性。CLASS 测量了课堂质量的三大方面：情感支持、课堂组织和教学支持。以上这些方面都与学生今后的学业成就和社会性发展相关。

> **思考时间**
> 回想一下你自己的考试经历。在参加考试的时候，你有什么感觉？你还能记起自己在小学或高中参加的考试吗？你是否和老师或其他同学聊过这方面的经历？比较一下你的经历和班里其他同学的经历。

1.8 职业伦理

无论是教师、研究者，还是学习儿童发展专业的学生，每一个人都必须一直遵守职业

表 1.4　评价某个表现或结果报告的基本准则

学生姓名 _____　　　　目　标 _____

	开始 1	正在发展 2	擅长 3	优秀 4	得分
组织架构	不清楚	在某种程度上清晰，但是遗漏了一些部分	相当清晰；遗漏了一小部分	清晰的组织架构	
解释 / 描述问题	不清楚	在确认目标的时候有些困难	目标清晰，但还可以增加更多的细节	清晰且全面	
流程描述	没有顺序	一些步骤是清晰的；存在一些困惑，细节不明	大部分步骤是清晰的；部分步骤不清或困惑	步骤易于实施，符合逻辑，细节明确	
结果	没有明确描述	结果呈现不完全明确和准确	在很大程度上是清晰的结果呈现	描述清晰；用图表展示	
结论	缺乏逻辑，缺乏细节	不太有逻辑，需要更多的细节	有逻辑的结论，但是需要更多的细节	对结果进行符合逻辑的解释	
明确的书面和 / 或口头报告	不清楚群体成员做了什么	每个成员都相当明确自己负责的部分	组织有逻辑，虽然一些步骤不够清晰	非常恰当的组织。每一个研究和 / 或研发步骤是清晰呈现出来的	
合作（如果是群体活动）	每一个人的责任不明确	一个人大包大揽，不鼓励团队的参与	每一个人在规划、研究、产出和 / 或团队中都有自己的位置	每个人在团队中的责任是清晰的，人人都做出了自己的贡献	
时效性	项目延迟			项目按时完成	

伦理实践准则。美国幼儿教育协会推出了这样一套准则——美国幼儿教育协会伦理实践准则（NAEYC's Code of Ethical Conduct, 2011），目的是帮助教师和其他相关人员处理伦理两难的情况和问题。准则关注的是有关 0—8 岁儿童教育的从业人员每天针对儿童及其家庭开展的实践工作。但是，"当问题涉及年幼儿童时，所有相关行业的从业者都应当被考虑到，他们可能并不是直接面对儿童开展工作的。这些职业包括项目行政管理者、家长培训者、早期教育培训者以及对幼儿项目进行监督和核准的公务员"（NAEYC's Code of Ethical Conduct, 2011, p.1）。准则同样适用于儿童发展和童年早期教育专业的学生。其中包括四个专业领域：儿童、家庭、高校以及社区社会。每一个领域都有自己的**理念**和**守则**。理念是对实践者的目标要求，准则是对实践行为的指导，同时有助于解决伦理问题，这里的伦理问题是那些没有显而易见的解决方案的问题。其中最关键的一条是这样的：

P.1.1——无论在何种情况下，我们都不能伤及儿童。我们不应参与如下行为和活动：对儿童产生情感伤害的活动，对儿童产生生理伤害的活动，不尊重、羞辱、危害、剥削或者恐吓儿童的行为。这条准则高于其他一切准则。（NAEYC, 2011, p.3；在原文中，这句话就是斜体的）

本 章 总 结

1.1 **描述年幼儿童及其所处环境。**了解什么是年幼儿童、年幼儿童的定义。本书介绍了从孕期阶段到8岁的发育和发展,以及这个阶段的孩子的生长环境。

1.2 **比较典型和非典型的婴儿、学步儿、3—5岁儿童和6—8岁儿童。**不同年龄和阶段的儿童的行为示例展示了他们之间的相似之处和不同之处。

1.3 **识别成人对年幼儿童所起的关键作用。**成人需要给予儿童爱和养育。

1.4 **描述儿童发展理论的历史,定义理论这个概念,明确各种理论类型及其可能的方式。**儿童发展理论的历史始于20世纪初,为幼儿研究指明了方向。理论家们(如皮亚杰、维果茨基、弗洛伊德和埃里克森)的理论曾经风靡一时,时至今日仍然对发展适宜性实践具有指导意义,同时也在影响我们关于儿童行为的思考方式。本章对主要的理论及其应用进行了介绍。

1.5 **探讨了在将理论应用于低社会经济水平儿童和/或少数群体儿童的过程中应当保持谨慎。**运用理论和研究来指导家庭和社区的信念和实践中必须保持谨慎。

1.6 **总结儿童研究领域的重要历史事件。**儿童发展研究是一个相对新的领域。这个领域在20世纪受到了大量关注,在1933年成为一个独立的领域。

1.7 **介绍儿童研究的方法。**教师和其他从事幼儿工作的人必须使用适当的方法收集关于儿童的信息,例如,观察法、收集儿童的作品等。真实性评价要求儿童完成一项活动,这项活动反映的是儿童对于概念和信息的理解和掌握。

1.8 **解释在实践中为什么需要伦理准则。**针对儿童及其家庭开展工作的人员必须遵守伦理规范。美国幼儿教育协会推出了美国幼儿教育协会伦理实践准则。其中最核心的一条是"无论在何种情况下,我们都不能伤及儿童。"

第二部分
学习：0—8岁

第 2 章　游戏技术和数字化媒体

本章涉及的标准

naeyc
美国幼儿教育协会项目标准

1c：运用发展知识创造健康的、尊重儿童的、能够支持儿童发展的并且对幼儿有挑战性的学习环境

4b：了解并理解早期儿童教育中的有效策略，包括恰当地使用技术设备

DAP
儿童发展适宜性实践指导方针

1：为学习者构建一个充满关爱的社区

2：教师运用发展适宜性教学实践

2E 3：教师为儿童规划时间表，为儿童提供游戏时间

2E 4：教师为儿童开展游戏提供经验、材料以及互动活动

学习目标

在阅读本章之后，你应当能够：

2.1 当学习发生时，知道如何加以判断。

2.2 解释知觉对学习的关键作用。

2.3 描述学习的特征以及学习发生的方式。

2.4 比较数字化媒体作为儿童学习工具的利弊。

2.5 解释发展理论对游戏价值的支持证据。

2.6 确定游戏的工具和功能。

2.7 描述游戏的情境。

2.8 解释融合对于有特殊需求的儿童的好处。

2.1 学习概述

学习的定义是由于经验导致的行为改变。学习经验包括了多种类型的活动，如下面几个案例所示：

卡拉，6岁，坐在沙发上，旁边是她13岁的姐姐贝琪。两姐妹正在摆弄一团黏糊糊的东西。贝琪拿着这块黏糊糊的东西，想把它平均分成两份，这样她和卡拉就都有的玩了。卡拉看着贝琪在桌面上用自己的一只前臂摆弄着这团东西，用另一只手掌、手腕和前臂来给这团东西弄出一个形状。卡拉也想像贝琪那样做这个动作，于是她让贝琪帮她。卡拉跟着贝琪的教导一步一步做。首先，她伸出胳膊，把这团黏糊糊的东西放到前臂上。接下来，她用自己的手掌把这团东西拍平。她看到贝琪用自己的手腕和另一只前臂做出缠绕的动作，把这团东西延展成了一个椭圆形。卡拉自己不会做这个动作，于是她让贝琪给她演示一遍是怎么做的。贝琪带着卡拉一步一步做，告诉她手腕和前臂是怎么动的。她看着卡拉成功做到了这个动作。

帕布鲁，5岁，正大喊大叫：“我能骑自行车了！看！我能骑只有两个轮子的自行车了！”莎拉婶婶回答道：“实在是太厉害了！”"哦，看我，看我！"帕布鲁一边在房子前面的小道上骑车，一边喊。他越骑越远，直到莎拉婶婶都看不到他了，三四分钟之后，他回来了。帕布鲁看上去很骄傲。

凯特，4岁，指着一个在小路上的东西问："爸爸，这是什么？""那是一只大大的红蚂蚁。"父亲回答道。

辰辰，3岁，一把抢过了金杰的卡车。于是金杰打了辰辰。克拉克老师走了过来说："慢着。停下来。"她一手环抱一个孩子，然后看了看他们两个，解释道："拿走别人的玩具是不对的，但是打别人也是不对的。辰辰，下次等金杰玩完了卡车再让她把卡车给你玩。金杰，如果别人从你手里拿走了玩具，你应该要求她把东西还给你。如果别人没有把东西还给你，你可以过来找克拉克老师帮你。"

萨默，快15个月大了，在冰箱门上摆弄奶奶家的冰箱贴。显然，发现磁铁能吸在冰箱门上让她觉得很有意思，于是她满厨房转悠，想看看冰箱贴能不能吸在木质的碗柜上；然而，并不能。

索尼娅，9个月大，拿了一个小桶和一个小牛玩具，然后把小牛玩具塞进了自己嘴里，还发出了声音。她又拿起另外一个玩具玩了起来，然后嘴里发出"ma ma ma ma ma aaaa"的声音。

在上面这些例子中，所有孩子都学会了新的行为。卡拉通过支持性的支架学会了玩橡皮泥。帕布鲁学会了骑两个轮子的自行车。凯特学会了认出一种蚂蚁，还有这种蚂蚁的名字。辰辰和金杰学会了和平地解决冲突和问题。萨默学会了磁铁可以吸在冰箱门上，但是不能吸在木头门上。索尼娅学会了某一个物体的属性，并且在练习发声，为以后说话做准备。这些孩子未来的行为能够显示出他们是否学到了上述技能。

在第1章中，我们提到了不同的发展理论对学习的看法。持发展观的学者关注的是发育和学习之间的关系。行为主义者关注的是环境对学习的影响作用：凯特学到了"红蚂蚁"这个名称是因为她的父亲回答了她的问题，辰辰和金杰学会了协商解决问题是因为克拉克老师希望她们用这种方式解决冲突。

持发展观的学者关注的是阶段性以及关于

学习的发展是否已经就绪。他们认为，当幼儿在环境中做出行为时，学习是一种主动发生的过程（Bodrova & Leong, 2003a），儿童会主动建构自己的知识（Kamii, 1986；DeVries & Kohlberg, 1990；Winsler, 2003）（照片 2.1）。他们将发生在儿童身上的变化视为过程而不单单是结果。相反，行为主义者关注的是最终的结果（例如，学会某种行为），他们认为，所有的学习过程都是一样的，无论学习发生时儿童的年龄多大以及儿童正处在哪个发展阶段。

本书将综合上述两种观点，以帮助从事儿童工作的成人更好地理解儿童的学习。可惜的是，传统的教育建立在一种类似 19 世纪工厂的模型上，因而传统教育更倾向于行为主义的模型，而**不是建构主义**的观点（Rose, 2012）。换句话说，传统的教育关注的是学习的产出而不是学习的过程（Doering, 2006, 2012）。David Elkind（2005）指出，在为儿童做学习规划时，有太多的成人没有思考儿童是如何学习的，并且没有关注有关儿童学习过程的科研成果。知识的确导致某些课程从小学被"前推"到了学前班，甚至被"前推"到了幼儿园，极大地压缩了儿童本该充裕的游戏时间。在本章中，我们将介绍儿童的学习过程，以及游戏在学习和发展中的作用及价值。

照片 2.1　在宠物乐园，儿童建构自己关于动物的知识。

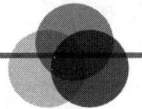

大脑发育

大脑的组成部分和运作方式

从受孕的那一刻起，大脑的发育和发展就是极为迅速的。20 世纪末，新技术突飞猛进的发展让科学家能够更加精细地对大脑进行研究（Shore, 1997；Thompson & Nelson, 2001）。正电子发射断层扫描技术（positron emission tomography，简称 PET）以及核磁共振成像（magnetic resonance imaging，简称 MRI）使我们得以观察大脑的结构和活动（Lightfoot, Cole, & Cole, 2013）。大脑是中枢神经系统的一部分，它有两个半球（或者说两个部分），每一个半球都有四个叶（Shore, 1997）。大脑中不同的部分发挥的功能也不同（Porter, 2006）。大脑的上部或者说大脑皮层是我们绝大多数心理活动发生的地方，例如，思维、计划以及记忆。小的细胞称为**神经元**，它是组成大脑的基石。婴儿出生时大概有 1000 亿个脑细胞。每一个神经元都有**轴突**，轴突是向其他神经元输出信息的纤维。每一个神经元还有若干**树突**，树突长度较短，形状像头发一样，它是接收信息的纤维。在发育过程中，神经元的数量保持不变，但是每一个神经元的体积会变大，同时长出更多的树突。轴突向其他神经元传递信号，在轴突的外面有一层白色的脂肪物质作为保护，这就是**髓鞘**。大脑发育的关键在于神经元之间的相互连接。这些连接就叫作**突触**（图 2.1 和图 2.2）。

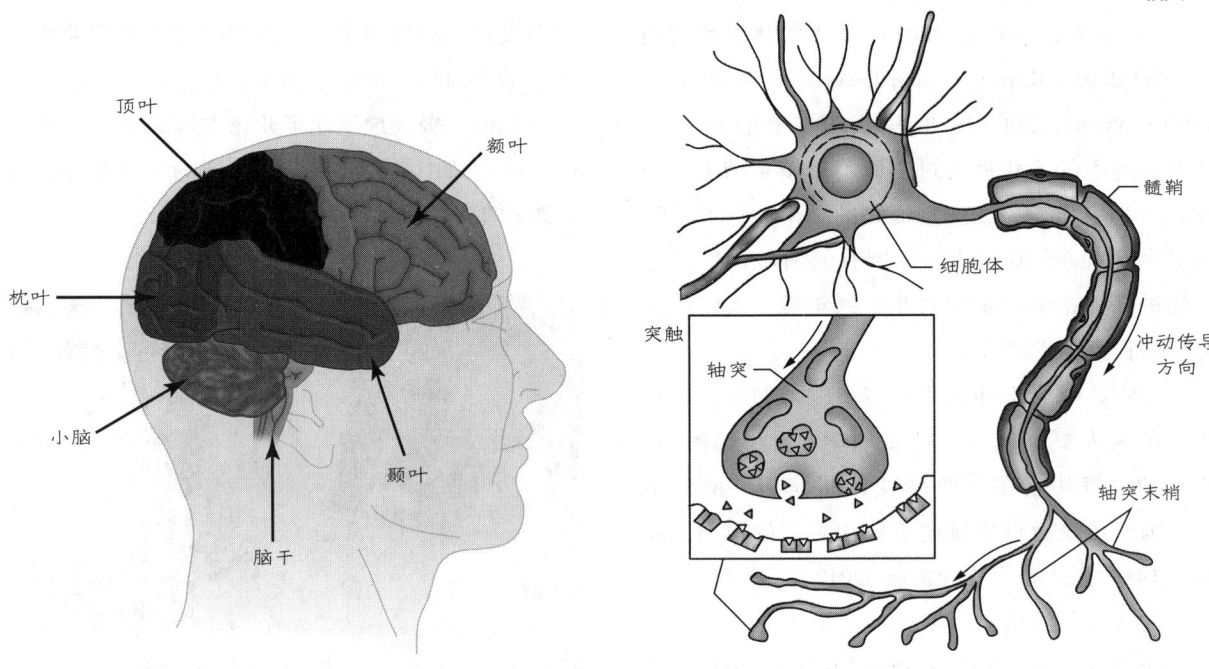

图 2.1　大脑的主要部分。　　　　　图 2.2　突触和神经元图解。

　　儿童经验的增多带来了神经元连接数量的增加。每一个神经元都能最多与大致 1500 个其他神经元形成连接。在生命早期，儿童的大脑会形成大量的突触，这些突触的数量会超过实际需求。大脑形成数量过剩突触的目的在于为幼儿大脑的**可塑性**做准备，这种可塑性能够帮助幼儿更快地学会新的技能，速度要比已经经过大脑突触修剪的成人快很多（Murray，2006；Twardosz，2012）。在第一年之后，突触修剪就会发生，即那些没有被用到的突触会消失。在早期使用到的能够保留下来的突触就会成为大脑的永久性连接。

　　如果把上述大脑研究的结果草率地应用到教学与学习领域，不免令人担忧（Willis，2007；Worden，Hinton，& Fischer，2011；Fischer，2012）。研究发现，大脑在若干年龄段活跃程度最高并不一定代表这些年龄段是最适宜开展教育活动的。Willis、Worden 及其同事，还有 Fischer 都指出，必须对那些所谓的以大脑发展为基础的课程保持警惕，因为目前还没有认知研究、脑成像研究以及课堂中的教育学研究的联合证据显示有必要基于上述研究而研发课程。关于未来的教育，Worden 及其同事以及 Fischer 认为，我们应当加强的是教师、研究人员以及认知心理学家之间的交流与合作。

2.2 知觉

"从最简单的角度看,知觉就是大脑对物理刺激引发的感觉的解读。感觉就是物理刺激被转化为神经冲动的产物,这些神经冲动继而能够被传输到大脑,并得以解读,从而形成了知觉"(Lefrancois, 1992, p.225)。

来自味觉、触觉、视觉、听觉和嗅觉的信息与诸如肌肉收缩的本体感觉信息一起传递给大脑。依赖每个人对信息知觉的不同,这些传递给大脑的信息所代表的意义也是不同的。例如,梅丽莎尝了一些上面有辣椒酱的豆子。她皱着眉说道:"真可怕。"然后,她喝了一大杯水。马里奥说吃了同一种豆子。他尝了尝,然后满意地笑了,他说:"真好吃,真好吃!"梅丽莎和马里奥对同一种带辣椒酱的豆子的口感有着不同的"解读"。

由于来自不同文化背景的人对相同信息有不同的解释方式,知觉的重要性才会被重视。例如,我们来思考一下以下情景:

里奇看着 cat(猫)这个词说:"这个词念 bat(蝙蝠)。"里奇把 /c/ 知觉成了 /b/,因此他并没有接收正确的信息。

知觉和意义加工、认知加工以及语言加工相关联。如果一个孩子的知觉有问题,就有可能在其他方面出现困难。

感觉的发展始于出生之前。在怀孕 5 个月的时候,胎儿会有一些动作的感觉和声音的感觉(Lightfoot, Cole, & Cole, 2013)。足月生产的婴儿在出生时,所有感觉系统在一定程度上是能够正常工作的。到了 5 岁的时候,儿童往往无法知觉到外部可得信息的全部,原因在于**注意**。注意能够让儿童把知觉放到最明显的信息上(Lightfoot, Cole, & Cole, 2013)。对更小一点的孩子来说,如果呈现响声巨大且不停闪烁的刺激,他们就会分心,思路也会被打断。此外,这时候的孩子还倾向于用一种非系统化的方式探索新事物,同时会忽略一些细节信息——他们通常只会注意到最重要和相关性最高的信息。不但如此,他们还有可能高估特定感觉经验的效果(O'Neil & Astington, 1990)。

2.2a 注意

注意是知觉的核心特征。注意过程包括了忽略不相关的信息并且锁定相关的信息(Jensen, 2006)。首先,无论环境中出现什么样的新异刺激,婴儿的注意都会被吸引过去。很快,注意变成了带有随意性和自发性的特征;也就是说,婴儿能够选择把自己注意的焦点放在哪里。随着孩子不断长大,他们越来越能够忽略不重要的事物,同时关注重要的事物。随着孩子们越来越擅长在注意相关事物的同时忽略分心物,他们对特定任务的注意广度也在增加。

注意的能力在学习中是一种极其重要的影响因素。在保持注意上有困难的儿童一定经历过在传统学校环境中苦苦挣扎的日子。传统学校要求学生在教室里安安静静地坐好,听讲,然后完成各种抽象的任务。这些学生在解读信息方面存在困难,因为他们经常走神,于是会错过一些信息片段。他们可能心不在焉,做白日梦,心神不定,而其他学生这时候是活跃的并且能够轮流发言。这些学生的行为也可能是没有章法的,他们可能很难和其他人形成人际关系。这些更加好动且注意难以集中的学生通常被认为是有行为问题的。这些孩子会被贴上**注意缺陷障碍**(attention deficit disorder，ADD）的标签，还会被贴上多动的标签。心神不定且心不在焉的学生也会被贴上注意缺陷障碍和多动的标签。这两种类型的ADD学生在发展适宜性课堂环境中更有可能表现得很好（Allen & Cowdery, 2015）。但是，在传统学校环境中，他们通常注定要经历学业上的失败。

Jalongo（2008a）比较了两种学习环境的异同：一种是发展适宜性教室；一种是Jensen（2006）提出的"丰富化"环境——这种环境更加适合我们所知的大脑的工作方式。从学习发生的角度来说，只有在学习的材料和活动引起了幼儿的兴趣时，他们的注意才会被吸引。此外，学习还应当包括适当降低应激水平，有意义的任务以及能够重复的机会。最后，学习中的反馈应当是及时的且恰当的。大量的对孩子的指令都是通过口头方式传递的。因此，注意的一个重要方面就是听觉。Jalongo（2008a）认为，听到比单纯地听更重要；听到从听开始，但是必须包含理解的成分。Jalongo把听到定义为"一种加工过程。在这个过程中，人们通过听觉接收信息，并且为自己听见的内容赋予意义"（p.12）。教师需要帮助儿童学会成为一位有效的倾听者；也就是说，儿童必须能够接收信息，注意这些信息，然后为这些信息赋予意义。

2.2b 通过感觉卷入实现学习

由于年幼儿童似乎更加喜欢也更加擅长同时通过触摸和感受学习，这种学习的效果要好于通过视觉和听觉学习，因此可以对此加以利用。玛丽亚·蒙台梭利（Maria Montessori）意识到了幼儿的这种特征，并且把这种特征运用到了教学指导当中（Gordon & Browne, 2014）。蒙台梭利设计的学习材料全都包括对物品的动手操作，以发展幼儿的所有感觉。这种学习材料富有让幼儿感知物品的颜色、形状、大小、材质、声音和其他一些对有形物品进行操作的属性。在**感觉卷入**中，孩子的所有感觉通道都被用来在具体和抽象之间架起联系的桥梁。例如，儿童在朗读用砂纸做成的字母和数字的时候，他们会一边念，一边摸这些数字和字母，在这个过程中同时使用了触觉、视觉和听觉。蒙台梭利用自己的创造力为幼儿研发了一套可激活多感觉通道的教学材料。

支持皮亚杰认知发展理论的人们相信，儿童最好的学习方式就是动手对物品进行操作。Williams和Kamii（1986）指出，幼儿对物品的操作并非无心之举，这个过程中包含着各种生理和心理活动。例如，伊莎贝尔在自己的积木塔的顶端又放了一块积木，因为她觉得这能够帮助积木塔保持平衡。杰森正在揉搓手里的橡皮泥，因为他想把这块橡皮泥做成蛇的形状。没有人告诉这些孩子要做什么，他们自己想出了这些方法。（见照片2.2）

多感觉通道学习在人生的最初3年是极其重要的，因为这3年是大脑发育速度最快的3年

照片2.2 幼儿通过第一手感觉经验来主动学习。

（Marotz & Allen，2016）。和新生儿的大脑相比，1岁孩子的大脑看上去已经更像成人的大脑了。到了3岁的时候，儿童大脑的活跃程度是成人大脑的2.5倍。在孩子出生后的10年中，他们的大脑甚至会变得越来越活跃。除了满足孩子基本的需求（诸如健康、安全和营养），在婴儿期和学步儿期，成人应当为儿童提供各种感觉刺激（Marotz & Allen，2016），这一点的重要性毋庸置疑，这些感觉刺激包括：

- 说话、阅读以及给婴儿/学步儿唱歌。
- 鼓励孩子在安全的条件下探索和游戏。
- 限制使用电视和其他电子媒体。

不幸的是，有些孩子对感觉信息的反应方式并非良性的。在一些幼儿身上会出现一种被称为**感觉统合失调**的问题（Stephens，1997）。出现这种障碍的儿童无法完成常规的活动，因为他们的感觉系统无法提供准确或清晰的信息。因此，这样的孩子无法把新的信息和自己的记忆整合起来，无法做出适当的行为反应。感觉信息似乎会在孩子的大脑中用一种随机的方式"走"一圈。虽然都出现了感觉统合失调问题，但是不同孩子的症状千差万别，症状可能包括注意问题、自我调节问题、感觉过度、活动过度或活动过低、行为问题，或者以上问题的任意组合。

2.2c 记忆

记忆是一种保持和提取信息的心理能力。一些信息通过感觉系统被接收。然后被存储以备他日之需。这些信息可能会通过以下四种方式被提取使用。

这四种提取记忆的方式被称为回忆、再认、关联配对以及再造。回忆是一种直接从脑海的仓库里取出某些信息的方式：

"你叫什么名字？""我的名字是卡洛斯。"
"谁是你的朋友？""山姆、斯蒂芬妮、贾斯汀、玛丽亚还有马克。"
"你多大了？""4岁。"

再认比回忆容易一些，是在给定的信息中做选择，例如，"你是3岁还是4岁？""观察一下这些动物，选出其中是狗的。""告诉我，这些孩子中的哪一个是你的朋友山姆。"

关联配对包括把两个事物放在一起，例如，把名字和人脸放在一起，把一种物品和一种颜色、一种形状或某些其他特征放在一起，例如，"这是我的朋友山姆""这件红色的毛衣是我的"，或者"三角形有三个边；四边形有四个边"。

和简单的回忆相比，再造性记忆更难。在这种情况下，再造的必定是重新生成的。例如，凯特写下了自己的名字，画了一张她朋友的小像，伸出四根手指表明自己已经4岁了。

辅助记忆的方式有很多。在一开始的学习过程中，如果能够加入更多的感觉信息，识记的过程会更容易。蒙台梭利的方法就是这样的范例，孩子在学习的时候同时也接收了各种感觉信息。体验式学习是这种方式的又一范例。教师告诉孩子，大杯子比小杯子能装更多的水。如果儿童学习的时候能够自己尝试把水从一个杯子倒进另一个杯子，同时通过视觉和动作感受哪个杯子能装更多的水，他们就能更好地学会这样一个事实：大杯子比小杯子能装更多的水。

当需要识记的内容对一个人来说有意义的时候，记忆的效果最好。如果你正好3岁，或者你正盼望着赶快到3岁，又或者你正在摆弄三个物品，与此同时有人说道："这有三块石头：1，2，3。"这时候，要记住"3"这个数字会更加容易。如果一个孩子喜欢长头发，那么记住一个长头发的人的名字就比让他记住一个短头发的人的名字更容易。在上学之前，他们会学到更多关于如何给物品分类或者如何给物品分组的知识，孩子同时也会使用这些技巧来帮助记忆。

元记忆——"对记忆过程的思考能力"（Lightfoot, Cole, & Cole, 2013）——是一个让研究人员感兴趣的话题，研究人员想要知道人是在多大的时候开始思考自己的记忆过程的：自己的记忆是如何发生的，哪些东西对自己来说是更容易记住的，以及自己的记忆力怎么样。幼儿往往会对事物如何被记住这件事形成错误的观点，因而通常会使用低效的记忆策略。在5岁左右，儿童会对自己使用的记忆方法形成一些见解，但是孩子至少要到8岁左右才会明白记忆是如何工作的，了解记忆策略，明白该如何使用记忆策略以及在什么时候使用记忆策略（Lightfoot, Cole, & Cole, 2013）。

2.3 学习是如何发生的

当经验导致个体行为发生改变时，学习就发生了。眨眼、躲开炙热的火堆或者哭泣等行为都是反射行为，不是学习而来的行为，经验只可能增加或者抑制上述行为出现的频率。一些学习依赖于成熟，例如，新生儿无法行走、说话、捉迷藏或者解算术题。

学习有一些基本特征（Miller, 2011）。其中部分特征是泛化、辨别、塑造、消退和习惯化。**泛化**是发现事物之间的相似性的过程。例如，球、轮胎和硬币都是圆的；女孩、男孩、母亲和父亲都是人。**辨别**与知觉事物之间的差异有关（照片2.3）。一个球是红色的，另一个球是蓝色的。一个轮胎很大，另一个轮胎小一点。一个人是长头发，另一个人是短头发。

照片 2.3 孩子们在接触各种材质，他们发觉这些材质之间有相似之处，也有不同之处。

塑造指的是逐步形成一种可习得的行为，这是通过**逐次趋近法**的方式形成的，或者是通过渐进式学习形成的。例如，一个孩子来到一个新的集体环境中，如果这个孩子拒绝参与大集体的活动，是很正常的。第一天或者前几天，这个孩子会在离这一大群孩子很远的地方坐着，他甚至可能自己玩自己的。在接下来的日子里，他可能和集体坐得近了一些，但只是看着其他孩子玩。很快，这个孩子会加入集体，只是在集体活动中并非活跃成员。最终，这个孩子会参与其他孩子的活动。**消退**与"反学习"相关。如果一个行为没有得到强化，这个行为渐渐就不再出现了。**习惯化**是逐渐习惯某些事物的过程，即当一个事件新异或不寻常时，孩子更有可能马上对他不熟悉的刺激加以关注，而不是去关注身边频繁出现的事件。如果一个成人从来没有对一个孩子疾言厉色过，一旦他这么做了，这个孩子会立刻对这件事加以注意。如果这个孩子平时就经常被大人批评，那么他会变得习惯这种严厉的语气，因此即使一个成年人突然对这个孩子疾言厉色，也不会引起他的注意。

经典条件反射、操作性条件反射和观察学习/模仿学习都是行为主义解释学习如何发生的方式。同化和顺应则是发展性的解释学习的方式。

2.3a 同化和顺应

皮亚杰（Miller，2011）提出了一套关于儿童的新行为的理论，即提出了一套关于学习是如何在思维中发生的理论。皮亚杰认为，学习是一个持续不断的适应过程。儿童通过**同化**和**顺应**这两种方式完成了这种适应的过程。同化指的是一种合并的过程。新的想法和概念被并入旧的想法或概念中。例如，一个孩子知道什么是大的、红色的、圆形的物体，这个东西叫作球。那么这个孩子随后看到一个小的、蓝色的、圆形的物体也会通过同化的过程认为这个物体是一个球。顺应是一种改变旧的概念以适应新概念的学习过程。当这个孩子看到另外一个大的、红色的、圆形的物体时，他会说，这是一个球。然后，其他人会告诉这个孩子，这个物体其实是一个气球。顺应能够让一个孩子修整自己关于球的

概念，并且在球这个概念中添加新的成分——气球。通过适应，孩子能够在自我和环境之间达成平衡或均衡的状态。在同化和顺应之间的平衡能够帮助一个孩子实现**平衡状态**。通过这种方式，孩子能够了解外部世界的意义，并且获得满足感。

2.3b 经典条件反射

经典条件反射理论认为，学习是通过在刺激和反应之间产生联系而发生的。例如，一个孩子在听到一个巨大的响声时会吓一跳。如果在声音响起的时候同时出现另一个事物，孩子可能就会学习到对这个新事物的反应也是吓一跳。在华生经典的小阿尔伯特的实验中（as cited in Miller，2011，p.225），小阿尔伯特在听到一声巨响后自然而然地出现了恐惧反应，但是这时候他并不害怕白老鼠。但是，如果在声音响起来的同时有一只白老鼠被拿到了小阿尔伯特的眼前，他就会开始害怕这只白老鼠。通过这种简单的（并且通常都是在不经意间发生的）联系，会发生大量的学习。例如，当一个小婴儿看到自己的母亲在身边时，他可能会说，"mama"。母亲在听到这声"mama"之后，会对婴儿微笑并拥抱自己的孩子。因此，"mama"就和母亲的概念发生了关联。

2.3c 操作性条件反射

通过**操作性条件反射**，学习也能发生，这种方式可以通过谨慎使用对适当行为的强化或奖励而实现。与此同时，不恰当的行为可以被忽略，这是一种有意识地避免奖励的方式。本书的第7章会介绍操作性条件反射或者行为塑造技术对于学步儿特别有效。对于学龄前的孩子来说，在行为管理上有更多可供选择的方案。

2.3d 观察和模仿

在前运算阶段，许多孩子的学习是通过观察和模仿的过程实现的。儿童可以通过两种方式模仿。儿童做出某种行为，与此同时立刻受到成人的即时奖励。另一种方式是儿童看到其他人做出某种行为，并且这个人因此而受到奖励。下面这个例子就是第一种学习类型的展示：

> 马克走到浴室。马克的爸爸正在刷牙。马克说："我也想要刷牙。"爸爸回答："我们给你准备了一个小牙刷。"爸爸把小牙刷递给马克，说："现在看着我怎么做，然后跟着做。"马克看着爸爸。然后，他也学着爸爸的样子做了。爸爸说："不错啊，马克。你是一个大孩子了。"

下一个例子是第二种学习类型的展示：

> 伊莎贝尔在学前班看到其他孩子因为把东西分享给其他小朋友而受到了表扬。于是，伊莎贝尔决定自己也要这么做。

在第一个例子中，马克当场就复制了自己父亲的行为，并且收到了即时奖励。在第二个例子中，伊莎贝尔的同伴就是一个榜样。伊莎贝尔看到了同伴的分享行为会带来怎样的结果，然后她自己也打算这么做。她盼望着，如果自己也能分享，那么老师也会表扬她。

2.3e 在成人和同伴的支持下学习

维果茨基的理论更加重视成人对儿童学习的支持的重要性，也就是维果茨基所说的最近发展区（Zone of Proximal Development，简称ZPD；Winsler, 2003）。成人的支持，或称支架，通常对于儿童的学习来说是极为关键的；换句话说，当一个孩子准备好了向前发展时，成人可以通过提出恰当的问题、提供适宜的材料和解释说明来支持这个孩子的发展。下面我们会讲到，虽然由儿童发起的主动学习至关重要，但是成人富有技巧的支持和引导也至关重要。除了成年人，如果孩子们在一起为了一个共同的目标合作，那么同伴也是能够对彼此施加积极影响的人（Miller, 2011）。支持孩子的人越有能力，孩子的最近发展区就越大。

根据维果茨基的理论，在儿童游戏中，支架是支持儿童学习的一种重要成分（Berk & Winsler, 1995；Bodrova & Leong, 2003b）。通过和成年人或年龄大一点的同伴之间的社会合作，儿童的假装游戏能力得以发展。"维果茨基理论取向的游戏研究强调的是，从一开始，假装就是一种社会性活动"（Berk & Winsler, 1995, p.63）。在游戏和儿童的幻想中假扮某些角色，通过这种方式引发并支持儿童的想象活动。在这方面，儿童的照顾者是轻车熟路的。由成人发起的互动游戏，例如藏猫猫和一边唱儿歌一边拍手，是对社会交互的一种支持，也是儿童随后发展而来的人际对话的基本成分。包含着弹跳、举高和摔跤的身体游戏也是沟通、情绪发展和社会性技巧的基石，这些又都是表征游戏的组成部分。一旦孩子进入学前期，他们就具备了玩想象游戏的能力，这时成人可以继续提供对发展的支持，他们可以通过口头表达的方式扮演一个游戏中的角色，成为孩子的玩伴。例如，成人可以扮演小婴儿，孩子扮演父亲或者母亲；成人可以是出租车里的乘客，孩子可以是司机；或者成人可以是病人，孩子可以扮演医生。假装游戏的价值不但在于它能够为儿童所有方面的心理发展提供支持，还在于能够帮助孩子发展创造力（见表2.1）。

表 2.1　在成人的支持下的儿童游戏范例

下面的对话发生在总统大选前 1 周。凯特是一个 3 岁零 10 个月大的女孩。她从杂志封面上剪下候选人的图片，然后和自己的妈妈用这些剪下来的图片做纸娃娃。

妈妈	凯特
他们对彼此说了些什么？	什么都没说。你不会给我投票。我也不会去投你的票。
你不会把选票投给我？	是的。
那你想把选票投给谁？	可能是这个人，妈妈？我想投这个人。
我有这个人。好的。我有候选人 C。你有哪个候选人？	总统 F。
好的。那么总统 F 和 C 说了什么？	不，我不会去亲吻你的。我打算亲吻我自己。好吗？我不会去亲吻你的。我打算亲吻我自己。
你打算这么做，是吗？那么，我也不会去亲吻你的。	哦，看豆子！
啊！哦哦！你打到我了。好疼！	接住！
好疼！你为什么打我，总统 F？	因为我觉得你这个人不怎么样。
你，哦，我这个人挺好的。是什么让你觉得我这个人不怎么样的，总统 F？	因为你是个讨厌的人。
啊，但是，我想住进你的白宫里面啊。	好的，来吧。
我能去吗？我能搬到白宫和你一起住吗？在你的白宫里，你把我安排在哪里？	在我的床上。

注意，这位母亲会根据自己扮演的角色提出问题，并且按照自己的角色要求来做。游戏主题的可持续性更强了，和之前相比也更加复杂了。这个游戏的内容反映了幼儿对于总统大选的觉知。

2.3f　儿童引导以及成人引导的主动学习

对年幼儿童来说，适宜性环境不但能够为以儿童主导的学习提供支持，也能够为以成人主导的学习提供支持（Epstein，2014）。在这样的环境中，儿童拥有大量可以主动学习的机会。儿童不用等待成人的出现就可以开始自己的学习。他们不断获取知识。"孩子不断遇到环境中的各种事物，并且让自己从这些事物中获取知识的'养分'"（Kamii，1986，p.71）。DeVries 和 Kohlberg（1990，p.19）认为，皮亚杰的建构主义观点对教育实践指导的关键所在是"皮亚杰的理论对动作发展的重视"。儿童自发的活动是心理发展的基础。DeVries 和 Kohlberg（1990，p.20）将皮亚杰的观点归纳为"早期教育是为儿童发展服务的"，早期教育具有以下三点相互依赖的特征：

1. 能够引发儿童自发性心理活动的方法。
2. 教师的角色是陪伴者，应当将教师作为成年权威和控制者的作用降到最低，教师的作用是激发儿童的自发性行为——游戏、实验、推理以及社会性合作。
3. 儿童之间的社会生活为合作提供了大量的机会，这其中包括了冲突，这些机会能够激发儿童和他人合作的欲望。

对于上面三个特征中的第三项,我们没有必要过分强调。社会互动是一种极其重要的学习手段。"合作"这个概念并不是皮亚杰随意提出的内容,无论是在和谐的关系还是在人际冲突中,都存在各种社会互动(照片2.4)。

照片2.4 这些孩子正在通过与彼此的互动以及与各种材料的互动来学习。

儿童能够参与由自己发起的学习活动,通过这种方式,儿童的发展得以实现,这是皮亚杰理论关注的重点。而维果茨基更加关注学习中的社会性成分。作为从事儿童教育工作的成人,对上面两派理论的兼容并包是相当重要的。虽然儿童需要时间来发展自己的游戏活动,并以此来学习,但是他们同样也需要成人和年长儿童的支持与帮助。对于儿童来说,通过多样化的手段和资源发展才是核心,这也是我们在本书的第5章要讨论的。

2.3g 学习风格

并非所有儿童都是以同样的方式学习的。不同的儿童有不同的**学习风格**,每个孩子各有所长。在《智能的结构》(*Frames of Mind*, 2011)一书中,霍华德·加德纳(Howard Gardner)提出了七种学习风格,随后又提出了第八种智力:自然智能。语言型学习者和身体/运动型学习者就有两种完全不同的学习风格。如果一个孩子擅长语词,那么他在美国的学校里可以如鱼得水,因为他们乐于阅读与写作,有很好的记忆力,并且通过口语、听觉和视觉的方式能够获得最好的学习效果。与此相对应的是,身体/运动型学习者在需要安静坐好的教室里会表现欠佳。身体/运动型学习者乐于活动身体,触碰事物并且喜欢说话。他们擅于身体活动和手工制作;对他们来说,最好的学习方式是触摸、活动和空间交互;他们擅长通过身体感觉来加工知识。一些孩子在单独学习的条件下效果最好,而另一些孩子更加适应小组学习的方式。对于学校学习来说,学习风格也是一个至关重要的变量。儿童可能在不同的情境下运用不同的风格(Schiller, 2010)。他们可能在数学课上采用一种风格,在艺术课上采用另外一种风格。Schiller建议,教师无需对课程是否匹配学生的风格过于执着,教师应当关注的是,为所有的学生设定较高的预期,并且在教学中使用各种策略,以使用所有的学习风格。关于多元智能的内容,我们在本书的第9章有更为详细的探讨。

2.3h 学习动机

对于从事幼儿工作的人来说,一项重要的任务就是确认在对儿童的教学工作中,他们的学习兴趣是否得到了恰当的保护。学习的欲望是儿童自然动机的一种形式,它包括了"解决问题、发现事物运行规律以及完成任务"等内容(Hauser-Cram, 1998, p.67)。学习建立在探索世界的欲望之上。婴儿和学步儿是动机强烈的学习者,但是在上学之后,孩子们的学习欲望似乎日渐衰退。Hauser-Cram（1998）描绘了儿童的学习动机随着年龄变化的情况。不满6个月的婴儿会通过伸够、用嘴咬以及视觉来探索世界。到了9个月大的时候，婴儿的行为通常会受到目标的指引，并且会对因果关系产生兴趣（例如，摇晃拨浪鼓会发出声音）。当孩子到了18个月大并进入学步儿期的时候，他们就成了典型的模仿者（比如，爸爸刮胡子，儿子也刮胡子；妈妈涂口红，女儿也跟着涂口红）。对于学步儿来说，看着别人做什么似乎能够激发他们极大的兴趣。幼儿园儿童能够完成更加复杂的任务，他们能够通过思考完成问题解决的工作。动机强烈的婴儿和学步儿会利用一切机会探索，并通过这种方式学习。一些研究关注了那些身体有残疾或者有发展障碍问题的儿童。在婴儿期和学步儿期，无论是否有残疾，孩子希望实现目标的坚持性是一样强的。有证据表明，随着儿童年龄的增长，成人可能会更加直接地介入儿童的游戏。因此，儿童对自己感兴趣任务的自主权和独立性会受到限制。研究表明，在小学三年级之前，幼儿还保有对学习的欲望。从三年级到八年级，他们的内部动机出现了减退（Bartholomew，2007）。

与教师传授给学生的知识内容相比，为学生提供能够激发其学习动机的环境与氛围更加重要（Bartholomew，2007）。"动机包括对灵感的激发，或者对成就达成的激励"（Bartholomew，2007，p.594）。外在奖励与惩罚控制手段并不是内部动机的关键。儿童的自我约束和顺从不一定能对他们的学业成就有益。事实上，使用上述手段可能导致挫败感、愤怒、厌倦或者压抑。Bartholomew指出，动机是学习必要的先决条件。积极正面的方法是激发学习动机的关键。积极正面的方法包括为学生设定预期目标以及建立日常规范，帮助学生自己设立目标，提供选择，通过倾听学生的声音表达对学生的尊重，以及保持一种积极正面的态度。

Marilou Hyson（2008）描绘了一种构建课堂环境的方式，这种方法能够提升学生的热情和参与度。这一方法的理论基础是"学习导向（approaches to learning）"概念。学习导向包括如下组成部分：内部学习动机、学习兴趣与学习乐趣、参与度、坚持度、做计划、调控和集中注意力的能力、灵活的问题解决、创造力以及对挫折的忍耐力。以上是入学准备的重要先决条件，需要加以培养。来自不同文化背景的孩子可能会表现出对学习的不同热情和参与度。因此，很重要的一点是，教师应当考虑学生之前的经验，以及家庭对学生期望。

虽然为不同的孩子提供适应其学习风格的教育会让孩子们感觉良好，但是实现这一点变得越来越困难，原因在于目前的早期儿童教育越来越不符合儿童发展的规律了。早期儿童教育开始越来越重视纸笔任务、书本任务以及表格任务，这样做的目的是帮助孩子更加适应随后的标准化测试。Geist和Baum（2005）指出，教师也面临着压力，这种压力迫使他们把儿童发展的规律放在一边。许多不符合儿童发展规律的教育实践都是以考试为导向的，即教师、家长和教育管理者们可能认为各种在书本纸面的学习和练习是备考的最佳方案。我们希望，当前的评价改革（在本书的第14章会加以讨论）能够对这种现状有所改变。针对幼儿的课程设计应当适合孩子们的发展水平和学习风格，而不是改变孩子，让孩子们适应课程的设置（Charlesworth，1989）。

> **思考时间**
>
> 研究已经发现，在三年级或四年级的时候，儿童可能会出现研究所说的习得性无助（learned helplessness），这样的孩子会丧失天生的对学习的好奇心和动机。你认为，哪些因素可能导致上述情况？

2.4 技术和数字化媒体作为学习的工具

在 21 世纪，技术与数字化媒体高速发展。Donohue（2015）指出，2010 年出现的 iPad（平板电脑）对于年幼儿童的生活来说是一种科技和互动媒体方面的重要转折点。易于使用的触摸式平板电脑为幼儿探索互联网敞开了一扇大门。在未来，技术和互动媒体无疑会成为年幼儿童学习过程中不可或缺的组成部分，并且所占比例只会增加，不会减少。因此对于从事幼儿教育的工作者来说，无论是在学校环境还是家庭环境中，这都是一个全方位的工作挑战。虽然技术和互动媒体工具的价格越来越低，但是许多学校和家庭还是负担不起。然而，正如到了 20 世纪末电视机已经走进绝大多数的家庭，技术和互动媒体很可能在 21 世纪末也走进千家万户。教师、家长以及其他的儿童照顾者在使用新的技术工具以及以此为媒介帮助儿童学习方面还是面临着挑战的。在《幼儿》（Young Children; Technology and young children, 2012）一书中，以及近期的《童年早期的技术与数字化媒体》（Technology and Digital Media in the Early Years; Donohue, 2015）一书中，研究者们都关注了技术给教育者、家长以及社会成员带来的挑战。教育者需要跟上技术创新的脚步，从而拓展自己的知识，并将这些知识运用到自己的工作中。教育者们还必须时刻保持清醒的头脑：技术和数字化媒体仅仅是一种附加工具；它并不是儿童游戏和学习活动中的其他工具的替代品。

电视机已经不再是数字化世界的主宰了（Brooks-Gunn & Donahue, 2008）。手机、数码相机、触屏、个人计算机、iPod（便携式多功能数字多媒体播放器）、iPad、视频游戏、即时通信工具、Skype（一种即时通信软件）和电子邮件、互动式多参与者视频游戏、虚拟现实网站以及在线社交网络，都是电视机的有力竞争者。绝大多数儿童能够接触到一种以上的电子媒介，有些儿童甚至能够在同一时间同时使用多种电子产品来执行多任务。他们可能一边看着电视，一边用耳机听着 iPod，同时还和朋友们聊着短信。手机或者触屏设备可以是一部摄像机、一台电视机、一个互联网门户或者是一台收音机。研究发现，内容会对儿童产生影响。婴儿和学步儿需要和其他人类以及客观事物发生直接的互动，从而获取经验，所以电子化媒介对他们来说并不是一种有效的学习途径，因为它缺少实实在在的人类的参与。如果使用得当，到了 3 岁时，儿童是可以通过电子媒介学习的。效果的峰值出现在 1~2 小时的时候。儿童的亲社会行为，诸如利他行为、合作行为和忍耐行为，也可以通过电子化媒介有所增加。儿童还会持续受到电子化营销和广告的影响。因此，家长必须对儿童使用电子化媒介进行必要的限制。

美国幼儿教育协会和弗雷德·罗杰斯早期学习与儿童媒体中心（Fred Rogers Center for Early Learning and Children's Media, 2012）针对童年早期教育中的技术问题发表了一份立场声明：

以下是美国幼儿教育协会和弗雷德·罗杰斯早期学习与儿童媒体中心针对技术与互动媒体作

为学习工具在儿童教育中运用问题的观点：如果这些技术与工具通过有意的使用能够服务于儿童的发展适宜性实践，并且能够与其他传统工具及材料结合使用，那么这些技术与工具是能够对幼儿的发展和学习起到支持作用的。（p.1）

工作场所中的技术已经远远领先于在学校和家庭环境中使用的技术产品。未来的挑战是如何帮助我们的孩子通过技术产品学习、熟悉并使用技术，从而确保他们在将来的工作中能够对技术加以熟练运用。美国幼儿教育协会和弗雷德·罗杰斯中心在帮助教师和家庭适应最新科技方面有着持续的合作（Allvin，2014）。下面将介绍我们所了解的作为儿童学习工具的电子化媒介。

2.4a 通过电视和视频游戏学习

电视机和其他媒介是儿童学习的有力工具，这一点毋庸置疑。虽然确实有许多高质量的软件、视频和游戏，但是儿童还是会在接触电视机和使用其他电子媒介的过程中学到不恰当的行为，并且有暴露于不适宜内容的风险。对这些技术产品的抨击也不绝于耳。

美国幼儿教育协会建议，政策制定者应当对内容发布方加以更为严格的限制，教师能够帮助儿童培养亲社会行为，同时限制含有暴力内容的游戏活动。美国幼儿教育协会还指出，家长应当对孩子看电视的行为加以控制，同时在孩子看电视的时候陪在孩子身边，这样家长就能够向孩子解释什么是好的和坏的内容。家长应当抵制低品质产品的广告宣传，并且应当对媒体上过量的暴力内容保持警醒。

Levin 和 Carlsson-Paige（1994）以及 Levin（2013）认为，技术对儿童来说既有积极作用，也有消极作用。Levin 和 Carlsson-Paige（1994）总结了符合儿童发展规律的电视节目的特点，就是把儿童放在首位。应当对家长、教师以及立法者加以教育和引导。如果儿童花费了太多时间观看不符合其发展规律的电视节目，必然会对他们造成损害。Levin 和 Carlsson-Paige 归纳了若干种情形：

- 对儿童来说，他们需要发展一种安全感和信任感，而观看带有暴力和恐怖内容的节目会对儿童的安全感和信任感造成损害。儿童需要发展出自控力和与外部形成连接的能力，但是在媒体节目中的人物性格要么独立于一切，要么对他人完全依赖，而不是两者兼而有之。
- 儿童需要发展一种力量感和自我效能感，但是电视节目并没有给儿童提供能够通过和平的方式获得这些特质的方法，也没有提供这样的人物类型。
- 电视节目还会扭曲儿童对性别角色的观念，这对他们获得自身的性别认同并无益处。
- 电视节目同样不会帮助孩子了解、理解并欣赏人与人之间的相似与不同之处；取而代之的是，在电视节目里的人物是脸谱化的，不断强化各种刻板印象。
- 儿童需要发展出一种道德感和社会责任感（见本书第 12 章），但是电视节目通常宣扬的是通过暴力手段解决问题，把暴力手段合理化，同时还不能给儿童提供正面的榜样形象，这会损害儿童的道德感和社会责任感的发展。

Levin 和 Carlsson-Paige 认为，电视节目内容应当以儿童为导向并且应当关注儿童看电视的习惯，在这方面应当有所改善。Levin（2013）提出，现在的孩子们的童年是"遥控的童年"，电视机已经不再是在今天的孩子们的生活中占主导地位的技术产品了，取而代之的是另一些技术产品渗入儿童生活的方方面面，这样的结果可能导致儿童在学习了解外部世界和与他人进行人际交往时产生不健康的偏差。

大量研究关注了看电视对3岁以上儿童的影响作用。例如，Anderson、Huston、Schmitt、Linebarger和Wright（2001）开展了一项对儿童从幼儿园阶段到青春期的追踪研究。研究数据显示，如果幼儿园儿童观看教育类节目，他们进入青春期后的学业成绩更好，书籍阅读量更大，更加看重学业成就，更富有创造力，同时攻击性更低，这些结果是和在学龄前不看教育类节目的青少年相比得到的。虽然我们对电视节目对3岁以上儿童产生的影响有所了解，但是到目前为止，我们对媒体节目对婴儿及学步儿所产生的影响所知甚少。Vaala、Bleakley和Jordan（2013）在全美范围内针对家长开展了一项关于婴儿和学步儿媒体环境和看电视习惯的调查，他们的研究结果指出，绝大多数家庭有电视、DVD播放器、计算机以及互联网，大多数家庭里还有除此之外的其他媒体产品。几乎所有的婴儿和学步儿花在屏幕之前的时间都是在看电视或者看DVD。同时，几乎所有的婴儿和学步儿看屏幕的时间都比专业建议这个年龄段儿童观看电视/DVD节目的最大时长要长（推荐时长为婴儿每天1.25小时，学步儿每天2.9小时）。在儿童的卧室里放一台电视机是影响孩子们看电视时长的主要因素。到目前为止，研究指出，看电视对婴儿和学步儿不会产生积极效果。此外，还应当开展进一步研究，确定除电视机以外的其他媒体形式会对儿童发展产生怎样的影响。美国西雅图的一位儿科医生的研究结果显示，如果孩子在3岁之前每天花2小时看电视，那么到了7岁时，这些孩子和从不看电视的孩子相比，出现注意问题的概率会提高20%。美国儿科学会（American Academy of Pediatrics）建议，2岁以下的孩子不应当看电视（O'Brien, 2005）。如果运用得当，电视机也能成为学习的工具。不少电视节目都在其中塑造了积极的行为模型并提供了有价值的信息。例如，紫色恐龙巴尼就是深受学步儿和低龄幼儿园儿童喜爱的形象。《芝麻街》（Sesame Street）为孩子们提供了学习基本技能的机会，例如，数数、背诵字母表等；塑造了积极的、文化多元的榜样角色，并且提供了多种形式的优质信息。另一些能够为儿童提供积极学习经验的电视节目还包括《爱探险的朵拉》（Dorathe Explorer）、《阅读彩虹》（Reading Rainbow）、《比尔教科学》（Bill Nye the Science Guy）、《神奇校车》（The Magic School Bus）、《国家地理（特别版）》（National Geographic specials）、音乐会以及其他音乐类节目。弗雷德·罗杰斯主持的《罗杰斯先生的邻居》（Mister Rogers' Neighborhood）的播出时间为1968—2001年，这是一档关注儿童社会性情绪发展的先锋电视节目（Sherapan, 2015）。弗雷德·罗杰斯中心随后延续了这一传统。现实情况有悖于各种专业建议，婴儿和学步儿确实在看电视，而且他们也熟悉各种其他的媒体产品，因此现在要解决的问题变成了如何以有益的方式使用媒体工具（Powers, 2014）。成人要控制儿童看电视的时间，监督他们观看的电视节目的类型，和孩子们一起看电视并且在之后讨论节目内容，这些都是成人应当做的。

视频游戏是一种结合了视频和计算机技术的产物，出现于20世纪80年代。现在它已经在几乎所有家庭"扎根"了。孩子们玩游戏的时间可能已经超过了他们看电视的时间。虽然视频游戏能够给孩子们提供解决问题和训练手眼协调能力的机会，但是这些游戏还可能带有暴力内容（Rogers，1990）。

2011年的数据显示，67%的美国家庭都在玩视频游戏（Blumberg，2011）。Roberts和Foehr（2008）的报告指出，50%的年龄在0—6岁儿童以及83%的年龄在8—18岁的儿童的家里都有视频游戏。Eugene Provenzo（1991）在其著作《视频儿童——理解任天堂》（Video Kids: Making Sense of Nintendo）中指出，太多视频游戏的情节是残忍和暴力的。虽然确实有一些不包含暴力情节的游戏存在，但是孩子们还是花了太多的时间玩游戏，而这些时间本该是他们锻炼大肌肉的时间（如果是在户外活动就更好了），本该是他们阅读优秀书籍的时间。应当对孩子们玩游戏的时间加以限制。家长们在给孩子购买游戏之前应当自己先看一看，并且读一下游戏的情节简介。Provenzo警告家长，应当远离包装盒上有射击、毁灭或杀戮字样的游戏产品，如果包装盒上有诸如"诸多隐藏的地点需要玩家去探索"，可能表示该游戏能够提供不同难度的探险任务。家长应当选择不包含暴力情节并且制作精良的产品。

Blumberg（2011）提出，研究应当更加关注视频游戏以及玩这类游戏对儿童的学校学习和认知技能的影响作用。对于游戏数量、内容、情节设定和游戏架构对玩家产生的影响，以及游戏玩家的行为机制，我们所知甚少。我们还需要了解如何以最好的方式将教育内容植入游戏。有一些文献记录了包含身体运动的视频游戏和节目产生的积极影响作用（例如，Wii®Fit）。肥胖儿童能够在玩游戏的过程中燃烧热量，而且在游戏中获得的某些技能也能够被运用到其他体育活动当中。除此之外，我们还需要继续深入了解儿童在玩游戏时所使用的策略（虽然我们现在已经知道了孩子们在玩游戏的时候会用到尝试错误的策略）。

近期的研究（Bilton，2014）发现，第一人称角色射击游戏要求玩家使用武器对他人进行杀戮，这种游戏会让儿童对暴力变得麻木，同时也会阻碍儿童的道德发展。

2.4b 通过计算机、触屏和手机学习

计算机、触屏以及手机可以激发儿童的兴趣，这些工具已是儿童生活中不可分割的一部分。很多上了年纪的成人很奇怪，为什么这些小孩子能够对这些技术轻易上手（Cushman，2011）。幼儿好像很容易成为使用高科技产品的"高手"。这些孩子能够快速成为高手的关键原因可能是他们步入数字世界的方式。孩子们如果觉得某些东西很有趣，他们就会和自己的朋友们深入其中并且做各种尝试，在这个过程中，孩子们不会背负必须创造特定产品的压力。成功学习技术的决定因素是有趣、友谊、对自己能够成功的预期、对犯错的接纳、能够按照自己的步调和节奏提升的能力以及精通技术所带来的乐趣。

如今，触屏已经迅速成为课堂上的主要教学仪器，就连学前儿童也在使用触屏（照片2.5和照片2.6）。儿童能设计图案，甚至可以使用乐高的可编程模块设计机械。Shifflet Toledo和Mattoon（2012）把触屏带入了Mattoon的学前教室里。在教室中，她首先在一个小组中使用触屏。接下来，她把触屏介绍给了更多的小组。儿童能够很自然地合作并分享使用放置在图书区的触屏。专业人士建议，在将技术产品运用于儿童身上时，需要谨慎。

技术产品所提供的内容应当符合儿童的发展规律，并且应当具有文化适宜性。Nikolopoulou（2007）提出了为不同文化背景的儿童选择软件的标准。这样的软件应当"以图片、动画和声音为主导、有独立于文化背景的内容以及不带强

用软件、网站、电视节目、书籍以及音乐进行评级。另一些信息源参见 Donohue（2015）的列表。我们需要注意，技术无法完全取代具体的材料和体验，而后者才是知识建构的核心。技术的本质导致其存在局限性，而这种局限性在自然环境中是不存在的。

随着技术日益深入我们的生活，许多儿童发展领域的专家都表达了对幼儿花过长时间使用计算机和其他媒体的担忧（Alliance for Childhood, n.d.; Summers, 2014）。一些担忧指出，计算机会导致儿童健康的恶化，这类风险包括"重复用力损伤、视疲劳、肥胖、社会鼓励以及对某些儿童长期的生理、情绪或者智力发展的损害"。美国卫生总监指出，美国儿童盯着屏幕看的时间过长。目前还没有证据显示技术产品能够提高儿童的学业成就。特别是幼儿，他们需要面对面地和其他人交流，来发展语言、概念、情绪以及社会性技能。儿童联盟（The Alliance for Childhood）论文的作者认为，当前的技术在现在这些幼儿未来进入职场时就会因过时而被抛弃，但是创造力和想象力永远都是宝贵的。在童年早期阶段，动手学习仍然是最有价值的方式。此外，电视和其他媒介不应当出现在婴儿和学步儿的生活当中，在社区环境下并且在其他家庭成员的陪伴下使用除外（Cotto, 2015）。

2.4c 照片

教师和家长长久以来都是使用照片来记录儿童的活动和成就的。随着价格亲民的数码相机和手机摄像功能日益普及，幼儿使用照片做各种各样尝试的机会也多了起来（Blagojevic & Thomas, 2008）。这种技术手段为幼儿探索世界提供了新手段。儿童可以学习选景、构图并且把照片导入计算机当中。幼儿能够使用相机制作自己的作品，例如，故事、杂志以及各种科学探索。Cotto

照片 2.5 儿童，即便在年龄很小的时候，也会被手机应用程序深深吸引。

照片 2.6 学前儿童很喜欢使用触屏计算机。

烈感情色彩的图形、界面和故事情节"（p.178）。Levin（2013）建议，评级网站应当对媒体内容进行评价。综合性最高的评级网站是 Common Sense Media，这个网站会对电影、游戏、手机应

（2015）建议，儿童能够使用相机展示并记录自己、同学、家庭以及其他文化的点点滴滴。

2.5 游戏在学习中的作用

游戏是儿童学习的主要手段。游戏同时也是一种自然且带有生物性功能的方式（Elkind，2003）。无论是人类还是动物幼崽，都喜欢游戏，会借助游戏来了解并学习这个世界。Elkind（2003）提醒我们，游戏和学校中的学业任务不同，游戏是一种带有自发性和创造性的活动。真正的游戏充满乐趣并且能够让人感到愉快。Elkind（2005）强调，游戏对于成人来说也许是可有可无的东西，但是游戏对于儿童来说是不可或缺的，它是儿童生活中的核心成分，儿童健康的成长与发展离不开游戏。"游戏是儿童的权利，保护这种权利是我们每一个人的责任"（Schmidt，2003）。"积极地、加入了身体与认知成分的游戏"能够促进儿童认知水平的提高，这一观点已经得到了关于游戏和大脑发育的研究证据的支持（Stegelin，2005）。

Dolores Stegelin（2005）对以游戏为基础的环境有益于幼儿发展的研究进行了归纳，总结了三大研究领域：（1）积极游戏与健康指标；（2）大脑研究；（3）早期阅读、社交能力与游戏之间的关系。

Stegelin（2005）对关于积极游戏与健康相关指标的研究结论进行了总结，结果发现，不断升高的儿童肥胖率和与体重相关的健康问题与缺乏身体运动以及缺乏活动的生活方式相关。此外，身体运动能够减轻幼儿出现焦虑、抑郁以及行为问题的可能性。无论是室内还是室外的积极游戏对儿童的健康都至关重要。游戏中所包含的奔跑、跳跃、攀爬以及其他大肌肉运动能够帮助儿童锻炼肌肉协调能力、提高他们的新陈代谢、促进能量消耗、降低体重及与心脏相关的健康问题、降低长期压力水平、提升儿童的成就感、自我控制能力和胜任力。

Stegelin（2005）认为，现有的关于大脑的研究结果提示，大脑是游戏和认知及身体发展之间的关键纽带。在孩子出生后的36个月里，生活在刺激丰富环境和刺激不丰富环境中的孩子的大脑发育在质和量上都存在差异。如果婴儿和幼儿能够有更多的机会使用游戏材料探索及解决问题，他们的认知技能就会发展得更好。由于这些孩子的动作技能更为精细，这样的动作技能能够促进认知技能的发展。

Stegelin（2005）总结称，各种研究结果将儿童游戏、早期阅读以及社交能力联系在了一起。研究显示，积极的社会性游戏与童年早期语言及阅读发展相关。在与同伴的社会性戏剧游戏（sociodramatic play）中，儿童能够学到合作、先来后到以及如何在遵守规则的条件下做游戏等。在游戏中，儿童要学着与他人交流，他们的语言能力得到了发展。使用阅读材料，各种艺术活动的整合，强调对环境的创设，纳入诗歌、歌曲、合唱、讲故事以及书籍分享，以及使用上述材料的足够的游戏时间，能够帮助儿童获得知识，并且获得声音和符号之间具有关联的知识。

2.5a 游戏的理论

关于游戏的主要理论来自弗洛伊德和埃里克森的精神分析理论以及来自皮亚杰和维果茨基的建构主义理论。精神分析流派关注儿童的情绪表达以及在遇到困难与难题时的掌控感。建构主义理论关注的重点更多是游戏中的智力功能，以及幼儿如何以智力功能为手段来建构知识。通过想象，儿童既能够体验愉快的感受，也能够体验不愉快的感受，这是一种安全的方式。儿童对自己的玩具娃娃照顾有加，就好像在重复父母对他们的照顾。儿童可以借助想象对抗并杀死让自己害怕的怪物，并且不用担心被报复或者因此而受到惩罚。从弗洛伊德理论的视角看，儿童可以自由地表达自我，而这恰恰是成人无法做到的。

埃里克森强调游戏作为儿童发现自我的一种重要途径。游戏是一种面对现实世界的方式，也是儿童掌握生活所需技能的手段。学步儿通过游戏掌握技能。学前儿童在游戏中自发地以创造性方式解决问题，他们因而能获得一种自主感。在埃里克森看来，成人可以在儿童的游戏中发挥更加积极的作用。成人应当为儿童提供真实的体验，例如洗碗、布置餐桌、洗衣服、擦地板、给宠物喂食、洗车还有修剪草坪。这些真实的生活经验能够丰富儿童的自发游戏。

皮亚杰认为，游戏和儿童的思维发展密切相关。游戏是发生同化和顺应的基础。根据儿童使用的同化类型的不同，皮亚杰将儿童的游戏发展分成三个阶段：

1. 练习性游戏（practice play）：儿童一遍又一遍地重复相同的活动。这是学步儿的典型行为。
2. 象征性游戏（symbolic play）：儿童假装去扮演其他人（例如，超级英雄、自己的父母），或者会用非常规方式使用某些物品（例如，用沙子代替食物，用砖头代替小汽车）。这是处于前运算阶段的幼儿园儿童的典型行为。
3. 规则性游戏（games with rules）：这一类型的游戏是学龄儿童的典型行为。

对于皮亚杰来说，儿童必须通过游戏发展出在一定程度上恰当的对自己的活动的控制力。

维果茨基（Berk & Winsler, 1995; Bodrova & Leong, 2003a, b）强调的是表征游戏（representational play）。他认为，假装游戏出现在学龄前阶段，在儿童发展过程中是一个重要的影响因素。表征游戏随着儿童年龄的增长会变化为（带有竞争性质的）遵从某些规则的游戏或比赛，这些规则是童年中期的各种活动的核心。对维果茨基来说，游戏能够为儿童创造出最近发展区，最近发展区的作用就是让儿童的行为更接近比他们年龄大的孩子或者成人。维果茨基提出了儿童游戏的两个关键特征（Berk & Winsler, 1995, pp.53-54）：

1. 所有的表征游戏都会创造出一种虚构的场景，这样的场景允许儿童实现在真实世界中难以实现的欲望和想法。虚构游戏的出现恰好在时间上和儿童学会延迟满足的时间重合了。通过想象，儿童如果能够借助虚构的场景，就能够实现即刻满足。
2. 表征游戏包含一系列对儿童行为的限定规则，如果孩子想要参与游戏并且在虚构场景中达成心愿，就必须遵守这些行为规则。儿童的每一次想象都遵循社会性规则，随着想象场景脚本的发展，儿童的社会性规则也在发展。

Berk 及 Winsler（1995, p.54）总结：

维果茨基认为，假装游戏能够促进儿童的两种互补能力的出现：（1）区分主观想法与客观行为及物体的能力；（2）为了更加有意识的、更加灵活的自我调节行为而放弃冲动行为。

可见，想象游戏对儿童的认知和社会性功能都有益。

游戏或多或少地包含了上述各种理论的成分。弗洛伊德关注游戏的情感特征；埃里克森关

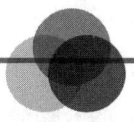

现实世界中的儿童发展

让孩子回归游戏

研究表明，家庭环境设置会影响儿童参与游戏的程度（Johnson，Christie，& Wardle，2005）。此外，由于种种因素的影响，在现在的孩子们的生活中，游戏所占的比例越来越小（Almon，2013；Fox，2007；Stout，2011）。如今的家长对孩子在竞技运动、艺术以及学业成绩上的表现日益焦虑，为数众多的家长认为，游戏只是浪费时间。因此，孩子们游戏的时间被压缩，取而代之的是，孩子们投入结构化活动的时间越来越多了。与此同时，家长们还发现，自己能够陪孩子游戏的时间越来越少，因为他们在清醒的时间里已经被工作压得难以喘息了。不但如此，无论是家长还是孩子，他们现在更多地"黏"在自己的手机和计算机上；许多家长还担心，让孩子在没有监管的情况下到户外玩耍是相当不安全的。"让游戏回归孩子的生活"这一运动最初的目的就是把无忧无虑的非结构性游戏时间还给学前儿童和上小学的孩子。现在，这项运动让参与其中的家长们简化了对孩子们的活动安排，让孩子们有更多的灵活时间去使用实物材料玩游戏，例如，积木、棋类游戏、蜡笔、玩具和各种道具服装。在家里，孩子们接触媒体设备的时间也受到了限制。我们鼓励孩子规划自己的游戏，而不是参与有成人指导的游戏。

Almon，J.（2013）. Let them play! *Community Playthings*; Fox，J. E.（2007）. Back to basics: Play in early childhood. *Early Childhood News*; Johnson，J. E.，Christie，J. F.，& Wardle，F.（2005）. *Play, development, and early education*. Boston: Pearson/Allyn & Bacon; Stout，H.（2011，January）. Effort to restore children's play gains momentum. *The New York Times*.

注游戏的社会性特征；皮亚杰关注认知特征；维果茨基既关注游戏的认知特征，又关注社会性特征。

2.6 游戏的工具和功能

游戏会在不同年龄、不同水平上发展出不同的形式。游戏也会贯穿儿童发展的各个阶段。Johnson、Christie 和 Wardle（2005）认为，游戏和发展是一种相互影响的关系。"游戏有助于发展，而发展的结果也会在游戏中有所展现"（p.56）。换句话说，游戏支持发展，游戏也为发展而来的改变提供了一个展示的"舞台"。

2.6a 包含动作和互动的游戏

Garvey（1990，p.25）对游戏有这样的描述：

游戏的种类是儿童充沛精力的最明显反映，儿童不知疲倦的精力来自他们的运动能量。课间休息或者放学之后的跑跳、雀跃还有大声欢笑是愉快的、自由的并且极富感染力的，这是孩子们对幸福的表达。婴儿和学步儿与彼此的互动是很有意思的，也是明显的，而学前儿童之间的互动是社会性互动的开始，从这时候开始，孩子之间的社会性互动开始快速发展并走向成熟（照片2.7）。

照片 2.7　动作游戏涉及儿童的大肌肉运动。

最终，包含身体动作的玩耍会被整合到遵循某些规则的游戏当中。大约从六七岁开始，我们可以看到，儿童会参与一些活动，比如按一定节奏跳绳、玩警察抓强盗的追逐游戏，以及其他一些遵循某些规则的游戏，例如红色漫游车（Red Rover）、跳房子以及捉迷藏。

开展这种带有身体活动和互动游戏的主要场所在户外。Mary S. Rivkin（2014）主张给孩子们保留活动的自然空间。户外游戏为孩子们提供了探索、创造和发明的机会。在户外游戏的时候，儿童会体会到一种自由自在的感觉。他们可以发挥自己的想象力并且做出一些冒险行为，可以跑步、跳跃还有攀爬，可以玩泥巴和沙子，还能体验什么是烫的，什么是冰的，什么是风、雨、雪。他们可以在花园里种一些植物，并且承担起照料这些植物的责任。他们能够在户外学到关于鸟类和昆虫的知识，也能够学到其他生活在户外的生物的知识。

2.6b　包含物品的游戏

儿童用物品把自己和环境联系在一起。物品通过以下方式发挥作用（Garvey，1990，p.41）：

- 物品可以是一种媒介，儿童通过这种媒介可以传递或表达自己的感受、担忧或者兴趣点。
- 物品可以是一种渠道，能够让儿童与成人之间或者儿童与儿童之间建立社会性互动。
- 一件对儿童来说不熟悉的物品可以建立一种链条——从探索、熟悉到最终的理解掌握，这个过程不断重复，最终帮助儿童形成了关于外部物理世界的各种属性（例如，形状、材质和大小）的概念。

人与物品之间的互动开始于婴儿期。9个月大的婴儿会抓起一件物品，然后把它塞到自己的嘴里。大一点的婴儿会拿着物品挥来挥去，敲打它。到了12月大的时候，婴儿通常会看着这个东西，把它翻过来，触摸它，然后把它放进自己的嘴里，拿着它来回来去，然后敲敲打打。到了15个月大的时候，儿童在对某个物品有任何动作之前会盯着它观察。到了3岁时，幼儿和物品之间的动作开始有了"意义"，例如，幼儿会用玩具杯子和碟子喂娃娃吃东西，或者让娃娃假装开拖拉机。Garvey认为，幼儿到了3岁时，和物品之间的互动有以下几种方式（1990，p.44）：

1. 儿童可以按照自己的意愿使用物品。例如，他们不再把所有东西都往嘴里塞了，他们往嘴里送的只有那些应该往嘴里送的东西，例如，勺子或叉子。
2. 儿童可以协调使用几件物品，这样一来，应该一起使用的东西就可以一起使用了，例如，马和马鞍，杯子和杯垫，或者娃娃和娃娃的衣服。

3. 儿童会按照一定的顺序做出行为，例如，做一顿饭、吃一顿饭，然后去洗碗。
4. 儿童会自行正确地使用物品。例如，用牙刷刷自己的牙齿；用牙刷给别人刷牙，比如娃娃；或者让其他人自己使用物品，比如让娃娃自己刷牙。
5. 如果儿童想要的物品不在身边，他们就会假装自己想要的东西就在眼前，例如，他们会用玩具勺子假装喝汤。
6. 如果儿童想要的物品不在眼前，他们就会使用手头有的东西作为替代品。例如，儿童想要搅拌咖啡，但是眼前又没有勺子，他们就可能用一根小棍子来代替。

3岁的孩子已经能够进入符号表征阶段了。Garvey发现，年龄更小的孩子需要能够反映现实生活的玩具进入玩假装"过家家"的游戏世界。当孩子发展出了假装和想象的能力之后，他们接下来就会使用抽象化的物品了，例如，他们会用大大的纸板代表一座房子、一个洞穴或者一座城堡。

当一个孩子接触到一个新的事物时，他通常会按顺序做出以下行为：探索、操作、练习以及重复。Garvey举了这样一个例子：一个3岁的男孩慢慢靠近了一辆木头做的小汽车，他从来没见过这辆小汽车。Garvey指出，这个孩子会出现如下四步行为（1990，pp.46-47）：

1. **探索**：他停下来，开始观察这辆车，然后伸手触摸它。
2. **操作**：然后他尝试去了解这辆车能做什么。他转了转方向盘，看了看车牌、喇叭，尝试坐在这辆车上。
3. **练习**：在搞清楚了这个东西是什么、能做什么之后，他开始努力思考自己能用这辆车做些什么。他先把一部电话放在车上，然后又拿了下来，再把杯子和盘子放在车上。现在，他知道能用这辆车做什么了。
4. **重复**：接下来，他爬上了这辆车，前前后后开动起来，并让喇叭发出了声音。

前三种行为和第四种行为明显不同，这个孩子最后出现的行为带有游戏的特点。前三种行为更多地带有实验的特征，而不是游戏的特征。

幼儿可以使用各种方式玩其他物品。正如所示，想象力极强的游戏者同时也是能使用物品有效解决问题的游戏者。大多数年幼儿童的社会生活是以物品为中心展开的。学步儿的社会生活是以交换物品为中心展开的。3岁的孩子会花时间去思考物品的所属问题，例如"这是你的，这是我的"。他们还会把东西分出去，"这个给你，这个给我"。

艺术素材是年幼儿童感兴趣的物品。创造艺术的过程能够在多个层面支持孩子的游戏（McWilliams, Vaughns, O'Hara, Novotny, & Kyle, 2014）。在艺术创造的过程中，孩子能够自由地冒险，通常还会为了自己创作的作品编一个故事。绘画是儿童通往符号化理解的另一个途径。McWilliams及其同事描述了在孩子们画人脸的过程中，会从画画延伸到对情绪和脸部器官的讨论。

孩子们在情感上对玩具的依恋极其强烈。通常，我们会看到一个幼儿走到哪儿都带着一个破破烂烂的毛绒玩具，或者会看到一个孩子特别珍惜一套小汽车玩具。孩子们还会通过物品来表达自己的情感。一个玩具娃娃有可能被一个孩子当成自己的弟弟或者妹妹。

对于年纪大一点的孩子来说，使用物品的游戏会变得更加复杂。能够用来搭建建筑物的玩具有自己复杂的使用方法。"但是，通过这些游戏中的变化，物品仍然可以激发孩子的好奇心，激发他们学习的欲望。在学习如何熟练地使用这些物品的过程中，孩子能够体会到快乐，或者能够在这个过程中了解事物的各种属性，这些物品还能够继续促进孩子之间的社会接触，并且是孩子们表达自己的想法和感受的渠道"（Garvey，1990，p.57）。

Trawick-Smith、Wolfe、Koschel 和 Vallarelli（2014）开展了一项研究，他们希望了解哪些玩具能够更好地为孩子提供高质量的游戏活动。研究人员将玩具定义为"任何具体的物品，孩子可以操作这个物品来开展带有自主性的、有意义的游戏活动，并且孩子能够在这个过程中体会到快乐，这种快乐来自游戏本身，而不在于孩子的行为能够最终产出某种产品"（p.41）。对儿童游戏的评价从以下几个方面进行，例如，展示想法和所学、参与问题解决、表现出好奇心、维持兴趣、创造性的表达、包含符号的转变、合作与沟通，以及独立使用玩具。研究人员得到了关于玩具的五项重要结论：

- 儿童并不总是会选择能够为他们提供最高质量游戏的玩具。市面上流行的玩具可能也无法为儿童提供高质量的游戏活动。
- 性别和背景的不同会影响儿童玩玩具的方式。有些玩具是所有孩子都会玩的：带有塑料工具的积木玩具以及带有磁性的积木玩具。通过家长能够有效地了解孩子在家的玩具偏好。
- 简单而可用于多种开放性用途的玩具能够更好地提高儿童游戏的质量，这是只有单一用途且高度模拟实物的玩具无法提供给孩子的。在过去的研究中，木制积木的评分一直都相当高。
- 一些效果较好的玩具也只能满足儿童游戏的一方面需求。在玩具之间的平衡是十分重要的。选择玩具的一条核心标准应当是为孩子选择积木式和其他有搭建功能的玩具、交通工具玩具以及塑料工具类玩具。艺术素材玩具、分类和排序玩具以及戏剧游戏能够提高游戏其他方面的质量。
- 教育者能够为家庭对玩具的选择提供指导。帮助家长选择并不那么昂贵却能提升孩子游戏质量的玩具。

2.6c 包含语言的游戏

包含语言的游戏包括使用声音和音效的游戏、使用语言系统的游戏以及使用语言的社会性游戏。使用声音的游戏始于婴儿牙牙学语的阶段。大一点的孩子仍旧可以继续玩声音游戏以及音节节奏游戏。下面是一个 2 岁零 2 个月的女孩玩玩具时的情况：

走，哔哔哔哔哔哔
走，哔哔哔
她有她自己"睡觉时间"的书和儿歌：
睡觉觉时间，到了睡觉觉时间
睡觉觉时间
睡觉觉

在 2—3 岁，在玩物品或者假装某种动物的时候，儿童开始发出各种声音词，例如，"汪汪"的声音代表着一只狗，"丁零零"代表电话，或者"砰砰"代表手枪。儿童还能用不同的声音代表不同的特点，例如，使用低沉的声音代表父亲，用高亢尖锐的声音代表小孩子。音效游戏在孩子自己玩耍的时候最常见。下面是一个孩子自己在浴缸里玩耍时的自言自语，浴缸里漂着各种玩具：

在水里在水里在水里在水里，清清的水里

水在杯子里。水在那里的杯子里……把洗发水倒进水里。

把洗发水放上。

把洗发水放上。

把洗发水放上。

她有节奏地重复这些短语和句子，就像在实验一种语言。

在社会性游戏中，语言游戏有三种类型：自发的韵律和词汇游戏、幻想和想象游戏以及带有对话的游戏。

2.6d 包含社会性材料的游戏

根据 Garvey 的观点，包含社会性材料的游戏是社会性世界的核心，这种游戏给孩子提供了假扮或者扮演的核心资源。当这种类型的游戏包括任务、戏剧主题以及故事主线时，这种游戏就变成了**戏剧游戏**。这类游戏十分复杂，它把儿童所拥有的所有资源都汇集成一个整体。在儿童 3 岁之前，极少见到这种游戏形式。

特定的主题是经常被儿童使用的。有两个常见的主题，一个是医疗/治疗主题，在这类游戏中，会有一个人受伤并且在治疗后痊愈，这类游戏还包括消除威胁的内容，游戏中会有一个危险的人物角色，例如一只怪兽，孩子们的任务是解救自己。另一个常见的主题是收拾行李开始旅行；购物、烹饪和吃饭；修理；打电话。孩子们手头有什么东西通常会影响游戏主题的选择。也就是说，这些戏剧游戏的类型可能会激发孩子们的灵感。漂亮的衣服、厨房用品或者交通工具都可能激发孩子们玩的主题或计划（照片 2.8）。

当儿童有使用科技产品作为游戏工具的自由时，他们就能够从游戏和科技中获益。例如，数

照片 2.8　在戏剧游戏当中，儿童可能扮演成人的角色。照片中的小女孩扮演了餐厅服务员的角色，正在给她的客人送食物。

码相机可运用于戏剧游戏。儿童可以假装在旅行，或者假装在开派对，他们可以用数码相机记录这些事件。儿童也可以用数码相机记录自己游戏活动的成果，例如用玩具搭建的建筑、黏土模型或者园艺作品。儿童可以学习如何保存并冲印照片，把这些照片放到自己的文件夹中，然后用这些照片编写和展示故事。

幼儿的游戏通常需要遵守一些规则，这些规则不同于正式的竞技活动，而是儿童在游戏中需要遵守的一些限制。例如，孩子在游戏过程中可以开一些小玩笑，但是不能刻薄地嘲笑他人，否则游戏就无法继续下去。幼儿的游戏中还可能包含一些仪式行为（也就是说，某种受到控制的重复行为）。一项仪式行为通常会包括轮流进行的程序，也就是每一个人都要按顺序做出一些贡献。两个回合（一个回合代表着一个人的行为）就组成了一轮。我们来看看 Garvey 提供的例子：

	第一个孩子	第二个孩子
第一轮	你是一个女孩。	我不是一个女孩。
第二轮	你是一个女孩。	我不是一个女孩。

在忙碌的学前班教室里，这种仪式行为极少出现，但如果只有两个孩子自己在私下玩游戏，这种仪式行为很常见。

戏剧游戏

在3—5岁的学前儿童身上，戏剧游戏有着鲜明的特点。3岁孩子的戏剧游戏通常没有预设的主题或情节（Copple & Bredekamp, 2009）。这个年龄的孩子的戏剧游戏大多展现了孩子的恐惧，恐惧的原因是孩子遇到了某些有威胁性的、攻击性的人物角色，这些人物角色可以是孩子们想象中的，或者可能是其他孩子扮演的可怕角色。当一个3岁的孩子扮演了一个角色时，他就是那个角色了。幼儿的游戏和年长一点的孩子不同，他们不能清楚地意识到自己在扮演别的角色。对应3岁的孩子，角色是经常发生变化的。他们会搜集并且把各种道具放在提包和箱子附近。孩子的照顾者每天都要面对这些装着各种服装、厨房用品还有操控玩具的箱子，把游戏需要的道具收起来并带走。孩子的戏剧游戏具有高度的重复性。他们可能在相当长的一段时间内用完全相同的方式做完全相同的游戏。

4岁孩子的戏剧游戏包括对攻击性冲动的控制和管理（Copple & Bredekamp, 2009）。这时候的戏剧游戏通常包含着带有攻击性的英雄角色，这个角色既会攻击他人，也会拯救他人。一个扮演怪兽或者鬼魂的孩子可能在游戏中负责攻击，其他孩子的反应就是逃跑。会有一个典型的场所能够让被攻击的孩子安全地藏身并获得保护。对于一些孩子来说，公开的攻击行为可能太具有威胁性了，于是他们通过扮蠢或者使用粗鲁的语言来掩饰自己充满敌意的感受。男子气概和女性特质在游戏中是被夸大了的，服装道具——例如，牛仔的服饰；消防员、警察以及医疗用具；裙子；面纱；外衣；领带以及大人的鞋子——都是孩子们需要的。游戏中会包含很多大肌肉运动，特别是奔跑和跳跃。在这种类型的游戏中，角色的数量会更多，还会根据某些标准形成各个不同的群体。例如，本书的作者就见过这样一群4岁的孩子，他们建立了一个"真皮鞋底"俱乐部；只有鞋底是用真皮材质做的孩子才能成为这个俱乐部的成员。在4岁的时候，孩子们能更加清楚地区分幻想和现实，4岁的孩子能够做到角色扮演并且清晰地意识到自己在假装扮演其他角色。躲藏也常常是游戏行为的一部分。

5岁的孩子就能够做一些复杂的戏剧情节创作了（Copple & Bredekamp, 2009）。这个年龄的孩子在游戏中会表达自己的恐惧和敌意。这时候，游戏中的角色不再局限于现实生活中的人物了，游戏中还会出现民俗故事和传说中的英雄人物，例如，超级英雄以及童话中的角色。

进入小学之后，孩子们还能够从这种戏剧化的游戏中获得乐趣（Kostelnik, Gregory, Soderman, & Whiren, 2012；Wasserman, 1990）。"扮演戏剧的场合——无论是纯粹全新的舞台设定，还是复制在班级里阅读过并喜欢的故事场景都应当是小学教室生活的一部分"（Wasserman, 1990, p.175）。学生们能够用可供使用的服饰道具，例如，裙子、帽子、鞋子、皇冠、围巾、工具以及手电筒，这些都应当是小学教室中不可或缺的重要材料。学生们自发的戏剧游戏应当是受到鼓励的。常见的情况是孩子们通过戏剧化的方式给自己喜欢的故事发展出全新的情节。木偶戏和木偶戏舞台也应当是学生们能够接触的戏剧游戏形式，这种游戏形式会进一步激发学生们自发发展戏剧的热情。

2.6e 游戏的功能

在过去的几年间，越来越多的研究和实验都

在试图探索游戏能够给儿童带来的价值。游戏的功能包括有益于儿童认知发展，有助于儿童语言和阅读的发展，并且能帮助儿童学习不同的社会角色。

游戏和认知发展

Elena Bodrova 和 Deborah Leong 写了大量从维果茨基的理论视角看待游戏以及游戏和认知发展之间关系的文章（2003a，b，2004/05）。维果茨基认为，假装（或者戏剧）游戏是学前儿童的首要活动，因为通过这些活动，儿童可以实现自己的最近发展区。维果茨基提出了假装游戏的三个主要特点：

1. 一个想象中的场景被创造出来。
2. 能够被扮演的角色，并且能够把角色通过行为展现出来。
3. 扮演的角色要遵从一系列特定的外在行为规范。

这些特点在儿童的心智发展过程中起到了相当重要的作用。假装游戏能够支持儿童的思维和想象力的发展（照片2.9）。这些游戏有助于儿童发展提前思考和做计划的能力，有助于儿童发展遵守规则和约束自身行为的能力。维果茨基的学生 Daniel Elkonin 对维果茨基的理论做了进一步的细化（Bodrova & Leong，2003b）。Elkonin 提出，为上小学做准备，儿童应当通过游戏达成四种效果（Bodrova & Leong，2003b，p.13）：

- 游戏影响动机。随着自制力的发展，儿童学习如何延迟满足。
- 游戏有助于儿童摆脱认知的自我中心的特点。儿童通过游戏学习采纳他人的视角。
- 游戏有助于心理表征的发展。儿童能够逐渐开始使用物品和口语表征来指代现实中的事物。
- 游戏有助于儿童精细行为的发展——这是一种生理和心理上的自主行为。随着儿童通过戏剧游戏学习规则（例如，在动物扮演游戏中，儿童必须用四肢在地上爬行），他们会发展出诸如记忆和注意等心理加工过程。

Henry Petroski（2004/05）提出了"儿童是天生的工程师"的概念，即他们热爱使用沙子、砖头和盒子，热爱线条、绘画和协作。他们天生热爱发明和设计，不过是用一种游戏化的方式表现的。因此，Henry Petroski 相信，我们需要鼓励幼儿参与工程活动。这些针对幼儿早期的工程项目能够进一步发展为儿童后期以及成年期的富有创造力的其他项目。Elizabeth Jones（2003）认为，"聪明（smart）"的定义就是富有好奇心并善于运用批判性思维。通过游戏，孩子们会越来越聪明。

戏剧游戏是建立在幻想和想象之上的。当儿童参与假装游戏时，他们能够摆脱现实，制订自己的规则，并且能够对自己正在从事的活动拥有控制力（Klein，Wirth，& Linas，2003）。

照片 2.9 沙箱给孩子提供了在戏剧游戏中探索沙子和玩具的场景。

游戏、语言和阅读

许多类型的游戏活动都能够为语言和阅读的发展提供支持。象征游戏和读写行为密切相关。通过游戏对故事进行再现有助于儿童的理解和记忆的保持（Pellegrini，1985）。教师能够为学生提供读写道具（例如，纸张和书写工具，地图、杂志、电视节目单以及菜单），并且鼓励学生尝试写作，例如，在家政中心写一张购物清单。通过这种方式，与读写相关的象征游戏的扩展有助于儿童阅读和写作的第一个阶段发展（Morrow，1990；Schrader，1990；Campbell & Foster，1993；Neuman & Roskos，1993；Perlmutter & Laminack，1993）。游戏还能促进语言和社会性的发展（Monaghan，1985）。由于游戏能够弱化儿童自我中心化的特点，并且能够帮助儿童从其他儿童的视角看待问题，因此在游戏中的社会性互动能够促进儿童社会性的发展。在游戏中，儿童有机会运用可以在现实生活场景中使用的语言，因此游戏还能够促进语言的发展。

游戏与学习其他社会角色以及支持儿童的社会性发展

幼儿的角色扮演游戏为儿童了解其他人的社会角色提供了一个窗口（McLoyd，Ray，& Etter-Lewis，1985）。角色扮演还能促进儿童语言的发展（Sachs，Goldman，& Chaille，1985）。社会性游戏能够帮助儿童成熟起来：在假装游戏和非假装游戏中，儿童表现出的成熟程度是不

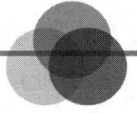

大脑发育

游戏和发展适宜性实践

关于大脑发育的研究进展为我们提供了越来越多的关于大脑如何发育的知识。Rushton、Rushton 和 Larkin（2010）的研究就关注了大脑发育与游戏及发展适宜性实践的关系。Rushton 等人（2010）的发现表明，游戏发展和大脑发育紧密相连，游戏发展同时也和发展适宜性环境中游戏机会的可得性密切相连；换句话说，所谓发展适宜性实践环境指的是一种能够促进儿童问题解决能力发展并且提升儿童创造性的环境。婴儿的游戏始于感知运动活动，这与大脑中感知运动区域的发育和发展相关。在学步儿阶段，儿童语言发展极为迅速，假装游戏（在这种游戏中，儿童能够使用并实践他们正在学习的语言）为语言的发展创造了机会。在3—8岁，游戏是相当精巧的，能够让参与其中的儿童发展问题解决、信息加工以及记忆等能力，继而促进大脑中相关脑区的发育。我们能够观察到儿童的大脑在自发性游戏中的发育；因此，我们要做的是为儿童提供各种各样的游戏材料和经验。神经元是组成大脑的基石，在婴儿期和随后的日子里，神经元通过突触连接在一起。突触确保了信息能够在大脑中传递（Rushton，Rushton，& Larkin，2010）。当我们还是婴儿时，突触的发育极为迅猛。游戏活动能够帮助我们保留这些突触连接。此外，学龄儿童也需要发展适宜性实践环境来激发他们的好奇心，并且通过实验的方式把他们的好奇心付诸实践。

Rushton, S., Juola-Rushton, A., & Larkin, E.（2010）. Neuroscience, play, andearly childhood education: Connections, implications and assessment. *Early Childhood Education Journal*，37（5），351-362.

同的，他们在假装游戏中的行为更加成熟（Berliner, 1990）。到了小学阶段，儿童通常会选择同性别的孩子作为自己的玩伴。男孩和女孩之间还可能发生对抗，出现污染场景（例如，一种性别的孩子如果被另一种性别的孩子碰了一下，就意味着被"污染"了）或者入侵场景（例如，一种性别的孩子会嘲笑或者打断另一种性别的孩子正在进行的游戏）。总而言之，男孩们玩的游戏会包括更多的身体运动，并且他们的游戏中包含更多的冲突。女孩们玩的游戏倾向于使用一种更加安静的方式来解决她们的问题（Garvey, 1990）。

> **思考时间**
> 假如你在一家儿童发展中心、一家幼儿园或者小学教室中开展教学活动，一个家长找到你说，"为什么孩子总是花大量的时间玩而不是学习呢？他们回家之后可以玩啊。为什么我还要花钱把他们送到你这里玩呢？"你将怎样回答这位家长的问题呢？

2.7 游戏的情境

在游戏的情境中，同龄人之间会发生互动。Kenneth H. Rubin（1977）及其同事从两个角度研究了儿童的发展性**游戏情境**：

- **社会参与**：研究人员采用了 M. B. Parten's（1932）对游戏类型的界定，来区分儿童在游戏活动中发生社会性互动的量。Parten 提出一种社会参与连续体的概念，这个连续体从无社会参与到社会参与（Van Hoorn, Nourot, Scales, & Alward, 2007）。

- **游戏活动的认知水平**。以皮亚杰的分类标准为基础，Smilansky（1968）曾经在研究中使用这种分类方式。
- Rubin 及其同事提出了一种二维度的分类系统（见表 2.2）。Parten（1932）提出了六种游戏分类，如下所示：
  - **不参与活动**（unoccupied activity）：儿童不参与游戏。儿童可能东张西望，在很长一段时间内，不关注任何一种活动；他可能在玩自己的衣服，在周围走来走去，或者跟着老师。总而言之，这样的孩子对游戏几乎没有兴趣，几乎不会对任何一种活动保持长时间的注意。
  - **旁观者活动**（onlooker activity）：儿童观察游戏中的其他儿童。这样的儿童可能会和其他孩子说话，但是他们不参与其他孩子的活动。这类活动和不参与活动不同，作为旁观者的儿童会非常投入地关注某一项特定的活动，他在物理空间上会非常靠近游戏中的其他孩子，会仔细看他们在干什么，并且在口头上和参与游戏的孩子进行互动。作为旁观者的儿童可能会犹豫是否参与游戏，或者不确定自己该以怎样的方法参与游戏。在决定是否要出手帮助这样的儿童之前，成人应当花一些时间进行仔细观察。
  - **单独游戏**（solitary activity）：儿童独自游戏，和其他儿童没有交互。他使用的游戏材料和周围其他儿童的不同。单独游戏可能只是孩子需要时间自己待一会儿的一种形式。这种游戏的内容可以是相当复杂的戏剧游戏。
  - **平行游戏**（parallel play）：儿童自己玩自己的，但是旁边有其他儿童在场。这样的孩子在自己的游戏中和其他孩子使用的游戏道具相同或者相似。他不会去尝试控制其他孩子的游戏方式。这种平行游戏可能是群体游戏的前奏（Van Hoorn, Nourot, Scales, & Alward, 2007）。

- **联合游戏**（associative play）：孩子之间会发生相互游戏。他们会谈论自己正在做些什么。他们还会互换游戏道具，每个人以轮流的方式使用游戏道具，并且会控制谁应该是群体里下一个使用道具的人。每个人都会参与一种相似的游戏活动类型；在联合游戏中，没有劳动的分工，也没有为了同一个目标或共同完成最终的作品而努力的情况。每一个孩子基本上都在做自己想做的事情。这群孩子聚在一起是因为对某一种共同的游戏材料或游戏活动感兴趣，而不是因为这群孩子希望在一起合作。在这样的游戏当中不包含合作完成项目的成分。

- **合作或有组织的互补游戏**（cooperative or organized supplementary play）：儿童是某一个群体的成员，这个群体是为了实现特定目的而组织起来的，例如，制作一种产品，实现一项目标，把生活中的某些方面转化为戏剧，或者进行一种正式的竞技游戏。有时候，孩子是一个群体的成员，有时候不是。有1~2个孩子作为领导者控制着这个群体的活动。在群体中，不同的孩子承担着不同的职责，扮演着不同的角色。群体是被孩子们组织起来的，也是由孩子们控制的。

在不参与活动、单独游戏和平行游戏活动中，从定义上看，儿童和同龄人之间不存在互动（照片2.10）。在旁观者活动、联合游戏以及合作游戏中，同龄人之间确实存在互动。

Rubin（1977）描述了认知游戏的分类：

照片2.10　在探索各种物品的过程中，婴儿倾向于采取单独活动和平行游戏的形式。

- **功能性游戏**（functional play）：只是简单地重复肌肉运动，游戏中可能使用道具，也可能不使用道具。
- **建构性游戏**（constructive play）：操纵道具来建构或创造某些事物。
- **戏剧性游戏**（dramatic play）：这是一种对想象中的场景的替代方式，它能够满足孩子的个人愿望和需求。
- **遵从规则的竞技游戏**（games with rules）：对预先设定规则的接受，以及适应这些规则。

这里所列的游戏类型从功能性游戏发展到遵从规则的竞技游戏，功能性游戏出现在婴儿期，遵从规则的游戏出现在儿童的具体运算阶段。当儿童同时参与联合游戏或合作游戏时，同伴关系可以在上述四种游戏中的任何一种内发展。这些游戏可能的组合模式见表2.2，表中从上到下是社会性程度从最低到最高的游戏，从左到右是认知水平从最低到最高的游戏。

Rubin（1977）及其同事在学前环境下对来自中层及更低阶层家庭的儿童进行了观察，他们发现，来自更低的社会经济阶层家庭的孩子的游

表 2.2　在观察自由游戏活动时采用的游戏分类标准：可能的组合

社会参与	游戏活动的认知水平			
	功能性	建构性	戏剧性	遵从规则的竞技游戏
不参与、旁观者活动	不	不	不	不
单独游戏	是	是	是	不
平行游戏	是	是	是	不
联合游戏	是	是	是	不
合作游戏	不	是	是	是

戏水平更低，无论是在社会性层面还是人际层面（见表 2.3，这是教师评价儿童游戏时使用的观察表）。Rubin 等人把幼儿园儿童和学前班儿童进行了对比，结果发现，这两类孩子在自由游戏行为上存在发展性差异。年纪大一些的孩子的自我中心化视角可能不再像年幼孩子那样强烈，于是他们能够更多地参与相互之间可以妥协让步的活动。随着孩子们越来越多地参与社会性游戏，同龄人也变得越来越重要了；反之亦然，同龄人变得越来越重要，他们也会越来越多地参与社会性游戏。Shim、Herwig 和 Shelley（2001）的研究发现，和在室内开展的社会性戏剧游戏相比，幼儿园儿童会参与更复杂的户外社会性戏剧游戏，这说明对孩子来说，无论是室内还是户外的游戏时间都相当重要。

群体融入技巧（group entry techniques）是很多研究关注的话题（Hart，McGee，& Hernandez，1993）。一个能够轻松融入群体的孩子具备某些技巧，这些技巧和这个群体开展的活动相关。最成功的群体融入技巧是首先在群体周围徘徊一小段时间，然后群体成员做什么自己也做什么。在教室环境中，文化背景相同的孩子们会发展出

表 2.3　游戏观察表

儿童姓名_____　日期／时间_____

社会性游戏的分类	游戏的认知水平	地点和材料的使用	评语
__不参与	__功能性的		
__旁观者	__建构性的		
__单独游戏	__戏剧性的		
__平行游戏	__遵从规则的竞技游戏		
__联合游戏			
__合作游戏			

专业资源下载

自己用来成功融入社会群体或参与社会群体的行为模式（Kantor，Elgas，& Fernie，1993）。例如，物品分享是一种技巧，但是只有在分享的物品对群体来说有价值并且分享时使用了"恰当的姿态、语调和语言"的条件下，分享物品的这种技巧才能成功（Kantor，Elgas，& Fernie，1993，p.143）。社会性能力发展良好的孩子能够了解同龄人所处的社会地位，也善于解读同龄人发出的社会性线索，并且对于这些社会性能力发展良好的孩子来说，他们已经掌握了一些社会文化知识。可以在社会性问题解决情境中对儿童与同龄人之间的关系加以考察。"社会性问题解决（social problem-solving，简称SPS）行为的目的是尝试在社会性互动中达成个体希望实现的目标"（Krasnor，1982，p.113）。

2.7a 游戏的社会文化视角

游戏是一种"儿童生活的普遍特征；儿童会在所有地方玩游戏"（Frost，Wortham，& Reifel，2005，p.190）。Johnson、Christie 和 Wardle（2005）提示，从社会文化的视角看，我们需要考虑整体、考虑民族和种族对儿童发展的影响，同时也需要将游戏和生态模型纳入我们的思考范畴（第三章）。Johnson、Christie 和 Wardle（2005）关注的重点是游戏的环境。他们提出了三种影响因素：自然环境、社会生态以及文化环境。

从社会文化的视角看，发展、环境以及文化密不可分，组成了一个整体（Johnson，Christie，& Wardle，2005）。这三种成分在一起对发展施加影响，这里所说的发展也包括游戏的发展。生态学模型是一个同心圆的层级结构，社会文化理论并没有试图把游戏放到这个生态学模型当中。社会文化理论认为，游戏是一种包含着社区、人际和个人影响的复合产物。Johnson、Christie 和 Wardle（2005，p.160）总结称，"游戏和环境之间的关系相当复杂！"下面我们简要阐述一下 Johnson、Christie 和 Wardle（2005）的观点。

自然环境：地理与气候因素

在热带地区，学校的建筑是开放式的，室内和户外的差异微乎其微。在美国，北部学校的室内和户外环境之间有着明确的分界线：室内是用于教学的；户外是用于休息和游戏的。一些学校还有一些过渡设计，教室的门外有一块带顶棚的区域。户外游戏受到天气的极大影响，在寒冷的冬季，孩子们的户外活动会减少，而在气候比较温暖的地区，户外游戏是一年四季的常规活动。

社会生态：邻里与社区

许多地区只提供以成人为导向的游戏机会，在社区中能够自由活动的区域几乎没有。几乎没有树可以攀爬；没有人行便道可以玩轮滑、跑步或者行走；没有后院能够让孩子们去探索；没有社区公园能够让孩子玩耍。Johnson、Christie 和 Wardle（2005）在研究中描绘了在社区中的游戏区域锐减或消失的事实。与此同时，研究也支持了如下观点：对于儿童的发展来说，家长在游戏中所提供的支架功能是非常珍贵的。家长可以是儿童的榜样，也可以是他们的玩伴。社会阶级和文化同样影响家长如何看待游戏对儿童发展的价值。

在世界各地，甚至在一个国家的不同地区，游戏的方式差异性极大。Johnson、Christie 和 Wardle（2005，p.185）给出了如下例子。在危地马拉的高原地带，女孩和男孩到了8岁就要下地和父母一起劳作了，他们要研磨咖啡，并且帮忙准备食物，当地的女孩到了五六岁就要帮忙在河里洗衣服。但是这些孩子所做的事情似乎和传统意义上的工作不同，他们通常会在玉米地里捉迷藏，在小溪里互相泼水，在为社区宗教活动准备餐食的过程中在大人身边追逐玩耍。而且有些时候，大人们会放下手上的工作，和孩子们一起玩耍起来。

文化环境

关于某些游戏行为是不是所有文化中共有的，或者某种文明是否可以确定对游戏的不同定义，以及游戏如何与学习产生关联，人们尚未达成共识（Johnson，Christie，& Wardle，2005）。Johnson、Christie 和 Wardle（2005）认为，游戏是全人类都有的活动，但是游戏在不同文化中有不同的表现形式，因为特定的文化对游戏有着不同的定义方式。例如，美国中产阶级认为，游戏可以促进早期的认知和社会性发展，因此游戏对儿童上学和日后的人生都有好处。美国的中产阶级极为重视想象游戏。在另一些文化当中，价值导向可能大有不同。

> **思考时间**
>
> 回想一下你自己的童年经历。把你自己的精力与你所观察到的儿童的生活加以对比。当你还是孩子的时候，家庭、邻里、社区以及文化价值观对你参与的游戏活动有哪些影响？今天的孩子和你那时候相比在这些方面有哪些相似之处和哪些不同之处呢？

2.8 有特殊需求的儿童参与游戏

许多儿童有着特殊的需求或者残疾，因而他们可能面临着学习上的挑战。这些儿童可能需要特殊的帮助，因为他们的发展模式不同于绝大多数孩子。但是，我们应当首先把他们当成孩子，其次才是去关注他们的特殊需要：

一个儿童，他首先应当是一个孩子，无论这个孩子有多聪明，或者多愚钝，或者有多大的麻烦。每一个孩子都是独一无二且与众不同的，因此他在某一个或者某些方面必有独特之处。（Allen & Cowdery，2015）

Allen 和 Cowdery（2015）指出，对正常和异常或对典型和非典型下定义通常是不太容易的，但是一般发展的里程碑可以作为一种指导性参考。本书会着重强调这些里程碑。此外，本书还指出，所有儿童的学习都会遵循相同的模式。

有特殊需要的儿童或残疾儿童通常会从技术和数字化媒体工具上得到帮助（Parette & Blum，2015）。通用学习设计（universal design for learning，简称 UDL）是一种能够提高课堂参与、表现与表达的多手段工具。**辅助技术**指的是各种设备，通过这些设备，残疾儿童能够做到原本无法做到的事。技术可以与教学融合在一起，为所有孩子提供学习的经验。Parette 和 Blum 基于通用学习设计提出了一种技术整合模型，整合的框架被称为"期待—计划—教学—解决（EXPECT IT-PLAN IT-TEACH-IT-SOLVE-IT）"。

有特殊需要的儿童，如表 2.4 中所示，通常被称为在某些方面**存在风险**的儿童。Hrncir 和 Eisenhart（1991）指出，这些术语使用便捷，也能起到描述作用，但他们仍然警告在使用这些术语的时候应当谨慎。在做某些决策的时候，这些术语被过于不加区分地滥用了。界定一个孩子是否在某方面存在风险时，必须谨慎小心。此外，

Hrncir 和 Eisenhart（1991）还指出了这一术语的三个不足之处：

- 风险并非静态的。发展的速率是变化的，环境特征是变化的，因此风险的程度相应也是变化的。
- 测量分数并不是对风险的有效预测指标。正如本书第 14 章中所描述的，童年早期所获得的测验分数不是对儿童后期功能的良好预测指标，甚至可能不是对当前功能的有效且可靠的测量指标。
- 儿童不是孤立的个体，他们处在某种生态环境中，不断在发展。家和学校的氛围会影响儿童的行为。儿童可能在一种发展适宜性环境中表现良好，但是到了不适宜发展的环境中就会表现出处于风险状态。

以上这些研究人员指出，"处于风险中"这个术语的使用必须谨慎，决不能不加区分地滥用。正如 Allen 和 Cowdery（2015）所说，处于风险中这个概念本身就难以确切定义，相反，对它的判断会受到多重因素的影响。

表 2.4　特殊需求儿童的情况

情况	描述
神经发育迟滞	基于多种标准的智力缺陷，判断标准包括智商分数、功能性适应行为水平（例如，穿衣、如厕、饮食）以及社会性适应行为水平
多种药物接触	认知、运动和知觉缺陷；可能的行为问题；中央神经系统损坏
视觉损伤	从完全视觉丧失到矫正后的视觉
听觉损伤	从完全听觉丧失到矫正后的听觉
学习障碍	平均或高于平均的智力水平，但存在学习困难；伴有注意力、记忆以及知觉问题
神经损伤	神经肌肉障碍，例如大脑皮层麻痹；神经障碍，例如癫痫
注意缺陷障碍（ADD）	注意无法集中、无法进行有组织的任务、心不在焉；可能会过于活跃并且缺乏自我控制
HIV-阳性	可能缺乏能够对抗多种疾病的免疫系统
骨科障碍	四肢可能有一个或多个缺失，或者四肢功能不全
身体虚弱	由于心脏疾病、支气管问题以及血管疾病等需要节省体力
言语和语言障碍	言语困难导致可能存在发音问题；语言问题，包括言语发展水平低下或者言语发展迟滞，缺乏理解力等
情绪与行为失调	缺乏适应能力、无愉悦感、有行为问题
自闭症	对沟通能力、想象力以及社会能力产生不利影响；患有自闭症的孩子倾向于回避社会性互动
资优（超常）儿童	高智力水平、高创造力或者其他特殊才能
文化差异	儿童自身的文化背景与主流文化模式相悖
环境诱发障碍	虐待、营养不良、文化差异

2.8a 多样化的游戏环境

对有特殊需要或残疾儿童的最大顾虑就是定义哪些设置才能为他们提供最好和最适宜学习的环境。基本理念是,有特殊需要的儿童需要一个融合了典型学生存在的环境。这里对**融合**的定义由美国幼儿教育协会童年早期分会(National Association for the Education of Young Children and Division for Early Childhood,简称 DEC/NAEYC,2009,p.1)提供:

童年早期融合包括一系列价值观、政策和实践,来支持每一名婴儿、幼儿及其家庭的权利,无论婴儿或幼儿是否身有残疾,都应支持这些孩子参与更大范围的活动,支持他们成为家庭、社区和社会中的一名完整成员的权利。无论孩子是否身有残疾,对他们而言最理想的融合结果就是产生一种归属感、接纳感,建立积极的社会关系和友谊,以及能够让这些孩子发展他们所具备的全部潜力。融合的定义特征能够用于判断高质量的童年早期项目和服务的特征应是接纳、参与和支持。

融合这一术语处于不断变化当中。Fuchs 和 Fuchs(1998)解释了支持融合和支持**完全融合**的两类人的差异。支持融合观点的人认为,常规班级在改变和应对儿童特殊需求方面的能力有限。因此,应当采用能够提供特定服务的连续体,以此满足每一名学生具体的教育需求。这种连续体如表 2.5 所示。支持完全融合观点的人认为,教育者的主要责任就是帮助有特殊需求的儿童实现社会性发展。他们认为,有特殊需求的儿童应当和普通孩子建立友谊关系,只有让特殊儿童进入常规的全日制课堂环境中才能实现这一目标。在常规的全日制课堂中学习能够确保有特殊需要的儿童成为班级一分子的合法地位,因为这些孩子不会被强制离开课堂去接受特殊教育。若一个学生必须离开常规的教室,然后再回来,这就强化了一种概念:这个学生并不是完全属于这间教室的。进一步说,独立的特殊课堂能够让教育者在既有正常学生也有特殊需要学生的应答型课堂中向困难学生提供而不是强迫他们接受应答性的教学方法。

Fuchs 和 Fuchs(1998)提出了融合观点和完全融合观点存在的明显缺陷。其中一个主要缺陷就是,这两种观点都缺乏广泛的科学研究。绝大多数关于完全融合理论的研究都是针对学前年龄段的孩子开展的,这些研究得到了许多积极的结果和发现(如 Rafferty & Griffin, 2005)。但是,几乎没有研究是在小学环境下针对完全融合理论或者连续服务模型展开的。统计结果发现,孩子一旦走进了特殊教育课堂,就进入了一种死循环,因为他们几乎再也没有回到常规课堂的机会了。Fuchs 和 Fuchs(1998)是支持连续服务模型的,他们支持的前提是这种模型的设计能够帮助学生回到常规课堂中。

借助布朗芬布伦纳的生态学研究模型(第 1 章),可将关于课堂的研究总结为一种微系统。关于课堂研究的部分发现是(Dowling, 2014):

表 2.5 服务连续体

常规课堂	带有咨询性辅助的常规课堂	部分时段带有其他资源的常规课堂	部分时段带有特殊班级的常规课堂	全日制特殊班级	全日制走读学校	居家教学	医院或居住安置

- 当有特殊需要的儿童被纳入课堂中，并且教师能够在课堂中提供多种可供选择的活动，这些孩子就更有可能参与同龄人更高水平的社会性互动。同时，他们还会表现出更频繁地持续做各种任务，而且在学习如何掌握所选任务的过程中的坚持性也更高。
- 如果能有在小型团体中开展活动的机会，就为和更多的同龄人互动创造了适宜的环境。
- 如果参与混龄群体，这种设定能够为有特殊需要的儿童创造更多的社会性互动机会。

总而言之，研究证据支持如下结论：有特殊需要的儿童在常规课堂环境中能够获得更好的社会性发展。

> **思考时间**
>
> 思考一下你自己和有特殊需要的孩子接触的经历。你对这些经历有怎样的感受。你是否遇到过任何困难？对于融合式课堂教学，你有怎样的想法？

2.8b 游戏场所

对于所有的儿童来说，游戏都是一种表达和学习的媒介，对于那些身有残疾的儿童来说，也是如此。和同龄的普通孩子相比，身有残疾的孩子可能在参与某些常见的游戏活动方面有困难（Sandall, 2003）。但是，通过对游戏活动做一些改变和调试，残疾孩子也有可能和普通孩子一样参与这些活动。Sandall（2003）提出了八种对游戏的调整方式：改变环境、调适物料、简化活动、为儿童提供喜爱的游戏材料、提供有特殊适应功能的器具、成人提供支持、同龄人提供支持，以及提供隐形的支持（例如，改变自然发生的事件）。关于游戏在特殊教育中能够发挥的价值，学前儿童言语和语言方面的理论家 Jan Dowling（2014）提出了一些支持的案例。通过观察，Dowling 记录了儿童偏爱的游戏道具和活动，并且使用这些道具和活动为儿童在概念和语言方面的发展提供了支持。

Franke 和 Geist（2003）给出了一个范例，关于建设性指导课程设计中的成人支持是如何帮助 3 岁的儿童（小杰）提高游戏水平的。小杰是一个被诊断为自闭症的孩子。正如我们之前讨论过的，孩子们天生就喜欢玩游戏。患有自闭症的孩子可能缺乏通过游戏实现重要学习功能的相关技能：社交和沟通技能以及想象力。小杰被带到了一个整合型的幼儿园班级环境当中，这里既有普通孩子，也有身有残疾的孩子。由于小杰不能像一个普通的 3 岁孩子那样玩玩具，于是他接受了一系列游戏指导课程，帮助他以一种更高水平的方式和玩具进行互动。研究人员在建构性教学、自由选择时间和集体活动过程中对小杰进行了观察。通过对小杰的指导，研究人员发现小杰能够以一种更为复杂的方式玩玩具，他和同龄伙伴的互动更多了，并且小杰还能把学到的社交技能运用到新的游戏场景中。

动物辅助活动能够对身有残疾的儿童起到积极作用（Baumgartner & Cho, 2014）。动物辅助活动能够改善儿童的行为，并提高他们在学校的学业成绩。这类活动必须精心策划与组织，从而使家长和教师在其中发挥对儿童的支持作用。

对于从事与有特殊需要的儿童相关工作的人来说，更大挑战的在于如何找到一种最适合这些儿童学习的方式。就算技术的发展能够为这些孩子的学习带来新的希望，我们对这种方式也必须谨慎以对，对于技术所提供的内容和如何进行时间分配，都是应当加以控制的。

本 章 总 结

2.1 **当学习发生时,知道如何加以判断。** 学习可以被定义为由于经验所导致的行为改变。通过观察和提问,我们可以判断学习是否发生了。

2.2 **解释知觉对学习的关键作用。** 知觉是大脑对感觉经验的解读。大脑能够解读通过视觉、味觉、触觉、听觉和嗅觉获得的信息。知觉决定了人会学习什么内容。作为一种通过最强烈感觉接收信息的方式,多感觉的学习是值得被推荐的。

2.3 **描述学习的特征以及学习发生的方式。** 幼儿通过自己的经验学习。他们和外部环境发生互动,并以此来建构知识,这是幼儿学习的方式,幼儿还会对自己所参与的活动施加外部力量来加以控制。幼儿对这个世界的知觉不同于年纪大一些的孩子,也不同于成人。幼儿会使用所有的感觉信息,但是他们会对接收的感觉信息加以选择。对幼儿来说,最好的学习方式莫过于对具体的物品进行操作和检验,莫过于通过社会性经验学习,而不是被动地听课或使用学习手册或学习簿学习。总而言之,要回答学习如何发生的问题,是非常复杂的。针对任何一个特定的孩子回答他的学习是如何发生的也不是一件容易的事情。动机是学习中的一个重要的成分。儿童需要产生一种学习欲望。婴儿和学步儿有天生的好奇心激发他们探索环境的动机。随着孩子年龄的增长,如何保持这种动机就变成了一种挑战。十分常见的情况是,这种早期的好奇心和学习的欲望会在小学三年级或四年级的时候消失。

2.4 **比较数字化媒体作为儿童学习工具的利弊。** 日新月异的技术为学习提供了新的工具,也带来了新的挑战。移动电话、平板电脑、多媒体播放器、视频游戏、即时通信软件、交互性多玩家游戏、虚拟现实网站、社交网络以及电子邮件都是可供使用的工具。

2.5 **解释发展理论对游戏价值的支持证据。** 游戏是儿童的主要活动,儿童通过游戏来学习。这是一种自然的生物功能,它令人愉快,让人开心。各种游戏理论都认为,游戏对儿童的情绪、社会性、认知以及语言发展起到了重要的作用。几种主要的游戏理论是弗洛伊德、埃里克森、皮亚杰以及维果茨基提出的。上述四位理论家都认为,儿童游戏的发展会经历几个阶段,但是他们都有各自关注的重点。

2.6 **确定游戏的工具和功能。** 游戏的媒介包括了动作和互动、物品、语言和社会性材料。戏剧游戏也是一种有价值的媒介。游戏提供了重要的学习功能,例如,认知、语言、读写以及社会性的发展。

2.7 **描述游戏的情境。** 与同龄人之间的互动发生在某种游戏情境当中。在如何看待游戏这个问题上,社会文化视角相当重要,在看待其他领域的发展问题时,社会文化视角也相当重要。

2.8 **解释融合对于有特殊需求的儿童的好处。** 有特殊需要和能力的儿童能够和更加典型的儿童一样经历相同的发展阶段,但是由于他们在知觉、记忆、运动能力、生理发展和总体发展速率方面存在问题,或者存在上述任意一种或几种问题的组合,因此他们可能需要特殊的辅助。关于有特殊需要的儿童,目前已经形成了一种普遍的共识,即特殊儿童应当尽可能多地在有正常儿童的课堂环境中学习,还应当在其他能够促进特殊儿童适应更广泛社交世界的环境中学习。为了能够适应残疾儿童的学习需要,对游戏材料和环境都应当加以调整。

第3章 影响学习的因素

本章涉及的标准

naeyc
美国幼儿教育协会项目标准

1c：运用发展知识创造健康的、尊重儿童的、能够支持儿童发展的并且对儿童富有挑战性的学习环境

2a：了解并理解不同的家庭和社区的特征

2b：通过彼此尊重和互惠的关系支持和吸引家庭和社区成员

2c：使家庭和社区成员参与孩子的发展与学习过程

4a：明白积极的关系和支持性的互动是开展儿童相关工作的基础

6d：整合关于早期教育的有见地的、反应性的且批判性的观点

DAP
儿童发展适宜性实践指导方针

1：为学习者构建一个充满关爱的社区

1C：社区的每个成员都礼貌而负责任

5：与家庭建立互惠关系

学习目标

在阅读本章之后，你应当能够：

3.1 确定主要的理论观点在解释成人在儿童的学习过程中所起的作用。

3.2 描述教师支持儿童的思维、学习以及问题解决的方式。

3.3 探讨成人在帮助年幼儿童最大限度地利用科技方面所具有的责任。

3.4 构建一个指导清单用于创建优质的环境和高质量的指导。

3.5 描述家庭在支持孩子学习方面的作用。

3.6 解释影响学习的社会文化因素。

第 2 章描述了学习发生时所涉及的诸多因素。本章将研究成人在为年幼儿童提供促进学习的环境和经验方面所起的主要作用。很明显，成人在儿童学习方面起到了至关重要的作用。成人的作用主要有两个：一是在日常生活中与儿童互动；二是为儿童提供活动的物理环境。这两个关于成人角色的最有名的观点来自建构主义心理学家皮亚杰和维果茨基，以及行为主义心理学家斯金纳和班杜拉。其他的理论观点虽然没有如此广为人知，但也贡献了重要的内容。本章在这些观点的基础上对成人的角色进行了更加深入地研究，并且还对其他的学习相关领域进行了探索：对儿童的激励、对实际应用理论的选择、鼓励思考和解决问题、能力的发展、游戏、科技的使用、帮助有特殊需求的儿童以及提供优质的环境和高品质的指导。

本章的下半部分研究了影响学习的家庭和社会文化因素。幼儿的家人在他们的学习过程中起到了至关重要的作用。本章研究了家庭所起作用的几个方面：亲子互动、非亲代抚育、亲子教育与学校参与情况以及家中的媒体。我们既不能假设所有的儿童都一样，也不能假设他们将用相同的方式应对每一个成人，或者始终用同样的方式应对同一个成人。现代家庭有很多的家庭组合形式，包括单亲家庭、全职爸爸家庭以及同性恋、双性恋和变性者（Lesbian Gay Bisexual Transgende，简称 LGBT）家庭。

3.1 成人的作用：将理论应用于现实

正如第 2 章所示，每一个有分量的理论家——皮亚杰、维果茨基、班杜拉、斯金纳、埃里克森、弗洛伊德、罗杰斯和马斯洛——对学习的观点都略有不同。从皮亚杰学派对认知发展的观点来看，成人起到的是指导作用，并为儿童的学习做好了准备。成人向儿童提问、鼓励思维的发展以及评估学习者的发展阶段。然后，成人给儿童提供了适合的学习经验。而基于维果茨基的认知发展观点，成人的作用更显著，在某种程度上更直接，他们给儿童提供学习所需要的支架，帮助他们穿越最近发展区，开发学习潜力（照片 3.1）。这两种认知发展观点都认为，与他人的互动对学习来说必不可少。

照片 3.1　维果茨基的观点认为，支持性的成人给儿童提供了支架，帮助儿童到达发展的更高层级。

从埃里克森、弗洛伊德、罗杰斯和马斯洛所持的精神分析观点来看，成人同样是一个向导。然而，他们更强调成人在儿童情感和个性的发展方面的作用，而非他们在儿童认知发展方面的作用。成人可在情感上支持——他们是对儿童的感觉、动机和行为的解读者——并帮助儿童解决社交上的问题。成人可评估儿童的情感组成以及在每个发展性危机中的进展。

行为主义心理学家斯金纳强调环境对学习的重要性。与认知发展和行为分析的观点不同，斯金纳将成人视作指挥者而非向导。成人做准备工作、实施强化与惩罚，以及管理儿童身上可以观察到的行为。班杜拉称他的理论观点为"社会认知理论"（Miller，2011）。从班杜拉的观点来看，成人能起到一个极为重要的作用：为儿童充当恰当行为的榜样。因此，班杜拉对直接模仿以及完全复制他人的行为不太关注，他更关注儿童通过观察他人的行为所学到的内容。**观察**是学习社会行为的主要工具。从更抽象的层面来看，成人也是一种资源，这种资源能够用于指导儿童完成在这个社会生存并且获得成长所必须完成的各种任务（Miller，2011；Newman & Newman，2007）。贴上认知的标签是有意强调协调和整合学习的各个不同方面所需的脑力工作的重要性。例如，儿童不但要学习扔球、接球、击球以及跑动，还要学习棒球的规则。为了完成这个游戏，儿童必须在心里将所需的技巧和规则整合在一起。而这种学习的大部分过程是在观察中发生的，在儿童观察大一些的儿童或者成人打棒球的同时，学习也就发生了。但是，不是所有的儿童都会选择打棒球，因为他们可能对棒球没有兴趣或动机。观察和学习特定的社会行为并不能保证儿童产生这类行为：他们还需要有做这种行为的动机。

3.1a 理论家关于成人在提供环境方面所起作用的观点

对于成人所提供的环境，持不同立场的理论家的观点各不相同。对于所有的发展理论来说，它们之间的共性是，一定程度的自由是相当重要的。对于持认知发展观点的心理学来说，自由是有限度的。选择是提供出来的。具体的材料和经验是基本的学习行为。社会性互动的机会可鼓励儿童观察、学习以及操纵环境。

从精神分析的角度看，环境对人存在某种治疗的作用。环境能够为人们表达敌意、怀疑、羞愧、骄傲以及幸福等感受提供出口和管道。持成

熟论观点的理论家则强调扩充边界给成长留出空间。他们认为，儿童的行为符合特定行为阶段是相当重要的。对于行为学家来说，环境能够为儿童恰当的适应性行为提供正强化，从而将恰当的适应性行为最大化。环境提供了有控制的空间以及行为的榜样。这个部分会在本章的最后进一步讨论。

3.1b 基于理论的学习方法

皮亚杰和维果茨基所持的建构主义认知发展和学习的观点以及行为主义关于学习观点，在幼儿教育与指导领域应用得最为广泛。Bodrova和Leong（2007）对皮亚杰和维果茨基的观点的异同进行了描述。两人的研究对象都是儿童思维过程的发展，且两人都定性地确立了儿童发展的阶段，但是相较于维果茨基，皮亚杰划分的阶段更清晰。另外，皮亚杰和维果茨基也都相信儿童在自身学习中扮演了积极主动的角色，并在自己的头脑中进行知识构建。但是，关于文化对儿童思维发展所起的作用，两人的观点不同。维果茨基认为，"文化背景决定了所出现的认知过程的具体形式"（Bodrova & Leong，2007，p.30）。"皮亚杰强调的是儿童与事物之间的交互作用，而维果茨基主要关注儿童与成人之间的交互"（Bodrova & Leong，2007，p.30）。因此，和皮亚杰的观点相比，在维果茨基的理论观点中，成人在儿童学习中的角色更加直接，并且参与的程度更深。行为主义者甚至更强调成人在儿童学习中充当指导者和控制者的角色。关于成人作用的部分内容在之前的章节已经提及，在本书后面的内容中，我们将对此进一步深入探讨。

3.1c 皮亚杰关于学习的建构主义观点

将皮亚杰的认知发展理论应用于实践的案例

有许多。对于皮亚杰（1971，p.151-157）而言，"教育意味着使个体适应周围的社会环境。然而，新的方法（指开放式教育）试图通过利用童年期本身的内在冲动，结合与心理发展不可分割的自发性行为，促使这种适应发生"。皮亚杰指出，儿童有能力进行勤奋而持续的探索，这源自一种自发的学习需要（照片3.2）。智力是一种"真实的活动"。对皮亚杰来说，身体和社会性行为是学习和发展的关键，而儿童自发的游戏是这种行为的载体。

照片3.2　教师可以安坐一旁，观察儿童自行解决问题，在有需要的时候再介入。

正如前面所指出的，许多幼儿教育方面的学者采纳了皮亚杰的**建构主义**观点。在第2章已经提及过，Constance Kamii（Kamii，1986；Kamii & Ewing，1996）和 Rheta DeVries（DeVries & Kohlberg，1990；DeVries, Zan, Hildebrandt, Edmiaston, & Sales，2002）是两个毫无保留的建构主义理论的支持者。Kamii 和 Ewing（1996）强调，儿童从内部吸收经验并且构建知识。成人必须为儿童提供适当的经验，并且在儿童吸收和构建的过程中予以帮助。DeVries 如此定义教师的职责：首先假定"教师是以学生为中心的，与儿童有良好的互动，知道如何自如地管理课堂，也知道如何提供传统的幼儿园（或其他幼儿水平）活动"（DeVries & Kohlberg，1990，pp.83–84）。此外，教师的职责包括以下内容：

- 创造有益学习的氛围：通过鼓励独立和主动，使儿童能够畅所欲言、发问、尝试和探索，这种氛围能够促进积极的儿童发展。
- 提供材料和活动内容，评估儿童所思考的内容：鼓励儿童自己探索材料。当需要新想法时，教师模仿儿童在之前所做的事情中自然产生的想法。成人注意到儿童的兴趣，跟随儿童的想法而不是将想法强加到他们的身上。
- 鼓励儿童努力尝试并建构自己的知识，而不是强加一个"正确"的答案给他们。通过鼓励和提出诸如"还可能有什么其他的方式去做呢？"这类问题来帮助儿童。
- 帮助儿童扩展自己的想法。当儿童似乎面临瓶颈时，告诉他们已经获得了一个良好的开端，或者用之前获得的成功案例激励他们。

Kamii 和 DeVries（DeVries & Kohlberg，1990）并没有试图改变儿童的前运算思维，他们重视这种思维，为之订制计划，按其规律进行教学。Kamii（1986）认为，按照皮亚杰的预想，教育的目标是实现**自主性**，即儿童能够通过解决问题进行探索和思考，并且通过自己的行为构建知识。

3.1d　维果茨基关于学习的观点

维果茨基关于成人在儿童学习中的作用的观点与他关于儿童发展的观点相关联。他认为，儿童的发展是儿童与社会环境之间互相作用的结果（*Tools of the Mind*，2014）。维果茨基的文化传递理论将发展和学习联系起来。在他看来，教育不仅是认知发展的中心，还是人类生活中处于核心地位的社会文化活动。他的研究专注于个体发展的社会起源和文化基础。维果茨基认为，成人与儿童之间的合作关系是教育过程的主要部分。

最近发展区的观点是维果茨基理论的核心（Tools of the Mind, 2014）。Bodrova 和 Leong（2007）定义最近发展区的边界的下限为儿童能独立达到的水平，上限为儿童得到帮助后能达到的水平（图3.1）。随着儿童达到新的成就水平，这些边界是不断变化的。儿童接受帮助后的表现水平包括了在成人或者技能水平更高的同龄人的帮助下完成的动作。互动的内容可能包括"给予暗示或者提示线索，改变问题的措辞，要求儿童重新描述讲过的内容，询问儿童所理解的内容，演示任务或者一部分任务等"（Bodrova & Leong, 2007, p.40）。间接的帮助（诸如设置一种对技能练习起支持作用的环境）也包括在内。例如，教师可能会提供许多类型的写字工具和纸张来促进儿童书写技巧的发展。随着时间的推移和学习，最近发展区会不断向更高水平发展。

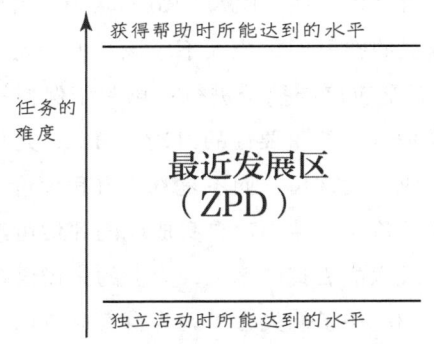

图3.1 最近发展区。

对维果茨基来说，发展适宜性教育应该包含儿童在通过获得帮助后能够学习的内容。教师应该提供稍微超过儿童独立活动所能达到水平的指导，但这种指导仍然应当在最近发展区的范围内对儿童加以帮助。成人的一项极为重要的作用就是判断在什么情况下提供一个适当程度的、同时还在儿童当前最近发展区内的挑战。成人应该采用**扩大化**的方式来最有效地利用最近发展区。扩大化不同于加速。加速指的是成人教授儿童一些超出他们理解范围的内容。比如，许多3岁的儿童已经学会了背诵字母表，但是他们还没有达到能够将这些知识运用到实际的阅读和书写中的程度。在这种情况下，字母表是一种带有孤立特征的信息，不具备可用性特征。而扩大化指的是，在儿童最近发展区的范围内通过增加发展来创造儿童的优势。这种方式所提供的帮助被称为支架式教学。最近发展区即知识构建发生的区域范围（Bodrova & Leong, 2007）。

从维果茨基的观点来看，教育包含了儿童对文化中精神和技术工具的学习（Miller, 2011）。这些文化工具，比如阅读、写作、演讲、计算以及图解，都是我们交流的手段。

当儿童展现出可以独立完成一些在过去没有他人帮助就无法完成任务时，在最近发展区里，变化就产生了。维果茨基将课堂上的学习视作课堂教学的社会组织与儿童思维之间相互依存的关系。学习是一种成人与儿童之间联结的经验，它并不局限于成人将知识传递到儿童的头脑中的过程。

3.1e 行为学家对于学习的观点：斯金纳和班杜拉

行为学家关于学习的观点源自美国传统的学习理论。学习理论家感兴趣的往往是如何随时改变行为，而不是与发展阶段相关的行为。根据 Miller（2011）所述，斯金纳认为，只有可观察的行为才是值得研究的。他发现，行为得到强化后出现的频率会更高。尽管斯金纳的研究对象主要是老鼠和鸽子，但是他的理论引发了对人类行为进行探索的兴趣。这些研究的结果就是诞生了一种改变儿童行为的方法，这种方法被称为行为矫正或者行为分析。行为矫正作为一种技术，其基本观点是，如果成人希望儿童增加某种行为，那么在每一次的正向行为之后必须给出一个积极的结果。有可能增加行为的积极结果被称为**奖励与强化**。那些擅长对儿童进行行为改变的成人会时常留意这样的机会——在儿童出现恰当行为后能够给予他们积极反馈的机会，这样做的目的是增加儿童恰当行为出现的频率。这些强化包括口头或者非口头的认可或表扬、身体接触、活动、特权或者实物。除非是真正危险的行为，否则对不受欢迎的行为通常应当直接忽视。从事行为矫正的成人还会采用行为塑造这样的技术，用较好的行为代替不适宜的行为。

班杜拉最初的研究对象是儿童基于观察的学习。他的研究让我们了解到观察和模仿作为学习手段的重要性。在后续的研究中，班杜拉研究了以观察和模仿为基础的儿童思维。对于从事幼儿相关工作的成人来说，在将班杜拉的社会认知理论应用于实际时，应该强调由儿童通过观察来选择信息，并且得出基本的结论。换句话说，当观察到另一个儿童因为某种行为获得奖励时，孩子们会有意识地将信息组合起来并形成一个结论，即如果自己也表现出同样的行为，也将得到奖励。

行为主义的理论给成人提供了如下主要的指导方针：

- 奖励恰当的行为。
- 忽略不恰当的行为（除非是危险的）。
- 意识到基于观察的学习的重要性。

3.1f 奖励儿童行为带来的影响

研究表明，成人在使用**外在奖赏**手段时，应该持谨慎的态度。外在奖赏既有物质方面的，也有社会方面的。给予物质奖励（例如，食物、金钱、玩具，或者口头奖赏，如过于频繁的赞扬）会让儿童做出恰当行为的动机仅仅是为了获得奖励，而不是因为这样做了而感受到的内心愉悦。儿童应该基于内心愉悦而去完成工作、画画、上学或者表现出符合社会约束的行为，因为这样可以让他们获得一种自豪的或者有成就的感受。我们的目标是让儿童从内心产生一种欲望，即通过**内在奖赏**或者内在动机的发展进行学习。婴幼儿有内在的去了解这个世界的动力。对于已经过了婴儿期和学步儿期的儿童来说，保持天生好奇心的活力是非常重要的。

根据 Alfie Kohn（2001b）的研究，只是进行口头表扬，结果也可能走向极端。第一，这种方法是一种操纵他人的方式。成人往往出于自身利益而采取这种方法，因为这种方法能够让成人自己生活得轻松一些。比如，Kohn 认为，当孩子自己将玩具收拾好时，成人不应该只说一句"干得好"，而是应该与孩子进行一场关于保持房间整洁和爱护玩具的重要性的讨论。第二，儿童可能会基于成人的认可，而不是基于自我评价，来衡量自身的价值。他们对自身成就的评估可能会过分依赖成人的表扬。第三，太多的表扬会剥夺儿童的乐趣。孩子们失去了因为自身成就而感到开心的机会。第四，如果没有得到表扬，儿童可能会失去做事情的兴趣。他们的积极性可能源自获得表扬，而不是完成任务的快感。第五，太多的表扬实际上会导致儿童成就水平的降低。儿童可能会认为他们下一次做不到这次这么好了。因此，他们可能会因为担心无法保持水准而感到焦虑，从而表现糟糕，或者干脆放弃。

Kohn（2001b）认为，成人需要考虑减少表扬："我们给予孩子更多的表扬是因为我们成人有这样说的需要，而不是因为儿童有听到表扬的需要"（p.27）。儿童需要无条件的爱和接纳，不带任何附加条件。与其通过表扬来操纵儿童，不如花一些时间向他们解释，以及帮助他们形成恰当的行为和树立正确的价值观。Kohn 认为，当儿童做了一件让人印象深刻的事情时，成人可以从以下三项中选择自己可以做出的反应：

- 什么也不说。让孩子享受那个时刻。
- 说自己所看到的。用不带评价的方式进行表述，比如"你自己穿好衣服了""你做到了""你花了很长的时间画画"，或者"你让你的朋友很开心"。这些表述强调了儿童的成就，而不是成人的评价。
- 少说多问。问孩子："你是如何想到要这么做的呀？"

这样做的目的是鼓励和支持孩子对自己生活的控制感。

3.1g 保持对学习的自然动机

继续讨论第 2 章提及的动机，保护儿童对于学习的自然动机是很重要的。Epstein（2014）认为，成人应该通过尊重孩子的兴趣和选择来鼓励主动的精神。成人应该欢迎儿童提出自己的意见，为儿童提供做计划和思考的机会。在《激发孩子的内在动力》（*Motivated Minds*）一书中，Deborah Stipek 和 Kathy Seal（Alexander, 2001）描述了他们是如何提升儿童对学习的热忱的。和 Kohn 一样，他们强调了不试图从外部进行太多控制的重要性。通过给儿童提供做选择的机会，动机得到了保护与支持。成人应该通过展示自己学习新事物时的享受，给儿童做出示范。

我们对幼儿的目标是维持他们对学习的自然动机，因此，随着年级的上升，他们仍旧可以找到学习的内在动力和激情。儿童可能在相当早期就认识到了自己的无助和无力，以及对于学习缺乏控制权。到了四年级的时候，儿童的动力水平下降，他们可能会对在学校取得成功这件事失去积极性。

3.1h 对实际应用理论的选择

第 1 章中所提供的案例展示了如何在不同的问题上应用不同的理论。教师通常不愿意采取某一种理论作为工具，因为特定理论的倡导者往往只支持一种观点，这让教育实践者在实际工作中面临选择的困境。当教师整理每一种理论的主张以作为教学的指导时，经常发现自己陷入了困惑的境地。然而，如果将这些理论视作彼此互补的而非对立的内容，就可以形成一个框架，用来指导教学。每一个新入行的幼教工作者都需要考虑这个观点。

你并不需要死守某一个理论模型。要记住，每一种理论表述的都是发展的不同侧面。你可能首先需要考虑自己需要处理的问题，然后选择一个看起来最能解决该问题的理论。回顾一下第 1 章的案例，你将会明白这个方法是如何起作用的。

3.2 思考、解决问题以及学习的环境

为了提升学习的内在动力，研究的重点被放在探索和尝试发展儿童的思维和解决问题的技巧上。儿童的语言和沟通应该受到鼓励。Epstein（2014，p.37）认为，与儿童交谈的重点

应该放在儿童的思路上,而不是仅仅关注事实。比如:

- 我想知道为什么……?
- 你是怎么看出来的?
- 你是怎么知道的?
- 告诉我,你是如何做到的?
- 是什么导致了那个的发生?
- 假如你用另一种方式做,将会怎样?
- 如果……你认为会发生什么?

根据 Epstein(2014)的研究,当儿童试图理解自己观察到的事物的内容、方式和原因时,他们的批判性思维能力能够得以发展。学生需要学习如何提问、分析以及透过表象发现可能的答案。批判性思维技巧的提升应当是儿童的日常学习经验中不可分割的一部分。

Tudge 和 Caruso(1988)发现,合作解决问题能够提升幼儿的认知发展水平(照片 3.3)。与皮亚杰的观点一致,他们认为,当儿童在一起解决问题时,儿童的认知得到了发展。Tudge 和 Caruso 给出了若干方法上的建议,教师们可以考虑使用以下方法,以确保在教室里出现真正的合作解决问题(pp.50-51):

1. 为儿童策划有共同目标的活动。比如,鼓励他们通过合作来规划如何给玩具动物建造一个动物园。
2. 这个目标对儿童而言必须是真正有趣的。鼓励儿童解决自己挑选的问题,比如如何分享已有的积木或者给戏水池装满水。
3. 儿童应该能够通过自己的行动来实现目标。他们应该获得尝试使用自己的解决方案的机会,并且能够在办法行不通的情况下再次尝试。失败能够激发进一步的努力。
4. 儿童行为的结果应该是明显而直接的。如果他们对一种方案不满意,立刻就能知道,并且可以尝试另一种方法。
5. 教师的职责是鼓励和建议,而不是进行指挥。
6. 通过引入一些活动,比如需要两个或者更多的儿童共同合作才能解决的问题,来鼓励儿童互动。
7. 帮助儿童澄清或者改造他们共同的目标。在儿童采取行动之前,教师可以通过转述他们的解决方案并给他们时间仔细思考,来帮助他们彻底想清楚自己计划要做的事情。
8. 鼓励那些不太愿意主动解决问题的儿童(那些更安静、更沉默的儿童)参与讨论。

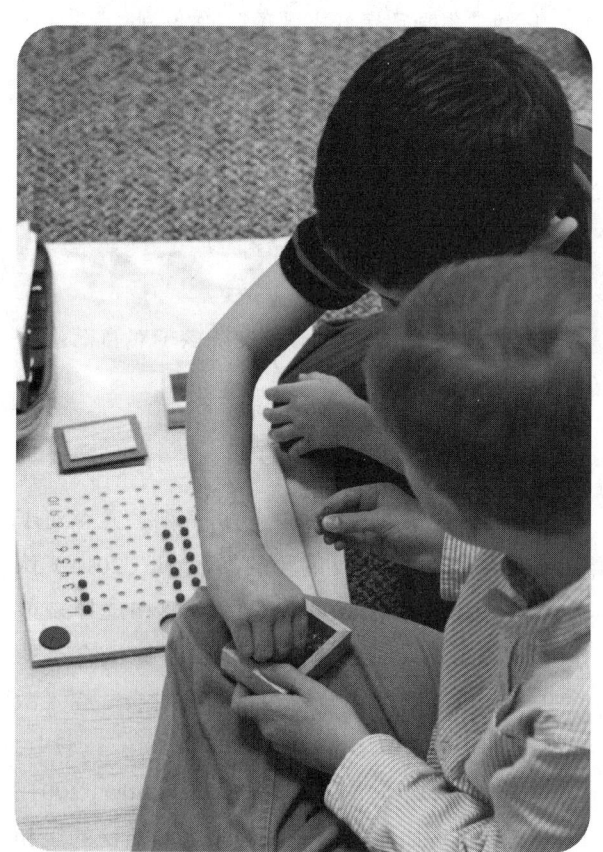

照片 3.3 成人的一个很重要的作用就是给儿童提供与其他孩子合作的机会。

Tudge 和 Caruso 指出，在任何课程领域，都需要开展问题解决型活动。这些内容可能出现在儿童游戏时，或者出现在教师设计的开放式活动中。通过鼓励儿童合作解决问题，教师能够极大地促进儿童的认知发展。

3.2a 胜任力

童年早期的一个主要目标是提升认知能力和社会性能力。成人的作用是，为儿童提供环境，让这个目标得以实现。"胜任力指的是能够把事情做好"（Epstein, 2014, p.51）。当一个人确信有成功的前景时，拥有胜任力的感觉就会出现。成人能够在几个方面帮助儿童获得自信的感觉（Epstein, 2014）：

- 设置一个有序的空间和一个固定的时间表，让儿童知道材料在哪里、该在什么时候使用以及如何使用它们。
- 给予时间和鼓励，使得儿童能够独立完成任务。
- 小幅度地增加难度，使得儿童能够在各个层级上获得成功。
- 注意到儿童所获得的每一项成就（例如，"你盖那栋楼的时候很努力"）。
- 给儿童提供领导和负责的机会（例如，传递材料或者充当领唱）。

Katz 和 McClellan（1997）认为，教师在提升儿童的社会性胜任力方面能够起到非常重要的作用。他们推荐个性化指导，通过友好的和具有支持性的师生关系，促进儿童的积极参与。在社会性和情感发展的其他领域，成人所起的作用将会在第 6、7、12 和 13 章中阐述。

3.2b 成人对在游戏中学习的支持

本章进一步探讨了成人作为游戏支持者的角色，成人的这一角色是通过课堂行为和提供的环境来实现的。如同其他儿童行为指导的领域，成人可以采取的形式有干预、参与、指挥游戏或者将其中几种形式进行任意组合。成人也可以袖手旁观，置身事外，在有需要的时候充当指导的角色。研究者指出，成人可以直接改进儿童的游戏。对社会戏剧性游戏的训练有两种基本类型：**外部干预**和**内部干预**（Christie, 1982）。在外部干预的过程中，成人处在游戏环节之外，但是会对儿童提出问题、给予建议、提供指导和给予说明，这些将帮助儿童强化其在戏剧性游戏中的角色。比如"医生还会做些什么？"或者"消防员用胶皮管引水，浇到火上"。内部干预需要成人参与游戏，并且担任一个实际的角色。然后成人能够展示各种游戏行为，比如模仿、使用物体进行假装的游戏、表演假装的动作、展示如何进入已经设置好的游戏情境、采用适当的言语交流以及扩展故事情节。比如，作为病人，成人可能会说："哦，医生，我头疼，肚子也疼。请帮帮我。"当儿童学会了这些游戏技巧之后，成人可以渐渐淡出游戏。

成人需要警惕的是，不要主宰游戏（Trawick-Smith, 1985）。Trawick-Smith（1998b）通过对成人的干预的研究，找到了一种游戏训练的模型。他认为，在进行了深入认真的思考之后，"基于认真的观察和对不同游戏理论的理解"，也许有若干干预策略可以选用。为适应儿童的行为和游戏的情境，成人必须对他们的策略进行调整。成人必须具有灵活性，可以随着情况的变化而改变策略。下面就是支持游戏训练技巧的一些具有价值的研究案例。

在 Morrow（1990）、Neuman 和 Roskos（1993）以及 Schrader（1990）的研究中，研究人员通过在游戏活动中向儿童提供帮助读写的道具以及成人的支持，来强化儿童的读写知识和概念。Morrow（1990）发现，当戏剧性游戏中心提供了读和写的材料时，可观察到儿童读写游戏的频率增加。Morrow 在有教师指导和没有教师指导的两种条件下对比了所观察到的儿童读写行为。

在有教师指导时，儿童的读写游戏行为发生的频率比没有教师指导时高。所有的参与实验的课堂都提供了一个特别的容器，里面装着读写材料：手工制书材料、大小和种类不同的纸张、现成的空白小册子、杂志和书籍、铅笔、毡尖笔、蜡笔以及彩色铅笔。在两组实验课堂里，一组有指导教师，另一组没有指导教师，研究人员在兽医的办公室设置了一个主题中心。在没有指导、只有读写材料的课堂里，教师在第一天介绍了读写材料，和孩子们讨论了可能的用法，此后再没有提及它们。在有教师指导的课堂里，教师在每一个游戏环节的开始都讨论了这些材料可能的用法，另外还告知儿童可以假装读和写。读写材料的添加增加了读写戏剧性游戏出现的频率。当加入了教师的指导后，读写行为的频率进一步增加了。

Neuman 和 Roskos（1993）对开端计划中的儿童进行了研究。他们发现，当教室里提供了读写材料，并有一位教师或者家长积极地给予儿童帮助时，儿童对环境中的印刷字（诸如"安全出口""请进""开""关"等办公室标志）以及具有标记功能的打印物（诸如电话本和日历）的阅读能力得到了提升。"这些发现使人联想到，与成人在读写丰富的游戏背景中的互动可能是一个帮助生活在贫困中的少数族裔儿童的机会，是帮助他们使用有文化修养的方式思考、说话以及表现的重要机会"（Neuman & Roskos, 1993, p.95）。

游戏不仅能够在读写能力的发展上起到帮助作用，还能对儿童自律的形成有所帮助（Bodrova, Leong, Hensen, & Henninger, 2000）。为了加入一个游戏活动，儿童必须遵循小伙伴制定的规则。因此，为了被一个同龄人群体接纳，儿童必须接受这个群体所设定的角色和行为。Bodrova、Leong、Hensen 和 Henninger（2000）强调了成人作为儿童游戏的协调者很重要。成人提供的是支架、空间和材料。

3.2c　成人在提供游戏环境方面的作用

要促进游戏活动，必须有足够多的游戏材料和足够大的游戏场地（Frost, 1992；Hart, 1993；Shabazian & Soga, 2014）。成人负责给儿童提供适合发展水平的材料和设备，按照需求反复排布器具、设备和材料，并且根据要求提供新的材料。

背景是**主题型**的还是**非主题型**的，能够对戏剧性游戏产生影响（照片3.4）。Dodge 和 Frost（1986）研究了戏剧性游戏区域创设的方法，这些区域将鼓励戏剧性游戏的产生，但不能规定儿童具体所能选择的角色，例如一个日用杂货店、一个医疗中心或者一个消防站。研究人员注意到，在5岁左右，儿童的思维已经超越了直接经验。作为戏剧性游戏的背景，日常的家务背景区域已经不那么有吸引力了。研究人员还发现，开放式的道具，诸如空的硬纸板箱、线轴、木板和板条箱，更能激起5岁左右儿童的灵感。与这些材料一起，还有其他种类的真实道具可供儿童选用，不论儿童选择的是哪种角色。在这种非主题型背景中，儿童会运用许多主题，并参与更多的戏剧性角色扮演。当成人给儿童提供的是结构化的游戏环境时，并且游戏背景的数量不止一个（比如有一个娃娃屋、一个杂货店和一

照片 3.4 非主题型游戏设备激发了更多的关于戏剧性游戏角色的灵感。

个办公室）时，而且当每种游戏中心同时对男孩和女孩都具有吸引力时，儿童游戏的内容会更加丰富。

Thomas（1984）发现，与那些没有进行早期阅读的 4 岁儿童相比，进行早期阅读的儿童（那些 4 岁开始阅读的儿童）选择玩具的喜好有所不同。具备早期阅读经验的儿童更倾向于选择阅读准备阶段的玩具，诸如书、字母卡片等，而那些没有早期阅读经验的儿童更倾向于选择大运动、搭建和幻想玩具。

Rogers 和 Sawyers（1988）对关于玩具和材料在游戏中的影响的研究进行了回顾。当儿童没有玩具或者玩具数量很少时，攻击性行为会大幅增加。与玩大型器具（如滑梯）相比，玩小型玩具时，儿童更容易出现消极的互动。比起换装道具、其他戏剧性游戏道具、小车和积木等玩具，艺术材料、教具、黏土、沙子和水更不容易激发社会戏剧性游戏。成人提供的材料的种类能够决定儿童参与游戏的种类。儿童的兴趣受到新奇性、多样性和复杂性的诱惑。玩具应该调换位置，如此一来，同样的东西不会每天都出现。开放式玩具，比如积木和乐高，随着儿童认知水平的提升以及有能力用更复杂的方式使用它们，玩法会越来越复杂。

Rogers 和 Sawyers（1988）还探索了空间对儿童游戏的影响。空间要足够大，并且器具和材料放置的方式要能最大限度地激发儿童最复杂、最高级的游戏形式。空间越小，社会互动发生得越多，攻击性也随之增加。然而，在一个大场地，儿童会发生更多杂乱无章的游戏和奔跑。小的团体更有益于产生友谊和富有想象力的游戏。儿童年龄越小，团体也应该越小。每天的户外游戏也同样重要。户外设备的可移动性越强，儿童富有想象力的游戏行为越频繁地发生。

3.3 成人为适当的媒体使用所做的准备

在第 2 章中，我们呈现了各种科技手段在幼儿生活中起到的作用。本章讨论的是在适当使用技术手段作为幼儿的学习工具时，成人所起的作用。如第 2 章提到的，可供使用的技术类型在 21 世纪成倍增加。在 20 世纪 90 年代，电视是主流媒体采取的技术手段（Donohue, 2015；Levin, 2013）。现在，与电视竞争的有手机、多媒体播放器、电子游戏、即时推送消息、交互式多人视频游戏、虚拟现实网站、网络社交平台以及电子邮件。大多数儿童都会使用不止一种形式的媒体。尽管关于电视和电影对儿童影响的研究有很多，但是极少有关于新媒体形式对儿童影响的研究。然而，媒体的内容比形式更加关键，因此，成人需要关注媒体的内容。父母需要控制儿童对内容的访问。父母可以先了解合适的内容，并且游说自己的孩子使用内容更好的媒体，从而实现对内容的控制。

3.3a 幼儿课堂中的电子媒体

美国幼儿教育协会和弗雷德·罗杰斯中心的指导建议没有局限于被动的电视媒体，而是指向了当前的多种新屏幕技术，以及这些技术在幼儿教育背景下的使用指导。为了实现对技术的合理使用，教师和家长需要接受培训，跟上儿童的进度，因为儿童可能已经远远超越了成人。有人认为，到5岁的时候，儿童应该能够掌握基本的技术。

为了使儿童掌握这些技能，我们应该谨慎地选择技术，应该采用发展适宜性方式使用这些技术，技术应当与环境、课程和日常生活结合，选择务必谨慎（NAEYC & Fred Rogers Center, 2012）。技术不能取代创造性游戏，不能取代与同伴以及成人的互动，也不能取代手工材料。美国幼儿教育协会和弗雷德·罗杰斯中心（NAEYC & Fred Rogers Center, 2012）的指导建议对课堂实践给出了如下提示：

- 给婴儿和学步儿提供玩具形式的数码产品，以便他们将这些物品纳入游戏中。
- 给幼儿园儿童和学前班儿童提供机会，去探索触摸屏设备以及传统的带鼠标、键盘的计算机。
- 给学龄儿童探索多种电子平台的机会。

3.3b 家庭中的电子媒体

在两项相关研究报告中（一份家长访谈和两个深入的个案研究），Lori M. Takeuchi（2011）记录了有年幼儿童的家庭是怎样将数字媒体融入日常生活的。参与调查的一共有800名家长，儿童年龄为3—10岁。这些家长中的大多数人会与孩子一起看电视、读书或者玩桌面游戏，但是他们不跟孩子一起玩电子游戏，只会玩成人的游戏。家长们认为，计算机游戏和电子游戏是有价值的。但对年幼儿童来说，手机是禁止使用的。这些家长对数字媒体取代了体育锻炼一事表现出了忧虑，他们也担心线上活动的安全性和隐私问题。大多数家长对于电子媒体的使用都设定了规定。基于这些研究，Takeuchi认为，需要做一些儿童发展方面的研究，因为这与这些电子平台、这些平台的学习潜能以及共同观看行为的价值和频率都有关。

3.3c 平板电脑与传统计算机

在年幼儿童的课堂上，最常见的电子媒体可能是平板电脑和传统计算机。平板电脑的优势在于是手提式的，而且有触摸屏（Bailey & Blaojevic, 2015）。对幼儿园儿童而言，应该使用计算机和平板电脑进行探索。学习中心应该配备计算机和平板电脑让儿童选用。在那里，他们有充足的时间探索与其发展水平相适应的**软件、应用程序**和**网站**。Fischer 和 Gillespie（2003）描述了一个在开端计划中上课的场景，学生可以从一台台式计算机和五台笔记本计算机中选用一台。学前班和小学的课堂应当继续在计算机中心配套发展适宜性软件、应用程序以及网站。教师也可以给出更多具有指导性的项目或活动建议，帮助学生专注于发挥创造性和问题解决。Bailey 和 Blaojevic（2015）建议，一次向学生介绍一个新的应用程序，一周介绍两个。学前班儿童和小学低年级儿童可以就感兴趣的主题在网络中搜索信息。

可供使用的计算机相关材料和活动的种类在快速变化。升级版的新软件、应用程序和网站在不断地投入使用。在诸如超级儿童教育软件评论（Super Kids Educational Software Review）、儿童软件评论（Children's Software Review）和常识媒体（Common Sense Media）等网站上，人们可以看到在线的媒体评论信息。

如果在教室集中设置一个计算机和平板电脑中心，如前文提到的那样（照片3.5），并且允许儿童在有兴趣的时候选择使用这些设备，那么计算机和平板电脑可以是有价值的教学工具。然而，经常出现的情况是，计算机被放置在一个实验室里，每个人只能在规定的时段使用它们，而且学生在实验室里的活动也不必然与教学行为相结合。希望在未来，每个教室都能够配备2~3台计算机，以及几台触屏式平板电脑，并且每个儿童都可以拥有使用这些计算机的同等机会。

互联网上有许多网络为各种行为提供了机会。儿童能够获得各种各样的学习机会，他们可以提高自己解决问题的能力、批判性思维的技巧、创造性、语言技能、学识、研究技巧以及整合信息的能力。不幸的是，技术的更新换代如此迅速，以至计算机和平板电脑在较短的时间里就会被淘汰。因此，选择易于升级的设备很重要。尽管关于幼儿接触计算机的时间点存在一些争议，但如果要进行计算机的引入，应该是一个循序渐进的培训过程。

计算机和平板电脑正逐渐变得更小、更便宜，因此更容易入手。教师都在使用数码摄影技术和喷墨打印机来制作教学文档。教师能够创建班级的网站，通过邮件和手机与家长联络。在《幼儿》（Young Children）杂志上的技术专栏里，作者描述了一个针对4—5岁儿童的课堂，这个课堂整合了许多种类的技术（Meaningful technology integration in early learning environments, 2008）。对成人来说，跟上最新的技术发展是很重要的。

3.3d 技术与残障儿童

对大多数正常的年幼儿童来说，技术的价值存在很大的争议，然而，在帮助残障儿童方面，技术应用所产生的价值得到了强烈认可（Hasselbring & Glaser, 2000；Wilds, 2001；NAEYC & Fred Rogers Center, 2012）。就连婴儿和学步儿都能受益于辅助技术活动，这些技术可以促进儿童的健康发育（Wilds, 2001）。有的设备能够帮助儿童互动并且增强他们的功能性能力（网站的出现能够给儿童的家长提供各类信息）。一个不具备翻书这种动作技能的学步儿可以看电子书，并通过触摸一个键或者屏幕进行翻页。"特制的计算机软件、大号轨迹球、触摸视窗、可供选择的

照片3.5 幼儿园儿童喜欢在班里的计算机上玩游戏。

客户化键盘以及多媒体编辑软件,都是可以帮助残障的婴儿和学步儿在游戏中交流和互动的辅助技术支持"(Wilds, 2001, p.39)。研究人员指出,许多学生都可以从辅助技术中受益,即使他们并没有被鉴定为残障人士。教师和家庭成员需要这类设备,以及接受关于各个年龄阶段儿童的设备使用方式的培训。

技术为我们提供了新的学习和交流方式。确保儿童知道如何理智而负责任地使用技术,这是成人的职责。

3.4 融合班级中的教学

和其他教师一样,教授融合班级的成人需要深入了解年幼儿童特有的成长和发育知识。他们还需要有关于不同的特殊儿童和残障儿童的专门知识,这些是他们必然会用到的。

要教授一个融合班级,教师必须学习新的课程设置和授课技巧来帮助教学。根据 Allen 和 Cowdery(2015)的研究,发展和行为主义的方法在融合班级中彼此融合。有特殊需求的儿童和普通儿童按照同样的原则进行学习,但是由于有特定的障碍,他们在学习的时候可能需要更着重于某种特定的感觉。比如,有听力缺陷的儿童依赖视觉,而视觉受损的儿童依赖动觉和**触觉**。这些孩子的学习任务需要通过一个叫作**任务分析**的流程来拆解为更详细的步骤,为了实现特定的学习目标,这些孩子的学习可能需要采用逐次逼近法。比如,梅丽莎是一位已经被诊断为自闭症的患者。梅丽莎在3岁时所说的语言让人无法辨认。对梅丽莎最初的教学目标是将发音与正面的、期望的结果相关联。梅丽莎喜欢教室里提供的零食,于是对她的教学方案规定梅丽莎必须发出一种声音才能得到零食。教师和其他的儿童通过有礼貌的请求(如,"请给我饼干"),来给梅丽莎做出行为榜样。当她发出了声音后,他们就会给梅丽莎零食,同时予以口头表扬。特殊需求儿童的教师必须有高超的与家长沟通的技巧和识别家庭需求的技巧。在本章后面,我们会就这个方面进行讨论。

如果希望成功地为有特殊需求的儿童设置教育计划,教师的作用至关重要。教师每天有好几小时与孩子们在一起,与专家形成了鲜明的对比——专家只花费了有限的时间,而家长可能很难保持客观。教师必须是客观而基于事实的。他们必须通过精确而客观的语言将课堂行为记录在案。他们的记录应当经得起其他专家的仔细审查。要满足如此复杂的需求,教师可能很有压力。Judge、Floyd 和 Jeffs(2008)建议采用辅助的技术工具包来帮助教授有各类障碍的儿童。DeVore 和 Russell(2007)为融合实践提供了一些建议。Filler 和 Xu(2006)通过提供规划的步骤和保持记录的方法,演示了如何在融合课堂应用发展适宜性实践。在融合课堂里,有许多资源是教师可以利用的。

3.4a 幼儿园和小学阶段的准备

在帮助特殊需求儿童准备好过渡到学前班和小学阶段时,幼儿园教师起到了至关重要的作用(Allen & Cowdery, 2015)。融合教育的快速发展导致幼儿园关注的重点不仅仅在社交、认知和动作技能的发展上,还关注课堂参与技巧方面。在学前班的时候,儿童会发展应对小学一年级的各种参与技巧(Allen & Cowdery, 2015)。儿童可能需要学习如何坐好并更长时间地集中注意力、学习写自己的名字以及学习如何走去餐厅但不侵犯到另一个儿童的空间。

教授特殊需求儿童与教授一般儿童相同,都

要求具备关于儿童发展和学习的知识。此外，有关特殊需求方面的知识以及教授特殊障碍儿童的技巧也是必要的。本章的下一节将会重点介绍已经实施的一些研究，这些研究的对象是，各种各样的因素如何影响成人的行为与儿童学习之间关系。

3.5 提供优质的环境和优质的指导

在给幼儿提供高质量的学习经验方面，成人所扮演的角色很复杂。关于成人的作用，有两个理论观点比较突出（而且在某种程度上是彼此冲突的）。一旦要考虑给儿童提供一个怎样的优质的学习环境，成人要考虑的事项就包括了对儿童的激励、在教育实践中选择哪种理论、鼓励儿童的思维和解决问题的能力、胜任力的发展、游戏、使用技术手段、对有特殊需求的儿童的帮助以及包含适当的环境和指导等方面。在此处提到的质量包括总体质量、教师和家长及儿童互动时的重要因素、教师的信念和实践，以及美国幼儿教育协会的相关原则。有关质量的其他方面会在后面的章节讨论（照片3.6）。

照片3.6 这个教室提供了各种各样的有意思的区域。

3.5a 综合质量

Bauchmuller、Gortz 和 Rasmussen（2014）对丹麦高质量的全民学前教育的长期效应进行了研究。研究对象为完成了九年级课程的儿童的学业成就，以及在学龄前参与了全民儿童保育的儿童的学业成就，研究涉及五个不同的质量指标：

1. 教职工与儿童的比例；
2. 教职工的性别比例；
3. 参与了学前教育培训的教职工比例；
4. 少数族裔教职工比例；
5. 教职工稳定性。

其中三个质量指标与儿童在九年级时取得更好的学业测试结果相关：

- 教职工与儿童之比更高；
- 男性教职工的比例更高；
- 参与过学前教师培训的教职工的比例更高。

这些结果与之前在美国的研究发现一致，比如，Kontos 和 Wilcox-Herzog（1997a）研究的结果。

3.5b 师生互动和亲子互动对儿童学习的重要性

Kontos 和 Wilcox-Herzog（1997a）回顾了有关师生互动情况及其与学习之间的关系的研究。与成人的互动对儿童的发展至关重要。然而，研究表明，在早期教育中，个别儿童常常无法得到成人的关注。教师有71%的时间是与儿童互动的（在其他的时间里，他们可能在观察或者在准备材料），但是只有1/3或者更少的儿童获得了个别关注。在发展适宜性实践项目中，教师往往会与他们的学生进行更热情、更激励人心的互动。当儿童与教师之间有了感性的、投入的互动时，儿童在认知、社会情绪以及语言等领域的发展往往会更好。更积极的互动能够提供更强的联结，从而带来更高的社交和认知能力。同样，有些教师在课堂上采取的是严厉、挑剔且冷漠的互动方式，和这种情况相比，在热情积极互动的课堂上的儿童所承受的压力更小。关于教师，Kontos 和 Wilcox-Herzog 含蓄地指出了几点：第一，当班级人数太多时，很难给每个儿童个别化的关注。美国幼儿教育协会建议的成人与儿童的比例如下：

儿童年龄	成人 : 儿童
0—1 岁	1 : 3
1—2 岁	1 : 5
2—3 岁	1 : 6
3—5 岁	1 : 8
5—6 岁	1 : 10

第二，师生的感性互动在很大程度上与专门的培训相关联。美国大多数州对儿童保育教师的教育水准几乎没有要求；即使有，也是最低水平的要求。第三，在发展适宜性课堂上，教师往往更热情、更敏感并且给予更多的口头鼓励。第四，教师必须有意识地将自己的注意力平均分配给所有学生。Kontos 和 Wilcox-Herzog（1997a）总结称："幼儿教育项目的质量，在很大程度上，是项目中成人与儿童之间所发生的互动的函数"。

Pianta、Nimetz 和 Bennett（1997）在一项研究中给出了关于师生关系、母子关系和儿童的学业成功之间关系的洞见。这项研究的被试是一些幼儿园儿童及其教师和母亲，这些儿童被预测在将来会有较高风险成为学校的问题学生。母子互动和师生互动的质量都可以预测儿童的表现，研究人员使用的方法叫作勃姆基本概念测试（Boehm Test of Basic Concepts），这是一个用于衡量概念发展的测试。比起师生关系的质量，母子关系的质量具有更好的预测效果。然而，这两组关系中存在相似之处。安全的亲子关系的特征也适用于安全的师生关系，如儿童关注成人的举动；将成人当作安全基地，能放心离开并出去探索；能被成人消除疑虑和接受成人的安抚；表情和情感上都与成人合拍。与母亲有安全依恋关系的儿童大多与教师也有安全的依恋关系。有控制方面问题或者缺乏控制力的母亲养出来的孩子会跟教师形成冲突的、依赖的且不安全的依恋关系。积极的亲子关系预示着积极的师生关系，并预示着观念发展的更高水平。

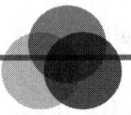

大脑发育

自闭症患者的大脑

斯坦福大学医学院报告称，核磁共振扫描显示，自闭症儿童的大脑与正常儿童的大脑不同 (Digitale, 2011)。在自闭症儿童的脑部，已发现灰质有些微不同。沟通缺陷最严重的儿童的脑部结构与正常儿童的差异最大。目前对于自闭症的诊断基于观察和一系列精神病学和教育学测试，这种方式非常耗费时间，而且价格不菲。脑成像技术可能为识别自闭症儿童提供了一个捷径，尤其是在学步儿阶段的识别。

3.5c 教师的观念与实践

许多研究关注的是教师的观念和实践，其中大多数以幼儿园教师为关注重点。因此，在一项研究中，Stipek 和 Byler（1997）选择了幼儿园、学前班以及小学一年级的教师作为被试，设计这个研究是为了探索一些因素之间的关系，这些因素包括：教师关于儿童如何学习观念和幼儿教育目标的观点；对学校在入学、考试以及学生保留等政策的立场；对于目前实践的满意度和应对变化的压力情况以及他们的实际操作。Stipek 和 Byler 发现，学前班和幼儿园的教师的观念、目标、实践以及在某种程度上的政治立场，与当前专家们的情况是一致的，即教导是应该以儿童为中心，还是更偏向基本技能的传授，这二者之间存在着争论的。然而，一年级的教师很少表露矛盾关系。那些不能够将自己的理念转化为实践的教师认为目前的学校政策强制使用以基本技能为导向的课程设置。家长常常被视为最大的压力源。管理者也同样被学前班教师认为是压力的来源。一年级教师的观念和实践更复杂，也许他们认为以儿童为中心的实践在实现某些目标时最有效，而训练和练习对实现其他的目标更有效。关于以儿童为中心的指导方法的诸多优势已经通过文档记录在册（见 Hart，Burts，& Charlesworth，1997）。

别忘了我们强调游戏是幼儿学习的主要手段。Kemple（1996）研究了幼儿园教师和学前班教师关于戏剧性游戏的观念和实践。她发现，尽管对大多数未上学前班的孩子来说，游戏的机会相当多，但是当他们进入学前班以后，游戏的机会就减少了。就算教师手中有现成的社会性戏剧游戏材料，他们往往也看不到游戏对儿童认知发展和学习知识的价值。教师看不到在儿童的游戏中进行干预的益处。许多教师没有接受过关于游戏及其对学习的推动作用的培训。教师们通常没有好好利用已有的方法来鼓励儿童参与社会性戏剧游戏。他们大体上只是做好了准备工作，却不会通过干预来增强游戏的效果。教师会列举儿童在游戏中有哪些社交和情感方面的获益，但是很少能发现学业获益。他们提到没有安排太多游戏时间的原因之一是存在太多由电视节目所激发的暴力游戏。教师们似乎没有考虑过可以通过干预来提供其他的游戏选择。

3.5d 防止倦怠

指导儿童学习会导致倦怠，或者由于超负荷工作而出现极度疲劳和抑郁。在《奉献并不一定意味着"找死"》(*Dedication Doesn't Have to Mean Deadication*, 2005) 中，Paula Jorde Bloom 对管理人员提出了警告，这些建议也同样非常适用于应对教师的职业倦怠。Bloom 提出了三个问题（p.74）：

- 你是否会因为担心离开所在的保育中心（或学校）而导致工作堆积成山，从而不敢过一个长周末或者去度假？
- 你是否感觉你做了几个人的工作，且许多事情并不在你的职责范围内？
- 你的工作是否占据了你的全部生活，让你没有时间去追寻其他方面的兴趣？

若对这些问题给出的是肯定的回答，表明教师极有可能倦怠。Bloom 建议采取以下方式保持愉快和健康（pp.74–76）：

- 意识到你对压力的反应。识别你的个人压力指示器，有可能是生理方面的（如疼痛）、心理方面的（如焦虑），或行为方面的（如喊叫、吃、喝）。清楚什么能给你提供能量，什么会榨干你的能量。

- 争取达到平衡。在"付出与收获、听与说、计划与随性、独处与在一起、多样化与例行公事、严肃与犯傻"以及其他的紧张状态中找到一种平衡。下班之后，关闭与工作相关的情绪之门。兴趣要多样化。
- 使用新的口头禅："简单即力量"。不重要的事情少做。关注紧要的事情。简化你的生活。
- 接受你不能随时随地取悦所有人的事实。知道你的核心价值，权衡建议和批评。
- 为自我放纵开辟时间。花些时间让自己的身体与精神复苏。做一些让自己感觉特别的事情。
- 学习如何维护自己。"学习敏感而果断地说'不'"。为自己设置高而实际的标准。

构建一个经过深思熟虑的策略，并且遵循这些指导。掌控事情，而不是让事情控制你。

3.5e 美国幼儿教育协会关于发展和学习的原则

在美国幼儿教育协会的第三版发展适宜性实践指导方针（Copple & Bredekamp, 2009）中，教育质量与儿童发展和学习的十二项原则有关：

1. 所有发展和学习的领域——身体的、社会性的、情感的以及认知的——都重要，并且彼此密切关联。儿童的发展和学习领域影响了其他领域，也受其影响。(p.11)
2. 儿童学习和发展的许多方面遵循的发生顺序已被充分证明，在已经习得的能力、技巧和知识的基础上发展新的能力、技巧与知识。(p.11)
3. 儿童的发展与学习发生的速度因人而异，同一个儿童的个人发展在不同领域的速度也不同。(p.11)
4. 发展和学习是生理成熟与经验之间动态而长期互动的结果。
5. 早期的经验在儿童的发展和学习方面有深刻的影响，对儿童的发展和学习的影响既是累积性的，又是延时性的，某些类别的发展和学习存在最佳时期。
6. 发展会朝着具有更大复杂度、自我约束以及象征性或代表性能力的方向进行。
7. 当儿童与响应他们的成人具有安全的、和谐的关系，并且有机会与同龄人发展积极的关系时，他们发展得最好。
8. 发展和学习在多样的社会与文化背景下发生，也受到这些背景的影响。
9. 在心理上总是积极探索理解周围的世界，儿童通过各种方式学习；适用性广泛的教育策略和互动在支持各种学习形式上能有效地提供帮助 (p.14)。
10. 游戏是发展自我约束、提高语言认知以及社交能力的重要通道。
11. 当儿童遇到了难度比目前的熟练掌握水平稍高一点的挑战，且当他们有许多机会练习新学到的技能时，就能得到发展和学习 (p.15)。
12. 儿童的经验会塑造学习的动机和方法，比如坚持、主动以及灵活。反过来，这些倾向和行为也影响他们的学习和发展。(p.15)

这些原则体现了儿童发展及学习知识的重要性。

> **思考时间**
>
> 回顾本章，仔细思考在儿童学习方面，成人的角色跟你是如何产生关联的。年幼儿童作为学习者时，你是如何认识自己所起的作用的？

3.6 家庭在儿童的学习中的作用

年幼儿童的家庭在其学习过程中起到了至关重要的作用。本节对家庭的几个要素进行了研究，包括亲子关系、非亲代抚育、亲子教育以及父母在学校的参与程度。Bradley、Corwyn、Burchinal、McAdoo 和 Coll（2001）研究了不同的家庭环境因素对 0—13 岁的幸福状况产生了怎样的影响。这些研究者调查了与运动、社会性和词汇发展相关的结果，还有成绩以及行为问题。研究中的儿童被试来自欧裔美国家庭、非裔美国家庭以及拉美裔美国家庭；既有贫困家庭，也有非贫困家庭。研究重点关注了环境的三个方面：激励学习的物质和经验、家长的响应能力以及打屁股的体罚方式。在三个族群中，激励学习都与出生后前 3 年的运动和社会性发展、语言能力以及学前班成绩呈正相关。双亲的直接指导和响应都显示出了积极的发展效应。在学龄前的打屁股体罚所造成的消极影响在儿童进入青春期后会放大，即被打屁股次数更多的儿童的行为问题也更多。当家庭的物理环境质量更高时，儿童的能力更强，且行为问题更轻。就家庭和父母而言，意识到美国家庭本质的改变是很重要的（de Melendez & Berk, 2013）。随着更多人意识到并接受了家庭的多样性，传统家庭的概念发生了变化。

De Melendez 和 Berk 将家庭结构划分为传统的和非传统的。传统的家庭是拥有双亲的家庭，**父亲**是一家之长，还有扩大范围的家庭成员，包括其他亲戚，如祖父母、叔叔婶婶和堂兄弟姐妹等。非传统家庭包括有继父/继母的家庭；祖父母充当抚养者的家庭；混合家庭；重组家庭；单亲家庭；父母未婚家庭；LGBT 家庭；同胞兄弟姐妹作为家长的家庭；领养家庭。为方便起见，在本节，家长这一术语是通用的，可能被应用于家庭里的其他抚养者。家庭是有助于个人生存和社会存在的基本的社会和人类单元。家庭提供的是经济的支持、身心的放松、社会化、自我认同、情感和教育。针对教育和儿童抚养，每一个文化团体都有自己对于家庭的职责的预期，而家庭在学习中的作用将会以更具普遍性的方式进行研究。

研究结果已经证实了最基本的发现，即在学前阶段完成一项任务时，父母与孩子之间积极合作的互动可以预测该儿童在小学阶段将会获得更好的学业成就（照片 3.7；Bradley, Corwyn, Burchinal, McAdoo, & Coll, 2001）。亲子共读是一种经过细致研究的亲子行为（照片 3.8）。

照片 3.7 成人帮助儿童变得独立自主和负责任。

照片 3.8 父母与教师定期交流。

家庭文化可能对学校教育和学生的表现有影响（Rosenberg & McLeskey，2006-2012；McGee，2008）。不同文化中的儿童会学到与成人交流的不同方式。在一些文化中，非言语交流占主导，因此肢体表达和面部表情可能比口头交流更重要。在一些拉美裔美国人和亚洲人的文化中，避免对视是对成人表达尊重；而欧裔美国家庭中的儿童所受到的教导是，在交流时要直视成人的眼睛。谈话双方之间合适的距离也因文化的不同而不同。在中东和拉丁美洲，人们站得很近，欧裔美国人站得远一些，而非裔美国人站得更远。不熟悉文化差异的教师可能会误解儿童的行为。

Takanishi（2004）对在美国的移民儿童的教育需求进行了评估。她主要关注的是0—8岁，这个阶段是为未来打基础的阶段。她发现在保证儿童福祉的三个领域，移民儿童往往处于不利状况。这三个领域分别是家庭经济保障、获得医疗保健的权利以及获得良好的早期教育的权利。移民儿童可以从幼儿园学龄前项目和课后项目中获益，然而他们很少参与其中。在一点上，墨西哥裔美国儿童的处境尤为不利，而在儿童保育中心，这种情况尤甚。这种基于种族的移民儿童的参与度较低的原因尚不明确。具体原因可能与父母的喜好以及文化偏好相关，或者与无法承担能够使用的照料资源有关。对于这些问题，需要进行探索。Takanishi建议对所有儿童开放高质量的幼儿教育项目。Kasinitz、Mollenkoph、Waters和Holdaway（见Adler的评论，2008）在纽约市对**移民**做的一个研究中发现，第二代移民（尤其是俄罗斯人、多米尼加人、南美人、中国人以及西印度群岛人）做得就很好，父母往往会敦促孩子达成目标，而孩子也达到了父母的期待。

如在第2章所述，对幼儿来说，游戏是一个很重要的活动，Roopnarine和Jin（2012）做了一项研究，研究住在纽约的印度-加勒比海地区的移民对于幼儿园儿童的游戏的重要性的态度。加勒比海地区的家庭对幼儿园儿童在知识学习方面的关注往往超过对游戏的关注。如果这些移民儿童耗费在游戏上的时间更多，且其母亲认可游戏在认知发展方面的价值，那么比起那些在游戏上花费时间很少的儿童，前者的学业成绩更好。花费大量时间在游戏上而其母亲不认可游戏的认知价值的孩子，比起花费在游戏上时间少的儿童，其成绩表现更差。研究者总结认为，身为父母的移民关于游戏对认知发展的价值的原有观念正在改变。

绝大多数研究重点关注母亲在学习中的作用（McWayne，Downer，Campos，& Harris，2013）。那父亲的作用在哪里呢？如之前提到的，组成一个家庭的群体类别随着时间的变迁发生了巨大的改变。随着家庭更加多元化，父亲的定义和作用也更加多元化。父亲的定义变得更加宽泛，因为有的生父与孩子生活在一个屋檐下，有的则没有；有的是继父；有的是不打算与孩子的母亲结婚的父亲；有的则是曾经与孩子母亲结过婚的；诸如此类（Tamis-LeMonda& Cabrera，1999）。父亲可能是生理意义上的、社会意义上的、法律意义上的或者没有法律关系的（Tamis-LeMonda & Cabrera，1999）。不管他们是父亲与否，更重要的是这些男性在儿童生活中扮演的角色。

Tamis-LeMonda和Cabrera指出，父亲的角色已经超越了传统的养家糊口，转向承担更多的与养育相关的作用。父亲的参与主要包括三个部分：（1）**直接参与**，包括在游戏、照料和休闲活动中的直接接触；（2）**可及性**是对孩子来说，父亲的可得性；（3）**职责**包括满足情感的、社会性的以及经济的需求。对于这些职能如何影响儿童将来的结果需要进行更多的研究。然而，有证据表明，父亲的情感投入、依恋以及资源供给都与幼儿的幸福程度有关联。在儿童出生的第一年，父亲的照料对发展的结果有相对积极的影响。在小学期间，父亲的参与程度与儿童学业成功有关。父亲参加学校会议和家长会，以及在学校活动中充当志愿者，都与儿童的学业成就和对校园生活的喜爱有关。对于不在家的父亲来说，若能提供经济支持以及与孩子的母亲关系良好，对儿童的发展也具有积极作用。总之，对于父亲这个角色以及他们对儿童发展的影响，应该给予和母亲同样的重视。我们知道，当父亲或者充当父亲的形象的人参与儿童的生活时，儿童表现得更好。

在过去，关于低收入群体中父亲对孩子的发展如何起作用，我们所知甚少。Daria Zvetina（2000）的研究发现，尽管在低收入群体中，只有很少一部分非裔美国父亲与孩子住在一起，但是超过一半的父亲会提供一些经济帮助，且每个月至少探望孩子一次。西班牙裔和欧裔中低收入父亲探望孩子的频率往往低于非裔父亲。在一项对芝加哥最贫穷区域的非裔美国家庭的研究中，95%学步儿的母亲形容孩子的父亲与孩子是"依恋的"或"强烈依恋的"；59%的母亲报告称孩子的父亲在抚养方面十分投入。母亲报告称，父亲参与抚养的方式包括保护孩子免受伤害、教孩子分辨对错以及管教孩子。2/3的母亲认为，父亲在跟孩子一起做游戏方面做得最好。这个研究打破了一个刻板印象，即低收入社区的所有父亲都是弃自己的幼儿于不顾的。

Saracho和Spodek（2007）回顾了对墨西哥裔美国父亲的研究。这个群体已经成了一个日渐重要的且需要被了解的群体，因为预计到2050年，西班牙裔将会占据美国人口的30%，而其中大约有2/3的人将是墨西哥血统的。传统的关于墨西哥裔父亲的刻板印象认为他们是大男子主义的，是整个家庭里说一不二的硬汉。实际上，当代的墨西哥裔美国父亲是热情的、参与养育的，对自己的孩子不独裁，在与自己的孩子相处方面，父亲和母亲是相似的。

McWayne、Downer、Campos和Harris（2013）对有关父亲直接参与童年早期学习的21个研究进行了综述。父亲似乎在为孩子做入学准备方面起到了独特的作用。McWayne和同事重点关注的是针对幼儿的直接参与，包括教养方式的质量以及积极参与行为的频率。他们还研究了情境因素变量，诸如种族和社会经济地位。研究揭示了以下内容：

- 父亲的直接参与和儿童的早期学习存在中等程度的相关。
- 积极地养育与儿童的认知/学术技巧、亲社会技能以及自律呈正相关。
- 父亲的种族和居民身份与儿童在学校的成功之间的关联（比如，比起没有居民身份的、非白人的且社会经济地位低的父亲，有居民身份的、白人的且社会经济地位高的父亲与孩子早期学习有更强的正相关）。

总而言之，父亲的行为对儿童的入学准备有影响。

3.6a 同性家庭

在美国，同性家庭的数量正在增加（de Melendez & Berk，2013）。有很大比例的收养儿童是被同性家庭收养的，有些同性伴侣选择通过人工受精或者代孕的方式获得自己亲生的孩子。研究显示，这些孩子的成长经验与异性家庭中的孩子是相似的。有些同性家长认为，自己在学校中被边缘化了（Goldberg，2014）。大多数家长会对学校员工坦诚自己的家庭里有两个妈妈或者两个爸爸。如果学校工作人员表现出消极态度，他们可能会更换学校。然而，总的来说，由于"出柜"（公开自己的同性恋身份）变得越来越平常，学校员工的接受度也变高了。

过去，对比LGBT家庭的孩子与异性父母家庭的孩子所做的研究往往样本很小，但是目前规模更大一些的研究正在进行。在对心理幸福感、同伴关系质量以及行为适应方面的测量上，LGBT家庭的孩子与异性父母家庭的孩子没有明显差异（American Psychological Association，2014）。来自LGBT家庭的孩子经常因为父亲/母亲的性取向而遭受嘲笑。

3.6b 非双亲抚育

在本章的前面描述了非双亲抚育和家庭外养育的质量因素。这些非双亲抚育者和家庭外照料者同样对年幼儿童的学习有影响。

Votruba-Drzal、Coley和Chase-Lansdale（2004）的研究表明，在低收入家庭，照料儿童的环境与儿童的社会情感发育呈正相关。之前的研究关注的是中心式养育的儿童，而这个研究中的儿童被试的养育环境是多样化的，包括受监管的家庭式幼儿园与不受监管的家庭式幼儿园、营利的和非营利的保育中心以及开端计划中的班级。结果表明，低质量的照料似乎对来自低社会经济地位家庭的孩子的社会情感发育有害，尤其是对男孩而言。

Cote、Mongeau、Japel、Xu、Seguin和Tremblay（2013）研究了儿童照料的质量和认知发展。在2—4岁，教育和互动的稳定质量与更好的计算能力、更多的词汇量以及更好的入学准备相关。

3.6c 父母/照顾者的教育和参与

研究表明，有些种类的亲子互动对于提升儿童的学习有效，另一些反而可能阻碍儿童正常的发展。因此，幼教工作者需要寻找方法，帮助父母和其他照料者成为对年幼儿童更有效的教育者。大量注意力集中在父母和照料者的教育和参与方面。

Christie（2005）指出，合作性的家长-教师关系极为重要，在这种关系中，教师和家长对决定儿童学什么以及如何学都贡献了自己的想法。他认为，这对低收入家庭的家长和孩子尤其重要，他们与学校员工所处的背景不同。Christie（2005）在对城市公立学校中的低收入家长的参与情况的研究中发现，家长与教师的合作非常少。学校的教师为家长设置了参与的日程表，确定了他们应该采取的参与形式、参与地点以及关注重点。Souto-Manning（2010）认为，学校的教职员工不再将自己视为专家，告诉家长什么对他们的孩子最好，取而代之的是学习尊重家长的想法、责任以及日程安排，并且请家长从各种各样的参与机会中进行选择，这是极其重要的。

越来越多的幼教工作者看到了采用多种符合家长和照料者的时间、兴趣以及特长的参与策略的重要性。Joyce Epstein（1997）制作了一个通用的家长参与模型，包括家长参与的六种类型：

- **养育**：目标是帮助所有的家庭为了儿童的健康和安全设置家庭环境，支持学习和积极养育。学校和社区机构可以通过家长教育、家长帮助团体、在学校设置家长房间和空间、社会服务指南以及家长资源图书馆，来提供支持。

- **交流**：这个策略的目标是设计有效的联系家长的交流模式。这些交流形式包括家长手册、简报、录音带和录像带、年鉴、家长会、家长座谈、活动日历、调查和问卷、健康及其他筛查、介绍会、家访、便条、信件以及电话。学校还必须针对升学过渡进行交流，必须考虑到所有家长都能理解交流的重要性。
- **志愿活动**：目标是获取和组织家长的支持行为。志愿活动可能发生在学校，但也可能是校外的工作。活动的类型包括在需要的时候给其他家长打电话联络；协调志愿者；筹集资金；制作游戏和其他材料；在教室、图书馆或者办公室进行志愿活动；监管游乐场；维护和搭建游乐场器材；分享特长、技巧、习惯以及资源（照片3.9）。
- **在家学习**：这个策略的目标是为家长提供关于如何在家帮助孩子的想法和材料。帮助家长将关于自己孩子的知识应用到对材料和行为的选择中，这些选择有助于孩子的学习。这些策略通过家长会、在家使用的书籍和活动包、工作坊和研讨会以及借出养育书籍等方式发展。
- **决策**：这个策略的目的是让校方在学校的决策流程中赋予家长有意义的角色。学校需要提供培训和信息，这样家长才能够最大限度地利用这些机会。
- **与社群协作**：学校能够帮助家庭获得其他机构提供的支持服务的权利，比如医疗保健、文化活动、辅导服务、课后照顾服务等。学校同样能够将服务推广至社群，比如发起回收活动和为食品分发机构收集物资。

照片3.9　高质量的非亲代养育可能让孩子获益匪浅。

> **思考时间**
>
> 思考一下你自己的家庭经验。从学习环境的角度评价它。如果你家目前有年幼儿童，描述并评价学习环境，有何利弊。如果你还没有建立自己的家庭，描述一下你想象中的家庭的样子。

Christie（2005）认为家长的参与可以从几个层次考虑父母的影响：

1. 志愿参与孩子学校的活动。
2. 参加学校会议和活动。
3. 为学校委员会服务和提供辅导。
4. 确保孩子完成家庭作业，确保孩子有学习所需的材料，拥有一个可以安静学习的地方，保证孩子每天按时上学。
5. 在孩子的层面，对他们的努力和行为持高期待。

总之，Christie 认为这些应该是家长和学校共同的责任，以便所有的孩子能够最大限度地发挥学业上的潜能。

3.6d 有特殊需求儿童家人的参与

通过参与个别化教育计划的发展和评估，家庭成为做教育计划和安置有特殊需要的儿童的不可分割的部分。家长参与**个性化的家庭服务计划**（individualized family service plan，IFSP）已经被纳入 PL99-457 的规范中的 H 部分。

强制要求每一个具有特殊需求的儿童拥有个别化教育计划。这个计划的设置是为了保障儿童获得教育的权利。这是通过一个由学校教职员工和儿童的家长共同组成的委员会合作发展出来的。在个别化教育计划形成文书之前，任何一个儿童都不能被放置到任何形式的特殊教育项目中。为获得联邦资金，学校必须有始有终地贯彻个别化教育计划中注明的服务。

通过一个明确定义的流程，个别化教育计划的发展和拥有特殊需求儿童的安置得以实现。这个流程只有在家长签名许可的情况下才能开展。获得家长的许可后，评估小组着手评估工作。评估小组由教师和其他专业的人士组成，如护士、医生、社工、言语治疗师、心理学家以及特殊教育工作者。小组成员和家长一起收集测试和观察数据，进行评估和讨论，然后成为策划团队的成员。关于儿童的安置，家长拥有最终决策权。相较于 PL101-476 IDEA 以儿童为重点，PL99-457 专注于家庭。这种关注通过个别化教育计划得以实施。

个别化教育计划必须包括以下信息：该儿童当前的功能水平、对所在家庭优势和劣势的陈述、儿童及其家庭所期待的结果、将会需要的干预服务、提供服务的天数以及期数、每一期服务的时长以及每一期服务的是个人还是团体。计划必须指定服务的地点（比如，在家里、早期干预中心或者医院）。进行任何没有法律条款详细规定的服务，需要详细描述获取这种服务需要实施的每一个步骤。计划必须指定服务预期的开始时间和持续时间。如果儿童接近 3 岁，还必须列出从婴儿/学步儿时期过渡服务的计划。应该与家庭成员计划一些会议，参与会议的人员有家庭成员、个案管理人员以及跨专业团队成员，并且这些会议应该在家庭成员感觉舒适的情形下发生。每 6 个月就应该对个别化教育计划进行一次评估。

通过个别化教育计划的发展过程对整个家庭进行关注，研究者对研究"**以家庭为中心的实践**"产生了兴趣。McBride、Brotherson、Joanning、Whiddon 和 Demmitt（1993，p.415）确立了以家庭为中心实践的三个主要原则，这些原则所表达的观念和价值可以作为实践的框架：

- 确立家庭作为服务的中心。
- 支持和尊重家庭做出的决策。
- 提供以增强家庭功能为目的的干预服务。

McBride 和同事对一些专业人士和家庭进行访谈，访谈内容是他们在以家庭为中心的实践方面的经验，研究人员使用以上这三个原则作为对实践进行评价的标准。结果表明，尽管家庭成员对得到的服务感到满意，但专业人士对以家庭为中心的程度的考量方面仍然存在差异。对在什么程度上将关注点从儿童转向整个家庭，专业人士的看法也是不同的。研究人员认为，在服务前期和服务中，教育项目都需要更关注以家庭为中心的服务的实施。近期对低收入农村家庭的一个研究结果也揭示了同样的矛盾情形（Ridgley & Hallam, 2006）。在研究人员的访谈中，家长提出了许多超出儿童发展范围的顾虑，但是服务的提供者主要关心在个别化教育计划中以及所提供的服务中，儿童的发展情况。

本 章 总 结

3.1 **确定主要的理论观点在解释成人在儿童的学习过程中所起的作用。**这些理论的主要差异在于，成人参与儿童学习的程度，成人在这个过程中究竟扮演着引导者的角色还是指导者的角色。皮亚杰和维果茨基从建构主义者的视角看待成人的作用，他们认为成人应当是一名引导者，他们为儿童创设学习环境，支持儿童主动建构自己的知识。行为主义者认为，成人的角色应当是指导者，他们直接塑造儿童的行为，并且成人应当为儿童提供成人认为重要的特定知识。对于行为主义者来说，外部的奖赏能够塑造行为，并且逐渐形成对学习的内部奖赏。对于建构主义者来说，儿童是天生的学习者，获取知识对他们来说就是一种与生俱来的奖赏。

3.2 **描述教师支持儿童的思维、学习和问题解决的方式。**在所有的课程中，提供开放性活动，提出开放性问题，提供儿童所需的支架，鼓励儿童进行小组讨论并以合作的方式解决问题，这些对于儿童实现自身学习的潜力并且获得胜任力都是关键性支持。

　　成人有责任对儿童施加恰当的干预，为儿童的游戏提供支持，为儿童提供恰当的技术手段支持，支持有特殊需要的儿童的学习，并且为儿童提供高质量的学习环境。成人还应当为儿童提供充足的空间，无论是室内空间还是室外空间。

3.3 **探讨成人在帮助年幼儿童最大限度地利用科技方面所具有的责任。**成人需要关注媒体提供的内容，并且确保儿童接触到的媒体内容是积极正面的，并且是合乎当前发展水平的。家长和其他成人可以要求更好的内容，并且去了解哪些内容是合适孩子的，从而规范儿童使用媒体手段时接触的内容。目前，媒体过多，这导致成人面临的挑战也更大。

3.4 **构建一个指导清单用于创建优质的环境和高质量的指导。**对儿童保育工作有严格规定的地区，为儿童提供了更好的学习环境，教学质量也更好。在任何一间教室里，对每一个孩子的个性化关注都是重要的。教师应当与学生有一种温暖且有激励作用的互动模式。

　　积极正面的师生关系能够促进学生在认知、社会情绪以及语言方面的发展。游戏应当包括在课程当中。幼儿园和学前班教师和高年级的教师相比，更容易做到这一点。美国幼儿教育协会的原则应当是指导规划和教学的原则。

3.5 **描述家庭在支持孩子学习方面的作用。**儿童的幸福植根于他们在婴儿期和幼儿期的学习。家长和其他照顾者在为儿童最优化发展提供支持方面至关重要。成人教育幼儿的方式多种多样。一些方式比另一些方式更能促进孩子的学习。如果成人的教法是积极正面的，并且带有清晰的沟通风格，对儿童学业成就有高水平的期待，采用成熟的语言、基于规则的纪律以及自我约束的控制，儿童似乎能够学得更好。无论是母亲还是父亲，他们提供给男孩的认知性刺激都多于女孩。随着越来越多的母亲外出工作，父亲也承担起了更多的养育儿童的责任。家长和照顾者的教育以及家庭参与幼儿的学习正变得对教育项目发展越来越重要。关于特殊需要儿童托管的家庭与专业人士的合作需要立法保障。

3.6 **解释影响学习的社会文化因素。**文化和社会变化同样会影响年幼儿童的学习。从事年幼儿童相关工作的成人必须了解年幼儿童的家庭背景和社会文化背景知识，并且将这些知识纳入年幼儿童的课程以及教学规划。教师需要理解不同的年幼儿童在风格上的差异，并且在教学时能够将这些差异纳入考虑，从而促进儿童的学习。给所有儿童的课程应当是多元化的，并且应当是摒弃偏见的。

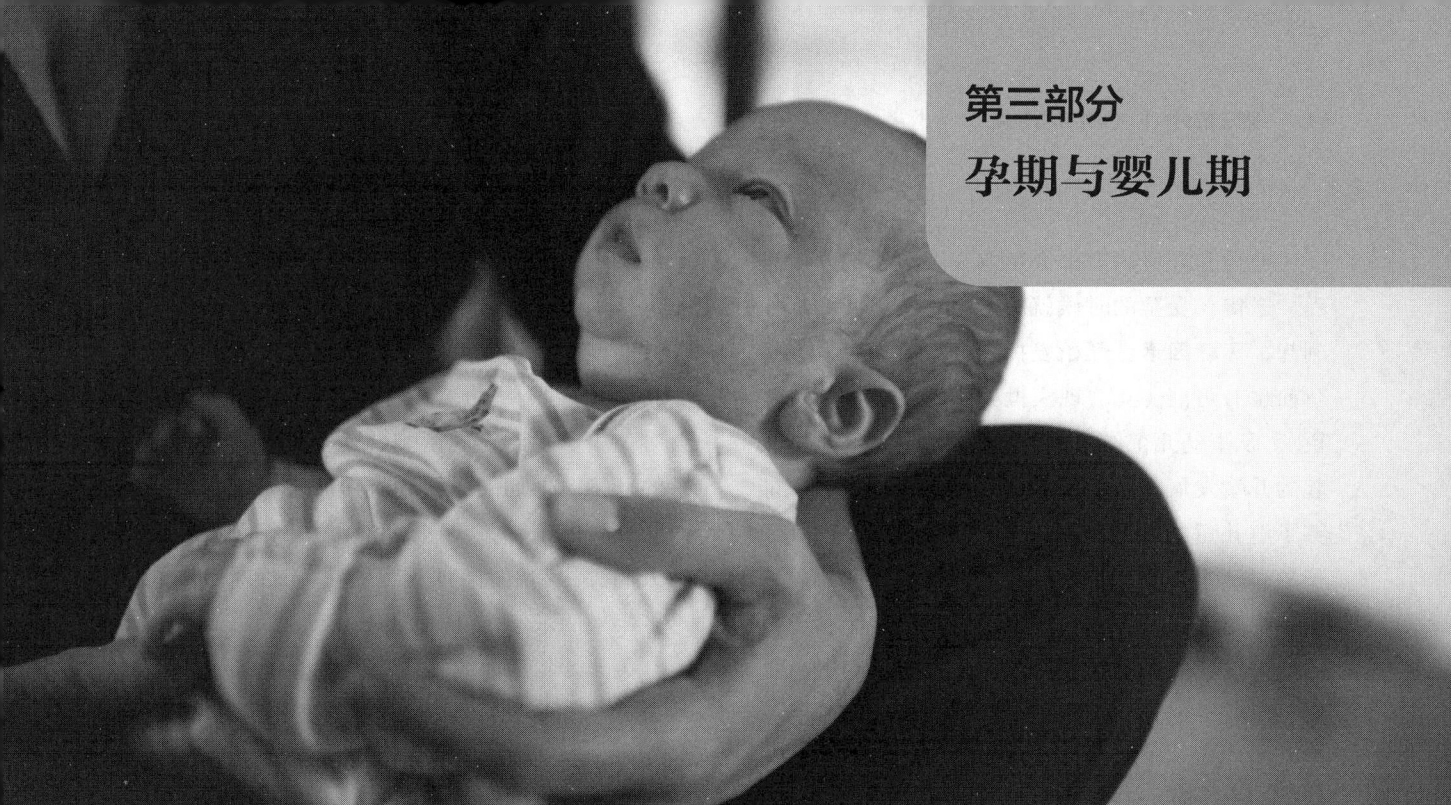

第三部分
孕期与婴儿期

第 4 章　孕期、出生和最初两周

本章涉及的标准

naeyc
美国幼儿教育协会项目标准

1a：了解并理解 0—8 岁儿童的特点和需求

1b：了解并理解影响 0—8 岁儿童发展和学习的多种因素

DAP
儿童发展适宜性实践指导方针

5：与家庭建立互惠关系

学习目标

在阅读本章之后，你应当能够：

4.1　对比天性与教养（遗传与环境）之间的争议。

4.2　解释基因对儿童发展的重要意义。

4.3　总结环境中危害婴儿的因素。

4.4　描述至少两个影响胎儿的孕期环境因素。

4.5　总结怀孕阶段的家长角色和责任。

4.6　描述导致受精和怀孕的一系列事件。

4.7　解释产前发展的三个阶段及其特征。

4.8　描述新生儿出生时的环境变化以及分娩方式的变化。

4.9　指出新生儿阶段的若干重要方面。

遗传和环境因素都会影响一个孩子的发展进程。**遗传**在受孕的时候就决定了。从怀孕的那一刻起，**环境因素**就开始发挥它的影响力了，在怀孕前也有可能（见"现实世界中的儿童发展"专栏）。从事幼儿工作的成人需要理解从受孕那一刻起的儿童发展。具备了这些知识储备，成人就能够了解儿童的发展是在什么时候发生的。在和家长的对话中，幼儿工作者也能够提出一些问题来了解在自己接手照顾孩子之前，影响这个孩子发展的关键背景信息（照片 4.1）。这些信息的价值是可帮助幼儿工作者评估和解读儿童当前的行为。

照片 4.1　家长在介绍孩子的个人史。

4.1 怀孕：天性与教养／遗传与环境

从精子遇到卵子的那一刻起，从孩子开始形成的那一刻起，来自父亲家庭一方和来自母亲家庭一方的各种特点汇集在了一起，形成一个或更多个新生命体。在怀了多于一个孩子的情况下，**同卵后代**（monozygotic siblings, MZ）从同一个卵子发育而来，在受精之后会"一分为二"或者"一分为多"，因此，在这样的情况下，每一个孩子的遗传特征都是相同的。**异卵后代**（dizygotic siblings, DZ）则是由不同的卵子在同一时间受精而形成的。父母身上能够被遗传下来给后代的特征包括了孩子皮肤、头发和眼睛的颜色特征，潜在的体型和身体比例特征，甚至是潜在的气质类型和认知特征。一旦怀孕的过程开始了，环境就会对孩子产生巨大的影响，这个过程和孩子出生后的环境对他们的成长和学习产生的巨大影响类似。长久以来，关于遗传和环境的相对影响作用是人们关注和好奇的焦点。这种**天性**对**教养**的争论多年来从未停止过。

美国国家研究委员会（National Research Council）对早期发展领域的研究进行了评审，目的在于了解关于童年早期发展的神经生物学、行为学和社会科学之间的关系（Shonkoff & Phillips, 2000）。科学知识为下列问题提供了更深层次的见解（From neurons to neighborhoods, 2005）：

1. 早期人生经验以及基因和环境之间不可分割的巨大影响对人类大脑的发展和行为演变起到了重要的影响作用。
2. 早期人际关系的核心作用。

评审人员相互协作，重新审视了天性与教养之间的关系，结果发现了天性与教养在儿童发展中的协同作用；也就是说，天性和教养之间再也不是一种非此即彼的关系了，取而代之的是一种合作关系；再也不是天性"对"教养了，而是天性"通过"教养产生影响；遗传，再也不是限制发展的因素了，而是与环境一起发挥作用的因素。家长和儿童的其他照顾者必须了解儿童的行为，并且为满足儿童的需求、符合儿童的气质类型而创造适宜的环境。例如，对于一个高度活跃的孩子来说，他需要一种能够提供大量身体游戏活动的环境，而对于一个害羞的孩子来说，他可能需要一个安静的环境，和那些更加活跃的孩子们保持

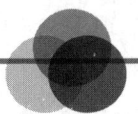 ## 大脑发育

经验与大脑结构

经验确实可以改变大脑的结构。一般认为，大脑发育依赖活动。在每一个大脑回路的电活动会塑造回路的结构。神经回路通过电流加工信息。每一次的新经验会激活特定的神经回路。使用，回路会更加稳固；不使用，回路就会消失，或者被修剪。这种过程会让回路更加通畅，让大脑的工作更加快速，更加高效。

一些距离。遗传特征可以被环境因素控制。大脑发展再也不是一种高度依赖遗传控制的过程了。虽然大脑发育的基本过程被基因控制着，但是大脑必须储存、使用和创造的信息来源于环境。当大脑为学习做好了准备的时候，环境就必须提供必要的经验了。有了以上观念，我们来看一看关于遗传和环境的科学研究吧。

4.1a 受孕之后：环境和遗传之间的相互作用

如前文所述，科学家们长久以来都对遗传和环境的复杂性相当感兴趣。虽然在过去，研究人员关注的重点只是遗传和环境因素在决定人类行为方面各自独立产生影响的程度，但是当今关于这二者的研究已经步入正轨，即研究遗传与环境之间的交互作用过程。即便两个孩子拥有完全相同的遗传特征，也就是同卵（一个卵子）双生子，他们在产前阶段所处的环境也是不同的，因为这两个孩子在子宫中的位置不同，而且这些不同还可能导致他们在妊娠期发展的不同（Lightfoot, Cole, & Cole, 2013）。这对双胞胎在产前阶段的发展可能是有差异的，这是由一系列因素造成的。例如，他们在母亲子宫中的不同位置上等着出生的那一刻，他们的脐带连接在母体胎盘不同的位置上。他们有自己的循环系统，于是可能导致他们从母体中摄取的营养量是不同的。

双胞胎中先出生的孩子来到这个世界的过程可能更加艰难，因为母亲的产道这时候是比较紧的；而第二个孩子可能面临氧气供应不足，因为这个孩子需要等待第一个孩子出生过程的完成。因此，即便是基因完全相同的同卵双胞胎，从受孕的那一刻起，也会生长在不同的环境当中（照片4.2）。

照片 4.2 同卵双胞胎在遗传上是完全相同的，但环境因素可能导致同卵双胞胎出现多种差异。

人类基因组计划（Human Genome Project）在 2003 年 4 月已经完成（NIH，2013）。该项计划旨在通过对人类所有的基因进行分组，而为研究人员理解人类的致病因素提供有价值的工具。这项计划形成的成果是《从神经元到邻里之间》（*From Neurons to Neighborhoods*，2005）。这项计划发现了大约 1800 个致病基因。

时至今日，发展心理学家和行为遗传学家还在不间断地沟通与密切合作开展研究（Shonkoff & Phillips，2000；From neurons to neighborhoods，2005）。**行为遗传学家**认为，遗传和环境之间是双向交互作用和相互影响的；也就是说，行为遗传学家关注的不但是遗传对环境的影响，也关注环境对遗传的影响。他们认为基因是动态的，而不是静态的。行为遗传学家特别感兴趣的是儿童之间的个体差异，以及环境如何塑造儿童之间的这些差异，他们并不太关注如何改变儿童来适应环境。

以往，天性/教养研究关注的重点是适应性研究和双生子研究，并且会通过这类研究来找到遗传和环境各自独立的对人类行为的影响程度。于是，定量关系式应运而生。但是，随着基因研究的爆发式增长，我们对问题的认识越来越清晰。例如，儿童气质带有敌对的特征，造成这种情况的原因很可能是家长更为严厉的惩罚手段（无论是领养家庭的家长还是孩子的亲生父母），而不是孩子性格中随和的那部分特征导致的。此外，严格的惩戒措施有可能导致儿童负面行为水平的升高。我们对各种儿童异常的遗传系数研究得越来越深入了，这些遗传包括诸如自闭症、精神分裂症、注意缺陷/多动障碍以及反社会行为等。过去，我们认为遗传和环境为儿童的行为与发展提供了不同程度的影响，但是现在我们认为，从环境因素入手加以干预能够有效地改善儿童遗传特征的发展，这种方式才是更有价值

的（Shonkoff & Phillips，2000；From neurons to neighborhoods，2005）。

> **思考时间**
> 回想一下你曾经遇到过的双胞胎，甚至是三胞胎。思考一下遗传和环境对这些孩子身上的相似和不同之处产生了怎样的影响。

4.2 遗传学的重要性

遗传学研究的是生物体遗传特征如何传递及其影响因素。通过遗传学研究，科学家能够预测有哪些特征能够从上一代传给下一代。例如，如果一位蓝色眼睛的男性与一位棕色眼睛的女性结婚，遗传学家能够预测在他们的孙辈中，可能会有几个蓝色眼睛的孩子，可能会有几个棕色眼睛的孩子。遗传学家还能预测一对夫妻生下患有某种疾病的孩子的概率有多大，例如，患苯丙酮尿症和血友病。苯丙酮尿症是一种人体无法正常使用蛋白质的疾病，血友病是一种很容易导致严重出血的疾病。有些检查可以在孕前进行，检测夫妻的孩子是否可能携带某些不良特征。此外，有些检查还可以在怀孕之后进行，辅助发现孩子是否有这样或那样的风险因素。孩子的性别也是能够控制的。Lightfoot、Cole 和 Cole（2013，p.64）举了一个例子，用来说明在怀孕期间能够鉴别出来的疾病或问题：

- 唐氏综合征：智力和生理发育迟滞。
- 血友病：凝血困难。
- 克氏综合征（克兰费尔特综合征）：男性在青春期无法实现性成熟。
- 苯丙酮尿症：蛋白质无法以正常方式被人体消化。

- 镰状细胞性贫血：血红细胞异常。

使用**生殖系基因治疗**可以改变女性卵子的基因、男性精子的基因或者只有几天大的胚胎的基因（Joyce，1998）。这种治疗方法旨在剔除带有某些遗传疾病和残疾的基因，如上面介绍的那些疾病。例如，一名女性通过检查可以发现她带有导致阿尔茨海默病早期发病的基因（Weiss，2002）。这名女性有一个姐姐，38岁，已经出现了由于阿尔茨海默病所导致的能力衰退。这名女性还有一个弟弟，他在35岁的时候开始表现出阿尔茨海默病的症状。这名女性的父亲在是在42岁的时候过世的。这名女性有50%的可能性把阿尔茨海默病的DNA遗传给自己的孩子。因此，她找到了遗传学家，这名遗传学家获取了她23枚卵子，鉴别出不带有基因变异的卵子，然后将这些卵子和她丈夫的精子结合受精。4个胚胎被放入她的子宫，其中1个发育成了一个小女孩。这个过程带来了一些重大的问题。虽然通过技术手段可以消灭一个孩子患上某些致残疾病的可能性，或者延长一个孩子的寿命，这听上去棒极了，但是这种手段也可能带来其他问题——有一些人拥有足够的财富，于是他们可能像"购物"一样通过基因设计来"定制"一个孩子。

正如在前文中看到的，从1886年孟德尔（Gregor Mendel）发现基因至今，遗传学研究的发展可谓突飞猛进（Mendel，2014）。**基因**是遗传的生物单元。在每一个染色体的特定位置上都存在着基因。**染色体**是控制遗传的主要单位。在每一个基因上，遗传信息被"放置"在一种被称为**脱氧核糖核酸**（DNA）的物质中。科学家Kary Mullis（2009）发明了一种方法来有效地复制一个基因或者DNA片段，可以通过外力强制DNA的某一部分发生复制。许多生物学实验室都能够在研究设计中使用Mullis的方法，从而深化对遗传学的理解。

对于每一个个体来说，在受孕那一刻就已经接受了一套基因，这些基因使其成了不同于其他人的独一无二的个体，这套基因被称为**基因型**。一个人的外表就是遗传学所谓的**表型**，它是由环境因素和基因型共同决定的。人类有23对（46条）染色体。其中22对染色体是配对的，只有1对染色体不是。第23对染色体决定了人类的性别：女性的第23对染色体是X和X，男性的第23对染色体是X和Y。这些基因的传递决定了个体的性别。对于女性来说，她从父母双方遗传来的都是X；对于男性来说，他从母亲一方遗传来的是X；从父亲一方遗传来的是Y。身高、头发和眼睛颜色、指纹模式等特征都是几对基因共同决定的。

另一个领域的研究是对人类基因组的研究。基因组包含着人类全部基因集合（Gillis & Weiss，2000）。它是占主导地位的人类遗传指令集合，它决定了人类从受孕到死亡整个过程的所有的生物学特征。科学家正在尝试解码人类基因组所包含的所有信息，从而更好地理解人体是如何工作的。科学家们希望这些信息能够帮助人们更好地理解疾病，从而发展出对疾病的治疗方法，甚至是治愈疾病的方法。美国能源部人类基因组计划（The U.S. Department of Energy's HumanGenome Project）在2003年实现了这一目标（Human Genome Project，2005），例如，该计划识别了人类DNA中的全部的20 000～25 000个基因。

该计划在发现基因和疾病之间的关系方面获得了重大进展。超过30个基因被鉴别出和乳腺癌、肌肉疾病、耳聋和失明相关。研究发现，DNA序列是常见疾病的基础，例如，心血管疾病、糖尿病、关节炎以及部分癌症。生物学家目前已经不再满足于通过对个体基因的研究来探索全部基因组序列了。分子遗传学领域目前致力于寻找特定基因与特定人类行为和特征之间的关系，这方面的研究是相当有前景的。心理学和分子遗传学正携手共进，这些领域的进展可能为理解天性与教养之间的交互关系提供更多的详细信息。

> **思考时间**
>
> 关于改变基因的可能性的问题，你持什么观点？这件事会带来哪些好处？又可能带来哪些坏处？

Kronstadt（2008）报告了一项在遗传学和经济变动性方面的有趣研究项目。该项目考察了遗传和环境因素可能对人的社会经济地位产生的影响。如前文所述，一个人的认知、生理健康和心理健康特征水平可能是遗传而来的。与此同时，这些特征还可能导致人们在社会地位与经济产出方面的差异。虽然遗传能够提高人类出现某些具体行为的可能性，但是 Kronstadt 仍然谨慎地指出，特定环境特征对出现人们希望看到和不希望看到的结果方面必然发挥着作用。有证据显示，认知技能中不单有影响巨大的遗传学成分，同时认知技能在提供了有效刺激物的环境中也能得到

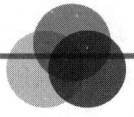

现实世界中的儿童发展

表观遗传

表观遗传学领域尝试在天性与教养的"天堑"之间建构一座桥梁（What is epigenetics? 2011）。表观遗传学（epigenetics）研究能够开启和关闭部分染色体的化学反应，同时也研究影响这些基因组改变的其他影响因素。表观遗传学关注的是基因活动的变化，具体说来，它关注的是能够传给下一代的基因编码的改变（Cloud, 2011）。研究结果发现，强有力的环境因素（例如，由于饥饿濒临死亡、过度饮食或者父母吸烟等）能够导致精子和卵子的损伤，这种损伤会作为新的特征传给下一代。另一方面，科学家正致力于研发新的药物，让这些药物能够关闭坏的基因，同时启动好的基因。这些研究也许会为关闭可能导致某些疾病的基因提供解决方案，这些疾病包括癌症、精神分裂症、自闭症、阿尔茨海默病、糖尿病以及其他重大疾患。表观遗传学也许能够解释为什么双胞胎、兄弟姐妹、男孩和女孩在出生后的发展大相径庭。以计算机进行类比，基因组好比硬件，而表观基因组好比软件。部分表观遗传信息会从上一代传给下一代（Epigenetics and Inheritance, 2014）。因此，人类的遗传并不全部来自父母的 DNA 编码，同时还受到表观遗传标记的影响。表观遗传信息似乎能够解释天性/教养问题上的争论。近期，人类表观基因组项目（Human Epigenome Project）正致力于绘制人类表观基因图谱，正如之前的科学家们致力于绘制人类的基因图谱一样。表观遗传学领域的研究工作能够为基因医学咨询提供更多的信息，能够为致力于提升孕期和怀孕前的人类健康的医学实践提供更多信息。

Cloud, J.（2010, January 6）. Why your DNA isn't your destiny. Time；What is epigenetics? The epigenome；Epigenetics and inheritance.（2014）.

提升。社会经济地位更高的家庭可能为孩子充分发展自身所具备的认知能力提供更多、更大的支持。此外,健康也是一个重要的因素。许多疾病——例如,癌症、哮喘、心血管疾病以及糖尿病等——也有其基因基础。上述因素中的每一个都会影响一个人可能达到的能力水平。精神疾病也和社会经济地位相关,双相障碍、精神分裂症以及单相的抑郁症等都有其基因成分。因此,环境应激源会提高这些疾病发生的可能性,从而影响一个人的能力的达成,继而影响这个人在经济上的成就。除此之外,气质特征可能也是一种遗传而来的特征,孩子的气质类型与家长的教养方式(这方面的讨论见本书第6、7章)相互作用。对于家长来说,他们对待困难型儿童的方式可能和对待易养型儿童的方式不同。

4.2a 遗传咨询

遗传咨询业的出现旨在帮助父母以及希望为人父母的人们处理遗传方面的问题(Medline,2014)。遗传顾问能够帮助家长在生育下一代方面做出重大决策。例如,一对夫妻希望生一个孩子。他们知道妻子一方的家族有血友病问题。那么,基因顾问能够给他们提供的信息就是,如果他们生育一个孩子,这个孩子患上血友病的概率有多大。然后,这对夫妻可以自己判断是不是要尝试生育一个孩子。另一个例子是这样的,假设一名女性想要在分娩之前了解她未出世的孩子出现某一种遗传缺陷的概率有多大。于是这名女性决定去做遗传筛查,从若干种能够获得产前信息的方法中做出选择(Shaffer & Kipp,2014)。

羊膜穿刺术是一种常见的手段。在怀孕16—17周时,对羊水进行取样。羊水能够反映孩子的性别以及70种可能发生的出生缺陷。对于希望了解孩子性别或关注孩子可能发生的出生缺陷的孕妇来说,羊膜穿刺术渐渐成了一种常见的操作。

另一种方法是**绒毛膜绒毛取样**(chorionic villus sampling,CVS),这种方法是使用由超声波引导的胎儿镜通过宫颈插入子宫内进行检查。然后,从绒毛膜绒毛上提取细胞,这些膜细胞突起的作用是帮助胚胎固定在子宫上。在大约10周左右,它就会消失。绒毛膜绒毛取样法的优势在于实施检查的时间比采用羊膜穿刺术的时间还要早(大约在怀孕8周左右的时间就可以实施),而此时的怀孕时间尚短,流产也更为安全。但是,这种检查导致自发流产的风险(大约2%)是羊膜穿刺术的2倍。

第三种获取信息的常见方法是**超声波/超声波扫描法**。人类的耳朵听不到高频率的声音,但是这种高频声波能够通过母亲的腹部到达子宫。当声波遇到胎儿时,会以回声形式被反射回来,回声继而被转化为电子脉冲。这些信号能够在电子监视器上展示胎儿的影像。这种方法能够用于确认女性是否怀孕,是否怀有多胞胎,监测胎儿发育过程中是否出现了异常,并且可以作为其他诊断方法的辅助手段,例如羊膜穿刺术或者子宫内胎儿治疗。

如果一对夫妻已经知道或者怀疑自己的家族有遗传血友病、囊胞性纤维症、镰状细胞性贫血、唐氏综合征、脆性X综合征(fragile X syndrome)或者泰-萨二氏病(Tay-Sachs disease)等问题的风险,那么他们在决定怀孕之前可以寻求遗传学咨询的帮助(照片4.3)。遗传学顾问会询问这对夫妻的家族史方面的信息,然后给出关于他们关注的具体问题的尽可能多的已知事实。然后,顾问会尝试帮助这对夫妻做出关于是否应当尝试怀孕的最佳决策。顾问还能够帮助已经生育过一个有遗传缺陷孩子的夫妻判断是否要再生一个孩子。除此之外，遗传顾问能够帮助已经怀孕的父母决定是要继续完成怀孕，还是接受人工流产。但是，无论在什么情况下，上面提到的这些决策最终都是夫妻俩自己做出的。

在遗传问题上做出的任何决策都是严肃而重大的（Zellen，2011）。首先，这种方式看上去似乎能够降低有缺陷婴儿的出生数量。但是，这其中包含伦理和道德问题。当怀孕成为既定事实，就会出现是否要人工流产的问题。如果一对夫妻在怀孕前被"预警"，问题就变成了是否要决定放弃生育，从而减少怀上一个有缺陷的孩子的风险。无论一对夫妻是决定不做流产，甚至生下了一个有缺陷的孩子，还是决定放弃生育，都是令人痛苦万分的抉择。无论他们会做怎样的选择，都是异常艰难的。一旦决定寻求遗传学咨询的帮助，就要寻找一个在可及范围内受过最良好的科学训练并且资质最好的遗传顾问来咨询，这样的顾问在解释问题时会小心谨慎，他们知道掌握了太多信息可能带来的风险，也了解做出某些决定后可能带来的一系列后果。对于遗传学检测来说，无论是客观的信息还是人们主观的情感，都是必须考虑到的（Ubell，1997）。各种检查的结果未必总是清晰且确定的。虽然找到答案（例如，各种癌症）也许能够拯救生命，但是随之而来的是情感和经济方面的各种问题。例如，如果一个人换了工作，并且由于这个人的健康报告出现了涉及遗传学的相关信息，那么这个人的健康保险覆盖范围就可能受到限制。随着越来越多的基因被研究发现，对人类造成危害的基因或许能够被消除；那么，对于人类来说，新的希望就是基因疗法。基因疗法是用正常的基因插入基因组中以代替"异常的"致病基因。但是，到目前为止，基因疗法的成功率不高，并且还处在试验阶段。并且，基因疗法还没有获得美国食品及药物管理局的许可（BERIS，2011）。

照片4.3　遗传学顾问帮助已经订婚的情侣核对双方的家族史，看一看其中是否存在影响他们未来孩子的潜在的遗传学问题。

4.3 环境中的危险因素

世界卫生组织长久以来都在积极呼吁为儿童创建一个安全的环境（World Health Day，2015）。每年的4月7日，全世界都会庆祝世界卫生日。家庭、学校和社区都应当是健康且卫生的场所，不幸的是，这些地方对于全世界的许多儿童来说是不安全的。不健康的环境会滋生细菌、蠕虫以及携带疾病的昆虫。在全世界范围内，有5亿儿童感染了疟疾、登革热、霍乱以及其他疾病。贫穷、战乱、自然灾难、人为灾难以及社会不平等都加剧了对这些儿童健康状况的威胁。环境危险因素包括不安全的饮用水、卫生设施匮乏、室内空气污染、食品卫生缺乏、贫困的居住条件、垃圾与废物处理不足、危险的化学品、有毒废料、噪声和工业污染以及玩具与家具用品中不安全的化学成分等。在美国，有两个威胁儿童健康的问题特别棘手，即物质滥用和艾滋病。

4.3a 物质滥用

药物和酒精滥用会对儿童造成极大的危害。在童年早期的预防工作是第一道防线。如果孩子在童年早期能够形成积极的行为，那么他们更有可能完成学业和教育、避免物质滥用，并且成为优秀公民（Preventing drug abuse among children and adolescents，2005）。对儿童的保护因素包括学习自我约束、家长的密切监督、完成学业的能力、实施反毒品政策以及强有力的社区的共同努力。最大的药物滥用风险出现在儿童生活发生重大改变的时期或过渡期，例如，离开家走进校园生活。美国药物滥用研究所（National Institute on Drug Abuse，简称NIDA）给出了常见的被滥用的非处方药和处方药。例如，冰毒和新型毒品"香料（Spice）"就是在年轻人当中流行的滥用毒品。

甲基苯丙胺，又称冰毒（meth），"是一种能够致人成瘾的兴奋剂类药物，它对大脑中某些系统有巨大的激动作用"（NIDA InfoFacts: Methamphetamine，2005）。中枢神经系统兴奋起来后，会导致人明显的不眠状态，身体活动机能会被增强，食欲下降，呼吸加快，体温过高，以及强烈的精神欣快感。冰毒带来的其他效应还包括易激惹、失眠、精神错乱、震颤、抽搐、焦虑、偏执以及攻击性。体温过高和抽搐可能导致吸食冰毒者死亡。美国禁毒署（The Drug Enforcement Administration，简称DEA）介绍了药物滥用的危险性，其中包括了冰毒（DEA，2011）。冰毒导致的问题无处不在，不仅出现在城市中。制取冰毒的原料便宜，制作方式简单。在许多所谓的桌面实验室（也就是在家里厨房的桌面、车库的工作台面）以及其他一些简易场所，都能制作冰毒。冰毒的危害不局限于它的使用者，冰毒对于环境来说也是极度危险的。制作冰毒的化学物质是剧毒的，并且制作后的废料还可能被倾倒到田地和小溪中。在制作冰毒的加热过程中，化学蒸汽可能渗入房间的墙体和家具中，导致有这种制毒实验室的房屋不再适宜居住。"烹饪"冰毒的环境是有毒的，在这种环境中生活的儿童处于危险中。

"香料"这一术语用来形容在家中通过非法方式混合各种草本原料，并且随后在市场以熏香或浴盐的名义出售的毒品。植物材料脱水并被打碎，然后混合其他化学物质，就制成了"香料"，它有改变人的精神状态的效果。这种效果类似吸食大麻带来的感受，但是由于其中混合了某些化学物质，使得"香料"产生的效果强得多。此外，这类毒品的配方千变万化。美国禁毒署已经禁止了几种基本类型的"香料"制品，但有更多的研究工作有待开展。美国的一些州已经禁止了"香料"和"香料"类制品。"香料"的使用方式通常是鼻吸或口吸。通常在加油站和香烟店出售（NID AInfoFacts，2011）。

美国药物滥用研究所列出了常见的药物滥用名录，例如烟草、酒精、大麻、海洛因以及可卡因（NIDA，2011a）。美国药物滥用研究所还提供了可能被大规模滥用的处方药名录，其中包括了抗抑郁药物、吗啡衍生药物以及各种神经兴奋剂（NIDA，2011b）。

4.3b 艾滋病暴露

人类免疫缺陷病毒（human immunodeficiency virus，简称HIV）是一种能够引发**获得性免疫缺陷综合征**（即**艾滋病**，acquired immunodeficiency syndrome，AIDS）的病毒（Testing HIV positive，2005）。HIV能够加以治疗，以防止艾滋病的发病。艾滋病会导致人类免疫系统的崩溃。失去了免疫系统，人体就会失去对抗感染和肿瘤的能力。如果初生婴儿的母亲携带着HIV病毒或感染艾滋病，就必须立刻实施必要的检查和治疗。这些婴儿不应当食用母乳，因为 HIV 病毒能够通过母乳传播（HIV-positive women and theirbabies after birth, 2005）。

随着产前艾滋病病例的增加，产后或儿科艾滋病患者（年龄小于 13 岁且感染艾滋病的患者）已经成为流行病学日益关注的问题。这些儿童在认知和动作领域会出现显著的发育落后。随着更加有效的治疗方法被提出，新的问题也随之浮出水面，这些问题包括发育、身体组成以及新陈代谢（Growth, body composition, and metabolism, 2005）。我们会在本书的第 5、7 和 8 章详细阐释关于这些问题的信息。我们应当对预防给予足够的关注与重视。处于青春期的个体是 HIV/艾滋病的易感人群，需要对这一年龄段的人群加以教育。避免感染 HIV/艾滋病的途径包括避免不安全的性行为和避免共用药物注射针头。事实上，处于青春期的个体不但要远离毒品，也应当远离酒精，因为这些物质会让人放松戒备，并做出不明智的决策。这些建议不但适用于成人，也适用于青少年；HIV/艾滋病能够在所有年龄的人身上传播。美国卫生研究院（National Institute of Health, NIH/NIDA, 2014）推荐，使用针头注射器的吸毒者至少需要每 6 个月做一次 HIV 检查。

4.4 在孕期发展过程中的环境作用

如表 4.1 所示，若干在怀孕期间的环境因素会对胎儿产生影响。我们将这些分成几类：（1）营养；（2）母体特征、经历以及个人习惯；（3）药物和疾病。

表 4.1　孕期母体和环境因素可能会对孩子产生的负面影响

母体和环境因素	可能对孩子产生的影响
营养不足	• 死胎、新生儿死亡、低出生体重、妊娠期缩短 • 智力缺陷、佝偻病、脑瘫、癫痫、言语缺陷、一般性身体虚弱
母体特征 • 抑郁的情绪状态 • 体格过小 • 年龄超过 40 岁 • Rh 排斥 • 低血氧水平	• 偏执 • 难产 • 发育迟滞 • 死胎 • 神经系统损伤
母体经验和个人习惯 • 暴露于 X 射线 • 吸烟 • 物质滥用（例如，酒精、咖啡因、可卡因、海洛因）	• 组织损伤、发育迟滞 • 低出生体重、死亡 • 发育迟缓、流产、胎儿酒精综合征、海洛因成瘾
疾病 • 艾滋病 • 生殖器疱疹 • 梅毒 • 风疹（麻疹）	• 心理发育迟滞 • 流产、身体营养不良、智力发育迟滞、低出生体重、早熟 • 流产、身体营养不良、智力发育迟滞、低出生体重 • 身体营养不良、智力发育迟滞、低出生体重、早熟

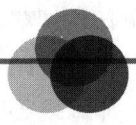
大脑发育

孕期

当神经管开始形成的时候,大脑发育在怀孕之后的 16 天左右就开始了。到了 27 天左右,神经管开始形成大脑和脊髓。一般而言,中枢神经系统(大脑和脊髓)的发展遵循一定的顺序——从"尾"到头。在第 5 周左右,突触在脊髓中形成。到了第 6 周左右,由于这些神经连接形式,胎儿会做出第一次动作。接下来,四肢的动作出现在第 8 周,手指动作出现在第 10 周,其他动作还包括打嗝、伸展、打哈欠以及吸吮。在 4—6 个月的时候,脑干开始"掌管"各种至关重要的生理功能,例如心跳、呼吸以及血压。到了 6 个月末,婴儿就算离开子宫也能够存活下来。大脑最后成熟的部分是大脑皮层,大脑皮层就是人类心理活动发生的场所。最佳的产前大脑状态的实现需要良好的营养条件和健康的生活方式。

4.4a 营养

在女性怀孕期间,营养因素有着无可比拟的重要性。"在所有可能产生长期负面影响的因素中,母亲无法获得充足的营养——即便是孩子能够足月生产,营养不足也会阻碍孩子的发育——可能是最重要的因素"(Nash,2004/2005,p.20)。孕期的营养问题是对胎儿造成危害的最严重的问题之一。营养还包括母体的能量,因为这是胎儿组织的发育基地。同时,母体的能量储备也是为产后哺乳打下基础(Ural & Chelmow,2011)。准妈妈应当在怀孕期间有适当的体重增加,尤其是在怀孕中期。我们不推荐在怀孕期间节食。正常的怀孕期间饮食应当包含 20% 的蛋白质,30% 的脂肪,以及 50% 的碳水化合物。三餐中,每周都推荐吃鱼肉。足量的维生素和矿物质也是很关键的。贫穷可能导致孕妇在怀孕期间无法出现正常的体重增加。

4.4b 母体特征与经历

母体特征会对胎儿产生影响,这些特征包括母亲的情绪状态、年龄、体型、是否可能和胎儿存在 Rh 排斥、在血流中的低血氧水平以及肥胖。一些个人习惯可能会对胎儿产生不良影响,例如饮酒、吸烟以及摄入咖啡因等(Nash,2004/2005;Pekkanen,2004/2005)。如果母亲有长期的情绪不良状态,会对胎儿产生负面影响。如果孕妇处于压力和焦虑状态,那么这种状态与婴儿出生后情绪易躁之间存在相关。20—30 岁是女性生育正常而健康宝宝的最佳年龄。少女妈妈可能饮食习惯不良,并且可能因此导致不良的营养状态,继而影响发育中的婴儿的营养状态。有大量的未婚母亲是青少年。这些年轻的未婚妈妈以及生活在贫困环境中的母亲的孩子可能面临更大的风险,原因是母亲自身糟糕的营养状态。此外,处于青春期的女孩尚未发育完善,身体并没有做好孕育下一代的准备。这就增加了另一种风险：和身体发育成熟的女性相比，少女妈妈产下的婴儿更有可能出现低出生体重、智力发育迟滞、出生缺陷或者在婴儿期可能夭折等问题（Nash，2004/2005；Pekkanen，2004/2005）。如果女性超过30岁，生殖系统的机能可能出现下降。对于高龄且头胎的母亲来说，她们的孩子出现唐氏综合征的概率会显著增加。母亲的体型也可能对孕期产生影响。通常来说，个子矮、体型小的女性在怀孕期间会遇到更多的困难。如果母亲体重超重，孩子也会面临更多的风险。

当母亲的血型和父亲的血型相互排斥时，就要考虑 **Rh因子**，孩子有可能出现严重的贫血，进而可能导致死胎、大脑损伤或者由于早产而导致无法存活。分娩之前的胎儿的血液中必须有足够的氧气。**缺氧症**是一种血液中氧气供应低于安全水平的状态。在这种情况下，神经系统和大脑有可能受损，继而导致脑瘫、癫痫、智力缺陷以及行为问题（例如，活动过度以及学习障碍）。缺氧症最有可能出现在分娩过程中，这也是孩子最需要充足氧气供应的时候。缺氧症还可能和母亲的肥胖问题相关。诸如X射线等射线接触是另一个可能危害胎儿发育的因素。射线可能导致组织损害，继而导致智力和身体发育的迟滞。大量的射线接触可能导致胎儿死亡。

母亲的个人习惯是另一个需要考虑的重要因素。吸烟和出生体重低、自然流产、死胎以及新生儿死亡相关。研究发现，吸烟还可能和孩子在学步儿阶段出现破坏性行为相关（Wakschlag, Leventhal, Pine, Pickett, & Carter, 2006）。吸烟可能导致胎心率的减缓，影响胎儿的循环系统。一些研究已经发现，如果在怀孕的前4个月减少吸烟或戒烟，那么胎儿不会受到伤害。但是，总而言之，怀孕的女性就应当完全不接触任何烟草及其制品。酒精，特别是大量的酒精，是危害胎儿的另一个"毒手"。如果母亲酗酒，那么孩子的身体发育会放缓，整体发展和发育水平都会出现迟滞。即便是极小剂量的酒精也会增加孩子所面临的风险。咖啡因广泛存在于咖啡、茶、可乐饮品以及巧克力当中，它被认为是可能对羊水产生不良影响的因素之一，会导致流产的可能性增加。一般而言，对于任何已经怀孕或者怀疑自己可能怀孕的女性来说，明智的做法就是不吸烟，也不喝酒精饮料、咖啡、茶、可乐以及任何含有咖啡因的饮料。

如何预防青少年怀孕是我们面临的重大挑战之一，虽然美国青少年的怀孕率一直在下降（Annie E. Casey Foundation, 2014）。1990—2012年，青少年的生育率下降了一半。从长远来看，无论是对青少年自己还是对孩子来说，青少年作为家长养育孩子都会产生长期的负面影响（Annie E. Casey Foundation, 2014）。青少年在怀孕期间的医疗条件更差，她们自身的健康状况也更糟糕（Shore, 2005）。少女妈妈生下的婴儿在以下方面面临着相当高的风险：出生体重低、早产以及婴儿死亡。此外，这些少女妈妈的孩子更有可能生长在教育条件和经济条件都有限的家庭里。2013年在美国，在每1000名年龄在15—19岁的青春期女性中，就有26.6位少女妈妈（Office of Adolescent Health, 2014），这些少女妈妈中有98%的人在生育时处于未婚状态。这个数据从2012年到2013年下降了10%。和欧裔少女相比，非裔和西班牙裔少女生下孩子的比例更高。和其他婴儿相比，少女妈妈们生下的孩子有更低的出生体重，出现健康问题和发育迟缓、被虐待或忽视的可能性更大，并且这些孩子上学后的成绩也更差。除此之外，这些孩子长大后辍学、陷入麻烦并且自己也在青春期生下下一代的可能性更高（Shore, 2005）。

Annie E. Casey 基金会（2014）实施了一项旨在降低青少年生育率的计划。该项目名为加利福尼亚计划（The California Program），它获得了相当大的成功，到 2012 年时，该项目将青少年的生育率降低了 63%。Annie E. Casey 基金会项目关注六大议题：

- 重视青少年怀孕的潜在原因。
- 帮助青少年的家长成功履行他们的职责，对青少年开展性教育。
- 在如何降低冒险性行为方面提供准确、清晰且一致的高质量信息。
- 在社区范围内提倡预防青少年怀孕的行动计划。
- 给青年人以希望，让他们看到自己也能在未来拥有积极的人生。

虽然在预防青少年意外怀孕方面做出了各种努力和尝试，但是在全世界所有已经完全实现工业化的国家中，美国仍然是青少年生育率最高的国家（Edelman, 2008）。儿童保护基金（Children's Defense Fund，简称 CDF）的主席 Marian Wright Edelman 指出，最好的"避孕药"是希望和对自己能够拥有美好未来的信念。预测青少年怀孕的最有效指标是缺乏教育和贫穷。

4.4c 药物与疾病

药物与疾病对胎儿的发育来说具有破坏性作用。尤其是在怀孕之初的 3 个月里，药物和疾病对胎儿的负面影响尤为严重，而这段时间正是女性最有可能不知道自己已经怀孕的时候。除非在医生的指导下，否则怀孕的女性不应当服用任何药物。在 20 世纪 60 年代的欧洲，曾发生由于服药而对胎儿的发育造成严重伤害的灾难性事件。当时许多怀孕的女性都服用了一种名为**萨力多胺**（一种安眠药，镇静剂）的药物。当时的孕妇们服用这种药物的目的是缓解怀孕早期的孕吐反应，但是在胚胎阶段服用这种药物会导致胎儿四肢发育受阻。孩子出生时可能出现没有胳膊和腿的情况，或者是胳膊和腿发育不完全，看上去和胚胎的形态相当接近。四肢畸形也与服用激素药物有关，例如怀孕女性服用避孕药。镇静剂，甚至是阿司匹林，都有可能是不安全的。在分娩期间和分娩之前服用药物，应当保持药物使用的最小剂量，因为这些都可能对孩子产生不良影响。

药物成瘾是另一个危及怀孕女性的因素。常见的成瘾药物有可卡因、大麻、海洛因、苯环利定（又称 PCP、天使粉）、麦角酸二乙基酰胺（简称 LSD）以及冰毒（American Pregnancy Association, 2011d）。可卡因能够通过孕妇的胎盘进入胎儿的循环系统；可卡因在胎儿身体中的代谢速度远远低于在孕妇身体中的代谢速度。在女性怀孕早期，使用可卡因可能导致流产的概率增加。在怀孕晚期使用可卡因可能导致早产和胎儿死亡。母亲使用可卡因的婴儿可能出现心脏体积小于正常婴儿以及发育受限的情况。除此之外，这些婴儿还可能出现戒断症状，例如颤抖、肌肉痉挛、不眠以及喂食困难，可能出现生殖系统和肾脏的缺陷以及大脑损伤等问题。海洛因也是一种能够通过孕妇胎盘的物质，继而可能导致孩子海洛因成瘾。海洛因成瘾的母亲会出现分娩并发症。这样的母亲产下的婴儿在出生后有时会出现类似成人的海洛因戒断反应。大麻是另一种能够通过胎盘的药物，它会影响血氧量。冰毒造成的影响与可卡因类似。毒品或药品会导致胎儿处于高风险之中。许多医生建议，最安全的方式就是在怀孕期间完全不接触这些物质，除非有特殊的医疗需求。

另一种在妊娠阶段影响胎儿发育的危险因素是**胎儿酒精综合征**（fatal alcohol syndrome，FAS）。每年，在每 750 个发育不良的婴儿中就有 1 个是由在怀孕期间饮酒的母亲产下的（Bartoshesky，2011）。患有胎儿酒精综合征的孩子具有典型的面部特征，他们的眼距特别宽，上唇薄，眼裂窄，鼻子小且上翻，头小——这是大脑发育不良的外部反映（Kaneshiro, 2014）。出现**胎儿酒精效应**（fatal alcohol effects，FAE）的孩子和有胎儿酒精综合征的孩子相比，情况类似，但他们并没有后者所具有的明显的面部特征，不过这些孩子可能会在婴儿期出现过度活跃的问题。孩子出现胎儿酒精效应问题通常是母亲在怀孕期间少量饮酒所导致的。

有些化学物质可能存在于婴儿的生活环境中，并且对他们造成损害。在美国，多氯化联苯（polychlorinated biphenyl，PCB）被发现存在于某些食物和水供应中，继而被怀孕女性所食用或饮用，导致婴儿出生时体重降低以及孕期缩短（Health effects of PCBs, 2013）。

如我们在前面的章节中所讨论的，疾病也具有破坏性。风疹会严重危害胎儿。而对水痘、流行性腮腺炎、麻疹以及肺炎造成的影响少有文献记载。常见的感冒似乎对胎儿影响不大，但是流感会危害胎儿。梅毒、淋病、糖尿病、缺铁性贫血以及镰状细胞性贫血都会危及未出生的婴儿。虽然受到这些疾病和异常困扰的孩子的总数不多，但是对于怀孕的女性来说，还是应当在医生的指导下尽可能地避免这些问题所造成的不良影响。

4.5 怀孕的家长的角色与责任

关于成人对未出世的孩子所扮演的角色和承担的责任，在这里给出了几步建议。第一步，提前做规划很重要。可以在怀孕前接受**遗传学咨询**（我们在前面讨论过）服务。第二步，正考虑怀孕的女性应当接受一次全面的身体检查，以发现可能危及未出生孩子的危险因素，从而确保这名女性能够充分了解这些危险因素及其影响。在怀孕期间，女性应当做常规的孕期检查。孩子的父母都应当参加分娩辅导班，了解女性阵痛和分娩过程中的必要知识。Brazelton（1992）建议，在怀孕 7 个月左右的时候，孩子的父母应当与一位相对固定的**儿科医生**建立联系，这位医生在孩子出生后能够提供医疗服务。Brazelton 认为，如果父母在怀孕 7 个月的时候还没有与儿科医生建立联系，接下来他们更加关注的就是孕妇的分娩问题了，没有时间再去为孩子寻找出生后的医生了。Brazelton 还特别鼓励父亲与儿科医生接触，即便只有 10 分钟也是好的。他发现，即便是短暂地与医生接触，也会让父亲们更加投入于未来的婴儿健康检查，有更多的参与。

准妈妈们应当和一名**围产期医生**建立联系，这位医生应当擅长处理怀孕期间的高风险问题。高风险因素包括母亲怀孕的年龄、糖尿病、高血压、红斑狼疮、镰状细胞性贫血以及女性以往在分娩方面的病史，诸如多胞胎分娩、流产、死胎或者身体残疾等。不幸的是，贫困中的未婚母亲通常自己还处在青春期，她们常常无法获得上面所说的孕期医疗服务。

关于贫困且未婚的少女妈妈问题，一些专门针对青少年怀孕预防的项目能够起到缓解作用。这类项目之一是青少年外展计划（Teen Outreach Program, 2011）。参与青少年外展计划的青少年的怀孕风险降低了 53%，出现课业问题的概率降低了 60%，被学校停学的风险降低了 52%。青少年外展计划的独特之处在于，它并没有直接解决想要预防的那些问题，而是致力于提高青少年的决策能力，提高他们和同龄人以及成人互动的能力，并且帮助他们提升识别自身情绪并处理情绪的能力。

少女怀孕率以及已婚或未婚的少年家长的数量仍然很高。许多专业人士认为，必须让这些怀孕的女孩们有机会接受产前和产后的照料以及接受如何为人母的教导，从而帮助她们给孩子良好的照料，继而拥有健康而幸福的孩子。分娩计划（Ryan, 1997a; Birthing Project USA, 2011）就是其中一例，这项国际计划旨在帮助非裔美国女性获得上述服务，实现上述目标。分娩计划实施的方式是进行类似女性朋友（友伴姐妹）之间的一对一接触，帮助怀孕的女性获得妊娠期的照料和良好的营养供给，倾听这些怀孕女性的问题，并且帮助她们尽可能获得医疗服务和住所。怀孕女性和她们的友伴姐妹会组成一个10人团体，叫作"宝宝群"。她们会定期见面，相互提供支持，开展社交活动，比如婴儿的洗礼。友伴姐妹对这些怀孕女性的承诺是成为她们的"小姐妹"，在孩子出生后至少1年的时间里为她们提供支持。

从事幼儿工作的成年人必须时刻注意的是，过去的经历对一个孩子当前的行为可能产生怎样的影响。如果一个叫比利的孩子异于常态的极度活跃，并且可能控制不住自己的行为，就要去回顾这个孩子过往的经历，也许会发现比利在分娩的过程中曾经出现中度缺氧的情况。于是，成人会了解到，比利和其他普通孩子相比需要更多的关于如何发展自我约束能力的帮助。在入学申请材料中，一份完善的医疗记录总是必不可少的。随着感染艾滋病和物质成瘾的婴儿数量的增加，我们未来面临的情况可能是有越来越多的年幼儿童出现严重的健康、行为和情绪问题。到目前为止，我们还在努力寻找帮助这些孩子和家庭的方案。

4.6 受精与怀孕

在阅读这一章的过程中，你会发现我们关注了大量的不同年龄段和不同发展阶段的孩子。在这一节中，我们将回顾人类在出生之前的生命历程，从精子和卵子结合的那一刻起，到随后孕期（分娩前）的人类发展。我们还会介绍一些会在出生前对孩子产生影响的环境因素。最后，我们会讨论在照料出生前的胎儿的过程中，成人应当担负起的各种责任。

大约每28天，在女性月经周期的中间时段，女性卵细胞或者说**卵子**会出现在一个充满液体的囊中，也就是我们所说的**卵泡**，然后卵子会离开女性的卵巢，进入腹腔，然后进入输卵管。卵子是人体最大的细胞。一旦卵子进入了输卵管，它有24~48小时被来自男性的精子受精（Fogel, 2009）。

男性会制造数以亿计的精子。在性行为过程中，当性高潮出现时，男性会出现射精，射出的液体称为**精液**，精液中包含的**精子**数量可能超过3亿。这些精子只有60微米长，形状和蝌蚪类似。精子能够存活的时长只有24~48小时。它们必须"一路奔跑"，从女性的阴道经过子宫颈，到达子宫，然后到输卵管。而在输卵管中，可能有卵子等待受精，也可能没有卵子在那里。不是所有的精子都同样强壮或行进速度同样迅速。最初，数以亿计的精子被释放出来，通常只有300~500个精子能够遇见卵子。如果一个精子能够成功地通过卵子的外膜，继而发生的化学反应就会阻止更多的精子进入这个卵子（Berk,

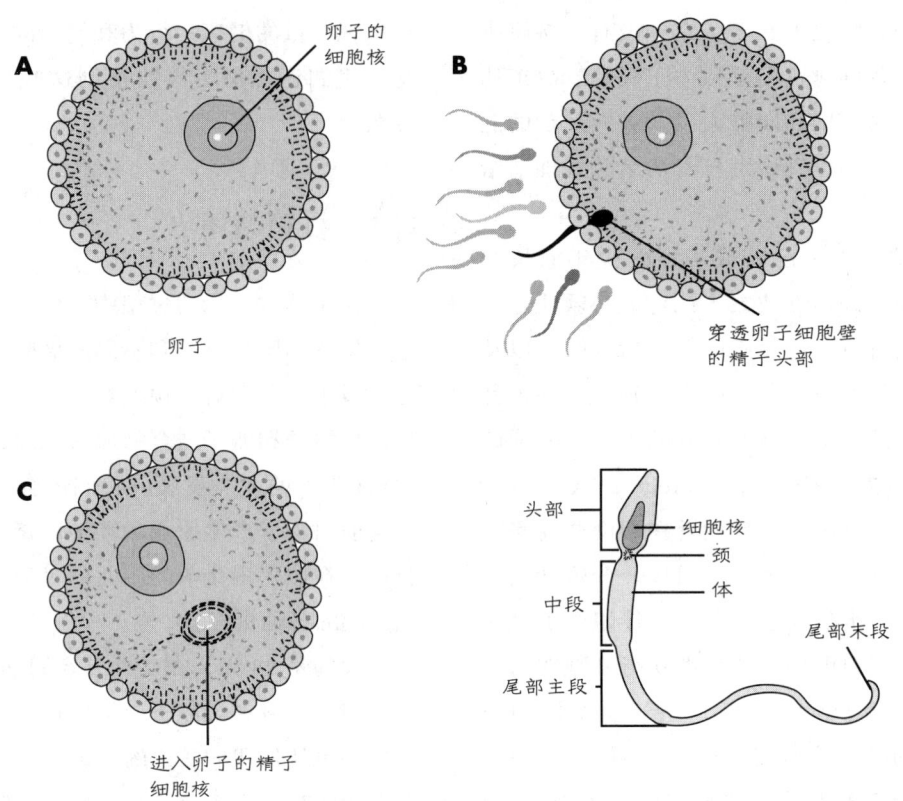

图 4.1　和卵子相比，像蝌蚪的男性精子体积小很多，精子的寿命只有 24~48 小时。

2005）。从**受精**的那一刻起，我们就说**怀孕**开始了。儿童的发展始于卵子和精子结合后形成**受精卵**的那一刻（图 4.1）。

4.6a　受精

生育力是一种能够成功受精或受孕的能力。Fogel（2009）指出，每 6 对夫妇中就有大约 1 对缺乏生育力，导致女性无法在适龄时成功受孕。造成女性不育的原因可能是卵子无法发育成熟、无法排卵或者输卵管阻塞，这些因素都会阻碍卵子成功抵达子宫。排卵失败可能是由于某些因素导致的，例如，"过度运动或体重降低过多、肥胖问题、过度的酒精摄入、暴露于有毒化学物质、某些性传播疾病以及激素失调"，上述因素都是能够治疗的（Fogel，2009，p.102）。使用药物和外科手术能够解决阻塞问题。使用生育类药物可能会导致多胞胎的出现。男性不育可能是由于使用"大麻和香烟、穿着过于紧身的内衣、洗热水澡或蒸桑拿、无法维持勃起状态、早泄或射精失败"造成的（Fogel，2009，p.102）。上面这些导致男性不育的成因是可以通过行为改变或性疗法治疗的。一些成因，诸如睾丸未充分发育、外伤以及某些童年期疾病，可能是无法治疗的。

Fogel（2009）介绍了几种能够提高生育率的自然方法。例如，通过对女性体温的监测来决定发生性行为的时间，当体温升高时就是排卵的开始。假如自然方法或者药物及外科手术都不能奏效，那么还有一些方法可以考虑。**试管内授精**（in vitro fertilization，IVF）能够把卵子从女性身体中移出，在无菌的生物媒介中与男性的精子结合。如果这个过程能够成功实现，精子就能够和卵子结合，形成受精卵，受精卵分化后，胚胎就可以被植入女性的子宫中，随后完成正常的妊娠过程（我们将在本章的后面部分对这些内容加以介绍）。如果精子过于虚弱，无法打破卵子壁进入其中，还可以采用直接注射的方法，这种方法被称为**卵母细胞胞浆内单精子注射**（American Pregnancy Association，2011a）。在试管内授精领域的一项重大进步关注的是单胚胎转移（Making babies，2008）。它能够减少出现多胞胎的概率。多胞胎最有可能导致的问题是早产，早产会增加婴儿出现长期残疾或死亡的风险。由于试管内授精的高额花费（11 000～15 000美元），许多夫妻都希望一次尝试两个或多个受精卵。虽然这种方式还存在某些争议，但是医学文献建议一次试管内授精不要超过4个胚胎是比较适宜的（American Pregnancy Association，2011a）。

> **思考时间**
> 在应对不孕不育的问题上，你认为哪一种或哪几种方式是最有效的？为什么？

帮助不育夫妇实现为人父母的心愿的另一条途径是接受卵子捐赠，即通过试管内授精的方式使用另一名女性的卵子来受精。捐献卵子的女性必须在21—35岁。捐献者必须达到一系列生理、心理和遗传学方面的标准。此外，捐赠者和受捐者应当在种族、身高、体型、皮肤类型、眼睛颜色以及头发颜色上尽可能一致（State of New York Department of Health，April 2009）。

有些时候，人们需要或者希望通过一些避孕手段来控制生育。最简单、最经济（但也最不可靠）的方式是**自然避孕法**（Fogel，2009，p.97）。使用这种方法需要记录女性的排卵期，避免在排卵期发生性行为。其他控制生育的方法包括绝育、服用避孕药、使用男用避孕套和女用避孕膜、杀精剂、避孕贴、避孕环以及持续禁欲（Planned Parenthood，2005）。在美国，生育率相对较低，而在其他一些国家，诸如巴西、肯尼亚和印度，生育率相对较高（Fogel，2009，p.98-99）。在印度，人口中有大量文盲，他们生活贫困，并且无法为自己的孩子提供充足的照料。但是，他们仍然希望多生育，因为他们需要大量的孩子来帮助家里维持生计。计划生育这种方式也适用于其他个体主义文化背景的国家。

4.7 孕期发展阶段

怀孕阶段也被称为**妊娠阶段**。这个阶段的时长通常为9.5月（Fogel，2009）。妊娠阶段（见图4.2）包括以下三个阶段：受精卵阶段（从受孕到2周）、**胚胎阶段**（3—8周）以及**胎儿阶段**（9周到分娩）。孩子在子宫中的这段时间会发生许多变化，许多环境因素都会对孩子的发育产生影响（Nash，2004/2005）。母亲呼吸的空气、喝的水、吃的食物、服用的药物、可能感染的疾病以及她任何艰难的经历都会影响孩子的发育。诸如计算机断层（computed tomograph，CT）扫描、磁共振成像（magnetic resonance imaging，MRI）以及超声波图等现代技术能够帮助我们追踪孩子从受孕到分娩这个过程的发展。此外，科学家对化学信号的了解也更多了，现在可以通过控制这些信号来控制胎儿的发育。

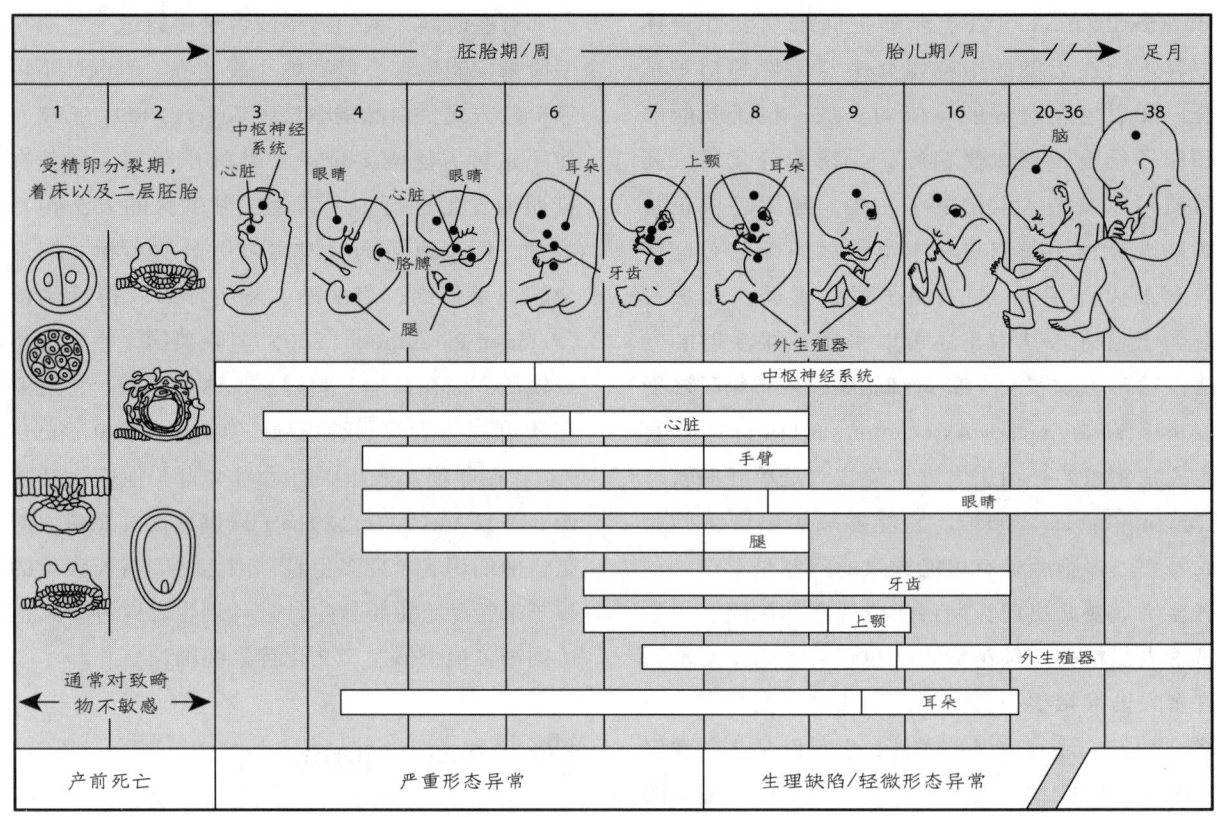

图 4.2 妊娠期间的发展顺序以及每一阶段最大的风险因素。

4.7a 受精卵

第一阶段（图 4.3）开始于精子和卵子结合成一个细胞时，结合之后，这个细胞会在输卵管中自由浮动。这个阶段持续的时间大约是 2 周。在这个阶段，细胞分化的速度相当快，从一个细胞迅速分化为数以十亿计的细胞。大约 6 天的时间，细胞会到达子宫，在这里"安定下来"或者说依附在子宫壁上，通过子宫壁来获取营养物质。**胎盘**保护着正在发育中的胎儿，它的作用是为食物和氧气的交换提供媒介；**脐带**是联结发育中的孩子和母亲的生命线，脐带在这个时候开始了发育（Nash, 2004/2005; Pekkanen, 2004/2005）。到了受孕后的第四天，受精卵开始出现形态上的变化。

有两层新的细胞形成了。一层很快会发育成胎盘和羊膜囊，另一层会发育成胚胎。

4.7b 胚胎

第二阶段始于受精卵附着在子宫壁上，然后它继续发育，一直到怀孕第 8 周。这一阶段相当关键，因为孩子 95% 的身体部分会在这个阶段出现（Nash, 2004/2005）。到了这个阶段的尾声，胚胎就开始像一个"微缩版"的人了（图 4.4）。在这个阶段，产前阶段的孩子是最容易受到环境中的危险因素伤害的（Fogel, 2009）。如果女性感染风疹、使用可卡因或者营养不良，她们的孩子会面临非常大的风险。例如，如果一名女性在怀孕的第二阶段感染了风疹，孩子在出生后就有

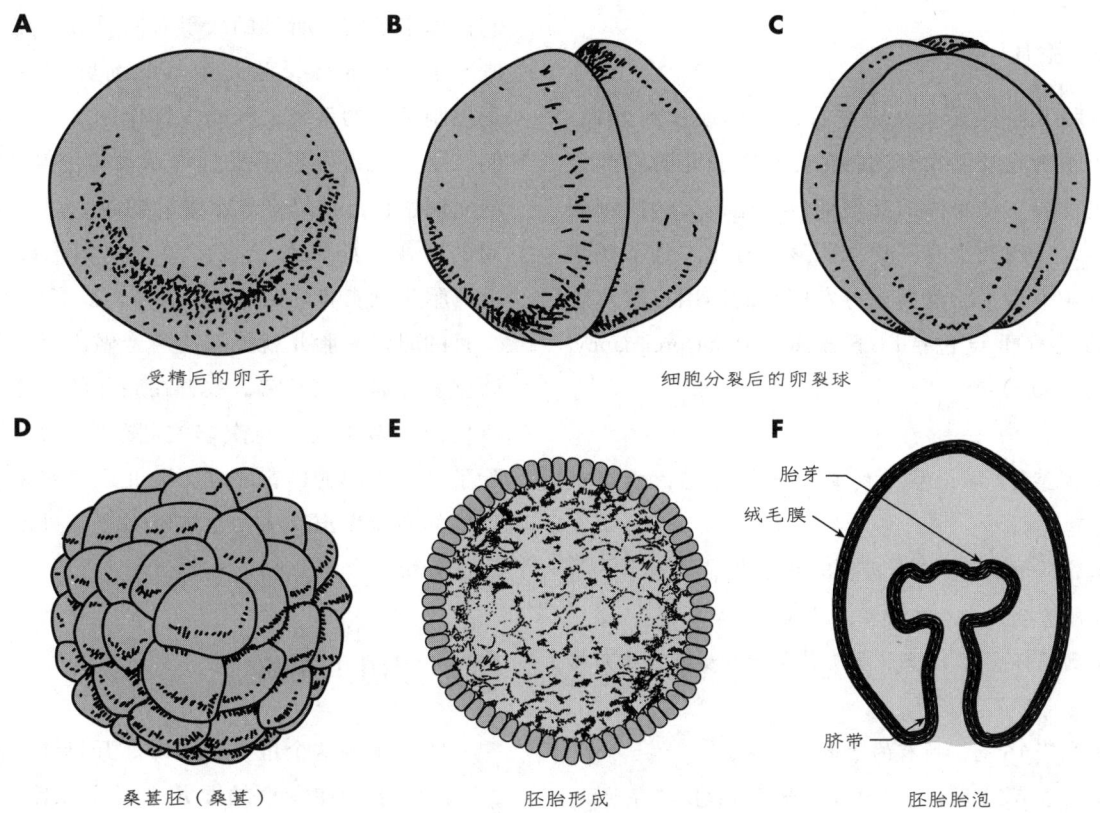

图 4.3 从受精到着床，受精卵会经历若干发展阶段。从一个细胞发展成多细胞的胚胎。

耳聋、失明或者患心脏病的风险。

胚胎阶段是胎盘发展的时候。胎盘的作用是让胎儿能够通过它来吸收营养和氧气，它还能够处理胎儿产生的废物。联结胎儿和胎盘的是脐带。子宫内是一个被称为**羊膜**的液囊，羊膜中包含着**羊水**。羊水的作用包括：保护胎儿不受外伤，为胎儿提供可以活动和发育的场所，为胎儿提供一个恒温的环境，胎儿可以吞咽羊水，羊水可以收集胎儿产生的废物（Fogel, 2009）。

在胚胎阶段，孩子的发育"迅猛"。最终发育成脊髓和大脑的神经管和头尾轴（head-to-tail axis）在此时被确定了下来。头尾轴是由 **Hox 基因**控制的。这种发展确保了胚胎的身体部分最终能够在正确的位置发育成正常的身体结构。也是在这个阶段，胎儿出现了上部和下部的肢芽（limb buds）（About pregnancy/birth, 2005）。

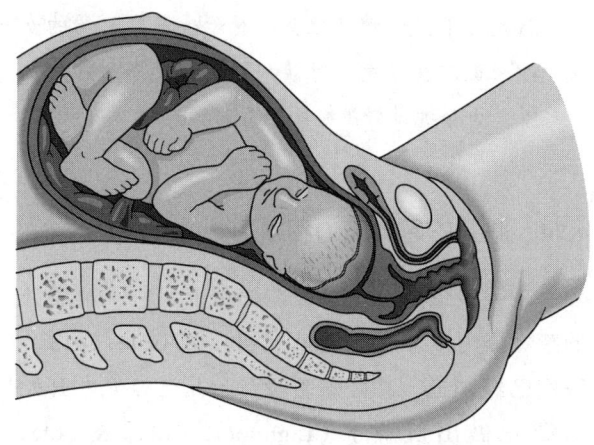

图 4.4 从胎儿阶段开始，胎儿被视为人类。

4.7c 胎儿

胎儿阶段始于 9 周左右，一直延续到分娩。在胚胎阶段开始发育的各种器官在胎儿阶段都会迅速发展。和身体的其他部位相比，头的比例变得更大，四肢也有了更加明显的分化。到了怀孕的第 4 个月，胎盘会充分发挥它的作用。胎儿阶段的发育重点包括以下方面（About pregnancy/birth, 2005）：

- 在第 12 周，胎儿的骨骼开始骨化，或者说变硬。
- 外耳形成，外部生殖器开始分化。
- 胎盘会产生各种激素，以维持怀孕所需。
- 到了怀孕第 12 周，胎儿的男性和女性外生殖器变得可见了。
- 在第 16 周，所有的牙齿都形成了。
- 到了第 21 周，胎儿即便离开子宫也能够存活了。
- 到了第 24 周，胎儿有了睫毛和眉毛，眼睑也能够睁开了。
- 在第 28 周，胎儿开始能够点头了。
- 到了第 40 周，脚指甲和手指甲形成了。
- 对于生育头胎的女性来说，在分娩前的一两周，胎儿会下降到骨盆位置。对于生育非头胎的女性来说，在分娩的时候，胎儿会下降到骨盆位置，为分娩做好最终的准备。

4.7d 胎儿的感觉能力和学习

现代设备和技术已经能够帮助我们了解胎儿的感觉能力了（Lightfoot, Cole, & Cole, 2013）。我们已经知道，在妊娠阶段，胎儿已经能够开始对感觉做出反应了（Lightfoot, Cole, & Cole, 2013）。甚至有证据证明，初生的婴儿能够对他们在母亲子宫中听到的故事有所反应。在怀孕大概 5 个月的时候，胎儿中耳的前庭系统，也就是控制平衡的系统，开始发挥作用了。这提示我们，婴儿也许能够感受到母亲身体姿势的变化，继而调整自己在母亲羊水中的朝向。到了怀孕 26 周的时候，如果有光直接照在孕妇腹部的皮肤上，胎儿就能够对光亮做出反应。到了怀孕 5—6 个月的时候，胎儿就能够对声音做出反应了。把微型麦克风插入子宫，放置在胎儿的头边。麦克风发出的音量大致与汽车关上车窗的音量相同。除了来自内部的声音之外，胎儿还能对来自子宫外部的声音做出反应，也能够对子宫外部的声音做出分辨。

4.8 出生与分娩

刚刚来到这个世界时，即离开母体后的最初 2 周，对于正在发育的婴儿来说是无比兴奋的，也是相当关键的。出生之后，这个小小的人类就是我们所说的**婴儿**。**新生儿**这一术语指出生后 2 周之内的婴儿，这 2 周的时间被称为**新生儿阶段**。在人生最初的 2 周里，新生儿必须得到密切观察，确保他们有良好的生命开端。

一位马上要成为外婆的老太太正焦急地等待着与刚出生的外孙女的第一次见面，这个女婴名叫萨默·斯凯。从专门登记新生儿的玻璃窗口，她看到自己的女婿正向这个方向走来，怀里小心翼翼地抱着萨默。萨默的妈妈是剖宫产分娩的，所以爸爸才有这个珍贵的"机会"担负起把萨默介绍给这个世界的工作。虽然女婴的襁褓通常是粉色的，但是萨默的爸爸让护士给女儿用了蓝色，因为这代表女儿的姓氏斯凯（Sky 是萨默的中间名，中文意为"天空"）。萨默的妈妈刚刚从手术的麻醉中清醒过来，爸爸把女儿抱给妈妈。在走廊里，萨默的外婆听到愉快的啼哭声。就这样，一个新的生命开始了，孩子的父母和孩子第一次建立了纽带。

在一个场景中，一个训练有素的助产士，能够为正在分娩的女性提供情感上的支持和纽带，经验丰富的助产士在女性分娩的过程中能够帮助她们将情绪平复下来（Wechsler，2009）。助产士并不是协助孩子分娩的，她的作用是在分娩之前、之中以及之后为产妇提供支持和相关信息，从而帮助产妇保持情绪平稳，并且帮助家长和孩子建立最初的情感纽带（Abramson，Breedlove，& Isaacs，2007）。

关于自己的孩子，父母已经有很多期待了。母亲作为婴儿照顾者的能力在孩子每一次回应她的时候都得到了肯定。例如，在母亲抱起孩子的时候，孩子会看向或者转向母亲发出声音的方向，这就是孩子对母亲的回应（Brazelton & Cramer，1990）。这些来自婴儿的积极回应就是在告诉自己的母亲，你在做"正确的事情"（Brazelton & Cramer，1990，p.46）。

从产前到产后，婴儿发生了很多变化。他们从最初在子宫和羊水中的生存环境到了充满空气的生活环境。从相对恒温的环境到了温度多变的环境。这个小生物从几乎没有外界刺激的环境到了充满各种各样刺激的世界。从营养的角度来说，从依赖母亲的血液获取营养到依靠外部的事物和自身消化系统功能来获取营养。氧气也不再是通过脐带从母亲的血液中供给孩子了。初生婴儿必须依靠自己的肺部来运送氧气到血液中。婴儿产生的废物也不再通过胎盘而输送到母亲的血液当中了；婴儿自己的排泄系统要"靠自己"开始工作了。婴儿的皮肤、肾脏、肺以及肠道系统必须开始工作了。毫无疑问，从产前到产后，生命的变化惊人。一个亟待处理的问题是，如何让分娩的过程以及向产后生活的过渡对孩子和家长来说都尽可能舒适（照片4.4）。

不是所有的分娩场景都温暖而激动人心，也不一定是冷静平稳且对产妇充满支持的。在过去，对某些常见的分娩方式以及产后治疗方法存在批评的声音，批评认为这些无论对于孩子来说还是对于孩子的家长来说都过于艰难（Newton，1975）。批评的声音包括：在产妇生产的过程中把她和自己的家人分开，正常的产妇只能待在床上，使用化学药物刺激分娩，在分娩过程中将产钳作为常规用具，以及在孩子出生之后将婴儿与产妇分开。其他批评的声音还包括：推迟产妇第一次喂孩子母乳的时间，一定要每4小时喂一次奶，限制夜奶，以及不让婴儿的兄弟姐妹和其他婴儿接触。

Leboyer（1976）认为，在刚刚离开母亲子宫之后，婴儿对强烈的光线、声音以及粗鲁的对待会感到不安。Leboyer提出了一种分娩方式，只要对环境做出一点小小的改变，婴儿离开子宫来到这个世界的过程就会随之改变，变得轻松而愉快。Leboyer的方法是让母亲在水中生产，婴儿在分娩时从母体中充满液体的环境直接进入水中。生产时的光线应昏暗一些，出生后的婴儿应当待在母亲的肚子上，让孩子和母亲有身体上的接触，并且能够感受到母亲的心跳。保持脐带的连接，直到婴儿有时间适应周围全新的环境。温柔地抚触婴儿，让他们得到安抚，并平静下来。对**水中分娩**的研究发现，这种方式在安全性上无法和传统的分娩方式相比（American Academy of Pediatrics，2002）。已经有关于水中分娩操作不当导致婴儿死亡的案例报道了，并且没有证据显示水中分娩法的分娩时间比传统的分娩方式更短，对产妇产道的损伤不会更小，分娩过程中使用止痛药的计量也没有更低。虽然水中分娩法现在还在使用，但是只推荐给那些身体状况好、风险低的产妇，并且要在医生的监控之下使用（American Pregnancy Association，2011b）。

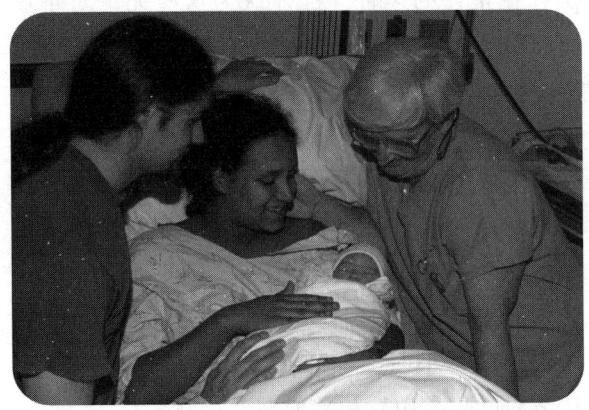

照片4.4 对于所有参与其中的人来说，现在的分娩过程和以往相比所带来的体验已经好很多了。

虽然Leboyer的水中分娩法并没有在美国被大规模使用，但是Leboyer的思路提示了医护人员是否能够改善分娩环境，从而让产妇更为放松和愉快。目前，美国女性可以选择在医院分娩，也可以选择分娩中心或在家分娩（KidsHealth，2008；American Pregnancy Association，2011a and 2011d）。

分娩中心（birth center）能够为产妇提供家庭式的环境以及医疗护理（KidsHealth，2008）。在分娩中心，助产士通常会协助产妇分娩，在需要的时候，分娩中心还能够提供医疗服务。父亲能给孩子的母亲以及新生儿沐浴。在分娩之后大约短短2小时左右，他们就可以准备回家了。分娩中心在美国大行其道，就连医院都开设了自己的分娩中心，作为病人的备选方案。Klaus与Kennell关于亲子纽带的研究也受到了婴儿分娩方式日益人性化的影响，继而致力于改善产房的环境与氛围的（Goldberg，1983）。

在20世纪70年代时，家庭分娩（home birth）开始普及起来。家庭分娩必须由经过职业训练的助产士或者（诊所及医院等的注册）护理助产士操作，并且对象必须是身体健康的低风险产妇（American Pregnancy Association，2011a）。和有计划的医院分娩相比，有计划的家庭分娩的死亡率大概是前者的3倍，虽然从整体上看，两种分娩方式的死亡率都相当低（ACOG，2011c）。但是，如果在分娩过程中没有医学监护，那么这种方式所带来的危险会远大于产妇能够控制自己的分娩过程以及花费较低所带来的好处。在家分娩的初生婴儿的阿普加分数也更低。在家分娩的产妇会面临更多的问题，例如产程延长以及产后出血等。

对于怀孕的女性来说，还有许多分娩方案可供选择（Yarro，1977）。**剖宫产**被用于有潜在分娩困难的产妇，它通过外科手术将婴儿直接从女性的子宫中取出。无痛分娩法（Lamaze）是非常普遍的。准妈妈和她的教练会一起用3~12周的课程学习关于生产和分娩的各种细节。准妈妈还会学习如何控制和放松自己的肌肉，以及做哪些身体运动是适合的。目前，**自然分娩法**被越来越多地使用，这种方式在分娩的过程中不使用任何药物来帮助减少疼痛。许多医院允许产妇家里的其他孩子参与分娩过程，这些孩子能够到母亲的病房去，也能够在医院的新生儿区域看看自己新出生的小弟弟或者小妹妹。有些医院还专门设立了病房，这些病房允许产妇的整个家庭都参与分娩的过程。一些医生甚至致力于训练准爸爸们，让他们在自己孩子的分娩过程中起到一定的协助作用（Steinman，1979）。越来越多的医院还允许母婴共室，也就是婴儿和母亲可以待在同一间病房。

在分娩过程中，会发生大量问题。例如，可能发生臀位分娩（ACOG，2002b）。通常，在分娩前的 3~4 周时，胎儿在母亲的子宫里会变为头朝下的姿势。但是，大约有 3% 的足月分娩的胎儿无法完成这种体位的变化，在分娩中，他们的臀部、脚或者臀部和脚可能会先出来。对大约一半的产妇来说，医生能够在分娩之前把婴儿转过来。臀位分娩的问题在于，头部——胎儿体积最大且最坚硬的身体部分——是最后出来的。这可能会导致婴儿在通过产道时更加困难，脐带弯曲，切断婴儿的血流。剖宫产分娩可能是解决臀位分娩问题的最佳备选方案。研究发现，在一天中的什么时间分娩，对新生儿是有影响的（ACOG，2005）。白天出生的婴儿的死亡风险低于夜晚出生的婴儿（ACOG，2005）。我们推荐怀孕女性每天保持至少 30 分钟的常规锻炼，比如散步、游泳、骑单车以及做有氧运动。如果女性有跑步的习惯，就建议她在怀孕期间改变常规的跑步模式。有些运动是孕妇应当避免的，包括快速滑降（滑雪）、曲棍球、篮球、橄榄球以及水肺潜水活动。除此之外，目前认为，航空飞行对于怀孕已经超过 36 周的女性来说是安全的。孕妇使用汽车的时间应当每天不多于 5 或 6 小时（ACOG，2011a）。

> **思考时间**
>
> 请思考一下，传统的医院分娩、家庭分娩或者在分娩中心分娩各有哪些利弊。你在这个问题上有什么想法？

4.9 新生儿阶段

初生婴儿是湿漉漉的，身上沾着羊水（Fogel，2009）。皮肤颜色不同，可能是从苍白色到粉红色中的某一种（甚至可能和父母的肤色相同）。新生儿的皮肤还可能是淡黄色的，原因是**正常的生理性黄疸**。Fogel（2009）指出，这是由于肝功能不平衡造成的，通过特殊光照的方法能够较为容易地处理。新生儿的眼睛通常是灰蓝色的，这种颜色可能会一直保持将近一年。和身体其他部位相比，新生儿的头很大，他们几乎无法控制自己的头部，即使有婴儿能够控制自己的头部，也是极为有限的。由于新生儿的腿部通常像弓形一样弯曲着，因而两个脚的脚底是平的。在大多数情况下，新生儿的脖子很短，没有下巴，并且鼻子很平。在一小段时间内，新生儿的头部形状可能很奇怪。在他们的头顶，有 6 个很软的点。这些软点被称为**囟门**，囟门的作用是在分娩过程中让婴儿的头部具有柔韧性，并且给大脑的发育留出空间。通常，囟门在儿童 18 个月大的时候闭合。

如前文所述，新生儿会经历许多环境变化，在短时间内，身体功能也有许多变化。孩子出生之后就必须被小心照料，特别是出生后的最初 5 分钟内。关键是监控新生儿的各种生命体征。常用的检查生命体征的手段是使用**阿普加量表**（Apgar，1953；Apgar & Beck，1973；MedlinePlus，2011）。这份量表能够帮助产科医生判断婴儿是否已经做好了离开子宫生存的准备。在分娩后的 1~5 分钟之内，阿普加量表会用于评估婴儿的心率、呼吸、肌肉弹性、皮肤颜色和反射（表 4.2）。阿普加量表满分为 10 分，如果分数是 4 分或低于 4 分，就说明新生儿需要马上抢救。绝大多数婴儿的得分是 7 分或者高于 7 分。

表 4.2　阿普加量表用来评估新生儿是否能够适应外部环境

量表中的每一项指标用 0～2 分进行评分，总分最高的可能到 10。

指标	0	1	2
脉搏（心率）	无	缓慢（<100）	快速（>100）
外观（皮肤颜色）	身体颜色是蓝色	身体颜色是粉红色；手臂和腿部是蓝色	身体颜色全部是粉红色
活动（肌肉弹性）	肌肉乏力、跛行、无法做动作	手臂和腿部有部分动作，但是虚弱且缺乏活力	强壮、整个身体动作有活力
反射（当拍打脚部时，婴儿面部会变化）	无反应	痛苦的表情或微弱的哭声	精力充沛的哭声
呼吸作用（呼吸）	无（没有呼吸）	缓慢、不规律的呼吸	伴有精力充沛的哭声，强有力的呼吸

初生婴儿会反复经历六种不同的**唤起状态**，或者说六种不同的睡眠/觉醒水平（Fogel，2009，p.209），它们分别是：

1. **静态睡眠**（非快速眼动睡眠），它出现在婴儿彻底休息的时候。这时候婴儿几乎没有身体动作，即使有也是极少的；眼睛是闭起来的，呼吸缓慢而有规律，脸部是放松的（一般 8～9 小时）。
2. **主动睡眠**（快速眼动睡眠）。这时的特点是轻微的四肢动作，偶尔突然动一下，脸部是皱起来的；眼睛闭起，但可能会出现快速眼动睡眠，呼吸没有规律（一般 8～9 小时）。
3. **困倦**，这个状态是婴儿要么刚刚睡醒，要么刚刚睡着。婴儿的活跃状态比不规律睡眠时低，但比规律睡眠时候高；眼睛时而闭上，时而睁开；眼睛睁开的时候，婴儿会出现"面无表情"的状态；呼吸平稳，但是比规律睡眠时更快（时间变化）。
4. **安静觉醒**，这是一种相对不活跃的状态。婴儿眼睛睁开，注意力集中；呼吸平稳（一般 2～3 小时）。
5. **主动觉醒**，婴儿的身体和四肢的运动都处于觉醒状态。婴儿的眼神不太可能聚焦。
6. **哭泣**。这个状态的特点是频繁爆发不协调的身体动作；呼吸没有规律，时而放松，时而紧张；脸部表情是皱起来的；还有可能有哭声（一般 1～4 小时）。

在出生后的第一个月内，绝大多数婴儿都处于睡眠的状态，但是每一个婴儿都有自己独特的昼夜节律，这种节律会影响成人的态度和行为。例如，如果婴儿睡觉的时间很长，他们的照顾者就能得到充分的休息，继而更有可能在履行家长的责任时更加用心。如果婴儿醒着的时间更长，更容易发脾气和哭泣，照顾者就可能会筋疲力尽，变得易怒，在常规照顾婴儿时更不冷静、更不耐心。

和新生儿情绪状态相关的部分因素在生命最初的 2 周内是相当重要的。这些因素是纽带、反应性与敏感度，以及婴儿气质。**建立纽带**是一种过程，在这个过程中，家长和孩子能够确定与彼此的特定关系。当 Klaus 和 Kennell 在 20 世纪 70

年代提出第一次建立纽带这个概念的时候，人们认为在分娩之后紧随而来的是建立亲子纽带的关键期。例如，前面提到的萨默和她的父母就能够形成这种亲子纽带。人们曾经认为，出生后父母与孩子之间最初的相互对视是形成纽带的基础（Spezzano & Waterman, 1977）。但是，这种观点现在已经改变了（Goldberg, 1983；Palkovitz, 1985；Fogel, 2009；Steinfeld, 2014）。纽带的建立并非发生在特定的关键时刻。取而代之的观点认为，强有力的亲子纽带是随后发展而来的依恋关系的基础。依恋关系是两个人之间形成的一种持久的情感联结，它的发展需要时间，在人生的整个阶段，亲子依恋关系是婴儿与照顾者以外的其他人形成依恋关系的"基石"。我们将在后面的章节中对依恋关系加以讨论。

1983年，Goldberg对相关研究进行了综述，她得到的结论是，Klaus和Kennell的发现在美国大行其道对医疗人员和普通百姓来说既有积极的影响也有消极的影响。从积极的方面看，分娩过程变得更加人性化了，特别是鼓励父亲也参与分娩的过程。证据显示，如果父亲能够参与分娩的过程，这就为早期的亲子接触提供了机会，从而可能对整个家庭都产生积极影响。但是，如果从其他视角看，比如母亲通过剖宫产方式分娩或者是早产，就无法实现在分娩之后马上进行上述早期的亲子接触，而对亲子关系来说也不会造成不可修复的损害。如果家长缺失了这种分娩后与孩子立刻进行接触的体验，他们会感受到不必要的内疚和不安。Klaus和Kennell后来改变了他们关于亲子纽带的定义。他们提出，纽带是一种长期发展的关系，而不仅仅是分娩之后立即形成的关系（Goldberg, 1983）。不幸的是，纽带这个术语——被用于描述分娩后立刻发展出的一种母亲与孩子之间的关系——继续在大众媒体上"大行其道"（Wheeler, 1993）。Diane Eyer博士曾经在其著作中建议，亲子纽带这个概念已经被"演化"得带有科幻小说的色彩了，让这个术语涵盖了过于广泛的内容，它包含了所有类型的亲密关系，因此应当把这个术语从发展心理学中拿掉（as cited in Wheeler, 1993）。

通过与婴儿的纽带，婴儿的各种特殊需求都会对家庭产生各种独特的影响作用（Fogel, 2009）。家庭成员可能会感到悲伤或抑郁，在情感上排斥婴儿，难以适应婴儿到来的生活，并且觉得他们的人际关系受到了限制。于是，家庭成员可能会感到强烈的情绪波动。比如，他们会觉得这些问题似乎是自己引起的。他们还可能被照料婴儿的特殊需求压得喘不上气来，例如频繁地去看医生、去医院、婴儿的屎尿带来的困扰、要改造房子或购买婴儿专用产品、经济上的拮据、为照顾婴儿必须改变的日常安排、不同以往的着装以及婴儿出门需要特殊的交通方式。家长的压力还可能会影响家里的其他孩子，他们可能会觉得自己不再像以前一样受关注了，继而经历社交和情感上的一些困难。家长与婴儿之间互动还可能得不到婴儿的积极反应，于是导致家长出现积极反应的可能性更低，继而导致亲子之间并不强烈的纽带，以及并不强有力的依恋关系。如果婴儿出现残疾问题，问题就更严重，负面影响通常也更强。将早产婴儿和足月生产婴儿对比发现，到了12个月大时，亲子之间的互动通常是没有差别的。婴儿的社会性互动越典型，越有可能和成年照顾者发展出积极的关系。

4.9a　新生儿评估

对新生儿的行为评估能够帮助照顾者理解他们的行为，并且确认在妊娠阶段是否有环境问题对婴儿造成过伤害，例如我们在前文提及的那些

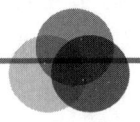
大脑发育

产后脑发育

新生儿出生时,大脑的体积是很小的——只有成人大脑体积的 1/4。新生儿只有脊髓和脑干是充分发育的。大脑的低级功能控制着婴儿的踢腿、抓握、哭泣、睡眠、站立和喂食行为。新生儿还有反射行为,例如惊跳反应、踏步动作,较低层的神经中枢控制着这些动作。产后大脑发育依赖于环境中的刺激。触摸、拥抱、安抚、轻摇、儿歌和与婴儿的对话能够为婴儿提供大脑发育所需的刺激。对话和倾听是一个成人能够为婴儿的大脑发育提供的最重要的刺激。

问题。我们已知的是,婴儿的早产会和随后各种发展困难相关联。阿普加分数低可能提示了婴儿在未来发展中的问题。Brazelton 和 Cramer(1990)认为,行为评估是最有效的预测婴儿未来发展的手段。出于这种理念,Brazelton 及其同事设计了**新生儿行为评定量表**(Neonatal Behavior Assessment Scale,NBAS;Brazelton & Nugent, 2011)。

新生儿行为评定量表可以用于对互动行为的动态评估。评估包括了家长常用的刺激手段,例如抚触、轻摇、轻声说话、面部活动、明亮的颜色、明亮的光线以及温度变化。新生儿行为评定量表的指标反映了新生儿控制自己感觉的能力。该量表在帮助家长理解自己的孩子并且帮助家长鉴别婴儿存在的家长难以处理的行为方面非常有效。如果孩子无法以家长期待的方式进行亲子互动,那么当能够了解到自己的孩子正面临着一些困难时,家长感受到的沮丧与挫败也会有所缓解。感觉过于敏感且行为紊乱的婴儿对于家长来说不但难以理解,也难以应对。这样的婴儿对外界的刺激反应过度,在睡眠与哭泣之间快速变换,他们和家长难以有愉快的互动及游戏时间。

4.9b 早产婴儿

早于 37 周分娩的孩子属于**早产婴儿**,绝大多数医学专家都认为,孩子在子宫中的时间需要达到完整的 40 周时间,早产和一系列高风险因素相关(MedlinePlus, 2011)。2012 年,在美国出生后成功存活的婴儿中,只有 8% 的婴儿体重小于 2.5 千克,这些婴儿属于低出生体重的类型(Kids Count, 2014)。低出生体重的早产婴儿最有可能出现发展问题、长期或短期的残疾,在生命第一年夭折的风险也更大。对早产婴儿的治疗方案也在不断进步(American Pregnancy Association, 2014)。新生儿重症监护已经有了长足发展,其中包括了长期照料早产婴儿的技术手段方面的发展。若婴儿进入新生儿重症监护病房,家长应当尽可能地陪在婴儿身边(Parlakian & Lerner, 2009)。家长可以和孩子说话、给孩子唱歌、抚触孩子,并且观察婴儿每天睡眠和饮食的节律。Jayne M. Standley(2002)倡导在新生儿重症监护病房的治疗方案中加入音乐,将音乐作为一种非侵入性的养育刺激。研究发现，音乐能够缩短婴儿在新生儿重症监护病房的治疗时长，提高婴儿吸吮的频率，增加氧饱和度，并且有助于实现婴儿的**内稳态**，或者帮助婴儿的器官维持内部稳定的状态。

对极早产儿（出生于妊娠24—32周的婴儿）的药物辅助方案被证明能够带来积极效果（Kantrowitz with Crandall, 1990）。**Surfaxin**® 是一种能够帮助婴儿的表面活性剂，通常在妊娠32周时胎儿的肺部能产生这种物质。这种物质覆盖在肺部的内部结构表面，能够防止肺泡塌陷。因此，表面活性剂对于婴儿的呼吸来说是不可或缺的。在出生时，早产婴儿的肺部通常还没有发育出足够的表面活性剂，导致严重的、有时候甚至是致命的呼吸问题。对于出生时肺部缺少表面活性剂的婴儿来说，Surfaxin能够起到很大的帮助作用（FDA, 2012）。

对早产婴儿的家长的支持也相当关键（Akers, Boyce, Mabey, & Boyce, 2007）。Brazelton和Cramer（1990）描绘了一对早产女婴家长的心路历程。克拉丽莎是在母亲怀孕27周的时候出生的。她的状况相当严重。在出生后1分钟时，克拉丽莎的阿普加分数只有5分；在出生后5分钟时，其阿普加分数是7分。克拉丽莎在出生后出现了严重的并发症，需要接受手术和使用抗生素。在新生儿重症监护过程中，克拉丽莎的父母常常去看她。父母是克拉丽莎治疗方案中的一部分，医生使用新生儿行为评定量表对克拉丽莎及其父母进行了评估。克拉丽莎的父母与医疗团队密切合作，于是他们能够更好地应对克拉丽莎的发展问题。除此之外，他们还能够识别克拉丽莎在行为方面的进步，即便是最小的发展他们也能够注意到。在如何看待克拉丽莎的问题上，父母认为自己的女儿对他们来说是一种挑战而不是一种负担，他们接受了克拉丽莎易怒和情绪化的状态，他们知道这是早产婴儿的典型行为表现。早产儿更有可能出现易怒、易激惹、易筋疲力尽，并且带给父母的欢乐更少，这是早产儿和足月婴儿无法相提并论的地方，因而虽然早产儿迫切需要父母的抚触和社会性互动刺激，但是由于这些特点可能得不到这些刺激。另一方面，早产婴儿或者在分娩过程中经历应激状态的婴儿都可能对环境中的所有刺激过度敏感，如果想让他们平静下来，需要让他们生活在低刺激水平的环境当中（Brazelton, 1992）。Barry和Singer（2001）发现，如果婴儿曾经被送到过新生儿重症监护病房，那么孩子的母亲如果能够每天花一小段时间来写写日记，能够降低母亲的应激水平。社区支持（Greenwald, 2003）能够为早产儿的发展提供良好的环境。由精神卫生专业人员、医学专业人员以及发展领域的专业人员组成的跨学科团队能够携起手来为孩子身处新生儿重症监护病房的家庭提供帮助。婴儿出院之后，家庭能够接受早期的干预服务，例如《障碍者教育法案》第三部分所涉及的相关内容（Akers, Boyce, Mabey, & Boyce, 2007）。

4.9c 婴儿的敏感度

婴儿的敏感度和反应性是不应当被忽视的。曾经有人认为，婴儿只是"被环境塑造的泥胎木偶——环境好便好，环境坏便坏"（Brazelton, 1977a）。但是，婴儿并非如此。新生儿有很多与生俱来的能力。刚出生时，婴儿能够对声音做出反应，看向人脸，表现出对奶味的偏好，并且能够区分牛奶和母乳的味道差异（Marlier & Schaal, 2005）。新生儿对他们所处的环境非常敏感。抚触，无论是对足月儿还是对早产儿来说，都是非常重要的（Carlson, 2005）。抚触对大脑发育极为重要。抚触能够帮助婴儿处理压力与应激，促进他们的生理健康，并且为他们的生理发育提供支持。抚触还有助于婴儿的情绪发展。如果家长可以看到新生儿的敏感度和反应性相当高的事实，就能够把自己的孩子当成"一个人"来看待，并且和"这个人"建立关系。脑子里有了这些知识能够帮助家长和自己年幼的孩子建立更为密切的联系。家长能够学习如何识别孩子的反应，以及自己如何对孩子的反应做出反应，下面是几个例子：

- 妈妈在新生儿耳边轻轻摇动拨浪鼓。新生儿身体突然抽动一下，就好像被吓到了，并且把自己的头转向声源。
- 爸爸揭开新生儿的被子。新生儿对此的反应是活动自己的手臂和双腿。
- 在妈妈帮新生儿脱衣服的时候，她发现这个孩子的反应是反抗，反抗妈妈对他身体的限制。
- 当被别人抱在怀里或者抱在肩上的时候，新生儿做出依偎的反应。
- 爸爸喜欢和新生儿玩游戏。爸爸喜欢在孩子看不到的地方呼唤他，看看他是不是会转向爸爸声音的方向。

因此，在生命的最初2周里，亲子之间的互惠式互动就是这样发生的。

成人如何对新生儿的哭声做出解读可能是决定了成人与儿童的关系的关键性因素。大量文献记录了婴儿对于他们所处的外部世界的敏感程度。Brazelton和Cramer（1990）描述了新生儿的五种感觉。新生儿是具有视觉能力的。当婴儿被抱起来轻轻摇晃的时候，他们的眼睛是睁开的，他们的视觉为接下来的互动做好了准备。婴儿在分娩室中就已经具备了视觉能力，这可能是形成亲子纽带的一个重要因素，因为新生儿和母亲之间四目相对能够强化依恋关系。就连刚出生的新生儿也特别喜欢看人类的面孔，并且在真实的面孔和画出来的面孔之间表现出了对真实面孔的偏好。新生儿还会尝试对自己感兴趣的物品保持注视，并且在物品移动的过程中表现出视觉的追随行为。

新生儿的听觉能力似乎在出生时就具备了。他们会表现出对女性声音的偏好。新生儿会对听觉刺激表现出兴趣，看上去很警觉，并且转向轻柔作响的拨浪鼓或者人声的方向。在刚刚出生时，婴儿就能够让自己的动作和母亲的声音同步。新生儿会被香甜的味道吸引，例如牛奶或糖水的味道，还会远离不愉快的气味，例如食醋和酒精。他们好像甚至能区分自己妈妈的母乳气味、其他妈妈的母乳气味以及配方奶粉的气味。婴儿会抗拒盐水，但是他们吸吮糖水的速度会更快。此外，婴儿似乎还能够通过声音和气味辨别自己的母亲。

正如前文所述，新生儿对于抚触相当敏感。抚触是在婴儿和照顾者之间架起沟通桥梁的重要方式。缓慢地轻拍能够安抚婴儿，而快速地轻拍能够让婴儿觉醒。抚触还有治愈功效（van Jaarsveld, 2013）。它能够改善早产儿的状态，并且帮助他们提升免疫系统的功能，降低婴儿的应激水平，并且改善自闭症儿童的任务指向行为以及社会性行为。不幸的是，美国人对抚触的不正确观念，尤其是对儿童的，导致在美国出现了"只教，不碰"的原则。有些老师甚至害怕把手放到一个哭泣的孩子的肩膀上。

在出生之前，婴儿就已经建立起了一种手—口敏感性。手部与口部之间的联系似乎具有自我安抚、控制自身动作以及自我刺激的功能。因此，对于新生儿来说，他们来到这个世界的时候感觉系统已经准备就绪。Gunnar、Porter、Wolf、Rigatos 和 Larson（1995）以及 Davis 和 Emory（1995）的研究发现，新生儿会对压力/应激事件做出反应。Gunnar 及其同事发现，虽然所有婴儿都会对压力做出反应（例如，心跳加快、哭声减弱以及生化反应），但是每个孩子从应激状态中复原的时间大相径庭。Davis 和 Emory 在对比了男性和女性的生理应激反应之后发现，在应对压力的问题上存在性别差异。

4.9d 婴儿气质

成人和婴儿之间关系的质量会受到儿童气质的影响。纽约纵向研究（The New York Longitudinal Study, Thomas & Chess, 1977, as cited in Fogel, 2009; Shiner, Buss, McClowry, Putnam, Saudino, & Zentner, 2012）是目前为止关于儿童气质持续时间最长的研究。该研究对儿童进行了长期追踪，从婴儿期一直延续到成年期。研究发现，气质是影响儿童是否出现心理问题或者是否能够妥善应对压力的主要影响因素。但是，研究也发现，家长的养育实践也会改变孩子的气质。绝大多数孩子是如下三种气质类型中的一种：**易养型儿童**（约占研究样本的 40%）很容易形成生活规律，是开心且适应良好的孩子；**困难型儿童**（约占研究样本的 10%）很难形成生活规律，在面对新的经历时表现出不适应，并且对任何新事物都倾向于表现出消极且强烈的反应；**慢热型儿童**（约占研究样本的 15%）不活跃，对环境刺激的反应水平中等，心境状态多为消极的，并且对新经历和体验的适应速度慢。余下的儿童（大约 35%）并不完全符合以上三种气质类型中的任何一种模式，而是表现出几种模式的混合。在任何一个案例中，孩子出生时会带有自己独一无二的性格特征，这些特征似乎会随着孩子不断长大也相对稳定。有些孩子是易养型，有些孩子是难养型。有些孩子是活跃的，有些孩子是不积极的。新生儿的气质及其未来的气质呈现相当强烈的正相关（Shiner et al., 2012）。

与友好且安静的孩子相比，如果一个孩子是安静且反应缓慢的，他们可能不会从成人那里得到很多积极的正面反馈。困难型婴儿更有可能随着成长而出现情绪问题，因为这样的孩子总会导致别人对他们做出消极的行为反应。成人需要认识到，每一个孩子在出生时就是带着不同的特点来到这个世界的，他们应当被当作一个独一无二的个体。第一个母亲能够和自己的孩子进行互动，第二个母亲可能忽视自己的孩子，第三个母亲做出过尝试，但是得到的满是挫败感。

新生儿是复杂的个体。他们是带着自己独特的性格特征出生的。他们对自己所处的外部环境相当敏感，并且做好了和他们遇到的成人进行互动的准备。因此，成人的责任是去了解这些新生儿，并且做好准备与新生儿进行你来我往的互动，从而形成亲密且有益于双方的关系（照片 4.5）。对于有些家长和孩子来说，依恋关系似乎立刻形成了。对于另一些人来说，他们与孩子之间的爱形成得更加缓慢一些。

照片 4.5　早期的依恋关系是家长与孩子之间形成健康且愉快关系的基础。

4.9e 专业职责：新生儿与家长

一些家长需要学习如何与刚出生的孩子打交道。从事幼儿工作的人员有责任帮助家长学习关于儿童发展的东西，帮助他们在与孩子的互动中运用这些知识，并且协助他们从孩子出生时就开始了解自己的孩子。从事幼儿工作的人员还有责任帮助家长和孩子在彼此需要时获得专业帮助。在母亲怀孕时，专业人员能够帮助家长接受一些训练，让他们在孩子出生后能够和孩子建立良好的关系。家长需要理解的是，新生儿是一个复杂且主动的"人类"，如果他们生活的环境以及环境中的其他人能够积极参与养育过程，将会对新生儿产生很大的益处。

联邦立法机构要求美国所有州都颁布为高风险婴儿、学步儿及其家庭提供持续服务的计划，服务计划应覆盖从孩子出生到上学。曾经在新生儿重症监护病房接受救治的婴儿，无论是在医院就医期间，还是在出院前后，都需要特殊的照料（Sherman & Rosenkrantz, 2013）。婴儿的照顾者应当接受关于如何照料新生儿的教育与训练。照顾者可能需要花一个晚上或更多的时间在医院学习并实践如何为这样的孩子提供医疗处理。出院的标准依赖于这个婴儿是否是早产儿，是否有特殊的医疗需求，或者是否有特殊的家庭事务需要处理。出院计划的制定应当是谨慎的，其中应包括：

- 对家长的教育和训练；
- 完成在医院的初级护理；
- 完备的医疗规划与安排；
- 制订综合性的家庭照料计划；
- 鉴别和纳入支持性服务；
- 选定随访护理，其中包括了细致的规划和监督。

关于在生命的最初几周待在新生儿重症监护病房这件事，是什么让孩子的母亲和父亲备感压力，他们又是如何看待这个问题的。针对这些问题，Hughes 和 McCollum（1994）对孩子的父母进行了访谈。母亲一方提出了让她感到压力的五大方面：（1）婴儿的外表、健康以及就医事件进程；（2）和婴儿分离／觉得自己不像是为人母；（3）和医务人员的沟通和／或医疗人员采取的行动；（4）经济方面的考虑；（5）新生儿重症监护病房的环境和设备条件。有很大比例的父亲也认为上面的问题（1）和（2）对他们来说也是压力源，但是父亲们的忧虑还会涉及其他方面。母亲们提出的压力源远远多于父亲们提出的。无论是父亲还是母亲，都提出了直接的医疗条件以外的压力源。例如，患儿的兄弟姐妹不得进入新生儿重症监护病房，这就给他们照料家里的其他孩子带来了问题。因此，无需预约的现场服务对这些父母来说能够提供巨大的帮助。许多父母认为，他们的家人和朋友并不了解他们正在经历着什么。因此，如果能有具有解释作用的小册子可分发给家庭其他成员和朋友，也是有帮助的。作者总结称，医务人员应当提供更多的信息，并且发挥更大的帮助作用，并且在接触家长时少一点颐指气使。Meck、Fowler、Catlin、Rasmussen（1995）对孩子进过新生儿重症监护病房的母亲们进行了访谈，访谈时间是孩子出院之后的1—7个月。虽然在孩子出院的时候，母亲确实获得了一些关于婴儿基本护理的帮助信息（例如，洗澡、喂食），但是关于孩子发展方面的事情、医疗记录的传递以及经济方面，她们是茫然或者不知所措的。这项研究的作者提出，应当为早产婴儿的母亲提供更强有力的信息支持计划。

除了早产的婴儿，许多其他孩子在出生之

后也会产生各种特殊需求。对家长的教育干预项目是关键。Fogel（2009，p.453）认为，应当设计一些家长教育计划，帮助家长了解孩子的缺陷，为家长提供情感支持，为孩子有类似问题的家长建立支持网络，教会家长回应和预判孩子由于相似问题带来的相应的需求，并且教会家长回应并预判自己的孩子所产生的具体的需求。能够达到上述要求的教育项目都是相当成功的。所有家长或准父母们都能通过这样的教育计划在为人父母之前以及在孩子出生之后受益匪浅。

《2014儿童参考手册》（*2014 Kids Count Data Book*）文件显示，来自低社会经济地位家庭的少数族裔婴儿是尤其高危的人群（Annie E. Casey Foundation, 2014）。由于经济的拮据、母亲年龄小、生长在单亲家庭以及缺少足够的家长照料，这些孩子更有可能处于劣势。这些婴儿更有可能出现早产、出生体重低，并且更有可能受到糟糕的健康状况的侵扰。另一方面，他们有可能拥有大家族家庭网络支持的优势。总而言之，有相当比例的低社会经济地位的少数族裔家庭的婴儿在出生后就被划归为高危类型了。

本 章 总 结

4.1 **对比天性与教养（遗传与环境）之间的争议。** 从怀孕的那一刻起，来自母亲一方的遗传因素和来自父亲一方的遗传因素会"合二为一"形成新的个体。无论是遗传因素还是环境因素，都会对孩子的发展起影响作用。过去一直存在着争论：这两种因素中的哪一种起到的影响更大。虽然有些特征依据基本设定，但是其他一些特征可能是以不同的路径发展的，依赖于在发展过程中的遗传和环境之间的交互作用。诸如人类基因组计划在内的近期研究都支持了这样一种观点：遗传和环境因素之间存在着交互作用。现在，我们认为遗传和环境是相互关联的，它们是一个整体中的组成部分，而不是两个独立的"个体"。

4.2 **解释基因对儿童发展的重要意义。** 遗传学研究的发展提高了研究人员现在所拥有的能力，他们能够在女性怀孕之前或者刚刚怀孕后鉴别出可能造成异常的遗传倾向性，或者可能和某些疾病相关的遗传倾向性。生物技术的各种新发现为基因疗法的出现提供了机遇。基因疗法能够改善甚至剔除某些基因，这些基因就是导致一个人可能容易患上某种疾病或造成某种残疾的原因。关于人类的遗传问题，人类基因组计划已经提供了海量信息。

4.3 **总结环境中危害婴儿的因素。** 许多环境中的危险因素都会危及孩子。在孩子出生前或出生后的物质滥用无论对孩子还是对母亲都是有害的。毒品/药物（诸如冰毒、"香料"毒品以及艾滋病）问题的影响范围相当广，对孩子也是极为危险的。其他危险因素还包括不安全的饮用水、卫生条件差、空气污染、食品卫生条件差、糟糕的居住条件以及缺乏垃圾处理条件。

4.4 **描述影响胎儿的孕期环境因素。** 由于发育中的婴儿所有的营养和氧气都来源于母体，所以母亲的健康是一项至关重要的议题。母亲的健康会受到自身营养状况、饮用酒精、使用毒品/药品或者吸烟等因素影响，同时也会受到接触可传播疾病的影响。

4.5 **总结怀孕阶段的家长角色与责任。** 怀孕的未婚少女、低社会经济地位的家庭或者这两个因素兼而有之，会带来更大的风险。怀孕女性需要定期接受检查，避免食用和摄入危险物质、健康饮食、参加分娩辅导课程并且参与其他有益于健康的各种活动。在婴儿出生之后，儿科医师应当参与对婴儿的医疗服务。

4.6 **描述了导致受精与怀孕的一系列事件。** 大约每28天左右，在月经周期的中点，一个女性的卵细胞或者卵子会出现于一个充满液体的囊中，也就是我们所说的卵泡，随后离开女性的卵巢，进入腹腔，然后进入输卵管。卵子是人体最大的细胞。卵子进入了输卵管之后，有 10~24 小时可以与来自男性的精子受精。生育力是可以成功受精或怀孕的能力。生育能力能够通过控制性生活的频率或节律、试管内授精或者显微注射等方式加以提升与改善。

4.7 **解释孕期发展的三个阶段及其特征**。妊娠期可以分为三个阶段。第一个阶段是受精卵阶段，这个阶段持续的时间大约有 2 周。第二阶段是胚胎阶段，这个阶段开始于受精卵稳固地附着在子宫壁上的时候，持续的时间大约到怀孕之后第 8 周。这段时间特别关键，因为 95% 的身体部分都出现在这个阶段。第三个阶段是胎儿阶段，这是从第 9 周开始的，一直持续到分娩。这个阶段是胎儿快速发育的阶段。

4.8 **描述新生儿出生时的环境变化以及分娩方式的变化**。婴儿出生后的第 1 周和第 2 周是非常重要的时期。分娩对于婴儿来说是发生极端环境变化的时刻。近年来，人们不断致力于让分娩这个过程比过去带来的创伤更小。孩子的父亲现在也是分娩过程中的一分子了，其他家庭成员也被允许更多地接触刚刚出生的婴儿。婴儿的家长可以选择分娩的方式，其中包括了在医院、分娩中心或在家分娩。负责婴儿接生的可能是医生，也可能是助产士。

4.9 **指出新生儿阶段的若干重要方面**。新生儿研究已经证明了即便在出生后的最初 2 周时间内，婴儿对周围环境也处于警觉、清醒以及敏感的状态。他们会在五种唤醒状态之间不停变换。婴儿的气质特征会在新生儿阶段就表现出来了。从刚来到这个世界那一刻起，给婴儿提供一个有足够刺激且温暖的环境能够促进婴儿的发展。在生命最初的几周内，婴儿与主要照顾者之间发展出一种强烈的纽带是极为重要的。早产新生儿面临着高风险。分娩过程中可能导致危险的医疗流程将影响新生儿未来的发展，导致他们可能错失在正常孕期应当出现的发展里程碑。这种情况中的很大一部分案例是低社会经济地位的少女妈妈所产下的婴儿。

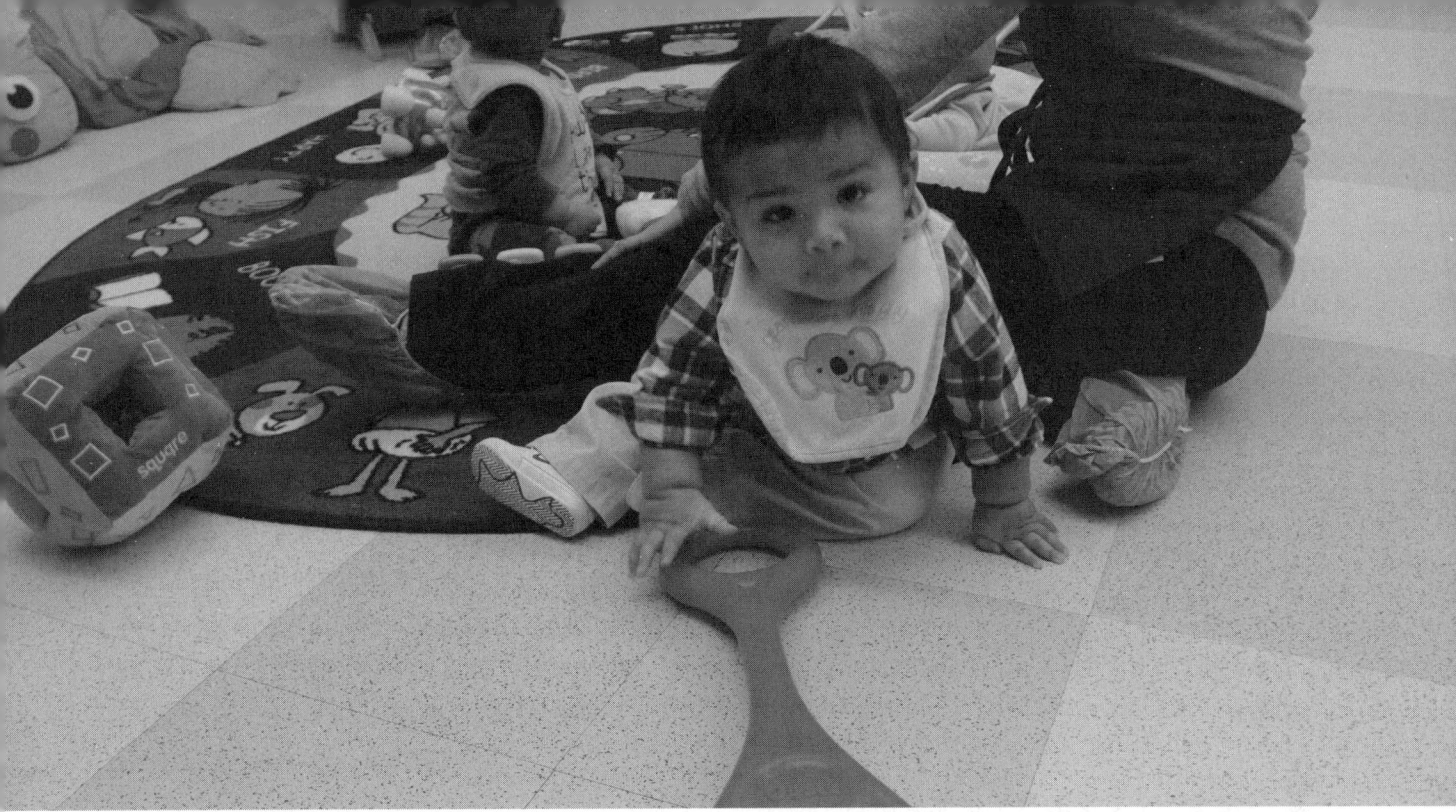

第5章 婴儿期：理论、环境、健康和动作发展

本章涉及的标准

naeyc

美国幼儿教育协会项目标准

1a：了解并理解0—8岁儿童的特点和需求

1b：了解并理解影响0—8岁儿童发展和学习的多种因素

DAP

儿童发展适宜性实践指导方针

1D：设计和维护实体环境，从而保护学习型社区的健康和安全

5：与家庭建立互惠关系

学习目标

在阅读本章之后，你应当能够：

5.1 比较埃里克森、弗洛伊德、皮亚杰、维果茨基、斯金纳、班杜拉、罗杰斯和马斯洛的理论在婴儿研究领域的应用。

5.2 提供婴儿感觉能力的例证，并且解释为什么有些婴儿的感觉能力发展比不上另一些婴儿。

5.3 指出高质量的婴儿环境的特点。

5.4 讨论影响婴儿整体健康的重要因素。

5.5 解释婴儿的生理发育的过程。

5.6 描述婴儿粗大和精细动作发展过程中的重要成分。

一个一年级的孩子对同班同学的妹妹有这样的描述，同学的妹妹叫凯特，5个月大，她到学校来了：

凯特是个婴儿。
1. 她会微笑。
2. 她会皱眉。
3. 她会看。
4. 她会哭。
5. 她能摸。
6. 她会拍手。

即使是一个6岁的孩子也能看出这个5个月大的婴儿正处在积极的觉醒状态。虽然对凯特的描述是准确的，从中我们看出凯特已经具备了很多能力，但是凯特仍然是一个完全需要依赖环境中的其他人来满足自身需要的婴儿。母亲、父亲、哥哥、姐姐以及其他照料她的人对凯特来说都是极为重要的。一个孩子在婴儿期的状况会在她童年早期的行为中反映出来，甚至会反映在她成年之后的行为当中。

5.1 理论家们是如何看待婴儿的

在本书的第1章，我们介绍了每一位理论家对婴儿的看法。埃里克森、弗洛伊德、班杜拉、马斯洛、罗杰斯以及维果茨基的理论观点各不相同；每一个人都在从不同的角度看待婴儿。

5.1a 埃里克森的理论，信任对不信任

在埃里克森看来，儿童会在发展过程中经历若干危机阶段（Miller, 2011）。在婴儿阶段需要解决的危机是基本的**信任**对**不信任**。婴儿必须发展出信任，有了信任，人类才能产生希望，这是一种基本的感受，怀有希望才能让人类在自己的人生中面对许许多多的失望。信任是通过和母亲的关系发展而来的，在给婴儿提供食物的过程中，在和婴儿开展其他活动的过程中，母亲能够满足婴儿的基本需求。婴儿学会了信任自己的母亲，相信母亲能够满足自己绝大多数的基本需求。对母亲的这种信任能够帮助婴儿把自己的世界和外部社会融为一个整体。温暖和爱，伴随着必要的食物，能够帮助婴儿发展出健康的情感。如果信任没有发展出来，婴儿就会变得恐惧、多疑以及没有信任感。

5.1b 弗洛伊德理论的第一阶段：口唇阶段

西格蒙德·弗洛伊德的基本理念是，人生的早期经验会对随后的行为产生特殊影响（Miller, 2011）。在婴儿期，嘴和它所带有的功能是极为重要的。无论是营养性吸吮还是非营养性吸吮经验，都会影响儿童人格的塑造。除此之外，这个阶段的另一个关键之处在于婴儿和其他人类之间的亲密关系。当婴儿被照顾者抱在臂弯里时，这个孩子得到了喂养，并且能够发展出爱、温暖和依赖的感觉。对母亲的依恋是一个人随后形成其他社会关系的基础（照片5.1）。来自母亲的关注有助于孩子发展出令人满意的行为。弗洛伊德相信，如果在婴儿期获得的上述经验不是积极正面的，那么这个孩子会变得焦虑，并且发展出一种依赖、消极和无助的人格。根据弗洛伊德的观点，婴儿和幼儿应当生活在一种愉快的状态下，而不是生活在受挫的状态下，从而确保他成为心理健康的个体（Miller, 2011）。

照片 5.1 婴儿完全被另一个婴儿吸引住了。

5.1c 儿童对社会化经验的整合

让我们来回想一下阿尔伯特·班杜拉的社会认知理论，该理论并不是一种划分阶段的理论，也不是一种发展理论。班杜拉的理论提出，无论在哪个年龄段，儿童都能够抽取并整合从自己的社会性经验中获得的东西（Miller，2011）。班杜拉的理论发现了由于环境影响而发生的改变，以及儿童在不同年龄应对这些环境改变的技能。自从在人生中第一次获得了社会性经验，婴儿就开始基于这些经验来构建自己的心理图画了。替代性的或者说观察而来的经验对婴儿来说尤其重要。模仿开始于新生儿阶段。婴儿通过观察他人的反应和行为来学习行为规范。婴儿很快就学会了哭可以缓解自己身体上的不适。当婴儿观察到自己能够通过自身行为来对他人加以控制时，他们开始构建一种观念：我自己是一个完整的个体。社会认知理论认为，儿童不是被动的知识接收者，而是在建构知识的过程中扮演了一种主动的角色，在这个过程中，他们会去探索环境对自己的影响（Miller，2011）。

5.1d 家长对儿童的接纳

罗杰斯（Smith，2005）和马斯洛（Boeree，2004）强调的是家长对自我和他人接纳的重要性。在婴儿期，家长对于孩子的接纳感是极为重要的。家长还需要接受自己时而会对孩子产生负面的感受，这是常见的现象；也就是说，没有家长是在所有时间都"全心全意"地爱着自己的孩子的。尝试去否认这种消极负面的感受会导致压力、紧张和敌意，并且会掩盖家长对孩子的积极感受。很重要的一点是，从一开始，家长和其他照顾者就应当学习如何"读懂"孩子发出的需求信息，并且基于这些信息做出恰当的反应。对积极的自我概念的建构始于一个人出生之时（Smith，2005），正如埃里克森所强调的，孩子和学习促进者（家长和其他照顾者）之间充满信任的关系至关重要。

5.1e 皮亚杰的感知运动阶段

根据让·皮亚杰的观点（Miller，2011），婴儿处在认知发展的第一个阶段或时期。这个阶段被称为**感知运动阶段**，这个阶段从婴儿出生一直持续到2岁。这是学习的初始阶段。在这个阶段，儿童学会了使用自己的感觉——触觉、味觉、视觉、听觉和嗅觉——作为探索新事物的手段。孩子还会通过自己的运动来学习和成长。他们会通过抓握、爬行、匍匐、站立和行走来认识这个世界。当婴儿发现了一件新鲜事物时，他们会看看它、把它拿起来、闻一闻，然后把这个东西放进自己的嘴里来尝一尝、咬一咬，并且感受这个东西（照片5.2）。对皮亚杰来说，成人是重要的，因为成人能够为儿童提供环境；但是，婴儿有自己的感觉和运动，于是婴儿对自己所学到的内容也有一定的控制。

5.1f 维果茨基的第一个发展阶段

维果茨基把儿童的发展视为若干阶段

照片 5.2 运动让婴儿有能力探索自己所在的环境。

（Bodrova & Leong，2007）。每一个阶段都是一个稳定的时期，每一个时期始于发展过程中的一种危机，也终于发展过程中的一种危机。在每一个危机时期，发展变化会迅速发生，并且可能导致教育问题的出现，因为一些新的东西正在发展之中。对于维果茨基来说，婴儿在出生那一刻就开始了一个危机时期，这个危机阶段大约持续 2 个月。维果茨基认为，从母亲的子宫到外部环境的过程对婴儿来说是一种带有创伤性的变化（见本书第 4 章）。这种危机，或者说这个过渡时期，是婴儿第一次心理加工发展的时刻。初级心理活动在婴儿出生后的第一周发生。当婴儿第一次由于其他人的声音而展现出笑容时，婴儿和成人之间的真正的互惠性社会互动就开始了。对于维果茨基来说，婴儿期是从 2 个月到 1 岁这段时间。在婴儿期，婴儿所有的事情都完全依赖与他人的社会性互动，并且儿童会发展出一种对这种互动的特殊需求。对婴儿来说，他们此时不认为自己是独立于成人的个体；儿童是情感联结的一部分。在大约 12 个月大时，随着婴儿开始行走，语言开始出现，情感反应开始变化，一种新的危机伴随而来。由于对婴儿人生第一年的社会性互动的价值和必要性的强调，维果茨基的观点走在他那个时代之前（Bodrova & Leong，2007）。

5.1g 斯金纳：儿童在最佳的可能环境中学习特定的行为

到目前为止，理论家们都把发展（发育和学习之间的交互）视为儿童生活的核心。斯金纳（Skinner，1979）提出了自己的观点，他认为，儿童能够在最佳的可能环境中学习特定的行为。斯金纳对婴儿学习的观点反映在他对自己的女儿的养育过程中。在第二个女儿黛博拉（出生之后，斯金纳决定，简化对婴儿的照料方式，他要为女儿打造一个完美的婴儿环境。斯金纳最开始把它称为**婴儿照料者**，随后改名为气床（air crib）。这是一个婴儿床大小的空间，四周包起来，就好像一个小房间，在房间的一边使用了玻璃作为窗户。通风口在底部。空气在进入这个空间之前就经过了净化、加热和加湿。婴儿只穿着尿布，所以她能够根据自己的意愿随意活动。没有紧箍在身上的衣服、小被子或者其他覆盖物，于是婴儿可以自由行动。在自己特殊的婴儿床上，黛博拉健壮地成长着。对斯金纳来说，"问题有两个层面：找到对儿童来说最优化的条件，以及母亲如何实现这些条件"（Skinner，1979，p.31）。斯金纳发现，在这样的环境中，婴儿发生了很多重要的学习行为，而这些学习通常是在大多数婴儿身上不会发生的。例如，如果孩子尿了，那么尿布就会马上变得很凉，于是对于婴儿来说这是很不舒服的。斯金纳发现，黛博拉很早就学会了控制自己的排尿，从而避免不舒服的感觉。于是，在斯金纳看来，正确的环境才是通向健康发展的关键。

5.1h 结论：婴儿是主动的学习者

在这些理论家眼中，婴儿是一个人，一个积

极学习这个世界的人，他们学习的方式是借助自己的感觉和动作。婴儿和照顾者之间的关系以及周围环境的质量是决定婴儿是否能够充分实现个体发展潜能的最重要因素。在婴儿期，儿童主要依靠感觉和动作学习的结合。随着婴儿逐渐从躺着的姿势过渡到坐着的姿势，从只能被限制在一个位置到可以移动自己的身体，发展出现了。当孩子可以坐着了，他们能够用两只手抓物品（照片5.3）。这就意味着一种新的活动开始了，这种新活动包括婴儿能够操作更大的物品以及协调两个不同物品。例如，对于能够坐起来的孩子来说，他们最喜欢的活动就是把小一点的东西放到大一点的东西或者容器里面，然后再把小一点的东西拿出来或者倒出来。当儿童可以自己移动的时候，一个崭新的世界开启了。他们会带着兴奋去探索他们能够接触到每一个的角落和缝隙。

照片 5.3　物品对婴儿的探索行为做出了反应，婴儿被深深地吸引住了。

5.2　婴儿的感觉能力

婴儿是感觉敏锐的个体，他们已经准备好并且热切地期待和环境发生互动。对婴儿能力的研究已经表明，婴儿能够知道在环境中发生的很多事情，并且做好了学习和互动的准备（Fogel，2009）。T. G. R. Bower（1977）总结了婴儿的部分能力。在婴儿极幼小的时候，还不能控制自己身体的活动时，知觉能力能够为早期学习提供帮助。**知觉**指的是，我们如何知道自己身体之外发生了什么的过程。我们可以通过六个系统来实现知觉：触觉、味觉、嗅觉、听觉和视觉是我们最为熟悉的五个系统，第6个系统是**本体感觉**。这种感觉告诉了我们身体的某个部分与整个身体之间的关系。婴儿对世界的知觉和成人是完全不同的，因为所有的感觉接收器还需要更多的发展，例如眼睛、耳朵和鼻子。我们如何得知一个婴儿是否是感觉敏锐的？来看一下新生儿的这些行为：

- 爸爸在婴儿的右腿上挠痒痒。婴儿向着右腿的方向移动自己的左脚，就好像这种方式可以摆脱右腿上发生的事情一样。
- 如果给婴儿两种选择——糖水和牛奶。他们会选择糖水。
- 姐姐的玩具掉在卧室的硬木地板上了。婴儿的眼睛看向了声音的方向。
- 妈妈手里拿着一个球逗弄婴儿，然后把这个球直接递向了婴儿，并且嘴里说着，"就要打到你了，就要打到你了"。婴儿会向后移动自己的头部，好像防卫一样。
- 在婴儿床上方悬挂着一个颜色明亮的物品。婴儿不断地够这个物品。大多数时候，他能够接近这个物品；有时候他能够摸到这个物品。

这些例子展现了婴儿所拥有的许多能力，这些能力可以帮助婴儿和物品发生联系。婴儿对触觉、味觉、嗅觉、声音和危险都很敏感。他们还可以协调眼睛和手的动作，通过这种方式和其他人发生联系。来看看下面这个例子：

母亲握着婴儿的胳膊。他们直接对视。母亲张开了嘴，婴儿也跟着张开了嘴。母亲眨眼睛，婴儿也跟着眨眼睛。

这个婴儿似乎感觉到自己的身体部位与母亲的身体部位相匹配，能够做和母亲一样的事情。婴儿在2周大的时候就能够协调自己对他人的知觉了。

母亲直接对着一个（2周大的）婴儿说话。婴儿注意看着自己的母亲。琼斯太太，一个陌生人，也直接对着婴儿说话，但婴儿的注意无法停留在琼斯太太身上。他的注视点在琼斯身上和其他物品上变来变去。

这个婴儿可以知觉到自己的母亲和一名陌生女性之间的差异。

关于婴儿知觉的研究相当广泛。研究人员已经发现，婴儿的感觉发展得极为迅速（Lightfoot, Cole, & Cole, 2013）。新生儿会把自己发出的声音向语言的方向调整。如果有人用慢速且高频的语调和他们说话，婴儿会表现出非常感兴趣的样子。这种说话方式被称为宝宝语或者妈妈语。婴儿对语言的单个声音很敏感，到了6—8个月大的时候，婴儿的注意会集中在所处环境中的主要语言上。对于新生儿来说，视觉在出生时处在非常不成熟的水平，但是到了2个月大的时候，婴儿对颜色的分辨力就达到了成人的水平。新生儿只能看清离自己非常近的东西，但是到了4个月大的时候，他们的视觉清晰程度就接近成年人了。虽然只能看清离自己非常近的东西，并且缺乏清晰度，但是婴儿从出生起就会用眼睛扫来扫去。到了12周大的时候，他们能够扫视多于一个物品了，虽然这时候的婴儿通常会忽略标记。他们似乎特别关注物品的边缘和角。在出生不到2天时，婴儿可以通过视觉区分物品形状。婴儿似乎更加偏好圆盘形的刺激。他们几乎从一出生就对人的面孔感兴趣。新生儿在出生仅仅几小时之后就能区分自己母亲的面孔和其他陌生人的面孔。新生儿在出生时就具备敏锐的味觉和嗅觉了。他们表现出了对糖水的偏好，而不是对醋水的偏好。他们在闻到香甜的气味时会微笑，在闻到大蒜或者醋味时会皱起脸。

成人能够通过和婴儿玩感觉游戏来为婴儿的感觉发展提供支持（Sensory Play, 2014）。伴随着感觉活动的语言能够帮助婴儿学习词汇，并且帮助婴儿理解语言。例如：

- 触觉：在洗澡的时候，"热水好舒服。"
- 视觉：奶奶的猫咪靠近了；"看看巴克斯特，那只小猫咪。"
- 嗅觉："洗完澡，宝宝闻起来好香。"
- 味觉："你闻起来就像苹果酱一样。"
- 听觉："我喜欢这首歌，我能唱很久。"

成人能够和婴儿开展的感觉活动还包括其他一些内容，比如，拍水花，在有风的时候带婴儿到户外散步，以及听音乐。成人还能给孩子提供可以探索的物品。婴儿喜欢带按钮的玩具，这些玩具能够让婴儿自己去按，并且按下去还能亮灯或响起音乐。一碗沙子也是婴儿探索的对象。拨浪鼓之类的玩具也是婴儿感兴趣的。

对于知觉的发展，婴儿的感受必须得到训练（照片 5.4）；也就是说，儿童必须不断实践自己的知觉——品尝、触摸、听、闻和看。婴儿在出生时就具备了许多知觉能力，但是要使这些能力得到发展，婴儿必须获得各种类型的刺激体验。

照片 5.4　婴儿喜欢使用视觉来检查物品。

5.2a　特殊需要和早期干预

普通婴儿在出生时就已经拥有感觉和运动的能力了，但是有些婴儿一出生就不具备某些感觉和运动能力。第 2 章已经涉及了有特殊需求的儿童的学习问题。维果茨基（Berk & Winsler, 1995, p.81）认为，"（无论是心理上的问题还是生理上的）问题所带来的最不利的后果并不特别源于最初的残疾本身，而是这样的缺陷会改变一个孩子参与自身文化背景下的活动的方式。"残疾会导致儿童无法完全参与文化相关活动，因而他们无法跟相同文化背景下的同龄人和成人进行互动。根据维果茨基的观点，对于有残疾的幼儿来说，参与自己文化中的常规活动是最为重要的。为了减轻这些问题，**早期干预**计划应运而生。对这些计划的支持以及对这些项目的标准设定由美国特殊教育计划办公室负责（Office of Special Education Programs，简称 OSEP）。美国各州以及波多黎各和哥伦比亚特区可以获得相应的经费支持。早期干预服务项目能够为 0—2 岁的残疾儿童及其家庭提供服务。残疾的界定可以是以下五个领域中的任意一种：认知、生理、沟通、社会性或情绪、适应性发展；或者，儿童可能被诊断为有高风险性的导致发育迟滞的生理或精神问题。

早期干预服务必须在适当的自然环境中开展；也就是说，除了运用预先设计好的结构化活动之外，早期干预还需要利用在家庭和社区环境中的自然活动的优势。自然环境指的是，对同年龄的健康婴儿来说，自然的或典型的环境设定。家庭生活学习机会包括了每天的常规活动、游戏、娱乐、家庭仪式和庆典以及社会化经验。社区生活机会包括了家庭远足、社区活动、休闲活动以及宗教、体育和娱乐活动。残疾儿童既能够从有计划的活动中受益，也能够从自发的自然体验中受益（parentcenterhub.org, 2014）。

> **思考时间**
> 思考有哪些原因会导致婴儿的感觉能力不同于其他人，以及如何建议家人对这些欠缺进行补偿。

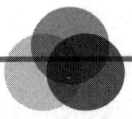

大脑发育

如何知道婴儿的大脑正在工作和发育？

对儿童学习的文献进行综述之后，Ellen Galinsky（2010）得到结论：虽然婴儿在出生时没有接受过直接的教育，但是他们出生时的大脑网络就已经为了学习而"联络"好了。婴儿可以区分熟悉的和新异的物体。到了 6 个月大时，他们发展出了多重感觉，这些感觉能够让婴儿区分大的和小的物体。6 个月大时，婴儿还对周围的人发展出了一种感觉，这种感觉能够告诉婴儿，周围的哪些人是能够帮助自己的，哪些人是不能帮助自己的。婴儿从每天的经验中不断建构自己的知识。如果婴儿生活在一种温暖的养育中，我们就可以利用上述知识来帮助婴儿提高学习能力，并且促进他们的大脑发育（Fox, Zeanah, & Nelson, 2014）。

Fox, N. A., Zeanah, C. H., & Nelson, C. A.（2014）. A matter of timing. *Zero to Three*, 34（3），4-9.
Galinsky, E.（2010）. *Mind in the making*. New York: Harper Collins.

Lanigan（2006）指出了儿童照料提供者及早鉴别幼儿潜在残疾的重要性。儿童照料提供者还需要了解可以联系谁、可以从哪里获得对有残疾的婴儿和学步儿的评估和帮助项目。照顾者还需要学习将有残疾的儿童纳入帮助项目的方法。

> ### 早期儿童教育技术
>
> 另一种重要的环境因素包括了可供残疾儿童使用的玩具和材料。布法罗大学（University of Buffalo）辅助技术中心开发了一个叫作"让我们玩耍资源（Let's Play Resources）"的网站，该网站为身有残疾的年幼儿童提供了有关游戏选项的丰富信息。在选择玩具、计算机辅助材料和软件的时候，该网站会呈现指导语，这些玩具、材料和软件能够刺激婴儿和学步儿的认知发展。你可能会想要去考察这些指导语。有观点认为，3 岁以下的儿童不应当使用计算机（请见本书的第 2 章），你可能会想要看看该网站的指导和这种观点是否相符合。

5.3 婴儿的环境

为了婴儿的充分发展，环境必须支持婴儿的基本需求。为了更好地发展，婴儿需要适宜的营养，需要回应型的照顾者来与之发展社会性依恋，需要一个带有适宜刺激的环境来帮助他使用他的各种感觉（Swim & Watson, 2011）

婴儿需要一个有趣并且丰富的环境，但是这个环境也不能是刺激过度的。婴儿需要回应型成年照顾者和让婴儿兴奋的物品。成人需要了解婴儿的需求，如马斯洛的需要层次（在本书的第 1 章有所介绍；也可以见 Albrecht & Miller, 2001）。婴儿的生理需求应当被满足（例如，食物、衣服、卫生、健康）。他们需要在生理和心理上都有安全的感觉。他们需要情绪上的支持，需要感受被爱，并且需要归属感。他们需要对自己有良好的感觉。对婴儿的支持来自有关爱之心的成人，以及一个有适宜的规划的环境。

Jim Greenman（2004）说明了空间的重要性。空间带有环境载荷；它会对我们的感受产生影响。

拥挤、充满紧张气氛的空间会让我们觉得超负荷，导致恐惧、逃避、激动、焦虑或者某事会发生的预感（照片 5.5）。对于无助的婴儿来说，恐惧和困惑可能源于空间因素，这个空间可能太拥挤了，或者太活跃了。一个轻柔、宽敞并且不太拥挤的空间能够让婴儿感到平静而舒适。美国佛罗里达州米德堡儿童发展中心为还不能活动的婴儿提供了一块区域，"一边是移动性不高的储存单元"（Friedman，2005，p.50）。在这个区域里有"柔软的玩具、移动设备以及靠垫。"窗台的边缘是圆形的，以确保婴儿的安全。这个房间可以供儿童尝试爬行。还有一个婴儿图书区域，里面的图书是婴儿触手可及的。

照片 5.5　婴儿需要空间来到处移动身体，婴儿需要玩具，他们可以使用自己所有的感觉来探索这些玩具。婴儿喜欢通过视觉来检查各种物体。

婴儿还需要在户外体验大自然（Torquati & Barber，2005）。在婴儿车里的时候，成人可以和婴儿说一说他们一路上的所见。婴儿可能会发出一些含糊的声音，就好像他们在对从周围的环境中看到的东西做出评论一样。婴儿可以躺在一块毯子上，感受微风、阳光以及被风吹过的叶子。他们可以去看看植物、树木以及小草，还能盯着天空看一看。

照顾者和儿童之间良好的社会性互动很重要，我们在之前的内容中已经指出了这一点，它

的重要性绝不能被低估。如果不了解它的重大意义，那么儿童的正常行为对成人来说就会变得相当棘手。根据 T. Berry Brazelton（1984）所述，突然出现的发展变化对婴儿来说是正常的，但是会把婴儿的照顾者搞得晕头转向。婴儿"痴迷于"自己掌握的每一项新技能。有一次，本书的作者听到自己的女儿在婴儿床上发出哼哼唧唧的咕噜声，那时候作者的女儿大概五六个月大。在作者进入孩子的房间之后，她发现女儿正在移动自己的身体，有目的地撕扯着围在婴儿床周围的松紧带。在妈妈觉得很头疼的时候，这个婴儿会觉得自己特别有力量。与此同时，婴儿还会坚持自己拿着奶瓶，通过这种方式来"宣称"自己的独立性。对于母亲来说，她需要面对这种失去重要家长功能的感觉。对于不了解情况的家长或者其他照顾者来说，他们可能意识不到这种对独立性的坚持是婴儿正常发展的一部分，从而无法适应婴儿出现的自主性和独立性。

5.3a　父亲的角色

无论是在世界上的哪个国家，父亲的参与都是一个让人感兴趣的话题（Childhood Education，2010）。父亲在儿童养育中承担更多的责任是一个有意思的趋势（Goodnough & Goodnough，2001）。许多父亲正在"偏离"家庭中的传统男性角色，他们在孩子的养育过程中承担起了主要的角色。截至 2014 年，美国大约有 140 万孩子年龄在 18 岁以下的父亲承担起了全职照顾者的角色（National athome dad network，2014）。这些家庭是母亲出去工作，父亲不工作，待在家里。Cobb（2003）认为，这些父亲也是需要育儿相关服务的，但是他们的需求并未受到关注。父亲参与儿童的养育过程会提升孩子的自尊、共情能力和成就感（National Center for Fathering, 2000；Goodnough & Goodnough, 2001）。正如父亲必须支持在外工作的母亲一样，母亲也必须帮助父亲处理每天的常规事务，并且担负起家长的责任。父亲作为孩子的主要照顾者会倾向于保持他们爱玩闹的态度。此外，他们的共情能力更强，更友善，并且以自己作为家长的角色为荣。因此，在和婴儿互动的过程中，在这些男性主要照顾者身上，不但有传统认为的男性所不具备的特质，也保持了传统的男性特质。尽管如此，我们仍然需要更多的父亲参与照料孩子的工作（OCD Developments, 2007b）。男性倾向于低估自己在儿童成长和发展过程中的作用。据估计，大约有25%的美国孩子在每天晚上上床入睡的时候，父亲是不在家的。针对儿童发展的问题，应当开展对父亲的教育计划，从而帮助他们更多地参与孩子的成长过程。

父亲的积极教养行为和孩子认知/学业机能、亲社会技能以及自我管理能力相关（McWayne, Downer, Campos, & Harris, 2013）。和父亲不在家的情况相比，如果父亲在家居住，上述关联会更加紧密。

父亲的缺位一直都是一个受关注的话题。在美国，有超过25%的孩子生活在女性主导的家庭中。在这些孩子中，有40%的人在一年或是更长的时间里见不到自己的父亲。随着越来越多的母亲进入职场，父亲的爱与关怀和以往相比显得更加必要了。Roy和Burton（2003）对美国低收入母亲进行了深度访谈，对这些女性的孩子来说，他们的生活中并不一直存在一个父亲的形象。在这项研究中，42%的人是拉美裔或者西班牙裔，40%的人是非裔，18%是非西班牙裔的白人。所有这些母亲都在尽自己最大的努力为孩子创造父亲的形象，一个"完美的爸爸"的形象，为孩子提供物质和经济资源，提供值得信赖的儿童照料，以及来自亲属的社会支持。方法和模式在不同的家庭中各有不同。在一些情况下，和母亲同居的母亲的男朋友、孩子的叔叔、舅舅、祖父或者外祖父都能承担起父亲的角色。父亲形象的组合经常会发生变化。孩子的母亲会非常努力地为孩子寻找积极的父亲或父亲形象，并且为孩子努力维持家庭的连贯性。关于家庭中父亲缺位对儿童学习的影响问题，美国父亲问题研究中心（National Center for Fathering, 2000）公布了一项大规模调查报告的结果。

5.3b 婴儿期家长的工作

在就业、家长和儿童权益方面，有许多问题是值得关注的（Friedman, 2001）。工作时间表、儿童照料安排、升职、儿童疾病以及加班问题等方面都会引发争议。家长由于长时间工作而导致的工作压力以及来自工作场所的压力与更加消极的婴儿照料相关（Goodmen, Crouter, Lanza, Cox, & Feagans, 2011）。雇主们担心的是自己的雇员如何平衡工作和家庭责任。一些雇主已经实施了家庭关怀政策，例如在工作场所提供儿童照料服务（照片5.6）、带薪假期以及弹性工作制。但是，对于低收入工作群体来说，他们才是最需要这些政策的人，但这些创新举措极少惠及他们。

照片5.6　儿童保育者能够在支持婴儿学习方面成为家庭的补充。

一些母亲出来工作是由于经济原因，另一些母亲出来工作是因为她们觉得自己需要职业成就感。无论是哪一种情况，她们的家庭生活都会陷入忙碌之中。

关于母亲外出工作对儿童发展和亲子关系的影响已经有了大量探讨。有些研究从母亲职业的视角探索各种影响因素。另一些研究则从孩子照料的角度探索另一些影响因素。在本章，我们首先从母亲职业的角度来看这个问题。婴儿依恋是许多研究关注的问题。这些研究通常使用的是陌生情境法（见第 6 章），研究人员会在母亲有工作和母亲失业的家庭中考察母婴依恋关系和父婴依恋关系。

对有工作的家长来说，晚间时光的需求负荷（例如，家务、和配偶的沟通）似乎会导致对婴儿的关注度不足的问题。对于有工作的家长来说，他们可能需要做一下分工，这样一来就可以一个人做家务，另一个人陪婴儿玩。很有可能出现的情况是，母亲发现自己很难从职场中严肃的工作行为过渡到更加游乐化的家长行为中。最后，婴儿可能习惯一天都自主行动和偏好独自游戏，这种**保育**方式会让家长更加难以投入到孩子的游戏活动中。

5.3c 分居和离婚

再婚的家长可能成为继父或者继母。如果再婚时男女双方都把自己的孩子带到了新组建的家庭中，继父继母的养育之路就会特别有挑战性。若一段婚姻结束了，它相应的养育系统也就相应地消失了。养育系统包括了"一个成人用来保护特定儿童的心理和行为策略"（Solomon, 2003, p.33）。家长的养育系统是对儿童依恋系统的补充。共同养育的冲突会扰乱育儿。当家长中的一方感觉自己被抛弃了，就可能放弃对孩子的教养，孩子就会感觉失去了依恋。这种状况对婴儿来说特别艰难，他们在这种情况下可能会处于心理上的无保护状态。照料任务由一方家长过渡到另一方家长对还不会说话的孩子来说尤其难以适应。在这样的情况下，孩子的依恋系统会受到损害，变得混乱。继父或继母对继子的教养也不是一件容易的事情，尤其是当再婚时双方都有子女进入新组建的家庭当中时。继父和继母需要谨慎规划，慎重应对对方的子女、前配偶以及其他家庭成员。

5.3d 优质的婴儿保育

在婴儿保育方面，存在大量研究、专业探讨以及争论。2010 年，儿童保护基金（Children's Defense Fund，简称 CDF, 2010）公布的数据显示，有 63% 的年幼儿童的母亲是职业女性。对 6 岁以下儿童来说，有 3/5 的孩子的常规照顾者是其他人，而不是自己的父母（CDF, 2010）。每一天，有 1300 万儿童——包括 600 万婴儿和学步儿——生活在儿童保育机构中。在这些孩子中，有 60% 是年幼儿童的。2010 年，一份关于高费用儿童保育的调查报告显示（NACCRRA, 2010）：

- 在美国的 40 个州，一个婴儿在保育中心的花费比上公立高校四年的学费与学杂费还高。
- 2009 年，在一家全日制婴儿保育中心的平均花费在 4550～18 750 美元。
- 一家全日制的家庭式婴儿保育之家的平均花费在 3750～11 900 美元。
- 一名婴儿在保育中心的平均费用超过了一个家庭在食物上的全年平均消费金额。

儿童保护基金（CDF, 2001）指出，找到

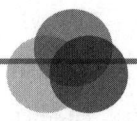

现实世界中的儿童发展

婴儿期保育对儿童的影响

婴儿期保育对儿童的发展会产生长远影响。已有研究考察了婴儿和学前儿童的保育对儿童情绪、社会性和认知发展领域的影响（Keefer, 2011）。高质量的保育对学前的儿童发展很有益处。和接受低品质保育的儿童相比，接受高品质保育的儿童会展现出更好的数学能力、更好的思维和注意力，以及更少的行为问题。另一方面，接受低质量保育的孩子可能会出现语言和阅读技能发展迟滞的问题，并且可能表现出更多的对其他孩子和成人的攻击性。非裔美国儿童能够从这种家庭环境以外的经验中获益，这种益处会表现在认知评价分数上。但是，在小学阶段，在婴儿期接受过保育的孩子和完全没有接受过保育的孩子相比，在社会性行为方面不存在任何差异（Keefer, 2011）。

家长们主要关注的是把婴儿交给日托是否会损害母婴依恋关系，依恋关系对婴儿来说就代表了舒适、安全和被保护（Keefer, 2011）。在被陌生人带走的时候，依恋关系强的婴儿会表现出更多的应激反应，依恋关系弱的婴儿不会表现出像前一类婴儿那样强烈的应激反应。最终，依恋关系强的婴儿能学会信任保育人员。对于不到2岁的孩子来说，如果把他们送去日托，这种与自己最亲密的依恋对象反复分离的方式可能会让他们体验到情绪上的痛苦。因此，许多专家建议，在孩子一两岁的时候，不要把他们送到日托去（Day care information, 2011）。

不幸的是，许多家长必须在产假或陪产假结束之后回到工作岗位，这些家长别无选择，他们只能把婴儿送到保育机构去。核心问题是，如何找到品质最好的儿童保育机构。在本章的"优质的婴儿保育"一节，读者能够找到一些指导建议。

Day care information: Effects on infants emotional development. (2011). Demand Media; Keefer, A. (2011, May.). The effects of day care on child development. Livestrong.

高质量的儿童保育机构是一件困难的事情。在美国，儿童保育中心的水平处在糟糕到一般之间。家庭式保育也没有好到哪里去。儿童保护基金（CDF）的一项研究显示，1/3 的保育项目被评级为不合格，也就是说，这些机构的环境设置对于儿童的发展来说是有害的。儿童保育工作者没有接受足够的（如果有的话）训练，这些人的收入也不高，平均在每年 17 440 美元的水平，这一数据来自美国劳工统计局（Bureau of Labor Statistics, 2010—2011），所以家长们很难找到高质量的儿童保育机构。在美国的一些州，只有那些具备高中文凭并且能够通过犯罪记录审查的人才能成为儿童保育教师，在美国绝大多数州，照料 2—5 岁儿童的教师并不需要任何的审核（Bureau of Labor Statistics, 2010—2011）。家长们如果想找到高质量的保育也并不太难，但是价格昂贵。年幼儿童能够从高质量的保育中受益，因为高质量的保育能够为儿童提供足够的语言及认知刺激，为儿童提供敏锐且回应型的照料，还能给予儿童大量的关注和支持。如果孩子能够被分成一个个规模很小的组，这些积极正面的体验就能发挥最大效应，也就是说，儿童对成人的比例低，并且照顾者受过相关教育，收入合理，职业稳定（与此同时，儿童保育人员的流动率在每年 30% 左右）(Larner, Behrman, Young, & Reich, 2001, p.16)。

低收入的全职家庭能够从儿童保育和发展布洛克基金（Child Careand Development Block Grants，简称 CCDBGs; Matthews & Rhiannon, 2014)获得补助。在美国，大约有 422 044 名婴儿和学步儿平均每个月都能收到补助。儿童保育和发展布洛克基金同时也乐于向提升儿童保育质量投资，例如为婴儿和学步儿养育开发指导手册、专业发展系统、培养从业人员的主动性以及健康咨询。

在儿童保育中针对婴儿的政策框架是由法律社会政策中心（Center for Law and Social Policy，简称 CLASP）和 0—3 岁项目（Zero to Three）共同制定的（Charting progress for babies in child care, 2008）。这份框架包括四条核心原则，以及婴儿和学步儿在儿童保育中的需求相应的推荐：

1. 儿童可以在健康和安全的环境中探索和学习。
2. 教养、回应型保育提供者和儿童照顾者在儿童的成长和学习过程中是可以被儿童信任的。
3. 家长、保育提供者以及儿童照顾者应得到社区资源的支持，并且与社区资源相联系。
4. 家庭有接受优质儿童保育的权利。

Bergman（2014）描述了保育中心的发展适宜性婴儿教室的样子，它是温暖的、像家一样的环境，教室中有积极的照顾者，能够为婴儿提供服务。重要的环境设计元素包括颜色、图形、材质、灯光、类似家庭的触感以及各种类型的空间。照顾者鼓励婴儿运用他们正在发展的感知运动技能。这个环境应当好像一个舒适的家庭，有孩子触目可及的图画，有可以爬行和匍匐的空间，还有适宜的材料可以让大一点的婴儿去探索。家庭式儿童保育环境应当达到同样的标准，给孩子提供一个像家一样的氛围。

婴儿期是一个关键时期。如果一个婴儿必须被送到儿童保育机构，那么保育照顾者和环境必须包含一些基本成分，而且对婴儿的照料也应当由敏锐而有能力的人员完成（Bergman, 2014）。以自己可以负担的价格找到这样的优质保育资源对孩子的家长来说不容易。对高质量的保育需求是急迫的。找到有能力的且优质的保育资源可能会是一项令人丧失希望又充满挫败的任务。

5.3e 家长教育与支持

对于专业人员来说，知道如何去设计并构建一个高质量的婴儿环境很重要，除此之外，家长也应当具备这些技能。**家长教育**变得越来越普及，这已经成为一种提高年幼儿童生活质量的主要手段。对家长的教育可以用多种方式开展：可以依托医院开展，在妊娠期和新生儿期为家长提供信息；也可以依托亲子学习中心（Family Learning Center, 2014）；或者以家庭为基础开展。家长教育可以嵌入儿童保育中心或者早期儿童项目之中，家长可以参加工作坊、制作教育性教材、为课堂提供志愿服务、参加家长与教师的会谈以及参与其他相关的活动。

对于自己还是青少年就已经为人父母的人来说，家长教育尤为关键，这些青少年通常没有做好照料婴儿的准备，完成高中学业的可能性也很低。一些高中为青少年开设了如何以家长的身份养育孩子的课程，并且为这些青少年的孩子设立了保育机构（Van Pelt, 2012）。通过这些方式，这些孩子能够在自己的母亲在学校里上课的时候得到照料，孩子的母亲也能够选择一些儿童发展课程来帮助自己了解孩子，以及了解如何养育自己的孩子。家庭支持计划对少女妈妈来说也是有益的。Solomon 和 Liefeld（1998）发现，一项干预课程或项目能够帮助已经生育第一个孩子的少女妈妈推迟再次怀孕的时间，并且鼓励这些少女妈妈继续留在学校里学习。

家庭支持也覆盖了有残疾的婴儿（第2章）。家长支持小组通常是满足这一需求的方式（Any Baby Can，2014）。这样的课堂通常都是双语的。

另一种提供家长教育、参与和支持的方式是家访（Zero to Three，2013）。这种为家长和孩子提供支持的方式是在他们最舒适的环境下进行的。此外，对家庭的文化背景保持敏感度特别重要。美国卫生与福利部（The U.S. Department of Health and Human Services）为怀孕女性及其家庭提供了由州层面开展的家访服务，目的是帮助有 0—5 岁孩子的家长们（U.S. Department of Health and Human Services，2014）。Hazel Osborn（2012）建议，应当采取一种双文化 / 双语的方式。这种方式会结合家庭的文化背景和美国主流文化来开展活动。

5.3f 婴儿的家庭环境和后续发展

越来越多的研究支持这样的结论——环境特征在某种程度上会产生长期的价值，我们会对这些内容加以探讨。例如，在一项经典的研究中，Bradley 和 Caldwell（1984）对有 12—24 个月大的孩子的家庭使用了**环境评估家庭观察量表**（Home Observation for Measurement of the Environment，HOME）。他们把观察的结果和这些孩子在小学一年级的学业成绩进行了对比，发现两者之间是正相关关系。在孩子 12—24 个月大时，他们是否有适宜的游戏材料与他们上学后的学业成绩有极为明显的相关。母亲对孩子的接纳程度以及鼓励孩子发展的程度同样和学业成就之间有强烈的相关关系。但是，家长对孩子的回应性与孩子在 3 岁时的认知发展水平并没有显示出强有力的相关。随着孩子越来越独立于成人，能够获得高质量的材料可能一直都是重要的因素，而心理上的回应性在人生最初的 3 年是最重要的影响因素，0—3 岁正是一个孩子最需要依赖他人的时期。是否能够从学校获得支持，是否能够运用来自学校的支持，对这些母亲掌握作为家长技能的程度有影响，这些支持包括诸如数代同堂的大家庭、有专业人员辅助以及个人掌控感等（Stevens，1988）。祖父或外祖父也许可以成为婴儿生活的重要男性角色。

许多少女妈妈也是享受福利和社会保障的。美国联邦福利改革法案（the federal welfare reform acts）在 1996 年通过，这项法案限制了这些母亲能够享受福利的时长，迫使她们从享受相关福利政策变为去参加工作。Yoshikawa、Rosman 和 Hsueh（2001）考察了上述情况对 4—6 岁的孩子来说可能产生何种长期效应。对于在保育中心的孩子来说，这些孩子的母亲更有可能从自我提升中获益，例如教育、职业培训以及个人发展课程。非裔和西班牙裔母亲可能比非西班牙裔白人母亲受益更多。职业培训的选择以及母亲高质量的保育对孩子的认知发展和入学准备来说是最能产生积极效果的举措。有部分参与度低的群体，也就是一半左右的条件适合的少女妈妈，没有从上述举措中受益。这种情况说明，我们需要找到某些方式去鼓励这些女性充分利用上述机会，并且提升她们的保育质量。

5.4 影响婴儿健康的重要因素

在生理发育和动作技能发展方面，每一个孩子的成长都遵循相同的基本模式，但是不同的孩子的发展时间表各有不同。所谓"正常的"生理和动作发育发展范畴很广。对发展的医疗保健支持以及环境支持会影响遗传和环境之间的交互作用。在本节，我们关注的重点是婴儿的健康、生理发展以及动作技能。儿童保护基金（CDF，2011）列出了美国儿童的若干重要数据，每一天当中，美国会有：

- 30 名婴儿在 1 岁之前死去。
- 345 名婴儿出生在极端的贫困当中。
- 331 名婴儿的母亲是少女妈妈。
- 407 名婴儿有出生体重过低的问题。
- 663 名婴儿享受不到医疗保险。
- 1718 名婴儿的母亲是未婚的单亲妈妈。

很明显，贫穷和缺乏适当的医疗保健会导致糟糕的健康状况、糟糕的生存条件以及糟糕的营养状况，所有这些都会对孩子的发展产生负面影响。在第 4 章中，我们已经看到了，孩子良好的健康状况源自母亲自身的健康以及良好的妊娠期照料。本节会涉及儿童期所有的一般健康因素，包括营养、免疫、疾病与感染、安全与外伤，以及精神与心理健康。

5.4a 总体健康状况

从事幼儿工作的成人应当考虑儿童健康的所有方面。根据儿童保护基金的数据显示，得益于医疗补助与儿童健康保险计划（Medicaid and the Children's Health Insurance Program，简称 CHIP），美国未保险儿童的数量在 2009 年出现了下降（Children's Defense Fund, 2010）。在 2012 年财政年度，超过 4400 万的年龄在 19 岁以下的美国儿童被纳入和医疗或医疗补助与儿童健康保险计划当中（CDF, 2014）。2010 年 3 月平价医疗法案（Affordable Care Act，简称 ACA）得以通过，由于医疗改革覆盖了 95% 的美国儿童，因而未入保险的儿童数量有了进一步降低。在美国，在每年出生的所有婴儿中，将近有一半数量的孩子能够被纳入医疗补助计划，虽然这个数据在美国不同的州不尽相同。美国贫困家庭的孩子接受预防性医疗保健和牙齿保健服务的可能性更低。和白人家庭的孩子相比，有色人种家庭的孩子未纳入保险的可能性更高。

儿科护理的作用在近年来也有所拓展（Kuo & Inkelas, 2007）。原来的重点在传染病和偶发的疾病上。现在，关注重点已经拓展到了儿童行为、发展以及学习问题上。儿科医生的职责也极大地丰富了。他们目前需要处理、诊断并治疗 0—3 岁孩子的许多问题。

5.4b 营养

人生的第一年可能是儿童发育速度最快的一个时期（Marotz, 2012）。婴儿的体重通常在最初的 6 个月里能够达到出生时的 2 倍，在 12 个月末的时候，体重达到出生时的 3 倍。婴儿需要完全依赖成人提供食物。喂养，并不仅仅是维系婴儿的生命而已，对婴儿的社会化也有作用，家长也可以通过喂食的过程向婴儿介绍各种各样的食物，从而为婴儿提供适宜的刺激。儿童保育人员需要让孩子在吃饭的时间感受到愉快，并且有适宜的饮食节律（Branscombe & Goble, 2008）。用奶瓶喂奶、坐摇篮、唱歌以及回应婴儿的需求，都是能够让婴儿体验到情绪愉悦感的方式。另外很重要的一点是，成人要读懂并回应婴儿饥饿的信号，以及婴儿已经吃饱了的信号。婴儿的照顾者还需要与孩子的家长沟通，同时尊重这个婴儿家庭独有的文化背景。

由于婴儿发育和发展的速度极快，因此他们对营养的需求极高（Marotz，2012）。然而，婴儿的胃很小，只有频繁地进食才能满足他们极高的营养需求。首先，婴儿的发育需要热量，但是随着婴儿能够活动自己的身体，身体运动也是需要热量的。有些婴儿在出生前可能就存在营养不良的问题，导致他们成了**低出生体重婴儿**（Low-birth-weight，LBW）。低出生体重的婴儿可能面临各种严重的问题，例如身体温度调节机能差，以及患传染病的风险更高。对于少女妈妈来说，她们自身的营养水平可能就很糟糕，于是她们的孩子出现低出生体重的可能性也最大。

在人生最初6个月的时间里，母乳喂养是推荐的养育方法。母乳能够保护婴儿免受感染的侵害。在这6个月里，母乳能够提供婴儿所需的所有营养（Does breast feeding reduce the risk of pediatric overweight? 2007）。研究的结果还指出，母乳有助于减少儿童期肥胖问题的发生率（Does breast feeding reduce the risk of pediatric overweight? 2007）。对于0—5个月大的婴儿来说，没有必要为他们提供任何固体或半固体的食物。根据Marotz（2012，p.392）的研究结果，如果母亲出现了如下状况，可以考虑配方奶粉：

- 母亲身患疾病或经历外科手术。
- 母亲正在服药。
- 母亲需要离开自己的孩子相当长一段时间。
- 母亲自己选择以母乳以外的方式喂养孩子。
- 母亲使用成瘾物质，包括酒精和烟草。

在孩子0—4个月大期间，推荐以婴儿的需求来喂养他们，因为他们的喂养量是可以预测的。Marotz（2012，p.395）建议可以考虑如下指导意见：

0—1个月	6次，每次85～113克
1—2个月	6次，每次85～142克
2—3个月	5次，每次113～170克
4—5个月	5次，每次142～198克
6—7个月（同时可以添加固体食物）	5次，每次170～227克
8—12个月（同时可以添加固体食物）	3次，每次227克

卫生极其重要。婴儿的照顾者应当在喂奶之前先用肥皂洗手。配方奶粉或者母乳应当是有一定温度的，但是不能使用微波炉加热。微波炉会破坏母乳中的营养成分，而且瓶子中液体的温度极有可能比瓶子温度高，有可能烫到婴儿。Marotz（2012）推荐的方式是在给婴儿喂奶之前抱着他们，和他们玩儿一会儿，并且在喂奶的过程中和婴儿说说话。在喂奶的过程中，大人应当中间暂定2～3次，给婴儿拍拍奶嗝（照片5.7）。

婴儿通常在5—6个月大的时候就已经准备好接受半固体食物了。打成糊状的食物是合适的选择，例如打成糊状的谷物、水果和蔬菜。婴儿的消化系统已经足够成熟，能消化更加复杂的碳水化合物以及蛋白质了。到了这个时候，孩子就能坐起来，将身体倾向勺子，咀嚼并且吞咽。他们还能够把头转向一边，用这种方式告诉大人，我已经吃饱了。这时候的婴儿不但很享受进食的过程，同时还能够用自己的手给自己喂吃的（照片5.8）。

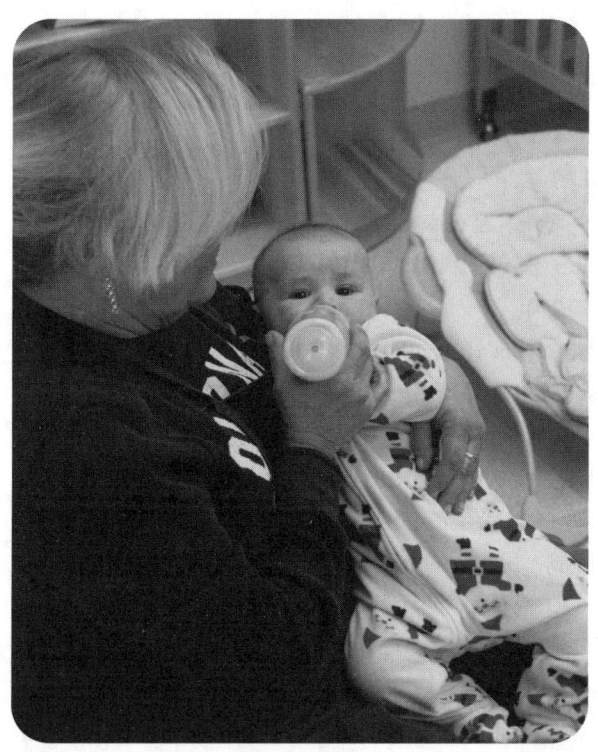

照片 5.7　喂奶时是照顾者和婴儿可以形成依恋关系的时光。

照片 5.8　婴儿喜欢食物的质感。

除了体重过重，在判断**肥胖症**和超重（overweight）的问题时，还需要考虑婴儿的身长，以及婴儿当前的能量摄入是否超过了其当前发育、基础代谢和活动所需的能量（CDC, 2010a, b; Marotz, 2012）。可能造成婴儿肥胖症的喂养方式包括：在喂奶的时候给太多的量，过早给婴儿添加半固体辅食，以及用奶瓶给婴儿喂谷物。对于成人来说，能够鉴别出婴儿什么时候吃饱了相当重要，而且如果婴儿真的已经吃饱了，就不要强迫婴儿吃光所有的食物。在试着给婴儿提供更多食物的时候，婴儿咬着乳头玩的时候，成人必须注意婴儿发出的行为信号，例如，闭上嘴，把脸转向与奶瓶相反的方向，睡着了，或者表现出烦躁的样子。

5.4c　免疫与疾病

许多儿童时期的疾病是可以通过**免疫**（通过接种疫苗来抵抗疾病）来避免的。大规模的宣传活动倡导所有的婴儿都应当做免疫，但是据估计，只有 76% 的美国婴儿接受了在他们年纪应当接种的适当的疫苗（Marotz, 2012）。在美国，某些州的法律要求婴儿在进入托儿所、教育机构以及小学时全部都要接受免疫。

呼吸道合胞体病毒（respiratory syncytial virus, RSV）是一种传染病毒，能够感染人的呼吸道和肺部，高发期通常从深秋（十一月份）到早春或春天的中期（三四月份），虽然有高发期，但是这种病毒全年都存在（Respiratory syncytial virus, 2005；CDC 2014）。年龄小于 8 个月的婴儿或者健康状况不良的婴儿是最容易被感染的人群。到了 2 岁的时候，绝大多数婴儿都曾感染过 RSV 病毒。RSV 是一种极易传播并且传染性很强的病毒。使用抗菌肥皂洗手，给玩具、安抚奶嘴、婴儿床以及其他物品消毒是重要的预防手段。刚开始，

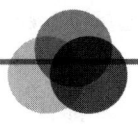

现实世界中的儿童发展

肥胖的流行

儿童肥胖是一种流行病（Harrist et al., 2012）。日益增多的超重儿童和成人给我们敲响了警钟。虽然对肥胖问题的统计通常从一个人2岁开始，但是很多孩子在婴儿期就出现了肥胖的症状。统计数据已经指出，近年来，美国肥胖人口的数量呈现稳定上升的态势。大约17%的美国儿童和青少年（2—19岁）有肥胖的问题。肥胖症会导致糖尿病、哮喘、睡眠呼吸暂停、生活质量降低和寿命缩短的结果（Coleman, Wallinga, & Bales, 2010）。其他危害健康的因素还包括高血压、高胆固醇以及社会和心理问题（Harrist et al., 2012）。孩子吃得太多，运动太少。他们吃了太多的快餐、自动贩卖机里的零食以及家里烹饪的高热量食品。在美国，一份食物的分量太大了。在很多学校里，体育课被大大缩减，甚至被"砍掉"了。读者可以参考Harrist等人（2012）提出的复杂的儿童肥胖症模型。Coleman和同事们（2010）建议，家庭应当加入对抗肥胖症的力量中。一些建议包括在购物的时候告诉孩子什么是健康的食物，在家里持续提供健康的食品，给孩子做出运动的表率，限制一份食物的分量，限制孩子看电视的时长，限制孩子玩电子游戏的时长（CDC, 2011）。

CDC.（2011）. Obesity rates among all children in the United States; Coleman, M., Wallinga, C., & Bales, D.（2010）. Engaging families in the fght against the overweight epidemic among children. Childhood Education, 86（3）, 150-156; Harrist, A. W., Topham, G. L., Hubbs-Tait, L., Page, M. C., Kennedy, T. S., & Shriver, L. H.（2012）. What developmental science can contribute to a transdisciplinary understanding of childhood obesity: An interpersonal and intrapersonal risk model. Child Development Perspectives, 6（4）, 445-455.

感染RSV病毒的症状有点像感冒，但是最终会演变成中等程度的发热、气喘、呼吸急促，成人应当带着儿童就医。在RSV病毒高发的季节，最好的方式就是带着孩子待在家，避免到人群密集的场所去。

婴儿猝死综合征（sudden infant death syndrome, SIDS）是1岁以下婴儿的首要致死原因（Marotz, 2012）。绝大多数婴儿猝死发生在睡眠中。死亡的婴儿都是平常看上去健康状况良好的样子。死亡通常发生在夜晚婴儿熟睡时。引发死亡的确切原因到目前为止仍未可知，但是主要的预防方法是让婴儿仰卧在婴儿床中。除此之外，婴儿使用的床垫应当是硬一点的，在婴儿睡觉的时候，还应把枕头、毛绒玩具、缓冲带以及玩具从婴儿床中拿走。

许多婴儿有慢性健康问题，例如，哮喘和湿疹（Aronson, 2002）。越来越多的婴儿属于医学上所说的脆弱群体；也就是说，这些孩子在日常生活中需要医疗技术手段的辅助。他们可能需要管饲、气管内吸痰、吸氧或者其他方式的辅助。绝大多数婴儿疾病属于中等程度的疾病，因为他们还没有建立起自己的免疫系统，他们在群体环境下特别易受损伤。无论是在家还是在儿童保育机构，彻底的卫生消毒措施都是必需的。成人应当保持敏锐的观察力，留意儿童可能即将生病的各种预兆（Marotz, 2012）：

- 异常苍白或异常发红的皮肤颜色;
- 喉咙红肿或者喉咙痛;
- 淋巴结变大;
- 恶心或者腹泻;
- 皮疹斑或者开放性损伤;
- 眼中泪水多或者眼睛红;
- 头痛或者眩晕;
- 发冷、发热或者疼痛;
- 疲劳或丧失胃口。

如果孩子看上去似乎是生病了,应当即时咨询儿科医生。如果症状比较严重,通过电话或者面诊,医生通常能够做出诊断。

5.4d 疾病与病痛的预防与识别

从事幼儿工作的成人需要了解儿童典型的偶发疾病以及长期或慢性疾病的征兆（Marotz, 2012）。成人需要能够识别并且关注儿童身上的一些更加常见的问题，例如，感冒、尿布皮疹、腹泻、耳朵痛、喉咙痛、胃痛、牙痛、呕吐以及发热。同时，成人还应当保持警惕，上述任何一种症状都有可能是某种慢性疾病的症状。耳朵感染能够严重损害听力，继而损害语言发展的正常进程。如果长期的健康问题没有得到有效的诊断和治疗，就会影响孩子的学习行为。异常的疲劳感和糟糕的体态也提示了潜在的问题。癫痫是由于大脑的异常电活动引起的，癫痫的症状包括高烧、脑损伤、中枢神经感染以及其他。年幼儿童身上最明显的健康问题信号是过敏。过敏障碍的症状包括频繁地感冒和耳朵感染；长时间流鼻涕、咳嗽或者清嗓子的咳嗽；头痛；频繁地流鼻涕；无法解释的胃痛；麻疹、湿疹或者其他皮肤发疹。镰状细胞性贫血是一种遗传疾病，常见于非裔美国人。关

于这种问题的早期识别提示家长需要医疗干预。孩子的许多问题是家长意识不到的，原因是家长可能没有这方面的经验，或者家长不了解儿童典型的发展规律或行为。

如果不小心，喂食和换尿布这两种婴儿最常见的日常活动特别容易导致疾病传播。家长可以在《儿童营养计划指南》（*A Guide for Use in the Child Nurtrition Programs*）中找到为儿童准备食物的指导建议（U.S. Department of Agriculture, 2014）。本书仅提供部分安全喂食的案例:

- 在为婴儿准备食物之前应当洗手，操作不同的食物和餐具前也应当洗手。
- 在打喷嚏或擤鼻涕之后洗手。
- 为婴儿准备食物的区域以及婴儿进食的区域都必须消毒。
- 在饭前饭后给婴儿洗手。
- 不在婴儿进食的区域为婴儿换尿布。
- 如果婴儿直接使用器皿进食，应当扔掉器皿中剩下的食物，婴儿吃剩下的母乳也应当扔掉。
- 父母应确保带到家里或保育中心的食物是密封的，而不是敞口的。
- 在打开食物容器之前，清洗容器的顶部。
- 在婴儿使用瓶子喝配方奶粉、牛奶、果汁或者甜味饮料时，一定不要让婴儿躺着或睡着（这些液体中的蔗糖会引发婴儿龋齿。如果孩子躺着的时候需要瓶子，那么瓶子里只能是清水）。

给婴儿换尿布必须小心。Marotz（2012, p.128）列出了以下指导建议:

- 规划并标记好所有需要的物品。
- 换尿布时需要的所有物品都应当摆放在自己触

手可及的范围内。
- 在换尿布的台面上放置一张一次性铺垫（纸巾、卷纸）。
- 如果使用手套，就把手套戴上。
- 把孩子抱起来，抱着孩子时远离自己的身体，以免弄脏衣服。
- 把孩子放在纸上；然后弄紧尿布上的安全条。如果有需要，在换尿布的时候可以脱掉孩子的衣服和鞋子，以免弄脏。
- 扔掉用过的尿布，把它放在专用的塑料袋里。
- 使用一次性纸巾清洁婴儿的屁股，然后把纸巾扔到专用袋里。
- 把孩子的屁股擦干。
- 把垫在孩子身下的纸巾撤走，然后扔掉。
- 洗手，或者用干净的一次性纸巾擦手，用后把纸巾扔掉。
- 绝对不要把孩子独自留下。
- 使用流动的水给孩子洗手。
- 调整尿布到孩子舒适的状态。把孩子放回游戏区。
- 对换尿布的台面进行消毒，所有的用品或者用具都要用漂白水消毒或者使用其他消毒方式。
- （如果戴了手套）把手套扔掉，并且再次洗手。

从事幼儿工作的人员主要的担忧是幼儿身上出现艾滋病的问题。2002—2013年，在全球范围内，身上出现HIV病毒的儿童数量降低了58%（AVERT，2014）。虽然感染HIV病毒的儿童数量减少，但是目前的病例数量还是相当巨大，令人担忧。在大多数情况下，婴儿是在母亲怀孕、生产或者喝母乳时被感染的；小部分的病例是由于输血而感染病毒的（AVERT，2014；Marotz，2012）。HIV只会通过性接触和输血的方式传播（Marotz，2012）。学校系统和儿童保育中心需要就艾滋病和HIV病毒的相关知识培训自己的员工，并且在孩子出现艾滋病和HIV问题之前就制定相关政策。

5.4e 安全与外伤

安全的环境是儿童最优化发展的先决条件（照片5.9）。年幼儿童可能会遇到多种多样的事故，其中包括最常见的车祸、烧伤、溺水、摔伤和中毒（Marotz，2012）。对于年龄大于1岁的孩子来说，事故是首要致死因素（Morrongiello & Schwebel，2008）。在美国，每年有1/4的孩子会去急诊室就诊。外伤的部位、外伤的种类以及外伤的危险因素在不同的发展阶段是不同的。绝大多数的孩子在1岁左右能够自己活动，于是这个

照片5.9　婴儿在安全的环境里茁壮成长。

时候受伤的可能性会上升。家长对于婴儿免受外伤的未雨绸缪是关键。对于极小的婴儿来说，他们面临的危险因素包括从换尿布的台面上掉下来，从沙发或床上滚下来，或者从汽车婴儿座椅上滚下来（Robertson, 2013）。Robertson（2013）建议，有若干条预防措施可供家长参考。婴儿能够打开柜橱的门，拉开抽屉，打开容器，因此应对措施是安装安全锁。清洁剂和其他所有有害的化学物品都应当放到高处，锁在柜子里。电插座应当装上安全塞。婴儿的精细动作发展之后，当他们能够拿起小物品并且塞进自己的鼻子时，可能会出现气道阻塞（Morrongiello & Schwebel, 2008）。因此，玩具直径应当大于 5 厘米。一旦婴儿开始尝试爬行，他们就有可能从家具上掉下来。研究发现，诸如年龄、性别和文化等因素都是和外伤类型以及受伤频率相关的因素。其他的发展因素会在后面的章节中加以探讨。

Marotz（2012）列出了儿童保育环境中能够促进他们生理、认知和心理发展的基本成分。应当通过认证和标准化手段来确保儿童环境的安全性（Marotz, 2012）。高质量的环境标准应当包括如下方面：搭建用的积木、户外游戏区、员工认证体系、班级大小和组成方式、员工与儿童的比例、课程内容、健康服务以及交通服务。环境标准包括允许大量儿童活动的充足的空间、满足消防标准、良好的卫生设施、在低矮的窗户上使用安全玻璃、良好的照明条件、适当的家具、易于清洁的墙面和地面、安全的电插座，以及在紧急情况下方便使用的电话。户外空间还需要保持足够的大小。户外空间要有围栏和带有安全锁的大门；有一系列安全且稳定性好的游戏设施；户外不应当种植有毒的树木或灌木；孩子在户外的时候，全程应当有人监护。接受过良好训练并且胜任职位的员工需要确保上述条件都能够满足，并且做好设施的维护工作（Marotz, 2012）。

目前，人们对环境中的多重危险因素的警觉性越来越高，例如杀虫剂、烟草、有毒的装饰材料、铅、空气污染以及石棉。这些因素都可以被警惕性较高的成人控制。另外一些因素，例如建筑材料、电线位置、土壤和水源中的铅、杀虫剂和除草剂等，可能是成人无法控制的因素，但是我们应当对所有可能危害孩子健康和安全的危险因素保持警惕，并且去了解当前环境中是否存在这些有害的因素。根据联邦儿童与家庭统计联席论坛（Federal Interagency Forum on Child and Family Statistics, 2014）的数据，2012 年，美国有 67% 的孩子生活在有 1 种或 1 种以上空气污染源的环境中，这是一个在警戒线以上的数据；在 2011/2012 年，有 40% 年龄为 4—11 岁的美国孩子家中至少有一个吸烟的成人；2012 年，4% 的美国孩子生活在水源质量不达标的社区中。

5.4f 居住条件

"人类栖息地（Habitat for Humanity）"的发起者和主席 Millard Fuller（1998, p.16）总结了居住与人类健康之间的关系：

居住条件和健康之间一定存在关联，这种关联要么是积极的，要么是消极的，要么是相互对立的，要么是相互补充的。漏水的屋顶、毫无隐私可言的空间或者过度拥挤，这样糟糕的居住条件可以说是健康的"对立面"，而有坚实墙面、良好屋顶以及其他简单且有基础设施的房子不但体面，也是条件良好的，这样的房子能够极大地提升人们的健康水平。安全安定的房子让人们在夜晚能够安睡。充足的休息能够确保健康。

2011 年，48% 的有孩子的美国家庭（无论是自己有房子的，还是租住在别人的房子里的）都存在 1～3 种居住问题：房子的空间不够、拥挤或者住房花费占家庭支出的 30% 以上（FIFCFS，2014）。2009 年，大约 346 000 名孩子无家可归，他们住在庇护所里，或者接受过渡性住房服务。

5.4g 心理及精神健康

婴儿心理健康是儿童发展领域的一个较新的关注点。Osofsky 与 Thomas（2012，p.9）认为，婴儿心理健康可以定义为"婴幼儿（从出生到 5 岁）在体验、表达和管理情绪方面不断发展的能力，在形成亲密和安全关系方面不断发展的能力，在探索环境和学习方面不断发展的能力；所有这些都是在文化预期的框架下发展的。"

婴儿能够体验到复杂的情绪。亲子关系是婴儿心理健康的核心。教师或治疗师必须和家长保持谨慎、尊重和有益的关系，并且为家长提供行为榜样，让家长可以在与婴儿的互动中加以模仿。通过这些方式，教师或治疗师不但可以为婴儿提供支持，也能够为婴儿的主要照顾者提供支持。

儿科医师应当在婴儿常规身体检查中考虑婴儿的心理健康问题（Kaplan-Sanoff, Talmi, & Augustyn, 2012）。鉴于婴儿和家长会定期去看儿科，所以儿科医师有机会评估家长与孩子的关系。有害的情况包括：情绪、身体以及性虐待；家庭中的物质滥用；家长患有精神疾病；监禁；家长在家庭中使用暴力；家长分居或离婚给婴儿和家长带来的有害的压力。有一些模式在儿科初级保健中可以被用到，它们是"幼儿健康分步走（Healthy Steps for Young Children）""杜尔塞计划（Project Dulce）"以及"挑剔宝宝（Fussy Baby）"。

幼儿心理健康咨询（Early Childhood Mental Health Consultation，简称 ECMHC）是一个新的发展领域（Kaufmann, Perry, Hepburn, & Hunter, 2013）。ECMHC 专业人员能够为家长、孩子以及童年早期的照顾者提供所需的帮助和支

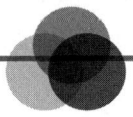

大脑发育

持续的恐惧和焦虑带来的影响

导致儿童产生持续恐惧和焦虑的环境会扰乱正在发育的大脑结构。受虐待的体验和暴露在暴力之中会激活儿童的应激反应系统，并且导致应激反应系统以极端且长时间的方式激活。应激系统的过载会削弱儿童的学习能力，并且抑制儿童的社会互动，这种影响会持续终生。在美国，大约每 40 个婴儿中就有 1 个会遭到某种形式的虐待，例如长期的忽视，或者生理、情绪或性虐待。生活在贫困中的儿童最有可能遇到上述问题。长期的恐惧和焦虑会影响儿童的学习和记忆。有害的应激会阻碍大脑的发育（Powers, 2013）。积极正面的教养和管教有助于儿童发展心理复原力，并且能够支持儿童大脑的健康发育。为儿童的家庭提供服务的人员应当做好准备来及早识别并处理这类问题。

Powers, S.（2013）. This issue and why it matters. *Zero to Three*, 34（1）, 2. *Persistent fear and anxiety can affect young children's learning and development*（2010）. Working paper. Center on the Developing Child, Harvard University.

持。它的目标是提升年幼儿童在情绪环境中的社会性与情绪发展质量。ECMHC 专业人士首先要熟悉客户，评估他们的需求，了解客户当地的可用资源，并且持续评估进展。咨询师的背景是多样的，例如社会工作、心理学、精神病学、特殊教育以及咨询辅导。该项目的案例和方法可以参考 2013 年 5 月出版的《从 0 岁到 3 岁》（Zero to Three）。

5.5 婴儿的生理发育

生理发育和动作发展是密切相关的。在儿童的生活中，二者都相当重要。按正常速率发展的儿童与同龄人的发展水平相近。每一个孩子的生理发育都遵循相同的基本模式，但是每一个个体的发育时间表各不相同。

5.5a 生理发育的原则

生理发育遵循七条基本原则：定向发育、从一般到特殊的发育、发育中的分化/整合、发育中的变化、发育中的最优趋势、顺序发育以及发育的关键期。

1. **定向发育**。发育的方向是从头部到脚部（**头尾律**），从中央向四周（**近远律**）。从头到脚的发育可以参见图 5.1。从头到脚的发育顺序可被视为从孕期到成年期逐渐的比例发育。肌肉的发育体现在婴儿先可以抬起头，然后是肩膀，最后是躯干。在这个过程中，婴儿能够学着不依靠帮助自己坐起来，这个发育的过程是一步一步按顺序来的。最终，婴儿可以站立起来，然后行走。在这个过程中，婴儿从躯干到脚趾的发育成熟能够让他们的双腿和双脚支撑自身的重量，然后婴儿有能力协调行走需要的各种肌肉。从中央向外周的发育顺序体现在手臂的动作上：首先是控制肩膀，然后慢慢地可以控制自己的肘部了，然后是手腕，再然后是手掌和手指。

2. **从一般到特殊的发育**。个体从一般到特殊的发育体现在婴儿先可以做出手臂和腿的大幅度动作，之后才可以做出使用手臂画画或使用腿走路的具体或特定动作。

3. **发育中的分化/整合**。**分化**是儿童获得对特定身体部位的控制的过程。年幼儿童通常难

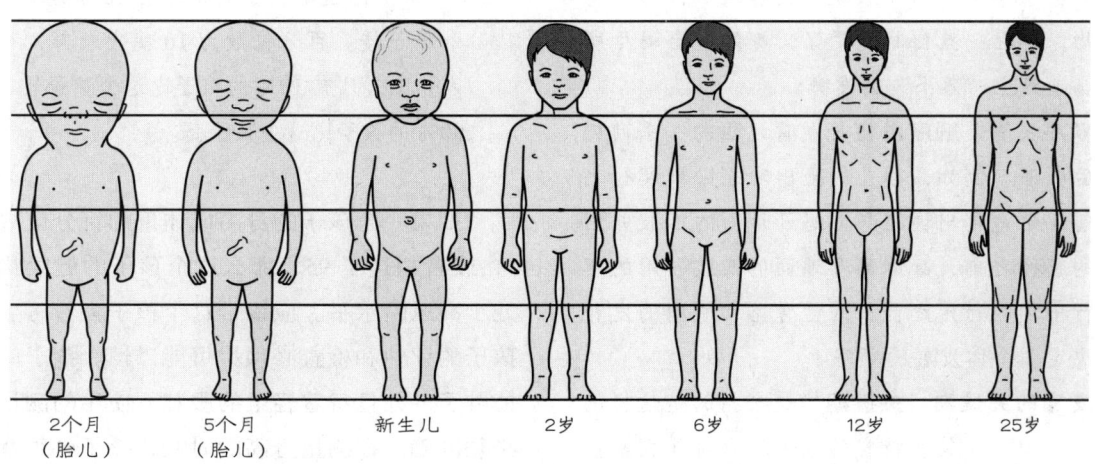

图 5.1　身体比例的变化：妊娠期至成年期。

以精准地控制自己的身体部位。例如，让一个 3 岁的孩子平躺在地上，然后和他说"抬起头来"。他极有可能同时抬起肩膀和头部。如果对一个 5 岁的男孩提出同样的要求，他通常可以准确地做到抬起头来，同时肩膀还贴在地板上。一旦儿童可以区分自己身体的各个部位了，就可以发展出**整合的动作**；换句话说，儿童这时候可以把若干具体的动作整合在一起，做出更加复杂的动作，例如，走动、攀爬、搭积木或者画画。在客观上，儿童的许多整合动作的发展不需要特殊指导。如果环境允许儿童自由地尝试，他们就能够自己爬行、走动、坐起来或者抓握。要学习另一些类型的整合动作，诸如开门、滑冰或者骑自行车，可能需要他人为儿童提供额外的帮助。

4. **发育中的变化**。儿童发育速率的变化相当常见。女孩比男孩发育得快，这种趋势会一直保持到青春期。此外，身体的不同部位也有不同的发育速率。

5. **发育中的最优趋势**。发育中的最优趋势指的是发育通常会努力实现其发展潜力。如果发育出于某些原因而放缓，例如缺少恰当的食物，那么一旦食物充足了，身体就会竭尽所能地赶上"落下"的发育。

6. **顺序发育**。**顺序发育**是发育过程的一系列先后顺序。例如，婴儿的坐出现在贴地爬行之前，贴地爬出现在身体离开地面的四肢并用的爬行之前，身体离开地面的四肢并用的爬行出现在行走之前，因为骨骼和肌肉的发育决定了个体发展的顺序。

7. **发育的关键期**。**关键期**的概念指的是这样的一种理念，某些特定领域的发育可能在某些时期是最重要的，例如在妊娠期和人生最初

3 年的脑发育。

家长常常担忧孩子的发育速度。他们很想知道自己的孩子是不是太高了、太矮了、太胖了或太瘦了。儿童生长曲线图（图 5.2 和图 5.3）能够回答家长的这些问题。使用儿童生长曲线图有如下步骤：

1. 选择实施评估所需的图：男孩版或女孩版。
2. 从图上选取感兴趣的参数：身高或体重。
3. 把一根手指放在图的底端，直到滑动到你想要评估的儿童的年龄那里。
4. 把第二根手指垂直向上移动，直到滑动到你想要评估的儿童的体重（或身高）那里。
5. 把两根手指同时向图的中心移动，左手的手指水平移动，右手的手指垂直移动，直到两根手指相遇。然后，在两根手指相遇的地方用铅笔或钢笔做一个记号。
6. 沿着最近的曲线移动，找到孩子体重或身高的百分位数。百分位数能够告诉你，你所评估的这个孩子和同龄人相比所处的位置。百分位数为 50 就代表和同龄人相比，有 50% 的孩子（一半）比这个孩子高，另有 50% 的孩子比这个孩子矮。百分位数为 10 就代表着，和同龄人相比，只有 10% 的孩子比这个孩子矮，另有 90% 的孩子比这个孩子高。

如果一个孩子的身高或体重的百分位数低于 5，或者超过了 95，那么这个孩子的健康状况就处于高风险水平。应该带这个孩子去看医生。对孩子的评估和检查必须尽可能谨慎。孩子应当脱掉鞋子，并且身着轻柔的服装。使用的测量工具必须准确。在测量身高的时候，孩子必须背靠墙站立。

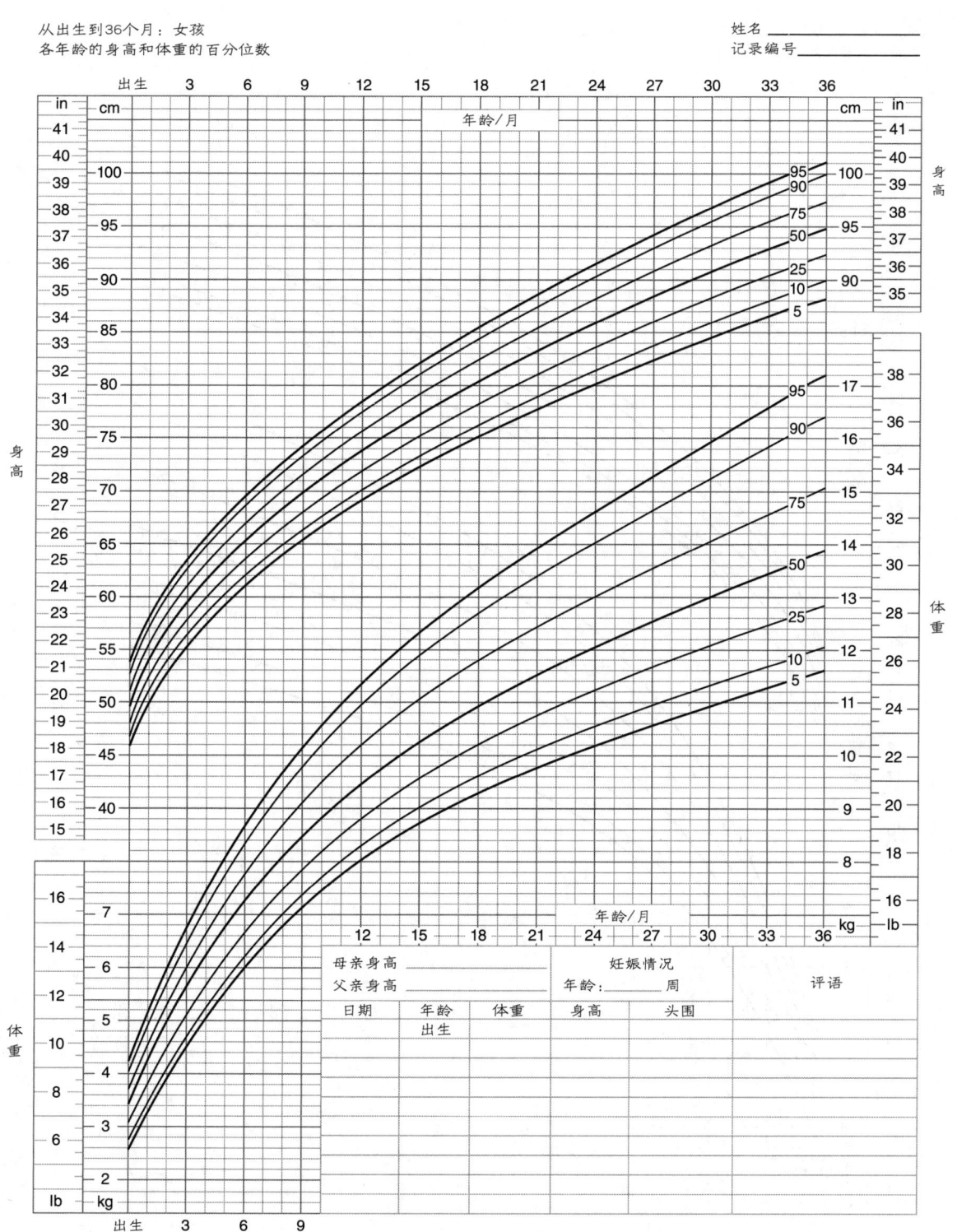

图 5.2 女孩的身高和体重图（从出生到 36 个月）（由美国卫生及公共服务部国家卫生统计中心提供）。

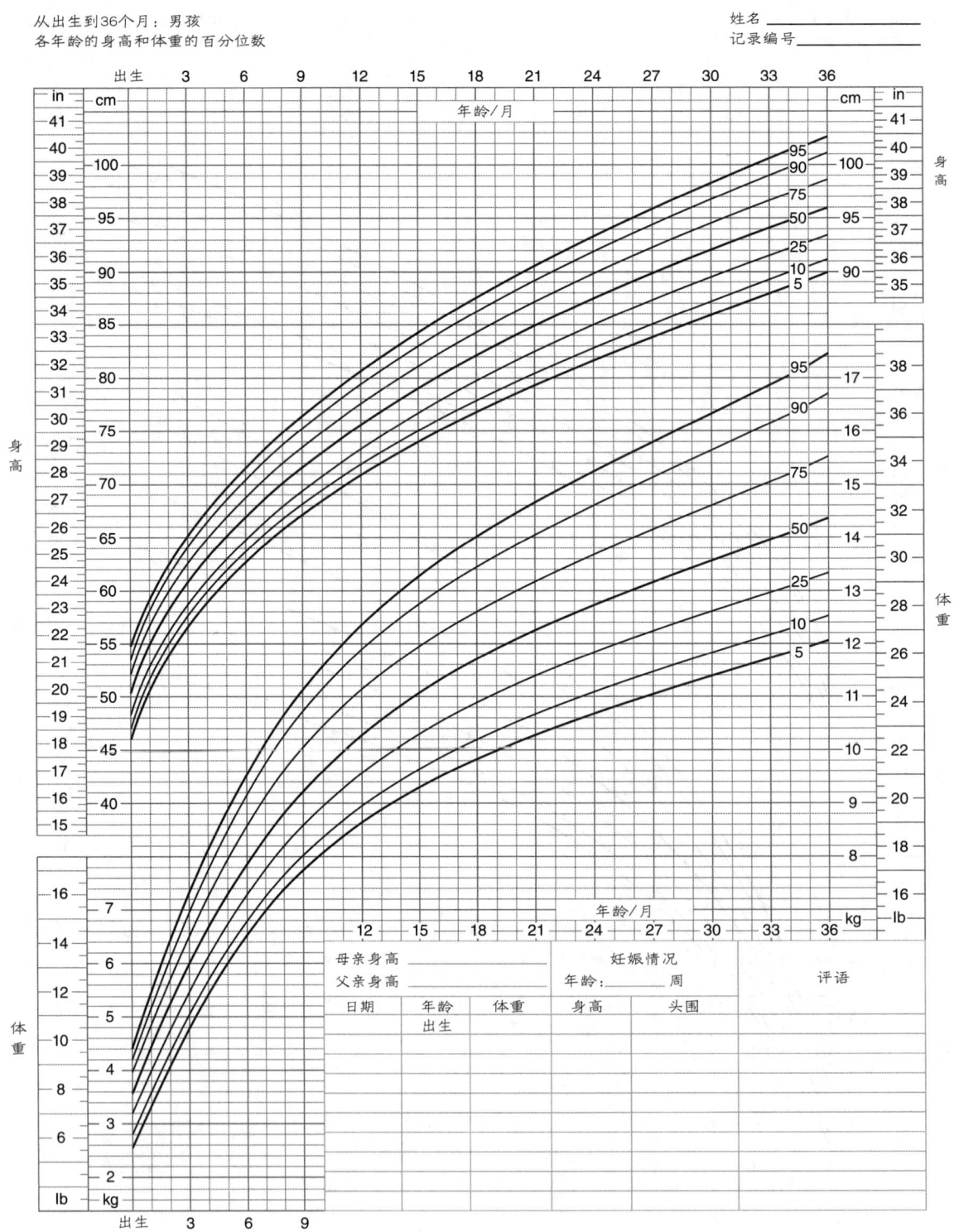

图 5.3 男孩的身高和体重图（从出生到36个月）（由美国卫生及公共服务部国家卫生统计中心提供）。

5.5b 生理发展迟滞或受限

什么是正常的或者典型的发展，什么是异常的或者非典型的发展，就发展问题而言，这两者之间的差异不易区分（Allen & Cowdery, 2015）。出于这样的原因，从事幼儿相关工作的成人需要关于什么是正常或典型发育和发展的完整知识体系。在做出关于儿童是否可能带有发育迟滞或者非典型发育特征的决策时，人们需要用到这些知识，并且用这些知识来指导决策。事实上，如果生理发育迟滞或者受限，那么儿童生活的方方面面都会受到影响（Bowe, 2000）。

我们需要谨记，儿童通过主动探索的方式来了解外部世界。非典型的生理发育模式会影响儿童的运动能力，进而影响他们探索世界的能力。限制儿童运动的问题有哮喘、脑瘫、四肢损伤、肢体缺损、创伤性大脑外伤、脊髓外伤或者其他类型的麻痹，以及手臂、手部和手指的损伤。造成发育迟滞的原因有先天基因的，也有后天环境的。许多因素和儿童糟糕的孕期状况相关（见本书第4章）。

5.6 婴儿的动作发展

和生理发育密切相关的是动作技能的发展。随着身体的发育，肌肉不断发展和成熟，儿童获得了做出新动作的能力。动作反应的发展和本章前文提及的其他生理发展一样，都遵循同样的模式。头尾律、近远律以及从一般到特殊原则等发展模式在儿童的动作发展中也会看到。粗大动作发展早于儿童精细动作的发展。随着婴儿和学步儿实践自己的新技能，他们会逐渐发展出对手部的动作偏好。婴儿具有双侧的倾向，也就是说，当婴儿移动自己的身体时，他们身体的两侧会同时动起来。慢慢地，婴儿会变得具备单侧移动的能力，他们可以移动身体一侧，同时保持身体的另一侧不动。早期的运动经验有助于大脑健康地发育（Pica, 2010）。在神经细胞网络发育的过程中，运动起到了主要的作用。当婴儿学会了新的动作时，他们就能够学习到关于周围环境和自己身体的更多的内容。通过运动，儿童能够学会许多基本概念。例如：

- **距离**：塞米，5个月大，他仰面躺着，他的上面挂着一些能动的玩具。他挥舞着自己的整条胳膊，并且打到了一件挂在上面的柔软的玩具。于是，所有的玩具都动了起来。塞米笑了起来，发出了咯咯咯的声音。
- **高度**：阿萨德，9个月大，他在楼梯上匍匐爬着。他转过头，向下看去，然后哭了起来。
- **空间**：卡奇纳，11个月大，爬进了洗衣筐，然后她蜷起身子开始在筐里小憩。

通过和挂在自己上方的玩具互动，塞米了解了自己手臂的长度。阿萨德发现，沿着楼梯越爬越高是一件有挑战的事情，从楼梯上下来让他觉得害怕。卡奇纳找到了让自己觉得舒适的空间，这是一个正好适合自己的空间。在测试自己的运动技巧的过程中，这三个婴儿学会了一些基本的概念（见表5.1）。

5.6a 婴儿粗大动作的发展

粗大动作的发展过程相当迅速，从婴儿期到8岁，孩子粗大动作的发展会出现巨大的变化。在本部分，我们介绍的是婴儿期的粗大动作发展。婴儿的动作和生理发育是先天基因和

表 5.1　婴儿生理发育评估表

观察者 _____　日期 _____　时间 _____　地点 _____

婴儿姓名 _____　出生日期 _____　年龄 _____

年龄和特征	是否观察到		评语
	是	否	
从出生到 1 个月			
出生体重：3～4 千克			
每周体重平均增长 140～170 克			
出生时体长：45～53 厘米			
胸围与头围相同			
头部大：占 1/4 的身体长度			
1—4 个月			
出生体重：3.6～7.3 千克			
平均身高：50～69 厘米			
每周体重平均增长 7～14 克			
胸围与头围接近			
1—2 个月时，头围每周增加 2 厘米；2—4 个月时，头围每周增加 1.6 厘米（大脑发育的指标）			
胳膊和腿部的长度、大小和形状相同			
腿部可能出现轻微的弯曲			
平足，没有足弓			
4—8 个月			
体重每个月增加 450 克			
体重是出生时的 2 倍			
每月身高平均增长 1.3 厘米；平均身高为 70～74 厘米			
头围每月平均增加 1 厘米，一直到 7 个月大；7 个月之后，每月平均增加 0.5 厘米（大脑发育的指标）			
开始长牙——首先出现的是上下门牙			
8—12 个月			
身高增加放缓到每个月 1 厘米；到 1 岁生日时，身高是出生时的 5.5 倍			
体重每月增加 450 克左右；到 1 岁时，是出生时体重的 3 倍			
牙齿：大约上面 4 颗，下面 4 颗；下面会出现 2 颗臼齿			
手臂和手的发展比腿和脚的发展更好；手和其他身体部位相比，比例相当大			
腿部可能出现轻微的弯曲			
仍然平足，没有足弓			

From Marotz and Allen（2013）. © 2013 Wadsworth, a part of Cengage Learning, Inc. Reproduced by permission.

后天环境相互作用的产物。新生儿通过反射做出动作，反射是他们自己无法控制的。**反射**是一种无意识的动作。一些反射是婴儿的生存所必需的（Lightfoot，Cole，& Cole，2013）。眨眼反射保护眼睛不受强光和外来物品的刺激。吸吮和吞咽反射是婴儿喂食所必需的。Lightfoot、Cole 和 Cole（2013）指出，关于（除了上述所提及的）其他反射的作用和必要性，发展心理学家们尚未达成共识。当有物品压迫婴儿的手掌时，抓握反射能够引发婴儿拳头的握紧。莫罗反射指的是婴儿双臂伸直，这种反射是婴儿对突如其来的噪声或突然的下坠感的一种反应。另一些在出生时就出现的反射包括：

- **巴宾斯基反射**：在轻抚婴儿的脚底时，婴儿的脚趾呈扇形张开，然后弯曲。
- **爬行反射**：当把婴儿肚皮向下放下时，压迫他们的脚底，婴儿会出现好像匍匐爬行的动作。
- **觅食反射**：当触摸婴儿的脸颊时，他们会把头转向触摸的方向，并且张开嘴。
- **踏步反射**：以身体直立的姿势抱着婴儿，然后让他们的脚轻触平面，婴儿会移动自己的双腿，就好像在行走一样。

生命最初 2 年的发展重点是婴儿的自主动作控制。无论是内部的神经因素（联结婴儿的身体和大脑），还是外部的环境因素（诸如营养水平和感觉运动探索机会），都会对每一个婴儿的自主动作控制发展过程产生独一无二的影响。然而，虽然每个孩子都有自己的发展节奏，但仍然存在一般性的发展模式。

动作发展和生理发育过程遵循有组织的模式，从头到脚（头尾律），从中间到外周（近远律）。在婴儿出生之后，他们的头部相对身体来说是相当大的，这样的身体比例是相对于成人的身体比例而言的。躯干和手臂先发育，然后是腿部和脚，最终后者的发育能够赶上前者。婴儿首先学会的是抬头，然后是肩膀，最后是躯干，于是婴儿就能够在没有外力帮助的条件下自己坐起来了。婴儿下一步就是获得对自己腿部的控制了，先是身体接触地面的爬行，身体离开地面的爬行，然后是站立和行走。如果想要了解婴儿从中间到外周的发展模式，那么观察他们的手臂动作能够找到证据。一开始，婴儿的动作是相当粗糙的，他们要利用肩膀移动整条手臂。然后渐渐地，婴儿能够从控制自己的肩膀发展到控制自己的手部了。

Marotz 和 Allen（2016）提出了婴儿发展的模式图。他们谨慎地指出，在使用这类模式图的时候，读者必须时刻谨记，在现实中没有一个孩子会同时符合发展模式图的所有方面，记得这一点是相当重要的。发展模式图是一种发展的指示清单。它不一定完全适合每一个孩子，因为在不同的年龄，典型发展的覆盖范畴相当广。Marotz 和 Allen（2016）描述了婴儿典型发展的一些特征，如下所示：

- **新生儿**：动作活动主要是反射型的，包含了如下行为：吞咽、吸吮、打哈欠、眨眼、抓握、在身体直立时的行走动作，以及对突如其来的声音的惊跳反应。
- **1—4 个月**：婴儿平均体长为 50～69 厘米，平均体重为 3.6～7.3 千克；婴儿可以用整只手抓握物品；在俯卧姿势的时候，婴儿可以用胳膊抬起上半身和头部；在仰卧姿势的时候，婴儿能够把头部从一侧转向另一侧。
- **4—8 个月**：体重每一个月增加 450 克左右，体长增加 1.3 厘米左右；开始长牙，流口水、咀嚼、咬以及把东西放进嘴里的行为开始增加；使用大拇指和其他手指（钳住）把物品拾起来；把物品从一只手换到另一只手；摇晃物品；把物品放到嘴里；从匍匐的姿势立起身体；翻滚身体，从仰卧到俯卧，从俯卧到仰卧。

- 8—12个月：体长每个月平均增加1厘米，体重每个月平均增加450克；继续伸够和操纵物品（堆叠、一个挨着一个摆放、向下扔、向外扔）；直立身体到站立姿势；使用手部和膝盖爬行；在第一年年末，能在成人的支持下行走。

动作发展被许多因素影响：基因、出生时的状况、体型、体格和身体结构、营养状况、养育和出生顺序、社会阶层、种族以及文化。有呼吸问题的新生儿被证实会出现动作发展迟滞的问题。和阿普加分数（新生儿生理功能指标）更高的婴儿相比，新生儿出生时的阿普加分数越低，越有可能出现动作发展迟滞。除此之外，出生体重低和早产也会导致婴儿动作发展缓慢；坐、站立和行走通常在低体重婴儿身上更晚发展。

营养不足和营养不良的孩子会出现肌肉力量和骨骼发育匮乏的问题，导致身体的发育无法为典型的运动活动提供必要的支持。除此之外，营养不足和营养不良的孩子经常出现中枢神经系统的功能紊乱，这也限制了他们的身体协调性和对身体的控制。体重超重也可能限制婴儿的发展。由于在做动作时要负担过度的重量，婴儿可能既没有动机活动，在生理上也无法发展出必要的动作技能。

随着婴儿活动性增强，婴儿会对世界产生新的看法。到了9个月大的时候，婴儿就能够到处活动了。

到处活动会改变一个人的视角……当你能够开始自己四处去时，你才能发现一把椅子真正的样子。家长如果想要对自己家里的家具有全新的了解，可以建议家长四肢着地，陪着自己9个月或者10个月大的孩子在地板上活动。这可能是许多年以来，你第一次从下面了解家里餐厅的椅子。（Fraiberg，1959，pp.52-53）

研究人员一直以来就对婴儿从爬行到行走的这段过渡期很感兴趣（Adolph & Tamis-LeMonda，2014）。他们好奇的是，为什么婴儿要从他们高度擅长的爬行方式改变为他们极其不擅长的行走方式呢？爬行技能出色的婴儿能够相当高效且快速地到达他们想去的任何一个地方，而刚开始行走的婴儿的移动速度更缓慢，还有可能摔倒。成长为一个熟练的行走者需要几周时间的练习（照片5.10）。为什么婴儿要坚持行走呢？他们这样坚持是因为行走的速度终究更快；不止如此，当婴儿能够站立之后，他们可以看到更多东西，也能够玩更多种类的游戏，并且能够和他人展开更多的互动。例如，Karasik、Tamis-LeMonda和Adolph（2011）考察了行走的出现与操控物品之间的关系。他们观察到，11个月大的婴儿依赖爬行，13个月大的婴儿则有一半是用爬行的方式，一半用行走的方式。在13个月大的时候，婴儿带着物品到处去的频率是之前的2倍，而能够行走的婴儿带着物品到处去的频率是之前的5倍。分享物品是婴儿与母亲产生社会性互动的主要方式。婴儿通过发展而获得有利的位置，加上他们解放出来的双手，让他们能够拿到更多的物品，也能够和母亲产生更多的社会性互动。

照片 5.10　能够站立和行走让这个小男孩感到很开心。

婴儿会花费数小时来实践他们新学会的动作技能。一旦他们能够依靠自己活动，婴儿就开始了独立的探索。对于要做什么，他们已经有自己的想法了。到了这个时候，对于婴儿和成人来说，新的问题产生了，因为他们之间第一次出现了兴趣的冲突。我们在本书的第四部分会讨论关于学步儿的内容。行走是其他动作技能发展的基础。这时，儿童不再需要依靠自己的双手来实现移动了。他们的双手就能够解放出来从事其他类型的动作任务了。婴儿在预期的时间段里能够行走，这代表他们的神经系统和肌肉的发展是典型的（Thelen，1984）。行走是一项里程碑式的行为，它代表婴儿期的结束以及学步儿期的开始。Esther Thelen（1984）仔细考察了儿童行走的发展。当婴儿第一次行走的时候，和成人的行走相比，他们的动作还有很多的缺陷。这些"新手"行走者双脚站立的宽度相当大，他们还不能依靠一条腿保持长时间的稳定姿势，并且他们的步幅很小，还需要通过自己的胳膊来保持身体平衡。保持稳定的身体姿势很困难。在一定程度上，这可能是由于神经系统发育不成熟所致，但是这也可能受到身体比例、重心以及肌肉力量与结实度的影响。

头部、肩膀、屁股、胸部在生命最初的18个月里发育得比腿的发育快。一旦腿部开始变长，变细，婴儿的步法也会成熟起来。虽然与此同时，婴儿腿部的肌肉相对较弱，并且缺乏结实度。婴儿认知的发展也会在一定程度上影响行走的动机水平。Zelazo（1984）认为，认知发展的跃进与行走行为的出现相辅相成。他指出，说话和以功能性的方式（不只是以探索性的方式）使用物品是与婴儿的行走行为同时发生的。婴儿的动作发展见表5.2。

表 5.2　婴儿动作发展评估表

观察者＿＿＿＿＿＿　日期＿＿＿＿＿＿　时间＿＿＿＿＿＿　地点＿＿＿＿＿＿

婴儿姓名＿＿＿＿＿＿　出生日期＿＿＿＿＿＿　年龄＿＿＿＿＿＿

年龄和动作技能	是否观察到		评语
	是	否	
从出生到1个月			
动作主要是反射性的			
保持胎儿时的身体姿势（背部拱起，四肢靠近身体），在睡着的时候尤为明显			

续表

年龄和动作技能	是否观察到		评语
	是	否	
手握拳；无法做到伸够物体			
良好的上肢肌肉质量			
在躺着的时候，头部可以从一侧转向另一侧			
无法协调眼睛和手的动作			
1—4 个月			
某些反射消失；觅食反射和吸吮反射得到了良好发展			
用整只手拿取物品，但是无法拿住物品			
大幅度且不平稳的动作逐渐过渡为平稳且有目的性的动作			
身体上部的动作增加；在脸前拍手，摇晃手臂，伸够物品			
俯卧姿势，抬起头，用手臂支撑起身体上部			
转头，身体跟着转，一直到婴儿可以根据自己的意愿翻身			
到了 4 个月大的时候，可以在他人的帮助下坐起来（坐在膝盖上或者婴儿座椅上）			
4—8 个月			
反射建立：眨眼、吸吮和吞咽			
使用拇指和其他手指用钳的方式拿起物品			
从只能使用两只手臂伸够到可以用一只手臂伸够			
能够把物品从一只手交到另一只手上			
使用整个手（手掌握住）抓住物品			
握住、摇晃和敲打物品；把所有东西都往嘴里放			
可以拿住瓶子			
在没有帮助的情况下可以自己坐着；抬头，背部挺直，手臂向前作为支撑			
如果被摆成爬行的姿势，一开始通常不会动；到 8 个月大时方能爬动			
8—12 个月			
如果给婴儿一个物品，他们可以用一只手伸够			
操控物品，从一只手交到另一只手上			
用一只手指戳，以此来探索新物品			
用钳的方式拿起小物品、玩具和小点心			
叠放物品；拿起物品放到容器里			
松手让物品掉落；或者扔物品			
可以借助拉手站起来			
站立并且倚靠家具；能够扶着家具到处走，并且绕开阻碍物			
在坐着的时候能够很好地保持平衡			
能够用手和膝盖爬行；能够在楼梯上爬上爬下			
拉着成人的手行走；可能可以独立行走			

From Marotz and Allen（2013）. © 2013 Wadsworth, a part of Cengage Learning, Inc. Reproduced by permission.

5.6b 婴儿精细动作的发展

到了 4—8 个月大的时候，婴儿能够使用拇指和其他手指以钳住的方式捡起小物品。这个时候，孩子的照顾者必须小心注意，不要让孩子拿到小物品，因为婴儿可能会把这些东西放到嘴里，导致噎着和窒息，孩子还可能把这些物品放到自己的鼻子或耳朵里。婴儿这时候能够做到伸出一只胳膊，并且发展出了用一只手拿住物品的能力。他们可以摇晃、操纵并且击打这些物品，所有东西都要往自己的嘴里放。他们还可能选择自己握住瓶子。在 8—12 个月大的时候，婴儿会把物品从自己的一只手交到另一只手上。在探索一些新东西的时候，他们喜欢用一根手指去捅，所以环境中的一些带洞的物品必须被堵住，电器也应当放置在婴儿可以接触的范围之外。这个时候，婴儿能够做到拿起小点心，把物品堆在一起，并且把东西放到容器里。这时候，婴儿感兴趣的是自己向下和向外扔东西带来的结果。

本 章 总 结

5.1 **比较埃里克森、弗洛伊德、皮亚杰、维果茨基、斯金纳、班杜拉、罗杰斯和马斯洛的理论在婴儿研究领域的应用。** 婴儿是复杂的个体，他们发展迅速。理论家们都认同，温暖、充满爱意以及回应型的成人对于保证婴儿的最优化发展是极为关键的。埃里克森认为，婴儿期是人们发展基本信任感的时期。对于弗洛伊德来说，无论是营养性的吸吮行为，还是非营养性的吸吮行为，都会对婴儿人格的塑造产生影响。对于班杜拉来说，各种观察而来的经验会影响婴儿的发展。对于皮亚杰来说，婴儿处在感觉运动阶段的开端。对于维果茨基来说，人生最初的 2 周对婴儿的心理发展至关重要。罗杰斯和马斯洛认为，家长接纳自己与他人是很重要的，家长对婴儿的接纳同样关键。斯金纳强调的是婴儿所处的物理环境的重要性。在婴儿期，孩子有能力开始活动了，继而获得了更多的控制外部世界的能力。

5.2 **提供婴儿感觉能力的例证，并且解释为什么有些婴儿的感觉能力发展比不上另一些婴儿。** 婴儿一直在发展自己的感觉能力，但是他们表现出来的是对刺激的敏感性，例如触觉、嗅觉、听觉、动觉以及视觉。婴儿在出生 2 周的时间内就能识别母亲的面孔。他们能够区分甜味和酸味，能够识别模式，并且对熟悉的声音做出反应。婴儿需要感觉刺激来发展能力。一些婴儿出生时存在某些感觉和运动能力缺陷，这些感觉和运动能力是正常婴儿应当具备的典型特征。有残疾的婴儿必须被纳入所在文化环境的常规活动当中。目前已经有一些早期干预计划帮助这些婴儿减轻残疾问题带来的影响。

5.3 **指出高质量的婴儿环境的特点。** 婴儿在出生时已经具备了一些基本能力，这些能力是婴儿感知世界从而认识这个世界所需要的。婴儿研究指出，环境中的许多因素都能够帮助或者抑制婴儿能力的发展。环境必须满足婴儿的基本需求。婴儿需要回应型的成人，婴儿还需要探索他们感兴趣的物品。他们需要适宜的事物、食物和卫生条件。他们需要花时间认识室外的环境。他们需要听故事，并且需要和年纪比自己大的孩子以及成人"对话"。

5.4 **讨论影响婴儿整体健康的重要因素。** 适当的健康和营养是婴儿良好生理和动作的基本条件。良好的健康是婴儿快速发育和发展的基础。婴儿对营养物质有高度需求。在出生后的最初 6 个月里，母乳喂养是最适宜的方式。对于孩子来说，肥胖是主要的健康问题，肥胖的根源能够追溯到婴儿期。家长需要根据时间表开始给婴儿进行免疫。不建议带婴儿到人多拥挤的场所，这类场所可能存在呼吸道合胞体病毒（RSV）。成人经常洗手是保护婴儿健康的最好的方式之一。成人有责任为婴儿提供一个安全的环境，让婴儿免于疾病或外伤的伤害。感染艾滋病的母亲、被动吸烟、虐待和暴力环境等危险因素都会危害婴儿的心理健康，拥挤的居住空间以及在儿童保育环境中传染的疾病也都是危害儿童健康的因素。成人还需要采取一些预防措施来避免婴儿受伤。贫穷，对于很多婴儿来说，这是一个危害他们健康的因素。从事幼儿相关工作的成人需要深入了解营养和其他影响儿童健康的因素。

5.5 **解释婴儿的生理发育的过程。**婴儿期的发育速度非常快。婴儿的体型与同龄孩子相比如何，如果要回答这样的问题，可以把这个孩子的身高及体重与政府公布的婴儿身高体重的图表加以对比。生理发育遵循七种原则：定向发育、从一般到特殊的发育、发育中的分化/整合、发育中的变化、发育中的最优趋势、顺序发育以及发育的关键期。非典型的生理发育模式会影响儿童的运动能力，继而影响儿童探索外部世界的能力。

5.6 **描述婴儿粗大动作和精细动作的发展过程中的重要成分。**运动皮层确保了婴儿最早的神经发展。运动是发展中的儿童最早的探索工具。婴儿出生时就已经具备了基本的反射，然后婴儿会逐渐发展出自主的动作；动作发展和婴儿的感觉发展密切相连。动作活动和游戏并不只是婴儿发泄过剩精力的途径，它们应当是更加正式的智力和认知领域发展的"前奏"。通过运动，儿童能够学会许多基本的概念。动作技能的发展遵循一定的顺序，它的发展和婴儿的生理发育相平行。动作的发展能够对儿童概念的发展提供支持，概念的发展又与儿童的知觉发展紧密相连。粗大动作技能出现在精细动作技能之前。

第6章 婴儿认知和情感发展

本章涉及的标准

naeyc

美国幼儿教育协会项目标准

1a：了解并理解0—8岁儿童的特点和需求

DAP

儿童发展适宜性实践指导方针

1：为学习者构建一个充满关爱的社区

1C：社区的每个成员都礼貌而负责任

5：家庭建立互惠关系

3：规划课程从而实现重要的发展目标

学习目标

在阅读本章之后，你应当能够：

6.1 描述婴儿期的认知学习和发展。

6.2 识别影响婴儿交流的重要因素。

6.3 描述婴儿期大脑发育的重要变化。

6.4 阐述婴儿社会参照知识和婴儿游戏的重要性。

6.5 描述婴儿期的成人与婴儿互动的重要性。

6.6 解释婴儿期依恋发展的重要性。

6.7 描述并比较婴儿与成年人、婴儿与同龄人互动的方式。

6.8 解释婴儿的气质和亲子情绪关系的重要性。

6.9 描述文化如何对亲子关系和亲子互动产生影响。

在生命的最初两年，认知、情感以及动作发展是密切联系在一起的。第 5 章对婴儿的动作发展进行了介绍。本章要介绍的是婴儿发展中的认知和情感部分。回想一下以下内容：钳抓、站立、物体恒存、记忆、交流以及问题解决技巧的发展。把这些知识和下面这个事例联系起来：

这是一个温暖的秋日傍晚。鲍比 9 个月大，他站在父母之间，他的父母坐在一张野餐桌旁。鲍比靠在长椅上以保持平衡，嘴里嚼着第一根薯条，然后观察着发生在周围的一切。他伸手去拿了另一根薯条，用自己的拇指和食指抓住薯条往嘴里塞。有半根薯条掉在了地上，但是鲍比继续吃剩下的一半。他吃完了第二条还想要再拿一根，但是妈妈把装薯条的袋子挪开了，鲍比够不到了。鲍比还想要更多，于是他用自己的拳头捶着长椅。妈妈爸爸没有理会他。鲍比弯下身，要去捡地上的半根薯条。妈妈制止了他，爸爸从袋子里拿了另外一根薯条给他。

6.1 婴儿认知学习与发展

在第 5 章中，皮亚杰在他提出的发展的感觉运动阶段描述了动作、认知和情感之间的关系。动作发展关注的是儿童对动作活动日益增加的控制和强化，感觉发展关注的是对知觉或感觉（触觉、味觉、感觉、听觉、嗅觉）技能日益增加的控制和强化。

针对这个过程的感觉和动作发展研究被称为**发展生物动力学**。发展生物动力学认为，动作发展的重点并不仅是动作发展的先后顺序，同时也关注了动作发展和感知觉是如何相互作用的。大多数生物动力学研究的对象是婴儿——从新生儿到刚刚开始走路的婴儿（Lockman & Thelen, 1993）

通过这种对感觉和动作技能的整合，婴儿能够获得信息，来建构关于这个世界的知识。这种知识的建构就是**认知发展**，在第 9 章中我们会做进一步介绍。关于婴儿认知发展的研究关注的是婴儿掌握了多少知识，以及他们是如何是学习的。正如我们在第 5 章探讨过的，我们现在已经了解到，婴儿比我们之前认为的更有能力。感觉能力贯穿婴儿多个认知发展阶段。

皮亚杰提出了六个**感觉运动发展子阶段**（Fogel, 2009, p.60）。从出生到 2 个月是反射图式阶段，在这个阶段，婴儿依靠与生俱来的反射与外部世界发生了第一次联系。初级循环反应是第二阶段（2—5 个月）的主导。通过很偶然的机会，婴儿发现了自己身体上的关联，例如他们可以通过自己的大拇指发现自己的嘴。这种反应继续重复。在第三阶段（6—9 个月），二级循环反应（也称次级循环反应）处于主导地位。把婴儿和外部环境联系起来的反应不断重复。一个例子是婴儿摇晃婴儿床来让自己动起来。第四阶段出现在 10—12 个月，在这个阶段，婴儿能够协调二级循环反应。这时，婴儿会出现目标导向行为，例如，抓起一件物品来探究。在 12—18 个月，也就是第五阶段，三级循环反应通常会出现。婴儿能够使用二级循环反应作为解决新问题的方式，例如，看看一个物品从高高的椅子上掉下去会发生什么。感觉运动发展的第六阶段发生在 18—24 个月。通过思维联合，婴儿能够发明一些新的方法，即可以在实施行动之前通过思考得到解决方案，而不再依赖尝试错误来解决问题。

6.1a 物体恒存和物体识别

在第一年，在儿童的第一个发展阶段，两个重要的感觉运动能力是**物体恒存**和**物体识别**。物体恒存的定义是，"即便在人看不到、听不到或感觉不到它的时候，一个物体也是继续存在的"（Miller，2011，p.46）。通过这六个阶段，儿童发展了自己的知识。其中有四个阶段发生在0—1岁。教师能够使用表6.1所列的活动帮助儿童发展物体恒存的概念。在第一阶段（0—2个月），对于婴儿来说，看不见的东西就在头脑中消失了。婴儿不会去寻找一个藏起来的物体，甚至不会表现出知道这个东西被藏起来的迹象。在第二阶段（2—4个月），婴儿还是不会去找。但是，他们会盯着被藏起来的玩具最后出现的那个方向看一小会儿。在第三阶段（4—8个月），如果一个物体被部分掩盖起来了，婴儿就会去寻找。在这个阶段，婴儿还会去寻找由于他的原因而消失的物品，例如被自己弄掉的拨浪鼓。在8—12个月时，第四阶段出现了。如果一个玩具被一块布或者其他东西盖住了，婴儿会掀开这块布找玩具。但是，如果玩具之后又被藏到另一个地方了，婴儿就会看向玩具被首先藏起来的地方，然后才是看向第二个地方。物体恒存的概念开始发展了，但是还没有发展完善，这个概念的完善要到第二年的中期。在这段时间里，成人可以和婴儿一起尽情享受藏猫猫游戏的乐趣。

第二种感觉运动能力是物体识别，这和婴儿识别物体的特征有关。随着婴儿的发育，他们学会了使用特征，例如颜色、形状、大小以及材质。更小一点的婴儿能够知觉这些特征的差异，但是无法使用这些信息作为辅助工具帮助自己完成物体识别（照片6.1）。

表 6.1　物体恒存评估访谈

获得物体恒存是个体在婴儿期的主要发展。对6个月大以及年龄更大的婴儿，可以通过下面这些活动加以评估。

1. 运用空间视觉跟随一件物体	使用红色和白色制作一个靶心图案，或者使用一件颜色明亮的彩色塑料玩具。让婴儿躺下或者坐在婴儿椅里面。你的位置在婴儿的身后，这样婴儿关注的重点就在物品上，而不是在你身上。绕着婴儿头部画圆圈。重复五次。观察婴儿的眼睛和头部是否尝试跟随这件物品。如果婴儿能够做到跟随，就要观察婴儿跟随的动作是否流畅，是否能画完整的圆圈？
2. 对一件消失的物品做出反应	使用一件颜色明亮的彩色玩具。确认婴儿正在看着这件玩具。慢慢移动玩具，然后把这件玩具藏起来。这样重复三次。观察婴儿是否会跟随物品到它消失的地点，观察婴儿是否会继续盯着物品消失的地点，婴儿是否会通过视觉方式搜索物品消失的地点？
3. 找一件部分被藏起来的物品	使用一件物品，例如玩具、娃娃、毛绒玩具、磨牙环或者拨浪鼓，总之要是婴儿感兴趣的物品。把物品拿到婴儿面前，确认婴儿正在看着这个物品。把物品放下，放在婴儿面前，放置物品的位置是婴儿能够看到的。用一块白布盖住物品的一部分。观察婴儿是否会尝试去抓这个物品。观察婴儿是否会尝试移开白布，还是在白布盖到物品上的时候就失去了对物品的兴趣？观察婴儿是否会想方设法地拿到这个物品？
4. 找一件完全被藏起来的物品	选一件婴儿感兴趣的物品。确定在你完全把物品藏到白布下面的时候婴儿是一直看着你的动作的。婴儿是否失去了兴趣？婴儿是否会拿起白布并且开始玩起来？婴儿是否会把白布拿起来并且找到物品？
5. 找到两个藏东西的位置和一件物品	这次，用两块布，一块是白色的，另一块是暗色但婴儿能够感兴趣的颜色。把两块布铺在婴儿面前。把一件物品放在其中一块布的下面。如果婴儿去寻找这个物品，就把它转而藏到另一块布的下面。这时候，观察婴儿是首先看向正确的那块布，还是首先看向第一次藏物品的那块布？
6. 找到三个藏东西的位置和一件物品	如果婴儿能够成功地在两块布的设定下找到物品，那么再加入第三块布。把物品依次藏在第一块、第二块，然后是第三块布的下面。观察婴儿的行为。看看婴儿是否能够成功在第三块布的下面找到物品？

的特征。例如，如果婴儿学习到一把勺子是能够帮自己吃饭的物品，他们就会把这种用途泛化到其他各种各样的勺子上。

在出生后的前两年，婴儿从一系列相互没有关联的感觉输入信息过渡到了能够把物品根据分类各归其位（Westerman &Mareschal, 2013）。研究人员考察了婴儿如何分辨不同的类别，以及如何根据类别把物品分组。对类别的理解能够帮助婴儿识别属于同一类别的新事物。如果婴儿把某一类别识别为"猫"，那么当他遇到另一个小小的、毛茸茸的且叫声为"喵呜"的物体时，他就会把它和"猫"联系在一起。婴儿开始时是识别物体的特征，例如形状、颜色或者材质，继而过渡到将物理特征和声音及动作整合在一起进行识别，后者大概是在婴儿12个月大时出现的。在6个月大左右，婴儿开始学习词汇，也就是将词汇和物体联系在一起。这种发展将在"6.2 交流、语言和阅读能力发展"一节进行介绍。在第9章对大一点的儿童的认知发展的介绍中，我们还会继续深入探讨分类能力。

6.1c 计划

计划是人类的一种重要的高级认知能力。计划能够让我们在真正着手实施某一项解决方案之前，思考解决问题的各种方式。因此，这种方法比尝试错误更节省时间。计划包括在真正尝试解决方案之前，在头脑里根据某种顺序一步一步地导向某种解决方案。婴儿可以做出部分初级的计划行为。研究发现，婴儿早在9个月大的时候就出现了计划行为（Keen, 2011）。工具使用任务是用来观察婴儿的问题解决能力的。一个让婴儿觉得有意思的物品被放在一个障碍物后面，然后给婴儿提供一件工具，这件工具可以用来够到这个物品，或者在婴儿感兴趣的物品上系一根绳子。

照片 6.1　操纵物品能够为婴儿提供信息。

6.1b　分类

分类是早期发展的另一个重要领域。分类技能使我们可以根据相似的属性对物体排序和分组。例如，一组玩具，里面有小汽车、卡车、飞机和船，可以根据类型、用途（陆地、海洋或者天空）、颜色或者大小对它们进行分组。分类行为会在幼儿园儿童和学前班儿童身上观察到，这部分内容我们会在第9章加以介绍。研究人员通过观察儿童，发现了分类技能和概念的开端。婴儿能够对诸如人类面孔、鸟类以及狗进行分类（Bjorklund & Blasi, 2012）。面孔分类始于婴儿出生时，并且在出生后第1年成为最复杂的分类能力之一（Slater, Quinn, Kelly, Lee, Longmore, McDonald, & Pascalis, 2010）。对于一类事物，婴儿似乎能够学习并记忆它最明显且最有一致性婴儿要面对的就是这样的一个问题，自己是否能够想到办法拿到感兴趣的物品。婴儿会知觉到两种情境，在第一种情境中，他们可以移开障碍物，拉绳子，然后拿到想要的物品；在第二种情境中，绳子没有系在物品上。在第一种情境中，婴儿会移开障碍物，并且拉绳子，来得到想要的物品；在第二种情境中，婴儿会拿起障碍物，并且开始玩儿障碍物。很明显，婴儿能够分清楚在哪种条件下他们能够拿到想要的物品，在哪种条件下拿不到。Lobo 和 Galloway（2008）发现，对一项给定的任务，9—21 周大的婴儿就能够参与问题解决了（照片 6.2）。本书的作者曾经观察过一个 9 个月大的婴儿是如何解决问题的。这个婴儿发现在一张咖啡桌上放着一些有意思的物品。显然，他有了自己的计划。他爬向桌子，扶着桌子边缘，让自己保持站立的姿势，然后伸手去够自己想要的东西（一张纸）。Berger、Adolph 和 Kavookjian（2010）发现，16 个月大的婴儿能够解决类似如何安全地通过悬崖上的一座桥的问题。我们可以认为，问题解决能力的发展始于婴儿期。

照片 6.2 这个婴儿的脑子里已经有了一个计划：如何拿到自己想要的那个玩具。

6.1d 物体操纵

游戏对于婴儿来说是相当有价值的。游戏的意义可以通过给婴儿提供感兴趣的材料而得到强化。婴儿对所有东西都感兴趣。对于婴儿来说，纸是非常具有吸引力的，这种吸引力和五颜六色的玩具以及其他物品是一样的。对于自己能够拿住的所有东西，婴儿都会去咀嚼、触摸并且通过视觉反复检查这个东西。虽然有些玩具五颜六色，能播放音乐，还闪着光，但这种玩具和地毯边缘的流苏以及一张纸一样，对婴儿具有同等的吸引力。

物体操纵需要依赖婴儿伸够、抓握、探索和问题解决的能力（Lobo & Galloway, 2008）。一般来说，婴儿在 4 个月大的时候能够获得这些能力。However、Lobo 和 Galloway 发现，如果家长把婴儿放置到坐姿上，给他们提供一个可抓握的物品，并且鼓励他们去够这个物品，那么上述过程会提早出现。伸够、抓握以及对物品的探索似乎是问题解决的基础，同时也和对工具的使用密切相关。Kahrs 和 Lockman（2014）强调，工具使用有其动作基础。随着动作技能的进步，儿童能够使用更复杂的工具。

6.2 交流、语言和阅读能力发展

在交流领域，婴儿的能力也在持续发展。他们是沟通能手。在 Condon 和 Sander（1974）的经典研究中，通过慢动作摄像技术，研究人员发现，婴儿能够随着周围成人说话的韵律移动身体。他们还会发展出一套类似游戏的和物体沟通的系统（Watson, 1976），也就是说，当他们看着用绳子悬挂着的拨浪鼓或球的时候，在物体移动时，婴儿会高兴地咿咿呀呀地和这些东西说话。

这种发声反映了婴儿的需求和情绪。

从出生起，婴儿就已经对语言有所了解了。他们会做出嘴部动作并发出声音，例如吸吮和呼呼声，这些都将被整合到语言中（Marotz & Allen, 2016）。他们享受各种声音，例如自己吸吮时发出的声音。研究发现，1个月大的婴儿能够区分不同语种的声音。1个月大时，婴儿发展出了不同的哭声，这些哭声表达了婴儿不同的感受和需求，例如饥饿、困倦、愤怒和疼痛。语言的意义成分被称为语义。1岁时，婴儿会根据自己所在的文化对声音进行组合。全世界的婴儿都会在大概3个月左右发出咕咕的声音。他们会发出类似"哦哦"和"啊啊"的声音来和自己的照顾者进行交流和"对话"。在7—8个月大的时候，婴儿会牙牙儿语。牙牙儿语是一连串的辅音和元音音节，例如"dadada"或者"mamama"。在牙牙儿语之后，全世界的婴儿发出的声音就不再相似了，他们发出的声音会与自己的母语相似。

在大约10个月大的时候，婴儿开始尝试言语模仿。在1岁左右，婴儿发出声音不再只是为了让自己高兴，而是为了指代某物。例如，在一项经典研究中，Michael Halliday（1979），收集了自己的儿子奈杰尔1岁时的发音样本，样例如下：

奈杰尔的用词	指示物
Dada Da Ba	爸爸 狗 鸟
aba	一辆公共汽车
Ka	小汽车

在大约1岁的时候，儿童进入了言语阶段，这是他们开始使用有意义的言语的时候。

相当关键的是婴儿的照顾者——无论是家长还是教师——能够花时间和婴儿进行直接的对话（Bardige & Segal, 2004；Bardige & Bardige, 2008；Kovach & Da Ros-Voseles, 2011；Agnew, 2014）。照顾者可以在日常活动中和婴儿进行对话，例如，在换尿布、穿衣服、洗手、吃饭和做游戏的时候（照片6.3）。照顾者倾听并回应婴儿的这些咿咿呀呀，能够加速婴儿语言的发展，缩短婴儿发出一连串辅音-元音的发展阶段（Agnew, 2014）。婴儿需要机会和其他人建立联系。他们的"对话"包括模仿彼此的动作和表达方式（Bardige & Segal, 2004；Bardige & Bardige, 2008）。

照片6.3　在喂婴儿的时候，大人可以和婴儿说说话。

在 10 个月大的时候，在婴儿能够真正说出可以具备对话功能的词汇之前，标示行为似乎是认知发展的一个重要组成部分（Westermann & Mareschal, 2013）。9 个月的时，婴儿就有可能把标示和物品或标示和人物联系在一起。标示行为包括展示或指向某物，同时发出声音，例如，"看那个卡车，那是个卡车"（Westermann & Mareschal, 2013）。在和一组玩具玩耍时，如果这组玩具中包含了之前被标示过的玩具，婴儿注意这个玩具的时间就比其他玩具长。口头标示似乎对婴儿有效，这种效用甚至会保持到婴儿说出第一个单词之前。这说明，即使在言语没有出现的时候，标示物体对婴儿的认知发展也是有价值的。Westermann 和 Mareschal 认为，标示行为和分类能力的发展是相关的。了解一个物品的标示有助于加快对其他样例的熟悉速度。

当婴儿的注意通过注视或指向而转向某个物品的时候，成人应当对这个物品进行标示。婴儿的言语是逐渐发展的，从 1 个月大时的单元音声音，到 8 个月大时的元音-辅音组合，再到 12 个月大时可能出现的某些单个的单词。随着言语同时发展的是婴儿的理解力，因此到了 12 个月大的时候，婴儿通常能够对简单的指令做出反应，例如"找到泰迪熊"或"拿起你的杯子"（Marotz & Allen, 2016）。

人们长久以来都认为，在 18 个月左右，语言的发展会突然出现一次飞跃（McMurray, 2007）。Robert McMurray 的研究说明，在这次飞跃之前，儿童就已经同时学会了许多词语。McMurray 发现，虽然儿童的发展是从简单的词语开始的，但是他们也需要开始熟悉复杂的词汇。他们听到的词汇越复杂，这些词汇就会越快成为儿童词汇库中的一部分，并且有助于儿童在 18 个月大时的词汇大爆发。

虽然很多人认为婴儿不应当看电视、视频或 DVD（见本书第 2 章），但是在现实中，绝大多数婴儿都暴露在各种媒体的包围之中。Weber 和 Singer（2004）做了一项研究，他们的研究对象是 1—23 个月大的婴儿。他们发现，在研究样本中有一半的婴儿都在看电视或者视频。平均而言，婴儿在 6.1 个月大的时候开始看视频，在 9.8 个月大的时候开始看电视，而且还有一些婴儿早在 1 个月大的时候就开始看电视或视频了。接近一半的家长报告说，自己会和孩子一起看电视节目和视频，并且一起做一些活动，例如唱歌、跳舞，还有指向屏幕上的内容。另一些研究发现，家长在和孩子看电视和视频的时候，会做很多和语言相关的活动，例如标示屏幕上的物品，重复屏幕上的人物的对话。如果孩子是和一个积极主动参与其中的成人一起观看的，那么媒体是有助于儿童的语言发展的。

婴儿具备非言语的手势交流能力（Karmiloff Smith, n.d.; Baby sign language, 2014; Voloton Research, 2014）。特殊的手部和胳膊动作具有一致性，并且能够传递特定的意义。如果在大约 9 个月大的时候开始教不会说话的婴儿手势语，这种自然的发展还能够发挥更大的作用。研究发现，能够使用手势语的婴儿学习口头语言更快。这种手势不一定是正式的通用手势语，比如说美国手语；也可以是只对成人和儿童有意义的手势。在言语方面遇到困难的儿童能够从这种手势和言语的组合中获益，这种组合被称为完整的交流（Armstrong, 1997）。在口头语言出现之前，9—12 个月对于交流和注意技能来说相当关键（Carpenter, Nagell, & Tomasello, 1998）。

阅读发展和交流及语言的发展密切相关。口头语言发展是阅读能力发展的基础（Parlakian，2004，p.38）。McGee 和 Richgels（2012）提出，从出生到 3 岁的孩子是**阅读初学者**。从能够识别书写符号意义的角度看，婴儿虽然不具备这种能力，但是他们能够展现出相关行为和理解力。如果可以为婴儿提供接触书籍的机会，并且能够有规律地为婴儿进行朗读，婴儿就能够学会在成人朗读的时候倾听，翻页，上下方向正确地拿着书，仔细看书上的图片，认出熟悉的书籍并说出书名（照片 6.4）。

照片 6.4　婴儿在看熟悉的书籍时会感到愉快。

和一个大人或一个年纪大一点的孩子共享书籍能够把情感和认知联系在一起，而且能帮助婴儿形成对书籍的积极感受。Hoffman 和 Cassano（2013）根据婴儿的发展水平提供了书籍选择的指导方案。例如，对于最小的婴儿来说，适合他们看的书要有颜色鲜明的图案和图片。大约 4—6 个月大的时候，当婴儿能够自己抬起头的时候，他们就能够坐在大人的膝盖上和大人一起读书了。婴儿这时候会去抓书，把它放在嘴里咀嚼和吸吮。柔软的布料书籍和塑料书籍能够在婴儿的嘴里"幸存"下来，而且这种材质的书籍是能够清洗的。在 7—9 个月大时，绝大多数婴儿都能够自己坐起来，把一本书放在自己的膝盖上，自己翻页，并且仔细观察书里的图片。带有鲜明图片且图片中物品为婴儿所熟悉的、材质是小木板或纸板的书籍是婴儿感兴趣的，这类书籍为照顾者标示物品提供了一种媒介。到了婴儿 1 岁的时候，共享一本书应当是大人与孩子之间的保留活动，这是建立在依恋关系、语言和阅读能力发展的基础上的活动。Parlakian（2004）以及 Birckmayer、Kennedy 和 Stonehouse（2008）指出，能够帮助婴儿发展阅读能力的活动有很多，其中包括为孩子们朗读、和他们说话、吟诵押韵的诗歌、唱歌、在日常活动中为婴儿描绘这些活动。

6.3　婴儿期的脑发育

正如前面的章节所提及的，**脑研究**表明，脑发育和给予婴儿的刺激之间存在联系（*Zero to Three*，2011；Thompson & Nelson，2001；Jensen，2006；Fox，Zeanah，& Nelson，2014）。在受孕 1 周时，脑的发育就开始了，到了出生时，1 千亿脑细胞或者说神经元已经开始了形成连接（*Zero to Three*，2011）。在婴儿期，婴儿的感受越来越敏锐。发育中的脑会影响婴儿动作发展的顺序，这一点极为重要，因为在婴儿期，动作是儿童探索外部世界的手段。

毫无疑问，虽然在婴儿期为儿童的感受提供适当的刺激很重要，但是 Thompson 和 Nelson（2001）相信，我们需要时刻提示自己，大脑的各类发展一直都在发生，从妊娠期开始，贯穿了我们的一生。适当的刺激和健康的照料在每一个年龄段、每一个发展阶段都相当重要。Fox 和同事们（2004）记录了一群在孤儿院长大的孩子，他们的研究结果说明，婴儿期对于脑发育来说至关重要。

婴儿需要通过感觉运动来探索的机会，例如，击打物品，用嘴探索适当的玩具，发出咕咕声，和自己的照顾者咿咿呀呀地"对话"，向其他人做出有意思的表情，在能力具备的时候有足够的空间活动，这些都有助于婴儿的脑发育（Gallagher, 2005）。

6.3a 大脑的偏侧性

另一个研究主题是**大脑的偏侧性**（Gotts, 2014；Kosslyn & Miller, 2013）。大脑有两个明确的部分，或者说两个半球。研究已发现，大脑的每一个半球控制着不同类型的认知和行为功能。在过去，人们曾经认为，大脑的两个半球处理的信息类型不同，处理的方式也不同；也就是说，大脑左半球采用的是一种序列的、分析性的、语言性的加工模式，而右半球采用的是一种平行的、整体的、空间的、非语言性的加工模式。然而，研究人员（i.e., Gotts, 2014；Kosslyn & Miller, 2013）指出，虽然大脑的两侧确实

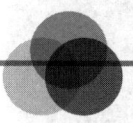

大脑发育

一项关于婴儿期的警示

关于如何解读和应用儿童脑发育的研究结果，Zigler、Finn-Stevenson 和 Hall（2002）发出了警告。媒体总会夸大我们目前对脑发育的知识，家长也会急于获取某些能够帮助孩子变得更加聪明的材料。例如，20 世纪 90 年代，人们口口相传：听古典乐会提高婴儿的智力（University of Vienna, 2010）。这种现象被称为莫扎特效应，但人们对这种现象背后的原因一无所知。Zigler 及其同事（2002）指出，基于多年的儿童发展研究，我们到目前为止对大脑的探索只能告诉我们：在缺乏刺激的环境中，如果大脑缺乏合理的营养和健康的照料，儿童的发展就会受到负面影响。Zigler 及其同事（2002, p.200）提出，我们可以得到如下结论：

- 年幼儿童关于世界的经验会对个体的早期发展产生持续影响。
- 重视温暖与持续的照料、充满爱意和尊重的成长环境能够为婴幼儿提供所需的成长"养分"。在这样的环境下，婴幼儿能够良好地实现认知、社会性和生理发展，他们的发展其实并不需要什么特殊的玩具、音乐或者课程。
- 生命早期的经历会定下整个人生的学习与爱的基调，但是一个人在一生中都能持续发展和学习。

University of Vienna（2010）. Mozart's music does not make you smarter, study finds. *Science Daily*; Zigler, E. F., Finn-Stevenson, M., & Hall, N. W.（2002）. *The first three years and beyond*. New Haven, CT: Yale University Press.

加工着不同的材料，左侧加工的是更加学术化的信息（例如，语言和数学），右侧加工的是更加具有创造力的信息（例如，音乐和艺术），但是这种观念已经过时了。对于初入门的新手来说，右脑/左脑的差异似乎确实存在。但是，成就卓越的音乐家会使用大脑左侧加工信息，而成就突出的数学家和国际象棋选手会用大脑右侧加工信息，他们使用的是富有创造力的问题解决功能。大脑右侧识别负面情绪更快，左侧识别正面情绪更快。研究表明，婴儿出生时的大脑两侧功能是分化的。为了功能运行良好，大脑两侧需要良好的沟通。

在脑功能方面，存在着一些微小的性别差异（Zero to Three，2011）。男性大脑倾向于更加偏侧化；也就是说，在处理一些思维活动（例如，说话、在环境中导航）时，两个半球的运行更加独立。女性在各种活动中都能更加均衡地使用大脑两半球。和男婴比起来，女婴在感觉领域发展得更好，这些感觉领域包括视觉、听觉、嗅觉和触觉。和男孩相比，女孩也更倾向于在社会性领域"游刃有余"，并且通常在语言和精细动作技能方面发展得"领先"男孩。男孩通常会在3岁时赶上女孩，而且通常在视觉-空间整合、完成谜题和一些手眼协调任务上更胜一筹。

研究提出（Cherry，Godwin，& Staples，1989），大脑的偏侧性对于家长和教师来说是一个重要的因素。最佳的大脑发育包括了左右脑功能的发展，以及两个半球之间的沟通。对于这个问题，我们需要意识到，婴儿需要多样化的体验来帮助大脑两侧的发展。这类活动应当同时给予大脑两侧刺激，其中包括使用音乐盒和手腕铃铛提供听觉刺激；使用移动的且颜色丰富的图片提供视觉刺激；在脚上挂上铃铛或者在低空悬挂一些物品让孩子可以踢到；把塑料钥匙、球、盘子挂在绳子上，训练婴儿手指的灵活性；还有供婴儿吮吸的奶嘴。大脑的右侧在侧重学业的年龄段通常是被忽视的部分。对于每一个婴儿来说，他们需要时间来发展自己应对环境的方式，继而发展自己的创造力，同时发展自己的分析能力和语言能力，这些都相当重要（照片6.5）。

照片 6.5　对婴儿来说，玩玩具是一项必不可少的活动。

6.4　社会参照与游戏

社会互动和社会性资源对于认知发展来说起到了关键的支持作用。婴儿使用**社会参照**从他人那里获取信息，从而在当前的某种情境下以恰当的方式理解和评估事件和行为（Heinig，2011）。通过观察，婴儿会搜寻信息，然后使用这些信息作为对行为的指导。婴儿可能对情感性社会参照做出反应，即婴儿能够对其他人的情感性表达做出反应；婴儿还会对工具性社会参照出现反应，即与其他人和事物之间的互动或者其他人和其他人之间的互动，婴儿会使用这些信息来指导自己和没接触过的事物和人进行互动（Thompson，2008）。如果他人表现出的是积极情感，就会促进婴儿对没接触过的事物表现出积极的行为，如果他人表现出的是消极情感，婴儿就倾向于躲避自己没有接触过的事物（Heinig，2011）。

托尼坐在地板上，他旁边有一个笼子，笼子里面是一只兔子。托尼的妈妈就坐在他边上。托尼靠近笼子。他看向自己的妈妈，妈妈脸上带着笑，冲着他点头。托尼再次看向兔子，表现出了相当的兴趣。他似乎很想去摸摸兔子，但是他不敢伸手。于是，他再次看向自己的妈妈，然后妈妈说："你可以去摸摸小兔子啊。"他还是不敢伸手。托尼的妈妈走了过来。她把自己的手伸到笼子里，摸了摸兔子，然后说："这是一只可爱的小兔子。它摸起来软软的、滑滑的。你也可以摸摸它啊。"托尼观察着妈妈的行为。然后，他向笼子俯下身，轻轻地摸了一下兔子，就像自己妈妈做的那样。

这种从他人那里获得信息，并且在新情境下运用信息的能力对于儿童未来的教育和人生经历来说是最重要的。婴儿能够通过模仿获得信息，并且把它运用在未来的情境当中（Meltzoff，1988）。婴儿是他人行为有意识的观察者。通过观察和互动，婴儿能够学习情绪和社会行为，这是理解力的基础（Thompson，2008）。在6—12个月大的时候，婴儿和成人之间会出现相互观察和互动。在这段时间，社会参照出现了。婴儿获得行动能力之后，就能根据自己的兴趣自主地移动身体了。

6.4a 游戏

游戏是学习的主要途径，游戏的价值已经在第2章中讨论过了。婴儿可以和自己做游戏，也可以在情境中在成人和其他儿童提供的支架的协助下进行游戏。通过这种方式，婴儿可以在大脑连接不断增加的基础上体验这个世界，并且建构概念（Ruhman，1998）。想象游戏和模仿游戏开始出现在婴儿的活动中。

游戏是婴儿认知、动作和情感发展的主要手段。最初，婴儿出现的主要是探索活动（Frost，Wortham，& Reifel，2005）。随着主动学习的过程，婴儿的感知运动智力也在发展。当婴儿出现身体和运动能力时，他们会使用这些能力去抓握、击打、品尝、摇动，并且和物品以及其他人进行互动。与此同时，婴儿的感知能力在扩展，认知也在发展。婴儿和成人都喜欢玩游戏，例如骑马、藏猫猫还有唱儿歌（Fogel，2009）。在8—12个月大的时候，婴儿能够开始行走，可以同时操纵两个物体，能够开始使用一些常用语。婴儿同时也会获得物体恒存的能力，他们的记忆力也在发展。他们开始参与符号或假装游戏。家长和照顾者可以通过角色扮演、提供玩具及其他材料，来为婴儿的游戏提供支持。很多小活动和玩耍可以丰富孩子的游戏（Helping babies play，2003）。关于婴儿整体的认知发展可以参考表6.2。

6.5 成人与婴儿的互动

卡洛斯7.5个月大。他坐在妈妈的膝盖上，面对着妈妈，然后妈妈开始用自己的嘴和舌头发出各种声音。一开始，卡洛斯笑了起来，然后开始试着模仿妈妈的行为。他不断伸出自己的舌头，然后大笑起来。卡洛斯展示了他的模仿能力

表 6.2　婴儿认知和语言发展评估表

观察者＿＿＿＿＿＿＿＿＿＿＿　日期＿＿＿＿＿＿＿＿＿　时间＿＿＿＿＿＿＿＿＿　地点＿＿＿＿＿＿＿＿＿

婴儿姓名＿＿＿＿＿＿＿＿＿＿　出生日期＿＿＿＿＿＿＿　年龄＿＿＿＿＿＿＿＿＿

年龄和认知技能	是否观察到		评语
	是	否	

出生到 1 个月

在仰面躺着的时候开始研究自己的手

和陌生人的声音相比，更喜欢自己母亲的声音

通常能够根据成人说话的节律有规律地活动自己的身体

能够通过哭泣和急躁的样子和成人交流

某些特定的音乐和声音能够让婴儿安静下来

偶尔发出不是哭声的声音

1—4 个月

展现出对部分熟悉物品的再认能力

如果物品掉在地上或者以其他方式在眼前消失，就不再寻找

专心地看自己的手

模仿他人的肢体动作，例如挥手再见、拍拍头

通过重复的胳膊或腿部动作尝试让一件玩具一直处于运动中

开始把物品放到嘴里

对熟悉的声音做出反应

对着成人发出有节奏的声音

当他人对着自己说话或微笑时，能够发出呀呀或咕咕声

使用单元音发出咕咕声，并模仿他人的声音

大声笑

4—8 个月

能够关注和伸够小物品

协调眼、手和嘴去探索自己的身体、玩具和周围环境

模仿动作，例如按童谣节奏拍手、再见的动作以及藏猫猫

把物品从高高的椅子上和婴儿床上扔下去，然后很开心地看着

能够寻找被藏起来的物品

能够调用多种感官把弄和探索物品

续表

年龄和认知技能	是否观察到		评语
	是	否	

- 在玩一件玩具的时候扔掉另一件玩具
- 积极主动地玩一件小玩具
- 开心地击打物品
- 能够完全地和母亲或另一位照顾者形成依恋关系
- 能够对自己的名字做出反应,能够对单一指令做出反应,例如"挥手再见"
- 模仿非言语声音,例如咳嗽和咂舌头
- 模仿他人的声调
- 发出元音和部分辅音
- 使用不同的声音表达情绪
- 和玩具"说话"
- 通过重复音节的方式牙牙学语,例如"ma ma ma"

8—12个月

- 指向远处的物品
- 遵从简单的指令
- 把所有东西都往嘴里塞
- 故意把玩具往地上扔
- 表现出对日常物品的正确使用方式:假装用杯子喝水,抱娃娃等
- 空间关系:能够按照要求把积木放进杯子里
- 展示功能关系:把勺子放进嘴里,翻书页
- 摇头表示"不"
- 牙牙学语时能够说出像句子一样的顺序;说出难懂的话(音节出现类似语言一样的变化)
- 能够说出"dada"和"mama"
- 喜欢押韵和简单的歌曲
- 如果姿势正确,能够把玩具递给成人
- 能够按要求做到"挥手再见"和拍手

Adapted from Marotz, L. R., & Allen, K. D. (2013). *Developmental profiles: Pre-birth through adolescence*. Belmont, CA: Wadsworth Cengage Learning.

专业资源下载

和愉快的情绪。从事幼儿相关工作的成人有机会成为家长的榜样，他们可以为家长展示和儿童进行互动的恰当方式，并且向家长解释影响儿童情感发展的重要因素。婴儿的**情感发展**一直都是学界研究的重点。节律、相互作用、依恋关系及其与成人或同龄人的互动、气质、照顾者的角色、婴儿的心理健康、情绪以及文化因素都是研究的对象。

一旦最初的纽带形成了，或者出现了一种特殊的感受，那么婴儿对他人的依恋关系必然会出现，而且依恋关系会随着婴儿的健康情绪、社会性和人格的发展而逐步深化。根据的Brazelton和Cramer（1990）研究，依恋关系会随着时间而发展。依恋关系的最终状态是分离以及儿童的独立。依恋关系的基础是成人与儿童之间的相互作用关系，这种相互作用的关系从婴儿一出生就出现了。早期的互动发展可以分成四个阶段（Brazelton & Cramer, 1990）。第一个阶段出现在婴儿出生1周到10天时。在这个阶段，婴儿会学习控制自己的**初始能力**，并且能够控制自己保持注意的能力。成人的工作就是正确看待婴儿的初始能力，同时不要一股脑地给婴儿提供过量的刺激输入。在第二个阶段，1—8周，婴儿出现的是**注意的延伸**。由于部分控制能力的发展，婴儿在这个阶段能够延长自己的注意，并且保持和成人的交流与互动，这时和婴儿进行交流和互动的是对他来说最重要的成人。婴儿开始能够控制自己的微笑、发音、表情以及动作，并且把这些线索作为信号发送给正和他们互动的成人。成人会学着根据婴儿的反应调整自己的行为。在3—4个月大的时候，第三个阶段出现了，这个阶段叫作**有限测试阶段**，这时的婴儿和成人都在测试自己和对方的交流能力，以及自己影响对方行为的能力。

互动应当能让双方获益；互动应当是一种带来愉悦感的游戏。在大约4—5个月的时候，第四阶段出现了，也就是**自主性的出现**。婴儿开始在与成人的互动中占据主导地位，而且会把自己的注意力从成人身上转移到环境中的其他物体和其他人身上。成人要做的就是尊重婴儿的自主性萌芽，忍住自己用各种玩具和各种手段极尽所能地"抢回"婴儿的注意的冲动。

6.5a 节律和互惠

Brazelton与其合作者们（1977a, b, 1978, 1982, 1990）研究了婴儿与成人之间的互惠现象，他们观察的对象是2—24周大的婴儿。婴儿坐在宝宝椅中，研究人员会给婴儿提供游戏的机会，游戏的对象是一件物品、一名家长或一个陌生人。婴儿对物品或家长的注意循环会被录下来以进行视频分析，我们来看一看在游戏期间，婴儿和成人都在做什么（照片6.6）。

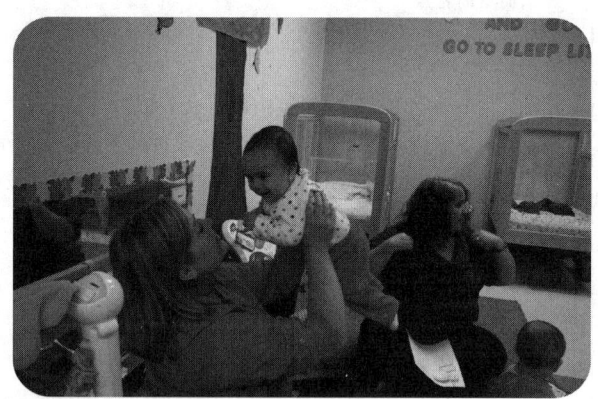

照片6.6 互动就是婴儿和成人之间愉快地玩耍。

为了考察婴儿是如何与物品发生联系的，研究人员在距离婴儿30厘米的地方悬挂了一个橡胶小球。婴儿会试着向小球的方向移动。这些动作通常都是不稳定的。婴儿的注意模式是这样的，他们会集中一段时间的注意，然后忽略眼前

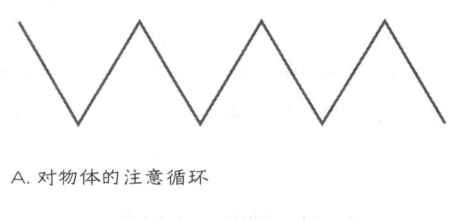

A. 对物体的注意循环

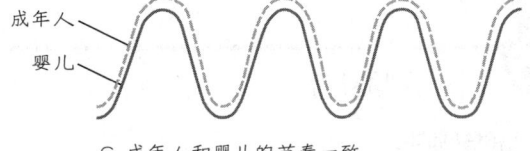

C. 成年人和婴儿的节奏一致

B. 对人的注意循环

D. 成年人和婴儿的节奏不一致

图 6.1　注意曲线。

的这个物体。对这种模式的展示见图 6.1（A）。当有一个婴儿熟悉的人出现在眼前时，比如孩子的母亲，婴儿对人的注意和对物品的注意是不同的。注意的循环更加流畅，见图 6.1（B）。婴儿的注意会逐渐被眼前这个人吸引，然后逐渐地忽视这个人，注意的模式是过渡平稳的，而不是我们之前描述的注意的变化是突然而急剧的。伴随着注意循环的行为，婴儿会前后移动身体，看上去好像想去接近眼前的人。家长也会有**节律**，这种节律是伴随着婴儿起伏的，家长的注意和动作与婴儿的注意循环相符，如图 6.1（C）。当家长和婴儿的节奏不相符时，曲线就会如图 6.1（D）所示。当婴儿发现自己不能和成人处在同一节律上时，他们可能就会"后撤"，甚至是停止尝试。如果母亲站在婴儿面前，但是不做任何反应与回应，婴儿的身体动作就会变得急躁，好像和物品有关似的。如果婴儿得不到回应，就会迅速出现回避。他们会放弃尝试，自己和自己做游戏，或者去玩弄自己的衣服。儿童似乎还会表现出失望的感觉。

母亲和父亲会表现出不同的和婴儿互动的模式。这些模式出现在婴儿两三周大的时候。

在开始和婴儿互动时，母亲倾向于采用更加缓和且柔和的方式，并且努力去找到婴儿的模式是什么。父亲则更加爱玩，他们会尝试对婴儿使用常规的对话方式。父亲的方式会更加激烈和富有变化。婴儿会迅速了解父母之间的差异。当爸爸靠近自己的时候，他们会更加好动，并且眼睛发光，就好像他们准备好要"活动活动"了。

当一个陌生人出现在眼前，陌生人和婴儿会觉得找到彼此的节律模式相当困难。陌生人无法给婴儿提供期待中的回应；陌生人和婴儿可能都会因此而感觉受挫，于是可能双双放弃对找到彼此节律的尝试。

Brazelton 相信，**互惠**的发展是绝对有必要的，不仅对婴儿情感的发展有益，也对他们的认知和动作发展有益。正是通过这种互惠关系，婴儿能够得到所需的社会性刺激。正是在接受刺激的过程中，婴儿用到了自己的感觉，强化了自己的感觉，并且开始认为自己是一个有能力的人了。

Kochanska 和 Aksan（2004）考察了 7 个月大和 15 个月大的婴儿和父母之间的相互回应行为。父母的回应性指的是，当孩子和父母交流

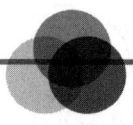

大脑发育

婴儿期认知和情感的聚合

美国儿童发展科学委员会（The National Scientific Council on the Developing Child, 2007）综述了关于儿童发展和早期大脑发育的研究文献，澄清了基因和早期经历之间的相互关系对大脑构造的塑造作用。委员会的目的是缩短我们的所知和所为之间的差距。综述希望表达的核心概念之一就是大脑是持续发育的。大脑的构造正如前面几章所述，"人生的早期经验为个体一生的学习、行为以及生理心理健康打下了基础"（p.5）。基因和经验之间的相互影响类似"发球—回球"的关系。就像打网球或乒乓球一样，这是一种婴儿和成人之间"你来我往"式的相互交流。通过发出各种声音、面部表情、身体动作和哭声，婴儿渴求外部的反应。成人通过自己的声音和肢体动作对婴儿做出反应。这些"成人和婴儿之间互惠互利的互动是构建健康的大脑回路和日益复杂的技能发展的重要先决条件"（p.6）。"在整个人生中，认知、情绪和社会性能力错综复杂地交织在一起"（p.8）。学习语言和基本概念依赖于能够集中注意力、全神贯注并且以有意义的社会性方式和其他人互动。因此，认知和情感可以说是"人类发展的砖石和水泥"（p.8）。

National Scientific Council on the Developing Child. (2007). *The scienceof early child development.* Cambridge, MA: Harvard Center on the Developing Child.

时，父母做出反应的方式。婴儿的回应性指的是，孩子对父母行为的反应方式。Kochanska 和 Aksan（2004）的研究和早前关于 7 个月大的婴儿的研究不同，他们这次是在自然情境下对婴儿和家长进行了观察。婴儿和他们的母亲都是被观察的对象。研究认为，在每一对家长和孩子身上都存在互惠的模式。在婴儿 7 个月大时，家长处于优势地位，他们会在活动中处于引导地位；而到了婴儿 15 个月大时，孩子会处于优势地位。家长会表现出对学步儿日益增加的自主性的尊重。虽然妈妈和婴儿之间的交流比爸爸多，但婴儿对于父母的反应是同等的。

节律是婴儿发展中的一个基本因素。在一对一的关系和心理功能层面，节律起到了重要的作用。整体的家庭功能越好，家庭成员感受到的谐调性越高，婴儿和家庭的节律也就越同步。

 6.6 依恋

长久以来，儿童心理学家对能够反映依恋关系发展的婴儿行为发展保持着浓厚的兴趣。**依恋**指的是存在于婴儿和照顾者之间的归属关系。强有力的依恋关系反映了一种基本的信任感（照片6.7）。婴儿会对与他们进行游戏和互动的人形成依恋（Fogel, 2009）。Fogel 对 John Bowlby（1969）提出的依恋关系发展阶段进行了描述。如果有人出现，婴儿会出现抓握、伸够、微笑和牙牙说话的表现。在 6 个月大时，婴儿对照顾者的主要回应方式就是抓握、伸够、微笑和牙牙说话。6 个月大之后，婴儿在自己的主要照顾者离开又回来时会表现出开心的样子，同时对陌生人表现出戒备。这种对陌生人的恐惧就是我们所说的**陌生人焦虑**。

婴儿发生互动。接下来，陌生人再次回来，母亲再次离开。最后，陌生人离开，母亲返回。母子重聚时的行为被认为是反映母婴依恋关系的安全程度的指标。研究发现，当母亲离开然后返回时，婴儿出现的重聚行为和未来的行为之间存在关联。

研究归纳出四种模式的重聚行为：安全型依恋、不安全型依恋-矛盾型、不安全型依恋-回避型，以及无组织型-混乱型依恋（Fogel，2009）。

照片 6.7　喂食能够给婴儿提供一段舒适的时光，并且发展出和成人的依恋关系。

研究人员感兴趣的是依恋关系的强度，以及依恋关系和其他行为发生关联的方式（Kochanska & Kim, 2013；Booth-LaForce & Roisman, 2014）。研究人员强烈支持的一种看法是，在婴儿人生的第一个月里，在母亲身上观察到的对婴儿需求的敏感性能够预测他们之间关系的质量。母亲的敏感性也和儿童随后在**陌生情境**的自然主义实验环境下的行为反应相关。陌生情境实验法是由 Ainsworth、Blehar、Waters 和 Wall（1978）设计的。实验的情境是这样的，婴儿被带到他们不熟悉的房间，允许婴儿在母亲在场时自由探索房间里的各种玩具。母亲和孩子一起玩了一会儿玩具，然后一个陌生的成人进入房间，并加入他们。三个人都玩了一会儿玩具，然后母亲离开房间，留下陌生人在房间和婴儿一起待3分钟。然后，陌生人离开，母亲回来，但这时母亲不会和

1. 安全型依恋的婴儿会把家长视为探索玩具、接触陌生人时的安全基地。在最后的重聚阶段，安全型依恋的婴儿会从照顾者那里寻求抚慰，然后他们会继续投入独立的游戏。

2. 不安全型依恋-矛盾型的婴儿在陌生情境中会表现得更加不快。他们会在母亲与玩具之间"摇摆不定"。当他们转向玩具时，会表现出对探索的踌躇不前。不安全型依恋-矛盾型的婴儿在与陌生人接触时会表现得更加小心谨慎，并且在母亲离开房间时表现得更加躁动不安。在重聚时，这些婴儿的表现可以说是自相矛盾的，他们会靠近自己的母亲，然后再把母亲推开。

3. 不安全型依恋-回避型的婴儿通常在陌生人离开的时候不会表现出不安。但是，当母亲回到房间的时候，他们也不会靠近自己的母亲，甚至会在母亲试图安抚自己并抱起自己的时候表现出抗拒。在重聚时，这些婴儿甚至可能动手打自己的母亲，并把母亲推开。

4. 无组织型-混乱型依恋的婴儿在陌生情境中会出现前后不一致的行为。例如，婴儿可能会微笑，向自己的母亲靠近，然后转身，离开，他们还可能坐着一动不动，盯着墙看。这些反应

并不常见，但是这是安全感最为缺失的一类婴儿的表现。

6.6a 依恋理论

依恋理论认为，依恋的早期发展来自照顾者对于婴儿注意信号以及交流意图的敏感性，这些是构建安全依恋的基础。Kochanska 和 Kim（2014）开展了一项长期的研究，希望考察婴儿在陌生情境实验中的行为反应和他们 8 岁时的行为表现之间是否存在联系，结果发现那些在婴儿期表现出安全感缺失的孩子最有可能在 8 岁时出现行为问题。Booth-LaForce 和 Roisman（2014）比较了在婴儿时期的依恋安全性和 18 岁时的依恋安全性。一类孩子从婴儿期到 18 岁的安全感保持不变，一类孩子从婴儿期到 18 岁的安全感出现了下降，结果发现，母亲在孩子从婴儿期到 18 岁期间的敏感性是造成差异的原因。De Wolff 和 van Ijzendoorn（1997）分析了 30 项试图重复最初的陌生情境实验的研究。结果发现，敏感性会对依恋产生重大影响。但是，亲密度、同步性、刺激的丰富性、积极的态度以及情绪支持同样和依恋的安全感高度相关。此外，依恋和敏感度之间的关系在临床样本和贫困样本中的相关程度更低。不利于儿童成长的条件可能会抹杀敏感性所带来的积极效应。生活的负担和压力可能会"耗尽"家长敏感性对情绪安全感的影响作用。行为遗传学研究表明，通过遗传形成的气质特征也会影响依恋的发展。

在依恋中，父亲的角色也是需要考虑的。van Ijzendoorn 和 De Wolff（1997）对这一领域进行了研究。他们发现，父亲的敏感性也会影响婴儿的依恋，但是父亲的敏感性对依恋的影响作用小于母婴关系对依恋的影响作用。Cowan（1997）认为，应当在整个家庭系统中考察婴儿的依恋，由于儿童照料方式和家庭环境的多样性日益增加，这似乎是一种极为重要的观点。

对母亲的依恋行为和对父亲的依恋行为的比较也是有价值的（Bretherton & Waters, 1985）。两种关系的质量也许有着相当大的差异。也就是说，儿童有可能对一名家长有安全感，而对另一名家长没有安全感。母亲是孩子的主要照顾者，与母亲的关系似乎比孩子和父亲的关系更能预测孩子未来的安全感。

6.6b 依恋与非家长育儿

随着育儿方式多样性的增加，一个主要的问题出现了，如果照顾婴儿的不是其父母，那么这种非家长的育儿方式可能会对母婴关系以及父婴关系产生怎样的影响呢？美国幼儿教育协会的早期儿童养育研究网（Early Childhood Care Research Network, 1997）开展了一项研究，目的是考察非家长育儿方式与母婴依恋安全之间的关系。该研究使用陌生情境实验作为对依恋安全的测量手段，研究人员比较了经历两种育儿方式的婴儿。结果发现，两类婴儿在和自己的母亲分离时，在总体上并没有表现出应激水平上的差异。但是，母亲的敏感性和反应性确实会对应激水平产生一些影响。如果母亲的敏感性/反应性水平低，同时育儿质量低，育儿行为数量多，或者育儿方式超过一种时，孩子表现出安全感的可能性就会更低。另一方面，高质量的育儿可以补偿母亲较少的敏感性/反应性。除此之外，对男孩的照料时长较长时以及对于女孩的照料时长较短时，孩子发展出安全依恋的可能性也较低。研究得出了如下结论："本研究的结果明确显示，如果是以陌生情境实验作为依恋的测量手段，那么就育儿行为本身而言，既不会对母婴依恋关系的发展产生负面影响，也不会产生正面影响。但是如果母亲的育儿方式已经很糟糕了，那么不良的育儿质量、不稳定的育儿方式或者超过最低限度的育儿行为明显会带来负面风险。因此，两者产生的复合效应会比低水平的母亲敏感性/反应性的单一效应更糟"（p.877）。

多年的研究结果似乎表明，婴儿人生的前3个月是发展依恋关系的关键时间。研究发现，婴儿18个月大时的依恋强度对他们未来的依恋具有预测作用（Kochanska & Kim, 2014）。婴儿18个月大时表现出的无组织型或混乱型依恋能够预测他们8岁时的对抗行为，而安全型依恋的孩子更有可能在8岁时被老师视为情感更为积极、共情更好且更加听从指令的孩子。Bretherton和Waters（1985）另外指出，研究表明，依恋的强度也和儿童的功能性有关。当2岁的孩子面临困难任务的挑战时，安全型依恋的孩子会从自己的母亲那里寻求帮助和支持，而非安全型依恋的孩子不会去寻求帮助。

婴儿的依恋安全感也是各种育儿机构关心的话题，因为育儿中心经常出现频繁的人员变动。Albrecht、Hunter、Jackson和Miller（2012）指出，对于婴儿日托机构而言，对员工流动性的规划是相当重要的。对于婴儿来说，和照顾者保持一种连续且温暖的照料关系是重要的。这些早期依恋的研究结果能够为从事幼儿工作的成人提供参考。

6.6c 分离悲伤或焦虑

和父母的分离不但会引起婴儿的难过情绪，也会引起父母的悲伤情绪。研究表明，婴儿表现出的分离悲伤是一种发生在8—14个月大时的正常发展现象，而且这种现象通常会持续两年。在育儿中心，Field及其同事（1984）观察了父母在接送孩子时的情况。接送孩子时的难过会在两个学期的时间里逐渐加重，也就是说，在一年时间里，婴儿似乎越来越难以离开自己的父母了。女儿和母亲是最难分离的，通常会表现出更多的哭闹，婴儿会做出更多的引起父母注意的行为，同时母亲想要转移婴儿的注意力也要付出更多的努力。母亲同样会在真正离去之前"磨磨蹭蹭"，和父亲相比，她们更加"拖泥带水"。在另一项研究中，Field及其同事（1984）向家长发放了问卷，75%的母亲（但只有35%的父亲）预期婴儿会出现哭闹，40%的母亲（但是没有一个父亲会这样）对亲子分离时孩子会出现什么反应产生顾虑。心有顾虑的家长会在离开时犹豫不决，这就给了婴儿一种信号，于是他们会哭闹，会"小题大做"。研究发现，父母和婴儿分别之前，会花更多的时间进行互动；而父母和学前儿童分别之前，不会出现这么长时间的互动。因此，分离似乎会让婴儿和学步儿感到伤心，但是等孩子过了学步儿期，这种伤心会有所缓解，这时候他们和自己的父母分开会更容易。

> **思考时间**
> 解释为什么5个月大的婴儿愿意接触任何人，但是到了8个月大时，如果不是父母抱他，婴儿就会哭呢？

我们在第2章提到过，在婴儿期大脑高速发育时，能够回应婴儿的照顾者和婴儿的关系是很重要的（Jensen, 2006）。如果婴儿可以和照顾者形成稳固的依恋关系，就能帮助他们在一定程度上免受后期应激创伤的伤害。当婴儿处于应激状态下时，一种类固醇类激素会被释放出来，这种激素叫作**皮质醇**，它会对新陈代谢、免疫系统以及大脑产生影响。由于皮质醇的释放，应激会损害婴儿的神经发育与大脑功能。在应激状态下，体验到温暖和良好照顾的孩子和没有这类体验的孩子相比，释放皮质醇的可能性更低。这种影响在一定程度上会持续到小学阶段。这个研究的结果进一步支持了积极的、能够提供丰富刺激的成人与婴儿互动的重要价值，这种互动和儿童的情绪和动机也存在关联。

部分研究者继续跟踪观察了曾经参与过陌生情境实验的婴儿，看看他们在未来成长为青少年和青年人时的情况，研究人员希望回答这样一个问题：早期的依恋状态是否会一直持续。Kochanska 和 Kim（2014）以及 Booth-LaForce 和 Roisman（2014）的研究在前文已经提及了。Waters、Weinfield 和 Hamilton（2000）开展的是跟踪研究。Waters 等人的研究结果发现，从婴儿期到青春期的结尾，再到青年期，依恋的发展既有连续性，又有非连续性，可以说这是一种混合体。如果成长的环境是稳定的、积极的，那么这类人的依恋安全感会保持稳定。从安全到不安全依恋的变化和消极的生活事件相关，例如，母亲患有抑郁症。在另一项追踪研究中，Roisman、Padron、Stroufe 和 Egeland（2002）考察了一群在童年有过非常负面经历的青年人，想看一看他们是如何在青年期努力获得依恋安全感的。研究人员相信，无论是否有过负面经历，在某些成人身上存在着类似支架的东西，能够为他们提供支持，这也许是上述问题的答案之一。

6.7 与成人和同龄人的互动

研究人员同样感兴趣的是婴儿和成人互动的另一些方面，以及婴儿是如何回应同龄人的，或者是如何回应其他婴儿的。互动构成了交流的基础。这种互相的给予与获取是信任感的源头，信任感是婴儿发展的核心。正如前文所述，交流的模式从婴儿出生时开始。在互动中，家长和孩子发展出了互惠和节律的模式，并且在一定程度上发展出了同步性。在交流的一开始，注视似乎是一个重要的方面。家长看孩子的时间越长，婴儿注视家长的时间也越长。但是，如果婴儿觉得自己被太多的注意需求搞得"不堪重负"，他们就会变得易怒且退缩。因此，从一开始，婴儿就和家长共同分享着对交流的控制。

大人花在与婴儿互动上的时间长短，尤其是在互动过程中的言语，似乎是与儿童期的能力相关的最关键指标。即便只是对婴儿微笑，也包含着互动和对婴儿发出信号的敏感度。当成年照顾者微笑了，婴儿会观察一会儿成人的微笑，然后会对成人报以微笑。在开始下一个交流循环之前，照顾者需要收起自己的微笑，这样才能结束这一轮交流，开始下一轮交流。成人和婴儿可能共同注视同一物体或事件——成人谈论并评论着这个物体或事件，此时婴儿会看着成人谈论的对象发出微笑，就好像他也在和这个物体或事件产生互动一样。当婴儿开始进入牙牙学语阶段并能够发出元音时，同步性和照顾者的反应就是影响婴儿发展良好的言语能力的重要因素。5个月大的婴儿已经能够表现出对成人的声音语调的敏感度了，他们能够分辨成人声音背后传递出的是对自己或对其他成人的鼓励或禁止的含义（Fernald, 1993）。家长对婴儿发出声音的行为做出立刻反馈能够鼓励婴儿继续发出声音。在亲子互动中，模仿是一个重要的成分（Fogel, 2009）。对婴儿来说，成人和大一点的孩子是他们的行为榜样。家长和儿童之间相互模仿的行为反应能够发展成一种双方之间的"你来我往"。在一来一往之间，家长和儿童会对彼此产生影响。所模仿的可以是声音，也可以是面部表情。新生儿一出生就能够做出模仿行为，但是仅限于新生儿已经有能力做出的模仿行为。如果重复演示多次，6个月大的婴儿能够模仿这些行为。9个月大的婴儿能够延迟模仿之前看到的行为，例如摇晃拨浪鼓。延后的模仿是一种在行为演示完成一段时间之后出现的模仿，术语叫作延迟**模仿**。Brugger、Lariviere、Mumme和Bushell（2007）对14个月大和16个月大的婴儿模仿行为展开了研究，结果发现，在14个月大和16个月大时，如果给婴儿提供完成模仿任务的机会，婴儿能够发展出一种相当复杂的认知加工过程。另一方面，观察发现，成人会频繁地模仿4—10个月大的婴儿的行为。

我们已经在这一章提到过了，父母与婴儿之间的对话是一种极其重要的发展性活动。近期有研究对比了母亲和父亲的语言输出，结果发现，母亲为婴儿提供了大量的词汇，数量远大于父亲（Park，2014；Swanson，2014）。对于婴儿来说，母亲为他们提供的词汇量大约是父亲的3倍。婴儿对母亲的输出也多于父亲。母亲对婴儿声音的回应多于父亲。父亲对男孩的回应更多，而母亲对女孩的回应更多。这类早期语言接触对儿童的阅读和语言发展极为重要。

婴儿也会和其他婴儿进行社会性互动。3个月大的婴儿会注视和自己差不多大的孩子，并且做出突然而笨拙的动作。6个月大的婴儿喜欢看着和自己差不多大的孩子并发出声音。6—12个月的婴儿在没有其他物品在场的情况下能与彼此玩起来（Fogel，2009）。婴儿会"通过相互触摸、微笑和打手势来探索对方"（Fogel，2009，p.400）。1个月大的婴儿会发展出一种"对话"方式，他们彼此挠痒痒，相互触摸，还会说话。他们还会交换物品。在这个时期的婴儿互动和游戏中，给予和索取是他们关注的重点（照片6.8、照片6.9）

照片6.8　如果旁边有别的孩子在玩，婴儿需要时间去参与对方的活动。

照片6.9　如果一个婴儿主动触碰了另一个婴儿的物品，接触就发生了。

把婴儿和学步儿放在一起对这两个年龄段的儿童的社会性发展都有好处（Paul，2014）。婴儿游戏对婴儿和学步儿的作用都相当显著。他们可以在这个过程中学习关心他人，照料他人，并且发展同理心。学步儿还会学习如何照顾婴儿——喂食、拥抱以及换尿片，他们还能成为婴儿的榜样。

同理心，或者说是感受他人情绪的能力以及关心他人的能力，源自婴儿期的经验（Davidov, Zahn-Waxler, Roth-Hanania, Knafo, 2013）。在一些8—10个月大的婴儿身上能够观察到情感和认知层面上的同理心。安抚他人和帮助他人的行为出现在第二年。社会化倾向的气质和更多的同理心相关联。

6.8 气质与情绪发展

气质被定义为"与环境中的人和其他事物产生关联的持续的情绪和情绪调节模式"（Fogel, 2009, pp.334-345）。气质是人格的主要组成成分。有些人安静又害羞，另一些人则外向、友好又武断。研究人员感兴趣的是我们的气质中有多少是由遗传决定的，有多少是由环境决定的。研究已经证明，气质会对成人与新生儿之间的互动产生影响。

纽约纵向研究（New York Longitudinal Study, Thomas & Chess, 1977）是关于儿童气质的持续时间最长且范围最广泛的一项研究。研究结果表明，气质会极大地影响一名儿童，同时也会对家长的教养方式产生极大的影响。Jerome Kagan和他的同事也开展了关于儿童气质的研究（Kagan, 1998；Kagan, Snidman, Kahn, & Towsley, 2007）。他们感兴趣的问题是气质的两端：抑制型儿童以及非抑制型儿童。在研究的第一阶段，Jerome Kagan和他的同事对500名4个月大的婴儿进行了测试。研究人员向这些婴儿呈现了几种不熟悉的刺激，例如，五颜六色的小车在婴儿面前晃晃悠悠地开过去，发出陌生人声音的录音带，在婴儿的鼻子底下放一个蘸着稀释后酒精的棉签。大约有20%的婴儿是"高反应性"孩子，在遇到自己不熟悉的刺激时，变得活跃、紧张不安。"高反应性"的另一端是"低反应性"，这类婴儿是安静的，在遇到不熟悉的刺激时嘴里会嘟嘟囔囔的，或者笑出来。在14个月大和21个月大的时候，这些婴儿会回到实验室，并会遇到一个全新的环境。低反应性婴儿不会表现出害怕，而高反应性婴儿会出现极度恐惧的反应。在这些孩子7岁的时候，他们再次回到实验室，在4个月大时表现出高反应性的孩子是表现得最紧张的一群参与者，他们多是瘦高体型。大约15%的高反应性儿童在7岁时会变得害羞，战战兢兢；余下的高反应性儿童处于平均水平。只有15%的低反应性儿童会表现出嫉妒、情绪高涨、无所畏惧和左右逢源；大多数低反应性儿童处于平均水平。结论是，"气质会塑造人格的发展方向。绝大多数人的发展方向是平均的中等水平"（Kagan, 1998, p.57）。Kagan、Snidman、Kahn和Towsley（2007）继续对这群儿童进行了追踪研究，直到他们15岁。结果发现，那些高反应性儿童和同是15岁的低反应性儿童相比，微笑的时候更少，在访谈的过程中做出的自发性评论更少，表现出更多的紧张，并且更有可能报告自己不开心。因此，气质似乎从一个人的婴儿期到青春期都保持着稳定的状态。

虽然Thomas和Chess的研究工作可谓经典，并且引发了学术界对气质的研究兴趣，但是时至今日，气质的含义已经比最初复杂了很多（Zero to Three, 2004）。主流研究者如此定义气质："从本质上说，气质是人们在情绪与注意反应性以及自我调控方面表现出的个人差异，同时气质还受到遗传和后天经验的共同影响"（Rothbart & Derryberry, 2000, as cited in Sturm, 2004, p.5）。例如，听到一声巨大的噪声，有的婴儿会出现强烈的情绪反应，有的婴儿没什么反应。有些婴儿对情绪的反应方式是大哭出来，有的则是通过某些方式自我调节，比如转过身去，吸吮自己的拳头。对于每一名儿童来说，气质是一种混合物，这种混合物包含着他们的反应性和自我调控特性。

在过去，评估儿童气质的方式是给家长或老师们发问卷或量表，让他们来填写。近期，新的测量工具能够帮助研究者深入到气质的心理和生理层面，这类新的测量方式能够记录儿童的心率、与压力相关的皮质醇水平以及脑活动。这些都是孩子的性格受遗传影响的证据，例如，社会性，害羞，出现恐惧、愤怒或开心情绪的可能性（照片6.10）。但是，这些特征同时具有极大的可变性，于是研究人员开始考察环境因素、生理因素以及心理因素对孩子的影响，这些因素相互作用影响着孩子的气质特征。Kagan及其同事（2007）发现，心理因素产生的影响比生物/生理因素产生的影响更强。

Sturm（2004）认为，由Thomas和Chess提出的儿童气质特征是相当有价值的理念，它能够帮助家长理解孩子挑战性的、令人觉得挫败的或者让大人莫名其妙的行为，也能够帮助家长使用新的方式和儿童相处。它还能够帮助家长审视孩子潜在的优势。Wachs（2004）提出了七种影响儿童气质的潜在因素：基因、脑活动、家庭环境、营养、文化、生物医学条件以及有毒物质。

在评估儿童气质的适应性时，文化也是一个重要的组成部分（Carlson, Feng, & Harwood, 2004）。Carlson、Feng和Harwood（2004）指出，在美国，对于40%的孩子来说，他们的家庭重视的气质特征和英国裔美国家庭重视的气质特征不同。例如，在美国，害羞而敏感的孩子通常会被贴上孤独和忧郁的标签。在中国，害羞而敏感的孩子则被视为在社交和学业上有能力的表现。而在瑞典，这些特征既不会被视为积极的特征，也不会被视为消极的特征，而且瑞典人认为这些特征也和孩子未来的成就无关。在一个多元化的社会中，不同文化背景的群体都有自己关于"理想"宝宝的观点。在儿童气质特征的问题上，我们在评估和做出预期时应当具备相应的灵活度。稍后，我们还会深入探讨文化问题。

6.8a 情绪发展

情绪和行为的发展与认知的发展同等重要。我们应当教导儿童理解并管理自己的情绪。通过和照顾者的互动，婴儿可以表达自己的情绪并且学着调节自己的情绪（Cole, Martin, & Dennis,

照片6.10 在愤怒时，婴儿能够展现出强烈的情绪。

2004；Kuria & Bohlander, 2014）。Campos、Frankel 和 Camras（2004）的研究发现，随着婴儿新技能的发展，例如伸够、爬行、行走还有说话，他们的情绪也在发展；随着婴儿不断获得新经验的过程，他们对这些新经验的情绪反应也在发展。婴儿最初的情绪是相当宽泛且未分化的，例如未分化的悲伤，这种情绪随后可能发展为更加具体的感受，比如愤怒、悲伤或者恐惧。

情绪的健康度是心理健康的反映。Mayes、Rutherford、Suchman 和 Close（2012）提醒从事幼儿工作的成人，除了要给婴儿提供适宜的玩具和良好的身体照料外，婴儿还需要爱和温暖。成人还需要留意婴儿发出的情绪迟钝"信号"，例如，愣愣的眼神，在成人拥抱时表现出的拒绝，连续哭几小时且难以安抚，以及暴烈的脾气。儿童可能会记得自己在婴儿期的创伤体验（Gaensbauer, 2004）。在随后几年里，他们在游戏中甚至可能重复这些创伤体验。

母亲的心理健康和孩子的心理健康密切相关。在怀孕的最后阶段和婴儿刚出生时，无论是父亲还是母亲，在心理上，一个新生命要出现在自己生活中的想法慢慢占据了主要地位（Mayes, 2002；Mayes, Rutherford, Suchman, & Close, 2012）。Mayes（2002）报告说，在访谈的过程中，婴儿的父母们会说"感受到了极大的喜悦，自己整个生命状态都被改变了，自己体

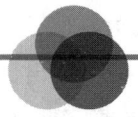

现实世界中的儿童发展

婴儿的心理健康

年幼儿童的心理健康是早期干预和教育的核心，这种观念日益受到认可（Grabert, 2009）。美国心理学协会（American Psychological Association）最近在线发布了对婴儿与学步儿心理健康状况的综述（2011）。不幸的是，民众普遍认为：婴儿不会发展出心理健康问题，因为他们在心理上是不成熟的，随着婴儿日渐成长，任何与创伤相关的情绪或行为反应都会随着年龄增长而消失。然而，事实上，婴儿确实会对环境中发生的事件做出反应，例如家庭或生活环境中的暴力、家长和照顾者的抑郁症、家庭成员的死亡、虐待、忽视、地震、洪水或其他让婴儿恐惧的经历。婴儿可能会变得冷漠、抑郁和退缩。因为成人可能意识不到婴儿正处于困扰和压抑当中，因此婴儿可能永远也得不到所需的帮助，他们还可能带着自己的问题进入童年期和成年期。例如，2007 年，在 2005 年时经历过卡特里娜飓风灾害的儿童在新奥尔良仍然得不到应有的心理健康服务和支持（Children's DefenseFund, 2007）。我们不知道有多少婴儿可能面临创伤后应激障碍的问题。能够识别出并且对婴儿突然出现的行为改变保持警惕是极为重要的，因为突然的行为改变意味着婴儿对创伤经历的应对方式。从事婴儿及其家庭相关工作的人员需要熟悉并对婴儿心理健康问题的征兆保持警惕。《从零岁到三岁》（Zero to Three, 2005）已经发布了婴儿受灾害或重大社区暴力影响的诊断指导方针。

American Psychological Association（2011，February 22）. Babies and toddlers can suffer mental illness, seldom get treatment；Grabert, J. C.（2009）. Integrating early childhood mental healthinto early intervention services. Zero to Three, 29（6），13-17；Zero to Three（2005，November）. Guidelines for the diagnosis of infants affected bydisaster or major community violence.

验到了一种完全的满足感和开心，这种感受是难以言表的，还有一种超出自己想象的成就感和完满感"（p.6）。另一方面，还有很大比例的新生婴儿的父母报告说担心有什么糟糕的事情会发生在孩子身上。通常，绝大多数刚当上母亲的女性会在产后出现类似的困扰，俗称**宝宝忧郁**，即产后抑郁。女性会表现出中等程度的症状，通常可能表现为睡眠困难。大约有10%的新生儿的母亲会出现**产后**重性抑郁的情况（Epperson，2002）。

产后抑郁（postpartum depression，PPD）通常会发生在孕期就出现抑郁发作的女性身上。药物治疗、心理治疗或者二者相互结合的治疗手段通常会帮助女性"战胜"产后抑郁。不幸的是，女性产后抑郁的问题经常被忽视。重复发作会对母婴关系产生负面影响，同时也会影响孩子正常的神经发育。抑郁的母亲无法为婴儿提供充满有益刺激的互动，反而被低落的情绪、泪水涟涟、易怒、情绪的起起伏伏、焦虑以及各种需求压迫（OCD Developments，2008）。这种状况会危害婴儿，例如，影响认知和动作的发展、困难型气质、薄弱的自我调节、低自尊以及发展出各种行为问题。在每1000名产后抑郁的女性中，会有1名出现**产后精神病**（postpartum psychosis，PPP），其表现包括古怪的行为（甚至是妄想），产后精神病还可能导致母亲自杀或杀婴。产后护理必须包括对母亲的教育和培训，其中就包括应该告诉她们产后出现中等程度的抑郁是正常现象，这是常规的激素和神经活动之间相互作用的复杂过程导致的。Epperson（2002）指出，需要教育政策制定者和普通大众，让他们了解产后情绪变化和背后的生理基础。对受到抑郁困扰的母亲来说，她们同时需要孕期筛查和产后治疗（OCD Developments，2008）。

6.8b 照顾者的情感行为和参与

在更多的时候，我们开始认为，亲子关系的质量比婴儿和谁建构关系更加重要（照片6.11）。婴儿在生命的第一年会发展出信任感，与此同时，他们也会发展出爱的能力。在成长的过程中，有能力去爱别人是婴儿人生中的第一个月要学习的关键内容（Fraiberg，1977）。"像母亲一样的育儿行为"已经不再是母亲的"专利"了。

传统意义上，母亲是婴儿首选的照顾者。但是，正如前文所述，在所有的文化中，男性的角色已经发生了改变。就像男性现在已经参与了孩子的出生过程，他们在照顾婴儿的过程中的参与度也越来越高了。

在医院病房看到新生的婴儿时，中产阶级和更低阶层的父亲对婴儿表现出的兴趣基本上和母亲对婴儿表现出的兴趣是一致的。为人父母的能力决定了一个成人对婴儿发出信号的敏感程度，也会影响成人回应婴儿信号的恰当程度（照片6.11）。

照片6.11　婴儿需要和他人形成高质量的关系。

关于不同种族/群体中的父亲在育婴过程中的卷入程度，我们目前还所知甚少（Cabrera，Hofferth，& Chae，2011）。Cabrera及其同事考察了全美范围内大样本（N=5089）的父婴卷入度的情况，样本中包含了三个种族/群体：非裔美国人、拉美裔美国人以及美国白人。父亲的卷入程度包括了父亲对婴儿的言语刺激、照料行为以及身体游戏。非裔和拉美裔父亲在照料行为和身体游戏方面多于白人父亲。虽然这两种行为的出现频率不同，但是三组父亲在给婴儿提供言语刺激方面是相同的。在每一组样本中，如果父亲的受教育程度越高，他们给婴儿提供的言语刺激就越多，特别是会通过讲故事的方式给婴儿提供言语刺激。

如果家里的年幼儿童（对年龄的界定是从新生儿到5岁以下儿童）有身体上的残疾，那么成人所承担的责任和陪伴年幼儿童时所承受的压力就会激增。Gavidia-Payne 和 Stoneman（1997）考察了哪些因素会影响残疾儿童家庭中母亲和父亲的育儿参与程度。经济状况越好，受教育程度越高，并且认为家庭互动是健康生活的标志，那么母亲在育儿过程中的参与程度是最高的，并且母亲应对压力的能力也会更好。对于父亲来说，如果他们能够积极寻求帮助，并且寻求社会性支持和宗教上的支持，那么他们的育儿参与程度会更高。虽然父亲们不会参与跟所有育儿服务提供者的会面或沟通，但是父亲确实会寻求专业的服务来提供帮助。受教育程度更高、经济状况更好的父亲在育儿过程中的参与程度更高。积极的家庭关系能够预测父亲的育儿参与程度。Gavidia-Payne 和 Stoneman 认为，他们的研究结果是对早期干预项目的生态观的支持证据，类似的生态理论之一是布朗芬布伦纳（见本书第1章）提出的模型。

6.9 文化与亲子互动模式

以往的研究主要是以欧裔儿童为对象的，基于这些研究而形成的理论也许无法推广到其他少数族裔文化群体的儿童身上。Cynthia T. Garcia Coll（1990）对少数族裔的婴儿和学步儿的研究进行了综述。不同文化背景下的成人的育儿行为各不相同。例如，纳瓦霍人（美国最大的印第安部落）会把婴儿放到摇篮里，然后把孩子背在自己的背上。背篓的使用会降低婴儿的生理唤起水平和活动水平，这样导致的结果就是成人和婴儿之间的双向互动更少。但是，这种低水平的亲子互动不会延伸到婴儿不在背篓里的时间段。和欧裔婴儿相比，在出生后的第一年里，纳瓦霍人的婴儿比欧裔婴儿表现出的恐惧更少，但是在出生后的第二年里，纳瓦霍人的婴儿表现出了比欧裔婴儿更多的恐惧。然而，纳瓦霍人群内部的差异性也极大；成人和婴儿之间的互动越多，婴儿表现出的恐惧也就越少。

Coll（1990）对其他少数族裔的母婴互动研究情况进行了介绍。和欧裔母亲相比，墨西哥裔母亲对婴儿表现出了更多的肢体接触，更少的言语刺激。来自拉美裔族群的母亲和孩子之间的互动模式是多种多样的：古巴母亲是和孩子说话最多的母亲，并且和孩子一起做有教育意义的游戏也更多；波多黎各和南美母亲和孩子说的话更少，她们和孩子进行的社会性游戏更多。和拉美裔母亲相比，非裔母亲和孩子说的话更少，同时和孩子的游戏也更少。在被问及时，拉美裔母亲表达的多是对孩子的教育目标的关注，而非裔母亲多是表达了如果给予孩子太多的关注是否会宠坏孩子的担忧。

目前还没有证据显示上述这些互动模式会影响婴儿和照顾者之间的依恋关系，或影响婴儿的气质类型。另一方面，虽然大样本研究结果显示某种文化对应着特定的文化模式，但是每种文化背景中的个体成员可能各不相同且差异极大的。例如，Brinker、Baxter 和 Butler（1994）对参与一项早期干预计划的非裔美国母亲和婴儿之间的互动进行了观察。研究关注的对象是低社会经济地位群体和中等社会经济地位群体，其中一些参与研究的母亲还是吸毒的问题。研究人员发现，这些母亲和婴儿的互动模式差异极大，据此他们得出结论，不应当根据个体来自哪种文化背景就给他们的母婴互动"贴标签"，这是一种对不同文化群体中成员的刻板印象。这是非常重要的一条结论。

还有一些跨文化研究比较了美国母亲和来自其他文化背景的母亲之间的差异，以下是来自美国母亲的例子（Perles，2011）：

- 美国母亲是最有可能给婴儿提供玩具的。
- 美国母亲是最有可能鼓励婴儿的独立性的。
- 美国家长和自己的婴儿睡在一起的可能性更低。
- 美国家长对婴儿哭泣的忍耐力更强。
- 美国母亲鼓励婴儿的动作发展。
- 美国家长抱孩子的可能性更低，他们更愿意把孩子放到学步车、连体裤、婴儿车或者设计精巧的工具里面，这样美国家长自己去哪儿也能带着孩子去哪儿。

以下是来自其他文化背景的母亲的例子：

- 非洲古西（Gusii）母亲对婴儿哭泣的反应动作更快，并且她们觉得美国母亲对婴儿说的话太多了（Perles，2011）。
- 喀麦隆母亲在抱孩子的时候，孩子的脸朝外，这样一来孩子就能看到自己周围发生的带有自己文化特征的各种事件，而德国母亲在抱孩子的时候更多的是采用脸对脸的方式（Day，2013）。
- 美国母亲和孩子面对面的时间是日本母亲的2倍（Day，2013）。
- 生活在法国的西非母亲的言谈话语的内容更多是关于其他人的（一种更加明显的交流导向），与西非母亲的行为相反的是法国母亲，她们说话的内容更多是指向婴儿或自己和婴儿的（Day，2013）。

虽然总体上涉及父亲的儿童研究的数量越来越多，但是极少有对发展中国家的父亲和婴儿之间互动的研究。同时，发展中国家的婴儿出生率在不断提高，并且很多家庭开始移民美国。Engle和Breaux（1998）指出，在美国多个州，多民族家庭占人口的比例正在以相当快的速度增长。在这些移民群体中，他们关于什么才是父亲的恰当角色和行为有着各种各样的观念，这些观念和盎格鲁白人文化的观念大不相同。如果要在更加广泛的层面理解父亲的角色，就有必要把家庭中其他的男性角色也纳入"父亲"的定义当中。例如，在某些文化中，家庭中的男性也许并非孩子的生父。Engle和Breaux（1998）解释称，在某些地区，例如越南，其他男性亲属，诸如孩子的祖父，可能会扮演父亲的角色。

如前文所述，女性占主导地位的家庭比例日益增加。在全世界范围内，外出就业的母亲越来越多，这就导致了男性和母亲、男性和孩子之间关系的变化。Engle和Breaux（1998）提供了男性角色正在经历变化的若干种文化。在美国拉美裔家庭中发生的变化特别重要，因为拉美裔是在美国数量增加得最快的少数族群。传统的墨西哥家庭包括一个占据权威地位的男性，一名处于从属和依赖地位的女性。男性供养家庭，管教孩子，妻子则是从属的角色，她们通过食物、温暖和爱的方式给孩子提供所需要的东西。然而，由于城市化的进程日益加剧，新的模式对母亲和父亲的界定处于平等地位，他们共同分担家庭的责任（Saracho & Spodek, 2007）。拉美裔父亲有可能从事时间长但报酬低的工作（Behnke, 2004）。于是，等他们下班回到家的时候，可能已经筋疲力尽，没法给孩子提供应有的关注度。许多拉美裔父亲可能刚刚移民到美国，他们只能说很少的英文，这限制了他们帮助孩子完成家庭作业的能力。另一方面，拉美裔的父亲也有很多优势。他们重视合作、家庭的完整以及孩子的养育问题（Behnke, 2004）。许多拉美裔父亲情感充沛，乐意带孩子，喜欢和孩子一起玩耍，并且能够为孩子提供丰富的情感支持。

目前已经有一些项目在帮助重新定义家庭中的父亲的角色，并且发挥父亲在家庭中角色的优势。这些项目致力于在家庭中构建更加平等的角色。另一些项目致力于帮助男性提升责任感，并且提高作为家长的技能。在美国，一些项目致力于帮助未婚的单身父亲。预防导向的教育的重点是扩展对性别角色的定义，而这些男孩年纪尚小，这些项目同时致力于帮助他们形成为人父母的正确观念。在商业和工业领域内，正在形成一股为员工提供父亲假以及弹性工作时间的风潮，以此帮助父亲们提高家庭参与度。对没有父亲的儿童的法律保护仍然是需要的，同时人们正在致力于提高男性养育孩子的能力。

如果我们看一看其他文化，家庭结构的变化随处可见，对家庭中男性角色的重新定义变得日益重要，这样才能够为儿童的发展提供更好的支持。

> **思考时间**
>
> 在你看来，什么是理想的家长/照顾者与婴儿的关系。

本 章 总 结

6.1 描述婴儿期的认知学习和发展。 婴儿的认知发展与婴儿的感觉及运动发育、活动以及社会性发展密不可分。婴儿的认知发展会按一定顺序经历若干阶段，这些阶段的核心是婴儿不断增加的关于物体的知识以及关于语言功能的知识。婴儿会发展出物体恒存和物体识别的概念。他们开始能够完成简单的分类任务，并且能够对如何达成自己的目标做出计划。一旦他们能够操纵物品了，对信息的储存能力就会迅速提高。通过人际间的互动以及为婴儿提供丰富刺激的环境，成人能够为婴儿的发展提供各种适宜的刺激。

6.2 识别影响婴儿交流、语言和阅读发展的重要因素。 交流技能的发展始于婴儿期，它是语言和阅读的基础。婴儿能够适应言语的节奏。他们喜欢自己和他人发出的声音。婴儿会经历如下阶段：咕咕声、牙牙学语以及词语萌芽阶段。如果在成人的积极陪伴下观看视频，视频就能够帮助婴儿语言的发展。使用手势语言或者使用口头和肢体语言的综合体交流有助于语言发展。当成人给婴儿读简单的书籍时，婴儿阅读的发展便开始了。共读是一种融合了情感依恋、语言和阅读的综合方式。

6.3 描述婴儿期大脑发育的重要变化。 对大脑发育的关注能够帮助我们更好地理解为什么要为婴儿提供丰富的感觉和动作刺激。大脑会持续不断地构成新的连接。男孩和女孩倾向于在不同的时间段、不同的领域发展各自的优势。为孩子提供能够促进大脑左右半球发育的活动是相当重要的。

6.4 阐述了婴儿社会参照知识和婴儿游戏的重要性。 婴儿通过对物体的探索和游戏进行学习。他们开始做出从他人那里获取信息的行为，借助这些信息，婴儿能够决定如何使用物品，以及如何在社会性情境下做出反应。婴儿是主动的学习者，在感知运动阶段初期，婴儿需要与他人玩游戏的时间，也需要独自探索从而发展自身能力的时间，他们需要在这两种活动的时间分配上达到一种平衡的状态。在婴儿期的最后阶段，婴儿通常能够做一些简单的假装游戏活动。

6.5 **描述婴儿期的成人与婴儿互动的重要性**。在孩子和照顾者之间形成的良好互惠关系是形成稳固的依恋关系的基础。婴儿在控制自己不断发展的能力的过程中会出现四个阶段：（1）控制初始能力阶段：在这个阶段，婴儿学习如何获得注意；（2）注意的延伸阶段：在这个阶段，婴儿学习使用自己的微笑、声音、表情以及动作线索来控制与他人的互动；（3）控制的有限测试阶段；（4）在大概四五个月大的时候，这是自主性出现的阶段，婴儿开始主导与他人的互动。

6.6 **解释婴儿期依恋发展的重要性**。生命最初的 3 个月是依恋发展的重要时期。当家长离开之后再回来时，观察家长与婴儿重聚时的情况能够为判断依恋程度提供线索。根据依恋程度的不同，儿童的依恋模式可以分为四类：安全型依恋、不安全型依恋-矛盾型、不安全型依恋-回避型以及无组织型-混乱型。家长的离开和再返回通常对于婴儿来说是一种应激事件，在处理时必须冷静且循序渐进。

6.7 **描述并比较婴儿与成人、婴儿与同龄人的互动方式，以及多个照顾者会对婴儿产生怎样的影响**。互动是交流的基础。大多数这种类型的互动和交流都是日常发生的。模仿是亲子互动的重要组成部分。婴儿通过对照顾者的行为反应能够对互动的某些部分有所控制，并且能够影响照顾者的行为反应。父亲和母亲对孩子的关注和情感是相同的。如果条件允许，和成人互动以及和同龄人互动都是婴儿很感兴趣的。婴儿会首先注视彼此。在 6 个月大的时候，他们会看着彼此，发出声音，通常会出现的行为有模仿、触摸、微笑以及做手势。到了 1 岁的时候，婴儿会发展出"对话"的能力，通过挠痒痒、触摸以及大笑的方式进行交流，还可能彼此模仿。

研究表明，亲子关系的质量并不会对亲子依恋产生干扰，事实上还有可能促进亲子依恋。父亲、母亲以及其他照顾者能够为婴儿提供相同的温暖与养护。家庭的稳定性和功能正常也是家长在照顾有残疾儿童时的参与度的重要影响因素。此外，在思考亲子互动时，我们也应当把生态系统理论考虑进来。

6.8 **解释婴儿的气质与亲子情绪关系的重要性**。气质是一个人情绪及情绪管理的一种固定模式。气质是人格的主要组成部分。气质在一定程度上决定了一个婴儿是易养型的（沉静、放松）还是困难型的（活跃、苦恼）。研究发现，婴儿的气质特征会一直持续到青春期。气质可能受基因、脑活动、家庭环境、营养、文化、生物医学条件以及有毒物质的影响。不同的文化对一个人的气质特征可能持不同的看法。

人类所有的初级情绪都会在婴儿期出现。儿童应当学会管理自己的情绪，因为情绪管理是社会互动的一个重要方面。婴儿的心理健康一直是婴儿发展研究的主要关注点。随着家庭虐待的频发，我们必须认识到这个问题的严重性，并加以应对。婴儿的心理健康可能会受到家庭暴力和家长抑郁问题的影响。如果曾经置身创伤性情境，婴儿会出现创伤后应激障碍的问题，创伤性情境包括社区暴力、飓风或者战争等。产后抑郁常见于女性。目前的困境在于，几乎没有针对这个问题进行评估和干预的项目。

6.9 **描述文化如何对亲子关系和亲子互动产生影响**。我们在本书第 3 章介绍了多种文化的部分特征。每一种文化在如何和婴儿互动方面都有自己独特的方式。在某些文化中，婴儿游戏较多，并且成人希望儿童是积极活跃的；而在另一些文化中，成人对待婴儿的方式被动一些。虽然我们对母婴互动方式的文化多样性问题有所了解，但是文化多样性是否会导致婴儿气质和依恋关系的文化差异？如果这种文化差异存在，又是如何形成的？对于这些问题我们目前还不得而知。然而，随着社会快速变化，成人的角色必须得到认真的审视，并且得到应有的尊重。

第四部分
学步儿：在发展中走向独立

第 7 章　学步儿：自主性发展

本章涉及的标准

naeyc

美国幼儿教育协会项目标准

1a：了解并理解0—8岁儿童的特点和需求

DAP

儿童发展适宜性实践指导方针

1D：实践者设计和维护实体环境，从而保护学习型社区的健康和安全社区

5：和家庭建立互惠关系

3：规划课程从而实现重要的发展目标

1：为学习者构建一个充满关爱的社区

1C：社区的每个成员都礼貌而负责任

学习目标

在阅读本章之后，你应当能够：

7.1 解释学步儿时期的关键特征。

7.2 描述至少三个主要的理论家关于学步儿的观点。

7.3 指出影响学步儿的健康和营养的重要元素。

7.4 总结学步儿时期典型的精细动作技能和粗大动作技能。

7.5 为典型学步儿和有特殊需要的学步儿建议最有效的指导实践方法。

7.6 描述皮亚杰和维果茨基对学步儿认知发展的观点。

7.7 举出学步儿概念和语言发展的例子。

7.8 说出学步儿认知和语言发展中社会文化层面的重要性。

7.9 解释情感发展和同伴游戏的特点。

7.10 描述成人对学步儿情感发展的影响，以及学步儿典型的气质特点。

7.1 走向自主

"学步儿精力充沛，有着用不完的精力、热情与好奇心。他们在这个阶段的初期，还拥有婴儿般有限的运动、社交、语言以及认知能力。而在学步儿阶段的末期，他们已经拥有幼儿那样相对复杂的技能"（Marotz & Allen, 2016, p.107）。儿童在幼儿期从依赖走向独立。

学步儿期是指从1岁到2.5或3岁这个阶段；在这段时间，儿童也从婴儿长成了学龄前儿童。在"家长养育典范"（"parenting icon"；如Wilson, 2010）中，T. Berry Brazelton 博士认为，学步儿期（大概2.5岁）是在儿童走向3岁的成熟期时，全心全力开始使用新技能的时候，这段时间的他们是非常有意思的（Brazelton, 1977a）。

儿童在这个阶段的主要任务是在走向独立的道路上发展自主性（照片7.1）。学步儿希望做大孩子和成人做的事情，并且想独立完成。他们在这个阶段给成人带来了一个特殊的挑战。家长需要使用不同的方法，来帮助学步儿获得适宜的独立行为。Field、Perry还有Fields（2010）指出，学步儿在这个时间段才开始发现自己是独立的人，有自己的思想和欲望。他们不断检验这个新发现，使自己相信自己是拥有独立能力的。"不！"成了他们最经常使用的回答方式，即便他们实际上想说"是"。因为学步儿用强烈的意愿回应成人，所以这段时间通常被大家叫作**可怕的2岁**。这段时间对成人来说充满挫败感，并且令人筋疲力尽。学步儿需要有做出真正选择的机会，比如穿这两件衣服中的哪一件，或者甜品是该吃布丁还是冰激凌。他们在独立活动中也需要帮助，比如穿衣服、吃东西、洗盘子（即便父母之后需要重新洗一遍）、倒垃圾。学步儿快速培养着运动、认知以及情感方面的能力。但是，随着这些能力的提高，学步儿在努力完成任务、发现自己能做什么的时候，也需要照顾他们的成人付出大量的精力。

照片7.1　这个单脚玩滑滑车的活动在挑战学步儿的运动协调性。

7.2 理论家眼中的学步儿

埃里克森、弗洛伊德、班杜拉、皮亚杰、维果茨基以及斯金纳都从自己的角度看学步儿。除了斯金纳和班杜拉，其他理论家都将学步儿期看作儿童成长以及学习的特殊阶段。

学步儿在18个月大时就进入了埃里克森定义的第二阶段。在这个时期，学步儿必须处理一个危机：**自主对羞怯和怀疑**（Miller, 2011）。学步儿有强烈的意愿继续前进，使用新的动作技能。

同时，他们必须掌握自我控制能力，懂得在周围环境的限制下使用这些技能。他们需要懂得或许可以爬到沙发上，却不能爬到沙发背上往下跳。他们需要懂得，可以在室外奔跑，却不能在家里乱跑。在做错事时，学步儿需要发展出健康的羞怯感。同时，如果羞怯感过强，则会导致他们怀疑自己的能力，以致不能培养健康的独立感。学步儿可能会非常目中无人（比如，说"不"的阶段，或者表现出很多负面行为），或者顺从（遵从所有的事情，不坚持自己的主张）。因此，成人们需要在这个阶段指引学步儿，鼓励自主行为，同时协调自控能力。在这个危机时期的大部分时间里，与使用厕所相关的行为成了儿童身体和运动发展的重要成就。

> **思考时间**
>
> 在阅读关于学步儿行为的这一部分时，想一想为什么家长容易被学步儿搞得沮丧、充满挫败感？

弗洛伊德强调儿童在1.5—3岁的大小便训练的重要性，他称这个阶段为**肛门期**。他发现，成人的心理问题通常来源于错误处理大小便训练的经历。憋住排泄物对幼儿来说是第一个有关控制生理需求的要求（Miller, 2011）。

班杜拉认为，更完善的动作技能和更高水平的认知技能的发展可以使学步儿在观察学习中更好地发挥已有的能力（Miller, 2011）。学步儿从视觉表征发展到了符号表征，使得他们可以模仿之前观察过、但已不能再观察到的行为。学步儿更熟练的动作技能使得他们可以完成更多种类的任务。通常来说，这些发展的结果就是我们发现学步儿尝试使用妈妈的化妆品或者爸爸的剃须用品，或者在厨房里把各种食材、配料搅和到一块。

在皮亚杰的眼中，学步儿期是从感觉运动阶段后期步入**前运算阶段**初期的阶段。在18个月至2岁这段时间，儿童从感觉运动阶段过渡到前运算阶段。从感知上来说，儿童发展到可以理解物体恒存性的水平了，并且开始有更多的类似成人的心理意象。动作技能发展停止，让位于认知发展和语言发展。玩和模仿成为这个阶段的儿童重要的学习途径。这个理论和埃里克森的想法是一致的。

在维果茨基的眼中（Berk & Winsler, 1995），1—3岁的学步儿的主要活动集中在操作物体、出现明显的自语以及自我调节的发展上。在这段时期，学步儿发现他们在做活动的时候变得越来越没有那么冲动了，他们必须控制自己的冲动，并且遵从活动的规则。学步儿阶段很重要的一个发展就是自主言语以及自我调节自语。这些话语通常在语境下没有任何实意。儿童通常会自编一些近似话语的声音，只有直系亲属可能明白他们是什么意思。这些最初的话语的意思取决于当时说话的语境。维果茨基认为，这段时期的学步儿还不能用语言来表达自己的思想。我们会在之后的章节探讨维果茨基关于语言和思想的观点。

根据发展理论，典型的学步儿是非常活跃的，他们开始逐渐成为一个独立的人。不断成熟的肌肉控制使他们可以更好地走、爬、跑和上厕所。学步儿在2—3.5岁时，对活动的急切需求达到了顶峰，在那个时间段之后，他们倾向于稳定下来一点。语言打开了学习和交流的新领域。游戏和模仿是学步儿学习的主要手段，通过游戏和模仿，学步儿能够学习关于性别角色、独立性、攻击行为、区分对错以及社会行动的行为准则。

斯金纳认为，正确的环境应该给学步儿提供运动和探索的空间，通过强化预期要求的行为，支持并帮助他们学习。

7.3 健康与营养

总体的健康和营养一直被看作影响儿童生理发展和行为的重要因素。在美国，为儿童提供足够的营养是一个非常严峻的问题。2012年，1600万美国儿童（占1/5）生活在食品无保障的家庭中（Gundersen & Ziliak，2014）。这就意味着，这些儿童生活在食物匮乏的家庭中，导致**食品无保障**。当儿童长大，他们的饮食质量会下降，主要因为他们摄入蔬菜和牛奶的量不足。低收入、营养匮乏的怀孕妇女、婴儿以及5岁以下儿童可以得到妇女、婴儿和儿童营养补给项目（Women, Infants, and Children，简称WIC）的营养帮助（WIC，2014），该项目是联邦政府资助的。WIC项目为上述人群提供含高营养成分的饮食补给，比如蛋白质、钙、铁以及维生素A和C。婴儿可以得到强化补铁的配方奶粉、婴儿食品和谷物。成人可以得到强化补铁的谷物和水果、蔬菜汁、鸡蛋、牛奶、奶酪、花生酱、水果、蔬菜以及鱼罐头。很多儿童生活在领取食物券的家庭中。对于幼儿来说，虽然现在资助低收入地区或低收入人群的家庭保育中心的指标越来越严格，但是美国联邦政府还是在不断资助补贴年幼儿童在儿童保育家庭和保育中心的食物。

总体医疗保健在学步儿阶段十分重要。儿科幼儿保健对于评估学步儿的发育进度十分重要（Kuo & Inkelas，2007）。发育问题可以得到早期诊断与治疗。同时，家庭心理健康和环境也可以被监控。大部分医疗服务机构建议婴儿及学步儿在2岁前接种疫苗（LeBlanc，2002）。

2012年（FIFCFS，2014），在19—35个月大的儿童中，有76%的孩子接种了建议的六联疫苗。（虽然疫苗是入学的前提要求，很多家长还是拒绝给他们的孩子接种疫苗，并且他们还可以从学校获得免疫苗批准。因此，我们也不能假设所有的学龄儿童都接种了必要的疫苗。）疫苗可以预防麻疹、腮腺炎、风疹、白喉、破伤风、百日咳、小儿麻痹、乙型肝炎、水痘、甲型肝炎以及肺炎球菌病。疫苗可免费接种，低收入家庭也可以在当地的卫生部门以很低的价格接种。从6个月大开始，医生就建议每年接种流感疫苗。

7.3a 成人在营养与医疗保健中起的作用

通过提供充足的营养和医疗保健，从事与儿童和家庭相关工作的成人可以支持儿童的生理和心理发展。学校和保育中心应该提供有营养的餐点和零食。应该着重强调儿童的日常规范，例如洗手。健康与营养教育项目应该同时在学生和他们的家庭中开展。

Marotz（2012）认为，好营养是好健康的基础。成人必须有适当的营养知识，才能为儿童做好榜样。他们需要知道能量提供、成长原料、人体组织维护以及身体调节过程所需的营养分别有哪些。每一天，人体都需要摄取一定量的营养，这些营养主要从四种基本食物来源中摄取：奶制品、蛋白质、水果和蔬菜以及谷物。**膳食营养参考摄入量**（Dietary Reference Intakes，DRIs）可以用来衡量家庭需要购买什么食物，以及监控每天的食物摄入量。成人可以通过为儿童提供有营养的食物来帮助儿童获得充足的营养物质。糖果和其他垃圾食品不应涵盖在儿童早期膳食中。

吃饭时间应该是高兴且愉悦的，不应有太多

的摩擦冲突（Marotz, 2013）。在走上自主性道路的过程中，学步儿可能会对自己喜欢和不喜欢的食物有强烈的感觉。学步儿的饮食行为会渐渐发展，成人应该在饮食方面尊重他们。比如，小一点的学步儿主要用手指吃饭，并且通常会反着用勺子往嘴中送食。在2岁左右，学步儿的食欲会减弱，对食物的偏好会不断发展。成人在这段时间应该对儿童更有耐心。2岁的孩子会很喜欢自己喂自己吃东西，但还是会同时使用手指和餐具。可以给儿童一些可以拿在手里的小食品。从3岁开始，学步儿的胃口会随着餐具的使用而改善。但是可以拿在手里的小食品对他们来说还是比较容易操作的。到3岁的时候，儿童会开始喜欢帮忙准备食物。儿童的食量很小，并且会消耗很多能量。成人应该在正餐之间提供一些有营养的小零食，比如奶酪块、水果片、生蔬菜或者水果汁。（照片7.2）

照片7.2 健康的零食可以挑战儿童的精细动作协调性。

成人通常会把食物作为对儿童得体行为的奖励，或者用食物奖励儿童尝试新食物的行为。例如，当一个孩子捡起了自己的玩具时，或者这个孩子答应吃绿色的豆子时，家长就会给她一块饼干或者一小块糖果作为奖励。但其实，家长不应当用这种方式奖励儿童的任何行为（Marotz, 2013）。如果因为尝试了新食物就获得奖励，效果是不长久的。在实际操作中，这种方式会让儿童认为这种新食物是一种偶发事件，他们是不会喜欢上这种食物的。此外，家长一味要求孩子吃光盘子里的食物可能诱发儿童的肥胖问题。儿童的进食量应以吃饱为准。

和年幼儿童在一起的成人是儿童健康状况的观察员和评估员。Marotz（2013）提出了健康评估计划。每日对儿童的观察可以让给我们了解一个孩子的能量消耗水平和动机。活动水平的改变可能意味着问题的出现。每日的健康检查只需要一两分钟，却十分重要。总体而言，儿童的全身状况、头皮、脸部、眼睛和鼻子都可以作为可疑改变的征兆，需要检查。家长应该和孩子们在一起，直到检查完成。这种方式需要家长的加入，并且确保一旦孩子被指出有任何特殊问题，家长是在场的。Marotz建议家长和儿童了解一些信息，例如，玩具安全、吃早饭、有营养的零食、锻炼、清洁、根据天气穿适当的衣服以及口腔卫生等的重要性。

7.3b 物质滥用

在第4章中，我们已经描述了物质滥用的危害。家长的药物滥用和酒精滥用，以及被动吸烟，都是年幼儿童产生严重问题的根源。正如在之后的章节中提及的，虽然并没有足够的有力数据去证实这些物质所带来的影响，但是这些可能性不能被忽略。随着越来越多信息的获得，人们更加重视对存在物质滥用问题的儿童和家庭的帮扶项目（Zero to Three，2007）。

近期完成的可卡因成瘾研究发现，从刚出生的婴儿到成人，贫困和恶劣的环境条件给人们带来的负面影响超过了可卡因本身这个因素（Fitz-Gerald，2013）。最近（Copeland，2014），"甲基苯丙胺"婴儿和"可卡因"婴儿（婴儿母亲在怀孕时吸食可卡因）受到了关注。到目前为止，没有数据证实这些儿童受到了严重的神经损伤。但是，研究显示，孕期吸烟会给儿童带来明显的损伤。

虽然父母存在物质滥用问题的孩子可能不会直接被物质所影响，但是这些孩子可能生活在一个感情上受伤害的环境中（Thompson，1998）。如果对于家长而言，药物、酒精或者两者的重要性都排在儿童之前，那么这些孩子就可能会感到被抛弃，继而不信任成人。"幼儿教育专家可以通过发展关爱关系、保持一致的日常规律以及在教室中提供治疗性游戏来帮助生活在父母药物成瘾或酗酒的家庭中的幼儿"（Thompson，1998，p.35）。这些儿童需要和成人发展持久的关系，并建立信任。

7.3c 不健康的膳食

学步儿吃半固体和固体食物。但不幸的是，很多2岁以上的儿童并没有健康的饮食习惯。2007—2008年，美国2—17岁儿童的膳食质量仅达到国家标准的50%（FIFCFS，2014）。在2011—2012年，19%的6—17岁美国儿童被评估为肥胖。学步儿通常在蔬菜和肉食的部分达不到膳食要求标准。虽然美国学龄前儿童的肥胖率在2011年出现了下降（CDC，2013b），但是童年期肥胖越来越被认为是一个严峻的问题。2011—2012年，6—19岁儿童的肥胖率是17%。对于少数族群和低收入人群来说，这个比例往往更高。

儿童的热量摄入量高于其消耗量，Fraser（2004）指出了一些原因。儿童消耗的软饮料是标准的2倍，更少吃家里做的食物，更多地吃快餐，并且摄入了更多的油脂、糖、碳水化合物，摄入了更少的水果和非淀粉蔬菜。

美国疾病控制中心（Centers for Disease Control）也提出，儿童的身体活动减少，并且看了太久电视，同时，一边看电视，一边吃东西，使得儿童倾向于吃更多的比萨饼、零食、肉类以及咖啡因饮料。和吃东西时不看电视的儿童相比，看电视的孩子更少吃水果、蔬菜和果汁。低收入家庭通常更少吃水果和蔬菜，因为这些食物更贵，并且与细粮、糖和油脂相比，水果和蔬菜更不容易有饱腹感。超重儿童面临患二型糖尿病的危险。他们同时可能发展出高胆固醇、高血压，并且因为他们的骨骼无法负荷自己的体重，从而可能出现骨科问题。

我们鼓励家庭不储存不健康的食物，多储存一些牛奶和水，减少果汁和咖啡因饮料，家庭成员在一起吃饭，不用食物作为对孩子的奖赏和惩罚，采用身体活跃的生活方式，并且减少在电视机以及电脑屏幕前的时间。学校同时可以在给学生提供健康食物方面做得更好。社区可以提供更好的运动场地（比如公园和自行车道），并且为儿童提供体育活动。每天需要保证有组织（30分钟）和无组织（60分钟）的活跃游戏时间；除去睡觉时间，年幼儿童永远不应该有超过60分钟以上的久坐时间（Carlson，2011a）。

> **思考时间**
>
> 想一想你会用什么方法为学步儿提供健康全面的营养。你会如何确保学步儿遵循合理适当的膳食，同时又不会挑食？

7.4 身体和动作发展

我们在第 5 章中主要介绍了关于身体和动作的发展。活跃的幼儿会长得更高、更匀称，并且获得明显的粗大动作和精细动作发展。通过摄影和摄像记录，阿诺德·格塞尔（Arnold Gesell）成了发展领域的先驱（Maldonado, 2007）。《格塞尔发展测量表》（Gesell development schedule）可以用来评估 4 周至 6 岁的儿童。格塞尔量表记录了儿童粗大动作发展（头部平衡、坐立、站立、爬行、行走和抓）、精细动作发展（手眼协调、伸向某物和操作），以及相关技能，比如进食能力、肠和膀胱控制。虽然格塞尔的数据被批评只来源于新英格兰地区的白人儿童，但是今天的学步儿还是遵循着格塞尔所指出的同样的模式发展着（Maldonado, 2007）。

7.4a 学步儿粗大动作发展

17 个月大的凯特拜访了一个小学二年级的班级，在这个班级中，有很多学生是凯特在 5 个月大的时候见过的。有一个叫谢莉的孩子在她的"学步儿情节故事"中这样描写凯特：

> 学步儿凯特可以走、说话、闻，但她最喜欢的是爬。凯特可以说"pop"和"milk（牛奶）""DaDa（爸爸）""achee""MaMa（妈妈）"以及"cracker（饼干）"。去年，凯特 5 个月大。但是现在凯特已经 17 个月大了，而且她喜欢耍把戏，最喜欢的把戏是翻跟头。

谢莉注意到了两个最主要的具有学步儿特点的变化：凯特不断提高的运动能力和说话能力。运动发展主导了学步儿期的第一年，语言发展主导了第二年。Selma Fraiberg 这样描述刚刚进入学步儿期的儿童：

> 独立运动和发现新自我使得人格发展进入一个新阶段。这些新成就使学步儿头晕眼花。他表现得好像是自己发明了新的运动模式一样（从严格意义上说也对），并且很喜欢这个聪明的自己。从黎明到黄昏，他会欣喜若狂，如痴如醉地跳舞，直到体力不支，疲惫不堪。他再也不会被房子的四面墙所禁锢，有围栏的院子对他来说也像监狱一样。给他几乎不受限制的空间，他会开心地张开双臂，向着地平线蹒跚而去。（Fraiberg, 1959, pp.61-62）

在动作上，学步儿富有技巧，并且灵动。他们不再安静、被动、安于游戏围栏内和婴儿床里。他们必须时时刻刻活动："肌动活动对这个年龄的孩子十分重要，以至干涉、限制这种活动，甚至是通过另一种生物作用——睡眠——加以限制，对这个孩子来说都是无法忍受的。"（Fraiberg, 1959, p.59）

学步儿的好奇心与他们不断发展的动作技能相结合，使得他们的探索开拓给成人带来了挑战。保证学步儿的环境安全十分重要。学步儿的移动速度很快，但是他们的技巧还不够娴熟，经常被绊倒或摔倒。他们可以爬到家具上，但是可能摔倒。无意识伤害已经取代了意外，因为大多数儿童伤害是可以预防的（Marotz, 2013）。对 1—3 岁的孩子来说，主要的危险源是门、窗户、未上锁的大门、游泳池里的水、浴缸、有毒物、燃烧物、交通工具、带有小部件的玩具、成人的工具以及其他儿童用球拍、硬球、自行车或者粗暴的游戏。提供安全的室内外游戏材料并且不断监管学步儿是成人的责任。成人需要介入并帮助学步儿保持适当的、安全的游戏行为。成人还需要提供正确安装的儿童安全车用座椅。

学步儿需要室内和室外环境来发展自己初现的粗大动作技能。他们喜欢可以推和拉的玩具（Frost et al., 2005）。玩具吸尘器、除草机、运货小推车、独轮手推车、学步儿滑梯以及室外的供奔跑、跳跃的空间等，都使得学步儿可以运用他们的粗大动作技能（照片7.3）。学步儿可能在奔跑的时候紧紧抱住自己的毛绒玩具或者娃娃。他们喜欢将物品装进纸袋或者其他容器，然后拿着这些东西去另一个地方，倒掉它们，再重新装满容器，并且重复这个过程。学步儿持续重复这个动作，像是想要练习并做到完美。学步儿会渐渐变得更灵敏、协调。到3岁的时候，他们便会成为幼儿园儿童，并且拥有更多的运动控制技能（表7.1）。

照片7.3　学步儿喜欢使用刚刚发展出的动作技能来控制球。

7.4b　如厕

养成适当的如厕习惯是主要的生理/动作技能，这项技能应该在学步儿期结束前（大概3岁）获得。到2岁的时候，大部分孩子可以一整个白天都不尿裤子、拉裤子，但是有些孩子需要到3岁才能做到这一点。夜间不尿裤子、拉裤子通常会发展得更晚（Lightfoot, Cole, & Cole, 2013）。控制排泄的能力取决于括约肌的成熟度，神经成熟使得膀胱和肠的信息传输到大脑，获得想要排泄的欲望。这就是说，儿童必须得到这个要去上厕所的信息，然后控制他们的肌肉，直到他们坐到马桶上。他们同样也必须想要排泄在便池里，而不是自己的裤子里。他们可以使用肌肉控制自己的排泄物直到从马桶上下来，当然也包括在他们坐到马桶上之前。

儿童不仅需要肌肉成熟和意愿，也需要认知成熟。他们需要明白并服从指令，并且在排泄时记住这些信息。成人越随意放松，学步儿越容易成功养成这种如厕习惯（Honig, 1993b）

随着越来越多的孩子开始去托儿所，大小便训练过程需要家庭和家庭外的看护者共同协作。Riblatt、Obegi、Hammons、Ganger和Ganger（2003）调查了家长和儿童保育专家的态度以及练习的一致程度。他们发现，家长和保育专家在以下四个主要领域存在明显的差异：训练开始的年龄、准备、练习以及对待意外的反应。比如，大多数保育专家认为大小便训练应该在24个月大后开始，但是大部分家长认为应该在24个月大之前就开始。保育专家更倾向于认为并没有什么准备就绪的"奇迹年龄"。几乎全部的保育专家都会基于学步儿的发展和情绪准备、对厕所的兴趣、询问去厕所或使用便盆以及对穿普通内裤的兴趣做训练准备的评估，相比之下，只有大约一半的家长会这么做。相似的分歧也出现在训练上，比如解释期望、准备大小便座椅、表扬、耐心以及让儿童阅读有关如厕的书。很多专家认为，当有意外发生时，儿童应该洗澡，换新的衣服，并被带到大小便座椅处，要求他下一次要记住，并且成人应该与他们讨论在清洗干净前，儿童的身体感受怎么样。

表 7.1　学步儿粗大动作发展评估表

观察者_____　日期_____　时间_____　地点_____

学步儿姓名_____　出生日期_____　年龄_____

年龄和动作技能	是否观察到		评语
	是	否	

1 岁

技巧熟练、快速地爬行

独自站立

无须帮助，自己站起来

到 2 岁时可以独立行走，经常摔倒

手拉家具站立起来，保持站姿，或自己慢慢坐下，或可能突然坐下

在走动时，喜欢推、拉玩具

捡起物品，并扔出去

试图奔跑，但有可能摔倒

爬着上下楼梯

坐在小椅子上

到处拿着玩具

2 岁

使用更多从脚跟到脚趾的行走方式；比较好地协调躲避周围障碍物

更加自信地奔跑；不那么经常摔倒

玩的时候可以蹲着

无须帮助，自己爬楼梯，但不是两脚交替爬行

单腿站立平衡数秒

开始完成大小便训练

向下扔大球，不摔倒

爬上椅子，转过来，并坐下

用脚推滑轮玩具

Adapted from Marotz, L. R., & Allen, K. E. (2016). Developmental profiles: Pre-birth through adolescence (8th ed.). Belmont, CA: Wadsworth Cengage Learning.

专业资源下载

越来越少的家长认可这些回馈反应。因此，Riblatt 和他的同事们（2003）建议，家长和保育专家们应在大小便训练方面有更多的交流。有些区别可能是文化上的，需要讨论和在训练过程中达成一致。

7.4c 学步儿的精细动作技能

虽然学步儿在发展粗大动作技能上花费了大量时间，但是精细动作技能不能被忽视（照片7.4）。在学步儿阶段，学步儿会不断改善自己的手、手指运动（Marotz & Allen, 2016）。大拇指与其他手指的合作协调能力得到改善，他们能更精准地使用双手。操作小物品也越来越灵巧。在

照片 7.4　橡皮泥可以给学步儿提供锻炼精细动作技能的机会，以及感官体验。

学步儿期，儿童会学习独立用手指进食，然后开始使用餐具。空间能力和运动能力变得相互协

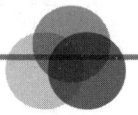

大脑发育

身体活动与学步儿大脑健康的关系

在学步儿期初期（18—24 个月），走路是复杂动作技能开始发展的标志（*Brain Wonders*, 2001；Gabbard & Rodrigues, 2007）。最开始呆板笨拙的步行会在第一年慢慢变得自然顺利，并且更加协调。这是因为大脑运动通路中不断增加的髓鞘使得信息可以被传输得更加准确；伴随着练习，学步儿获得了更顺畅、更好的协调运动能力。更多的神经连接和练习给学步儿带来了更多的协调能力与更强壮的肌肉，这些使得学步儿可以跑、跳和爬。随着学步儿不断练习，大脑神经回路变得越来越高度协调，肌肉也变得更强壮。不断增加的髓鞘同时也影响着精细动作技能的发展。小脑的成熟带来了时间安排以及协调能力的改善。伴随着练习使用画画工具、串珠子、涂颜色和搭小积木，学步儿的精细动作技能在反馈到大脑以及运动系统的过程中得到改善。到了 18 个月大的时候，50% 的学步儿已经有了稳定的用手偏好，但是很多儿童在童年期使用左右手都很好。到学步儿期结束的时候（大概 3 岁），婴儿的大脑已经达到了突触密度最大值（*Zero to Three*, 2011；*Brain Wonder*, 2001）。身体活动对从婴儿期到成年期的大脑健康发展十分重要（Hillman, 2014）。

Brain Wonders.（2001）.
Gabbard, C., & Rodrigues, L.（2007）. Optimizing early brain and motor development through movement. *Early Childhood News*; *Zero to Three*（2011）.
Hillman et al.（2014）. The relation of childhood physical activity to brain health, cognition, and scholastic achievement. *SRCD Monograph*, 79（4）, Serial No. 315, 189 pp.

调，他们现在可以很顺畅地够到并拿起物品，不需要费太多力气。到15个月大时，儿童便可以将物品放入或者倒出容器、一手同时拿两个物品、把物品组装在一起、翻硬纸板书和布书、用整只手攥住蜡笔以及将两三块积木搭成塔。到2.5岁时候，儿童可以手指拿铅笔，而不是用整个手掌攥着，他们会开始画画，并且可以把液体从一个容器中倒到另一个容器中（Marotz & Allen，2016）。

探究物体的机会推进了儿童在感觉运动时期的认知发展。通常，我们认为更用心探索的儿童会获得更多的信息（Ruff, 1986）。从6个月大开始，儿童可以在一段适当的时间内专注于一个事物。这种行为被叫作**检查**。随着儿童的精细动作发展得更精准，他们可以在检查时期更敏捷地操作物体。关于学步儿的精细动作的典型发展，见表7.2。

7.5 有效的指导

从学步儿的角度来说，作为与学步儿打交道的人，成人是学步儿的主要干涉者，他们介入了孩子眼里的快乐时光。从成人的角度来说，有些东西对学步儿的健康与安全以及成人的心理健康是十分危险的。因为学步儿拒绝成人干涉他们的计划，所以他们很快就会面临成人的负面评价。当学步儿有一定的自由、去探索发现时，不管怎么样，他们必须开始了解什么是可接受的，什么不是。学步儿期是自我调节发展的重要时期（Bronson, 2000）。

Selma Fraiberg（1959，pp.62-64）这样描述**学步儿**的视角：

他们（成人）催促我们和自己在旅途中发现的宝藏分开，生锈的螺栓、烧焦的玉米棒子以及干瘪的苹果核，这些东西都很难找到，除非你知道去哪里找。他们（成人）派来未经请求的救护队，以防我们从高处摔下来，不让我们摇摇晃晃地走过脏兮兮的水坑，也不让我们追逐家里小狗那难以捉摸的尾巴……他们会干涉我们倒空垃圾桶和废纸篓的快乐；并且，当然，他们会用只有他们自己明白的理由，在最不恰当的时间建议我们去小睡或者上床睡觉。

和学步儿在一起的时候，有两个概念需要考虑：预防和行为矫正。**预防**包括为儿童建立健康安全的环境，将过度约束最小化。比如，电灯插座应该罩起来，有毒物质应该放到学步儿接触不到的位置。贵重而不可取代的物品应该被暂时放到学步儿看不到的地方。打破了也无所谓的易碎品可以放在外面，这些东西可以作为教授学步儿如何小心谨慎地使用物品的教具。预防也可以看作前摄，而非事后的反应。前摄模式可以预见潜在的问题，并且预防它的发生。而反应模式是等到事情发生后，再去回应它。

7.5a 斯金纳的理论：行为矫正

斯金纳的学习理论被作为**行为矫正**技术的基础。学步儿可以在很大的范围内理解别人的话，远远多于他们可以表达的内容。在行为矫正理论中，斯金纳将言语与非言语动作相结合，以此帮助学步儿学习期望的行为，并放弃不良行为（照片7.5）。第一步，学步儿在做了适当事情的时候会得到奖励。一个微笑、一个轻拍或者一个注视都可以作为学步儿做了恰当事情（比如，友好地做游戏）时的奖励。

学步儿很快就会明白哪一个活动会带来正面的关注和评价，于是他们会重复这些活动。行

表 7.2　学步儿精细动作和自主性发展评估表

观察者_____　日期_____　时间_____　地点_____

学步儿姓名_____　出生日期_____　年龄_____

年龄和动作技能	是否观察到		评语
	是	否	
1 岁精细动作技能			
使用整只胳膊运动、拿蜡笔和水彩笔涂鸦			
帮助翻书页			
将 2~4 个物品叠高（例如，积木）			
用玩具锤子击打木质钉子			
将三个几何图形放在一个大的模型纸板或拼图中			
1 岁自主性			
自己喂自己吃饭；手握勺子（通常是上下颠倒地使用勺子）			
用玻璃杯或杯子喝水			
在用餐具送食的时候总是对不准嘴；经常溢出			
可能还是会用手指吃饭			
2 岁精细动作技能			
将大钉子放进钉板			
转动把手，打开门			
用手掌攥住大蜡笔；在大纸上涂鸦			
喜欢倒和填满（沙子、水，等等）			
叠高 4~6 个物品			
把物品放在一起，并拆分开它们			
2 岁自主性			
可以用一个手拿住杯子或者玻璃杯，但是经常洒出来			
解开大纽扣			
拉开大拉链			
可以用更多的技能喂自己吃饭			
尝试自己给自己洗澡			
尝试自己穿衣服			
通常可以自己脱衣服			
更久地保持不尿裤子、拉裤子，可能对厕所产生兴趣，可能愿意在便盆上坐几分钟			

Adapted from Marotz, L. R., & Allen, K. E.（2016）. *Developmental profiles: Pre-birth through adolescence*（8th ed.）. Belmont, CA: Wadsworth Cengage Learning.

专业资源下载

照片 7.5 和学步儿谈话时使用开心的语气,做个积极的榜样,可以进一步强化儿童的合作行为。

照片 7.6 学步儿喜欢探索成人的物品,以及模仿成人的行为。

为矫正的第二个技术包括使用替代和重导。所谓替代,就是让学步儿去做另外一件事,而不良行为不可能在这件事中发生。例如,如果学步儿喜欢打开抽屉或者橱柜,每次他打开一个成人不想让他打开的柜子时,成人便很温和地帮助学步儿观赏这个柜子并跟他说:"关上它——你自己做到了!"重导是指在身体动作上改变学步儿的行动过程。当学步儿向成人的所属物靠近时,成人应该温柔地将他们转向自己玩具的方向(照片7.6)。

Eva Essa(2008)提供了一系列方法来鉴别并解决学步儿常见的行为问题,比如打、咬、不与他人分享、不遵循指示、把东西冲进马桶、发脾气或者挑食。最初的关注点应该放在这些行为的成因上。比如,为了指出什么因素可能加强了这些不良行为,观察儿童周围的环境以及生活的参与者是很重要的。有时候,可以找出导致问题出现的原因并加以矫正。对于每一个问题,都应建议可能的解决办法。最后,描述一个详细的模式,用以发展有组织的行为矫正计划。

7.5b 影响引导策略有效性的其他因素

帮助学步儿成为社会化的学龄前儿童并不简单。这需要成人非常有耐心并以身作则。只是惩罚并不能帮助学步儿发展自我调节能力并长远地服从;引导会更有效(Fields, Perry, and Fields, 2010)。

很多策略可以用于在冲突情况下与学步儿交涉。冲突是一种很常见的交流类型,学步儿会通过这种交流学习一些社交规则。学步儿天生以自我为中心的,并有很强的占有欲。不论是与儿童还是其他成人发生冲突,冲突对一些成人来说都是很难应对的。首先,要想解决冲突,就要认识到冲突是人生中正常并且自然的一部分。根据皮亚杰的观点，冲突对于知识建构来说是必需的。但是，成人经常过早地干涉，往往忽视了教导学步儿解决冲突的方法，不给他们时间让他们自己去构建解决办法，或者建构多种办法结合的方式。预防策略包括将儿童放在小组中，给他们提供很多相同的玩具和材料，让他们自由地活动、探索并且获得决策技能。在这种情况下，学步儿出现冲突的可能性最低（Miller，2010）。**干预策略**是成人用来解决冲突的方法。看护者在介入之前，需要善于观察和分析情况，并且允许儿童有足够的时间用自然结果稳定冲突。其他的干预属于扩散性策略，比如，蹲下与儿童的高度齐平并解释当前情况，同时给学步儿时间，让他们自己想出一个解决办法；学习何时去调停；在危险的情况下防止孩子受伤。大一点的学步儿可以坐下来，轮流表达他们对问题的看法，并且想出解决办法。正常来说，学步儿会参与到冲突中，这也是他们学习社会技能的一种方法。成人的责任就是冷静地处理这些情况，并且帮助学步儿学习社会技能。

家长和其他看护者必须学会正面引导技术。Miller（2010）指出，在没有引导的情况下，儿童不会朝正面方向发展，但是从另一面来说，儿童不可能像黏土一样被塑造。成人必须认识到，每一个儿童"生来拥有个体潜能和个性特点"（p.15）。Miller（2011，p.354）这样总结成人的角色：

> 儿童带有与生俱来的个性、喜好、厌恶、兴趣和动机。成人的角色就是坚定且尊重地引导儿童。永远不要忘记再小的孩子也是一个人，他们拥有其他人类的所有的权利（甚至是偶尔变得消极和反抗的权利）。从发展的相互作用理论的角度来说，儿童引导是指有意识地为儿童提供关于他们的世界的现实反馈，允许他们在合理的限制下做出选择，并且让他们面对自己的行为的逻辑结果。

7.5c 有特殊需求的学步儿

为了给有特殊需求的儿童提供发展适宜性指导，我们首先应该理解他们的残疾之处在哪里（Miller，2010）。成人需要意识到，从儿童行为中反映出的身体、情绪或者心理问题并不是他们的过错。有特殊需求的学步儿应该在家中和幼儿园中获得最好的、有质量的照顾。Booth和Kelly（2002）发现，对于有特殊需求的儿童来说，他们的适应能力与保育质量直接相关。他们相信，这种关系会为有特殊需求的儿童提供更好的机会，从更个别化的婴儿看护转向更大的集体看护。

Lewis（2003）描述了有不同残疾的幼儿的发展，以及他们在群体中的不同。例如，有些盲童和视力正常的儿童可以并行发展，但另一些可能就会滞后。例如，伸手拿物体滞后的儿童可以变得灵活，最终这些儿童参与典型动作行为的情况也是常见的。因此，成人需要对盲童的互动信号更加留意。盲童的环境需要保持一致，这样他们才可以了解周围的环境并发展自主性。失聪儿童的家长需要找到一种方法和他们的孩子交流行为上的限制。研究指出，失聪儿童的家长更倾向于不许可孩子，并且更喜欢用身体上的惩罚使孩子遵守纪律。交流非常重要，对于听力正常的家长来说，学习手语也十分重要。患有唐氏综合征的儿童是最大的出现学习障碍的儿童群体。他们倾向于与典型发展的儿童一样发展，但是速度会更缓慢。他们需要像婴儿一样高频率的互动，虽然他们可能比正常发展的婴儿做出更少的反应。因为他们的思维更慢，成人必须在对他们提出要求以及设定限制的时候具备耐心。只要求儿童做他们可以做的动作也十分重要。唐氏综合征患儿倾向于有不连贯一致的记忆，所以他们可能会不记得一些日常规范，或者可能会忘记昨天看上去已经掌握了的动作。为了达到一定程度的自主性，成人需要尽量多地帮助有运动残疾的儿童。虽然正常发展的学步儿在试图发展自主性的过程中会给成人带来很多挑战，但是残疾儿童更需要成人富有耐心以及教育技巧。

7.6 皮亚杰、维果茨基和认知发展

学步儿对世界充满好奇。他们同时也在变得越来越独立。这两者相结合，所带来的结果就是他们会进行大量的实验。学步儿已经可以知道如果把玩具冲到马桶里，把湿的玩具放在烤箱里，混合不同种类的原料做他们所看到的成人做的蛋糕，那么接下来会发生什么。在这段时期，好奇与独立结合在一起，给成人带来了挑战。就像我们在第 2、4、5 章描述的，在生命最开始的 3 年中，大脑发展迅猛。这一部分关于学步儿的观点来自皮亚杰和维果茨基。

根据皮亚杰的理论，学步儿正处在从感觉运动阶段过渡到认知发展的前运算阶段。在学步儿期之前，感觉和运动活动是学习的主要方式。在整个人生中，感觉和运动模式的学习都十分重要，但是在前运算期，游戏和模仿是认知发展的主要方法。

根据皮亚杰的理论，学步儿期会持续到皮亚杰所提出的六个阶段的最后两个阶段，在这段时间，学步儿的行为会从反射行为转变为会"三思而后行"（Fogel, 2009）。

12—18 个月时，学步儿通常会经历皮亚杰理论中的第五个阶段。他们喜欢重复动作，但同时会尝试用新的方法做事。学步儿会从最开始不断用同一种方法把同一个玩具扔出婴儿车，转变为用不同的方法扔不同的玩具。在 18 个月左右时，学步儿会达到达皮亚杰所描述的第六个阶段，也是最后一个阶段。在第六阶段，儿童开始在行动前思考，这叫作**表征思维**。在这个阶段，儿童可以在行动前在脑海中表征问题，思考问题。假设一个学步儿想要架子上的玩具，但是他够不到，那么这个学步儿会先伸手，试图触碰玩具；当他碰不到的时候，他会停下来，看上去好像是在思考这个问题。但在早期，这个孩子会一直尝试攀爬架子并伸手去够，虽然在成人看来，这些尝试显然是徒劳的。现在，这个儿童会在脑海中表征下一个动作了。他会停下来思考，拿一把小椅子，站在上面，这样就能够到自己想要的玩具了（照片 7.7）。

照片 7.7 使用不同的物品玩耍对学步儿来说很重要。

同时，学步儿也在经历物体恒存性的最后两个阶段。到 12 个月大时，如果学步儿看到玩具被遮盖住了，并且玩具一直在同一个地方，那么他们可以明白玩具是被藏起来了。12—18 个月大时，他们只要看到了一些东西被藏起来的地方，就能够找到很久以前被藏在不同地方的这些

东西。在 18 个月左右时，或者在那之后不久，学步儿可以在不需要看到隐藏地点的情况下寻找物体。在这段时间，学步儿很喜欢玩藏东西的游戏。

根据维果茨基的理论，学步儿期是语言发展的重要时期（Bodrova & Leong，2007），即语言的最近发展区。语言对于更高级的心理功能的发展十分重要；因为语言支持概念发展。在学步儿探索周围环境的时候，成人或者大龄儿童的支持能够帮助和引导激发他们的认知潜能。

根据 Bodrova 和 Leong（2007）的理论，儿童在1—3岁的主要活动是**物体操作**。学步儿通过触摸、移动、敲击以及翻转物体来学习。婴儿一次只能玩一个物体，但是学步儿可以一次玩多个玩具。他们将物品放在容器里，将积木叠起来。他们发现一个物品可以对另一个物品产生作用，比如滚动一个球可以撞倒一个积木塔。在学步儿期间，儿童开始自己玩游戏，不需要成人的及时指令。在他们的探索过程中，语言与物体相关联。

> **思考时间**
>
> 比较皮亚杰和维果茨基对学步儿认知发展的观点。考虑可以如何应用他们的基本观点，以促进学步儿的认知发展？

7.7 概念和语言发展

概念是知识的构件，是我们用来思考和解决问题的观念。

学步儿忙碌活跃地学习着不同的概念，例如，尺寸、形状、数字、分类、比较、空间、部分和整体、容量、重量、长度、温度以及时间（Charlesworth，2016）。当学步儿通过活动与周围的日常环境互动的时候，他们会通过有意义的方法了解物体的性质（Charlesworth，2016）。例如：

- 雷蒙德试图抱住大沙滩球，但是他发现他短短的胳膊不能伸得那么长来环抱住它。（尺寸）
- 胡安有一些橡皮泥。他拍打、捅、揉橡皮泥。（形状）
- 当被问及年龄时，2岁的南森伸出了两根手指。（数字）
- 玛尔妮把绿色的积木排成一行，把黄色的积木排成第二行，把红色的积木排成第三行。（根据颜色分类）
- 2岁半的阿尔弗雷德说："我的苹果更大。"同时，他指着塔尼娅的苹果和他的苹果。（比较）
- 艾莎试图将她的大玩具熊猫塞进一个小盒子，但是发现并不合适。（空间）
- 阿扎姆将他的饼干掰成两半，说："我有两块饼干啦！"（部分和整体）
- 一群学步儿围绕在装有水的浴盆边。他们每个人都有不同大小的容器，并用它们来装水。他们灌水，把水倒掉，再混合。（容量；图片7.8）
- 晨晨试图提起一盒子玩具，但是他根本提不起来。（重量）
- 邦妮试图把她的娃娃放进玩具婴儿床里，但是娃娃太长了。她找到了一个硬纸板纸盒，是正好的大小，于是她用纸盒给娃娃做了一张床。（长度）
- 玛利亚喝了一口很热的汤，然后叫道："啊！"（温度）
- 大卫说："接下来是果汁时间。"（时间）

照片 7.8 玩水可以帮助学步儿理解体积的概念。

这些例子显示出了不同的活动和行动有助于促进学步儿快速和完整的大脑发育。在 12—18 个月，大脑中海马体的发展会为学步儿带来全新的记忆能力（Baby Brain Map, 2014）。他们现在可以记住所看到的东西了，并且能在之后重复（**延迟模仿**）。他们在重复中成长，这可以加强他们的大脑连接功能。在 18—24 个月，很多新的脑回路会在大脑中发育，这些区域的脑回路发育使得学步儿可以跑、爬、跳、舀取和倾倒（BrainWonders, 2002；Baby Brain Map, 2014）。大脑的发育使得学步儿可以使用更多语言，并且有假装的能力。在 24—36 个月，学步儿很活泼。语言和运动游戏使得问题解决技能和思维技能不断发展，新的突触还在不断形成，同时，旧的神经回路被

改造，以获得更快的速度和效率（BrainWonders, 2002）。到 3 岁的时候，学步儿的脑的大小就已经是成人脑的 80% 了（BrainWonders, 2002）。

象征游戏通常开始于学步儿期（BrainWonders: 18—24 months, 2006）。学步儿开始假装一个物体是另一个东西，所以一个塑料香蕉可以被当作电话。学步儿同时也开始认识到单词和图片是现实生活中物体、人物和动物的象征。

学步儿需要锻炼问题解决能力的机会。根据 Segatti、BrownDuPaul 和 Keyes（2003）的观点，在解决问题的时候，学步儿会从中受益，并获得很多技能。成人需要后退，并为学步儿提供充足的时间去解决问题。成人同样需要为学步儿提供可以产生问题的物品。正如之前提到的例子，问题解决促使大脑发育并且支持概念学习。回收物品，例如，不同的容器、塑料管、塑料卷发器、钥匙以及购买的材料（像积木、珠子、拼图），都可以为学步儿提供挑战。儿童需要时间来发现（BrainWonders: 18—24 months, 2006）。如果他们曾经用过蓝色和红色颜料，就会发现当这两种颜色混合时，会得到紫色。如果他们自己用蓝色和红色混合出紫色，那么相比得到直接的指导，他们会记得更清楚（照片 7.9）。

照片 7.9 学步儿的好奇心有助于概念的发展。

问题解决经历可能源于学步儿每天的活动。

Febo（2005）描述了学步儿参与一个长期的关于水的项目，当水从水龙头里流出时，水去了哪里，这个问题引起了学步儿的兴趣。Sieminski（2005）描述了学步儿是如何研究光和影子的。学步儿会被光和影子吸引，教室的一个区域就装配了很多光源：闪光灯、投影仪和一个光台。儿童开始从事持续的光和影的调查。

学步儿也开始发展分类和区分的能力。他们开始联系不同东西之间相似的特性，并把它们归为一类。通过分类，幼儿开始了解世界（Gelman, 1998）。根据 Gelman（1998，p.20）的观点，"一个类别就是任何一组事物在某个方面有相同点。"关于儿童早期分类的研究指出，虽然学步儿的思维方式与成人不同，但是儿童发展出了一个先进的分类系统来引导他们的思考。Mareschal 和 Tan（2007）发现，18 个月大的学步儿可以构筑基本范畴和总体范畴的概念，比如一类卡车同时也属于一类交通工具。学步儿倾向于"过分扩展"他们的分类，所以他们可以将这些分类应用得很广泛：所有有轮子的都是车，或者所有小的、毛茸茸的动物都是小猫。3 岁前，儿童往往会被表象欺骗，并且不能同时评价表象和现实。当有人穿戏服的时候，学步儿可能认不出他和穿便装时是同一个人。当学步儿知道一种鸟生活在鸟巢里，吃一种特定的食物时，他们会认为所有鸟都是这样的。儿童早期的分类可能基于不正确的信息，并且即便发现了与之有冲突的事实，也会坚信自己之前的分类。在 2.5 岁时，儿童的分类概括会急剧增加。因此，成人需要帮助儿童给事物贴标签，并鼓励他们注意到相似点和不同点；这样可以帮助他们扩充知识。

婴儿和学步儿的数学概念的出现引起了更多的注意（Geist, 2009）。正如之前描述过的，学步儿能将物品分类，他们也能够给物体排序和进行

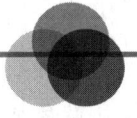

大脑发育

好的脂肪

在之前的章节中，我们讨论了健康的饮食可以避免肥胖。应该尽量避免吃肥肉和油炸食品。但是，有一些脂肪对脑功能是有益的。大脑的 60% ~ 70% 是由脂肪组成的。Ω-6 脂肪酸和 Ω-3 脂肪酸对大脑的发育和功能十分重要。这些脂肪酸在制造脑细胞以及支持大脑自我修复系统的信息传输上，扮演着至关重要的角色。我们的饮食中一定要包含这些脂肪酸。Ω-6 脂肪酸可以在红花、葵花、玉米、大豆以及其他油类中找到。Ω-3 脂肪酸可以在很多食物中获得，例如，核桃、鸡蛋、麦芽、金枪鱼、三文鱼、沙丁鱼以及其他冷水鱼类。美国的饮食趋向于包含太多的 Ω-6 脂肪酸，而 Ω-3 脂肪酸却不足。需要注意摄取平衡。反式脂肪（不好的脂肪），存在于由氢化油所烹调的食物中，可能给我们带来负面作用。

Fisher, K.（2011, September 11）. *Good fats for your toddler's brain development*.
Landau, D.（2014, June 3）. *The best foods for your brain（And why we might owe fat an apology）*.
Gilbert, S.（2014）. Infant articles: The importance of healthy fats.

对比。Geist（2009）为成人提出了一些方法，可以帮助婴儿和学步儿发展数学概念。

7.7a 言语和语言发展

学步儿进入语言阶段；也就是说，他们开始使用有意义的言语（照片7.10）。随着学步儿接近2岁，言语快速发展（Marotz & Allen，2016；见表7.3）。只要学步儿开始说第一个词，他们便进入了语言发展的**单词句期**（Lightfoot，Cole，& Cole，2013；Rathus，2006）。在这段时期，儿童会说只包含一个词的句子，叫作**单词句**。这些词通常都是他们熟悉的东西，比如身体部位。活的东西往往会被儿童首先习得，例如，"狗""猫"或者"小猫"。食物名称或者他们喜欢的东西的名字也在初期言语中被使用。

儿童也会使用单词来表达一个特定的事物，但不是真正的单词。一个17个月大的学步儿可能会用"adoo"来指代水（water）。她同样会用近似的"mulk"来指代牛奶（milk）。很多学步儿会替换发音（比如，milk中的 i 和 tummy 中的 t）或者省略一些发音，比如把"维生素（vitamin）"说成"minee"，或者把"首先（first）"说成"fust"。在单字期和电报式语言期，儿童不能发出语言中的每一个发音是很常见的现象。儿童可能会替代或者忽略它们。在下面这个23个月大的女童的例子中，我们来看看她忽略了或者替换了列表左侧的哪些发音：

儿童用词	真正的单词
1. greem	绿色（green）
2. kik	亲吻（kiss）
3. Chrik	克里斯（Chris）
4. Hena	海伦娜（Helena）
5. Printess	公主（princess）
6. yove	爱（love）
7. glakkes	眼镜（Glasses）
8. bwony	波隆那熏肠（Bologna）

我们可以看到 n 被替换成了 m；s 替换成 k；c 替换成 t；l 替换成 y；l 两次被省略。在2.5—4岁，句子的长度会不断增加，直到儿童可以说出

照片7.10　随着言语不断发展，学步儿会说出绘本中不同事物的名字。

表7.3　学步儿期的言语发展

年龄	语言特征	语义成分
12个月	说出第一个词或将多个发音组合的拟词	现在有了指示物
12—18个月（初期）	单词句；一个词的表达 通常是熟悉的反复出现的东西的名字	指示物；语境很关键
18—30个月（初期）	电报式语言；只包含重点部分的两三个词的句子	指示物；语境非常重要
2.5岁—4岁	句子长度增加到四个或更多的词	成人听众更容易明白；更多的细节

完整的句子。句子的意思会越来越接近成人的表达方式，所以通过句子本身就可以理解语境。比如，"没床"会变成"我没有去睡觉"，然后变成"我不想去睡觉"。到 4 岁的时候，儿童的语法已经和成人接近了。语境，或是表达在哪里和是什么，在学步儿阶段十分重要。当学步儿开始使用单词句时，成人了解他们要指代什么很重要。比如说，"狗！"可能意味着：

"我在书里看到一只狗。"

"外面有一只狗。"

"我想要狗进来。"

（含着泪水）"狗把我撞倒了。"

相比他们可以说的，学步儿通常会懂得更多，所以成人可以用以下句子来找出学步儿具体想告诉他们什么，例如，"给我看""带我去……"或者"指出来……"等。成人也可以扩充学步儿的表达，查看学步儿的反应，表现出成人已经找到了正确的意思。例如，学步儿可能会说，"狗！"那么妈妈会说，"外面有狗吗？"学步儿会跑向客厅。妈妈跟着学步儿，看到一只狗在房子前面。"外面有一只狗。"她重复到。此时，学步儿开心大笑并用手兴奋地指着外面的狗。

儿童学习说话的时候，不会有意识地将语言拆分并标记每一个部分；成人这样做是为了描述。每个孩子都生活在一个独一无二的语言环境中，他在这个环境中带着独特的遗传特征。在 Katherine Nelson（1982）经典的开创性语言发展研究中，她谈及这些不同中的一部分。她指出，在学步儿长到 1—2 岁之前，已经确认两类初期的说话者类型：指示型和表达型。每一类说话者都有独特的特点：

- **指示型说话者**主要使用名词，以及一些动词、专有名词以及形容词，但是**表达型说话者**会使用很多不同的言语，包括大量的组合，例如，"停下来"和"我想要这个"。
- 指示型说话者主要用名词，表达型说话者使用大量代词。
- 虽然指示型儿童会标记很多物品，但是表达型儿童倾向于使用很多缩紧句，通常只有一两个单词叠加在一起，代表一个更长的句子。
- 早期说话者可能同时带有两种表达类型的特征，但是在不同情景下会使用不同的表达方法，例如，在讲故事时用指代式，在做社交游戏时用表达式。

这些差异可能与神经有关（大脑半球优势），同时还取决于环境因素（比如，家长是如何和儿童互动的），并且也要考虑语言学习是否是儿童的一个主要认知任务，或者儿童同时也在学习在不同语境下适当地使用语言。不论导致这些个体差异的原因是什么，最重要的是，我们在评估一个儿童的言语发展的时候，要注意这些差异。

McCune（1989）记录了 10 个儿童在 9—16 个月期间的声音发展。到 16 个月大时，儿童在强名词和强关联词的使用频率和数量上有很大区别。**强名词**是指用来持续表达至少两种指代物的名词（例如，"小猫"可以指真实的猫，也可以指玩具猫）；**强关联词**是指用来持续表达可能可以反转的关系的词（例如，"把我举起来"里的"起来"）。在 16 个月大的时候，强词约有 0～27 个。学步儿从 14 个月大时就开始使用这些词了。

在 18 个月至 2.5 岁期间，学步儿会开始将两个或三个词放在一起组成句子。用成人的标准来说，这些短句还不够完整，叫作**电报句**；这是言语发展的第二个阶段。在这个阶段，句子会像一个电报，只有重要的部分。

- "更多奶。"
- "爸爸工作。"

语境是很重要的；因为当儿童说话时，他们所要指代的是什么，比如"Hurty pummy"*可能是以下任意一个意思：

- "我的肚子痛。"
- "泰迪熊的肚子痛。"

就像侦探一样，成人必须找到线索来帮助他们回应学步儿脑海中想要表达的意思。

在18个月至4岁，学步儿所使用的句子会越来越长，越来越完整——更像是成人的表达。"爸爸工作"会变成"爸爸在工作"。2岁的学步儿在言语方面存在很大的不同。有些学步儿用单字句，有些用电报句，而有些使用的更像成人的言语。

7.7b 皮亚杰和维果茨基对自语的理解

皮亚杰和维果茨基都发现了儿童在他们日常活动中会和自己说话（Berk & Winsler, 1995）。这种自己跟自己说话的行为叫作**自语**。但是，皮亚杰和维果茨基在儿童发展方面对自语的性质和功能的理解持不同意见。皮亚杰认为，自语是以自我为中心的、不成熟的。他认为，自语展示出学步儿不能从另一个人的视角看待问题，并且在发展中没有重要的功能。维果茨基却认为，自语在儿童发展中是一个很重要的因素。他指出，自语是在做高难度任务的时候使用的，并且在学龄前阶段达到顶峰，然后变成低语和咕哝，最后渐渐变成内在的。因此，维果茨基认为，自语是为了和自己交流，以达到自我调节的目的。自语是一种思想工具。通常在1—2岁这个阶段，自语会变得非常明显，并被用来表达思想。当儿童有了更多的社会经历，自语混合着社会言语，最终变成内在的。今天，很多关于自语的研究都是基于维果茨基的理论发展的。

对于2—3岁的学步儿来说，他们在刚开始小睡和晚上睡觉时会出现自语，这些自语已经被研究者记录了下来（Berk & Winsler, 1995）。这种独白被称为婴儿床言语（crib speech）。儿童很享受这种语言的游戏，它给儿童提供了练习语言的时间，帮助他们理解自己的情绪和经历。语言的内容通常包含对将要发生的事情的期待、对之前发生了的事情的回忆，或者是讨论如何根据行为规则来表现（照片7.11）。

照片7.11 学步儿在游戏过程中可能使用他们的言语技能。

7.7c 16—18个月时的典型言语

当学步儿成长到16—18个月大时，他们会非常关注言语。他们会突然对玩具失去兴趣，

---

* 这两个词均无实意，不是真正的单词。——译者注

而希望和成人更多地待在一起，他们需要言语互动。他们需要将每一个物品都标记起来，并且观察成人在说话时嘴部的动作。在这段时间，他们也可能开始对图书产生兴趣。这个行为会持续到他们在表达时可以有效地使用单词后。这些活动对于18个月至4岁这个言语和语言快速发展阶段来说是十分重要的（Cawfield，1992）。

虽然大部分儿童在4岁的时候就可以流利地说话了，但是很多儿童都在言语和语言发展上有所延迟，甚至有可能到4岁的时候还处于词汇有限的状态，只能使用单词句。有些幼儿可能会出现语言障碍，这种诊断被称为**特定语言损伤**（specifically language impaired，SLI; Gargiulo & Kilgo, 2014）。语言障碍被定义为一个儿童的语言能力与对儿童年龄的预期不一致的情况。应当对这些儿童的言语、听力和综合发展加以评估。

7.7d 成人在学步儿语言发展中的角色

很多研究人员调查过成人是如何影响儿童的语言发展的。Pan、Rowe、Singer和Snow（2005）研究了在低收入家庭中母性行为和学步儿词汇产出之间的关系。他们观察了母亲与其1—3岁的学步儿的交流。研究人员发现，低收入家庭的学步儿到3岁的时候，每10分钟所说出的单词数量比同时期、同年龄的中产家庭的学步儿少。母亲说的词汇种类对孩子的词汇量有很大影响，这种影响比母亲的健谈程度更大。低收入母亲使用词汇的种类更少。在另一个研究中（Fewell & Deutscher, 2004），研究人员观察了30个月大的低出生体重儿在做游戏时的语言使用情况，并预测了他们3岁时的智商、5岁和8岁时的语言智商以及8岁时的阅读水平。母亲在3岁儿童语言上的促进作用以及母亲的受教育水平会对儿童的交流技能产生显著影响。早期的表达语言是后期语言和阅读能力的主要影响因素。Tan和Tang（2005）调查了中国18—35个月大的收养女童的语言发展。收养家庭都是处于高社会经济地位的家庭。被收养者平均在收养家庭中生活16个月后会达到典型的语言期望值。在这之后，他们的语言技能会超过美国常规标准。最后，McMurray（2007）研究了通常发生在儿童约18个月大时的词汇爆炸。他认为，这种词汇爆炸一定会出现，但前提条件是儿童一次学多个词汇，并且学习大量的难词或适当难度的词，而不是简单词。通过这些研究，以及其他一些相似的研究，我们可以很清楚地看到在与学步儿交流时，使用丰富的词汇可以促进他们的语言发展。

学步儿照料者可以接受培训，可用的方法是将语言教学策略融入学步儿的日常游戏中（Woods, Kashinath, & Goldstein, 2004）。在4个有语言延迟的学步儿的案例中，使用涵盖更多语言的活动能够改善他们的交流技能。在2岁学步儿的游戏过程中加入语言方面的干预方法能够提高儿童的语言技能以及他们的游戏质量（Conner, Kelly-Vance, yalls, & Friche, 2014）。这些研究者将讲故事、模仿、自由游戏以及激励融入干预方法当中。

交谈在儿童保育方面也十分重要（Bardige & Segal, 2004）。教师应以大组、小组以及一对一的方式与儿童展开交流。教师应该提出问题；谈论感受、期望、时间；帮助儿童思考问题。教师可以给孩子们提供新的、有意思的词汇。他们同样也可以鼓励儿童去跟其他人交谈。沙箱、堡垒、玩具屋、阁楼、简单的舞台以及积木等也能够引起同伴间的合作和交谈。有语言延迟的儿童需要特殊的关注和鼓励。

> **早期儿童教育技术**
>
> 在第2章中，我们讨论了儿童应该看多长时间的电视。虽然专业的建议是婴儿和学步儿不应该看电视，但是在美国，大约74%的学步儿在2岁前就开始看电视了。电视可以是一种教学工具，但是如果它占有了儿童一天中的大部分时间，那么它同样也可以损伤学步儿的大脑。电视会将学步儿从建立概念和培养注意力的活动中转移出来。他们会失去发展手眼协调和社会技能的必要机会。Alloway、Williams、Jones 和 Cochrane（2014）研究了看电视对学步儿词汇技能的影响，他们发现，看电视对学步儿既没有积极影响，也没有消极影响。阅读具有教育作用的图书以及儿童的短期记忆可以预测孩子的词汇表现。建议就是，当儿童看电视的时候，要设定时间限制，不要把电视放在儿童的房间里，在吃饭时也要关掉电视。
>
> Alloway，T. P.，Williams，S.，Jones，B.，& Cochrane，F.（2014）. Exploring the impact of television watching on vocabulary skills in toddlers. Early Childhood Education Journal，42（5），343-350.

7.7e 概念、知识、语言以及读写能力的相互作用

正如之前所提到的，概念和语言发展是同时发生的，并且相互作用。当学步儿学习了更多单词时，他们也需要在思考时处理更多的东西，并且当思维能力变得越来越复杂时，他们也可以使用更复杂的语言了。通过言语，我们能够更多地了解儿童的思维过程。我们来看一看一个学步儿活动的例子，这个孩子是本书作者的一位朋友：

这段时期，埃米特对探索不同的透明胶带的质量产生了浓厚的兴趣。他站在厨房里，想要把一条黏黏的胶带扔到空中。埃米特没有发现，胶带掉到了地上。他发现胶带没有了。他凝视着天花板说道："胶带粘在空中了。"

通过这个例子，我们看到了埃米特的推理过程。对于像他这个年纪的大部分儿童来说，最显而易见的问题解决方案就是这个答案。如果你试图将一些黏的东西扔向空中，但是它消失了，那么它一定是粘在空中了。

Vibbert 和 Bornstein（1989）研究了母亲与学步儿互动的三个方面与学步儿指示语言的使用和假装游戏能力之间的关系。在这项研究中，所有的学步儿都是13个月大。研究人员考察了互动的以下方面：

- **社会性互动**：关于情感的人际交流，包括语言和非语言。
- **教学互动（直接指导）**：母亲为了引起儿童对外界事物的注意所付出的努力。
- **控制行为**：母亲或者学步儿开始和保持活动的程度。

在家中对母亲和学步儿进行自然观察。学步儿的语言能力和自由游戏能力会被单独加以评估。婴儿的名词理解能力和总体语言能力与母亲的教学频率关系密切。教学活动包括：指出物品，展示其如何工作，以及解释物体的性质。显然，对于学步儿来说，他们明白了单词是代表事物的。这种教学活动会伴随成人在口头上的社会性赞许和鼓励。无论是社会性交谈，还是由学步儿主导的活动，都达不到上述效果。其他研究也显示，在进入学步儿阶段的第二年年末，如果母亲

能够有所转变，能够在互动中跟随孩子的指引，效果会更好。在假装游戏技能方面，如果经常对学步儿进行系统性教学，并且将系统性教学与社会性互动相结合，能够更有效地帮助学步儿发展假装游戏技能。对于游戏技能来说，两人之间的互动比游戏中的控制更加重要。和学步儿学习语言的环境相比，他们学习假装技能的环境更加随意。很多假装游戏内容都是通过观察日常活动而学习到的，比如打电话和做饭。

在学步儿阶段，支持儿童对读写产生理解一直都十分重要（McGee & Richgels, 2012；照片7.12）。以下这部分摘录于一个孩子在学步儿期的读写经历和发展（McGee & Richgels, 2012, pp. 32–33）：

到她的第一个生日时，克里斯汀可以拿好书，将书页从头翻到尾了。有时她会笑，拍打书上的图片，或者将书页从一边翻到另一边，专心地看每页的图画。

她过完第一个生日的几个月后……她会……指着并问"dat？"是关于书中的人和动物图片的。她的妈妈会问她"在哪里……？"

到2岁的时候，克里斯汀已经认识了一些她喜欢的标志，比如，她最喜欢的汉堡店的标志。她同时也开始假装阅读一些她喜欢的书了。到了3岁的时候，克里斯汀会问问题，并且会在读书的时候发表评论。在克里斯汀早期学习读写的阶段，McGee 和 Richgels（2012, pp. 36–37）总结了四个非常重要的相关概念：

1. 读写活动是令人快乐的。
2. 读写活动会发生在可预测的日常计划之中，也会包含于文化训练里的社会互动之中。日常图

照片 7.12 学步儿喜欢为自己挑选图书。

书交流给儿童提供了一个展示自己的读写学习成果的时间段。
3. 读写材料用特殊的方法来处理，并且与写作相关。
4. 读写包含了符号的使用以及有意义的交流。

有些孩子每天都会安排读书分享的活动（Richman & Colombo, 2007；Harris, Loyo, Holohan, Suzuki, & Gottlieb, 2007），这样的孩子在小学一年级时更有可能变成很好的阅读者。在适当的语言和读写经历中，学步儿可以了解到口头和书写语言是息息相关的（Rosenquest, 2002；Language and literacy in the earliest years, 2004）。学步儿需要不同种类的图画书，并且需要积极地

参与阅读（Jalongo，2004）。对于学步儿来说，成人读者应该给儿童时间去指出、标记书中的图片。因为学步儿的注意维持时间可能很短暂，所以选择合适的书籍对他们来说尤为重要，这样一来，故事时间才是快乐的，并且这样做能够让学步儿有动力去阅读。通过评论、问问题以及非言语参与，例如，指着书、拿着书、与老师离得很近、与同伴互动和做假装游戏，小规模的阅读小组（相对于整个班级来说）可以给学步儿提供更多的言语参与机会（Phillips & Twardosz，2003）。

学步儿也有可能展现出他们刚刚开始发展的写作知识（Mayer，2007）。有一些能够做标记的工具，例如蜡笔和画笔，学步儿需要大量使用这些工具的经验（Schickedanz & Collins，2013）。当学步儿发现书写可以表征口语时，如果此时能够给他们纸和书写用具，例如蜡笔和铅笔，他们就会开始体验写和画了。例如，2岁的萨默在纸上涂涂写写。她告诉妈妈，她写的是"1，2，3，4，5，6，7，8，9，10"。从这个角度来说，儿童开始进入本书第10章所谈的书写阶段了。

7.8 社会文化因素

正如在第1章描述的，儿童需要被观察，儿童也需要和社区、家庭以及同辈群体互动。但是，在不同的文化下，对于婴儿和学步儿是否能够成为交谈对象这个问题，人们的理解大相径庭（Jones & Lorenzo-Herbert，2008）。在一些文化中，成人不会和2岁以下的儿童交流，但是在另一些文化中，成人会从学步儿出生开始就积极地与他们交流。

在非结构化的游戏中，幼儿可以借此发展假装游戏的各种故事，而且幼儿对非结构化游戏的需求也有必要在社区文化实践的背景下思考。

Howes和Wishard（2004）描述到，两个拉美裔学步儿在玩洗娃娃的游戏，在游戏中，两个孩子没有口头语言，但是在给娃娃洗澡、擦干身体、裹上浴巾和摇晃娃娃的这些动作中，她们显然在分享某些有意义的成分。通过观察这些学步儿的家庭文化，我们知道了为什么她们的游戏是无声的。她们家里有7个人住在一个小房子里。成人在不同时间段工作，所以儿童必须安静。儿童也不可以出去，因为社区环境很危险。这些女童需要一些机会来练习口语。叙事能力的发展与后面读写能力的发展相关。通过假装游戏和叙事，儿童发展出了故事的概念，这对于阅读理解来说是相当重要的。

初始的读写能力的发展并不只是依托假装游戏和叙事，这种能力还可以通过阅读书籍或其他印刷制品的经验（照片7.13）以及与他人交谈得以发展。意义共享是读写能力中非常重要的基础（Howes & Wishard，2004）。当儿童讲故事的时候，他们就是在叙事。虽然假装游戏中的叙事可能是言语形式或非言语形式的，但最重要的部分是游戏者之间的意义共享。Rogoff和Mosier（1993）的实验就是一个很好的例子，这个实验展示出了在危地马拉的玛雅印第安镇和美国中产阶级城市的地区文化中，学步儿和父母互动的不同。这个实验其实也是另一个更大的关于印度部落村和土耳其中产城市地区研究（Rogoff，Mistry，Goncu，& Mosier，1993）的一部分。在每一种文化下，学步儿都会和他们的照顾者形成一种相互协作式的学习系统。这个系统包含对同伴的理解和相应的调整，以此达到更好的互动。文化的差异主要在于价值观和目标的不同。在交流方面，最主要的差异在于儿童是被隔离的，还是融入了成人的活动之中。以中产家庭为例，儿童是被隔离开的，他们的养育者会用更直接、更正式的形式教授孩子知识，尤其是在语言方面。成人会把孩子看作自己的语言伙伴。如果是在儿童被融入交流活动中的文化背景下，比如像在玛雅印第安家庭，幼儿更多地是靠观察以及成人的回应式辅助来自学语言的，而不是有计划地直接地接受成人的辅导。中产阶级的成人与学步儿的互动更像是传统学校里的教学。作者建议非中产阶级家庭的家长向中产阶级家长学习，学习中产阶级家长为了孩子的入学准备而进行的教育，这些是让孩子可以获益的有效方法。从另一方面来说，中产阶级家长和学校教职工也应该让孩子在语境中学习，让他们通过自己的努力，运用自己的观察技能来获得更多的知识。

照片 7.13　应该为学步儿提供不同语言的书籍。

有些人认为，如果婴儿和学步儿接触两种语言，他们会很容易困惑和混淆（Genesee, 2008）。但是，如果一次只使用一种语言，就不会出现这些问题了。一个好的方法是，不同的人说不同的语言，比如，妈妈说德语，爸爸说英语。在一句话中融合不同的语言很正常，对孩子来说不应该是个问题。家长可能需要在传授孩子语言技巧的时候获得一些帮助。早期双语可以成为幼儿在认知领域的优势（Yoshida, 2008）。平衡并能够流利地使用两种语言可以促进儿童的认知灵活性；这种灵活性指的是，一个人可以使用环境所提供的信息去自发地调整自身知识的能力。双语可以促进执行功能的发展，执行功能指的是认知和社会性发展中的计划能力、组织技能、心理定势保持、选择性注意力以及抑制控制的基础（Yoshida, 2008）。儿童可以将一个语言中的知识转化到另一个语言当中。

DeBey（2007）介绍了第二语言学习应该如何融入高质量早教项目。双语教学模式认为，婴儿和学步儿应该全天浸泡在丰富的双语环境中。一位老师只说母语，另一位老师只说第二语言。这样儿童可以从日常活动中学习两种语言，更加注重语言的交流应用，而不是语言的结构。在教授二语学习者时，教师必须使用大量的非言语交流模式，并且保证信息的简洁性，注重句子中的重点单词，在讲话时使用手势，并且重复关键词（Tabors, 2003）。更重要的是，家庭必须融入儿童的学习，老师必须尊重家庭文化。老师可以学习一些儿童母语的单词，让家庭和学步儿更放松地融入项目（Nemeth & Erdosi, 2012）。

7.9　学步儿的发展和游戏

和之后的第 12 章所描述的一样，情感领域主要涉及学步儿的社会性、情绪、个性特征和自我概念的发展。学步儿不断增强的独立性可以从游戏以及社会性活动中体现出来。与照顾者之间的依恋，以及伴随而来的自信和对别人的信任，使得学步儿可以离开成人，尝试不同的东西。在学步儿时期，儿童行为的社会性和情绪发展使儿童不断成熟。维果茨基（Berk & Winsler, 1995）着重强调了在社会环境下，社会性行为和合作行为对于支持认知发展的重要作用。一个技能更熟练的同龄伙伴、成人或更大的孩子，可以在**最**

近发展区（zone of proximal development，ZPD）内，即在特定时间里实际发展和潜在发展之间的距离范围内，帮助儿童学习。埃里克森（Miller，2011）强调了在文化背景下的心理发展中的社会性和情绪方面的重要性。在本章的前面提到，埃里克森提出，在寻找自我同一性的过程中，学步儿处于自主对羞怯和怀疑的危机之中。在这段时期，儿童的气质相当不稳定，无法预测。在他们探寻自我同一性的时候，他们的情绪可能非常强烈。Gopnik、Meltzoff 和 Kuhl（1999）描述了孩子从"可爱"的 1 岁到"可怕"的 2 岁的变化过程。1 岁的孩子会觉得成人的想法和他们自己的想法都一样，而 2 岁的孩子已经知道成人跟自己的想法是不一样的，并且 2 岁的孩子还会不断地试探成人的反应，好像他们在试图弄明白成人正在想些什么。

7.9a 游戏和社会关系

游戏对于认知发展来说是有价值的，游戏对于促进情感发展也很重要。除了玩不同的东西和与成人做游戏，与同龄人的游戏对学步儿来说变得越来越重要了。在这个过程中，社会行为随之变得越来越复杂。

游戏

第 2 章涵盖了一些关于儿童通过游戏而学习的大致介绍。在这一章中，1 岁和 2 岁孩子的游戏是重点。学步儿非常"忙碌"，他们在很多方面和科学家一样，探索、体验着周围的环境（照片 7.14）。根据在之前的几章中介绍过的，随着动作技能的不断完善，学步儿的游戏活动也变得更为复杂（Frost, Wortham, & Reifel, 2005）。正如之前几章所描述的，学步儿喜欢做推、拉、提、装和扔的游戏。游戏开始于探索，他们会用感知去触摸、品尝、感受、嗅闻和抓取物体。认知发展同样会影响游戏内容的发展。到 12 个月大时，随着学步儿记忆力的提升，他们已经可以理解物体恒存性了。象征或表征游戏随即出现，在 18—24 个月大的时候，学步儿便可以计划游戏活动了。到 2 岁的时候，儿童可以进行假装游戏，从而反映他们的情感（情绪、个性和社会性）特征。

照片 7.14　学步儿的游戏包括独立探索材料，比如沙子。

学步儿的游戏是活跃和愉快的。他们的游戏活动通常包括幽默和欢乐（Wittmer, 2012）。下面是 18 个月大的恩里克和老师之间的游戏过程，这是一个典型的学步儿游戏活动的例子。

恩里克把所有的网球捡了回来，并拿给了老师，然后他指着另一个方向，跑了过去。当老师扔球的时候，恩里克咯咯笑着去追那些球。他尽可能多地捡起球来，放进一个红色的塑料小推车里，然后推着小推车收集起其他地方的球。等他捡起所有的球后，他会把车推到老师那里，指着球，并向预先知道的方向跑。当老师扔球的时候，恩里克会尽可能快地跑，试图抓住那些球，收集起来，然后放进红色小推车。恩里克会重复这个活动几次，直到去做另一个活动。接下来，恩里克用积木（8厘米长）垒起来一个小塔。当塔和他一样高的时候，他会推倒这个塔，然后大喊，"轰隆！"然后歇斯底里地大笑，指着倒塌的塔，并在它周围跳几秒钟，然后再去搭积木。恩里克展示出了典型的学步儿的游戏模式。他的游戏是重复的、活跃的、享受的，当他把塔推翻的时候，展示出了最初形式的假装游戏。

Wittmer（2012）指出了促进学步儿模仿和玩想象游戏的重要性（照片7.15）。在学步儿阶段，表征融入儿童的游戏之中。儿童在假装扮演成人、动物、交通工具以及其他人和事物的时候，表现出了游戏的符号性本质。游戏材料也具有符号的象征性，比如，当恩里克假装他的积木塔是一栋建筑物，然后随着一声巨响，积木塔倒了。表征游戏为儿童描述想法、思想以及感受提供了一个环境，没有这种环境，儿童可能不会如此舒适放松地展示他们的游戏过程。照顾者可以和孩子一起做游戏，为他们提供假装活动的榜样，比如在床上摇晃娃娃，或者用积木给孩子的玩具车建一个停车库。学步儿在做游戏时需要独立探索游戏材料，比如沙子。照顾者可以顺着儿童选择的主题开展游戏，然后成人还可以在此基础上向儿童展示如何在游戏中拓展这个主题。重要的是，成人只是提供帮助和支持，不要侵扰学步儿的游戏活动，因为学步儿才是游戏的领导者。

学步儿在使用他们新发展的动作技能的时候会很活跃。他们需要每天都有机会去实践投掷、攀爬、建造、涂画和跳舞（Wardle，1998）。他们需要一个球、可以攀登的东西、梯子、桥、各种型号的画刷、三轮车、小推车以及不同大小形状的积木。这些材料可以给他们的想象和模仿游戏提供基础。

没有游戏经历的婴儿和学步儿被剥夺了最重要的情感经历。寄养和收养儿童经常缺乏早期的游戏经历（Comfort，2005）。他们不知道该拿玩具做什么，不知道怎么玩玩具。他们可能会从盒子里把玩具倒出来，但只把它们放在那里。他们可能不会玩假装游戏。他们可能会对其他儿童或玩具失去控制，变得很具有攻击性。Comfort（2005）认为成人必须负起责任，加入儿童的游戏，在建立信任的过程中循序渐进地给儿童介绍游戏活动。

同伴关系

在第6章中，我们看到了婴儿对其他婴儿是相当感兴趣的。学步儿对其他学步儿会更加感兴趣。在第二年中，他们可能和别的儿童一起游戏。到了2岁，他们也许就已经准备好和其他同龄学步儿做游戏了（*The Power of Play*，2005）。这时候，他们的动作技能、问题解决

照片7.15 教师帮助学步儿做表演游戏。

和语言技能都已经有所发展了。学习社会性技能，比如分享和不打架，将是学步儿在第三年中的挑战。假装游戏变得更多，但也存在局限。早期社会性活动通常包括互相模仿（Berk，2006）。学步儿很喜欢跳跃和追逐。他们开始用语言来提出对游戏活动的建议。

社会性活动包括模仿其他儿童，给其他儿童展示玩具，给其他儿童玩具，接受其他儿童给的玩具，玩其他儿童玩完了的玩具，从其他儿童手中拿过来一个玩具（当另一个儿童不反抗的时候），争夺一个玩具（当另一个儿童反抗的时候），加入合作游戏，这时候也是合作游戏的开始。**合作游戏**是指两个儿童一起做一个游戏。他们可能一起用积木搭塔，一起给水桶灌水，或者轮流添加积木，敲倒积木塔（Brownell, Ramani, & Zerwas, 2006）。Brownell 及其同事指出，当游戏需要合作来解决问题时，1 岁的婴儿还没有足够的合作技能，而 2 岁的学步儿可以逐渐地与同龄人合作。真正的合作关系出现在第二年的后期，可能要到第三年才能观察到。第三年是支持学步儿合作社会技能发展的重要时期。

Brownell（1990）在游戏室对 18—24 个月大的学步儿进行了观察。在观察之前，Brownell 已经熟悉这些孩子了，这些孩子被分入了同龄学步儿组或混龄学步儿组。正如所料，大一点的孩子使用了更为复杂的社会性行动。研究对比了学步儿与年龄更大的玩伴分在一组或与年龄更小的玩伴分在一组时的情况，发现了更有意思的结果。当与更大的孩子分在一组时，18 个月大的学步儿的社交会变得"更活跃、更融入、更热情"；跟与更小的孩子玩耍的同龄人相比，跟大孩子玩的学步儿会更多地使用高级的方法来和大孩子互动（Brownell, 1990, p. 844）。这些实验结果都支持了 Logue（2006）所证实的混合年龄组的重要价值。Brownell 和 Carriger（1990）观察了 12、18、24 和 30 个月大的同龄儿童合作行为的发展。这项研究将同龄学步儿分为一组，每组儿童需要在实验环境下问题解决，他们需要合作，然后才能获得一些玩具。当一个儿童使用杠杆将玩具挪到可以被够到的地方时，另一个儿童就可以拿到玩具。实验装置的设置就是让儿童无法单独完成任务。最终结果显示，12 个月大的学步儿组不能完成任务，极少数的 18 个月大的学步儿组可以合作拿到玩具，24 个月和 30 个月大的学步儿可以更好地齐心协力完成任务（照片 7.16）。

照片 7.16 教师可能需要在一个学步儿想要另一个孩子的玩具时进行干预。

学步儿在处理同伴关系的时候，通常多多少少会有些暴躁。他们会出现消极的社会性行为，比如抢夺别的孩子的玩具、打人和咬人（Wittmer, 2012）。他们了解同龄人的方式似乎和探索物品的方式一样。并且，在他们逐渐走向自主的过程中，可能会发现战胜其他儿童会带来满足感。也许把学步儿放在一起是在自找麻烦。但是，如果学步儿有机会每天和其他人互动，了解他人，那么他们将会与他人建立并发展积极正向的社会关系。与人数更多的小组相比，学步儿在只有两个人的小组里似乎会出现更为正向的互动。这也说明了学步儿的游戏组如果可以建立在几个可以容纳1~2个儿童的区域里，而不是限制他们必须选择2人以上游戏组，那么他们的互动会更加友好，更加顺利。并且，研究表明，在儿童使用粗大动作器材的时候，会比使用小玩具时更正向地与他人互动。保证玩具数量充足可以把学步儿之间的争吵或争夺最小化。如果学步儿可以拿起一个相同的玩具并模仿另一个同伴，这个学步儿的积极社会型发展就会得以加强。如果没有相同玩具，那么这个学步儿将会试图抢夺另一个儿童的玩具。正如我们在本章的前一部分所说的，成人在这个时候通常会很快地阻止、干预学步儿的这个行为，而没有给学步儿足够的时间去思考并弄清楚如何解决自己的冲突。

成人通常会试图解决学步儿之间的冲突，把自己的解决办法强加给学步儿，试图调停冲突，但是这种方式无法帮助学步儿发展自己的协商和问题解决的能力，或者成人会要求抢夺别人玩具的学步儿归还玩具，并且赔礼道歉，但是学步儿可能因为年龄太小，所以根本不明白"归还和赔礼道歉"的意思。虽然成人应该准备好帮助学步儿，但是他们也应该给儿童时间去解决自己的问题，并提出一些非评判性的技巧和建议，比如，"你可以跟她说你不想让她拿你的玩具"或者"你可以告诉他，不要把你的积木弄倒"。Wittmer（2012）提出了相似的问题解决策略，比如提供解决问题的不同选择，问孩子，"我们可以怎么做？"

> **思考时间**
>
> 分析下面这个情况，并解释你会怎么做。约翰叫你去他玩游戏的地方。"我在做午餐。"他解释说，"我想让你和我一起吃。"

7.10 成人对学步儿情感发展的影响

成人对学步儿的社会性行为有很大的影响。比如，Howes、Hamilton和Matheson（1994）追踪调查了一群托儿所里的孩子（从这些孩子还是婴儿的时候，一直带到他们4岁）。Howes及其同事（1994）研究了教师和同伴的行为与这些孩子的社会性能力之间的关系。他们发现，和教师在一起越有安全感的学步儿，越少出现攻击性，并且会更多地和同伴积极玩耍。教师使用积极方式处理学步儿的社会性问题（比如，帮助一个孩子主动接触另一个孩子，监管学步儿间的互动，解释同伴的行为），会使得学步儿更容易被同伴高度接纳。换句话说，使用直接指令，告诉学步儿如何与其他同伴互动，可以带来积极的效果（照片7.17）。

照片7.17 教师帮助女孩们解决她们的问题。

Rogoff和Mosier（1993）将**有指导参与**作为儿童在特定文化下学习进行正常社会活动的方法。这个观点来源于维果茨基的理论，和教学性指令相比，同伴（低龄儿童和比他们年龄大的、有更多技能的同伴）之间的社会和合作行为更能促进儿童在最近发展区内的成长。研究人员观察并采访了4个住在美国犹他州盐湖城的学步儿及其家庭，和 4 个住在危地马拉玛雅村庄的学步儿及其家庭。他们的目标是观察在不同的文化背景下，有指导参与在当地儿童发展目标中的角色。研究者们观察了成人如何通过调整交流方式、降低任务难度以及帮助孩子完成比较难的部分，来指导自己的孩子。对于玛雅地区的母亲来说，当学步儿不认同成人下一步要做的事情时，成人通常会尊重儿童的选择。盐湖城地区的妈妈会使用更复杂的语言解释，玛雅地区的妈妈倾向于使用更多演示。在这里，我们也可以看到文化的不同导致了交流模式选择的不同。虽然盐湖城地区的学步儿更好动，但是他们的父母和孩子有更多面对面的交流，但是玛雅地区的妈妈鼓励学步儿自己玩耍，这样她们就可以完成自己手头的工作了。在玛雅文化中，儿童并不被视为交流的伙伴，这与盐湖城中产阶级的文化是完全不同的。在玛雅文化里，儿童依靠他们自己的观察学习来获得必需的技能；他们的注意力也没有像盐湖城学步儿的注意力一样被监管。盐湖城的妈妈们会使用更多的表扬、鼓励和模拟的兴奋作为对孩子的激励。

虽然具体指导技巧不同，但是在两种文化中，照料者和儿童在特定情境下会一起合作决定将要发生什么。提供足够的、合适的玩耍材料可以支持学步儿的结构化游戏。学步儿可以对简单的玩耍材料感到满足，这些玩耍会帮助他们发展精细动作和粗大动作的协调，比如推拉玩具、拿水彩笔和蜡笔。Swim 和 Watson（2011）建议使用简单的家庭自制玩具。玩耍环境应该让儿童对自己的文化感到放松舒适（Whaley & Swadener, 1990）。

Nemeth 和 Erdosi（2012）强调多元文化教育应该从婴儿和学步儿开始。玩偶、书籍、音乐以及其他材料都应该包含和代表不同的真实文化。鼓励儿童流利使用他们的第一语言，在没有压力的情况下，学习英语；把反映不同文化的图片挂在墙上；鼓励婴儿和学步儿对自我感觉良好、有同理心、懂得分享以及尊重他人的感受。早期的多元文化教育并不是一个课程，而是一种角度和对公平、敏感以及授权的一种承诺。这种承诺和角度应该贯穿低龄儿童的日常生活。这不是一种直接的教授，而是将很多想法融入婴儿和学步儿的玩耍体验。或许最重要的是，让这个年龄段的孩子可以感受并发展自尊、接纳和同理心。

Keller、Yovsi、Borke、Kartner、Jensen 以及 Papaligoura（2004）比较了在三种文化下，父母在孩子 3 个月大时的教养方式与孩子到 18—20 个月时的自我识别和自我调节能力之间的关系。

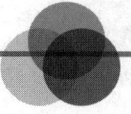

大脑发育

学步儿课堂设计

儿童早期教育中心必须遵循大脑发育的健康支持原则。Segal 和 Freshwater（2011）为支持脑发育的课堂提供了指导标准。一旦学步儿和早期教育中心的成人建立了安全紧密的情感联系，就可以进入环境刺激。教师活动中心必须帮助并支持学步儿的玩耍和探索。设计也应该遵循促进多感官学习的原则。视觉、嗅觉、触觉、听觉和味觉对于低龄儿童来说更强烈，因为他们对环境的感知很新。教室必须有秩序、有组织，这样才能在没有杂乱的情况下，将环境对学步儿的刺激最大化。同时，教室空间也应该能促进学步儿的思考和问题解决。

这三种文化分别是喀麦隆的 Nso 部落农民、希腊城市中产阶级以及哥斯达黎加的中产阶级。这三种文化中的父母教养方法分别是：

- **临近方式**，强调的是身体接触和身体刺激，这种方式主要伴随强调顺从和关系的社会与文化形态。
- **远距方式**，强调面对面的交流和物体刺激，这种方式主要伴随强调独立、自主和分离的社会与文化形态。
- **临近和远距结合的方式**，这种方式主要出现在强调自主性和关系的社会与文化形态中。

喀麦隆的学步儿主要接受临近的父母养育方式，他们比其他两组学步儿更早地发展了自我调节能力。希腊的学步儿主要接受远距的父母养育方式，他们比其他两组学步儿更早发展了自我识别能力。哥斯达黎加的学步儿同时接受临近和远距的父母教养方式，在自我调节和自我识别能力的发展上，在三组学步儿中居中。这个结果支持了父母教养方式符合社会文化群体的文化期望的观点。

在学步儿期，学步儿与同伴和成人的社会关系就已经完善建立了。如我们刚才已经描述过的，这些关系并不都是积极正向的。虽然对于 2 岁的学步儿来说，对同伴产生攻击性行为和发起冲突较常见，但是攻击和冲突的程度不同。Rubin、Hastings、Chen、Stewart 和 McNichol（1998）研究了 2 岁的学步儿产生不同程度的攻击和冲突的情况与母亲的行为以及特性之间的关系。研究人员观察了玩耍场景和吃零食场景中的母亲和学步儿。总体来说，男孩比女孩发起了更多的冲突，产生了更多的攻击行为。在不考虑学步儿的性别、情绪管理能力以及消极母亲主导可能导致的破坏性行为的情况下；自我调节能力较低、母亲反感并且频繁控制其行为的学步儿更容易对同伴产生攻击行为。自己没有内在控制，但外在控制很强的学步儿对他人最具有攻击性。这种关系在男孩中出现得更多。研究人员发现，攻击性和儿童照料经历没有关系。

7.10a 学步儿的社会敏感性和情绪表达

学步儿已经发展出了敏感性和社会表达能力。在我们讨论同伴关系的时候，学步儿与同伴使用了表达性和反抗性的交流方式。这种不断增加的敏感性也会显现在家庭关系中。

记得我们在第 6 章提到过，情绪表达在婴儿期就已经建立了。学步儿可以根据标识来学习认识和管理他们的情绪（Adams, 2011）。学步儿会体验类别广泛的情绪，有的时候，这些情绪是强烈的、压倒一切的（照片 7.18）。建立学步儿的情绪词汇有助于他们的情绪管理。Adams 把"情绪"词汇归类为消极的（生气、嫉妒）、积极的

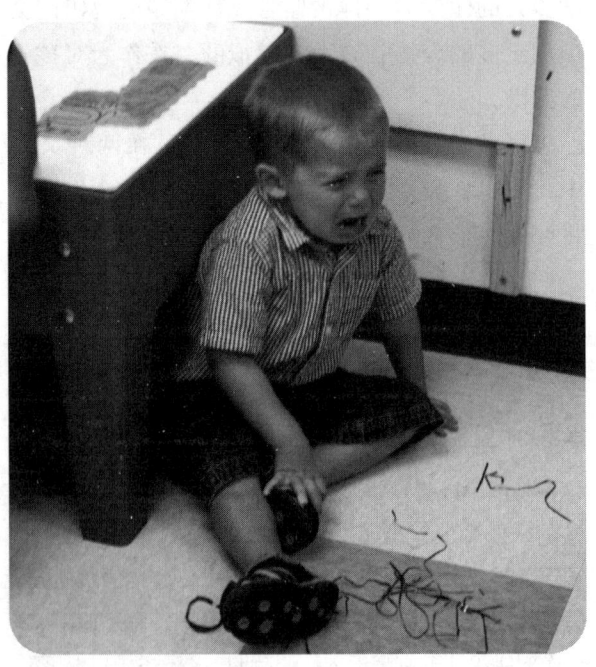

照片 7.18　挫败感可能会使学步儿发脾气。

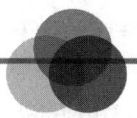

现实世界中的儿童发展

执行功能

当快满 1 岁的艾登看到一个新物体时,他会用嘴咬、用手拿、用眼睛观察这个物体。如果他站在茶几上,他会把这个物体摔在地上。他会选择用不同的感官获取信息。聚焦和自我控制发展也很明显。

在这一段,Ellen Galinsky(2010)描述了聚焦和自我控制是儿童的学习所需的第一个、也是最重要的生活技能。聚焦和自我控制给儿童带来了学习的机会。当婴儿开始聚焦关注环境中的物体和人的时候,执行功能开始起管理功能。注意或聚焦能力是由大脑前额叶皮层中负责执行功能的部分管理的。执行功能可以使一个人通过富有创造性的方法使用已有的知识。执行功能所管理的方面之一便是情绪的抑制控制,比如,在压力状态下三思后行;集中精力关注高压力任务本身,而不是发脾气。成人可以帮助婴儿和学步儿提升聚焦能力和自我控制能力。

1. 弄明白如何使孩子镇静下来,比如轻摇他们,和他们轻声说话。
2. 给孩子足够的时间让他们控制自己。
3. 让孩子明白他们已经很厉害了。说,"你学会了,你做到了!"
4. 随着孩子不断长大,可将控制能力融入每天的活动中,比如在玩游戏的时候要求孩子聚焦和控制,像是在玩捉迷藏、红灯停绿灯行或者音乐椅时。
5. 鼓励儿童不总期待立即的喜悦和满足。
6. 在潜在的强压情况下,不要干涉儿童,引导他们成功。比如,如果学步儿想要爬上梯子,到滑梯的最顶端,可以鼓励并帮助他们弄明白该如何达到这个目标,但你不要亲自帮你们上去。

Galinsky, E.(2010). *Mind in the making*. New York: HarperCollins.

(开心、傻傻的)、以及中性的(舒服、耐心、冷静)。Adams 同时建议父母指出孩子的各种情绪,比如,"你在生气""谢谢你这么有耐心""你对你的画作很满意"。儿童可以在其中学习管理他们的消极情绪,不会因为拥有这些消极情绪而感到不好。当他们经历积极和中立情绪的时候,同样可以感觉良好。

学步儿的同情感

学步儿可以展现他们对他人的同情。1 岁的孩子也许可以试图安抚并帮助另一个感到痛苦和悲痛的人。学步儿对他人的伤心或受伤非常敏感,他们通常会想要帮助并且同情这个人。学步儿也会展示出初级同理心,想要加入别人的悲痛中,感受他们的痛苦(Lamb & Zakhireh, 1997;Gopnik et al., 1999)。Lamb 和 Zakhireh 认为,这种"关注—悲痛"的行为可能是初级同理心,是道德发展的一部分。Quann 和 Wien(2006)在观察学步儿的同理行为的时候,将低龄儿童的同理心定义为"可以观察其他人情绪的能力,并且用关心和担忧的方式回应这个人"。Quann 和 Wien 观察到学步儿对其他悲痛的儿童展现出了兴趣和担忧。Warren、Denham 和 Bassett(2008)回顾了情感方面的研究。他们总结出情绪表达、情绪理解和对社会信息的处理是社会理解的基础。他们相信同理心是建立社会互动中的情绪部分的重要一步。在18个月左右，学步儿开始懂得别人可能对同一个事件有和他们不一样的反应了。在接近2岁生日的时候，学步儿会掌握第一批情绪词汇。他们开始使用开心、生气、伤心和害怕等词。到36个月大的时候，他们从能辨别自己的情绪，发展到可以辨别他人的情绪。

对家庭成员的情绪表达

当学步儿经历弟弟或妹妹的降生时，经常会退行到做出很多婴儿的行为——他们其实早就已经放弃了的行为。比如，当2岁的詹妮有了弟弟以后，她的行为改变了。比如，她会在吃完零食后，躺在放满洋娃娃的床上，打嗝、吮吸她的大拇指。

儿童也会展现出嫉妒，以及想要摆脱新生儿。比如，4个3岁的男孩各自都有弟弟或者妹妹，在他们每天假扮消防员玩耍的时候，玩具婴儿会被放在烤箱里，男孩们假装要把婴儿烧掉。

学步儿开始学习用情绪表达来获得环境的支持（Buss & Kiel, 2004）。一项研究观察到，24个月大的学步儿在受威胁和受挫折的情境中（他们的妈妈在这两个情境中都在场），会对母亲使用难过的表情，以寻求帮助，而不是生气或者害怕的表情。

Laible、Panfile和Makariev（2008）在研究母亲和学步儿冲突与学步儿的依恋和气质的关系时，发现这些冲突通常集中在情绪、规则、需求以及行为后果上。在高质量的冲突中，儿童可以通过与父母讨论问题以及使用协商来学习争辩和协商的技能。安全型依恋儿童的母亲会在每一次冲突中为她们的观点提供理由。他们的冲突往往不那么具有攻击性和破坏性，而更多地关注所有物和独立性。气质也和冲突行为相关。活动性较高的儿童更容易卷入具有攻击性和破坏性行为的冲突中。

学步儿同样也会对暴力产生反应，儿童可能产生**创伤后应激障碍**（post-traumatic stress disorder, PTSD）的症状，比如，在玩耍中再次经历那个事件，变得情感压抑和孤僻，做噩梦，回避相似的人或与暴力事件相关的场景，产生焦虑的表现（比如，睡眠出现问题），或者展现出饮食习惯的混乱以及具有攻击性，注意力不集中，歪曲信任关系（Zero to Three, 2013）。

学步儿渐渐开始发展出一种成功与失败感，同时开始产生与成功和失败相关的情绪（Stipek, Recchia, & McClintic, 1992）。在2岁以前，学步儿看上去已经有了一种内在的成就感。在2岁左右，他们开始寻求成人的认可。经常获得母亲称赞表扬的儿童往往会对自己的成就表达出更多自发的积极情绪（比如，笑、拍手和大声叫喊）。

学步儿对自己的情绪也很敏感。他们喜欢自身成就所带来的良好感受，并且会学习寻求成人的认可。情绪调节，作为成人与儿童之间的一种合作活动，从婴儿期就开始了（Campos, Frankel, & Camras, 2004）。在宝宝不断成长的过程中，他会逐渐掌握情绪调节能力。现在，我们普遍认为，在儿童发展的前15个月中，情绪调节就已经产生了很多变化。

幽默

在第6章，我们看到了对于婴儿来说，幽默的重要性。开怀大笑和咯咯发笑对于学步儿阶段来说也同等重要（Nwokah, 2003）。根据Nwokah（2003, p.2），幽默在以下几方面支持了儿童的发展：

- 它改善了创造性思考。
- 它作为一种记忆策略，有助于改善学习过程。
- 它可以教授单词的含义。
- 它对社交过程和社交技能都有帮助。
- 它可以帮孩子处理压力和焦虑。

幽默可以把消极的情绪状态变为积极的。学步儿会享受一些很傻的游戏，比如追逐，看一个人戴一顶很好笑的帽子或者一副好笑的眼镜，或者一个成人假装自己是个宝宝。到 2 岁的时候，言语能力迅速发展，他们喜欢玩带有搞笑声音或者各种傻瓜词语的词汇游戏。Cameron、Kennedy 和 Cameron（2008）记录了一个 30 个月大的女孩的一天。他们发现了四种主要的幽默类型：扮小丑、戏弄、开玩笑以及俏皮的语言和身体动作。

Ward 和 Dahlmeier（2011）认为，过多地强调评估、职责和日益增强的学业期望，使得研究者们对教室取消欢乐元素产生担忧。欢乐作为"最佳的经历，受人自身行动的控制，发生于一个人做出积极选择和建立关系的时候"（Ward & Dahlmeier，2011，p. 94）。在一个欢乐的教室里，儿童会进行探索、做出选择、完成他们选择的目标并体验快乐地学习。

依恋

学步儿和他们的父母仍然可能经历分离悲伤（Godwin, Groves, & Horm-Wingerd, 1993）。在一个关于儿童保育中心里的父母和学步儿道别和相聚的研究中，Field 及其同事（1984）发现，和婴儿相比，学步儿更抗拒与父母分离。他们寻求更多的关注，会产生言语抗拒、依附和哭泣行为。学步儿的父母展现出了更多徘徊和转移学步儿注意力的行为，并且更多选择悄悄地离开教室。当分离得到语言的解释，儿童更不容易抗拒，展现出了更少的压力。越容易和父母分离的儿童，越容易在最后离开保育中心。从事幼儿工作的成人可以帮助家长理解学步儿比婴儿和幼儿园儿童更抗拒分离是正常现象。家长需要知道这是正常发展的一部分，而不是他们的错误。

学步儿最终会和他们的照料者建立感情关系（照片 7.19）。感情对于学步儿发展强烈并且健康的依附关系非常重要，这样他们才能有情绪发展。在学步儿对有感情的教师的行为反应的研究中，Zanolli、Saudargas 和 Twardosz（1997）发现，微笑是最能给学步儿带来积极反应的。微笑也是有感情的教师最早获得的与学步儿的互换反馈。这个结果指出，教师和照料者应该通过微笑帮助学步儿更好地从家过渡到保育中心。微笑作为一种信号，给学步儿传递了成人的关爱以及想要和他们发展关系的感觉。

照片 7.19 教师向学步儿展示同理心。

道德发展

对于从事年幼儿童工作的成人来说，一个主要的担忧就是学步儿的道德行为和他们对是非对错的理解，或者说**道德**。道德的发展来源于社会关系（Damon, 1988）。成人只有明白儿童的社会世界，才能明白他们对道德的特殊视角。道德并不是一个很容易定义的概念。Damon（1988，p.5）将其描述为以下几点：

- 一种对行为和事件的评估方向，以此区别好坏，并且规定什么是好的。
- 一种隐含的责任感，遵守团体内共同遵循的标准。
- 不仅考虑自己的渴望，也考虑他人的要求。
- 基于对他人的考虑（关爱的行为、善良、仁慈、宽容），对自己的行为有责任感。
- 对他人权利的考虑（正义和公平）。
- 保证诚实。
- 当道德感缺失的时候，有审判性和情感性回应（羞怯、罪恶、愤怒、害怕和蔑视）。

成人对儿童在成长过程中，在他们独特的非成人社会背景下，如何看待道德和审判道德很有兴趣。

最早的道德情感有同理心、羞怯和罪恶感（Damon，1988）。虽然学步儿可能会萌发同理心，对他人的感情敏感，但不是所有的学步儿都有这样的情感。**羞怯**是当儿童觉得自己没有到达一个特定的行为准则时，可能会感受到的一种难堪的感觉。根据埃里克森的解释，学步儿正在努力寻求自主性，但是失败会给他们带来羞怯感和对自己的怀疑。大小便训练通常是第一个让学步儿产生这种感觉的经历。家长有可能因为孩子没有做好而羞辱孩子。羞怯感并不会被学步儿记住，所以他们可能会重复同样的、不能被接受的行为。一旦罪恶感在前运算阶段产生，学步儿将会表现出他们明白了自己的行为不被接受。

学步儿才刚刚开始发展道德。他们才刚刚开始学习对与错，好与坏，哪一种行为属于哪种类型。他们的价值观通常基于特定的情境。比如，他们虽然明白不应该拉猫的尾巴，但这并不能保证他们不会去拉狗的尾巴。

在课堂中，规则是在两个分开的层面发展的：道德和习俗（Crosser，2004）。道德规则适用于每一个情景，一定和攻击（比如，身体伤害）或资源侵害（比如，拿另一个人的玩具）相关。社会习俗用来处理特定的情况，包括把材料按不同场景、不同活动规定标准放好（比如，不在讲故事时间说话，以及把积木放在特定的区域）。

Smetana（1984）发现了两种侵犯种类在社会互动性质上的区别。对于习俗侵犯的回应，1 岁和 2 岁的孩子是相似的。总体来说，他们不会很注意。老师必须不断提醒他们注意最基本的规则，比如，不要在讲故事时间说话或在吃东西的时候要坐下等。学步儿对道德侵犯会更具有回应性。他们会做出情感和身体的回应。大一点的孩子同时可能说出自己造成的伤害。对于道德侵害，照料者倾向于给出解释，但是对于习俗性侵害，他们不会这么做。道德侵犯的本质是看到或者感受到痛苦和失去，以及明白照料者给出的理由，这些可能支持儿童，比懂得习俗性规则更早地学会道德上的对与错。并且，从孩子的角度来说，习俗通常更随意。"吃东西的时候为什么不能站起来？""为什么要在用完了以后把东西放回去？"这些规则背后的原因并没有像拉扯另一个孩子头发的后果那么显而易见。

一些研究，比如 Kochanska 及其同事（Kochan-ska, Padavich, & Koenig, 1996；Kochanska, Murray, & Coy, 1997）证实了学步儿抑制控制的程度（在禁止的要求下，不往前移动）和意识发展之间的关系。学步儿可以明确知道对与错，并且有能力控制自己不去做被禁止的行为，这是未来意识发展的参考指示。

7.10b 情绪和社会障碍

《零岁到三岁》（*Zero to Three*，2013）杂志指出了尽早确定儿童具有社会和情绪障碍的重要性。干预应该在评估和诊断确定后尽快开始。儿童建立和保持有效关系的能力已被证实为成人心理健康的重要预测指标。年幼儿童不能适当地表达和回应以及管理情绪，是日后发展和病理障碍的前兆。每个州都可以自己定义社会情绪障碍，并开发评估儿童状态的方法。

有社会和情绪障碍的儿童可能会在学校中经历各种各样的困难（Bowe，2000）。如果行为改变没有在早期开始，问题只会变得更糟。社会或情绪问题可能和其他身心障碍相关。盲童、运动受损的儿童或者失聪以及有其他障碍的孩子可能会被孤立，导致他们在加入幼儿园的群体时有不适当的行为。

情绪和社会障碍可以通过支持婴儿和学步儿的心理健康来避免（Vacca & Bagdi，2005）。Vacca和Bagdi（2005）认为：

> 婴儿心理健康是一个发展性的、家庭驱动的过程。通过给婴儿和学步儿提供合适的环境，支持他们的社会性和情绪发展，并以此作为心理复原力的基础，可以：
> - 保持健康的心理社会性存在。
> - 促进积极的自我意识。
> - 促进自主性决定的制定。
> - 与他人发展长期关系。

家庭和教室环境必须安全而有教育性。安全的环境可以使儿童完成早期发展任务。安全的关系可以使儿童发展自我调节技能、积极的自我概念、对规则的内化以及懂得对与错。妈妈、爸爸、祖父母和其他照料者以及兄弟姐妹都可以提供支持性关系。成人需要帮儿童定义情绪，帮助他们管理和规范情绪，学习亲社会行为，并且成为家庭和教室环境中有价值的一员。

7.10c 气质

在第6章中，我们定义并描述了气质。就像婴儿的父母一样，学步儿的父母也必须考虑孩子的气质特征，以及如何根据孩子的气质来和他们打交道（Sturm，2004）。父母需要了解自己的气质，然后是他们孩子的气质。通过了解孩子的气质，成人可以预测孩子的反应以及制订计划来回应孩子（Lerner & Dombro，2004）。一些气质类型被认为是"困难型"的（Tomlin，2004）。研究者发现了以下几种行为（Tomlin，2004，p.30）：

- 消极情绪性，尤其是强烈的消极情感，不断地要求和攻击。
- 与冲动相关的行为，也被研究者叫作"积极的方法"或者"不受禁止或兴高采烈的方式"。
- 持续的不当行为，缺乏顺从性，或者拒绝被控制。
- 低注意广度，缺乏控制力。

通常来说，什么是困难"取决于谁在看这件事"（Tomlin，2004，p. 30）。但是，有些行为就连很多成人都觉得很难处理。在学步儿阶段的担忧是，在2—3岁时，很多正常的行为可能会被归于"困难型"气质。学步儿常见的很难处理的行为有"攻击、发脾气、不遵从成人的指示"（Tomlin，2004，p. 31）。当学步儿想占有眼前所有的东西时，试图做照料者觉得不安全的事情时，或者就是想按自己的方式做事时，就会做出那些消极行为。

成人必须明白学步儿在情绪调节方面还有很多不足，他们的认知功能还在发展中；所以，他们可能不会理解成人的期许。他们可能没办法意识到自己已经伤害到了其他人和物。干预和教导是有必要的。他们可能不明白为什么他们必须顺从，尤其是面对"不可以"这类要求时。注意广度会因为材料和儿童对它们的兴趣大小而有差异。到18个月大时，儿童开始在选择活动时有自己的意向。学步儿会参与自己感兴趣的活动，但是他们避免注意力分散的能力也很有限。如果3岁以下的孩子的注意保持时间短，不应该被认为是有问题的。

很难界定并区别由困难型气质导致的困难行为以及行为障碍。比如，困难型气质的儿童有可能被误诊为患有多动症。唯一一种和儿童后期行为问题相关的幼儿不顺从行为是持续性不顺从，尤其是尖叫、击打和踢踹。在这种情况下，看护者必须对学步儿的行为归类。在一个特定的发展阶段，某一种困难行为可能会比较典型，是困难型气质的征兆，或者是一种行为障碍。成人有义务支持儿童并帮助他们发展自我调节能力。表7.4详细列出了学步儿典型的社会性和个性行为。

自我概念

年幼儿童会通过社会互动和玩耍，逐渐发展出自己是谁的概念。这种关于自己的概念叫作自我概念（Berk，2006）。在环境中遇到的人和物（不论在什么文化中）给学步儿带来的反馈会反映在他们的自我概念上。每一个儿童都会通过他们所选择的模仿对象和所参与的活动来发展自我概念（照片7.20）。游戏活动可帮助儿童成为被当前文化接纳的一员。当儿童练习在游戏活动中通过观察所学到的东西时，他们会通过身边的人对他们的反应，发现自己是否是被接纳的一员。

如果他们获得了很多积极的回应，比如表扬、认可和完成一个任务后的成就感，那么他们会发展出积极的对自己的感觉。

照片7.20 假装是一个成人对于学步儿的自我概念发展非常重要。

Pipp-Siegel 和 Foltz（1997）发现，到2岁时，学步儿开始区别自己和其他的人与物。学步儿表现出要把自己和其他人与物分开。研究者认为，这种分类对于自主性的发展十分重要。

发展族群身份是发展自我概念时最重要的基础。**族群身份**是由族群社会化演变而来的。"族群社会化是指儿童获得族群内行为、认知、价值和态度，以及将自己和其他人视为这个群体中的一员的发展过程"（Phinney & Rotheram，1987，p. 11）。自我概念和自尊都和族群身份紧密关联，并通过族群社会化发展出来。在学步儿阶段，儿童可能会根据身体的外在特征来同化一些信息，比如皮肤颜色以及头发类型与质感。到三四岁的时候，他们才会对这些不同之处进行分类和比较，并把自己归于特定的分类中。

自我概念中很重要的一部分是性别身份，对于学步儿来说，他们才刚刚开始明白这个概念。女孩可能更喜欢女性化的活动和物品，男孩更喜欢男性化的活动和物品。在子宫内时，男孩和女孩的大脑发育就有区别，这些区别可能会影响他们的选择（Zero to Three，2011）。我们很难界定"不同性别的学步儿的行为差异有多少受大脑生理（如激素）的影响，有多少受（我们期待和提供的）社会经历影响"（Zero to Three，2011）。从怀孕的第 7 周开始，雄性激素睾丸素就会升高，并且开始使男性胎儿的大脑雄性化。总体来说，男孩和女孩从出生时就有不同的情绪风格：女孩更趋于社交导向，男孩更趋于活动和空间导向。在特定的任务中，男性大脑的两半球更倾向于独立运转，但女性大脑半球之间往往会更加平衡地共同运转。平均来说，男性大脑比女性大脑大。

表 7.4　学步儿认知和语言发展测评表

观察者＿＿＿＿＿＿＿＿＿＿＿＿　日期＿＿＿＿＿＿＿＿＿＿　时间＿＿＿＿＿＿＿＿＿＿　地点＿＿＿＿＿＿＿＿

学步儿姓名＿＿＿＿＿＿＿＿＿＿　出生日期＿＿＿＿＿＿＿＿＿＿　年龄＿＿＿＿＿＿＿＿＿＿

年龄和动作技能	是否观察到		评语
	是	否	
1 岁时的认知			
喜欢玩藏东西的游戏			
喜欢看绘本			
认识属于一组的物品（比如，勺子在碗里）			
可以说出很多日常生活物品			
开始区别空间和形态——把物品放在拼图和模型板中			
把物品放在一个容器里，并把它们倒出来			
1 岁时的语言			
说话很难懂——把音和词放在一起组成类似言语的模式			
使用单词句			
遵从简单的指令			
在询问的时候指出熟悉的物品			
可以说出 3 种身体部分的名称			
可能叫出一些物品和动作（如"狗狗""拜拜"）			
用"是"或"不是"回应简单的问题，同时使用适当的头部运动			
理解 25%～50% 的言语			
使用 5～50 个单词			

续表

年龄和动作技能	是否观察到		评语
	是	否	
使用手势引导成人的注意			
喜欢韵律和歌曲，并参与其中			
似乎明白对话交流			

2 岁时的认知

可能使用一个物品去象征其他物品（用香蕉代表电话）

完成简单的分类任务（比如，狗和猫）

发现因果关系（掐猫，猫会抓）

在寻找被藏起来的物品时，先去找上一次藏的位置

接受型语言的出现早于表达型语言

说出绘本中的物品名称

2 岁时的语言

在被允许指认、发出相关的声音和翻页时，喜欢别人读书给他们听

可以使用语言获得注意并且意识到了这一点

使用 50~300 个单词——单词量增长

接受型语言还是早于表达型语言

使用电报式言语；开始使用常规句子

通过附加"不"或者"不是"来组织否定陈述（"不要牛奶"）

反复询问"那是什么？"

使用一些复数

谈及不在当前环境下的人和物品

可能有时会口吃，替换一些发音，或者使用其他不常规的言语

可以听懂 65%~70% 的言语

Adapted from Marotz, L. R., & Allen., K. (2016). Developmental profiles: Pre-birth through adolescence (8th ed.). Belmont, CA: Wadsworth Cengage Learning.

本 章 总 结

7.1 解释学步儿时期的关键特征。 在看到学步儿很活跃的时候不要感到惊讶，他们可能会不停地跑动、跳跃、爬来爬去、举起东西、拿着不放，或者填充再清空容器。学步儿在寻求自主性的过程中对自己新获得的独立性感到兴奋。他们希望亲自完成每一个任务。当成人试图帮助他们的时候，学步儿通常会说："不！我自己做！"根据皮亚杰和埃里克森的理论，学步儿正在寻求自主性。

7.2 描述至少三个主要理论家关于学步儿的观点。 埃里克森认为，学步儿正在面对自主对羞怯和怀疑的冲突。弗洛伊德强调肛门期，即 1 岁到 2.5 岁的大小便训练经历。班杜拉认为，不断提升的运动能力和更高的认知技能可以使学步儿成为更具有技巧的观察者。根据皮亚杰的理论，学步儿从感觉运动阶段的后期，进入前运算阶段的前期。维果茨基（Berk & Winsler, 1995，第 2 章）认为，在 1—3 岁这个阶段，学步儿的主要活动集中在对物体的操作上，他们开始使用明显的自语，发展自我调节能力。斯金纳认为，正确的环境对于良好的发展至关重要。玩耍和观察是这个阶段的学步儿的主要学习途径。

7.3 指出影响学步儿的健康和营养的重要因素。 适当的营养和医疗保健支持学步儿的发展。太多家庭生活在贫困地区，没有办法给他们的孩子提供食物和医疗保健，他们的饮食往往不健康。但是，婴儿期和学步儿期平衡的饮食可以帮助儿童建立良好的开端。所有的年幼儿童都应该得到完善的照料。儿童应该在 2 岁前接种疫苗。每一个成人都应尽其所能地给儿童提供丰富的营养和高质量的医疗保健。

7.4 总结学步儿期的典型的精细动作技能和粗大动作技能。 到学步儿时期，儿童可以到处走动了。很快，学步儿便会开始爬动、跳跃、扔掷以及参与其他与粗大动作相关的活动。精细动作也在发展，学步儿应该开始接触拼图、蜡笔、画刷、珠子和细线，以及倒沙子、倒水等促进精细动作发展的物品。上厕所需要好的动作技能发展，同时也表现出学步儿对完成任务的渴望。

7.5 为典型学步儿和有特殊需要的学步儿建议最有效的指导实践方法。 因为学步儿经常性的动作和对探索物体和人的冲动渴望，成人可能会感到伤心，因学步儿的行为感到挫败。成人必须明白这是发展的自然阶段，应该保持冷静、有耐心。儿童需要解决冲突的机会，这个时候，成人应该观察，准备好在需要的时候适时地提供帮助和支持。行为矫正、重导、替代都是有效的策略。有特殊需求的学步儿也必须在帮助下获得自主性。指导策略必须适合学步儿的残疾障碍。

7.6 描述皮亚杰和维果茨基对学步儿认知发展的观点。 根据皮亚杰的理论，在学步儿期，儿童从感觉运动阶段进入认知发展的前运算阶段。表征思维出现，物体概念发展。物体操作是学步儿的主要活动。维果茨基关注语言的发展。言语对概念发展十分重要。学步儿的认知和语言发展需要成人和较年长儿童的帮助。

7.7 举出学步儿概念和语言发展的例子。 学步儿会学习很多概念，比如大小、形状、颜色和空间。他们不断提升的分类分组能力可以帮助他们更好地组织已知的世界。他们展露出的象征游戏是他们第一次使用象征。他们在发展问题解决策略和记忆策略。学步儿通过模仿，尤其是通过观察言语解释所附带的示范，可学习到很多东西。学步儿阶段是语言发展迅速的阶段。单词句会变成包含四五个词的句子。最开始，理解先于表达，但是表达型语言在这个阶段不断发展。在社会情境中使用的语言和独自玩耍时使用的自语是不同的，自语可以帮助孩子在活动中进行自我调节。

学步儿原始的思想反映在他们的语言上。合适的成人谈话对语言发展十分重要。成人是语言榜样，也是谈话同伴。口语和假装游戏与读写能力的出现紧密相关，学步儿理解印刷文字和书写是口语的象征符号。他们感觉到读写活动是快乐的，读写活动出现在可预知的日常活动中，是读和画很重要的一部分；读写材料需要用一种特殊的方式；读写包含很多符号，是意思的交流；读写来自文化实践中的社会互动。

7.8 说出学步儿认知和语言发展中社会文化层面的重要性。 双语经历可能从婴儿期就开始了。双语儿童可能发展出两个认知优势：认知灵活性和执行功能。双语沉浸可能对还是婴儿和学步儿的语言学习者是一个优势。

7.9 解释情感发展和同伴游戏的特点。 维果茨基和埃里克森认为，社会性和情绪发展是学步儿期的发展重点。维果茨基认为，在社会环境下，社会和合作行为支持认知发展。埃里克森强调文化背景下，心理发展中的社会情绪层面十分重要。学步儿必须学会处理自主对羞怯和怀疑。

学步儿会十分积极地探索环境和物品，他们已经有完善建立的社会性和个性特征。学步儿可以很好地自己玩耍，也开始学习在支持性环境中和其他同龄人和谐地玩耍。假装游戏还处于初级发展阶段，探索性游戏处于主导地位。同龄人刚刚开始融入彼此。他们的关系通常可以被描述为不定性的，对彼此的身体和游戏材料有攻击性接触。学步儿需要支持性的成人帮助他们获得恰当合适的社会行为。学步儿往往会在混龄组中表现得更成熟。

7.10 描述成人对学步儿情感发展的影响，以及学步儿典型的气质特点。 解释如何获得他人注意力和如何分享的直接指令可以帮助学步儿更积极地做游戏。指引性参与也是很有用的技巧。但是，成人应该退后，让学步儿有时间尝试解决自己的问题。成人往往更关注男孩的负面行为。学步儿对简单的家庭日常用品的喜爱不亚于他们对商业出售的游戏材料的喜爱。成人必须注意游戏材料的多元文化性和真实性。

成人应该观察学步儿的社会情绪行为。学步儿刚开始认识到自己的情绪以及其他人的情绪。学步儿刚开始表现出对他人情绪的敏感性，以及理解社会冲突情境中所发生的事情。如果经历了创伤事件，他们可能会有创伤后应激障碍的表现。幽默对于建立快乐和幸福情绪十分重要。

当学步儿寻求独立的时候，他们对父母的情感依赖也达到了顶峰。学步儿开始明白对与错，开始发展道德感。同理心、羞怯和罪恶感是道德感的基础。他们可以明白道德规则，比如不能伤害另一个人，不能拿走另一个人的财产。学步儿更难理解传统习俗，比如吃饭的时候要坐在餐桌旁，或者在读故事的时候不能讲话。学步儿应该可以学习如何适当地反馈并调节自己的情绪。适当的对学步儿心理健康的关注可以避免身心障碍的产生。气质特征在这个阶段趋于稳定。但是我们必须注意，很多学步儿的困难行为不一定是他们本身的气质特征，也许只是典型的学步儿发展的结果。学步儿明白他们需要避免自己很难管理的行为，比如攻击、发脾气和不听成人的指令。学步儿会对自己更有意识，并且发展出更广的自我概念，包括性别和族群身份。

第五部分
上幼儿园前及幼儿园儿童：3—6岁

第8章　身体和运动发展

本章涉及的标准

naeyc

美国幼儿教育协会项目标准

1a：了解并理解0—8岁儿童的特点和需求

DAP

儿童发展适宜性实践指导方针

1D：实践者设计和维护实体环境，从而保护学习型社区的健康和安全

学习目标

在阅读本章之后，你应当能够：

8.1 指出影响身体生长的六个因素。

8.2 讨论良好的儿童保健、身体适应性以及心理健康的重要性。

8.3 描述家庭进餐时间和文化相关食物的重要性，以及营养不良和儿童期肥胖的影响。

8.4 指出至少三个影响儿童安全的因素。

8.5 描述儿童营养、健康以及安全教育项目的基本部分。

8.6 评估儿童粗大动作发展的进展。

8.7 解释书写和绘画发展之间的关系。

8.8 解释为何评估儿童的动作技能很重要。

8.9 描述儿童如何学习动作技能。

在第 5 章，我们着重描述了婴儿健康和营养方面的知识，同时也描述了生长发育原则，以及生长发育与身体和运动发展之间的关系。第 7 章中也提到了学步儿的营养和健康。在这一章，我们会继续往下讲到上幼儿园前/幼儿园时期的儿童，以及他们的身体发展、健康、营养、安全以及营养和健康教育。

8.1 身体发育：身高、体重和身体比例

在儿童学龄前和上学期间，身高和体重的增长通常是很稳定的（Colson, 2006a）。影响身体生长的六个主要因素是（Simon, 2009）：

1. 遗传：基因史是影响生长发育的因素中最强的一个。看到儿童的父母，就可以比较他们的身高和身体结构。
2. 营养：儿童在没有营养的情况下也不会遵循他们的遗传生长模式。吃很多垃圾食品，喝碳酸饮料或果汁都可能影响儿童对有营养食物的食欲。
3. 医疗状况：很多医疗状况都可能影响儿童生长，比如，"肠胃紊乱；食物过敏；甲状腺问题；激素不足；心脏、肾脏或者肝脏疾病；长期的染色体异常"（p.1）。如给多动症儿童开哌甲酯，可能会影响生长发育。
4. 锻炼：有规律的身体活动可增强骨骼和肌肉的发展。但是，过多的高强度活动，比如体操或者跑步，可能阻碍生长，对骨骼造成创伤。
5. 睡眠：70%~80% 的生长激素会在有质量的睡眠中分泌。
6. 愉悦的情绪：一个充满爱、滋养和支持的家庭环境可以支持儿童的生长发育。

应定期用成长表追踪儿童的成长情况，见图 8.1 和图 8.2（Simon, 2009）。儿科医生应该持续记录儿童的生长发育情况，也鼓励家长持续自行记录。儿童会有生长加速期，尤其是在春天，但是总体来说，儿童的生长速度稳定并且在他们既定的百分位数范围内。当儿童的身高和体重数在两条或两条以上曲线上移动，或者体重的百分位数低于 5 或高于 95 的时候，成人应该引起注意。体重高于第 95 百分位数被认为是肥胖。体重低于第 5 百分位数可能表明患有慢性疾病。身高低于第 5 百分位数可能表明生长激素不足。医生可以开具人工合成生长激素的处方来维持正常的身高，但是需要每天注射并且价格昂贵。到 3 岁时，儿童通常会达到他们出生身高的 2 倍。在 4—10 岁期间，儿童通常会增长 5 厘米，并且每年增重大约 2.7 千克。

Marcon（2003）回顾了关于年幼儿童身体发育的研究。在她的综述中，她将身体发育和认知以及社会性发展联系在一起。她指出，在美国，我们有很多**营养不良儿童**，即虽然儿童有足够的食物，但是他们的饮食不足以提供所需的必要营养素。当孩子长大后，他们的饮食会变得更糟糕。2—5 岁（27%）儿童的饮食比 6—9 岁（13%）儿童好。饮食不足对身体、认知和社会性发展都有负面影响。Marcon（2003）认为，特定年龄儿童的身高和体重不仅仅是身体发育的衡量标准，也是认知发展的衡量标准。儿童在其年龄范围内如果处于身高低点，那么他们很有可能在认知发展和学业成绩上也落后于他人。身高和体重与"智力发展、认知发展和注意力"都有关（Marcon, 2003, p. 82）。

贫穷会影响儿童的营养、生长发育状态以及认知发展。这些相互关系非常复杂。营养补给本身并不能解决认知缺陷问题。改善医疗保健、辅导以及改善家庭生活调节能力也是必需的。儿童可能因为缺乏社交技能而无法参与对儿童成长和

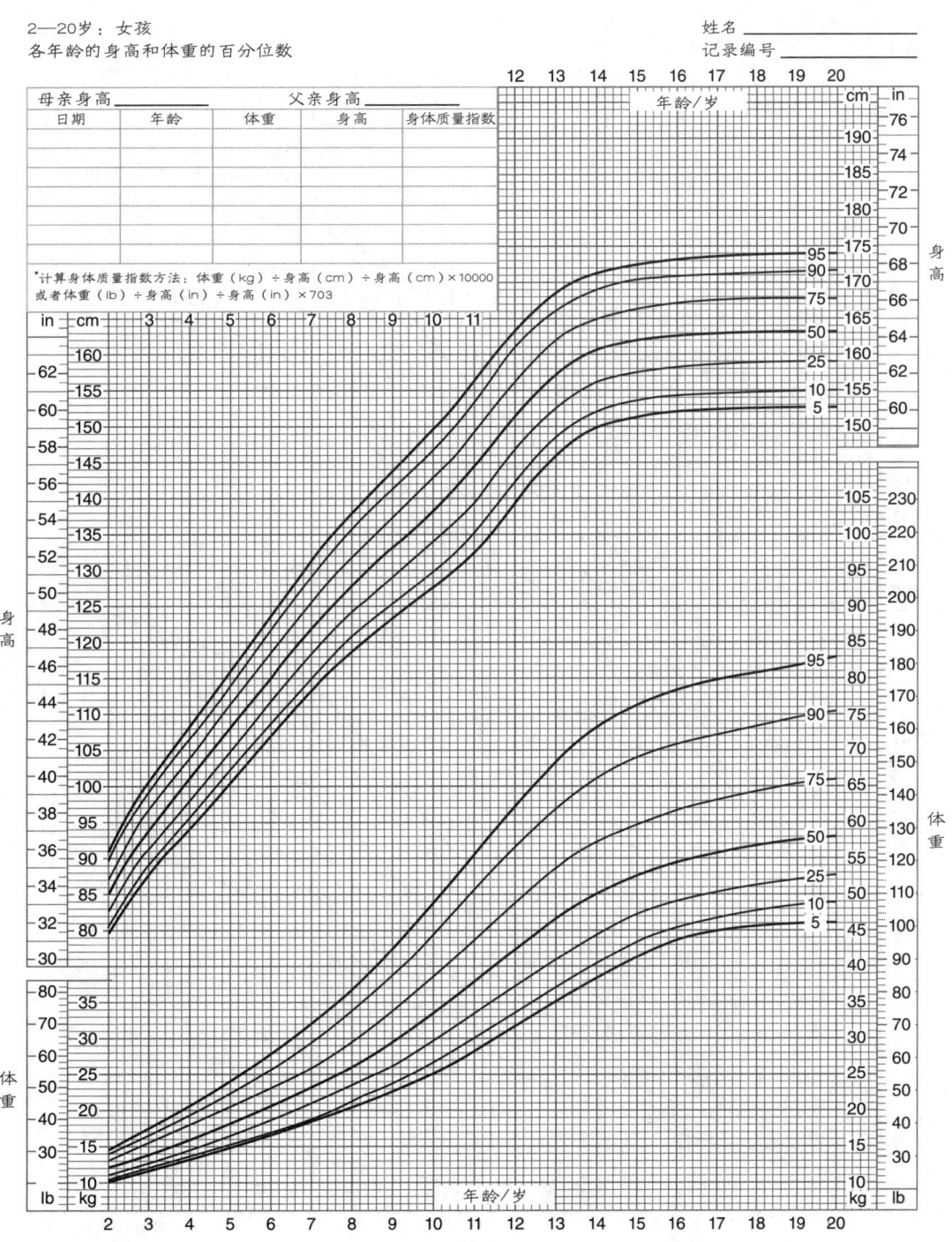

图 8.1 女孩的身高和体重图（2—20 岁）。出版于 2000 年 5 月 30 日（于 2000 年 11 月 21 日修订）。

Developed by the National Center for Health Statistics in collaboration with the National Center for Chronic Disease Prevention and Health Promotion（2000）.

234　第五部分 ｜ 上幼儿园前及幼儿园儿童：3—6岁

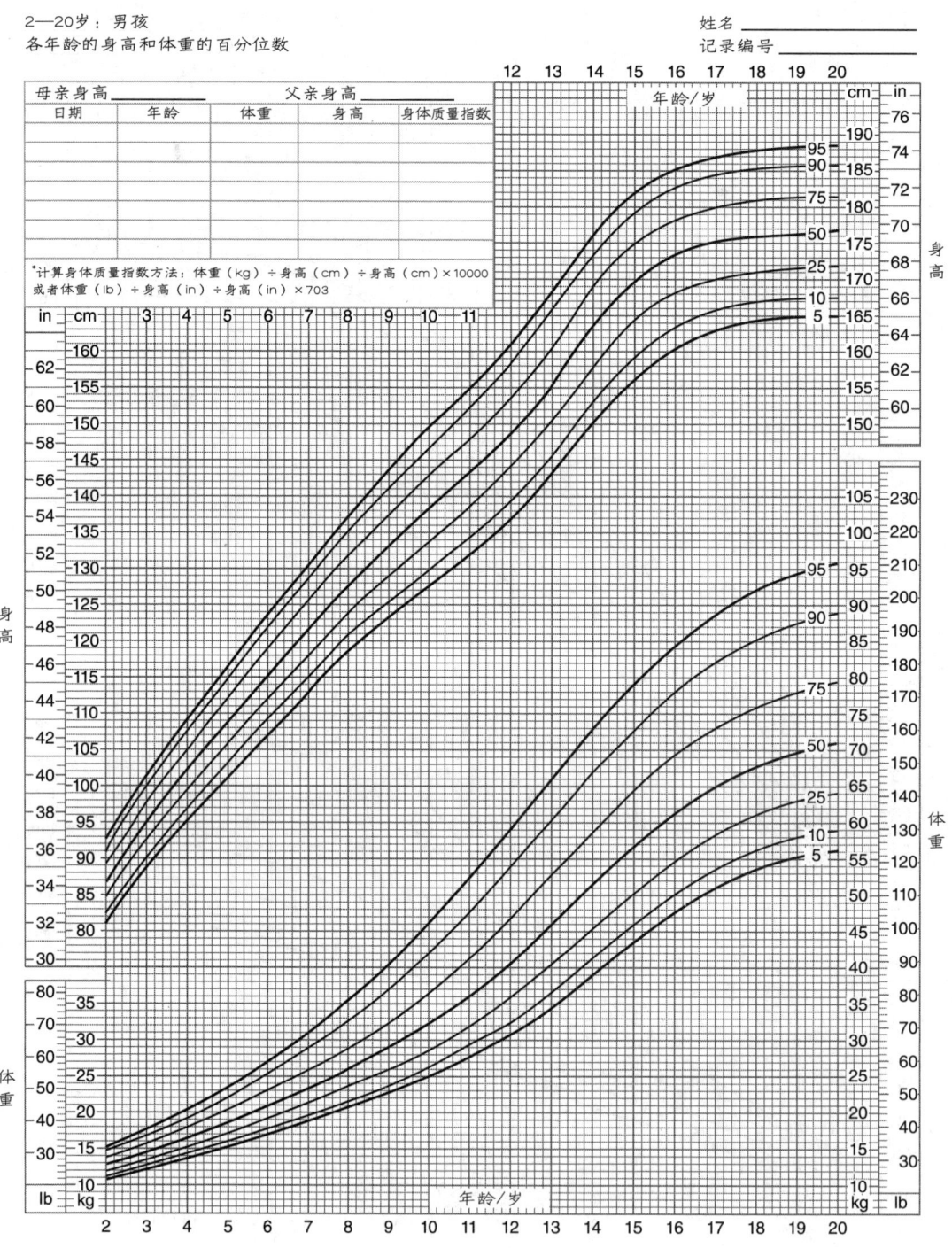

图 8.2　男孩的身高和体重图（2—20 岁）。出版于 2000 年 5 月 30 日（于 2000 年 11 月 21 日修订）。

Developed by the National Center for Health Statistics in collaboration with the National Center for Chronic Disease Prevention and Health Promotion（2000）.

发展很重要的游戏。他们可能错过社交机会以及运动肌肉的机会。身体活动支持学龄前儿童的自我调节以及学业技能的发展（Becker, McClelland, Loprinzi, & Trost, 2014）。

8.2 保健、身体适应性以及心理健康

在学龄前/幼儿园阶段，如果儿童可以获得适当的营养，他们的身高和体重应该逐渐变得更加均衡。Marotz（2012）建议从事幼儿工作的成人每日观察儿童健康问题的迹象。比如，下面就是健康观察核查表的例子（Marotz, 2012, p.43）：

- **总体外形**：突然的体重变化、疲劳的表现、苍白或发红的皮肤颜色、年龄组参照下的体型大小。
- **头皮**：虱子、脱发、头发不干净。
- **眼睛**：红眼、流泪或者有分泌物。
- **脸**：整体表情；皮肤颜色；任何抓痕、瘀痕或疹子。
- **耳朵**：听力、耳垢。
- **鼻子**：分泌物、打喷嚏。
- **嘴**：蛀牙、口疮。
- **皮肤**：皮疹、肿块、瘀痕。
- **行为和气质**：突然的行为变化。

还有一些需要检查的区域包括喉咙、脖子、胸、皮肤、言语以及四肢。

很多情况都有可能影响幼儿的健康，比如，过敏（Holland, 2004; Marotz, 2012）；铅中毒（Cole & Winsler, 2010）；哮喘（Getch & Neuharth-Pritchett, 2004）；糖尿病（French, 2004; Marotz, 2012）；湿疹、疲劳、癫痫、镰状细胞性贫血、感冒和病毒（Marotz, 2012）。洗手是抵抗传染疾病最佳措施，每天刷牙对牙齿健康也十分重要（Aronson, 2002）。每天应该使用含氟牙膏清洁牙齿两次，儿童应该在3岁时看牙医（Iannelli, 2007）。幼儿同样应该保持充足的睡眠。在3—6岁，儿童可能就不再午间小憩了，但是即便是4岁的儿童，仍然需要1小时的小憩。有些学龄前儿童用小憩时间换取学习指导时间。但是，放弃小憩时间会让学龄前儿童生活在更大的学习压力下，对他们并没有益处。研究显示，在小憩后，学龄前儿童的记忆力会得到改善（Vean, 2013）。

对婴儿和学步儿来说，预防保健体检也十分重要。在2—6岁，这种访问应该每年进行一次（Colson, 2006b）。在体检中，需要测量身高体重，还要完成整体检查和疫苗注射。视力和听力、血液和尿液也需要检查。检查人员需要和家长讨论儿童的总体发展，还需要评估生活环境的安全性。儿童可需要展示几种动作技能。完整的体检需要是从头到脚的检查，包括对心、肺、腹部、生殖器、头部和颈部的检查。

8.2a 身体适应性

我们需要关注儿童身体适应性。一个关于2—6岁儿童的身体活动水平的综述（Tucker, 2008）显示，近一半的学龄前儿童的身体活动不足。美国运动和体育教育协会（The National Association of Sport and Physical Education，简称NASPE）的身体运动指南建议，学龄前儿童每天应有至少60分钟的有组织的身体活动，以及几小时的无组织身体活动（照片8.1）（NASPE, 2013）。学龄前儿童的静坐活动时间每次不应超过60分钟。运动活动机会已经消失在很多儿童的早期教育项目中了。静坐项目逐渐趋势化，造成了儿童肥胖的盛行和增加。虽然在户外自由游戏的时间并不充裕，肥胖儿童本就不是很活跃，但是他们至少有机会做一些身体活动。Sutterby

和 Frost（2002，p.37）认为，"在预防和抗击肥胖上，高消耗的身体活动比节食更有效。"户外是主要的身体活动场所，设计完善的运动场是关键（Sutterby & Frost, 2002）。运动场的设计也应该考虑残疾儿童（Flynn & Kieff, 2002）。这些运动场应该调整设计，为不同类的残疾儿童（比如有视觉损伤、听觉损伤、身体障碍、自闭症以及认知发展迟滞的儿童）提供安全、有价值的身体活动场地。

照片8.1　儿童每天都应该有活动身体的机会。

我们曾经提到过，游戏是幼儿主要的学习方式。Carlson（2011a）定义**大身体游戏**为"猛烈的、大动作的、儿童非常渴望的剧烈的身体活动"（p.5）。这种类型的游戏包括旋转、跑步、攀爬、追赶、打闹以及其他活跃的身体活动。在学龄前阶段，儿童的游戏活动中有大身体游戏。剧烈活动有别于这种游戏。这种活动开始于1岁时，那时候婴儿可以根据自己的意愿活动；四五岁的时候，这种活动达到顶峰；然后在小学阶段逐渐减少。这种活动可能包括跑步、快速跑、摔跤、追逐、跳跃、推和拉、抬起以及攀爬；可能是个体的活动，也可能是群体的活动。

超级英雄是很流行的游戏主题。3—5岁的幼儿会使用手势、制造很大的噪声以及很多动作，追逐彼此（Barnes, 2008）。他们甚至有可能开始计划游戏情节，设计规则。学龄前儿童希望感到对事物的掌控，所以他们对超级英雄很感兴趣。并且，他们开始加入合作游戏，发展新的友谊。超级英雄给他们提供了一个共同的角色游戏选择点。但是，很多早期教育专业人士并不喜欢超级英雄游戏，很多人采用了"零容忍"的态度。很多专业人士认为，超级英雄游戏过于具有攻击性、太男性主导、太吵闹、增加了意外和受伤的可能性。但另一方面，有些专业人士认为，超级英雄游戏使儿童感受到了创造力和强大感，同时也可以学习调节自己在暴力下的感受。Barnes（2008）建议专业人士支持超级英雄游戏，并且倾听、观察以及和儿童讨论如何安全地做游戏。

在小学阶段，儿童，尤其是男孩，会参与很多**打闹游戏**（见第12章）。这种行为通常非常猛烈，可能包括摔跤、扭打、踢和绊倒。这种游戏看上去具有攻击性，但实际上是一种游戏式的社会互动方式。对于所有幼儿来说，这种游戏有助于肌肉发展、锻炼身体和耐力。不仅如此，Carlson还解释了大身体游戏是如何帮助幼儿发展其他重要功能的。这种益处不仅仅是身体发展上的，也是认知和社会性发展上的。比如，运动发展和认知以及大脑发育之间有密切关系。打闹游戏已被证实可以释放化学物质，影响负责决策以及社会辨别力的大脑区域。

学龄前儿童每日60分钟有组织的身体活动可能包括不同种类的基础运动，比如扔、接、踢、跳、跃、飞驰、腾空（Breslin, Morton, & Rudisill, 2008）。其他技能包括拉伸、弯曲、扭转和摇动。其他剧烈活动有捉人、行军、跳舞、跳绳、骑三轮车（Pica, 2008）。有组织的活动可以由5~15分钟的小段时间组成，至少60分钟，分布于一天的活动当中。

8.2b 心理健康

根据WebMD（2009）的研究，在美国，每一年有大约20%的儿童患有心理疾病。将近500万美国儿童有严重的心理疾病，并影响他们的日常生活。Marotz（2012）认为，温暖、培育式的课堂气氛有助于幼儿良好的心理健康发展。发展适宜性课程可以帮助幼儿建立成功积极的自我概念。虽然教师并没有被培训成为心理治疗师，但是他们可以提供**关系**；即教师可以给幼儿提供培育式的关系以及氛围，并融合在幼儿的教育和心理健康中。儿童需要一个可以让他们表达感受、在创造性活动（比如，表演游戏、艺术、音乐和动作）中表现自我的氛围。

发展不适宜课程可能使幼儿感到心理压力。研究显示，有些幼儿园使用不适当的教学实践，比如让学生在大组活动中久坐，做针对抽象概念的练习册、练习题活动，比如学习数词、字母以及脱离情景的音标（Burts, Hart, Charlesworth, & Kirk, 1990；Burts, Hart, Charlesworth, Fleege, Mosley, & Thomasson, 1992；Hart, Burts, Durland, Charlesworth, DeWolf, & Fleege, 1998）。使用发展适宜性课程的幼儿园会限制儿童大组活动的时长，允许学生在房间内走动，使用具体而不是抽象的材料（照片8.2），在将发展不适宜实践作为教学重点的幼儿园里，可观察到儿童有明显的心理压力行为。标准化的成绩考试对幼儿的心理健康也可能是一个危险因素。Fleege、Charlesworth、Burts和Hart（1992）观察了幼儿园儿童在标准化考试之前、之中以及之后的行为。他们发现在考试之中，儿童的心理压力行为频率显著增加。

心理压力可以影响儿童的心理健康。心理压力可能来源于与父母分离、搬家、被安置在儿童保育中心、母亲开始工作、弟弟妹妹出生、换

照片8.2　年幼儿童的低心理压力活动应该具体并且有选择性。

新老师、住院治疗、父母离婚、宠物或者亲属死亡、对抗、紧凑的日程安排或者地震之类的灾害（Marotz, 2012）。贫穷和无家可归可能加剧家庭心理压力，从而增加儿童的心理压力。Marotz（2012, p.30）认为，"有能力的父母无疑是帮助儿童处理逆境、避免潜在破坏性结果的最重要因素。"

教师和父母需要有渠道进行心理健康咨询，因为经历创伤和心理压力的儿童数量正在急剧增加（Walker, 2006；Osofsky, Osofsky, & Harris, 2007；Brennan, Bradley, Allen, & Perry, 2008）。不幸的是，有些幼儿，甚至在2岁就需要定期的心理治疗。

> **思考时间**
> 你还记得你年幼时所经历的任何压力事件吗？如果记得，你是如何处理的？

8.3　营养：重要性和指导方针

"**营养学**就是研究食物以及我们的身体如何使用这些食物的"（Marotz, 2012, p. 318）。决定什么营养会进入我们的身体取决于社会、经济、文化以及饮食心理方面的因素。儿童需要食物来补

给营养，以供生长和能量消耗（Marotz, 2012）。2011年，美国农业部（Department of Agriculture, USDA）推出了"我的盘子"项目，这是一个基本食物组合的新概念（USDA, 2011；照片8.3）。图8.3是2011年"我的盘子"项目。这个组合把盘子划分成四个部分，还有一小块奶制品：

- 水果；
- 蔬菜；
- 谷物；
- 蛋白质。

照片8.3 儿童选择健康的零食。

图8.3 我的盘子食物组合。

除了提供有营养的食物，家庭用餐时间也可以给幼儿提供重要的心理健康支持。Fiese 和 Schwartz（2008）回顾了关于家庭用餐时间的研究。他们指出，家庭分享用餐时间与降低物质滥用所带来的危险相关，并且可以促进幼儿的语言发展，使他们获得更好的学业成绩，降低小儿肥胖的危险。用餐时间应该是平静放松的。应该鼓励儿童尝试所有食物，但不是强迫他吃某些东西。儿童可以帮忙布置餐桌和吃完饭后清理他们的位置（照片8.3）。

为了使营养物质更有效，幼儿必须尽早获得补充营养的帮助（Rose, 1994）。但这也不是说6岁以后吃的食物就不能给儿童带来积极的影响。虽然之前的伤害不能弥补，但是进一步的伤害可以避免。但是最好的程序还是在最开始就给儿童提供充足的营养。

营养不良是指一个人所获得的食物少于他保持健康以及饱腹所需的食物（UNICEF, 2006）。营养不良是一种营养失调，和不良的饮食习惯导致肥胖一样。营养不良对儿童发展的影响实际上只是儿童发展中的一部分。营养不良仅仅是一个因素：糟糕的社会和环境情况也和认知发展落后相关。营养不良的人更有可能增加其他风险，比如感染、铅暴露、忽视、低质量学校、父母失业以及缺乏医疗护理。为了降低与营养不良相关的认知能力减退的普遍性，我们首先要解决与贫穷相关的基本问题。

8.3a 肥胖

我们在第7章中讨论过不良的饮食习惯、缺乏身体运动以及肥胖。2008年，在每三个儿童和青少年中，就有一个体重超重，将近每五个人中就有一个属于肥胖（Ambinder, 2010）。肥胖儿童更容易有严重的、终生的健康问题，比如高血压和

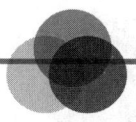

现实世界中的儿童发展

不安全的家庭食品

在第 7 章中，我们谈到过食品安全。Fiese、Gundersen、Koester 和 Washington（2011）发表了一篇综述研究，谈到了不安全的家庭食品对儿童发展的影响、公共和私人食品帮助项目的影响，以及给研究人员和政策制定者的建议。2014 年，Gunderson 和 Ziliak 发表了一篇文章。2009 年，14.7% 的家庭在一年当中的某些时间存在不安全食品问题。2009 年，有儿童的家庭在一年某一段时间存在食品不安全的比例达到 21.4%，2012 年也是同样的情况。贫穷是食品不安全的根源，但也不是唯一原因。成人照料者的心理和身体健康也有很大影响（Gunderson & Ziliak, 2014）。其他因素包括家庭领导者的婚姻状态以及非长期居住的父亲的支持程度。儿童照料安排也十分重要。2009 年，46.9% 的有儿童的低收入家庭存在食品不安全现象。从发展来说，儿童的心理和身体健康以及学业表现都会被不安全的食品消极影响。儿童在学龄前阶段经历食品不安全更有可能产生健康问题，需要住院治疗。在 3—8 岁，经历了食品不安全的儿童更倾向于缺少身体层面的高质量的生活，不能完全加入每日的学校活动，可能表现出身体症状，比如胃痛和担心。社会心理健康同样会受到影响。食品不安全与焦虑和行为问题相关。父母的抑郁和焦虑很可能渗透，进一步影响儿童的心理健康。饮食不健康的儿童在智商和成就测验中的分数偏低。大脑和免疫功能也会因营养不足而受到影响。饮食不安全家庭很可能混乱、动荡不安。除了食品不安全，其他很多因素都可能导致儿童发育不良。

Gunderson, C., & Ziliak, J. P.（Fall 2014）. Childhood food insecurity in the U.S.: Trends, causes, and policy options. *The Future of Children*. Downloaded in fall 2014 from futureofchildren.org.

Fiese, B. H., Gundersen, C., Koester, B., & Washington, L.（2011）. Household food insecurity: Serious concerns for child development. *SRCD Social Policy Report*, 25（3）.

高胆固醇、二型糖尿病以及因关节承受高体重所导致的骨科问题（Lynn-Garbe & Hoot, 2004/2005）。当这些儿童因为体重问题被取笑、被同伴排斥的时候，也可能产生社会心理问题。近几年，有很多与肥胖相关的深入的研究综述以及探索。肥胖政策国家峰会（The National Summit on Obesity Policy, 2007）开发出了一个议程表，用以抗击肥胖流行病。《儿童的未来》（The Future of Children）非常详细地回顾了儿童期肥胖的情况（Paxon, Donahue, Orleans, & Grisso, 2006）。Krishnamoorthy, Hart 和 Jelalian（2006）开展了详尽的儿童期肥胖的综述研究。报告称儿童的营养状况不容乐观，他们为公共政策的改进提出了建议。

肥胖可能是基因和环境共同作用的结果（Lynn-Garbe & Hoot, 2004/2005）。在家、餐厅和学校吃饭的儿童往往会摄取大量的脂肪。在教室里，糖果有时候会作为奖励刺激或者老师的教具（比如，让孩子分类数糖果的数量）。伴随着儿童饮食中营养物质的缺乏，儿童的身体越来越不活跃。我们会在本章稍后讨论运动发展和身体活动。

8.4 安全

幼儿会面临很多安全问题。这一部分主要涉

及宠物安全和环境安全。

宠物，尤其是狗，对于幼儿来说是比较常见的安全风险因素（Jalongo，2008c）。幼儿身高矮，并且不强壮，所以他们经常会被咬脸和脖子。虽然狗会用慢慢地、稳定地以及安静的行为回应，但是幼儿常常做出突然的、有推动力的动作。Jalongo（2008c）建议了几点关于狗的安全原则，比如在靠近狗的时候要小心谨慎，永远记得询问狗主人是否可以抚摸狗。儿童也应该在抚摸狗之前让狗闻一闻他们的手。这些原则也适用于猫和其他宠物。成人的适当监管对于儿童安全和防止儿童受伤也十分重要（Morrongiello, Klemencic, & Corbett, 2008）。

Morrongiello和他的同事们发现，高行为强度的儿童（更可能去冒险），相比低强度监管，在高强度的监管下更不容易受伤（照片8.4）。虽然儿童的年龄可能一样，但是他们的自我调节能力不同；有些孩子完全不能独处，另一些可以在很长一段时间内对自己负责。监管是否充足、到位取决于儿童的气质和成熟度。

照片8.4 喜欢冒险的儿童在高强度监管下更不容易受伤。

学龄前儿童会去家以外的保育场所和户外，这些地方都可能使他们接触到不同的危害。公立学校可能会建立在不良土地上，比如旧工业

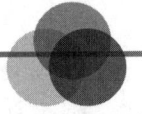

大脑发育

铅暴露的影响

环境中的铅一直都是问题。在铅暴露所带来的负面影响中，最明显的是儿童体内的铅会影响他们的大脑发育和功能。当铅进入一个神经元，它会扰乱正常的细胞功能。细胞可能会因此死亡，阻碍正常的神经能量生产，神经信号传输也会变得不正常。铅的摄入也会影响对神经系统功能十分重要的蛋白质功能，儿童对铅尤其敏感。长期的影响尤其集中在智力／认知功能上。早期的铅暴露可能降低智商分数，以及对学校成绩产生负面影响。我们必须进一步努力降低儿童期的铅暴露问题。铅污染来源于自来水、含铅油漆／油漆灰尘、被污染土壤和被污染玩具。减少铅暴露的建议包括增加减铅实践、加强教育和筛选、进一步跟进监管、以及加强环境保护署和疾病控制中心之间的合作。

Cole, C., & Winsler, A.（2010）. Protecting children from exposure to lead. *SRCD Social Policy Report*, 24（1）.

区或垃圾填埋区。重化学物质（比如汞和氡）都被发现更接近于地面。根据儿童的身体比例，婴幼儿会比成人摄入更多的液体，从而更多地受到水中的铅的影响。生物有害物质可以通过胎盘、皮肤、呼吸道、以及/或者消化道被胎儿吸收。总体来说，婴幼儿最容易受到环境公害的影响。

安全教育对父母和学生来说都十分重要。父母可以通过与教师的即时通信、家长会、观察、课堂参与、帮助学生的实地考察活动以及自己汇报相关项目来融入学生的安全教育（Marotz, 2012）。儿童需要知道使用仪器和材料的规章制度，以及这些规章制度的基本原理是什么。在安全课程上可以介绍保护我们的专业人士，比如消防员、警察以及医疗人员。幼儿可以学习关于两轮车和三轮车安全、人行道安全、车辆安全限制、危险物质以及家庭安全的知识（Marotz, 2012）。

> **思考时间**
>
> 在考查儿童保育机构时，家长应该考虑所有的潜在环境公害。3岁幼童的家长在考查儿童保育机构时应该观察什么？他们应该问什么问题？

8.5 营养、安全和健康教育

一旦我们了解了儿童的饮食习惯，以及他们所需的食物种类，下一步就需要教授儿童和家长这些概念。对于有来自低收入家庭的儿童的学校来说，不论是全天的还是半天的项目，这些儿童都需要零食和额外的餐食补给。

> **思考时间**
>
> 思考为儿童和家庭实施健康和营养教育项目的原因是什么？你会为立法者和社区成员提供什么理由让他们获得资金和社区支持？

国家已经开始注意营养以及老师、家长和儿童的营养教育。幼儿有能力学习基本的良好的营养概念（照片8.5）。幼儿也有能力获得与食物相关的新知识和态度（Kaliah, 2014）。幼儿项目应该包含多感官体验，包括儿童观察、品尝、接触、准备和吃不同种类的食物。除此之外，游戏、电影、书籍以及旅行都应该支持食物体验。Charlesworth（2016）举了一些将食物体验通过表演游戏、数学、科学和社会学活动融入早期儿童课程中的例子。儿童尤其喜欢准备食物、了解食品来源、品尝食物、读关于不同文化中的食物的绘本。营养教育应该是持续的、与家长对孩子的期待一致的。家庭食物偏好和饮食习惯也需要被考虑。

照片8.5　儿童可以学习选择健康的食物。

幼儿可以学习基本的健康、卫生和安全概念。营养教育对健康生活知识有益。除此以外，幼儿可以学习基本的健康习惯和常规，比如刷牙、洗手、洗澡、如厕以及根据天气穿适当的衣服。洗手尤其重要（照片8.6）。细菌可以通过脏手或没有洗干净的手传播。

照片8.6 有一个适合儿童高度的洗手池，儿童可以独立洗手。

幼儿可以学习适当的洗手程序。课程材料可以辅助教师的洗手教学（见Global Handwashing网站），全球洗手日在每年的10月。儿童可以用科学研究来探索发现手是带有细菌的。比如，Charlesworth和Lind（2013）用两个剥了皮的土豆做了一个实验。让一个几小时没有洗手的孩子操作一个土豆，放进一个罐子里并标记为"未洗手"。另一个孩子洗手后，操作另一个土豆，放进罐子，标记为"已洗手"。然后让孩子们每天观察土豆的变化。

8.6 粗大动作

像我们在第5章和第7章中所描述的，动作技能的发展与身体发育息息相关。在身体发育的过程中，肌肉会不断发展成熟，儿童可以做出很多新的动作。在学龄前/幼儿园阶段，儿童身体不同部分的分化完成，这些部分的整合成为发展重点。到6岁时，儿童开始整合运动，因为到这个时候，他们已经可以通过认知来思考如何协调两个或更多的运动，比如跑和扔、踢球、跳跳踏舞、快速转动指挥棒或者摇绳并跳过去。学龄前儿童还没有准备好加入有组织纪律的游戏。幽默作家、《迈阿密先锋报》（Miami Herald）专栏作家Dave Barry（2004）这样描述他4岁女儿的足球队游戏规则：

1. 你应该踢球。
2. 你不应该拿起球。
3. 即便你真的想要拿起球，你也不应该拿起球。
4. 需要上厕所时，尽量等到休息时间再去，而不是自己直接跑出球场。
5. 记住这些可能很难，但是不要拿起球，好吗？

在整个游戏中，女孩们都在彼此拥抱，在场上乱跑。

从幼儿期开始到7岁，动作技能会不断发展。这些技能包括移动技能，比如跑、跳、跳跃、飞奔、滑、大步跨以及越过；物体控制技能，比如扔、接、打、踢和带球（Holecko，2014）。每个人都会学习这些**基本动作技能**，这些技能也会作为日后学习更专业化运动技能的基础。通过重复训练，肌肉记忆发展成为一种运动技能（Holecko，2014）。在童年早期的最后阶段，专业化的技能会根据每个人特殊的需求和兴趣发展成形。这些**专业化运动**包括学习不同的投掷棒球的方法、扣排球或者打网球。六七岁时，儿童可以开始整合两种或更多的技能；也就是说，他们可以一边跑一边扔，单腿站立并弯腰捡起东西，或者用球拍击球并握紧球拍、保持平衡。很多因素都会影响特定技能出现的时间：身材大小和身体生长、与体重相关的力量以及神经系统的成熟度。神经系统的成熟可能是最重要的一个因素。它负责控制每一个运动单元，并且最终使儿童平稳地运动，不需要想每一个动作该如何去做（Cherry，2014）。环境所能提供的机会以及对儿童运动的鼓励程度也可能影响特别技能出现的时间以及运动技能发展的程度。

对于儿童来讲，他们的第一个目标是学习控制自己的每一个基本动作技能（Holecko，2014）。一旦学会了控制，儿童就可以改善他们的运动质量，从而使用正确的顺序、协调地、有韵律地运动（照片8.7）。比如，在一个儿童学习如何拍球时，他的第一个目标就是使球靠近自己的身体。根据球来调节自己，他遇到的问题可能很多，从拍球太用力或拍得太远，弯腰拍球被弹起来的球砸到鼻子，到追球、试图抓到"跑掉"的球。当儿童掌握了将球控制在身体附近以后，他可以尝试不同的玩法，比如快速或者慢速拍球，或者在他的腿下拍球。这些不同的运动技能是质上的改善。基本技能的发展和改善取决于儿童的知觉发展。比如，为了拍球，儿童必须感知速度以及球相对这个速度的位置，还有他身体的运动方向。发展运动技能不仅仅依靠手眼协调能力。

照片8.7 攀爬设备可以给儿童提供发展力量和协调能力的机会。

8.6a 运动发展的过程

运动模式的发展也在不断演变，从简单的手臂、腿部动作到高整合度的全身协调。比如，扔这个动作，是从肘部到肩膀；抓的过程是从胳膊和身体，到用手指抓住。幼儿倾向于通过肘部把球扔出去，但是大一些的儿童会通过肩部的运动把球扔出去。幼儿会用身体抓住球，大龄儿童用手抓住球。踢这个动作的发展同样需要一个过程。首先，没有往后挥，其次，膝盖要摆动，然后是臀部，最后整只腿摆动。一个运动模式一般会伴随三个阶段的适当顺序：准备、做动作和持续贯穿。图8.4展示了踢的顺序。儿童向后抬起他们的腿（准备），踢球（做动作），然后使他们的腿往前挥，用所带来的动力踢球（持续贯穿）。在扔这个动作过程中，手臂往后（准备），手臂向前摆动，把球释放出去（做动作），然后手臂以弧线收回到身体两侧（持续贯穿）。

图8.4 运动模式包含三个阶段：准备、做动作和持续贯穿。

表8.1列举了粗大动作技能标准。每一个技能通常都在所列举的时间范围内发展。同龄儿童不一定会有完全一样的技能。

我们需要小心的是，不要让儿童过度使用他们正在发育的肌肉，或者损伤他们正在生长的骨骼（Micheli，1990）。同时，当儿童开始协

表 8.1　学龄前 / 幼儿园儿童粗大动作技能发展评估表

观察者　　　　　　　　　　日期　　　　　　　　　时间　　　　　　　　　地点　　　　　　　

儿童姓名　　　　　　　　　出生日期　　　　　　　　年龄　　　　　　　

粗大动作技能	是否观察到		评语
	是	否	
3 岁			
交替使用双脚上下楼梯			
或许可以双脚从低一层跳到高一层			
单腿站立 2 秒			
踢一个大球			
原地跳			
骑小脚踏三轮车			
双臂张开，抓住一个大球			
喜欢荡秋千			
拿一杯液体，只有少量洒出			
达到完全的膀胱控制			
4 岁			
在平路上走直线（用胶带或者粉笔画出直线）			
单脚跳			
骑脚踏三轮车绕过障碍			
爬梯子，爬树，爬儿童健身架			
跳过 12～15 厘米高的物体，双脚着地			
跳，开始，停，自如地绕过障碍物			
过肩投掷一个球			
5 岁			
用从脚后跟到脚趾的顺序倒退走			
独自轮流使用双脚上台阶			
在有正确指导的情况下，学习翻跟头			
不屈膝，手可以碰到脚趾			
走平衡木			
学习轮流用脚跳			

粗大动作技能	是否观察到 是 / 否	评语
抓住一个从 0.9 米以外抛过来的球		
可能开始骑带有辅助轮的两轮自行车		
往前直线跳 10 次不摔倒		
每一只脚都能独立平衡 10 秒		

Adapted from Marotz, L. R., & Allen, K. E. (2013). *Developmental profiles: Pre-birth through adolescence* (7th ed.). Belmont, CA: Wadsworth Cengage Learning. Used with permission.

专业资源下载

调不止一个运动时,就进入了具体操作阶段,他们可以使用这些动作技能,根据规则做不同的动作游戏。Jack Maguire(1990)发表了一篇合集,介绍了很多游戏的规则,比如跳房子、篮球、警察抓小偷、丢手绢、鸭子鸭子鹅、躲球、跳绳、捉章鱼、以及其他大家喜爱的经典游戏。

8.6b 残疾儿童的运动发展

因为身体活动对于正常发展和学习十分重要,受限于这些能力的儿童会处于不利地位(Bowe, 2000; Gargiulo & Kilgo, 2011)。运动较慢、操作物体表现欠佳的儿童和典型发展的儿童相比,没有那么多的探究经历。早期儿童特殊教育工作者们需要了解典型的运动发展,才能够确定哪些儿童在运动发展方面迟缓。主要的身体和健康损伤包括哮喘、囊泡性纤维症、白血病、糖尿病、脊柱裂、大脑性麻痹、肌肉萎缩以及脊髓损伤(Gargiulo & Kilgo, 2011)。栏杆和坡道也许可以促进这些儿童的运动发展。材料需要放在儿童可以触及的地方。有些儿童被诊断为医学上的虚弱,或者需要依靠医疗科技。这些儿童需要医疗科技的支持,比如使用呼吸机或者食管机,甚至需要全天候的监控(Bowe, 2000)。Bowe 强调,有运动障碍的儿童应该有机会参与积极的游戏,得到和其他孩子一样的学习收获。

Kourtessis、Tsigilis、Maheridou、Ellinoudis、Kiparissis 和 Kioumourtzoglou(2008)认为,教师对发展性协调障碍没有足够的了解。发展性协调障碍的出现主要是因为儿童在粗大动作和精细动作技能上延迟达到发展里程碑中所描述的时间。Kourtessis 和他的同事发现,体育教师和早期教育的教师在接受一系列简短培训后,是有能力改善他们的鉴定技能的。

> **思考时间**
>
> 艾莎现在上幼儿园,出生时就少了一部分腿。她的妈妈和祖母在她和其他两个孩子一起跑和玩游戏的时候看着她。艾莎跑到了她妈妈和祖母坐的地方,坐下,卸下了她的假肢,伸展着她的腿。然后她叫妈妈帮她把假肢安回去,摆正。假肢装好后,她又跑出去和其他孩子一起玩了。这段描述中最有意义的是什么?

8.6c 支持基本动作技能发展

Susan A. Miller（2005b）指出，提供幼儿所需的、应得的粗大动作活动机会十分重要。Miller 主张儿童有机会奔跑、攀爬、在户外滑滑梯以及有大积木可以锻炼肌肉，有全班坐在一起的圆圈游戏时间。Zachopoulou、Tsapakidou 和 Derri（2004）在实验研究中发现，相比体育项目，音乐和运动项目可以给学龄前儿童提供更多的跳跃和动态平衡改善。有韵律伴奏的运动活动可以促进动作技能的发展。Murata 和 Maeda（2002）描述了给有发展迟滞以及没有发展迟滞的学龄前儿童使用的体育项目。相比大组活动，他们提出了基于活动中心的体育项目，儿童可以自己选择不同的身体活动。教师使用提问和建议的方式指导儿童。

发展适宜性身体运动活动是一种抗击儿童肥胖的方法（Huettig, Sanborn, DiMarco, Popejoy, & Rich, 2004；Lynn-Garbe & Hoot, 2004/2005）。2000年，Huettig 及其同事所做的一项调查显示，20.6%的 2—5 岁儿童超重或者肥胖。

> **思考时间**
>
> 在托儿所和幼儿园阶段，你进行过哪种身体活动？从现在的经历来说，和你年幼时相比，你认为现在的儿童有更多还是更少的身体活动？

8.6d 户外游戏

以前，儿童可以自由探索他们的社区，不论是在城市还是乡村。但是今天，儿童已经失去了探索自然的机会。Richard Louv（2008）认为，儿童失去了树屋、树林以及田野，上几代人却可以使用他们不断发展的动作技能探索这些地方。即便在城市里，儿童也有树可以爬，也可以在后院和空旷的地方找到野草和宝贝。Louv 相信，儿童需要回归直接与大自然接触的经历中，这样才能支持他们的心理、生理以及心灵健康发展。美国运动和体育教育协会（NASPE, 2009）认为，我们应该鼓励学龄前儿童建立基本的动作技能，他们应该有机会在符合安全标准的室内外场地进行大肌肉活动。儿童应该获得有组织和无组织身体活动的机会。Community Playthings（2011）建议了学龄前儿童应该使用的大肌肉器械。儿童应该有爬和滑的器械，帮助他们发展空间感。幼儿需要能够满足他们肌肉发育的器械，用以推、爬、跑、弯曲和举起。儿童应该有单元块和空心块，用以托举和锻炼肌肉。可以推、拉、拿的运输器械也很重要。同时，他们也应该有三轮车、独轮手推车和小推车来满足大肌肉发展。

运动场

发展适宜的运动场可以给正在发展动作技能的儿童提供一个燃烧多于热量和能量的环境（Sutterby & Thornton, 2005）。平整的地面可以提供发展粗大动作技能（比如，跑和跳，以及大身体游戏）的场地（Carlson, 2011a）。运动器械可以提供更复杂的运动机会，比如攀爬、摇摆和平衡。**双手交叉前进**的机会很重要，可以通过使用高架器材，比如吊环和攀吊架，发展儿童上半身的力量（照片 8.8）。除了有益于身体，运动场活动还可以提供神经效益（Sutterby & Thornton, 2005）。开始于婴儿期，持续到青少年期的大脑感觉运动皮层发展需要依靠大规模的身体运动，比如跑、跳、跳跃以及攀爬（Sutterby & Thornton, 2005）。这也是另一个要给幼儿提供积极游戏的机会的原因。还有，和自然的互动机会也很重要（Blanchet-Cohen & Elliot, 2011；Community Playthings, 2011）。

照片 8.8　攀吊架可以给儿童提供发展上肢力量的机会。

为了充分地容纳各种儿童，运动场也应该对残疾儿童友好，为他们提供不同种类的活动机会。需要对运动场做出相应的调整，以适合残疾儿童的学习方式和独特需求（Flynn & Kieff, 2002）。多感官机会可以使儿童运用自己的感官和能力，享受户外活动。Flynn 和 Kieff（2002）提供了很多可能的修改想法。有视力损伤的儿童或者盲童应该在有人带领下参观运动场，并且在指导下学习如何使用器械。提供了最初的支持帮助后，这些儿童可能会成为最富渴望的攀爬者。老师应该使用手势和听力受损或者失聪的儿童交流，帮助他们在视觉上熟悉运动场。面临身体挑战的儿童可能需要更宽的平衡木，更大更软的球。有自闭症的儿童需要有规律的程序和不断地重复，有认知发育迟滞的儿童需要简单的、重复的指令和游戏。其他运动场设计的关键因素包括是否安全以及是否适宜发展。出于安全的角度，地面需要有一定的弹性，比如，铺了沙子、小卵石、统一铺设的模板或者游戏器材下的橡胶垫。为了达到发展适宜，运动场环境必须支持有创造力的游戏。如果运动场包括不同种类的器材和材料，可以给不同能力的儿童提供不同的活动机会，并且促进残疾儿童和正常儿童之间的合作式游戏。

> **早期儿童教育技术**
>
> 幼儿最喜欢的电脑游戏每年都在变。最近几年，任天堂 Wii 和微软 Kinect 都很流行。有些人相信这些系统可以给典型发展儿童提供身体活动的机会，改善残疾儿童的运动表现，比如，大脑性麻痹儿童和自闭症儿童。另一些人认为，这些游戏系统会使儿童对他们的身体能力过于自信，因为他们在电脑游戏里可以做到的并不能转移到现实生活中，这会使儿童感到受挫。

8.7　精细动作技能：书写以及画画

以下这些儿童都在进行典型的适合他们年龄的精细动作活动：

- 凯特，5 岁，在串珠子。她小心翼翼地把每一颗珠子串上去，协调地使用双手。
- 特蕾莎，5.5 岁，自豪地展示着她的黏土猫。她用黏土做了两个球，作为头和身体，并且捏出了耳朵和尾巴。
- 5 岁的杰森在纸上写出自己的名字。
- 鲁比，3 岁，在用积木搭塔。这个塔有八块积木高，还在变得更高。
- 伊莎贝尔，4 岁，拿起她的画作，用晾衣夹把它夹在线上晾干。

当儿童的行为和表 8.2 中的所选技能相比较时，我们可以看到这些孩子的行为符合正常的发展期待。5 岁的凯特应该可以串珠子。5.5 岁的特蕾莎应该可以用黏土做有至少两个小部件的东西。3 岁的鲁比应该可以搭建 8 个积木的塔。使用晾衣架挂画对于 4 岁的伊莎贝尔可能还需要一点超前的技能。写自己的名字、复制文字是 5 岁的杰森应有的技能。儿童获益于支持精细动作技能发展的活动（表 8.2）。Rule 和 Stewart（2002）比较了使用幼儿园精细动作材料和使用蒙台梭利开发的材料的儿童在钳夹抓握能力上的区别。后者在实验后的抓握测试中明显改善了更多。使用钳子、镊子和勺子移动小物件的精细动作经历可以改善幼儿对任务的专注力，以及他们的精细动作技能（Stewart，Rule，& Giordano，2007）。讲故事始于画画，之后就会变成书写，在小学阶段会进一步演变（Thompson，2005）。

8.7a 书写

精细动作发展是最终掌握书写技能的基础。儿童在早期就会学习书写，导致很多儿童在他们还没有准备好、没有掌握所有先决技能之前就学习了书写这个技能。Schickdanz 和 Collins（2013）描述了书写发展的三个阶段：萌发；初始惯例；较成熟的惯例。萌发阶段出现在 1 岁左右，然后经过幼儿园，持续到一年级。婴儿和学步儿在自己觉得有意思的时候就会用笔留下痕迹，但是并不是为了传递任何意思。婴儿和学步儿是在探索工具。学龄前儿童和幼儿园儿童会在他们的绘画中加入意义和标签。他们会涂鸦，可能会模仿词，包含一些真正的字母，但不是真正的词。他们可能会给朋友写备注、做清单，创造一些标志。一年级的儿童可能会发明一些和传统分离词相近的拼写。

在儿童学习使用书写工具之前，他们必须掌握控制小肌肉的能力，即他们必须可以控制手腕和手指肌肉。他们可以通过使用操纵材料，比如拼图玩具、组装玩具和按扣，来获得这种控制能力。儿童可以通过玩小玩具，比如带关节的娃娃、小汽车、小卡车和娃娃屋家具，来获得对小肌肉的控制能力。可以用于造型的材料，比如黏土、沙子、橡皮泥和泥巴，可以支持小肌肉发展。拉拉链、扣纽扣、使用剪刀、蜡笔和其他艺术材料可以帮助发展手指的灵活度。

一旦儿童发展出小肌肉运动，他们就可以手眼协调。上面提到的大部分活动其实都可以促进手眼协调技能。儿童可以用锤子把钉子钉直，用积木造塔而不倒，或者复制复杂的几何样式，这些都可能使儿童获得书写所必须的手眼协调能力。

工具

有些书写工具比其他工具更难用。马克笔和签字笔对儿童来说是最容易使用的，因为他们不用太费劲就可以得到想要的效果。在好用排行榜上，粉笔排第二名，然后是蜡笔，最后是铅笔。和流行的观点不同，大直径的铅笔对幼儿来说并不见得容易使用。儿童应该有选择大铅笔和小铅笔的机会，只要他们觉得大小合适抓握，更好控制。儿童在被要求使用这些工具去书写前，应该有机会去体验这些工具。儿童也应该有时间使用画刷、餐具、园林工具、筛子和过滤器以及木工器械。这些材料可帮助儿童学习如何抓握工具，使用它们去做一个动作，而这些动作不能徒手做到。儿童应该松松地用手指握住铅笔头上方，只有食指留在铅笔上方。有时候，儿童可能写得很轻，很难看清写的是什么。使用铅笔时，用力需要均匀。

书写能力来源于绘画（Church，2005a）。儿童从涂鸦到画出象征性符号，需要很多绘画尝试。他们会用同样的方式尝试书写。

表 8.2　学龄前/幼儿园儿童精细动作发展评估表

观察者＿＿＿＿＿＿＿＿＿＿　日期＿＿＿＿＿＿＿＿＿＿　时间＿＿＿＿＿＿＿＿＿＿　地点＿＿＿＿＿＿＿＿＿＿

儿童姓名＿＿＿＿＿＿＿＿＿＿　出生日期＿＿＿＿＿＿＿＿＿＿　年龄＿＿＿＿＿＿＿＿＿＿

精细动作技能	是否观察到		评语
	是	否	
3 岁			
在最少的帮助下，自己吃东西			
对蜡笔和马克笔的控制能力不断增强；可以画出竖线、横线和圆线			
一页一页地翻书页			
使用 8 个或更多积木搭塔			
击打、揉搓和挤压黏土			
开始展现出惯用手			
熟练地操作大纽扣和衣服上的拉链			
洗手，擦干手			
刷牙，至少可以自己操作一部分			
4 岁			
用 10 块或更多的积木搭塔			
用黏土做图形和物品：饼干、零食和简单的动物			
写一些图形和字母			
用三角托抓握一根蜡笔或者马克笔			
脑海中有目标地画画、涂颜色			
可以用锤子砸钉子			
用线串木珠子			
5 岁			
模仿一个模型，用小立方体建立三维结构			
复制形状，比如正方形、三角形和圆圈			
复制一些字母，尤其是自己的名字			
相对好的铅笔、马克笔控制能力			
或许可以在线内填色			
用剪刀沿着线剪（可能并不完美）			
惯用手已经建立			

From Marotz, L. R., & Allen, K. E.（2016）. *Developmental profiles: Pre-birth through adolescence*（8th ed.）. Belmont, CA: Wadsworth Cengage Learning. Used with permission.

从很多角度来说，艺术是初级阅读者和书写者的第一种语言。儿童通常在开始书写前先会画和涂。他们会使用看上去像简单涂鸦、弯弯曲曲的线、潦草的记号以及乱团去代表一些东西。这和书写的联系很明显（Church, 2005a, p.34）。

通过观察儿童的绘画，成人可以判断儿童是否可以写出书写所需的基本笔画。成人需要看到直线、圆圈以及曲线。在儿童画房子、车、人和其他东西的时候，这些线条是否彼此相交？儿童不应该在艺术活动中学写这些线条，而应该自然习得。最终，当儿童正式开始上书写课时，成人会教授笔画的书写方法。儿童从绘画到书写的转变是逐渐的、缓慢的。

知觉

书写并不仅仅需要小肌肉协调。同时需要知觉。儿童必须感知相似与不同、形状与大小，以及方向。然后这些知觉会融入小肌肉控制中，从而产生书写。很重要的是，儿童需要标准的字母模板。他们也应该在没有线的纸上开始书写，并且持续到他们可以将书写的字母达到一致的大小。反转对于很多初级书写者来说是很常见的，对于学前班和幼儿园儿童来说也很正常，这些问题应该会在他们进入小学阶段逐渐消失。但是，有些儿童在书写上持续存在问题。这种情况叫作书写困难（Allen & Cowdery, 2015）。

儿童必须对印刷语言有方向感；也就是说他们必须明白印刷语言代表口语。儿童需要使用他们早期的书写能力去做书、问候卡、标识以及标记图片。

图 8.5 至图 8.8 是早期书写的例子。4.5 岁的凯特模仿了一个购物单（图 8.5）。她喜欢像字母一样的形式，对她来说，那就像成人的书写一样。5 岁时，她坐在厨房里，复制谷物和清洁剂容器上的印

图 8.5 一个 4.5 岁儿童写的购物单。

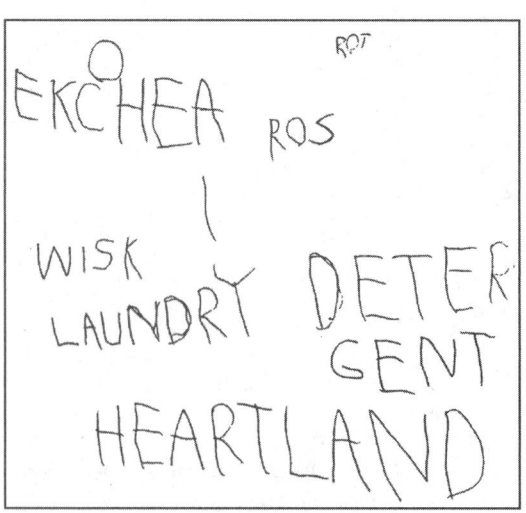

图 8.6 一个 5 岁儿童喜欢复制在身边找到的印刷字。

图 8.7 一个 5.5 岁儿童喜欢练习书写。

图 8.8 一个 5.5 岁儿童在她的画上使用了一个大写字母。

刷字（图 8.6）。在 5.5 岁时，她开始自己写字（图 8.7）。注意她的重复和反转。同时，在 5.5 岁，她在她的画上使用了一个大写字母（图 8.8）。

3 岁时，很多幼儿开始表达对书写自己名字的兴趣。Hildreth（1936）以及 Harste、Woodward 和 Burke（1984）记录了 3—6 岁儿童的名字书写发展顺序。3 岁儿童使用涂鸦，看上去像是假装手写体或者模仿字母状的形式。4 岁儿童通常写字母状形式，结合一些真正的字母。5 岁儿童通常可以正确地写他们的名字，包括正确的字母和顺序，但是他们可能全使用大写，或者大小写混用。到 6 岁时，大部分儿童可以正确清晰地写出他们的名字，并且首字母大写，后面的字母小写。如果有足够的时间，得到鼓励，幼儿喜欢学习写他们自己的名字。他们也喜欢尝试书写其他字母，比如图 8.5 至图 8.8 所示。

8.7b 发展绘画技能

绘画技能的发展和书写技能的发展是相应的。两种技能都会涉及很多同样的线条和图形，比如直线和曲线、交叉、点和圆。学前班老师和幼儿园老师对儿童的三个绘画阶段很感兴趣（Mayesky, 2012）：随意涂鸦期、基本形成 / 前图示期，以及绘画 / 图示期。

随意涂鸦期

婴儿和学步儿都会经历**随意涂鸦期**（探究式的）。就好像他们在书写中使用涂鸦一样，他们也在绘画中涂鸦。涂鸦期是儿童尝试发现他们用材料能做什么和不能做什么的过程。儿童的主

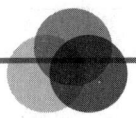

大脑发育

利手

当我们考虑书写和绘画时,通常会想到**利手**。我们一直有担忧,使用右手的儿童是否比使用左手以及还没有利手偏好的儿童更有优势。利手开始于大脑半球特异化(Which hand? Spring 2007)。在孕期,神经从大脑的一个半球跨越到另一个半球。每一个半球控制身体另一半的肌肉。使用右手的人的左半脑会发展出更强的运动神经和技能。对于使用左手的人来说,右半球负责主要控制。在学龄前阶段,中枢神经系统还在发展,促使复杂信息传输到手指。在 Tan(1985)的研究中,她发现,使用左手的儿童和使用右手的儿童在测试任务上做得一样好。没有用手偏好的儿童可能更有问题,也更可能是男孩。

Tan, L. E.(1985). Laterality and motor skills in four-year-olds. *Child Development*, 56, 119-124; Which hand? Brains, ne motor skills, and holding a pencil(2007, Spring). *Texas Child Care Quarterly*.

要目标是获得对材料的控制能力。他们并不知道自己画的是什么,只有在不断地实验尝试下,他们才能明白自己可以做什么。他们随意地做符号,有时候双手握住蜡笔,喜欢把所有蜡笔从盒子里拿出来。在随意涂鸦期,幼儿喜欢探索他们的手臂、肩部运动所带来的纸上的图形。渐渐地,他们越来越可以控制这些运动。在早期涂鸦期,他们不能标记自己的作品——绘画只是完全的感知体验。几根大蜡笔和一张大白纸就足够了(Mayesky, 2012)。

基本形成/前图示期

当儿童有能力组合线条、曲线和圆圈,画出不同的图形时,他们便进入了基本形成/前图示期。他们还是没有在有意识地画一些东西;只是简单地探索图形。最终,这些图形使儿童想起了一些他以前见过的东西。儿童在完成自己的画作后,会给这些图形命名。儿童会先画出这些前符号图形,然后渐渐转变为符号图形或者表现真实的东西。

在一个主要的发展研究中,Kellogg(1970)指出了一系列儿童艺术中普遍出现的图形。她指出了组成儿童艺术的 20 种基本涂鸦,包括:点;一条或多条竖线、横线以及斜线;一条或多条曲线;环形、螺旋和圆圈。Kellogg 认为,到 2 岁时,**萌发绘图形状**出现。这些形状是在规定区域内有控制的涂鸦。3 岁时,**绘图**通常开始出现。绘图的主要特点就是使用单线画出交叉和圆形、三角形以及其他图形的轮廓。Kellogg 指出了六种绘图:长方形和正方形、椭圆形和圆形、三角形、十字交叉、斜交叉以及用不断的线画出的不规则图形。在 3—5 岁时,大部分儿童的艺术画作会出现**聚合**。聚合是指两个或多个绘图的组合。儿童渐渐从曼陀罗图形(即用线分割圆形的中心区域),发展到太阳图形(即在圆形外用线突出),再到人像。第一个人像通常是在太阳图形的基础上加上直线手臂和原始的脸部容貌。儿童也喜欢画射线,从一个中心点散射出来而形成的图像。图 8.9 就是典型的早期人像绘画。

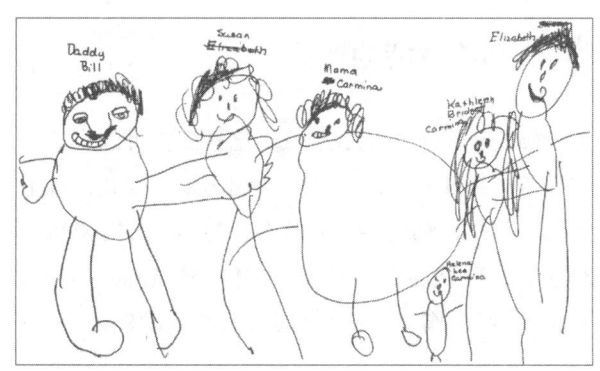

a. 一个绘画技术较好的幼儿园儿童的画

b. 一个绘画技术没有那么好的幼儿园儿童的画

c. 一个绘画技术较好的学前班儿童的画

d. 一个绘画技术没有那么好的学前班儿童的画

图 8.9 这些绘画表现出了学龄前、幼儿园学生个体间的运动发展差异巨大。

绘画/图示期

大部分 5 岁儿童和一些 4 岁儿童可以达到绘画/图示期（Mayesky，2012）。他们现在可以将图形结合和聚合。现在的儿童在创作代表性艺术作品时，会在脑海中有个目标。他们的绘画象征真实的物体。图 8.9 包括学龄前儿童以及秋季刚刚入学的幼儿园儿童所画的他们的家庭。作者从每一个阶段选择了成熟和不成熟的画作，旨在表现每一组中儿童发展程度的巨大差异，同时也想表达从幼儿园儿童到一年级，儿童的画作越来越复杂，加入了更多的身体部分和衣服细节。

这些象征还很原始，表现的都是最普通、最常见的人像。通常来说，人像是由圆形和线条组成的——通常，一个圆形作为头，然后很多线代表四肢。逐渐地，他们的绘画变得更像他们所看到的东西，但是他们仍然只能画出最重要的部分。直到 6 岁，他们的画作才会出现更多细节，以及更真实的比例。图 8.10 和图 8.11 是一个 4.5 岁女孩的画作。请注意，图 8.10 中三个女孩画得多简略；但毋庸置疑是女孩。长头发和裙子一样的身体是很明显的线索。图 8.11 里的女孩骑在一只动物上（根据女孩所说，这是一匹马）。我们不知道她们是不是没用马鞍，或者这只是从儿童自己的视角感知的。当儿童进入小学阶段，他们的绘画通常会有代表性，富有细节。他们喜欢画画和涂颜色，来创作他们所写的故事，由此合并其他的技能。

图 8.10　幼儿的绘画只包含重要部分。

图 8.11　这幅画中的两个女孩骑在马上，儿童使用了基本图形，并涵盖了最重要的细节。

8.8　动作技能的评估

特定动作技能的成熟表现已被证实可以从幼儿园和一年级儿童的准备度中预测出来。因此，很重要的一点是，和学龄前儿童在一起的成人需要注意幼儿的这些技能，并且知道如何评估它们。表 8.1 和表 8.2 可以作为评估精细动作和粗大动作的指南。

8.8a　综合动作技能发展

我们应该正式和非正式地评估精细和粗大动作技能，或者用两种方式一起评估。对于非正式评估，成人可以观察儿童在室内外的日常活动（Gibson，Jones，& Patrick，2010）。

- 成人应该观察儿童在运动场或者健身房参与跑、跳、蹦、跨越、扔和接等活动时的粗大动作控制。
- 成人应该观察儿童使用手部小肌肉进行活动时的精细动作控制，比如切、贴、物体操作、拍手，以及使用铅笔和蜡笔等工具。

和学龄前儿童在一起的成人应该注意每个儿童的粗大和精细动作技能水平。粗大动作技能的发展是精细动作技能的先决条件，这对于知识的交流也很重要。

8.9　学习和运动发展

关于感觉和运动发展之间关系的研究越来越详细，发展生物动力学是新兴的领域。有证据指出，运动能力的发展可以使幼儿获得更多的感觉信息，从而更加了解他们周围的环境。这个领域的研究人员希望进一步探究运动、知觉、智力发展和功能之间的准确关系。同时，多感觉经历最有可能促进儿童的学习。

在本章前面，我们提到了Becker、McClellend、Loprinzi和Trost的研究。研究结果也证实了身体活动可以促进学龄前儿童的自我调节能力，以及改善早期学业成绩。儿童需要身体活动的时间。有些活动可能是儿童控制的，有些是教师有计划地组织的。Furmanek（2014）在回顾了运动和认知关系方面的研究后，提出了一些设计课堂活动的想法。儿童学习听从指令、模仿动作以及通过不同的方法行动。运动可以帮助儿童在繁忙的一天中充电。幼儿的运动项目必须是**发展适宜**的（Sanders，2002；Copple & Bredekamp，2009）。这些活动需要在年龄上也是适宜的。比如，让一个3岁的儿童探索他怎样玩球是适宜的，但是把他放在有组织的游戏情景中就是不适宜的。活动必须是个体适宜的；也就是说，他们必须适合每个儿童的自身能力水平。比如，有些4岁的儿童可以运球，但是另一些儿童只能练习拿住球和放下球。教学上也必须适宜。主要的教育策略应该是"运动探索、指导发现和创造性的问题解决"（Sanders，2002，p.6）。文化适宜也很重要。Sanders（2002）建议身体活动场所应该"给幼儿提供极好的机会，学习认识不同与相似之处，和其他人一起协作，明白不同的习俗和文化习惯并不是障碍"（p.6）。首先，计划很重要。每一个基础动作技能都应该被系统地加强。器械应该布置好，给每个技能的发展提供挑战。运动活动应该有每日规划。有证据显示，通过肌肉运动的方式（而不是抽象方式），可以促进幼儿整体学习效果。比如，这种支持要求幼儿认真地排演在学校的所有日常活动，而不仅仅是老师告诉儿童并给他们展示所有活动的程序。

有身体和运动障碍的儿童可以在帮助下通过**辅助科技**获得更多的学习机会（Parette & Murdick，1998；Judge，Floyd，& Jeffs，2008；Parette & Stoner，2008）。辅助科技被《残疾人教育法》（*Individuals with Disabilities Education Act*，IDEA）定义为"商业的、工业生产的、改良的以及定制的，用来加强、保持和改善残疾儿童功能和能力的任何物件、器材或者产品系统"（Parette & Murdick，1998，p. 193）。下面是这些辅助设备帮助粗大动作障碍儿童的例子（Parette & Murdick，1998；Judge，Floyd，& Jeffs，2008）：

- 辅助移动的轮椅和踏板车。
- 休闲和娱乐材料，比如掌上电子玩具。
- 独立生活设备，比如帮助扣纽扣和够拿物体的设备。
- 用于保持身体成直线的乙烯塑料滚轴和垫板。
- 自适玩具，比如有电池的、通过开关控制的玩具。
- 电视机和DVD机遥控器。
- 可以用来和其他孩子一起合作游戏的电脑。
- 可以调节的座椅、写字桌和桌子。
- 加强身体意识的加重背心。

以下设备可以支持精细动作技能（Judge，Floyd，& Jeffs，2008）：

- 合适的剪刀。
- 铅笔抓握器。
- 开关。
- 电子玩具。
- 有声书。
- 电脑可触屏。
- 适应性的电脑键盘。

这些设备可以支持融合教育，激发儿童达到他们的学术潜能。

本 章 总 结

8.1 **指出影响身体生长的六个因素。**好的健康和营养是正常身体发育的基础,同样也对认知和情感发展十分重要。幼儿园儿童的生长速率比婴儿和学步儿期慢一些。在学龄前和小学阶段,身高和体重的增长是稳定的。六个影响身体生长的要素是遗传、营养、医疗状况、锻炼、睡眠和愉悦的情绪。通过谨慎的身高体重测量,比对政府颁布的身高体重表,我们对于儿童相比同龄人的身体大小的顾虑可以很快得到解答。在身高、体重上,低于第 5 百分位数或者高于第 95 百分位数都需要引起注意。因为营养不良,或者没有得到适当的营养,有很多超重的儿童。缺乏适当的营养可能影响身体、运动、社会和认知发展。

8.2 **讨论良好的儿童保健、身体适应性以及心理健康的重要性。**应该每天检查儿童的外观、头皮、眼睛、面部、耳朵、鼻子、嘴巴或者行为和气质变化。每天刷牙洗手对于疾病防御也十分重要。在 2—6 岁时,幼儿应该接受医生的家访,做全面的检查。儿童需要足够的身体活动游戏机会,以及每天至少 60 分钟的有组织的身体活动。现在的生活让孩子坐得太久。身体适应性十分重要,但是体育项目应该是发展适宜的。专业人士对于是否允许儿童参与超级英雄游戏有一些分歧。今天生活中的很多压力已经增加了幼儿和他们的家庭对心理健康服务的需求。

8.3 **描述家庭进餐时间和文化相关食物的重要性,以及营养不良和儿童期肥胖的影响。**在孕期、婴儿期和童年早期,食物供给和认知刺激可以改善贫困地区儿童在未来身体健康和认知成长的预后效果。因疾病导致营养不良或者身体健康状况较差的儿童不能利用自身能力,使用身体和心理功能。放松的、常规的家庭进餐时间与儿童的高成就、低肥胖风险相关,同时也可以降低物质滥用危险。小儿肥胖是一个全国性问题。

8.4 **指出至少三个影响儿童安全因素。**幼儿在室内外可能遇到不同的安全危害。室内安全因素包括厨房安全、犬类安全、用火安全、枪支安全、食物安全以及其他方面。户外安全因素包括自行车安全、街头智慧、农场和野营安全、烟火、运动受伤以及其他方面。食物安全和犬类安全是主要问题。成人有责任给幼儿提供一个安全的环境,让他们免受危险可能带来的疾病和伤害。成人也必须对儿童的活动采取适当的监管,以预防儿童受伤。

8.5 **描述儿童营养、健康以及安全教育项目的基本部分。**从事幼儿工作的成人需要知道营养和健康信息。成人也需要参与儿童和他们家庭的营养健康教育。营养教育可以扩充儿童的知识,帮助他们拓宽自己的食物选择。多感觉食物体验也可以拓宽儿童的食物选择。游戏、书籍以及去农场、超市或者乳品店的旅行都可以支持儿童的营养知识学习。健康教育包括基本卫生教育,比如洗澡、洗手和刷牙。

8.6 **评估儿童粗大动作发展的进展。**动作技能发展顺序与身体发展一致。动作发展支持概念发展、知觉发展以及表象能力。粗大动作发展包括使用大肌肉的活动:扔、跑、跳和拉。粗大动作技能先于精细动作技能。基本粗大动作技能的发展关键期始于学步儿期,持续到六七岁。户外和其他积极游戏机会应该作为一个儿童清理脑海中的竞争性刺激的时间,同时给身体和运动练习提供机会。成人需要谨慎,不要迫使儿童过度使用他们正在发展的肌肉或损伤他们正在生长的骨骼。有运动残疾的儿童也需要积极游戏的机会。正如我们在本章最后建议的,辅助科技可以帮助有运动残疾的儿童。儿童应该有机会进行非正式和有组织的运动活动。运动场可以提供很多粗大动作活动的机会。

8.7 **解释书写和绘画发展之间的关系。**精细动作活动会使用小肌肉,比如手腕和手。精细动作活动,比如串珠子、玩组装玩具、绘画、捏黏土,都可以作为书写所需的技能基础。从事幼儿工作的成人应该谨慎地、不要太快地将学生推向正式的书写课程。绘画材料应该随处可得,因为绘画可以给儿童提供练习描绘非正式图形的机会,这些图形中可能包括书写字母。绘画通常最先出现,然后是试验性书写,最后才是传统书写。利手通常在 3—5 岁确立。

8.8 **解释为何评估儿童的动作技能很重要。**因为学龄前阶段对于发展基本动作技能十分重要，成人应该留心观察每一个儿童的发展进程，用以评估这个儿童做得怎么样。对于幼儿来说，参与教师设计的非正式活动和教师引导的运动活动可以保证所有的儿童都有机会发展基础技能。幼儿老师需要通晓儿童动作技能发展的评估方法。

8.9 **描述儿童如何学习动作技能。**研究指出，大部分幼儿园儿童很少参与高强度的身体活动以及教师引导的运动活动。幼儿园儿童在神经方面已经准备好发展基本的动作技能了，包括走、跑、跃、跳、蹦、飞奔、滑、越过、攀爬以及骑三轮车；操纵和球技，包括扔、踢、抛球、射出、击打、齐射、弹、用手控球、用脚控球、旋转、接住、组织；平衡机能，比如弯曲、伸直、扭转、旋转、摇摆、竖立和反向平衡、滚动身体、躲闪以及走平衡木。身体适应性也属于身体健康和功能。为了身体健康，儿童必须保持足够水平的心血管耐力、肌肉力量、肌肉耐力、适应性以及匀称的体型。知觉运动发展需要通过感觉和制造动作回应来收集信息。使用辅助设备的融合安置对有身体和运动障碍的儿童来说是最好的。辅助设备可以帮助儿童变得更独立，更多地融入群组活动，并且可以弥补他们在典型动作技能上的一些缺失。

第9章 认知系统、概念发展与智力

本章涉及的标准

naeyc

美国幼儿教育协会项目标准

1a：了解并理解0—8岁儿童的特点和需求

4b：了解并理解早期教育中的有效策略，包括适当地使用技术设备

DAP

儿童发展适宜性实践指导方针

3：规划课程从而实现重要的发展目标

3A 1：了解儿童应该知道什么、理解什么并可以跨学科操作什么

3A 1：教师熟悉并理解各年龄段的关键技能

学习目标

在阅读本章之后，你应该能够：

9.1 定义并描述认知、认知系统以及皮亚杰和维果茨基的认知发展理论。

9.2 描述认知结构和功能的含义。

9.3 指出前运算阶段以及具体运算阶段儿童的认知特点。

9.4 将皮亚杰和维果茨基的理论应用到发展适宜性教学实践中。

9.5 指出有关智力的主要观点的特征。

9.6 列出使用IQ测验和IQ分数来评估幼儿的缺点。

9.7 认识非歧视性测验的特点。

9.8 讨论智力、创造力和智力超常之间的关系。

在进入本章之前，让我们先来看看雷蒙娜·昆比的故事，她的行为颇具代表性，正是幼儿身上的这些行为才让他们如此的与众不同，也是如此的有意思。我们是在雷蒙娜四五岁的时候见到她的。她所展现出的4岁儿童的特征就是想象力。她的妈妈说："噢，你知道吗？雷蒙娜简直没办法控制她自己的想象力。（Cleary，1955，p.40）"雷蒙娜坐在客厅中间空的塑料戏水池里，她会假装自己在湖中央的一只船里。雷蒙娜对事物的理解还停留在最直接的表层含义上，这样的理解力和她的想象力结合在一起，有时候会让她做出不合逻辑的事情来。比如，她假装自己是格雷太尔（童话《糖果屋历险记》中的小女孩），她的娃娃是女巫，她把娃娃推进正在烤蛋糕的烤箱里。不用说，蛋糕和娃娃全毁了。所以总而言之，4岁的雷蒙娜对这个世界的观点都停留在表面价值上的，她的表演游戏反映了她生动鲜明的想象力，但同时，她也在挑战她姐姐和父母的耐心。

5岁时，雷蒙娜是一个"流于表面"的思考者，凡事只看字面意思。她学前班的教师宾尼小姐对她说，"现在*坐在这里。"其实，宾尼小姐只是想让她"现在暂时"坐在这里，但是雷蒙娜认为她是一个特殊的人，所以会得到礼物。宾尼小姐给全班读《迈克·马利根和蒸汽铁铲》（*Mike Mulligan and the Steam Shovel*）。迈克和他的蒸汽铁铲整天都在挖市政府的地下室。在故事结束后的全班讨论中，雷蒙娜提出了一个很重要的问题："宾尼小姐，我想知道，迈克·马利根在市政府地下室挖掘的时候，怎么去厕所？（Cleary，1968，p.23）"宾尼小姐并没有直接回答，但是其他孩子似乎也有这个疑惑。雷蒙娜的思维方式在这个年龄和发展阶段很典型。

智力和创造力与儿童的认知发展和认知过程相关联。成人需要知道的是，智力是如何定义的，关于用IQ测验来测量智力的批评观点，以及环境对幼儿智力发展的影响。同样，很重要的是，我们也需要意识到幼儿发展中的创造力方面，并且使用合适的方法来支持儿童创造力的成长和发展。此外，我们还需要理解智力、创造力和智力超常之间的关系。在第9.2节，我们会讲到智力和创造力的不同。

9.1 理解认知系统以及认知发展理论

"认知（cognitive）"这个词已经在本书中提过很多次了，它代表儿童行为的一种特定类型。在本章，这个词会得到更加详细的定义和描述，并且适用于幼儿园、学前班以及小学阶段的儿童的概念和语言发展。在本章，我们会定义认知，并且介绍关于认知的不同观点。对认知系统——包括认知发展、结构和功能——也会进行深入探讨。

认知与思维有关，它指的是思维如何工作。认知系统是由以下三个部分构成的：

1. 认知功能描述认知系统如何工作。
2. 认知结构包括认知系统的所有部分。
3. 认知发展代表认知结构和功能可能在很长一段时间里的改变。

认知既代表思维里有什么（儿童知道什么），又代表思维是如何工作的（儿童如何思考）。因为我们不能直接看到儿童的思维，所以我们必须通过他在做什么来推测儿童的脑海中正在发生什么。比如：

---

* 英文单词present有两个意思：现在或者礼物。——译者注

3岁的比尔正在玩一些小积木。积木有几种不同的颜色。比尔说:"这个是蓝色的,这个是红色的,这个是绿色的。"他看着妈妈说:"这些积木都是不同颜色的。"

从比尔的行为中,我们可以猜到他正在表述他脑海中关于颜色的想法。首先,他可以说出积木的正确颜色——蓝色、红色和绿色(见图9.1)。在比尔的脑海中,蓝色、红色和绿色被储存在"颜色"区域;这就是认知结构的一个例子。每个关于颜色的概念首先进入比尔的思维。然后,关于颜色的概念进入并且成为一个储存着红色、蓝色和绿色的地方。

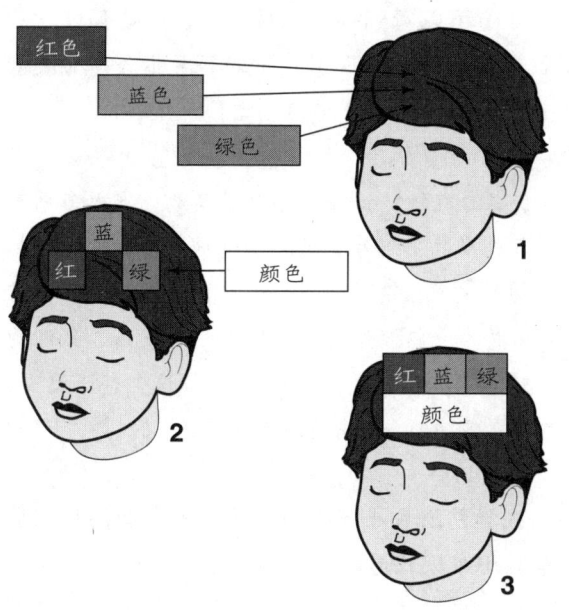

图9.1 比尔在学习红、蓝、绿是不同的颜色。

在比尔和积木的例子中,认知功能是一个过程,当每一个颜色想法进入比尔的思维中时,认知功能就会发挥作用,它把这些颜色观念记下来以备将来之用,在有需要的时候能够记起来,并且在比尔想解决一些问题的时候使用到。按照这样的方式,当比尔玩儿积木的时候,他能够把颜色的名字和积木匹配起来。在本章,我们会描述认知的机制、结构以及发展,通过对更多发展概念的深入探讨,读者对认知结构会有进一步的了解。

让·皮亚杰发现,儿童在每一个认知发展阶段会以不同的方式运用他们的思维。因此,他指出了认知发展的四个阶段(图9.2)。儿童在3—8岁会度过前运算阶段,进入具体运算阶段。幼儿通常在5—8岁进入具体运算阶段。**形式运算阶段**通常不会在11或12岁的早期青少年阶段以前出现。

年龄	阶段
出生到2岁	感觉运动
2—5岁	前运算
5—7岁	过渡:前运算到具体运算
7—11岁	具体运算
11岁到成年	形式运算

图9.2 皮亚杰理论中的认知发展阶段

学步儿已经从感觉运动阶段进入前运算阶段了。这个阶段可能会从2岁持续到7岁。在5—7岁,会有一个过渡阶段,或者说是儿童进入下一个阶段前的改变阶段。这个阶段叫作"5—7岁过渡期(five-to-seven shift)"。一个儿童可能在5—7岁进入具体运算期。在前运算阶段,发展的重点是从感觉和运动转变为语言和言语。儿童在这个阶段会发展出一生所需的几乎所有言语能力。在幼儿园阶段,儿童的语言变得更复杂,但是到4岁时,儿童通常已经发展出了大部分的基本言语技能。

前运算阶段的儿童通过假装游戏来学习。儿童通过自己的角度观察这个世界,他们只相信自己看到的东西,而且只通过他们看到的方式来相信他们所看到的东西。和婴儿相比，虽然儿童思维的工作方式更接近成人，但是他们还是不能完全像成人一样思考。在成人看来，儿童的很多思维是错误的，但是从幼儿有限的思考方式来看，他们觉得自己是对的。比如：

- 2岁的凯特琳把所有小的毛茸茸的动物都叫作"ki-ki"，包括猫、狗、兔子和松鼠（照片9.1）。
- 3岁的布莱恩把牛奶从一个短粗的杯子里倒到一个细高的杯子里，说："现在我有更多的牛奶了。"牛奶看上去在杯子里更高了，所以一定是更多了（虽然成人知道两杯牛奶的容量相同）。

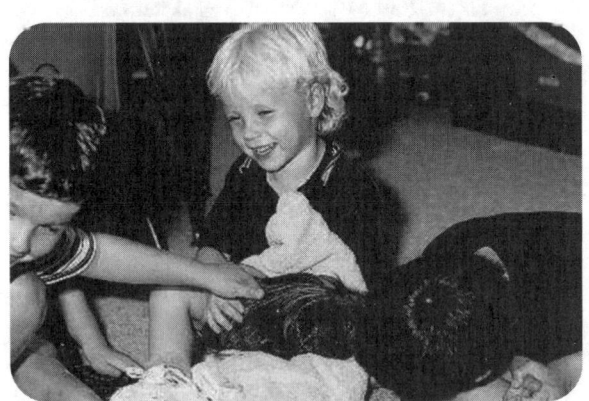

照片9.1　最终，儿童的认知结构会找到一个除了"ki-ki"以外的代表所有小的毛茸茸的生物的地方。

在这个阶段，儿童学习新技能的主要方法是模仿他人。他也开始使用一个物品来代表另一个物品。比如，儿童可能会使用沙子来代表食物，用娃娃代表真实的宝宝，或者在游戏时，拿一根棍子当作枪。在儿童不断成熟的过程中，他可以假装那里有一个东西，而不需要一个真实的或者替代的物品。他可以从想象的盘子里吃东西，睡在想象的床上，和想象中的朋友玩。同时，当儿童进入前运算阶段的后期，他会从简单地模仿他人的动作过渡到"成为"他所模仿的人；也就是

说，儿童就是士兵、父亲或者杂货店主。伴随这个阶段而来的游戏用时更长，更具有主题性，比如去旅行或者在商场买东西。

5—7岁的**过渡期**非常重要（Bartgis, Lilly, &Thomas, 2003）。在这段时间，儿童的思维方式会从前运算阶段过渡到**具体运算阶段**。我们只需要通过观察就可以知道这个过渡期开始了。在这段时间，大部分儿童开始上学。儿童对进入小学一年级的准备充裕度取决于他是否已经度过了过渡期。与五六岁的儿童待在一起的成人必须帮助他们度过这段时期。在从前运算思维转变为具体运算思维的过程中，儿童会发生很多变化。儿童能够使用语言来指导自己的活动以及他人的活动。儿童可以看到别人的观点，并且结合自己的观点来考虑他人的观点。儿童不再那么容易被事物的表面特征迷惑。比如：

- 5岁的凯特认识并且可以正确地说出很多毛茸茸的动物的名字，并且知道这些名字都在"动物"这个标签下。
- 6岁的比尔把他的牛奶倒入一个更高、更细的杯子中，他知道并且可以说："这个杯子更高，但是它也更细；牛奶的总量是一样的。"

在学前班和小学阶段，我们可以期待儿童从前运算思维模式过渡到具体运算思维模式。

9.1a　支持认知发展

作者认为，补充支持认知发展的方式可以从几个相反的角度来思考。对于提倡皮亚杰理论的人来说，儿童自己构建着自己的知识。成人需要做向导，给儿童提供与物品互动的以及与人互动的必要机会（Kamii, 1986）。维果茨基的理论强调在最近发展区内，成人和年龄较大的孩子对

儿童支持的重要性（Berk&Winsler, 1995）。维果茨基认为，当儿童接受水平更高的同伴指导时，学习会促进儿童的发展（Berk & Winsler, 1995）。这种指导可以帮助儿童在最近发展区内向上移动到他的潜在发展水平。这样，儿童就会在积极的社会环境中成为积极的学习者。这种教育叫作**辅助发现（assisted discovery）**：儿童被鼓励自己探索发现，但是同时接受使他们进步更快的指导。

> **思考时间**
>
> 根据你已有的认知发展知识，思考下面这个有关儿童思维方式的例子。5岁的塔希尔正在和他的朋友玩捉人游戏。太阳在云朵里，一会儿露出来，一会儿被遮住。有一次，太阳被云遮住了，然后又出现了，塔希尔对他的朋友说："看！太阳在跟我们眨眼。"

对比这两个理论，Hurst（2015）和 Mcleod（2007/2014）指出，皮亚杰和维果茨基都重视知识习得的个体和社会层面。他们都认为儿童能够积极地融入他们的学习中。但是班杜拉的社会认知理论加了另一个观点，用以支持另一种理论，即儿童是如何在社会背景下学习的，以及他们如何通过观察学习到了很多东西（Denler, Wolters, & Benzon, 2014）。这三个理论家都认为，儿童不断提升的符号操作能力是认知的关键。成人在正确的时间支持儿童，儿童通过观察他人在做什么而在环境中体验，构建知识，从而学习新东西。

因此，皮亚杰和维果茨基的理论有一些共同点（Berk & Winsler, 1995）：

- 自然发展和社会发展是同时的、相互作用的。
- 发展是在环境中实践的结果。
- 在儿童的发展过程中，主要的质变集中在他们的思维上。皮亚杰强调从一个阶段进入下一个阶段，但是维果茨基强调儿童与日俱增的语言能力以及更多的高水平指导，可以帮助儿童更好地意识并且控制自己的思维。

儿童早期认知发展的关键环境就是基于游戏的课程（Gmitrova & Gmitrov, 2003）。从他们的研究中，Gmitrova 和 Gmitrov 总结道（p.245）：

对于儿童的入学准备以及之后的学业成绩来说，孩子在假装行为中所展现出的认知技能种类和能够记住一系列的标准化知识点同等重要（甚至更加重要），标准化的知识通常是官方用于测量儿童早期发展能力的工具。

他们提出了和维果茨基的最近发展区理论相似的建议：和更加年长的孩子一起玩能够支持儿童的认知发展，这是很有价值的。

9.2 认知结构和机制

儿童思维中的内容以及这些内容是如何被组织起来的，构成了认知结构。在儿童的思维中，有很多思想单位。大的思想单位就是概念。这些思想单位是儿童思考过程中使用的零碎部分。皮亚杰将这种从婴儿期开始发展的简单单元称为**图式**。他认为，这是婴儿真实看到的和经历的东西的部分图像。一个图式包括婴儿知觉到的重点。比如，如果一个儿童这一次看到了圆圈。那么他会在下一次再看到圆圈时表现出认识的样子，虽然他可能并没有意识到这是同样的图形。随着儿童储存了越来越多的图式，他会渐渐地发展出前概念，然后是概念。前概念或者概念会和几个图式或者事件联系在一起。

在感觉运动末期以及前运算阶段早期，儿童的图式会加入前概念组。前概念可能是**过度概括**或者**过度区别**的。当过度概括发生的时候，儿童在遇到一个新的事物时，会把它储存在有相似特征的事物的思维中。比如，凯特认为小的、毛茸茸的、带有四肢的东西都叫作"ki-ki"。我们叫它"猫"。她看到小的、毛茸茸的、带有四肢（一只兔子）的东西，就叫它"ki-ki"。然后她看到一只臭鼬，然后是一只松鼠。她每一个都叫"ki-ki"。另一个孩子把一个纸袋子放在他的脑袋上，然后说："帽子"。接着他把一只靴子放在他的脑袋上，之后是一个纸盒子。每次他都会说："帽子"。虽然儿童会过度概括一些东西，但是他们也会过度区分一些东西。儿童不能把和他所预期的不同的东西储存在思维中。比如，阿贝拉在超市见到了她的教师。她看上去很吃惊。她往后退，黏着爸爸。对她来所，这并不是她每天在托儿所见到的那个人。在心理上，她不能接受她的教师出现在学校之外的环境之中。

在前运算阶段后期，儿童已经习得了一些简单的概念；他们已经开始尝试把相同属性的图式组合在一起了。这些概念组和成人思维中的概念组多少有些相似。儿童开始把圆形的东西储存在一起，毛茸茸、有羽毛的东西放在一起，有轮子的放在一起，等等。凯特的"ki-ki"变为了"小猫"，属于猫这个类别。她明白了"狗"和其他毛茸茸的、会叫、会跳到你身上、会舔你脸的生物有关。这两者都是动物，都是宠物。虽然有些猫不是宠物，是野生动物。猫、狗、宠物和野生动物都是概念。

动物的概念也是这样。通过图9.3，我们可以看到，还是婴儿时，有九个图式进入了她的思维之中（1）。在前运算阶段，这9个图式发展成**前概念**；（2），然后是概念，比如三个组（3）：狗、家猫和野猫。最终，这三个概念会统一到一个更广的"动物"概念上。这些概念，即儿童思考所使用的最原始的材料，组成了认知结构（照片9.2）。

照片9.2　这些儿童通过使用匹配的卡片学习集合和符号的概念。

9.2a　心理理论

一个很有意思的研究领域就是探究儿童是从什么时候开始、以何种方式反思自己的思维的（Adrian, Clemente, & Villanueva, 2007；Bernstein, Atance, Meltzoff, & Loftus, 2007；Lockl & Schneider, 2007；Slaughter, Peterson, & Mackintosh, 2007；Ziv, Solomon, & Frye, 2008；Wellman, Fang, & Peterson, 2011；

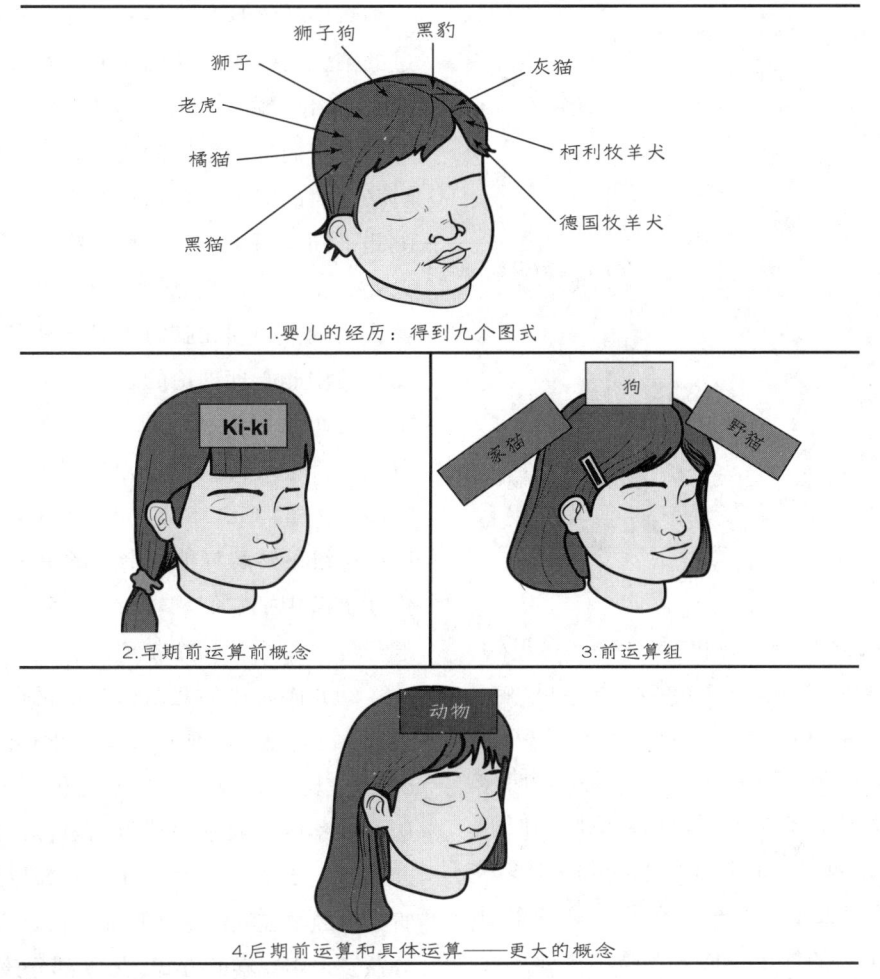

图9.3 凯特的思维发展,从图式到前概念,再到概念。

Slaughter & Perez-Zapata,2014)。研究人员很好奇儿童是从什么时候开始发展**心理理论**的。这种思考自己的思维活动的行为叫作元认知。作为成人,我们可以思考自己的心理活动,比如图9.4中所列举的(回忆、推理、问题解决)。幼儿通常会用到**思考**、**记住**以及**模拟**这些词。他们也开始明白,信念和现实可能并不一样,即我们也有可能有**错误信念**。

根据 Wellman 和 Hickling(1994)以及 Wellman、Cross 和 Watson(2001)的研究,儿童在 3—5 岁时开始获得最初的心理理论。但是,他们的观点和成人的心理理论并不是完全一致的,儿童的心理理论认为,思维是独立的、活跃的、自身具有生命。比如,成人可能说:"我今天的思维状态不太好"或者"我的头脑在捉弄我"。儿童要到 6—10 岁才会发展出这种看待思维的观点。6 岁以前的儿童只能理解部分心理结构和功能,而且是很有限的。到 4.5 岁或者 5 岁的时候,他们可能把思维联系到能够"看见"的东西上,但是并不感觉思维是一个独立结构。很多研究关注儿

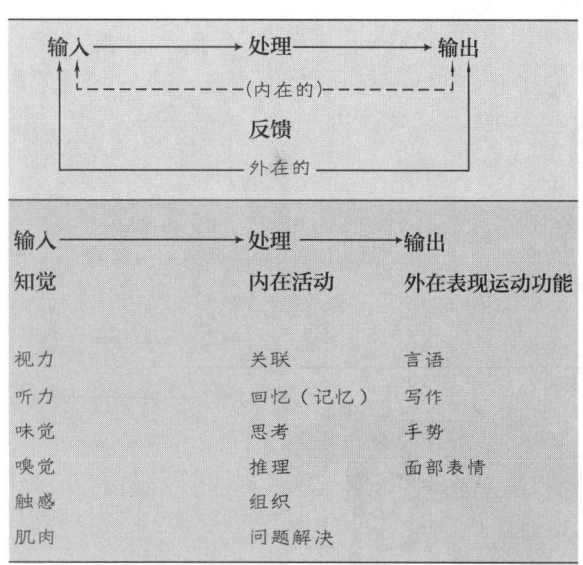

图 9.4 认知功能模型。

童对于**信念**的理解（e.g., Blair & Razza, 2007; Carneiro, Albuquerque, Fernandez, & Esteves, 2007; Milligan, Astington, & Dack, 2007; Roberts & Powell, 2007; Howe, 2008）。一种探究儿童是否理解信念的实验范式是看他们如何解释错误信念。比如，Slaughter 和 Gopnik（1996）给 3—4 岁的学步儿展示了一些东西，这些东西其实并不是看上去的样子，比如像高尔夫球一样的肥皂和装满小书的创可贴盒子。研究者要求儿童预测这个球形的物体是什么，或者创可贴盒子里有什么。然后，儿童可以去检查这个物体，继而发现他们原本的信念是错误的。有些幼儿开始忽视他们的知觉使他们有了错误信念，但另一些幼儿在看到相反的信息后，表现出了震惊。这个反应说明，儿童已经意识到了自己的思维欺骗了自己。

Estes（1998）想要知道儿童从几岁开始能够意识到他们的思维是如何工作的，以及他们在解决了一个简单的问题后，从什么时候可以为他们自己的思维提供心理解释。（作为成人，我们经常在脑海中"复盘"事件和动作，比如回顾一本读过的书、与他人的谈话，或者在脑子里做计划。）Estes 使用电脑游戏让 4 岁儿童、6 岁儿童和成人解决一个简单的翻转问题。儿童和成人会看到一对又一对的猴子，并且需要判断每一对猴子是否举起了同一只手。每对猴子都是一只正立，另一只要么正立，要么侧倒，要么倒立。所以，要想解决问题，必须在脑海中翻转猴子。大部分 4 岁儿童使用非心理理论的思维来解释他们最终的决定，比如："因为……嗯……那个猴子……他倒立着，然后这只猴子是正立的，所以我可以告诉你，它们不一样。（p.1351）"大部分 6 岁儿童和成人可以用思维翻转解释他们最后的决定，比如："假设你在脑海中把它们翻转过来。我在脑海中把这只猴子转过来了。（p.1351）"

幼儿园阶段的儿童认为记忆是对现实的精确表征；也就是说，他们没有错误信念的概念。Murachver 及其同事（1996）比较了儿童从直接经历、观察以及故事中获得的事件记忆。实验中的儿童都是 5 岁或 6 岁。其中一部分孩子要把他们听到的故事表演出来，从而获得真实的经历；一部分孩子采用观察的方式；另一部分孩子只是听到了实验中的故事。研究者发现，当他们在三四天后再采访儿童时，表演组的孩子比观察组或者听故事组的孩子有更好的表现，真实的经历更能促进儿童的记忆。Flavell、Green 和 Flavell（1993）问幼儿，当一个人坐着不动的时候，他的大脑是否在运转，幼儿会认为大脑从本质上就是空的。甚至有很大比例的 6—7 岁儿童并不觉得思维会继续工作。我们可以通过记忆策略培训以及反思自己的想法，帮助幼儿发展出更好、更有效的认知策略。

对错误信念的理解与语言能力相关（Milligan et al., 2007）。Milligan 及其同事回顾了 104 个研究，发现综合语言能力与儿童对错误信念和心理理论的理解程度高度相关。

Casanova（1990）给元认知实践提出了一些建议，可以帮助学生思考他们在学什么，以此变成更高效的学习者。例如，假设一个儿童拿着一个昆虫标本去上课，问教师这是什么。教师没有直接告诉这个儿童或者看这个标本，而是建议孩子问班里其他儿童是否知道这是什么。然后，教师可以问学生，他们是如何确认或否认自己的想法的，还可能会建议他们看看书里怎么写，或者问他们的父母。最后，在讨论完可行的方案之后，教师可以把查找昆虫名字作为家庭作业布置给学生。用这种方法，儿童能够学习如何获得信息，权衡各种可能性，并最终确定答案。当儿童计划、组织信息以及做出决定的时候，便是在使用元认知技能。

在假装游戏中，儿童看待脑海中正在发生什么的方式是他们缺乏元认知技能的另一个例子。正如我们提过的，假装游戏可以帮助儿童理解思维是如何运作的（Lillard, 1993a）。但是，处于前运算阶段的儿童好像并没有将假装游戏和心理表征联系起来（照片 9.3）；也就是说，他们只能看事物的表面价值，而不理解它的深层意义。比如，当一个人将香蕉假装成电话时，这个人在脑海中会有如下心理表征（或心理图像）：香蕉是食物，它被假装成电话（Lillard, 1993b）。

9.2b　认知功能

认知功能代表的是认知的工作方式。最通常的理解是，可以把认知机制看作一种序列，首先有一个刺激，然后是一些思维活动，最后接着一个反应。我们可以观察到刺激和反应，但是我们看不到思维活动。这些不能被观察到的活动就是认知。这是信息加工理论的观点。刺激是**输入**，反应是**输出**，中间的活动是**加工**。

照片 9.3　前运算阶段的儿童从自身观点考虑问题，并且明显聚焦事物表面。

图 9.4 是认知机制模型，展示了第四个认知功能：反馈。在反应或者输出后，是作为另一个刺激（或者输入）的（内在的或者外在的）反应。图的最下方定义了输入、加工以及输出。输入通过知觉获得，是对感觉到的事物的解释。事物一旦被感知到，信息就会被加工。加工可能包括回忆、思考、推理、组织、关联、问题解决或者所有这些加工方式的结合。输出通常是一些运动表达活动，比如说话、书写、手势或者做出面部表情。

如果认知功能的三个部分中有任何一个环节没有适当地发挥作用，就会产生故障结果。对于处在前运算阶段的儿童来说，知觉的运作方式和大龄儿童以及成人不同。前运算阶段的儿童不能在同一时间输入，或者注意到他面前的所有信息。这就造成了儿童只能接收部分信息。所以，他通常会用一些成人觉得错误的方法解决问题。皮亚杰认为，这是一种**中心化**的表现，它导致儿童压倒性地只关注事物的某一个方面，比如高度。当儿童获得感知事物的更多经验之后，会学习到更多细节，以及获得关于每个图式的更全面的概念。当儿童发展进入具体运算阶段，他可以在同一时间参与、感知以及加工更多信息。

为了展示认知功能是如何工作的，读者们可以考虑以下例子。一个成人给3岁的赛琳娜做了一个数字广度测验（图9.5）：

……我用了2-4-6这个数字序列，紧接着是2-4-6-8-1，然后是七位数的广度2-4-6-8-1-3-5。

我和赛琳娜开始活动。她可以正确地重复第一个广度的数字。5个数字的广度让她很疑惑。在几秒的考虑后，她说出了1-8-6-2。

我观察到了轻微的难堪反应。赛琳娜没有记住七位数的广度。她看上去把自己逗笑了，然后她给出了答案，8-9-10。最后一个数字序列好像没有进入她的脑海中，好像她没有注意到一样。

这个例子中的输入，即三组数字，都是听觉信息。加工主要包括记忆（回忆），输出是对数字的重复。赛琳娜好像有一些内在反馈，因为她在对第二组数字做出反应后看上去有些难堪，在对三组数字做出反应后看上去把自己逗乐了。赛琳娜感知到了自己的错误，她首先用难堪回应了，然后在接下来的问题中用逗乐回应了。图9.6

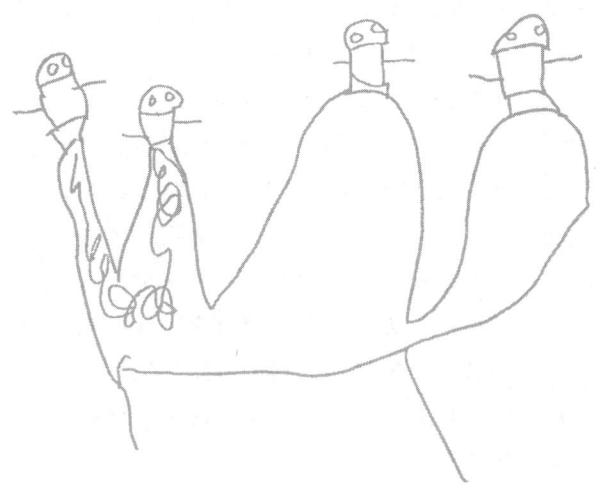

图9.6 幼儿园儿童的输出可能通过结合语言和符号表征来反映输入和加工。这个例子展示了儿童关于牙齿上的细菌的概念。

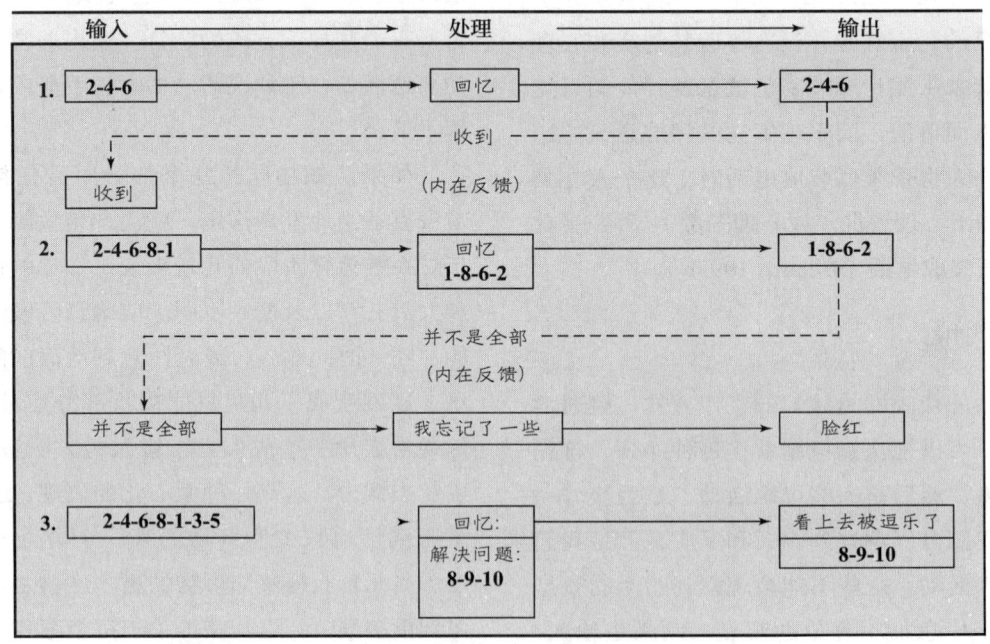

图9.5 赛琳娜在解决三个数字广度问题时的认知功能。

是一个输出如何结合语言和符号象征的例子。

在皮亚杰的理论中，同化和顺应反映了认知的功能方面。同化是输入，顺应是加工。

用问题解决的方式学习，可以支持更复杂的认知功能。Casanova（1990）认为，以元认知为基础的教学属于问题解决法的一种。批判性思维是另一种问题解决法。问题解决法需要学生富有创造力，自己去构建自己的规则，而不是遵守别人给出的规则。发展和促进幼儿思维技能是学术期刊《幼儿》(*Young Children*)中的几篇文章的重点（Fostering critical thinking and problem-solving skills in young children, 2011）。文章对促进探索发现的经历给出了一些建议。

9.3 认知特征和概念发展

概念是认知结构的基础，它组成了幼儿认知结构的基本要素，比如分类概念：人、动物、车和房子；或者属性概念：红色的东西、光滑的东西、甜的东西。和年龄更大的儿童以及成人相比，幼儿的概念还不完善，甚至是不正确的。所以，幼儿可能会有在成人看来错误的反应，但是从他们的角度来说，自己的反应是对的，比如：

> 一个小男孩正在试图让妈妈给他买一个甜筒冰激凌。他妈妈说不行。小男孩想知道为什么。他妈妈解释说她没有那么多钱。小男孩用儿童层面的逻辑问："为什么你不能从墙里面拿点钱？"（这里的"墙"是指银行自助提款机。）(Goodman, 1991)

我们必须先存钱，才能去自助提款机取钱的概念对于幼儿园儿童来说还太抽象。从小学二三年级开始，儿童才会明白可以从哪里得到钱，我们用钱可以做什么。

每一个概念都有不同的特征。我们希望知道儿童距离理解这些特征以及把它们组合在一起还有多远。

9.3a 前运算思维的基本特征

皮亚杰的早期概念发展理论很流行。对于从事幼儿相关工作的成人来说，皮亚杰的理论非常有意义，可以运用于教学中，并且能够帮助成人更了解幼儿。有关幼儿学习的基本概念（比如，尺寸、形状、数字、分类、比较、空间、部分和整体、体积、种类、高度、温度和时间）都已经在之前提过了。

前运算阶段的幼儿的思维方式有这个阶段的特征。儿童在 2 岁进入前运算阶段时，会获得物体恒存性概念，并且开始有了他的第一个真实想法和见解。儿童的运动发展速率已趋于平稳，他可以走、跑和爬，并且有了相对比较好的小肌肉技能，比如自己吃东西和使用蜡笔。语言获得成了发展的重心；表征和符号游戏成为了主要活动。

前运算阶段的儿童对世界的观察方式被称作**自我中心**，也就是说，儿童将知觉集中在最明显的特征上，并且受限于所能看到的。儿童也倾向于眼见为实。不能在脑海中操作物理翻转。比如，如果调换一些硬币的位置，从一行到一堆，前运算阶段的儿童不能在他们的脑海中将这些硬币重新变成一行。但是，并不是所有人都同意皮亚杰认为前运算阶段儿童是自我中心的这个结论（McLeod, 2010）；幼儿在特定情况下可以看到其他人的视角和观点，比如当他们对受伤的人展示出同情时。有可能是因为儿童可以从社会性角度感知，而不是通过对当时情况的感知，因此与当时的场景相比，他们看上去在社会情境中更具有去中心化的行为特征。

幼儿在每天的活动中都体现出了他们的前运算思维方式。因果关系就是最明显的关联，比如，"胡安妮塔给了我糖果。她是一个好女孩。"或者，"约翰不跟我分享黏土。他是坏男孩。"一个人的价值——不论好坏——都由最直接观察到的行为决定。前运算阶段的儿童看到的，就是他相信的。当一些事情发生了，动摇了他们的信念，儿童从认知上是没有办法接受的。博比在电视上看到一个男性学前班教师。他觉得这是不可能的，他想："在我的学校，所有的学前班教师都是女士——这才是对的。"这是他在现实生活中看到的，也是他所相信的。所以他不能接受这个矛盾现象。

在 5 岁时，儿童可能已经从前运算阶段过渡到了具体运算阶段。进入具体运算阶段之后，儿童开始（从成人的观点）纠正自己在前运算阶段时不合逻辑的思维方式。

9.3b 具体运算思维的基本特征

当儿童进入具体运算阶段后，他们可以做到思维反转，信息转换，比如完成下面的守恒问题。儿童不再那么依赖问题的表面信息，他们可以在脑海中同时保存几个不同的信息（照片9.4）。这个阶段大概从 7 岁开始，11 岁时接近完成，或者持续的时间更久（Miller，2011）。

操作是一种内在活动，是认知结构的一部分。通过具体任务呈现出来的数学操作很容易被观察到。每一步，从把数集一一对应，到加减乘除运算，都需要经过思考活动有系统地逐步构建。在后面的几章，我们会谈到社会活动也会随着儿童进入和经过具体运算阶段而改变（Miller，2011）。儿童现在可以反转思维，他们的思维有了去中心化的特征，他们的思维方式也

照片 9.4 达到具体运算的儿童可以在脑海中记住多个问题特质，比如赚了多少钱，还需要多少钱才能买到想要的东西。

跟成人越来越一致了。成人要记住，"具体运算还是'具体'的。这种思维运算只能用在具体的事物上——展现出来的，或者在脑海中展现出来的。儿童还是在加工'是什么'而不是'可能是什么'的问题"（Miller，2011，p.56）。但是对于儿童来说，最好的情况是，他们在进入小学时，进入具体运算阶段的初期。

9.3c 基本概念

从前运算阶段到具体运算阶段，儿童还在发展几个基本概念：分类和逻辑思维、守恒、顺序和排序、空间概念以及因果关系。所有这些都是基本的数学、科学和工程概念。

分类和逻辑思维

最重要的认知技能之一就是在环境中分类和

归类物品。儿童要学习什么物品是红色的，我们用什么物品遮盖身体，什么物品是汽车，什么是玩具。他们也会学到一个物品可能属于不止一个类别，比如红色、毛衣和羊毛。**分类**是了解数学和科学的基础。在数学中，集合的概念是最基本的。儿童必须明白苹果这个概念，以及红色和绿色的概念，才能在问题解决的情境下运用这些概念，比如3个绿苹果加2个红苹果等于5个苹果。在科学中，分类是最基础的运算。比如在地质学中，矿物需要根据属性（比如，颜色、硬度和平滑度）来鉴别。

自然分类可能成为每日游戏活动的一部分，我们可以看一下4岁的乔安妮的例子：

乔安妮正在给她画的"我的家庭"涂色，她决定把所有马克笔都倒出来。然后把所有同色的马克笔放在一起。当她把所有颜色分组后，乔安妮决定认为每一组颜色都是一个家族。她决定给每支马克笔起名字，然后用不同的声音假装每一支马克笔在说话。她决定红色家族马上要去圣乔治。她把红色马克笔家族放进盒子里，把它们带到了另一个她决定称之为圣乔治的房间。

乔安妮按颜色逻辑将马克笔分组。然后她进入了表演游戏中，选择了一个颜色集合组成家庭去旅行。

学步儿和幼儿园儿童会花费很多时间将物品移到另一个组别中。下面这个由两个大学生观察到的例子表现了3岁儿童和5.5岁儿童在分类行为上的区别。提托3岁，凯特5岁（见照片9.5）：

提托拿到了4个正方形、4个三角形和4个圆形，每一组的4个都是蓝、绿、黄和红色。当他被要求把这些图形分类时，他按图形的形状分了类。当被要求用另一种方式分类时，他用了几

照片9.5　探索形状和图形的材料已经准备好了。

分钟的时间重新组合，但是最后还是选择了和之前一样的分类方式。

凯特也拿到了同样的图形。她也是首先将它们按形状分类。当她被要求使用另一种方法时，她迅速地用颜色分了类。

提托是一个典型的前运算阶段思考者，他用一种方法分类，而且当被要求用另一种方法分类时，他还是只能用形状分类。凯特已经进入具体运算阶段了，她可以轻易地决定如何用另一种方法给物品分类。像我们在第7章中提到过的，到了2.5岁或者3岁时，幼儿的逻辑分类变得更加成熟，他们的前概念也逐渐发展为概念。Gelman（1998）和她的同事发现，儿童在2.5岁和4岁之间开始做更广的概括。这些更广的概括通常是针对人和动物的，并且由儿童和他们的母亲表达出来。Nguyen和Murphy（2003）发现，如果有开放式的任务，那么3岁和4—7岁的儿童可以把物品分类到不止一个组中。

分类能力的基础是对一系列基本概念的理解：

- 颜色、形状和大小。
- 材料，比如纸、布、木头和塑料。

- 图案，比如点、条纹和素色。
- 功能，物品有共同的使用方法，比如吃东西用的，或者书写用的。
- 关联，物品彼此有关系，但是没有相同的功能：牛奶放在杯子里，火柴点燃蜡烛，你可以在商店中买到这两样东西。
- 分类名，比如食物、动物、工具和人。
- 共同元素，比如都有轮子、都有长发或者都穿着 T 恤

另一个分类概念的类型叫作类包涵（Siegler & Svetina, 2006）。类包涵的概念就是一个组可以是另一个组的子集。比如，狗和猫都是动物的子集。当幼儿被问"如果有 6 只狗和 3 只猫，那么是狗多还是动物多？"时，七八岁以下的幼儿会倾向于关注狗比猫多。但是 Siegler 和 Svetina 可以培训 5 岁的儿童，让他们明白分类里还有分类的概念。逻辑解释会比计算解释更奏效；也就是说，指出狗也是动物，会比让孩子数狗和数动物的数量，然后比较，更为有效。

守恒

因为无法做到去中心化，前运算阶段的儿童还不能被称为皮亚杰理论中的**守恒者**。获得**守恒概念**，需要对材料的转换有所理解，不被事物的外表所迷惑。比如，图 9.7，在儿童面前放了一堆硬币。然后产生转换，即硬币的位置发生改变。它们被分散开。当儿童被问及硬币的数量是与之前一致，还是更多时，前运算阶段的儿童会说"更多"，因为前运算阶段的儿童关注硬币所使用的空间总量，而不是硬币的真实数量。而且，这个儿童也没有办法在脑海中转换这些信息。具体运算阶段的儿童却可以说："是一样的数量，10 个。"这个儿童可以在脑海中转换运算，不被硬币所占有的空间迷惑。他可能在同一时间思考两件事：硬币的数量和硬币所占的总面积。

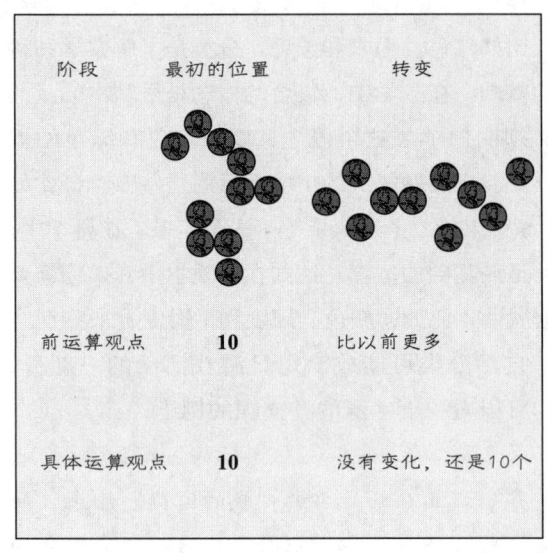

图 9.7　思维发生了从前运算阶段到具体运算阶段的转变。

到六七岁时，数字通常是儿童发展出的第一个守恒概念（Lightfoot, Cole, & Cole, 2013）。为了确定儿童是否可以做到数字守恒，首先会给他看到一行 10 件物品（最少 7 个），然后儿童被要求用同样的数量摆出一行，如图 9.8。如果儿童不能摆出同等数量的一排，他就还没有发展出**一一对应**的概念。之后的测验也就不用再进行了。年龄更小的前运算阶段儿童会使用大量的游戏时间来练习一一对应。在第一个任务中，没有发展出一一对应的儿童很可能是这样的：

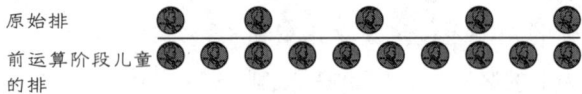

儿童只注意了长度，而不是同时注意长度和数量。

再看一下图 9.8。如果儿童可以展示出他的一一对应的概念，那么他将看到一系列转变，比如 2A、2B 和 2C。在每一个转变中，儿童首先

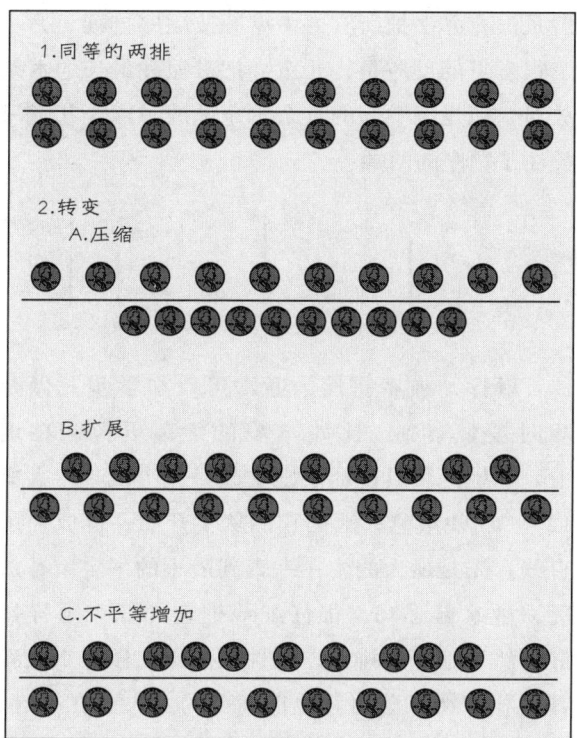

图 9.8 ——对应（1.同等的两排）和三种转变。

要认同每两行硬币的数量都是一样的，然后会有转变，儿童会被问："两行是有一样数量的硬币，还是有一行更多？"前运算阶段的儿童会说长的那一行更多。当被问及为什么时，儿童会说："因为它更长。"具体运算阶段的儿童会说："它们一样多，你只是移动了一行。"在过渡期的儿童需要一个一个数，或者把硬币按一一对应来排开。当儿童进入具体运算阶段，他可以加工其他种类材料的转化，比如一团黏土被做成松饼或者零食形状；水被倒进高窄或者短粗的容器里；一条直路变成弯路。当学前班儿童可以开始在脑海中保留数字的时候，他们会开始将物品一一对应；用黏土理解部分和整体；用水和沙子理解体积；使用很多种材料了解更多、更少或者一样这三种概念。

虽然幼儿园儿童不能解决守恒问题，但是他们还是有一些数学概念知识的（Golbeck & Ginsburg, 2004；Charlesworth, 2016）。比如，到 3 岁时，儿童会理解更多和更少。当看到两组硬币，比如，六比四或者五比九，儿童可以说出哪组有更多的硬币。四五岁时，当儿童同意两组硬币其实在数量上一样之后，这些硬币被藏在两个盒子里，在每个盒子里再加一两枚硬币，儿童会意识到现在一个盒子里的硬币比另一个盒子多了。当一个 4 岁的儿童看到两小组物品时，比如三个积木和两个积木，然后被问及积木总数，他应该可以用一些计算的方法解决这个问题。这样，儿童开始表现出了最基础的对加法的理解。

幼儿很喜欢在日常活动中使用他们日益增加的计算技能，以下就是一些例子：

- 卡洛斯（4 岁）精力充裕。他重复翻跟头。计算着他的跟头数，"1，2，3，4，5。"
- 凯丽（4 岁）正在吃午饭，并和她的教师卡丽互动。凯丽让卡丽帮忙数数，以测量自己喝完一杯牛奶需要多久。因为卡丽数得很慢，所以凯丽在 10 秒内喝完了牛奶。凯丽很开心，用手指计算着 10。她觉得自己很成功，举起 10 根手指："教师，我在这么长时间里喝完了牛奶！"
- 陈。他（5.5 岁）和妈妈在学校嘉年华活动中玩鱼塘游戏。一位工作人员在鱼塘游戏处问陈："你好，你叫什么？""陈，我 5.5 岁。"这时，工作人员给了陈一根鱼竿。"好啦，数到 3，然后把鱼线放进去，看看你能抓到什么。准备好了吗？"陈点点头。"好，1……2……3。"

顺序和排序

学前班儿童会花很多时间按一定标准给东

西排序，比如按大小、年龄或者颜色。这叫作**顺序**，或者排序。儿童一开始做的是简单的大和小、老和幼、亮和暗的比较（Yuzawa et al., 2005）。然后他们会开始理解小、中和大。他们会很喜欢《三只小熊》(*The Three Bears*)和《三只公山羊》(*The Three Billy Goats Gruff*)这样的故事，因为这些故事用到了"三"这个概念。最终，儿童变得有能力给四个或更多的物品排序。比如，提托和凯特被要求给不同大小的圆排序：

下一个任务是排序。我给了凯特7个圆，让她指给我最大的和最小的圆。她做这个任务没有任何问题。当我让她按从大到小排列时，她是这么排的：

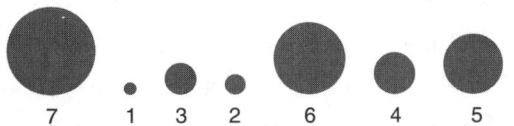

当我让她按从小到大排列时，她是这么排的：

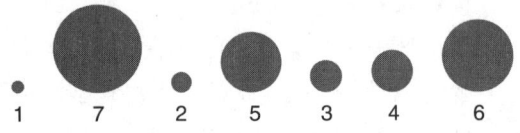

每次她都会在最大的旁边放一个最小的。
提托的排序活动非常有意思。
我给了他3个圆：一大、一中、一小。在问他哪个最大，哪个最小时，他回答正确。但是当让他从大到小排列时，他把最小的藏在了最大的下面。（再次让他尝试的时候，他还是这么做的。）

提托好像是处在两两比较阶段，他一次只能加工两个尺寸。凯特可以看到两个绝对的大小，但是没有办法把所有的中型圆按顺序排列。另一个很常见的反应是，儿童会把最短和最长的木条放对，但是把中间的其余木条乱放。这个儿童只关注了顺序的两端：

顺序，或者排序，通常可以在学步儿做游戏时被观察到。比如，3岁的伊莎贝拉躺在地上，和她的玩具说话。她拿起每一个玩具，大概12～15种角色。她把它们从牛开始，排成一条直线。先是最大的牛，一直到最小的牛宝宝。然后，她拿起了马，很仔细地把它们像牛那样排好。然后她开始排人，按性别、正在做什么或者其他相似特征分组。她把挥手的女人放在一起，把戴帽子的小男孩放在一起，把卷发戴眼镜的男人放在一起。她继续这个过程，直到所有玩具都按逻辑分组，并排成一行。

空间概念

空间概念的发展同样发生于儿童早期阶段。空间概念包括：之内、上面、上方、下面、进入、一起、旁边、两者中间、最上方、里面、外面和下方。婴儿和学步儿在开始移动身体，体验不同的物品的时候，这些概念就开始发展了。Pollman（2010）认为，玩积木是最好的学习空间和整合课程的活动。几何和测量概念都可以通过积木游戏来学习。积木的构建会根据儿童阶段的不同而不断进步：学步儿会拿起积木，在3岁时，他们会开始叠高和搭桥；4岁时他们开始筑围墙；4岁或5岁时，开始做装饰性图案；4.5岁左右，儿童会命名他们的建筑物；5岁左右，他们会模仿已知的结构进行搭建（见照片9.6）。Wolfgang、Stannard 和 Jones（2001）发现，幼儿园儿童玩积木时的表现和他们初中开始（七年级）以及高中时的数学成绩呈正相关。高水平的积木构建所带来的长期的、正向的影响可以帮助幼儿建立进入形式运算阶段的数学基础。Park、Chae 和 Boyd（2008）观察了两个男孩无组织和有组织的积木游戏过程，这两个孩子一个6岁，一个7岁。无组织游戏指的是，给他们时间去熟悉每一块积木。这是他们第一次玩积木。然后，他们会进行有组织的积木体验，即从一组积木中挑选正确的积木，填满轮廓。在解决积木问题时，他们会展示所掌握的几何概念，比如角度、长度、方向和区域。

照片9.6 积木块给儿童提供了运用空间概念和非正式测量以及合作的机会。

有研究考察了学步儿对于楼面布局和地图的空间概念。Pollman（2010）指出，儿童早在3岁就可以理解一样东西，比如一个楼面布局图中的三角形可以代表另一个东西，比如一张桌子。幼儿园儿童可以根据地图找到他们的教室或者学校。地图应该从教室开始，然后到学校，再到运动场、街区和小镇。

因果关系

幼儿会问成人很多"为什么"的问题。皮亚杰在他的**因果关系**研究中指出了在儿童的生活过程中，询问儿童事情为什么发生的重要性。皮亚杰发现，幼儿会从现实主义发展为更具有客观性。现实主义导致儿童无法清楚地分辨自己和他人。当儿童开始看到"我"和世界其他部分相分离是，他就具有了**客观性**。还没有到达客观阶段的儿童会使用万物有灵论和人为主义。**万物有灵论**包括给非人事物（比如，车、树、风或者太阳）赋予人类的特性。**人为主义**是指，幼儿感觉世界上所有的东西都是为了人类而存在的（比如，"太阳的存在是为了给我们光和热"，而不是"我们的存在是因为有太阳"）。3—5岁的儿童可能会用不同的方法问很多"为什么"的问题，而这些问题在成人看来可能是错误的。比如：

- 儿童可能将一个人的动机作为事件起因。比如，我们之所以受伤，是因为我们做了坏事，或者下雪是因为有人想让我们冷。
- 如果事物在时间或者空间上间隔很近，它们会被认为有因果关系。
- 事物之所以是这样的，因为它们就是这样的。狗有尾巴，因为尾巴是狗的一部分。之所以下雨，是因为雨从天上掉下来。
- 一个人的手势、思维和言语可能影响另一个人。对一个人说一些不好的东西会伤害到这个人。
- 事情之所以发生是因为它们必须发生。飞机要飞，才可以不坠落。黑夜必须结束，白天才能到来。

下面的例子阐明了幼儿的因果推理能力。

成人	凯特（4.5岁）
你活着吗？	是的。
为什么？	因为我们就是这么被创造的。
云朵是有生命的吗？	是的。
为什么？	因为它们也是这么被创造的。
自行车是有生命的吗？	不是，因为它不说话。
汽车是有生命的吗？	是的，因为它可以跑。
树是有生命的吗？	不是，因为它坐在草上。
枪是有生命的吗？	不，因为它不说话。

凯特对于自己和云朵的存在使用了更高级别的权威理由。对于制造品和树，她使用了类似万物有灵论的解释。她会根据事物与人类的特性关系，比如可以说话或跑，来判断一个事物是否是有生命的。

9.3d 数学应用

刚才所提到的想法和例子描述了一些数学和科学的基本概念（Charlesworth，2017）。皮亚杰的认知发展论中的很多观点是这一类研究的理论基础。数学是概念发展研究中的一个热门领域。

有些研究人员试图通过特殊的训练加快儿童的数学学习。另一些人试图通过另一种方式评估儿童，以展示儿童其实比皮亚杰所描述的知道得更多（Price，1982）。如果儿童的任务改变了，那么研究是否还是在测试同样的概念，在这一点上，研究人员之间一直有分歧。比如，Gelman 和 Gallistel（1983）简化了 2 岁、3 岁和 4 岁儿童所做的数字守恒任务。他们同时使用了更小的组，比如 2～5 个物品，结果展示出很小的孩子也有一些一一对应和计算的概念。但是，为了保留数字，儿童必须可以计算 10 个或 10 个以上的物品。

很多关于幼儿的研究都更多地关注他们的计算技能，而不是他们对数字的理解（Golbeck & Ginsburg，2004）。研究已经指出了计算技能的发展顺序，以及最终的计算技能是如何被应用到加减法当中的。虽然计算技能是很重要的工具，但是它并不是儿童早期数学技能的全部。不仅仅是因为数学还有其他基本概念，比如数觉（对单一性、二重性、三重性等的理解）、数字守恒、分类以及发展过程中的连续性，在儿童对数学概念的理解的发展上，这些都比死记硬背地学习数字名称更重要（Charlesworth，2017）。

在 20 世纪，幼儿的数学研究重点从他们不能做什么变成了他们可以做什么（Baroody，2000）。下面是一些幼儿理解的概念：

- 从 3 岁起，他们明白小数量之间的等量关系，比如 △△ 和 □□ 是等量的，△△△ 和 □□□ 是等量的。
- 当儿童学习计算时（大概在 4 岁左右），他们可以比较更大组的数量，判断是否相等。
- 一旦儿童理解了数字顺序，比如 4 在 3 的后面，并且后面还有更多的数，他们就可以在脑海中做对比，通常在进入学前班的时候就可以心算 5 以内的对比，到学前班结束，他们可以心算 10 以内的对比。
- 幼儿园儿童可以使用具体物品，解决简单的加减问题。
- 学前班可以找到策略，解决平分问题，这也是除法的基础。

Baroody 总结说，因为幼儿园儿童有一定的非正式的数学知识，所以他们应该参与到发展适宜性的数学活动中。幼儿应该获得儿童引导和成人引导学习的机会（Charlesworth，2017）。

Ginsburg、Lee 和 Boyd（2008）指出，虽然幼儿通过游戏、有组织的课程和有意识的教学能够获得大量的日常数学知识，但是大部分儿童早期教育者并没有准备好，或者对教授数学做不到得心应手。大部分幼儿园和学前班的数学学习都是非正式、无计划的。我们需要对学前教育的教师进行大量的职前和在职数学教育培训。儿童早期教育教师需要更有意义的计划性数学指导（Epstein, 2014）。

很多研究都在试图分析不同文化下的儿童是如何发展数学概念的，这其中包括美国文化和其他文化间的比较。研究人员对亚洲小学生超前的数学成绩很感兴趣，不论是美国的亚洲小学生，还是其他亚洲国家的小学生（Stevenson & Lee, 1990）。Ginsburg 及其同事（Ginsburg et al., 1989）发现，在美国，中上阶级的欧裔和亚裔的4岁儿童和其他儿童相比，更倾向于掌握超前的数学知识。

9.4 发展适宜性教育理论的应用

到目前为止，概念发展的综述已经涵盖了很多在儿童早期阶段发展的概念。最后，我们来看一看皮亚杰和维果茨基的概念发展理论是如何与教育实践相关联的。

9.4a 皮亚杰理论的应用

皮亚杰的理论也许可以用到很多幼儿教学法当中，包括教学应用（教师做什么）、课程规划（儿童可以学什么）以及评估（儿童在发展中处于哪一个特定的点）。这些应用都作为指导原则，而不是作为特定的方法来教授特定的技能和概念的。Ginsburg 和 Opper（1979）根据他们对皮亚杰的理论的理解，给教师们提出了以下原则建议：

- 学习应以儿童为中心。应该从儿童的观点去设计，而不是从成人的角度。成人需要记住儿童看到的东西是与我们不同的。
- 最好的学习过程来自自发的活动，这些活动包括真实物品和思维的应用。儿童在自己的活动中，通过自己的反应学到了最多东西。
- 在一群儿童中，不同的孩子处在不同的发展阶段，在这种情况下，我们的教学很难使用个性化的方法。教师需要清楚儿童的发展阶段，才能设计学习经历，以适应他的发展水平。儿童需要独立学习的机会。
- 社会互动可以帮助儿童改善自我中心观点。通过和其他儿童的互动，儿童可以发现其他人的观点可能和自己的并不一样。儿童也可以了解到，为了说服他人或证明自己的观点是正确的，他们必须发展出清晰的、符合逻辑的论证技能。
- 儿童的学习局限于自身的发展阶段。发展阶段可以提示教师，在此时，哪些概念是儿童应该知道的，或者哪些概念是他还在学习的。
- 皮亚杰发展出的访谈技术可以告诉我们，儿童是如何想的。皮亚杰式访谈可以告诉我们，儿童处在哪一个概念发展阶段。
- 如 Roopnarine 和 Johnson（2008）所描述的，皮亚杰的理论激发了很多建构主义框架下的教学方法。这个领域内的领军人物包括 Constance Kamii、Rita DeVries、George Forman、Loris Malaguzzi 以及意大利的瑞吉欧·艾米利亚（Reggio Emilia）项目。他们都对建构主义有自己的解读。他们之间最基本的区别在于：成人的指导程度可以有多少，以及教学材料和活动的特性。他们都认为，儿童应该使用具体的材料，应该被鼓励反思自己的行动，以此发展出真正的理解。

9.4b 维果茨基理论的应用

正如我们之前所提到过的，维果茨基的理论指出了社会互动对支持儿童学习的重要性（支架），以及在恰当的时间，以恰当的程度（最近发展区）给儿童提供恰当的支持的重要性。皮亚杰的内部知识构成视角则额外强调了成人以及其他儿童在儿童概念发展和获得上所提供的支持。维果茨基的理论补充的是儿童的经历和知识结构的视角。他认为，成人与儿童的相互依赖是教学的核心（Moll, 1990）。维果茨基的理论已经被运用到学龄前儿童的读写能力指导、写作指导、家庭指导、科学指导以及针对轻度智力发育迟缓或学习障碍儿童的指导当中了（Moll, 1990）。结合皮亚杰和维果茨基的观点，两者相结合成了一种后皮亚杰式的教学方法。"虽然因为秉承建构主义的观点，他们（皮亚杰和后皮亚杰主义者）都喜欢'主动的方式'，但是在儿童的知识构建过程中，他们建议特定的互动和干预"（Inagaki, 1992；Berk & Winsler, 1995）。后皮亚杰主义教学法对于建构主义来说与纯粹的皮亚杰建构主义相反，它更多的是提供给教师的指导，比如教师使用开放式问题、提供材料，促使儿童有特定的行动。皮亚杰和维果茨基都强调游戏（如照片9.7所示）是儿童概念学习的最主要方法（Berk & Winsler, 1995；Bodrova & Leong, 2007）。

照片9.7　沙子或水可以给儿童提供用自己的方式探索的开放式体验。

9.4c　技术和发展适宜性实践概念指导

如本书第2章所描述的，幼儿的电子媒介使用量正在不断增长。使用电脑、平板电脑以及其他电子媒介也逐渐成为受欢迎的向儿童传授不同概念知识的方法。使用高质量的教学工具很重要。David Elkind（2011）告诫说，技术的使用拉大了儿童所知道和所明白的概念之间的差距。儿童可以用不同的技能利用技术，但是他们不知道这些技术是如何工作的。Elkind相信，被动地接受信息会扼杀儿童的好奇心。

三四岁的时候，幼儿可以从使用电脑和其他电子媒介中受益（Lacina, 2007/2008）。儿童在家可以使用电脑与他们在学前班和小学取得更好的学习成绩之间存在相关（Espinosa, Laffey, Whittaker, & Sheng, 2006）。最重要的一点是，在鼓励儿童使用高质量的线上和软件工具的同时，成人需要对儿童使用电子媒介进行监督以及支持。儿童用到的学习工具包括了数码相机、互动式白板以及平板电脑。Young和Behounek（2006）开发了一个简单的供学前班儿童在家长会使用的做幻灯片的系统。技术应该被应用于幼儿的学习，但必须小心谨慎地使用。

> **思考时间**
>
> 想一想皮亚杰和维果茨基的理论该如何联系到你过去、现在和未来的儿童工作中。

9.4d　大脑和认知

我们很大一部分的注意力都集中于大脑在认知过程中是如何运作的（e.g., Jensen, 2008a, 2008b；Sternberg, 2008；Willingham, 2008；Willis, 2008）。我们急切地描述着并实施着所谓的基于大脑的运作方式而开发的教育。神经科学已经为我们提供了越来越多的脑功能信息。但是，这些知识是如何和学习相结合的，这还是一个未知数（Jensen, 2008a, 2008b; Sternberg, 2008; Willingham, 2008; Willis, 2008）。Eric Jensen 很支持将脑研究应用到教育中。研究者们尤其感兴趣的是，脑功能中的不同脑叶是如何控制不同种类的认知、感知和运动的。比如，如在第 6 章中提到的，有些教育者认为，大脑的左半球和右半球加工信息的方式不同。有些人认为，大脑左半球会用分析的方法有逻辑、有组织地加工信息。右半球则控制方向感、创造力、身体意识以及人脸识别。但是，Jensen（1998, 2008a, 2008b）指出，在详细的检测中，左右脑功能可能根本就不是那样的。大脑的两半球可能是用完全不同的方式运作的，但是它们会互相沟通，同时与大脑其他区域沟通。左右半球的概念就这样被过度简单化了，而且现在变成了一个谜（Willis, 2007）。但是，我们确实也看到了似乎支持左右脑观点的行为。比如，想一下一个儿童正在画一棵树：

鲁迪正在画画。他的逻辑脑可能用逻辑的方法运行：树必须有棕色的树干和树枝，以及绿色的叶子。他的创造脑可能会更感性：颜色应该是亮暖色的，而且他的画笔挥洒自如，感觉良好，这使得整幅画都很棒。

如果逻辑和情绪以一种互补的方式共同运作，鲁迪可能会画出一个原创的但是写实的树。教育倾向于重视逻辑分析性学习，但是忽略了学习中情绪/创造性的一面。对于概念的完整理解需要融合这两种知觉和信息加工方式。为了激发全部的创造力潜能，教育者们必须给儿童提供可以支持他们大脑的信息沟通的机会。Jensen（2008a）指出，任何事情都需要大脑的参与；所以，教育必须是跨学科的，使用到所有大脑核心区域。大脑确实在运作时具有可塑性，所以它可以不断地改变。Jensen 认为，经常性训练很重要，研究已经指出了认知和大脑细胞再生之间的联系。

我们在前几章已经谈过大脑发育了。在人的一生中，大脑会产生很多变化（Zero to Three,

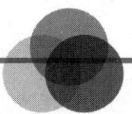

大脑发育

神经科学的核心概念

《神经科学的核心概念》（Neuroscience Core Concepts; Society for Neuroscience, 2011）概括了我们应该知道的关于脑和神经系统的基础原则。有些核心概念与本章的内容十分相关：
- 智力是由大脑的推理、计划和问题解决展现出来的。
- 生活经历可改变神经系统。
- 人类大脑赋予了我们自然的好奇心去了解世界是如何运转的。
- 提供探索、发现和解决问题的机会对于儿童的发展相当重要，这些核心概念也支持这种观点。

Neuroscience core concepts: The essential principles of neuroscience. (2011). Society for Neuroscience.

FAQs on the Brain, 2014)。在童年早期（4—8岁），大脑神经突触的数量保持在最高值。从小学中年级到青少年末期，突触的数量会逐渐减少。幼儿的大脑十分努力地在童年早期将能量水平达到最高值。支持高阶思维的大脑区域的髓鞘形成会持续到20多岁。

接触刺激性早期经历对大脑早期发育十分重要（Is early experience enough? 2002）。良好的积极经历可以支持更强壮的神经联结，减少不必要的神经联结。但是，丰富的经历必须持续到童年早期，以保障儿童认知能力的获得。本章的其余部分会讨论智力和创造力。

9.5 关于智力的主要观点

广义上说，**智力**是受益于经验的一种能力；也就是说，一个人可以在什么程度上利用自己的能力，以及在人生中不断前进的机会。对于智力的测量、定义和学习，人们持有很多观点。这些观点包括心理测量（美国）、信息加工理论（心理表征和加工过程）、认知发展（皮亚杰）、成功智力理论（斯滕伯格）、多元智能理论（加德纳）以及习性学（自然主义）。

心理测量方法强调的是对个体差异的测量；也就是说，一个人和其他人的比较。同时，这种方法也强调知识和在语言技能上展现出的行为是否达到了个人智力的预估水平。**信息加工理论**（或者认知科学）试图指出所有问题解决任务中的步骤。相对于宏观地看问题解决，信息加工理论强调在一个人试图解决问题时，每一个步骤中的细节。比如，持信息加工理论观点的心理学家可能会寻找这个人具体用了哪些心理步骤来回答这个智力测验的问题，或者解决一个皮亚杰式的数字守恒任务。最终的目标是在计算机上模拟这个人的问题解决策略。**认知发展论**强调以逻辑思维、推理和问题解决为指标的智力发展阶段。**习性学方法**认为，智力是指个体加工和适应生活的程度。**成功智力理论**由罗伯特·斯滕伯格（Robert Sternberg）及其同事提出（Sternberg, Torff, & Grigorenko, 1998; Wilson, 2015），该理论强调一个人使用自己的智力能够实现个人的人生目标。这种智力存在于一种特定的社会文化背景下，并且涉及对分析、创造和实践能力的应用。**多元智能理论**由加德纳（Gardner）（1984, 1999, 2011; Smith, 20002, 2008）提出，它像皮亚杰的理论一样，是一种基于生物学的理论。但是，多元智能理论认为，智力可以被分为几种不同的类型。

表9.1概括了这六种理论的定义、测量方法、理论要点以及测量对象。看一看这个表，可以注意到这些观点之间的区别：这些观点中有严格组织，特别定义的心理测量和信息加工的行为示例；也有较为开放的认知发展、三元和多元智能方法示例；更有完全适用于个体日常生活的习性学方法。

9.5a 心理测量法

以下是一个心理测量方法的例子。推孟（Lewis Terman）和他的同事把比奈（Alfred Binet）设计的法语测验翻译成英文，并且将它命名为斯坦福-比奈测验（Carnivez, 2009）。他们设计出了用来标记智商（intelligence quotient，IQ）的分数。在过去超过80年的时间里，几乎每个美国学龄儿童都被斯坦福-比奈测验或其他相似的测验评估过。韦克斯勒量表（Wechsler scales）也经常用作对幼儿的智力测验（Bjorklund, 2012）。

对幼儿进行标准化智力测验是这样进行的。儿童和测试人员会坐在一张小桌子前。测试者向

表 9.1 六种智力理论

智力的方面	心理测量	认知发展	习性学	信息加工理论	成功智力	多元智能
定义	有智力的人怎么做	儿童在其所构建的新情境中的适应能力	表现的很明智的性情：在问题解决中不断适应	智力来自人们表现和加工信息的方式	在特定的社会文化背景下，使用一个人的智力达到个人目标	八种智力： ● 语言 ● 逻辑-数学 ● 身体-动觉 ● 人际 ● 个人内部 ● 音乐 ● 空间 ● 自然世界
如何测量，在哪测量	在控制情景下通过一系列设计好的任务来测量	在控制情境下，使用开放式问题测量	在一个人的生活环境中，对他的日常任务进行观察	在实验室环境下，一对一测试	多选题测评记忆力；表现性评价，用以测量分析性、创造性和实际成绩；课堂活动	在自然或自然主义环境下的无介入式测量
强调	个体差异	每个逻辑思维发展阶段的共性	指出适应性问题解决所需的认知技能	最详细和基础的信息加工单位；符号的操作	三元，包括应用于分析、创造和实际领域的指导，以此有效利用儿童的优势	通过发展，在每个领域达到不同的水平；针对智力优势，匹配适合每个人的活动
测量什么	获得的知识和语言技能	推理和问题解决能力	通过观察每日活动，测量适应能力水平	智力在精准、可测的记忆和问题解决步骤中运行	在平常的课堂测验中，以及分析性、创造性和实际智力的应用中，测评记忆力	多种智能组成总的智力

儿童逐一呈现需要他完成的任务，儿童一个接一个地做任务。这些任务可能包括用积木堆一个塔，指出身体的某个部分，或者讨论在图画中看到的东西（Lightfoot, Cole, & Cole, 2013）。之后，将儿童的回答与可接受的回答（如测试研发者所描述的）做对比，以确定儿童在每一个任务中是否可以得分。然后，这个孩子的得分会和其他同龄儿童的 IQ 测验得分做比较。根据测验结果，90~110 分代表这个孩子的智力在平均水平，

110 分以上代表这个孩子高于平均水平，90 分以下则是低于平均水平的表现。

9.5b 信息加工论

信息加工论是一种试图弥补心理测量和皮亚杰智力测量法的主要缺陷的理论取向（Siegler & Richards, 1982; *American Psychologist*, 2005）。信息加工理论关注的是个体在解决问题时的加工过程。记忆加工和问题解决一直以来都是信息加

工论研究的重点。比如能力、策略和组织，这些记忆因素都被研究过。通过任务分析或任务拆分来测量儿童的问题解决能力。比如，一个孩子可能试图解决之前提到过的皮亚杰式数字守恒任务。这个孩子是不是在检查不同组别时，决定占用更多空间的组有更多的物品？他有没有用一一对应的方法去检查？他有没有一组一组地数？他是不是明白改变物品的排列并不影响物品的总数？由此，信息加工论强调的是儿童如何最终找到解决方法，而不是简单地关注最终的解决办法本身。

9.5c 认知发展理论

认知发展里理论的例子就是本章之前描述过的皮亚杰临床访谈。在蒙特利尔大学的心理学研究院，一些心理学家（Pinard & Sharp, 1972）基于皮亚杰式任务研发了一套智力测验。测验中包括一项沉浮物体任务。测试者和儿童坐在小桌边。桌子上有一小缸水和很多小物件。Pinard 和 Sharp（1972, pp.66-67）描述了这个任务。访谈可能是这样进行的：

> 实验者拿起一枚钉子，如果儿童想要摸一下，他会给孩子感受一下。实验人员会说："如果我们把这枚钉子放到水里，它会沉下去，还是浮在上面？"
> 儿童：它会沉下去。
> 实验者：你可以解释一下为什么吗？
> 儿童：因为它重。
> 实验者：现在你把钉子放进水里，我们看看会怎么样。
> 儿童把钉子放进水里，钉子沉到了底部。
> 实验者：你觉得为什么会沉底呢？
> 儿童：钉子把它自己推下去了。

儿童会得到不同的物品。然后实验者会让儿童预测每一个物品被放进水后会发生什么。儿童要说出自己做出这个预测的理由。在这类测验中，儿童的答案并没有对与错之分。皮亚杰式测验只会评估儿童处在哪个发展阶段。上面这个例子来自一个 4.5 岁的儿童，他给出了一个很典型的前运算思维阶段的回答。

9.5d 三元成功智力理论

斯滕伯格及其同事（Sternberg et al., 1998；同见 Wilson, 2015, p.688）提出了成功智力理论，该理论认为，"成功的智力需要一个人使用他的智力，在特定的社会文化背景下，达到他给自己设定的目标。"所以，这个理论涵盖范围更广，它的基础是个体在什么程度上可以成功地应用自己的智力。根据斯滕伯格及其同事的观点，成功智力由三方面能力组成：分析性能力、创造性能力和实践能力。通过应用这三种能力的教学，每个人都可以挖掘自己的优势，改善自己的劣势，并且每个人都有同等的机会让自己过得满意。这种教学方法叫作**三元教学法**。多选题用来测评记忆力；表现性评价用来测评三元智能。通过需要使用想象任务，人们可以测量创造性能力；通过问题解决任务，人们可以测量分析性能力；通过组织实施某一个项目，人们可以测量实践性能力。以下是一个针对三年级儿童的社会科学表现性评价任务的示例（Sternberg et al., 1998, p.669）：

- **分析性能力**：学生会被问及为什么一个州需要有一个管理者，为什么这是一个富有权威性的岗位，这个岗位有什么特权和限制。
- **创造性能力**：学生会被要求去想象一个地方，在这个地方没有人想成为好市民——没人遵守学校和社区的规则。要求他们写一个参观这个地方的故事。
- **实践性能力**：学生被要求描述自己作为"选举委员"，组织一场班级主席选举的步骤。

当给学生的教学涉及上述三个方面的能力时，学生在这三个方面的表现性评价都很好，并且在更传统的记忆测评中也表现得不错。通过使用多种教学手法，所有学生都有机会在学习知识上表现优秀。

9.5e　多元智能理论

1983年，霍华德·加德纳（Howard Gardner）提出了多元智能理论（Smith, 2002, 2008）。加德纳认为，虽然每个人都有一般智力，但是这个智力可以分成几个不同的部分，每个部分都作用于整体智力。每一种智力都被定义为一种能力，而不是一种学习方法。这些天赋应该在学校中培养，而不能直接地教授。加德纳最初这样定义智力：

1. **语言智力**：语言的掌握。
2. **音乐智力**：音乐天赋的水平。
3. **逻辑—数学智力**：对物理世界的掌握，可实施在物体上的行动，比如数数和排序。
4. **空间智力**：正确感知世界的能力，改变和修改自己最初的想法，即便在没有视觉刺激呈现的情况下，也可以通过视觉模态重新构造自己已经学过的东西。
5. **身体—动觉智力**：可以有技巧地使用自己的身体，有技巧地操作物体。
6. **个人内部智力**：可以了解自己的内部情感，比如识别开心与痛楚。
7. **人际智力**：认识其他人的情绪、气质、动机和意向的能力。

之后，加德纳（1999）加入了第八个领域，并考虑第九个：

8. **自然智力**：认识自然世界中的植物和动物的重要区别的能力，以及加工世界中不同物品的主要区别的能力，比如车子或者鞋子。
9. **精神和存在**：提出并考虑有关生命、死亡以及终极世界的问题的能力。

这种多元智能测评要在自然环境下对儿童的行为进行观察（Hatch & Gardner, 1986; Gardner & Hatch, 1989; Gardner, 1993; Krechevsky, 1998）。加德纳的假设是，标准化的考试非常具有局限性，因为这些考试基本只考察语言和逻辑技能。所以，我们需要一种新的评估方法，在熟悉的文化和自然活动中，测评智力的所有层面。

加德纳的提议已经实施在三个项目中（Gardner & Hatch, 1989; Gardner, 1993）。"艺术推进（The Art PROPEL）项目"希望推进测评中学阶段艺术成长和学习的测评方法。和美国教育考试服务中心（Educational Testing Service）一起，艺术推进项目设计了一种新的测评方法，并在匹兹堡实施。这套方法也在威斯康星州的一些学校内使用，并在全美范围内举办有相关的研讨会。在小学阶段，印第安纳波利斯的"重点学校（the Key School）项目"开发了一套基于多元智能的课程，学生可以根据多元智能理论，从自己的强项出发学习（Armstrong, 2002）。塔夫茨大学和哈佛大学的"光谱项目（Project Spectrum）"研发了一种适合以儿童为中心，对幼儿园、学前班以及小学课程的测评方法。之前在"零计划（Project Zero）"电子书店可以购买到相关材料，但是现在没有了。光谱项目评估是通过特定的与多元智能理论相关的活动而实现的（Krechevsky,

1991；Gardner，1993；Krechevsky，1998）。这些活动在常规教室中的学习中心开展。活动种类既有非常固定的活动，比如拆装一台绞肉机；也有开放式的，比如探索科学发展中心。学生的成长被用多种方法记录下来，比如成绩单、观察核查表、个人档案、录像。光谱评估系统包括几个独特的维度（Krechevsky，1991，1998；Gardner，1993；Krechevsky，1998）：

- 课程和测评之间的界限是模糊的，所以测评会融入每天的活动。
- 测评是嵌在有意义的、真实世界的活动中的。
- 测量的对象是"公平、全面的智力"，也就是说，语言和逻辑以外的智力也会被测量。
- 强调儿童的优势。
- 儿童的"工作方式"被考虑到（比如，坚持或挫败，反思或冲动，自信或踌躇，对视/听觉线索、动觉线索或者两者的反应）。

在 Chen、Krechevsky 和 Viens（1998）还有 Chen（1998）的文章中，有对光谱项目的概述，以及对这个项目早期的学习活动的介绍。加德纳的目标是将儿童从狭义的、标准化的测验视角解放出来，帮助他们发现自己多种多样的智力，运用这些信息，指导自己在职业和娱乐上的选择，这样他们才能找到让自己舒服同时也富有生产力的个人角色。进一步的指导应用会在本书的第11章介绍。

9.5f 习性学理论

持习性学理论的学者更像是观察者，而不是测评者。儿童不是在一个小屋子里——有一张桌子，两把椅子——被测评，而是在他生活的自然环境中被测评。观察者会在儿童正常的环境背景下，记录孩子的行为。观察者可能会看特定种类的儿童适应性，比如他们如何进行问题解决（Charlesworth，1978；Miller，2011）；或者他如何表现出有良好适应性的综合行为（照片9.8）。

照片9.8 教师可以通过在正常的教室活动中观察学生来进行评估，因为儿童的教室活动包含丰富的测评信息资源。

9.5g 智力的新视角

Lynch 和 Warner（2012）提出了一个新的多元智能理论：卡特尔-霍恩-卡罗尔理论（Catell-Horn-Carroll，简称CHC理论）。CHC理论包括十个认知领域，学习者可以在每个领域中，在自己的内在能力、环境机会、过往经历以及新掌握的能力的基础上，增加他们的认知能力。这十大能力是：

1. 听觉加工；
2. 视觉加工；
3. 晶体智力；
4. 短时记忆；
5. 长时记忆；
6. 加工速度；
7. 决策速度；
8. 流体智力；
9. 定量推理；
10. 阅读/写作。

这个新的智力理论强调了智力领域的复杂性，并且解释了为什么用一种定义解释智力是不可行的。

9.6 智商分值：批评和警示

很多人认为，心理测量方法并不能全面完善地展示出一个儿童的智力（Lightfoot, Cole, & Cole, 2013）。他们也认为，智力测验分数的某些应用是在伤害儿童，并且使得儿童没办法实现他们的潜能。对 IQ 测验以及 IQ 分数使用的批判，主要是以下几点（Fleege, 1997）：

- 虽然 IQ 分数可以预测未来的学习成绩，但它没有办法考察儿童加工问题的能力。
- IQ 分数被误用来指代发展障碍的儿童，而实际上这些孩子并不是；他们可能只是缺乏考试技巧。
- 对可能没有英语技能的儿童或者那些没有足够知识和经验给出正确答案的儿童来说，IQ 考试内容是不公平的。
- 幼儿在不同测验中给出的答案是不一致的。
- 准备考试和接受测验会增加儿童的紧张感。

Kanaya 和 Ceci（2007）给出了一个使用 IQ 分数给特殊教育儿童分班的例子，他们认为这对高风险学生可能是不公平的。IQ 分数对于智力残疾的分数线是低于 70。根据弗林效应（Flynn effect），全球的 IQ 分数每年都在稳步增长。所以每年有越来越少的儿童可以在 70 分这个标准以下。于是，有些原本接受特殊教育并从中受益的学生被忽略了。但是，当测验被重整，去掉了弗林效应的影响，有些儿童也许就可以进入特殊教育系统，虽然他们可能不是真的需要这种帮助。

Kanaya 和 Ceci 认为，使用 IQ 分数作为主要区分标准是十分有问题的。

智商是否存在族群差异（Jensen, 1985；Kanaya & Ceci, 2007），取得低 IQ 分数的是否多为少数族裔和低社会经济地位儿童，这些一直都是争论的焦点，也侧面反映了 IQ 测验所带来的偏见（Kanaya & Ceci, 2007；Bjorklund, 2012）。Constance Kamii（1990）和另一些人（比如 Ogbu, 1994；Brooks-Gunn, Klebanov, & Duncan, 1996；Gonzalez, 1996）认为，文化偏见是另一个限制幼儿标准化测验有效性的主要原因，尤其是当使用智力测验作为评判依据而做出重要的教育决定的时候，比如留级或进入特殊教学项目。考虑到幼儿的天性和他们尚未发展完善的技能，成人必须小心谨慎地使用 IQ 测验以及其他标准化测验分数。在做出任何分班和留级决定前，应该进行多种测量，权衡分析。

少数族裔儿童在标准化 IQ 测验中经常处于劣势地位。Gonzalez 指出，社会文化因素（比如正规的学校教育、家庭环境、社会经济地位）是影响智力的主要因素。开发文化公平性测评的尝试并不成功。像我们已经提到的，加德纳和斯滕伯格正在研究其他的测评方法。研究指出，相比言语部分测验，刚开始学习语言的幼儿在推孟测验的非言语部分表现更佳。Gonzalez 认为，我们需要明白：

- 言语和非言语过程在测验欧裔和少数族裔儿童的认知发展时，是相互补充的两项标准，而不是二选一的。
- 针对双语儿童，言语和非言语测验应该使用他们的第一语言和第二语言。
- 不同理论和测验方法需要顾及小语种儿童，这将带来新的、选择性测评方法。

就现在来讲，IQ 测验覆盖语言和逻辑数学知识，但并不测量儿童的全面潜能。

A. H. Hastorf 评论了对推孟的 IQ 测验预测价值的长期研究，他认为，测验成绩可以帮助我们筛选出"在学校标准系统中的优秀"的儿童（引用 Leslie, 2000）。用另一句话说，测验成绩可以预测儿童在学校的表现，但是其他方面，比如遗传学、生理健康以及动机，也会影响学习成绩，这些是 IQ 测验成绩无法预测的。相同 IQ 分数的儿童在成绩上可能会不同，因为他们的毅力、自信心以及早期父母参与程度不同。

9.7 无偏见测验：环境和文化影响

成人在策划和评估个人教学项目前，需要考虑评估儿童的智力。教师应该考虑课堂、儿童的家庭以及邻里环境，同时也要考虑儿童之前在其他正式和非正式测评中的结果。很多机构都开发了相应的发展适宜情况表，以及相应的儿童评价工具。美国幼儿教育协会和美国教育部幼儿专家协会（National Association of Early Childhood Specialists in State Departments of Education，简称 NAECS/SDE）于 2003 年联合开发了儿童早期课程、评价以及项目评估方法，同时补充了针对英语学习幼儿的筛选和评价材料（NAEYC & NAECS/SDE, 2005）。美国特殊儿童委员会（Council for Exceptional Children，简称 CEC）的早期儿童部门也为残疾儿童编写了附加的政策声明（2007）。

斯滕伯格（Sternberg, 2007）使用自己的成功智力理论定义和评估了不同文化下的儿童的智力水平。他的理论将智力定义为"在个体自己的社会文化背景下，根据这个人对成功的定义，获得其生活中的成功所需的一种能力"（p.148）。

> **思考时间**
>
> 回想一下，当你还是孩子的时候。你记得接受过任何智力测验吗？如果有，你还记得接受这个测验的目的是什么吗？你在测验时有什么感觉？

其他文化所重视的智力表现可能在西方文化中并不被重视。比如，对于有些儿童而言，学习很多生存技能可能是最重要的，但对于另一些孩子来说，学会尊重才是最重要的。斯滕伯格推崇动态测量（也就是说，测量其实是教学的一部分）。这种方法就和维果茨基在最近发展区内的教学是一致的。教师需要知道儿童的家庭是如何定义智力的，这很重要。

在课堂上和学校内评价一群儿童可能不仅仅要依靠 IQ 分数，还需要更好地应用对儿童的非正式访谈、核查表、教室观察以及儿童的作业，来获得重要信息（Kamii, 1990; Fleege, 1997; Shores & Grace, 1998; McAfee, Leong, & Bodrova, 2004）。真实性评估的信息应该在儿童进行每日常规活动时收集，而不是进行人为刻意的个人或小组测验；这些信息可以通过检查学生的发展适宜性作业来获得，或者通过在儿童进行发展适宜性任务时进行个人访谈。更多的指导请参见美国幼儿教育协会和美国教育部幼儿专家协会的陈述说明（NAEYC/NAECS, 2003）。

教学项目对幼儿的长期影响是教师需要考虑的一个很重要的问题。幼儿教师是在创造儿童的第一次学校经历。这些教师会对一个孩子产生长期的影响吗？对比那些没接受过早期教育的孩子，这个孩子可能更好地应对未来的生活吗？针对 20 世纪五六十年代参加过婴儿和幼儿园早期教育项目的儿童的长期跟踪以及针对这些早期教育模型和其他模型进行进一步研究的结果，看上去都令人振奋（Lazar, Darlington, Murray, Royce, & Snipper, 1982；Miller & Bizzell, 1983；Miller, 1984；Farnsworth, Schweinhart, & Berrueta-Clement, 1985；Schweinhart & Weikart, 1985, 1997；Schweinhart, Weikart, & Larner, 1986；Frede & Barnett, 1992；Schweinhart, Barnes, & Weikart, 1993；Bracey, 1994；Campbell & Ramey, 1994；Schweinhart & Weikart, 1997；Schweinhart, 2002；Bracey & Stellar, 2003）。比如，这些孩子在学校阶段更少被纳入特殊教育班级。相比没有幼儿园经历的孩子，他们更不容易留级。短期 IQ 分数增加的儿童也都可以将这种成绩优势保持到三年级。这可能是因为幼儿园项目教会了儿童获得早期学业成功所需的语言和概念技能。幼儿园同时也可以给儿童提供一系列阅读、写作和算数技能，让他们更好地完成学业。很多近期的研究也都证实了高质量的幼儿园教育的长期价值（Campbell et al., 2008；Jacobson, 2008；Reynolds, Temple, Ou, Arteaga, & White, 2011）。但是，我们还需要更多的研究来弥补知识缺口（Takanishi & Bogard, 2007）。社会文化领域内的一个很重要的需求就是关于儿童人口学特征不断改变的长期研究。过去很多研究中的儿童都是非裔美国人。但是今天，西班牙裔人口及其他国家移民人口都在快速增长。Britto, Yoshikaswwa 和 Boiler（2011）在社会政策报告中回顾了高质量的早期儿童发展项目所带来的长期价值的证据。

9.8 创造力、智力和智力超常

Houston（2006）评估了我们的文化中在过去为我们带来经济成功的能力。他建议重视美国做得最好的部分，也就是创新，而不是试图在学术领域里竞争。他相信，未来是属于富有创造力的

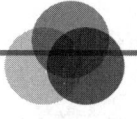

大脑发育

创造力

根据 Balzac（2010）的评论，阿尔伯特·爱因斯坦相信，研究大脑在创造力上的作用时，最有效的办法就是研究非常具有创造力的人的大脑。爱因斯坦把自己的大脑贡献给科学，用以研究。虽然很大一部分已经丢失，但是爱因斯坦的大脑也有足够一部分被抢救回来，并为我们提供了一些富有创造性的大脑的特征信息。富有创造性的大脑有高度的连通性，这对于十分富有创造性的大脑是非常必要的；也就是说，大脑中通常不连通的部分可以让我们变得更有创造性。显然，爱因斯坦的大脑左半球不正常的发展使得他的右半脑特别精于空间计算。发展替代解决办法或者使用发散思维的能力对于创造性思维也是极为重要的。大脑必须在通常不连通的地方连通。人必须跳出所被传授的固有的信息，建立其他的联系。对于创造力来说，额叶是大脑皮层中最重要的部分。创造力可以在一个伴有良好教育内容的、促进独立和发散思维的丰富环境中培养。

Balzac,F. (2010，July 5). Exploring the brain's role in creativity. *Neuropsychiatry Review. The Creative Leadership Forum.*

人的。创造性的问题解决能力以及创新设计能力应该是重点。教师应该是**创造力**的模范。我们一直都在说,在儿童的早期教育中,过程才是最重要的,而不是结果。Houston 指出,即便很多学习成绩不佳的儿童不能读写,不能做数学题,但是他们可以明白篮球场上 10 个不同的人的动作,或者记住复杂的歌词。这些孩子的技能和天赋也应该被利用起来。

我们处在一个需要关注创造力的年代(照片9.9)。一个儿童画了一幅女孩骑马的画(图 9.9),这是富有创造力的吗?幼儿的创造力确实是和大一点的儿童还有成人一样的吗?还是说因为他们用前运算思维的视角去看这个世界,所以他们看上去更有创造力?对于幼儿来说,如果做出来的这件东西对他们来说是新的,就是有创造力的,虽然这件对幼儿来说的新东西对成人而言可能已经不是什么新事物了。

照片 9.9　创造力反映在儿童用他们的想象力对绘画材料的原始探索中。

皮亚杰和维果茨基都对创造力的概念做出了理论解释(Stolz, Piske, Freites, D'Aroz, & Machado, 2015)。皮亚杰认为,教育的目的是培养创新者。他认为,认知发展的过程就是创造力

图 9.9　儿童在画出他们觉得是原创的东西时就很有创造力,比如这个"女孩骑马"。

发展的过程。从出生到 18 个月大,人类的认知被智力行为塑造。通过象征游戏,想象的情景被创造出来。通过和世界的互动,创造力被发展出来。皮亚杰对于创造力的主要关注点在科学创造上。

维果茨基非常重视人类的想象力,以及它和人类计划与目标实现的关系。想象力必须通过完成一个产品来实现,比如艺术作品或者手工艺品。维果茨基认为,创造力是人类固有的东西。玩想象游戏、对概念的理解以及想象力都存在于人类的生活中。在这个时代,社会的需求促成了发明的出现。

维果茨基和皮亚杰都认为创造力来源于儿童的想象游戏。儿童的想象游戏脱离真实的世界,反映了儿童前运算思维方式所带来的扭曲。根据维果茨基和皮亚杰的理论,青少年和成人必须具备抽象思维和概念化的能力才可以拥有真正的创造性想象力。他们两人的理论也都应用到了他们对艺术行为的理解中,但是和科学发明之间的关系并不大。

Isenberg 和 Jalongo(2013)认为,儿童满足

以下四个基本思考过程条件的行为才能被认定为具有创造力：

- **独创性**：反映一个新的想法或用新的方式结合已有的想法，并且这些想法发生的可能性很低。
- **适宜且相关性**：和儿童的目标相关。
- **流畅性**：这些想法很轻易地来源于之前的知识。
- **灵活性**：看到一个新的使用这个想法或材料的方法，别人没有想到过。

在衡量一个儿童的行为是否具有创造力时，成人需要给儿童提供解决问题的机会，以及适宜的材料去创造，并表达对他们的想象力的称赞。

9.8a 什么是智力超常？

根据美国超常儿童协会（National Association for Gifted Children）的定义（n.d.），一个"**超常/有天赋的人**是指，可以在或者有潜力在一个或多个领域里表现出超常水平的人。"一些领域内的

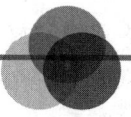

现实世界中的儿童发展

创造力危机

美国现在缺乏富有创造力的问题解决者。Bronson 和 Merryman（2010）回顾了关于托伦斯创造力测验（Torrance's creativity test）的预测性价值研究。他们认为，在测验任务中，更富有创造力想法的儿童长大后更易成为发明家、大学校长、作家、医生和软件开发者。直到 20 世纪 90 年代，美国人的创造力分数都在增长，但是在这之后就开始下降了。课程标准和测验让教师们不知所措，学校课程中的艺术课程也减少了（Zhao，2012）。Bronson 和 Merryman 认为，艺术并不是唯一可以体现创造力的地方，如果儿童有机会在学习项目中运用他们的技能去富有创造力地思考，以及学习如何富有创造力的思考，那么艺术也可以渗透在课程当中。当儿童有机会解决问题的时候，他们会同时用到发散思维和辐合思维。首先，他们可以展示发现的事实（我们已经知道的），然后是发现的问题（什么是最有可能奏效的），再然后是发现的想法（产生尽可能多的想法），最后是发现的解决办法（哪个想法最奏效）。给幼儿提出的问题可以来自他们感兴趣的方面以及他们天然的好奇心。一个幼儿园儿童平均每天要问 100 个问题。到了中学，他们就不再问那么多问题了。以下方法可以支持创造力发展：

- 在提供稳定性的同时，支持儿童的独特发展。
- 鼓励角色扮演（照片 9.10）。
- 不要给儿童过多的复杂信息。
- 宽恕儿童出离常规的回答、偶尔的打扰以及出于好奇心的麻烦。
- 指导儿童找出他们问题的答案。
- 让儿童跟从自己的爱好和情感。

Bronson，B.，&Merryman，A. (2010). The creativity crisis. *Newsweek*.

Zhao，Y. (2012). Doublethink: The creativity-testing confict.

照片9.10　角色扮演支持创造力发展。

天赋可能是常见的，但是在有些领域内表现出的天赋可能就是相当特殊的了，比如智力、创造性思维、领导力、视觉和表演艺术，或者某些特定的学术能力。

Gadzikowski（2013a）用"特别聪明"来描述有以下一种或多种特征的孩子：

- 问不常见的问题。
- 使用很复杂的词汇。
- 语言能力、解决数学问题的能力、理解科学概念的能力或综合能力很高。
- 可能特别有创造力，有不寻常的想法或创造不寻常的产物。
- 在他们的年龄段/年级的所有课程中均表现优异。

特别聪明的孩子可能有不同种类的个性特征。他们可能很友好，很会社交，有很多朋友。他们也会有负面特征，比如咬和踢，他们还可能是不切实际的人，躲避其他孩子，又或者可能对遵循规则极其谨慎。

我们必须记住的一点就是超常儿童会一直超常（Rotigel, 2003）。所以，这样的孩子每天在学校和家中或任何其他地方都需要有适合他们程度的经历。智力超常的儿童有时候会掩饰他们的天赋，这样才能融入同龄人的环境，他们的社会性情绪发展可能在其年龄段的正常水平，但是他们拥有更高的智力。他们可能需要不同水平的同龄人才能满足他们的智力、情绪和社会性需求。所以，我们要对这样的孩子使用差别化引导（Gadzikowski, 2013a, 2013b）。也就是说，我们应该鼓励这些儿童，根据自己的兴趣爱好，在他们的水平基础上拓展技能，同时为他们提供具有挑战性的资源。

定义什么是智力超常，如何测量超常智力，这些都是难题（NAGC, n.d.）。选择一种最好的测量方式来判定哪个孩子是有天赋的，哪个孩子没有天赋，这是一个很棘手的问题。定义智力超常，以及寻找有效可靠的识别智力超常儿童的方法是有问题的。虽然智力超常的定义可能包含一些心理结构，比如动机和创造力，但实际的识别方法通常都依靠IQ测验分数。这种选择方法忽视了其他可能同等重要的智力超常指标，同时也忽略了IQ测验的缺陷。我们应采用多种评价方法：观察、访谈以及标准化测验。Gadzikowski（2013a, 2013）指出了三种主要的评价信息来源：

- 可观察的课堂行为；
- 与家庭的讨论；
- 正式的筛查和测量工具。

识别智力超常学生的程序并没有跟上文化多样性以及人口的日益增加（Cohen, 2000; Lohman, 2004; Allen & Cowdery, 2015; NAGC, n.d.）。在《鉴别文化和语言多样性超常儿童并为提供服务》的声明中，美国超常儿童协会概括了适应当今学生人口多样性需求的项目。美国教育部教育研究和改善办公室（the Office of Educational Research and Improvement in the U.S. Department of Education）发表的一篇文章（Talent and diversity, 1998, available in Department and of Education archives）讨论了英语语言水平不足（limited-English-proficient, LEP）学生在超常儿童教育项目中的名额不足问题。但是，文章也指出，大家开始越来越接受加德纳和斯滕伯格的智力理论了，并且渐渐不再使用IQ分数作为识别智力超常儿童的主要方法。同时，英语语言水平不足的学生是受到传统智力识别程序影响最严重的群体。以下是英语语言水平不足学生遇到的困难（p.14）：

- 教师不能看到和鉴别出他们潜在的天赋
- 教师会持有偏见的态度（比如，假设英语语言水平不足学生，尤其是来自低社会经济地位家庭的学生，在家没有机会获得良好的教育）

为了拓展我们对智力和能力的理解，使之更加符合相应的文化准则，也为了研发新的测量智力的方法，我们应当将英语语言水平不足的学生纳入智力超常教育项目之中。

9.8b 创造力、智力和智力超常

创造力和智力超常的定义有重叠。但是，这两个概念不一定是彼此伴随出现的；也就是说，一个儿童可能智力很高，但并不富有创造力；或者一个儿童极富创造力，但是并没有超常的智力。有些儿童可能智力和创造力都不高，或者可能在某一个领域很有天赋，但是在其他领域内并没有。每个孩子都必须被独立地看待，我们需要帮助他们，在他们感兴趣的领域，用他们自己的方法，以富有创造力的方式发展。

9.8c 创造力、好奇心以及问题解决能力

问题解决技能和好奇心都是创造力定义中重要的组成部分。托伦斯（Paul Torrance）是创造力研究的先驱，他指出了几个创造性思维技能的种类。他相信，所有儿童在上学前都应该多多少少发展出一部分创造性思维技能（Torrance, 1983）。在组织符号、物体、数字、人、地点和词语的时候，创造性思维帮助儿童想出新的组合方式以及这些意义之间的相互关系。儿童天生的好奇心，伴随着他们更成熟的提问技能，会扩充他们的知识量。这些思考技能支持幼儿的好奇心和问题解决活动（照片9.11）。成人的支持同样会激起幼儿天生的好奇心（Gadzikowski, 2013a, 2013b）。

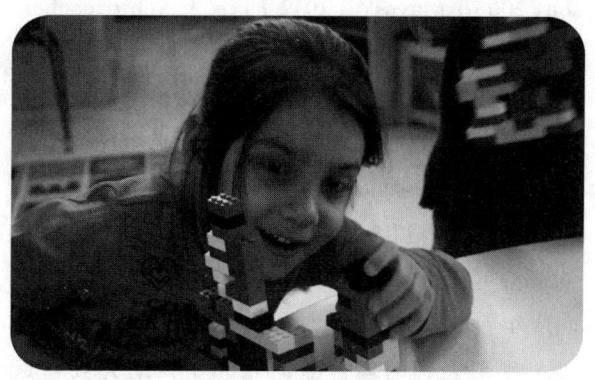

照片9.11　儿童对他们的创造性思维和问题解决能力感到自豪。

在早期教育的课堂中，儿童会出现主动自发的活动并且参与符合课程设计的活动，通过为儿童的这些活动提供丰富且令其他们感兴趣的材料，成人可以鼓励儿童探索发现行为。改变环境通常也可以激发儿童的好奇心，促使他们探索和寻找新鲜事物。科学调查可以让他们探索以下类型的问题：

- 一颗种子需要多久才能发芽？

- 什么物品会被磁铁吸引？
- 蒸汽从哪里来？

成人在什么时候参与儿童的活动，或者成人在参与儿童活动时的评价性语言，以及成人什么时候可以放手让儿童做他们的项目并且自己解决问题，都是必须谨慎对待的事情（Gadzikowski, 2013a, 2013b）。

9.8d 艺术发展

STEM 项目（科学、技术、工程和数学）在学校课程中正在逐步融入艺术（arts）的内容，于是变成了 STEAM 项目（Madea, 2012）。视觉艺术可以很轻松地融入其他的内容领域（Thompson, 2005；Mayesky, 2012；Fox & Schirrmacher, 2012）。在写作、音乐、艺术、戏剧和舞蹈中的无限创造的机会在很大程度上激发了学生的学习动机，并且给所有的幼儿提供了展示自己的创造力的机会（Gardner, 1993）。如果是在低年级，幼儿每天都有机会使用他们的创造力，那么这种创造力可能会一直保存在孩子们的身上，直到他们成年后成为艺术家。

在意大利的瑞吉欧幼儿园中，幼儿要一起合作创造性地完成教师布置的任务（Leonard & Gleason, 2014）。接受过视觉艺术训练的教师在幼儿园和其他教师以及儿童紧密地合作（Althouse, Johnson, & Mitchell, 2003；Leonard & Gleason, 2014）。在瑞吉欧幼儿园，儿童所使用的多媒体内容并不脱离课程，而是整个学习进程中的一部分。儿童的画作记录了他们所学的东西。美国儿童的早期教育项目也正逐步融入瑞吉欧方法（Haigh, 2011；见 North American Reggio Emilia Alliance 的网站）。

儿童所做的绘画、涂色、雕塑让我们看到了他们的思维（照片 9.12）。成人总是着迷于这些艺术行为，因为儿童的这些艺术作品让我们可以真切地看到他们的计划、感知、概念发展和交

照片 9.12　这个男孩的画作可以让我们看到他在想什么。

流技能（Thompson, 2005）。关于儿童绘画的研究有很多。像我们在第 8 章已经讲到的，绘画的第一个阶段是涂鸦。这个阶段，儿童喜欢探索不同的绘画工具，喜欢不同的动作经历，同时也很享受这些活动所带来的可视的结果。3—5 岁的儿童通常会进入象征性绘画时期。通常是先画人物，但是只有像头和腿一样的附属品（图 9.10）。幼儿似乎先开始关注从上到下地构建他们脑海中的人物形象。图 9.10 和图 9.11 对比了学前班儿童和一年级儿童所画的人物。这些儿童都可以象

征性地画出人，但是即使在相同年龄段，个体的发展差异也很大；并且这两个年龄的孩子在发展上也有一定的重叠阶段。总体来说，你会看到一年级的儿童们的画作（图 9.11）更成熟。图画可以促进描述性语言的发展，同时我们将在第 10 章谈到，图画也可以促进书写语言的发展（图 9.12）。

图 9.10　学前班儿童画的爸爸们：从最简单的象征画法，到更成熟的表现。

图 9.11　一年级学生画的爸爸们：从最早的象征性绘画到更讲究细节和比例的版本。

图 9.12　在创造力的激发下，萨默在本子上画了三个人。

早期儿童教育技术

在很多软件项目里，学生可以体验创造性活动，这种体验可以促进正常学生和残疾学生的学习。技术可以在戏剧、音乐和精细工艺方面给儿童提供更多的机会。电脑制图可以给创造力提供一种表达方式。现有的操作系统可以处理数码照片。微软 Windows 系统有画图程序，苹果 MAC OS 系统中也有 iMovie 和 Garage Band。你可以在搜索你的主题的时候，加上免费软件这几个字，从而找到相关的免费软件。你也可以在 LD 网站上搜索"将科技融入艺术：启发创造力（Integrating the arts with technology: Inspiring creativity）"（2009），在这篇文章中，你可以找到更多的免费软件推荐。

Source: Adapted from Mayesky, M. (2012). *Creative Activities for Young Children* (10th ed.). Belmont, CA: Wadsworth Cengage Learning

本章总结

9.1 定义并描述认知、认知系统以及皮亚杰和维果茨基的认知发展理论。 认知是指思维以及思维是如何工作的。认知系统由三部分组成：功能、结构和发展。认知也可以表示儿童知道什么以及在想什么。

皮亚杰的认知观点在儿童早期教育和发展领域被广为接受，维果茨基、班杜拉和信息加工理论的观点作为补充。皮亚杰和维果茨基的理论帮助我们理解幼儿的概念发展以及获得。皮亚杰的建构主义理论以及他的认知发展阶段已越来越流行，帮助指导和设计了很多的早期儿童教育项目。维果茨基强调学习的社会层面，这充实了我们在教学指导上的想法。最近发展区和支架方法给我们提供了教学上的指导方针。从皮亚杰那里，我们明白了儿童通过对周围环境的探索建构他们自己的知识。

9.2 描述认知结构和功能的含义。 认知结构是由一条条知识组成的，比如图式、前概念和概念。元认知，或者思考自己的思维，也是很有意思的一个领域。心理理论和错误信念识别方面的研究也很多。研究指出，能够思考自己的思维的人可以更有效地学习，并且记住更多的东西。记忆力是认知结构中很重要的一部分。教学中的问题解决方法会使用元认知策略，从而让学习者思考他们是在如何学习的。认知功能指的是认知工作的方式。信息加工理论模型可以帮助我们想象认知功能是如何工作的。认知功能开始于感官的感知输入，接着是内在活动，比如回忆、思考、推理、组织、结合以及问题解决。输出的是肌肉运动：讲话、手势、写作和面部表情。学习中的问题解决加工方式可以支持更复杂的认知功能。

9.3 指出前运算阶段以及具体运算阶段儿童的认知特点，描述基本的前运算概念。 从幼儿园到学前班，儿童会从前运算阶段，经历一个过渡期，然后进入具体运算阶段。2—4岁儿童处在前运算阶段。在这个时期，表征活动对于概念发展来说十分重要。5—7岁时，儿童进入过渡时期，慢慢帮助他们进入具体运算阶段。在每一个时期，儿童有独特的思考方式，这些思考方式和成人以及更大的儿童会有很大的区别。在自身能力范围内，儿童需要活跃的学习经历，才能更好地进入下一个阶段。成人必须给儿童提供丰富的探索环境，让他们自由地建构自己的知识。概念是思维的基础。幼儿会积极建构基础的概念，比如分类、保留、排序、空间和因果关系。儿童早期的数学概念发展研究为我们提供了一些关于儿童如何发展数学概念的思路。

9.4 将皮亚杰和维果茨基的理论应用到发展适宜性教学实践中。 皮亚杰理论启发了我们在问题解决和探索课程方面的构思及发展。维果茨基的最近发展区和支架概念对于定义成人在幼儿概念学习中的角色给出了很重要的指导意见。如果我们可以精心挑选软件和线上网站，科技也可以提供更具有智力挑战的任务，来辅助儿童的的概念发展。幼儿可以通过很多不同种类的科技去探索。他们可以使用数码相机、互动白板、平板电脑和幻灯片软件。科技，如果太早的介入（比如婴儿时期），或者缺乏良好的设计，又或者儿童每天花很多时间在电脑游戏上，都有可能影响儿童的概念发展。所谓的基于大脑的教育也变得越来越重要。神经科学的进步也为我们提供了越来越多的关于大脑如何运作的信息。但是，如果将这些应用在教育上，效果还不是很明确。有些教育者强调右脑和左脑的功能。但是，这个观点太简单了：大脑运作的方式是更复杂的。大脑的可塑性也促使其本身不断地变化。

9.5 指出心理测量、认知发展、信息加工理论、三元教学、多元智能以及习性学智力理论的不同特点。 在本章，我们介绍了六种智力观点：心理测量、信息加工理论、认知发展、成功智力理论、多元智能以及习性学。前三种观点都认为智力是可以通过回答标准问题而测量出来的。多元智能和习性学观点认为，智力是在日常活动中显示出来的。成功智力理论认为，智力是每天的生活，但是可以试图通过标准化的情景测量出来。

9.6 列出使用IQ测验和IQ分数来评估幼儿的缺点。 很多批评者认为心理测量方式（比如，使用IQ测验）是一种很不公平的测量智力的方法。因为文化偏差和语言障碍，IQ 测验被认为是对少数儿童最不公平的测验方法。在评价一个儿童的时候，测评的分数应该谨慎使用，并且要结合其他测量方法和观察数据。

9.7 **认识非歧视性测验的特点**。无歧视测量需要以儿童的年龄、社会经济地位以及文化背景为基础。测评应该使用儿童的母语。非正式的访谈、学生的真实作业、个人档案以及发展适宜性任务都应当被重视。任何一个重要的决定都不应该仅仅基于纸笔测验。测评不仅是标准化的，更应该考虑儿童的创造力、想象力和问题解决能力。

9.8 **讨论智力、创造力和智力超常之间的关系**。创造力行为通常被定义为独创的、高层次的好奇心，以及频繁的问题解决。智力超常被定义为，在某个或多个领域内展现出超高水平的能力或潜力。创造力可能伴随很高的智商，但是这并不是一定的。低智商的儿童可能非常富有创造力。智力超常的人可能智力很高，也可能创造力很高，也可能两者都很高。教育需要注重创造力和问题解决的过程，这样才能应对世界的挑战。

第 10 章　口语和书写语言的发展

本章涉及的标准

naeyc

美国幼儿教育协会项目标准

1a：了解并理解 0—8 岁儿童的特点和需求

DAP

儿童发展适宜性实践指导方针

3：规划课程从而实现重要的发展目标

3A 1：了解儿童应该知道什么、理解什么并可以跨学科操作什么

1E 4：注意到并重视家庭语言

学习目标

在阅读本章之后，你应该能够：

10.1 总结主要的语言规则以及当前关于语言学习的观点。

10.2 描述思维和语言之间的关系。

10.3 解释文化在语言发展和使用中的重要性。

10.4 描述从幼儿园到小学阶段的语言使用。

10.5 解释幼儿读写能力发展的主要问题。

10.6 讨论阅读和书写平衡观点的优势与不足。

10.7 解释幼儿如何知道阅读、书写、印刷和拼写。

10.8 讨论社会文化对幼儿早期阅读和书写成绩的影响。

语言很复杂，但是对于儿童发展来说又十分重要。在以下几个方面，语言都是相当必要的：

- 它是将我们的文化传输给下一代的主要方法，也是重要的教育工具。
- 它融入我们的心理过程之中，比如思考、问题解决和记忆力。
- 它是一种沟通方式。

语言符号是任意的；也就是说，语言的符号是由一群人用特定的含义来决定的，然后他们会把这些符号作为沟通的工具。英语、汉语、埃及语、西班牙语，以及其他文化群体也会发展自己的语言，并在特定的地域使用某一种主导语言。语言的形式种类有很多：口语、书写、手势、面部表情以及身体姿势。有些特定的语言不通过口语表达，而是使用其他感官。比如，聋人用手语，靠视觉；盲人用盲文，靠触觉。

在本书的第 6 章和第 7 章，我们描述了婴儿和学步儿的语言发展。在本章，我们会进一步探讨不同阶段的语言发展、语言的规则、语言学习的机制、思维和语言之间的关系、语言的文化层面，以及口语是如何运用于日常活动的。语言最惊人的一面在于它的习得速度。平均来讲，儿童在 4 岁时就可以达到和成人相近的语言水平。

虽然口语通常在儿童 4 岁时发展到近似成人的水平，但是儿童可能并不理解很多词语的意义，就好像以下这些例子。一个教师汇集了一些特定词语在学前班场景中的定义（J. Smith, 1991），通过这些词汇，我们能够了解幼儿是如何领悟新词的意义的。对于有些词语来说，幼儿使用的是词语的原意。对于另一些词语来说，幼儿把这些词语和自己之前知道的发音一样或相似的词语联系在了一起。比如：

- **语言**（language）：当你说脏话的时候，有人会说"注意你的语言（language）。"
- **婚姻**（marriage）：你喜欢这个人，然后你爱他，然后你们结婚。
- **类比**（analogy）：一种细菌；你得了流感；你生病了；这是你的想法。
- **大脑**（brain）：你可以用你自己想说的词；在你的脑袋里，有个东西让你思考。

10.1 语言规则和语言学习

"语言通常被定义为说、书写和手势（比如挥手、微笑、皱眉和蜷缩）符号系统，使得我们可以和彼此沟通"（Marotz & Allen, 2016, p.40）。它是一个有序的规则系统，并且一个群体内的人都可以理解。有些科学家认为，手势语言发展在先，口语发展在后（Barry, 2007）。这些科学家认为，我们的类人猿祖先最初是通过可互相理解的手语来沟通的。今天，人类必学学习口语。我们的**语言**知识基本上是无意识的；也就是说，这是我们每天通过日常生活学习到的东西（照片 10.1）。

照片 10.1　在每一个文化中，语言发展都要经历同样的阶段。

10.1a 语言规则

存在着三种语言规则。有些涉及语言的单位,也就是语音是如何被组合起来变得有意义的。对于讲英语的人来说,发音 gato 是没有意义的。对于讲西班牙语的人来说,它是有意义的。说英语的人对 g-a-t-o 没有反应的时,却可以对 c-a-t 做出回应。如果这个三个单位被组合成 a-t-c 或者 t-c-a,那么这些组合方式对于说英语的人来说,就是没有意义的。语言的规则告诉我们,要使用哪些音,以及如何排列这些音素和词素单位。第二个规则是如何排列词,让它们变成可接受的句子或者短语。这种规则叫作语法。第三个规则是语言的意义,在某个特定情况下,怎样才是最合适的用法。这个规则与语义学和语用学相关(表 10.1)。

表 10.1 语言:被语言群体认定为正确的规则系统

规则种类	规则所限定的言语特征
音韵	音素的应用,语言的最小单位
形态	词素的应用,语言最小的、有意义的单位
语法	词语被组合成一种可接受的短语和句子。
语义	决定在一个情境下,正确的词语用法以及与正确的指代物相关。
实际应用	语言被合理使用的程度,并且在特定情况下选择最好的用法。

音素

音素是语言的最小单位。英语语言有 36 个独立的语音。这些是英语的音素。英语包含特定的规则来决定如何把这些发音组合起来。比如,请读者看一看以下发音组合,然后判断一下这些组合哪些是符合英语规则的,哪些不符合英语规则:

aqkz klbcbr

如果你认为 kl 和 br 符合规则,而 aq、kz 和 bc 不符合规则,那你的判断是对的。但是,请注意 kl 和 br 本身是没有意义的。

词素

词素是一串有意义的发音。它们是最小的、具有意义的语言单位。看下面这些例子,判断一下哪些是词素,哪些不是:

a gpa cardrw pre- -ing

词素是 a、car、pre- 和 -ing。gpa 和 drw 在英语里是没有意义的。

语法

语言中的**语法**是产出合意短语和句子的一套规则。比如,"狗一个这是(dog a it is)"并不是一个合意的英文句子。"这是一只狗"和"这是一只狗吗?"是合意的。幼儿最开始会发明自己的语法或规则,在有意义的情境下将词语组合在一起(Genishi, 1987)。早期的规则可能就是简单地把一个名词和另一个词放在一起:"迈克走了(Mike gone)""爸爸拜拜(Daddy bye-bye)"和"水热(Water hot)"。

语义学

语义学是对意义的研究意思。即用在正确情景下的词以及与合适的指代物相关。"狗"是指狗吗?"桌子"是指桌子吗?以下句子被组合成有意义的形式了吗?

- 狗吃了骨头。
- 房子吃了狗。

第一句话是有意义的;第二句没有。当儿童进入小学阶段,他们开始更加明白一些细微的含义；也就是说，虽然糖果和一个人都可以"甜美"，"瘦"和"骨感"是相似的，但在意思上有微小的不同（Genishi，1987）。

语用学

语用学是指合理地使用语言，并将语言优势最大化的规则。以下哪句话最好地符合语用规则？

- 请开门。
- （粗暴的声音）开门！

第一个例子很好地适应了社会认可的用法。相比第二个命令式的句子，第一个句子的请求更容易被接受（照片10.2）。

照片10.2　成人问问题，做出评价，然后再提出问题。

10.1b 口语是如何习得的

关于语言是如何习得的，存在三种观点：学习、结构固有以及相互作用（Bjorklund & Blasi, 2012）。**学习理论**强调环境；结构固有理论强调遗传因素；相互作用观点认为，语言的习得来自遗传和环境之间的相互作用。

学习理论认为，语言是通过经典条件反应、操作化条件反应和模仿机制而习得的，但是现在人们认为这种观点太过简单化（Bjorklund & Blasi, 2012）。通过经典条件反应和简单的关联，声音和视觉被联系起来。儿童会模仿他们听到的声音，当他们发出和别人差不多的、类似一个物品名称的音时，他们会获得奖励。宝宝最初发出的几个"词"可能近似真实的词汇，但只有家庭成员可以理解。下面是有关"水"这个词的例子：

17个月	21个月	24个月
adoo	wadder	water（水）

最初，儿童可能会因为自己有限的音素，以及不能完整地回忆出自己听到了什么，而受到限制。但是，因为家里每个人只要听到他说"adoo"，就会给他一杯水、在浴缸中放水或者打开水龙头。根据这些情景，儿童会继续使用"adoo"，直到他们可以逐渐说出"water（水）"。儿童学习说话时，所使用的声音和真实单词的相似性甚至可能比adoo和water还要小。这个说adoo的孩子还用"pow"来说"pacifier（安抚奶嘴）"。不仅仅是孩子会一直使用这种词，整个家庭都会这么说，直到这个儿童不再使用安抚奶嘴。所有的正常儿童都会经历同样的阶段：从轻柔低语到咿咿呀呀，再到一个词、两个词、三个词，直到完整的句子。儿童学习到的特定的语言由他们的生活环境所决定。

结构固有观点认为，语言获得是一个更为复杂的过程。该理论相信，人具有与生俱来的获得语言所需的结构和加工能力（Bjorklund & Blasi, 2012），这是语言的生理基础。我们具备发展语言规则系统的生理需求，同时可通过不断强化以及模仿并给出反馈，来扩大词汇量。拥有规则的需求是天生的，直到儿童掌握自己的语言，这种发展顺序是每个儿童都需要经历的。更新的观点主要来自以下几个证据：

- 儿童会发明出从来没有听到过的句子；这是因为，他们并不是单独学习每个句子的，而是在学习规则。如果他们学了"枝头上，有鸟"，他们就可以用同样的规则造出另外一个句子，"围栏上，有猫"。
- 重复的训练并不会改变儿童的发展阶段。儿童会在达到发展性能力的时候改变。比如：

  杰克："想，起！"
  妈妈："噢，你是说，'抱你起来'。"
  杰克："想，起！"
  妈妈："你可以说，'我，想，起'。"
  杰克："想，起！"
  妈妈："杰克，请说，'我想起！'"
  杰克："想，起！"

  杰克正处在说两个词的电报语（语言发展）阶段，所以不论他母亲如何要求，都没办法改变他在这个阶段的能力水平。

- 儿童所说的错误和不成熟的句子会得到正面的纠正：

玛利亚（20个月大）	玛利亚的父亲
"爸爸，狗大。"	"是的，这条狗很大。"
"更多奶。"	他给她倒了一杯牛奶。"
"车蓝。"	"是的，这辆车是蓝色的。"

儿童会在使用了错误语法的情况下得到正面的纠正，他们在不断扩充自己的语言，最终发展出更为复杂的成人语言的语法。

相互作用理论认为，生理和环境因素之间存在着相互作用。社会文化环境在语言获得过程中扮演着很重要的角色。言语发展的顺序和时程是由生理因素决定的，儿童学习的特定语言由他所在的生长环境决定（Bjorklund & Blasi, 2012）。有些互动强调认知；也就是说，语言来自感觉运动思维，并且主要是学习如何使用词汇来获得你想要的（Lightfoot, Cole, & Cole, 2013）。

习得语言的规律只是学习更好的沟通所带来的附加结果。其他的相互作用强调文化背景因素。虽然儿童在重新发明语言，但是他们身边有已经掌握这门语言的人引导他们的语言习得过程（Lightfoot, Cole, & Cole, 2013）。表10.2展示了对3—6岁儿童口语水平发展预期的总览。

当儿童学习把声音和词放在一起的规则时，他们同时也在学习新词汇。也有很有研究关注了儿童词汇的发展（Roskos & Burstein, 2011；Roskos, Ergul, Bryan, Burstein, Christie, & Han, 2008；Walsh, 2008）。词汇的主要来源是分享阅读（Pappano, 2008；Shedd & Duke, 2008；Gonzalez, Pollard-Durodola, Simmons, Taylor, Davis, Fogarty, & Simmons, 2014）和对话（Dickinson, Darrow, & Tinubu, 2008；Yifat & Zadunaisky-Ehrlich, 2008）。家长和孩子读书的频率越高，儿童词汇增加得越多。重读一本书也可以扩充词汇（照片10.3）。集体和

照片10.3 读故事书提供了扩充词汇和交流机会。

个人的对话可以给儿童提供运用口语技能的机会，如果对话的内容不仅仅是重复孩子的评论和问题，而是提出更多的问题、评论以及观点，那么这种方式尤其能够给儿童提供练习口语技能的机会。相比重复指导，互动式故事阅读和讨论能够促进幼儿园和学前班儿童的词汇理解（McKeown & Beck，2014）。Cabel、Justice、McGinty、Coster 和 Forston（2015）的研究结果显示，教师与学生之间的对话交谈对词汇的发展具有重要作用。

表 10.2　3—6 岁儿童口语水平发展预期总览

年龄与发展特点	可以	不可以	有时/评语
到 3 岁			
● 对"将___放在盒子里"做出反应。			
● 在听到要求时，选择正确的东西：大或小，长或短。			
● 通过指出物品来问："你脚上穿的什么？"			
● 问问题。			
● 使用有意义的功能短语讲些东西："爸爸去飞机"和"我饿现在"。			
到 4 岁			
● 对"把它放在一边"和"把它放在下面"做出适当的回应。			
● 回应两步指令："给我车，把积木放在地上"。			
● 用选择正确物品的方式回应：硬或软，红或蓝，等等。			
● 回答关于"什么""如果"和"什么时候"的问题。			
● 回答关于功能的词："书是用来做什么的？"			
到 5 岁			
● 回应简单的三步指令："给我铅笔，把书放在桌子上，把梳子拿在手上"。			
● 当被要求选 1 角、5 角和 1 元的时候，做出正确回应。			
● 问"如何"的问题。			
● 用语言回应"你好"和"你最近怎么样？"			
● 使用过去时和将来时来描述一个事件。			
● 使用连词将词和短语衔接在一起："我在动物园，看到了一只熊、一只斑马，还有一只长颈鹿。"			
到 6 岁			
● 使用所有的语法结构：代词、复数、动词时态以及连词。			
● 使用复杂句，并持续交谈。			

Adapted from Marotz, L. R.,&Allen, K. E. (2016). *Developmental profiles: Pre-birth through adolescence* (8th ed). Belmont, CA: Wadsworth Cengage Learning. Reprinted with permission.

专业资源下载

10.2 思维和语言

学习语言的人会对语言和思维是如何相关的产生兴趣。那些支持环境学习论的人认为，人类很多的思维是需要依靠语言的。词汇帮助沟通，但是词汇也可以帮助儿童更好地了解这个世界以及这个世界中的事物。所以，孩子知道的词汇越多，认知发展会越好（Lightfoot，Cole，& Cole，2013）。

让·皮亚杰的理论是以相互作用的观点为基础的。在婴儿期的最后阶段，一种新的表达模式建立于婴儿感觉运动的基础之上。皮亚杰认为，语言反映思维。但语言并不影响思维，然而思维决定着语言。婴儿的早期言语和他们的早期思维一样，都是以自我为中心的；也就是说，他们只会关注事物最显而易见的部分，并且会忽略其他必须说的东西（Lightfoot，Cole，& Cole，2013）。

结构固有论并不同意言语是来自感觉运动思维的。该观点认为，人体内有一个固有的装置来获得语言。也就是说，语言是用来表达思维的，但是语言和思维之间并不是互相依赖的（Lightfoot，Cole，& Cole，2013）。

维果茨基提出了一套理论，该理论从文化背景的角度看待语言和思维之间的关系。维果茨基认为，从最开始，儿童的语言发展就是由社会环境决定的（Bodrova & Leong，2007）。儿童首先把言语作为一种社会交流的形式来发展。最终，他们会发展出内在言语，以此来联系思维和语言。维果茨基的研究指出，从儿童的角度来说，皮亚杰所认为的以自我为中心的言语也具备交流功能。维果茨基认为，在人生最初的2年，语言和思维是平行发展的，所以语言的发生可以脱离思维，思维也可以脱离语言。在儿童2岁时，它们开始结合到一起。语言变得更智能，思维变得言语化。即便独立使用语言，也有社会环境的基础（Lightfoot，Cole，& Cole，2013）。

所以在有关语言和思维之间关系的理论，哪个是正确的？我们现在还没办法回答这个问题。但是，它们肯定是有关系的，并且当我们比较两个最流行的理论（皮亚杰和维果茨基的理论）时，我们看到了很多共同和互补的角度，尤其是在2岁后（Lucy，1988）。皮亚杰更多关注语言的表征本质，维果茨基更关注语言的社会本质。在实际层面，两个本质都十分重要。

10.2a 思维反映在语言中

不论我们如何看待语言和思维的发展，听儿童讲话都是我们了解他们的思维过程和概念发展的主要方式之一。在4岁时，儿童的思维还处于前运算阶段，但语言已经接近成人的水平。也就是说，4岁的儿童有比较大的词汇量，他们的语法也接近成人。在和幼儿沟通的时候，我们应该考虑这些因素。他们的言语可能还不够清晰明确，逻辑能力也处于前运算阶段，就如同下面这个将近3岁的孩子的例子一样（*Growing Child*，1973）：

约翰的姐姐要乘车去上学，他也想一起去。爸爸解释说，今天没轮到他们家——他们是拼车（carpool）送孩子上学的——明天才轮到他们。第二天，约翰想穿游泳衣。当问他为什么要穿游泳衣时，他回答，"因为你答应我要去游泳池（pool）。"

这个例子反映了在前运算阶段，儿童字面化的加工问题的方式。儿童在非常文字化的状态下使用语言，没有太多的抽象概念。他们在慢慢成熟的过程中，会获得这些抽象概念。儿童会构建自己的解释。所以我们在和幼儿沟通的时候，必须记住他们的这种字面化的解释方式。成人和儿童可能用了同样的词，但是表达不同的意思。

记住，幼儿园儿童的词汇量可能赶不上他们的理解能力，他们的逻辑能力可能比他们清晰沟通的能力强。幼儿可能注意不到一些语言的细小差别。比如，当我们给他们一系列指令的时候，他们可能会错过一些细节。

儿童对语言的意识是科学家很感兴趣的问题；对语言的意识，也就是儿童思考语言结构和功能的能力（Grieve，Tumner，& Pratt，1983）。研究者指出，这种意识开始于童年早期。幼儿在这个阶段已经展示出了以下语言意识：

1. 幼儿可以对语言做出判断，比如：
   - 4—5岁的儿童知道他们应该在对成人手中的糖果感兴趣的时候说，"我想要（would like）一颗糖"，而不是"我要（want）一颗糖。"
   - 4岁的儿童已经可以通过使用合适的声音，调整他们的言语，来扮演不同的戏剧游戏角色。在跟更小的孩子说话的时候，也能简化他们的言语。
   - 5岁的儿童能意识到成人比儿童使用了更复杂的句子。
   - 很小的儿童可以认识到他们可能不可以清晰正确地表达，比如一本书的这个章节前半部分所列出的单词。
2. 幼儿可以使用这些语言规则：
   - 他们可以在多于一个东西的词后加 -s。
   - 他们可以在过去式后加 -ed。
3. 幼儿可以更正他们的语言：
   - 他们可能会表现出他们意识自己说错了，于是加一个词，改一个词，或者改变单词的顺序。
   - 他们可能对成人的问题做出回应；也就是，成人指出他们应该说的正确的单词，儿童弄明白了自己应该说什么词。
4. 幼儿可以通过单词功能来确定一个词：
   - 扫把（broom）是用来扫地的。
   - 球（ball）是用来扔的。
5. 如果任务简单、适宜，幼儿可以指出词的一个部分或者句子的一部分。
6. 当儿童发现他们可以控制自己的声音，他们就会通过重复、吟唱以及玩游戏，来享受练习和玩这些单词。

故事知识（或故事概念）是学习阅读所必备的重要技能（McGee & Richgels，2012）。意识到事件和主人公存在于所有故事中是十分重要的。儿童如果有最基本的故事开头、中间和结尾的概念，他们会更容易记住这个故事。学前班阶段是故事概念发展的最重要的时间段，比如：

- 故事有开头、中间和结尾。
- 故事有主人公。
- 故事有场景。
- 故事有主题。
- 故事有情节。

学前班课程应该包含这一类的活动，以帮助学生发展故事知识。

10.3 语言发展和使用的文化层面

言语发展的顺序在全球范围内都是一致的，这是被广泛认可的事实（Slobin，1972）；也就是说，不论儿童从哪里来，他们的言语发展过程都是从呜呜啊啊到咿咿呀呀，然后是单词句，双词句，三词句，最终变成和成人一样。国家之内和之间的真正差别在于所使用的发音，以及合并这些发音的规则（Munroe & Munroe, 1975）。当一个儿童来到学校，但是他说的语言和学校使用的不同，教师也不能理解他的时候，问题就出现了。主要是如果这个孩子说英语以外的语言该怎么办。或者是，他说的某种方言和教职人员是不一样的该怎么办。如何以最好的方式把英语作为第二语言教授给的学习者，成了一大难题。语言的不同同时也与不同的社会经济地位相关。语言在不同社会阶层的发展也有很大差异。

10.3a 语言学习中的社会经济差异

在考虑与儿童语言发展和使用密切相关的成人时，我们必须考虑到社会经济地位的差异。

从20世纪50年代开始，很多早期儿童试验项目的重心就是改善低社会经济地位儿童的语言技能。Barlett（1981）评估了很多类似的项目。Joan Tough（1982a）谨慎地提出，既定的项目并不能完全解决低社会经济地位儿童的语言课程问题。

照片10.4　在合作活动中，学龄前儿童运用他们的语言技能。

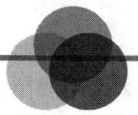

大脑发育

在 ELL 教学中应用以大脑为基础开展研究

Judy Lombardi（2004，2008）提出了如何教授**英语语言学习者**（English Language Learners，ELL）才能促进其大脑发育的建议。她指出，今天的学生都会同时执行多项任务，他们可以一边玩游戏，一边打电话，一边听音乐。她认为，思维/大脑学习原则是高质量学习的基础，以下是一些原则：

- 认识到大脑是一个复杂的、可适应的系统，会通过不同的方法学习。大脑需要视觉和动觉经验的挑战，而不是思想麻木的超负荷语言。
- 社会活动，比如合作式学习，对于 ELL 教学来说十分重要（照片10.4）。
- 教室氛围应该温暖、支持、富有挑战性，但不具有威胁性。
- 教学应该是跨学科的，刺激所有脑区。

Lombardi, J. (2004). Practical ways brain-based research applies to ESL learners. *Internet TESL Journal, 10* (8).
Lombardi, J. (2008). Beyond learning styles: Brain-based research and English language learners. *Clearing House, 81*(5), 219–222.

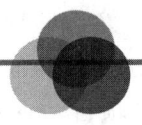

现实世界中的儿童发展

教授 ELL 学生

教授 ELL 幼儿园学生的研究显示，ELL 教学法有很多种。比如，Barnett、Yarosz、Thomas、Jung 和 Blanco（2007）对比了幼儿园儿童在双语或双向沉浸式（two-way immersion，简称 TWI）课堂中的语言水平与单一英语沉浸（English immersion，EI）课堂中的语言水平差异。在 TWI 项目中，儿童每周轮换两位教师（一位说英语，一位说西班牙语）。在两个项目中，大部分儿童都是西班牙裔，西班牙语是他们的母语。这两个项目里的学生在英文上都有相同的提升。在 TWI 项目中，儿童获得的西班牙语接受性词汇比表达性词汇要多。

Duran、Roseth 和 Hoffman（2010）比对了接受传统仅英语（English Only，简称 EO）教学和在"开端计划"中接受过渡双语教育（Transitional Bilingual Education，简称 TBE）学生。在 TBE 班级中，儿童使用母语接受教育，知道他们有足够的能力可以过渡到 EO。TBE 学生的西班牙语有所改进，同时在英语上，也展示出了和 EO 学生同等的水平。TBE 是一种保持第一语言发展很好的方法。

在第 7 章，Yoshida（2008）描述了双语的认知益处。儿童在一种语言中学到的东西确实可以转移到另一种语言中。

Barnett, W. S., Yarosz, D. J., Thomas, J., Jung, K.,&Blanco, D. (2007). Two-way and monolingual English immersion in preschool education: An experimental comparison. *Early Childhood Research Quarterly,* 22, 277–293.

Duran, L. K., Roseth, C. J.,&Hoffman, P.(2010). An experimental study comparing English-only and transitional bilingual education on Spanish- speaking preschoolers' early literacy development. *Early Childhood Research Quarterly,* 25, 207–217.

研究指出，低社会经济地位儿童有着充足的命令式语言，但这些孩子缺乏仅从自发的师生对话中发展出来的语言。

英国社会科学家 Basil Bernstein（1972）认为，我们在开发低社会经济地位儿童使用的课程时，必须要考虑到一些因素。他认为，我们太急于认定这些孩子是"缺少文化和语言基础的，同时又是处于社会劣势的"（p.135）。他相信，补偿教育的概念其实是暗指孩子在家庭中缺失了一些东西，使得他们没有办法从教育中获益。因此，这会导致孩子放弃对自己文化的认同感。Bernstein 认为，我们不可以假设低社会经济地位的儿童仅仅是因为与中产阶级儿童使用语言的方式不同，就缺乏语言发展。低社会经济地位儿童只是发展出了适应自己文化、家庭和社区需求的语言，但是这样的语言在学校中遇到了困难（Walker，Greenwood，Hart，& Carta，1994）。Berstein 认为，"我们应该以儿童已经具备的东西为出发点去帮助他们，这也是可以接受的教育原则。那么为什么我们不这么练习呢？"

Schecter 和 Bye（2007）对比了儿童在只有低社会经济地位学生的幼儿园以及低社会经济地位与中高收入儿童混班时的语言发展情况。混班儿童比纯低社会经济地位儿童班级里的孩子的语言发展好很多。Catherine Garvey（1990）描述了儿童说话的本质。**说话**是语言的口语层面，也是生理发展过程中发生的一项自然的活动，就像走路和游戏一样。说话是儿童学习语言的工具。儿童听别人说话和自己说话的时候都是发展语言的时机。大部分谈话发生在社会场景中，但是很重要的谈话也会发生在儿童独处的时候。听儿童的说话能够帮助我们推断他们使用语言的方式。说话是语言的主动部分，它和学习社会活动以及互动密切相关。交谈是一项合作任务，每个人都对对方表达的意思有所期待，想知道轮到自己说话的时候，什么样的回答是适当的。谈话中的情景在很大程度上影响着谈话者对谈话内容的理解。

幼儿渐渐学习通过发音来组词，通过单词组句。他们学习使用单词，或者用近似的单词去表达意义，让他人明白。他们学习如何在每天不同的情境中交流。幼儿学习使用谈话去保护自己的权利，为自己的行动提供合理的理由，去指导他人的行为，获得自己需要的东西。最终，谈话被用来谈及过去、现在和未来；用于以逻辑化的方式解决问题；用于提出问题；发展充满想象力的情景；保持社会关系；表达感情。说话是幼儿游戏中很重要的一部分。在支持儿童成为口语使用者以及促进他们的技能发展的层面，成人承担着重要的角色。

> **思考时间**
> 想一下如果教授不同来自文化、社会经济地位的儿童，让他们和你都获得成功的经历。

10.4 从幼儿园到小学的语言使用

维果茨基认为，到了 2 岁或 3 岁，儿童都会变成有技巧的交谈者。"他们遵循人类口语互动的规律，轮换，用眼神沟通，根据对方的话语做出适当的回应，彼此保持在同一个话题上"（Berk & Winsler, 1995, pp.13-14）。更广泛的语言使用能力加深了对自己和他人思维和行为的影响。言语使社会情境下的沟通得以实现。维果茨基认为，发声首先是为了与他人沟通，然后被用作控制别人思维和行为的工具。

以下是一些研究从幼儿园到小学的儿童的语言使用的例子：

- 儿童改变他们的言语，以适应听众的年龄（Shatz & Gelman, 1973）。比如，当儿童跟成人说话的时候，和对其他儿童说话相比，他们会用更长的句子。儿童似乎明白听众的期待和他们所能理解的范围。

- 在 3 岁后的自由玩耍中，儿童说的话变得没有那么以自我为中心了，变得更具有合作性。中产阶级儿童会比低收入家庭儿童更喜欢主张自己的观点，更会在学校寻求成人的帮助（Schachter, Kirshner, Klips, Friedricks, & Sanders, 1974）。

- 幼儿在谈及自己熟悉的话题时有更好的说话能力，同样，当他们的戏剧表演主题是熟悉的内容时，他们的说话技能也会更好。在一个熟悉的主题中，如果儿童知道角色、目标、活动顺序，他们就能被引出更高级的言语水平（French, Lucariello, Seidman, & Nelson, 1985）。所以，为了考察儿童真正的口语水平，数据需要来源于儿童谈及的他们所熟悉的主题，或者扮演熟悉的角色。

- 儿童语言的使用反映在对他们读过的书和看过的艺术作品的讨论中。对儿童来说，读书的经历能够引发问题和答案，艺术作品能够引发描述或者故事（Genishi & Dyson, 1984）。

- 戏剧游戏可以提供更丰富的沟通环境（Genishi &

Dyson, 1984）。

- 在开放式活动中，学前班儿童能够参与更复杂的谈话，比如戏剧游戏、艺术、科学和数学（Genishi & Dyson, 1984）。儿童似乎需要依赖具体的参照物，比如儿童看到对方的画作，并以此支持他们的谈话（Ramirez, 1989）。幼儿园儿童在有参考物的时候可以通过教学来学到更多有效的语言技巧（Matthews, Lieven, & Tomasello, 2007）。
- 幼儿经常不能意识到他们是否发出或者接收了不充足的信息（Robinson & Robinson, 1983；Beal & Belgrad, 1990；Sodian & Schneider, 1990）。
- 在指导阶段，儿童的言语反映了教师在指导阶段的重点（Lawton & Fowell, 1989）。
- 儿童的言语可以在不同的时间点影响课程，比如问问题、讨论、汇报信息和教授同龄人（Kessler, 1989）。
- 发展适宜性课程提供的游戏机会可以改善儿童的社会和学业水平（Barnett et al., 2008）。学龄前儿童项目提供的不同材料和更少的整组活动可以改善儿童在7岁时的认知表现（Montie, Xiang, & Schwein-hart, 2006）。
- 通过和家长的对话，儿童学习保持和同龄人对话的技巧策略（Martinez, 1987）。
- 在3岁的时候，儿童学习旁听家庭谈话，并且强行插入与自己相关的问题和信息（Dunn & Shatz, 1989）。这些幼儿已经在学习如何参与哥哥姐姐和母亲的对话了。和家族成员的互动机会也可以促进儿童的西班牙语的使用，同时经常去图书馆也可以改善西班牙裔家庭里的儿童的英语水平（Gonzales & Uhing, 2008）。

Berk 及其同事继续研究**内部言语**这个领域——维果茨基认为，这是语言发展和使用的核心。根据维果茨基的理论，语言的发展是从社会言语到内部言语，再到言语思维。大部分内部言语是用来自我引导的，但是也可以用于进行文字游戏、幻想以及一些情感表达。除此之外，内部言语也可以促进儿童的口语、游戏、放松、表达感情和思维，以及经历的情绪融合（Berk, 1985）。当完成新任务时，儿童展现出的内部言语总量和他们未来做这项任务的成功度存在正相关（Behrend, Rosengran, & Perlmutter, 1989）。

内部言语可以支持儿童的学习，如果它与儿童正在做的事情相关（Winsler, Diaz, & Montero, 1997）。根据 Winsler 及其同事的研究，儿童如果可以在任务前得到支架式帮助，他们就会更成功地解决在实验室环境中提出的问题。他们认为，内部言语（自言自语）是一种自我合作，它逐渐代替了成人合作。自言自语会在儿童3.5岁时达到顶峰，它能够支持问题解决的成功实施，随着儿童发展出内部言语来支持他们的思维，这种内部言语会逐渐减少。从5岁左右开始，外显的内部言语会被隐蔽的内部言语代替（Winsler & Naglieri, 2003）。在5—8岁，外显的言语还是会占主导，但是会逐渐被隐蔽的言语所代替。成人应该意识到，内部言语的一种很重要的功能是自我引导，应该鼓励儿童在幼儿园课堂里自言自语。同时，成人可以通过倾听儿童自言自语的内容来了解他们的思维。最后，Winsler、Diaz 和 Montero（1997，p.77）建议使用以下成人-儿童互动特性来支持儿童在不同时期的内部言语，以及鼓励内部言语效果的最大化：

- 让儿童参与合作以及目标引导的活动。
- 小心地调整任务要求以及成人的帮助，让儿童在适当的挑战程度上学习。
- 随着儿童独立的问题解决能力的提升，成人可以偶发地停止控制或帮助。
- 使用引导、概念问题以及口语问题解决策略作为主要的教学方式。

Kraff 和 Berk（1998）观察了课堂活动中 3—5 岁的幼儿园儿童，他们发现，相比有更多教师的融入和帮助，这些儿童的内部言语频率在开放式活动中更高。在这些活动中，儿童和同龄人一起进行幻想游戏、联想以及合作游戏。他们认为，课程的主要成分应该是"可以促进假装游戏和同伴互动的活动，允许儿童自我决定、建立和修改自己的任务目标"（Krafft & Berk，1998，p.656）。

Joan Tough（1977）做了一系列广泛的幼儿语言研究。她选取了一些 3 岁、5.5 岁以及 7.5 岁的英国儿童的语言作为样本。在 3 岁时，这些样本是在儿童和一个朋友玩一套 45～60 分钟的标准化游戏材料时获得的。

Tough 做了四种儿童言语的分类，或者说功能分类（列在表 10.3 里）。在儿童言语层面，一项**功能**指的就是儿童通过使用语言而达到某些目的的方法。在每一种功能里，存在着亚分类或者亚用途。根据 Tough（1977，pp.47-69），这四种功能分别是：

表 10.3　Tough 的语言分类

功能	使用
1. 指示性	a. 自我指示
	b. 其他指示
2. 解释性	a. 报告现在和过去的经历
	b. 推理
3. 映射性	a. 预测
	b. 同理
	c. 想象
4. 关系性	a. 自我维持
	b. 互动

1. **指示性功能**：儿童指示动作和操作。
   a. 自我指示语言，比如
      吉米："这辆车走这里……小车。推它到这里……小车。"
   b. 其他指示语言，比如：
      詹姆士："把你的积木放在上面。小心……别推它……"

2. **解释性功能**：儿童以此来沟通时间或情景的意义。他们谈论现在的经历或者过去的记忆。使用逻辑推理能力。
   a. 报告：
      马克："那是一只狗，那是一只猫。"
      吉姆："我看到了一艘大船……在海上开。"
      汤姆："车库太小了，车进不去。"
   b. 推理：
      简："冰激凌很软，因为我们忘记把它放进冰箱了。"
      安东："如果你拿他们的东西，他们不会喜欢你……我不会这么做。"

3. **映射性功能**：儿童讨论他们并非当下经历的情景。他们谈论未来的事情，以及可能永远不会发生的事情。
   a. 预测：
      "等她 4 岁或者 8 岁，她就会去学校，她会变成一个全新的人，去到学校。"
      "我妈妈会生气的，因为我把袖子弄湿了。"
   b. 同理：
      "男孩可能不想玩跷跷板……因为他可能会觉得上上下下的会让他难受。"
   c. 想象：
      "房子着火了……有个男人在房顶……下不来……救火车来了……刷刷刷刷……派出云梯……搭得很高……"

4. **关系功能**：儿童使用语言将他们自己和他人关联起来。

　　a. 自我维持：

　　　"我想要饼干。"

　　　"我可以吃个糖吗？"

　　　"走开，你在伤害我。"

　　　"我想要红色的蜡笔，这样我可以把我的画画得更好。"

　　　"我不喜欢你的画。"

　　　"如果你弄坏了我的城堡，我就告诉老师。"

　　b. 互动：

　　　"你可以把我的车给我吗？因为我现在要回家了。"（更周到、更不以自我为中心的自我维持的关系）

　　Tough（1977）分析了她采集的 3 岁儿童自发言语的样本。她发现，在低社会经济地位和高中社会经济地位儿童中，说话的总量是相似的，但是儿童谈话的多样性大有差异。她指出，低社会经济地位家庭儿童的语言"倾向于限制在当先正在发生的经历上，用于监控他们自己的活动。"而高/中产阶级儿童使用的语言更多的是：

- 分析和推理现在和过去的经历，认识整个结构。
- 预测现在经历以外的或未来可能发生的活动以及结果，或他人的情感和经历。
- 根据存在的事物，依赖语言的使用，为他们的游戏创造想象的情景。

　　Tough 认为（pp.165-166），"（低社会经济地位）儿童在学校的不利地位可能来源于缺乏用这些不同的思考方式来思考的动机，缺乏采用不同的思考方式的锻炼机会，缺乏理解不同种类含义

的意识"，而不是缺乏语言资源。

10.4a 游戏中语言的使用

　　幼儿的绝大部分时间应该花在游戏活动中。游戏已被证实可以在童年早期提供丰富的语言使用信息。Genishi 和 Dyson（2009）谨慎提示，应当反对针对幼儿园和学前班儿童的传统的教师教学活动，而是应当让幼儿参与更多自由的、非结构化的游戏时间，让幼儿可以在想象游戏和幻想游戏中大量使用语言。儿童可以给自己和他人设定角色，发展故事线，设计对话。由此，他们可以应用并延展他们的语言技能。他们会使用创造力，发展社会关系，并且锻炼问题解决能力（照片 10.5）。

照片 10.5　为了维持社会戏剧游戏角色，儿童必须有很好的语言技能。

　　Howe、Abuhatoum 和 Chang-Kredl（2014）观察了一些兄弟姐妹玩牧场玩具的情形。每组都有一个大孩子（5—10 岁）和一个小孩子（3—6.5 岁）。研究者观察他们的游戏主题、游戏物品使用、描述性语言使用和内部状态语言使用。如果儿童能够以期待的方式开始游戏，那么他们的游戏活动更有可能演变为一种创造

性场景。创造性场景通常包括了物品用途的转换，比如谷仓的顶部可以变成让猪打滚的泥塘。孩子们的语言主要集中在当前发生的事情上，尤其是副词和内部状态词汇（信念或知识）。身体动作和对物体的操作支持创造性场景。作者建议，成人应当为儿童提供支架式帮助，以此支持儿童的游戏，比如成人向儿童提出问题，尤其是那些支持内部思维的问题，比如，"你觉得农夫在计划什么？"

Trawick-Smith（1998a）记录了发生在儿童角色扮演游戏中的不同种类的口语互动，这些口语互动不同于用于戏剧表演的语言。在儿童3—5岁时（照片10.6），这些口语互动的频率会随着年龄而增长。

照片 10.6　儿童在大笑和开玩笑的时候使用语言。

这些言语表现的例子如下：

- 说出改变，假装行动，比如"这个当扫把，好吗？"或者"我们说一个猎人要来了。"
- 询问假装游戏的进一步说明，比如，"狂欢节今天开始吗，詹姆斯？"
- 说出内部思维阶段，比如，"让我们说妈妈很生气，可以吗？"
- 同意和不同意，比如 J 和 G 在玩农场动物：
  J：牛生活在房子里，对吗？
  G：牛不生活在房子里，因为它们会把那里弄乱的。
  J：好，那它们生活在厕所里。
  G：是的。

Trawick-Smith 建议，成人应该通过榜样、问问题来帮助儿童进行角色扮演以外的对话。社会戏剧游戏对儿童口语的学习和训练很有价值。

10.5　幼儿成为具有读写能力的人

学习成为一个具有**读写能力**的人始于婴幼儿时期接触书籍和其他印刷媒体的经历。这些经历在本书的第 6 章和第 7 章中有描述。在本章，我们会进一步了解，在儿童进入幼儿园阶段和学前班第一年的阶段，他们是如何对印刷体进行理解和使用的。

1998 年，美国幼儿教育协会以及国际阅读协会（International Reading Association，IRA；也就是现在的国际读写协会，International Literacy Association）发表了一项关于幼儿读写指导的发展适宜性实践的联合声明（NAEYC/IRA，1998）。该声明于 2009 年发表（NAEYC/IRA，2009）。基于全面的儿童早期阅读和写作研究回顾，这项声明明确了以下问题（NAEYC/IRA，1998，pp.31-32）：

- 教授儿童具有完善的读写能力很重要，可以让他们应对当今社会所需的高标准的读写要求。
- 由于有越来越多不同背景幼儿加入项目和学校中，教授这些儿童越来越具有挑战性。课堂中的儿童来自更多元化的人群，这些孩子不仅在文化上存在差异，也有他们在之前的幼儿园所待时间的差别，以及他们是否是特长生或者有残疾。

- 在众多早教教师中，即便很多证据已证实他们的很多做法是错误的，但幼儿发展成熟学理论的支持者坚持认为，在所谓的阅读发展问题上存在着"准备好"这种概念，也就是假设儿童会在某一个特定的发展阶段准备好开始阅读。现在已经有证据证明除了重要的故事阅读，很多其他的幼儿园和学前班阶段的读写经历可以给之后的正式阅读指导打下基础，不论儿童何时展现出兴趣（照片10.7）。
- 过早开始训练读写能力通常会导致教学对儿童来说并不适宜，这里所指的儿童是幼儿园、学前班和小学阶段儿童，不适宜的教学会导致无效的学习结果，虽然同样的教学手段可能会对大一点的孩子或者成人有效。不适宜的教学实践主要集中在大量的全班指导以及反复的练习和训练独立的技能上。适宜的训练应该在有意义的背景下，使用指导性方法，适合幼儿的学习方式。
- 当前的政策和资源并不能保证幼儿园和小学教师有资质去支持所有儿童的读写能力发展，这个任务需要很强的项目前准备和持续的职业发展。幼儿园教师经常缺乏正式的教育，而且经常只拿最低工资。

2001年，不让一个孩子落后法案（No Child Left Behind Act，NCLB，2002；No Child Left Behind: Expanding the Promise, 2005）的颁布不断地给幼儿园和学前班教师施加压力，该法案要求教师更好地帮助儿童，以应对小学阅读要求。虽然美国联邦政府在1996—2002年不断加大在教育上的投入，但是美国孩子的阅读成绩并没有得到提升。根据国家阅读测试分数，仅有不到1/3的美国四年级小学生达到了阅读流利的水平。根据2001年法案的目标，所有学校都应该设立考核标准和指导办法，测量学校是否成功达到这些标准，从而让

照片10.7 故事书分享是很重要的读写活动。

学生成功达标。只有那些"被科学证实成功"的教学项目才会得到政府的资金支持。但是，对于哪个项目达到了标准，政府政策决策者和早期教育工作者之间并不见得总能达成一致意见。Richard Allington（2002a）等批评者认为，NCLB鼓励了联邦干预地区教育自治。此外，NCLB也鼓励了给幼儿使用不适宜的测试（Kauerz & McMaken, 2004）。Gerald Bracey评价说，相对于法案所带来的好处，NCLB其实造成了更大的伤害。现在，美国教育部和国会在修订NCLB，其中包含给州政府更大的灵活性来控制测试和教学指导（McNeil, 2011；Bidwell, 2015）。在2015年2月，NCLB的修订版计划法案在众议院和参议院同时被提出（Schoof, 2015）。2015年3月，参议院发布了两党连立的NCLB（NSTA, 2015）。

作为NCLB的一部分，联邦资金支持的项目"早期阅读优先"项目意在帮助学前班儿童在

语言、认知以及早期阅读技能上，为上学做更好的准备（Kauerz & McMaken, 2004；Early Reading First, 2005）。项目的目标包括（Early Reading First, 2005, p.1）：

证明语言和读写活动基于科学的阅读和研究，支持适宜年龄的以下发展方面：
- 口语（词汇、表达性语言、听力理解）
- 音位意识（押韵、混合、分段）
- 印刷体意识
- 字母知识

在项目创立的时候，很多早期教育工作者担心，强调以读写能力为学业成就的基础会忽视儿童情感和精神运动层面的发展，继而导致教师采用发展不适宜的教学和测评方式。举例来说，NCLB的早期阅读优先倡议支持使用对话测验，比如基础早期读写能力动态指标（Dynamic Indicators of Basic Early Literacy Skills，DIBELS）评价有限的阅读成绩会导致教师的教学集中在技能方法的训练，而不是集中在提升儿童阅读理解的能力上（Gordinier & Foster, 2004/2005）。Bracey (2008a)认为，DIBELS是"暴利的荒谬之作"（确实，DIBELS的作者赚了150万美金的版权费）。使用DIBELS作为唯一的测评工具会出现这样的结果：阅读测评只重视快速阅读而不需要理解内容（Li & Zhang, 2008）。

第40届盖洛普公立学校民意调查（Budshaw & Gallup, 2008）指出，有54%的人不知道或者很少知道NCLB的内容。根据调查结果，1/4的美国人认为，NCLB让学校变得更好了。1/3的美国人认为，NCLB正在伤害、没有改变，或者不确定是否改变他们社区内的学校。公众应该更清楚地被告知NCLB的优点、缺点以及目的。在第46届年度盖洛普公立学校民意调查问题里，没有任何涉及NCLB的内容。

McGee和Richgels（2012）提出了读写发展的四个阶段：在**初级阶段**，儿童只关注意识和探索；在**阅读和写作新手阶段**，儿童开始注意印刷体和写作；在**阅读和写作尝试阶段**，儿童在写词的时候，使用字母的名和声；最后是**传统阅读和写作阶段**（pp.23-24）。表10.4对这些阶段进行了概括和定义。

如果在儿童生长的环境中，有丰富的印刷文字资源，又有成人的支持，儿童就可以通过自然的活动来获得读和写的概念。国家对教育改善的要求已经指出了美国教育指导系统的缺失，人们呼吁改革。儿童早期教育工作者需要对孩子读写

表10.4　读写能力发展的四个阶段

阶段	特点
初级阶段（出生到3岁）	有意义、书本、书写材料的基础经历；他们还没发现书写符号的含义。
阅读和写作新手阶段（3—5岁）	意识到印刷文字能沟通信息。虽然他们试图用不传统的方式去读和写，他们组织的材料展示出他们明白字母和故事是如何被安排在印刷页上的。他们认识一些字母和图标，比如他们最喜欢的食物包装、玩具或者餐馆名。
阅读和写作尝试阶段（5—7岁）	这是一个过渡阶段。儿童通常认识所有字母；开始创造性拼写；读一些熟悉的重复性的文字。
传统阅读和写作阶段（6—8岁）	用社会上大部分人所接受的方式，"真正地"读和写。

McGee, L. M., & Richgels, D. J. (2012). *Literacy's beginnings: Supporting young readers and writers* (6th ed.). Boston: Pearson.

能力的发展进程更为熟悉，理解这一进程的重要性，这样才能杜绝发展不适宜性教学指导。

10.6 平衡的阅读和写作教学方法

Catherine Snow（2002a）和 Lucy Calkins（2014）结束了所谓的"阅读战争（Reading Wars）"，这场战争的"争端"在于，关于阅读指导是应该从每一个字母的发音开始教，还是应该从单词的含义开始教。这场争论的核心是，语音和全语，哪个才是开始阅读指导的正确方法。

语音方法集中在字母和字母发音的关系上。它强调的是单词的模式，儿童被鼓励念出新的单词。它强调的是阅读的精准性（Wren, 2003），同时强调单词的书写和拼写规律。有时候，这种方式被称作传统方法。E. D. Hirsch（2014）是语音优先方法的推广者。在他提倡的核心知识阅读项目中，一半的读写时间被分配给了详细的语音指导。

阅读和写作的**全语方法**是从之前提到的概念中发展出来的。全语观点认为，儿童和他们的需求是课程的核心（Reutzel & Hollingsworth, 1988）。

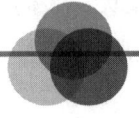

大脑发育

失读症

失读症是一种严重的长期的阅读问题。大脑研究已经可以在很早期发现这种障碍了（Lasley, 2009）。就目前所知，这种障碍不是视觉障碍，而是没有办法获得声音，组成单词，所以这是语音问题。失读症患者不能把他们听到的词分解。他们不能把听到的一个词理解为包含不同声音的组。所以写下来的词也没有意义。脑成像研究显示，失读症有一种独特的神经特点。缓慢的、一步步的单词分析是由大脑的两个部分支持的：一部分布洛卡区朝向大脑前部；另一部分布洛卡区朝向大脑后部。另一个区域（枕颞区）靠近大脑底部，有技巧的阅读者能激活这一区域。在这个区域（单词形成区），有技巧的阅读者瞬间就可以对单词模式产生反应。失读症患者很难读出单词，因为他们在单词形成区没有反应。通过脑电图（EEG），在新生儿阶段失，读症也可以被诊断出来。EEG 可以预测未来的学前班学生的阅读困难程度。6 岁时适当的干预可以带来长期有效的阅读能力改善。让儿童选择押韵的单词，或者同一个发音开始的单词可以指出可能患有失读症的学前班学生。大一点的儿童可以拼写没有意义的单词。幼儿可以通过较晚说话来诊断（15 个月大以后才说第一个词，而且到 2 岁还不用短语）。阅读的精准度可以通过语音干预来改善，但是流利度可能需要一些药物干预。

最新的研究显示，可以在学前班儿童的大脑里看到失读症的症状（CommonHealth, 2014）。早期大脑扫描可以提供有关幼儿患有阅读困难的可能性的信息。

CommonHealth. (2014). "I'm not stupid, just dyslexic" —And how brain science can help.
Lasley, E. N. (2009). *Ability to catch dyslexia early may stem its effects*. Dana Foundation.

儿童积极地参与自己的学习。全语法采用了认知发展或者建构主义的观点。语言被视为一个整体，而不是某个部分（比如，阅读、写作、拼写、听力和口语）。和语言学习始于字母、通过字母发音学习相反，全语方法认为儿童应该自然地通过故事、诗歌以及周围环境里的印刷文字学习语言（比如，麦片盒子和其他容器上的标识和符号）。

在全语课堂中，儿童在不同的场景中学习。有些孩子坐在桌椅区，另一些可能在装满枕头的浴缸里，还有的孩子坐在地毯上，使用小桌板，或者坐在旧沙发上。书写和图画贴得满墙都是。在全语课堂中，学习发生于兴趣主题里，儿童读写他们感兴趣的东西。过程比最终的成果更受重视和强调。发明（或者说过渡性）拼写是可接受的（表10.5）。儿童分享了他们的想法，评价彼此的作品。测评是通过观察、面试、讨论、对儿童的阅读录像或者录音，或者通过他们的作品样品来进行的。教师是一个引导者、积极的参与者或者榜样。在大部分的时间，儿童都在自己阅读和写作。

Snow（2002a，p.1）列出了成功的阅读者必须掌握的三项技能。注意这些技能中的一些方面和语音指导相关，另一些和全语相关：

表10.5 传统（语音）和创造性拼写（全语）

乔治的拼写（传统教学）	约翰的创造性拼写
The snake is green.（蛇是绿色的）	WAS A PON ATIM
The pig is white.（猪是白色的）	TAR WAS A
The fish is orange.（鱼是橘色的）	HRNINT HWS TAR
George（乔治）	WAS A LITL GOST AND TAT LITL GOST WOTIDI SAM WAN TO PLA TAT LITOL GOST GOT SUM WAN TO PLAY WIT JOHN

- 他们能够通过使用拼写和发音之间的联系来识别印刷字。
- 他们使用已有的知识和理解策略读出含义。
- 他们能够流利地阅读——很快地理解且享受。

在表10.5中的乔治和约翰的书写例子中，我们可以看到严格的语音和严格的全语教学法之间的比较。乔治写得小心，他仅使用了他保证不犯错误的词。这是避免犯错误的时期。约翰则是一个冒险者。他在试图告诉我们他的故事，根据自己的发音，约翰自由地拼写。

约翰的故事说了什么？以防你没看出来，他写的是：

ONCE UPON A TIME THERE WAS A HAUNTED HOUSE THERE WAS A LITTLE GHOST AND THAT LITTLE GHOST WANTED SOMEONE TO PLAY THAT LITTLE GHOST GOT SOMEONE TO PLAY WITH（很久以前，有一个鬼屋，有一只小鬼，他很想有人和他玩。他找到了一个人和他一起玩）

现在，**平衡阅读教学方法**受到了重视，教师试图融合语音和全语方法。但是，Wren（2003）指出，没有人对融合和平衡加以规范化处理。他认为，一个平衡的方法应该适应每个孩子的需求（p.7）。

但是，如果教学方法是为每个孩子的学习需求而定制的，那么教师需要变得更擅于计划课程，通过多种多样的针对每个学生的测评和观察，关注教学需求。

10.6a 阅读的事实

根据美国阅读委员会（National Reading Panel）的一项研究（No Child Left Behind，2002），以下五

种关键的阅读教学方法已被科学证实是有效的：

- **音位意识**：有能力听和指出单个发音以及口头词句。
- **自然拼读**：书写语言的字母与口语发音之间的关系。
- **流利**：准确且快速地阅读文字的能力。
- **词汇**：进行有效沟通所必须知道的单词。
- **理解**：理解和获得已读意义的能力。

这些肯定都是重要的阅读元素。但是，这些元素是如何联系到日常生活中的呢，又是如何联系到内容领域的呢，比如数学、科学和社会科学？写作、听力、口语呢？国家阅读小组的报告并不支持全语教学法，但是也没有证据证明全语和平衡的语音教学法结合起来是无效的（Krashen，2002）。根据现有的关于阅读的研究，Snow、Burns 和 Griffin（1998）认为，儿童需要平衡的阅读项目，既提供理解字母—发音关系的技能，又锻炼读写和语言经历的技能。小学的阅读优先项目设计意在让儿童在三年级结束时有相应的阅读水平（*Reading First Impact Study Final Report*，November 2008）。评估研究显示，阅读优先项目并没有达到这个目标。

10.6b 儿童应该在什么时候成为传统型阅读者？

一直以来，儿童到底应该在什么时候成为传统型阅读者是一个饱受争论的话题。根据英语语言文学（English Language Arts）（National Governors Association，2010）共同核心标准（Common Core State Standards，CCSS），学前班学生应该达到"有目的性地阅读适合早期阅读者水平的课文，并理解其含义"。同时，阅读者还应当理解文章的核心思想和细节、结构、知识、概念融合、印刷字概念和语音意识标准等。很多孩子并没有达到这些标准。教师有时候迫于压力，使用发展不适宜教学方法迫使学生达到这些标准。传统的基于游戏的幼儿园被教条式的教学和纸质作业取代。

Carlsson-Paige、McLaughlin 和 Almon（2015）发表了一篇论文，文章名为《学前班阅读指导：获得很少，失去很多》（*Reading Instruction in Kindergarten: Little to Gain and Much to Lose*），文中谈到共同核心标准给幼儿园课程带来的发展不适宜性和消极作用。虽然共同核心标准说是基于研究的，但是并没有研究显示儿童在学前班的学习阅读对他们的长期发展有好处。有证据指出，发展适宜性的基于游戏的教学方法可以促进儿童长期的发展。在游戏中，儿童能够建立阅读基础及其所需的口语技能。Carlsson-Paige 和同事们建议，K-3（从学前班到三年级）标准应当被重新修改，这样才能重新跟儿童发展相辅相成。

在下面一节，我们会看一些幼儿所知的阅读、写作、印刷和他们如何学习书写语言的具体细节。

10.7 关于阅读、写作、印刷和拼写，幼儿知道什么？

指出环境中的词是学习阅读的第一步。在读写的社会中，大部分儿童在充斥着印刷品的环境中长大。在孩子的家中，到处都有书本、杂志、报纸、信件、食物和其他物品的外包装、电话簿、电视广告以及其他印刷材料。除非生活在非常贫困和偏僻的地方，父母也没有读写能力，儿童才可能在早期生活环境中接触不到印刷字体。

研究指出，幼儿对环境中的印刷文本具有敏感的意识。他们能够注意到并且可以指出这些印刷文本指代的内容。他们尤其对经常光顾场所内的标识敏感，比如最喜欢的商店或者快餐店；经常使用的产品，比如他们的牙刷、最喜欢的麦片。Reutzel、Fawson、Young、Morrison和Wilcox（2002）的研究指出，幼儿对印刷知识的概念和他们阅读环境中的印刷文本的能力相关。也就是说，环境中的印刷文本可以作为儿童习得其他内在阅读因素的跳板，比如语音和音素意识。和印刷材料接触的幼儿可以学习一些规律、规则和印刷的使用（照片10.8）。比如，英文要从左往右读，从上往下读，我们读书是从前往后读的。到他们进入学前班，很多孩子已经把这些传统概念记在脑中了。学步儿可能还反着拿书，从后往前翻看，但5岁的孩子就可以正确地拿书，从前往后翻页（照片10.9）。

到了小学，儿童可以正确地描述阅读的过程——阅读意味着什么，阅读是为了什么，阅读的步骤。很多幼儿还在有意识地发展这些概念。研究指出：

照片10.8　学生享受用不同的颜色写她的名字。

照片10.9　幼儿园学生享受翻看书籍。

> **思考时间**
>
> 观察一些学前班学生很努力地完成纸面作业，他们试图写完一行字母A。你对此有什么感觉？思考一下，读完本章内容，你的想法会有什么变化？

- 如果给他们一本书，很多5岁的儿童可以解释他们要读的是印刷的字，而不是画。他们可以解释词和字母是和印刷相关的。
- 就连3岁的儿童都知道印刷体文本是带有信息的。
- 幼儿相信，要是可以阅读，印刷体文本必须有至少3个不同的字母。
- 6岁儿童意识到阅读时需要进行特殊的眼部运动，4岁儿童并不能区分阅读和只是看着书页。
- 3岁儿童可以指出常见的印刷材料，比如电话簿、超市购物单、字母以及地图，并且可以告诉别人这些东西是如何使用的。6岁儿童可以说出这些印刷体阅读材料的每条具体都是什么意思。

我们普遍认为字母认知是在阅读之前需要掌握的主要技能。当然，这是很重要的一部分，但它是不是阅读的一个前提条件，还需要进一步研究验证。有研究指出，字母名称只是阅读过程中的诸多技能之一，在开始发展印刷体文本概念的时候，儿童同时也开始认识字母。这样，教授字母名称并不能保证阅读的成功，但是字母名称确实可以为儿童的阅读提供言语发音基础（Martin, 2008）。下面的这段话提到了（p.6）：

一项关于幼儿阅读的研究显示，幼儿似乎是通过参加阅读活动来学习阅读的。儿童通过观察印刷体的全部复杂性来学习阅读环境中的印刷体文本。他们开始注意到阅读和写作是如何在印刷体中运作的，以及如何在其他印刷形式（书、方向，等等）中运作，并认识字母。

学习字母名称应该从孩子的名字开始，而不是从练习册开始或者从"每周一个字母"开始（McNair, 2007；Martin, 2008；Schickedanz & Collins, 2013）。每天从名字卡开始，用名字卡签到、用自己的字母做书以及从事其他的活动能鼓励儿童学习他们名字里的字母和朋友的名字，引导他们学习印刷字母。儿童可以从听故事中获益，从印刷材料中巩固口语，鼓励口语与书写联系的发展（Tunks & Giles, 2009）。

10.7a 写作

研究者对这些内容很感兴趣：幼儿在何时学习以及如何学习特定种类的记号是有意义的，儿童如何和他人沟通。研究者们研究了儿童的绘画和写作、在游戏中使用的语言和书写语言发展、写作所使用的种类、儿童试图使用书写去交流的行为，以及字母书写的发展。

幼儿喜欢画画，画画让他们开心，他们会在这项活动上面花大量时间（图10.1）。婴儿和学步儿可以使用写画工具做出标记（Schickedanz & Collins, 2013）。最终，他们在完成"作品"后说出自己画的是什么。活动的工具也可以提供标记、画画和写的机会。虽然在早期，儿童画画和书写可能在成人眼中差不多，但在幼儿看来，这二者确实是不同的。写和画看上去是一起发展的，从做标记，到涂鸦，到象征性绘画，到模拟字母书写（字母装形式），到写真的字母。有些研究者相信，绘画支持写作，但是另一些人认为写作支持绘画。它们都是象征性、代表性的：画代表东西，写代表言语（Schickedanz & Casbergue, 2004；Schickedanz & Collins, 2013）。教室中的写作中心可以提供一个地方给儿童体验写作和画画。中心可以包含不同的写作和绘画材料，比如铅笔、蜡笔、马克笔、签字笔、不同的纸张、小笔记本、信封、计算机和打印机。

图10.1 一条用传统字母/单词符号写的信息，周围画的符号代表细菌。注意到了吗？很多字母的基本形状出现在细菌中。

在初学者阶段，儿童通常能意识到字母以及它和书写之间的关系。使用字母，他们必须意识到发音和它们与字母间的关系。学习儿歌，创作自己的儿歌，能够给儿童提供锻炼声音意识的机会，最终会引导他们建立字母——发音关系（Shorey, 2007）。McBride-Chang（1998）的一项研究记录了儿童字母和发音加工间的关系，创造性拼写，以及从学前班到小学一年级的译码技能。发音意识、创造性拼写以及译码单词的能力之间相关密切。创造性拼写能力好像是获得传统阅读成功的重要因素,因为它需要声音意识和认识字母这两种技能。创造性拼写测试(Tangle & Blachman, 1992, as cited in McBride-Chang, 1998)似乎是一个很好的预测从学前班以及小学一年级开始的未来阅读成绩的工具。

在本章的前半部分,我们谈到了社会戏剧游戏对口语发展的重要性。也有研究关注到了假装游戏和写作之间的关系(Roskos & Christie, 2002)。游戏也是一种象征活动。有一些证据证明,故事阅读的经验有助于儿童理解戏剧游戏的主题,故事阅读的经验可以让儿童熟悉故事文字内容和故事里的知识。另一方面,戏剧游戏能够给儿童提供发展叙事体表达的机会,在儿童以后的写作中,他们会用到这种叙事体的表达。对于 ELL 学生来说,戏剧游戏是一种有效的媒介,能够帮助他们学习英语(Cheatham & Ro, 2010)。Roskos 和 Christie(2002)提供了一些幼儿园学生戏剧游戏中的读写活动的例子。儿童确实能够做到假装阅读和写作,然后当他们写信息的时候,过渡到拼写,他们写祝福卡片、锻炼写自己的名字、写标识,或者应用其他日益增长的书写语言技能做别的事情。West 和 Cox(2004)提供了多种可以融入戏剧游戏的读写活动。

儿童写作的发展是渐进的、线性的、持续的,儿童的写作始于他们开始写自己的名字。名字可以是很个性化的,写自己的名字是非常能够调动儿童自主性的活动。通常,儿童可以在 5 岁时很好地写出自己的名字。但是在任何一群 5 岁的孩子当中,你会看到在孩子们身上的很多差异。比如,图 10.2 是一些即将进入学前班的 4 岁孩子和刚刚 5 岁的孩子的签名,图 10.3a 和图 10.3b 是 4 岁儿童在他们自己画作上的签名。

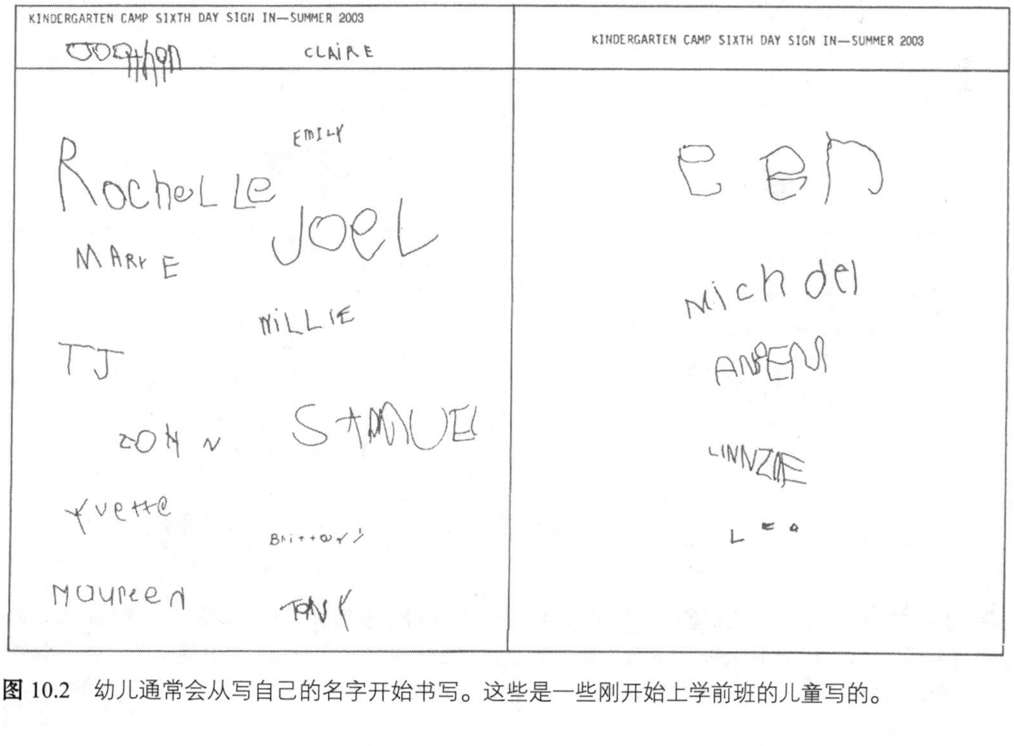

图 10.2 幼儿通常会从写自己的名字开始书写。这些是一些刚开始上学前班的儿童写的。

图 10.3　典型的早期签名。阿里把她的名字全都写颠倒了,萨默颠倒了她的"s"。

除了学习写字母和单词,幼儿还学习不同种类的信息有不同的格式(图 10.4);也就是表、字母、故事都有固定的格式。比如,幼儿可以区分信件和信封的区别。儿童可以在探索这些不同形式的书写交流体中自然地学习认识和书写字母,而不是通过模仿学习字母,脱离背景意义地学习字母。

图 10.4　在一个学前班儿童的暑期项目里,很多不同的字母被投到每个人的邮箱里。请注意他们的发展差异。a、b、c、d 是 1985 年夏天的学前班儿童写给本书作者 Charlesworth 博士的,有一个是塞缪尔写给胡安的;e、f、g、h 是玛丽写的,她的书写更好。

图 10.4（续）

10.7b 幼儿对印刷和拼写都了解什么

研究人员也很感兴趣幼儿在什么程度上能够意识到语言的单位，比如每一个发音（音素）、音节和单词。这部分知识对于语言的听和说而言并不需要，但是它们对读写是非常重要的，所以研究人员对此相当感兴趣。到目前为止，我们已经探索过以下领域：（1）儿童对单词作为言语的单位的意识；（2）这部分知识与阅读能力之间的关系；（3）儿童对印刷文本里的单词的意识（McGee & Richgels，2012）。

整体来说，幼儿对于通过口语呈现出来的词语是感到疑惑的。但是，在学前班阶段会有过渡期，进入小学之后，儿童开始进入听力分辨阶段。进而，这种分辨能力会和阅读能力产生正相关（McGee & Richgels，2012；McBride-Chang，1998）。

我们知道儿童的创造性拼写。这些创造性拼写通常出现在学前班阶段，并且能够持续到过渡期，进入小学一年级。儿童的拼写逐渐在小学一年级时变得更符合传统。这些创造性拼写，或者称为**过渡拼写**，反映了儿童对英语语音如何工作的理解。这些可能是无意识的知识，但是它们确实是存在的。图 10.5 是学前班儿童画的万圣节图片。扎克写了他的名字，临摹了日历上的"October（十月）"，自己按照传统拼写了 bat（蝙蝠）。他创造性拼写了其他两个单词：wich（其实是"witch"——女巫）和 grav（其实是"grave"——坟墓）。扎克的语音感觉很好，只是忽略了不发音的字母。在一项对幼儿园和学前班儿童的字母认识、声音联系知识和创造性拼写的研究中，McGee 和 Richgels（2012）发现，有意识的字母—发音一致性与创造性拼写之间没有关系。另一方面，字母名称知识确实会帮助儿童的拼写，可能是因为字母名称能够被用作拼写的线索。比如，"U R MI FRND

图 10.5 学前班儿童把画作和写作结合在他的万圣节绘画中。

是"You are my friend（你是我的朋友）"。

Richgels（1986）提出了创造性拼写测评，这项测评在考察一年级学生正式阅读教学效果方面比普通的标准测试好。Richgels 建议，如果成人可以容忍和接受儿童的拼写，比如例子中的那些，他们就可以通过鼓励儿童按照自己的方式写出拼写，从而了解到很多儿童的语音知识。Richgels（2003）用创造性拼写和音素意识之间紧密结合的关系强调了这一问题。儿童的创造性拼写让我们看到了他们是能够意识到音素和拼写之间的关系的。通过玩文字游戏，儿童可以意识到语言的声音结构（或者语音）（Yopp & Yopp，2009）。ELL 学生需要发展母语和英语语音意识（Steweart，2004）。

有证据证明，儿童获得大量的书写语言知识，不需要很多正式的指导教学。考察儿童的创造性拼写是一种发现他们已知知识的有效方法。表 10.6 是一个针对从幼儿园到三年级的早期阅读和写作发展连续性表。

10.8 阅读和写作中的社会文化因素

相对应于其他方面的发展，社会和文化因素

表 10.6　早期阅读和写作发展连续性

儿童_____ 年龄_____ 年级_____

学校_____ 教师_____

儿童可以做什么	测评日期	评语

幼儿园儿童的目标：意识和探索

- 喜欢听和讨论故事书
- 理解印刷体文本带有的意义
- 试图参与阅读和写作
- 指出环境中的标识和指示
- 参与儿歌游戏
- 指出一些字母，建立一些字母与发音的联系
- 使用已知字母或者大概的字母去代表书写文字

学前班儿童的目标：实验性阅读和写作

- 喜欢听人读故事，重述简单的故事或者信息
- 使用描述性语言解释或探索
- 认识字母和大部分字母与发音的关系
- 对押韵熟悉，对开头的发音熟悉
- 理解基础印刷概念，比如从左往右读，从上往下读
- 理解说的词可以和写的词对应
- 开始写字母，一些高频词，比如他们的名字、姓，以及一些词，比如狗、猫、等等。

一年级儿童目标：早期阅读和写作

- 阅读和重述熟悉的故事
- 当不能理解时，使用各种策略，比如重读、预测、问问题、情景化
- 开始将写和读用于自己的目的
- 可以在合理的流利度下口头读
- 通过单词与发音的关系、单词和背景指出新单词
- 看一眼，指出多出来的单词
- 可以读出、表达出所有拼写单词的主要发音
- 写对自己有意义的主题
- 试图使用一些标点和大写

专业资源下载

续表

儿童可以做什么	测评日期	评语
二年级儿童的目标：过渡阅读和写作 ● 更流利地阅读 ● 当不能理解时，使用更有效的策略 ● 使用更有效的策略来解码新单词 ● 视察的词汇增多 ● 写不同种类的主题，适合不同读者 ● 使用常见的字母模式以及重要的特征去拼写单词 ● 在简单句中能正确使用标点，校对自己的写作 ● 每天阅读 ● 用阅读做主题研究		
三年级儿童的目标：独立和多产的阅读和写作 ● 阅读流利，享受阅读 ● 在获取文本信息时，使用更多策略 ● 当遇到不认识的单词时，使用适当的、自动的单词认识策略 ● 认识和讨论不同文字结构元素 ● 建立不同文字之间的重要联系 ● 表达性地写不同形式的文本，比如故事、诗歌、报告 ● 使用丰富的词汇，适合不同的文字形式 ● 在初稿后，可以修改编辑自己的写作 ● 在最终稿后，拼写无误		

Adapted from *Learning to read and write: Developmentally appropriate practice for young children, a position statement*, by NAEYC and International Reading Association (1998). Used with permission.

对书写语言的影响也需要被考虑。学校儿童的多样性和"学前教育课堂操作的一致性、均衡性、系统性"之间是脱节的（Genishi&Dyson，2009，p.4）。Genishi 和 Dyson 从社会文化的角度对学校学习这一问题加以了思考。儿童会根据自身的社会文化经历来调整自己对于书面语和口语的理解。对于儿童来说，书面语和口语的本质特征是，语言是个体化的东西。如果有一群孩子，那么在他们一个挨一个的自己写写画画和分享想法的过程中，其个性化的想法是显而易见的。另一个重要的儿童发展书写语言技能的方面就是给他们提供与文化相关的文学内容，和不是给他们提供与其自身文化背景相冲突的内容。在各种杂志的专栏中，我们经常可以看到适合孩子阅读的书籍，这些书籍是由他们所在文化的母语创作的。Isabel Schon（e.g., 2007）经常在《幼儿》（*Young Children*）上发表西班牙语图书的专栏。在《儿童早期教育》（*Childhood Education*）杂志中，Tami Al-Hazza（2007）描述了阿拉伯语的儿童文学作品。书籍经过甄选，可以鼓励儿童的自我价值，这样可以激励儿童，为他们带来愉悦的体验。比如，Brinson（2009）指出，书籍可以增强非裔美国女性的自我价值感。

很多研究都在探索儿童对于读和写的早期知识。比如，Korat（2005）研究了一组以色列幼儿园儿童，比对了低社会经济地位和中等社会经济地位家庭儿童的技能和知识。Korat研究了两种读写知识：

- **上下文知识**：如何使用印刷材料，对环境印刷体文本的识别，以及印刷体文本的功能。
- **非上下文知识**：印刷概念、音素意识、字母名称、启蒙书写以及单词识别。

Korat发现，两个社会经济地位组的儿童有同样的上下文知识，但是中等社会经济地位的儿童会有更好的非上下文知识。Korat相信她的研究结果"意味着在启蒙读写能力中，非上下文知识是儿童启蒙单词识别和写作中最重要的部分"（p.234）。她总结说，非上下文因素应该受到低社会经济地位幼儿园课程的重视。

语言和文化可能影响儿童获得读写能力。在Simpson和Clancy（2005）关于澳大利亚土著居民儿童早期读写能力学习的文章中，他们描述了欧裔教师缺乏对不标准语言和不同文化习俗的了解，这可能会导致他们给澳洲土著儿童提供消极的反馈，影响他们的学业进步。和教学方法相关，欧裔人倾向于通过提出问题来教授概念，但是当地土著人更喜欢通过观察和模仿来学习。

在美国，非裔儿童一直以来的阅读能力都不佳（Bowman，2002）。几乎一半非裔儿童生活在贫困之中，这相当影响他们的发展。虽然这些孩子中的大部分人有能力，可以学习，但是在低社会经济地位家庭里，他们基础的阅读技能（比如口语、音韵理解、字母知识）可能并没有提升的机会。Snow（2002b）描述了非洲裔人和欧裔人之间的词汇差距。她认为，非洲裔家长需要明白，每天他们和孩子之间的对话以及其他作为基础读写能力的语言相关的活动都是很重要的。并且，阅读课本仅仅包含最常见的简单单词，更多有挑战性的单词应该融入课本中，从而缩小不同的孩子之间的词汇差距（Sparks，2013）。

这些想法阐明了认识书写语言知识的发展以及理解社会和文化的背景的重要性。

> **思考时间**
> 你觉得什么材料在儿童早期课堂的写作中心里是最重要的？你会如何让孩子使用写作中心（比如，儿童可以随意使用，他们必须提前预约，等等）？

本 章 总 结

10.1 总结主要的语言规则以及当前关于语言学习的观点。 语言对于说、听和写是有很好的系统规律的。有三种规律：把声音有意义地组合到一起的规则（音韵和形态规则），把可接受的短语和句子放在一起的规则（语法），以及定义意义和词的适当使用方法的规则（语义和语用规则）。

儿童按顺序、由浅入深地发展语言的能力与生俱来。儿童进步的速度取决于内在能力以及对周围环境的反应。这三个观点是关于语言是如何学习的：学习理论观点、结构固有观点以及社会互动观点。最后一个观点现在被认为是最流行的，强调遗传和环境之间的交互性。

10.2 描述思维和语言之间的关系。 当言语发展时，儿童说的话会反映他似乎在思考的东西。维果茨基和皮亚杰对于思维和语言关系的发展有不同意见，但是他们都同意，在儿童 2 岁左右，这两者之间是有关系的。

10.3　**解释文化在语言发展和使用中的重要性**。从事幼儿工作的成人必须对文化因素的影响有所了解，比如不标准方言，儿童第一语言不是英语，社会经济地位对幼儿语言发展的影响。最近，除了完全沉浸式用来教授英文，保护儿童的母语，还有三种教授双语的方式：部分沉浸式、双向沉浸、双语沉浸。双语可以支持学业成功。低社会经济地位因素和孩子较差的语言发展水平有关。将低社会经济地位学生和中高社会经济地位学生放在同一个班里可以促进低社会经济地位学生的语言能力发展。

10.4　**描述从幼儿园到小学阶段的语言使用，以及游戏是如何支持学习进步以及语言发展的**。到 2.5 岁或 3 岁的时候，儿童的言语能力接近成人。儿童学习在不同的功能下使用语言。他们最开始是要求、命令、互动谈话。其后，逐渐加入了问题、想象力以及信息的使用。到进入学前班，他们应该可以使用更高功能的语言，比如预测、同理、逻辑推理。幼儿园儿童在使用不同种类的材料以及有充分时间玩自己喜欢的游戏活动时，最容易在教室中发展语言能力。内部言语是学前班之前以及学前班阶段发展出来的自我引导工具。Joan Tough 指出了幼儿语言的四种功能：指示、解释、映射和关系语言。

　　儿童需要充裕的时间玩耍，尤其是社会戏剧游戏。社会戏剧游戏的情景需要丰富的语言运用。在这些情景中，儿童要学习如何使用语言功能，以及如何将这些应用到持续的社会关系中。

10.5　**解释幼儿读写能力发展的主要问题**。为了支持读写，儿童需要从婴儿期就开始接触图书和其他印刷材料。美国幼儿教育协会和国际阅读协会发表了关于幼儿读写指导发展适宜性实践的联合声明。文中警示，对任何发展不适宜的教学方式的使用都应当谨慎。《有教无类法案》导致教师为了应付测试而使用发展不适宜的教学方式。四个读写发展阶段为：初级阶段（出生到 3 岁）、新手阶段（3—5 岁）、尝试阶段（5—7 岁）和传统阅读者阶段（6—8 岁）。在一个印刷体丰富的环境并有成人的支持，将会给儿童提供所需的阅读和写作概念。

10.6　**讨论阅读和书写平衡观点的优势与不足**。书写语言发展的进步需要平衡的指导方法。早期阅读和写作者会从全语方法中受益，也就是融合阅读、写作、拼写以及口语，同时有平衡的学习音素意识，以及发音一符号关系。让孩子沉浸在书本及其他印刷材料中，并且让他们有很多不同的书写材料，可以让孩子更好地对阅读和写作感兴趣，让印刷体文本变得有意义，把语音情景化。创造式拼写是从假装写作到传统写作的过渡阶段。美国阅读委员会列出了五点保证阅读成功的方式：音位意识、自然拼读、流利、词汇以及理解。但不幸的是，理解能力并没有得到应有的重视。

10.7　**解释幼儿如何知道阅读、书写、印刷和拼写**。儿童会注意到身边环境印刷体文本。如果被印刷体文本包围，如果每天都阅读，他们很快就可以把口语和书写语言联系到一起。到了上学前班，儿童会意识到印刷体文本的规则，比如书从前往后读，字从左往右读。字母名字帮助儿童在过渡（或者创造）拼写阶段创造单词。最重要的字母名称是儿童自己的名字里的字母。

　　书写来源于儿童的绘画，书写也是和绘画一起发展的。我们在儿童的绘画中可以看到最基本的写作。字母发音和书写单词的结合可以帮助儿童发展声音意识。戏剧游戏和写作很接近。书写材料是很重要的戏剧游戏道具。学习写一个人的名字可以激励幼儿，促使他们写出其他单词。幼儿渐渐学习到写作材料有很多不同的形式——比如，列表、信件、书本和标识。

　　学习语言的单元对于幼儿园的孩子来说很难，但是到了学前班，儿童逐渐进入听觉辨别阶段。听觉识别和阅读能力相关。在读写发展中，使用创造性拼写或过渡型拼写是很重要的。创造性拼写指出儿童理解了多少单词是如何被拼写出来的。

10.8　**讨论社会文化对幼儿早期阅读和书写成绩的影响**。社会文化因素，比如社会经济地位和文化习俗，也可以影响儿童早期阅读和书写。儿童书写给我们提供了一个观察他们的思维和文化的角度。低社会经济地位儿童进入学校时通常比中等社会经济地位儿童有更少的启蒙阅读和写作经历。儿童的文化需要被尊重，被联系到教学方法中，以及所提供的文学材料中。

第11章 成人如何丰富儿童的语言和概念的发展

本章涉及的标准

naeyc

美国幼儿教育协会项目标准

1a：了解并理解0—8岁儿童的特点和需求

4a：明白积极的关系和支持性的互动是开展儿童相关工作的基础

4c：使用广泛地与儿童发展相适宜的教学或者学习方法

DAP

儿童发展适宜性实践指导方针

3：规划课程从而实现重要的发展目标

3A 1：教师熟悉并理解各年龄段的关键技能

1E 4：注意到并重视家庭语言

5：和家庭建立互惠关系

学习目标

在阅读本章之后，你应该能够：

11.1 解释发展适宜性教学怎样支持概念和语言发展。

11.2 描述成人拓展儿童口语发展的方法。

11.3 选择重要的成人责任，以支持语言的多样性。

11.4 讨论在家庭和学校中，成人在儿童读写能力发展的学习和支持中起到的作用。

11.5 规划有助于语言、读写能力和概念发展的游戏。

11.6 解释成人如何为儿童的语言、读写能力和概念发展提供创造性体验。

从本书第五部分开始，我们已经了解到了幼儿的概念发展、口语和书写语言、智力及创造力等认知领域早期发展中的影响因素。本章关注的是成人在这些领域中的作用。成人会在许多方面影响儿童的认知发展，比如下面的两个例子：

- **幼儿园儿童**：科菲，今年4岁，正蹲着玩沙子。首先，他用一只手攥起一些沙子，然后让沙子从指缝中流下来。随后，他用手指在沙子上展示他在学前班学到的东西，如何写字母。他环顾四周，看到一根从树上掉落的树枝。他跑过去，捡起树枝，回到沙堆，开始用树枝书写。他用这根树枝在沙子上写自己的名字。他解释说，这根树枝是他想象出来的笔。
- **学前班儿童**：玛尔塔是伍德女士所在幼儿园的学生。玛尔塔和其他的孩子们被要求画一只狗，并写出一两个词进行说明，如果他们有一只狗，他们会做些什么。对于自己将会和狗一起做什么，所有学生都有自己的想法。伍德女士四处走动，了解一些学生的想法，并将其中一些想法写在白板上。玛尔塔想要遛狗，她画出一幅遛狗的图画，并写出单词"walk（遛狗）"。

这两个孩子展示了他们关于书写和写字的知识。科菲在幼儿园学会写自己的名字，也展现了自己的想象力。玛尔塔在做有关于绘画和书写的任务时，展示了自己关于狗的想法。

11.1 采用有意识的教学支持语言和概念发展

在第9章中，我们已经探讨了儿童的认知系统和概念的发展。支持认知发展的理论源于皮亚杰和维果茨基。成人应该帮助儿童在最近发展区内发展，与此同时，成人还应当为儿童的知识构建提供支持性探索环境。有意识的教学（Epstein, 2014）强调以儿童为主和以成人为主的两种指导的平衡。以儿童为主导的活动是由儿童选择控制的，但是活动材料常常由成人提供，在他们的头脑中会有一个目标。随着儿童在活动中探索，成人可能会以评价或者提出问题作为支持儿童活动的方式。例如，在一个孩子搭积木时，一个成人评论道："你搭建了一栋高楼。"这样，成人将单词"tall（高）"和"高度"概念联系了起来。以成人为主导的活动由成人选择并掌控。例如，成人了解到儿童需要知道关于大小的词语以及涉及的概念。因此，他建议道："我们看看你能把你的高楼建得多高。"目标和教学目的一定要符合这个儿童的发展规律。Epstein认为，成人需要考虑教学中的目标和目的，以及选择可行的教学策略。第9章提到了以下概念：分类和逻辑思维、守恒、顺序和排序、空间概念和因果关系，也提及了这些概念与数学的关系。对于儿童而言，概念词汇是非常有必要的。儿童可以采用这些词汇解释他们如何解决问题并描述他们正在发现什么。讨论交流、读书、写故事及讲故事为儿童提供了书写体验，也为成人提供了一种视角，这种视角能够帮助成人了解儿童已经知道了什么以及他们正在想什么。在本章，学校和家庭中的成人通过使用语言、书写、文化适宜的材料和活动以及创造性的表达方式来支持儿童认知发展，这被认为是有意识的教学，同时也是幼儿学习中最好的策略方式。

Epstein介绍了如何将有意识的教学应用到儿童语言和书写、数学以及科学指导中。语言和书写应该由以儿童为主及以成人为主的体验支持（Epstein, 2014）。在第6章和第7章中曾提到，婴儿和学步儿开始学习语言，与此同时他们了解声音，从周围环境中听到声音，并且发现自己能发出声音。成人的一个重要作用就是与儿童进行交流。帮助婴儿通过与他人的对话来为语言发展奠定基础。以儿童为主导的阅读体验给儿童提供了锻炼视觉分辨技能、了解印刷品知识以及培养对印刷品兴趣的机会，成人的指导能让儿童理解口语、书面语以及与字母有关的知识。在儿童自己主导的活动对具体事物的探究，以及在成人主导的活动中，儿童可以使用标记命名的方式学习基础的数学概念，例如数字命名就是一种标记命名的方式（Charlesworth, 2016）。当他们观察周围环境并提问题时，儿童就如同在收集科学情报一般，他们感到十分好奇且观察敏锐（Epstein, 2014；Charlesworth, 2016）。有意识的教师会创设引起儿童自由探索、提出问题的环境，并且支持儿童的兴趣。成人通过提出问题，鼓励儿童去探索；通过制造差异，鼓励儿童写、画和记录；支持儿童之间的合作，促进他们的学习。

11.2 口语发展中成人的作用：支持性策略

这一部分将会介绍口语发展的早期开端，说明婴儿和学步儿的语言环境会怎样影响儿童在学前年龄的语言使用和语言技能。成人细心周到的支持为儿童语言发展奠定了基础（照片 11.1）。

11.2a 支持性语言发展

前文已经提到，成人的一个重要作用是为幼儿的语言发展提供支持。维果茨基指出，在达到理解水平的过程中，幼儿需要成人进行指导（照片 11.2）。这种指导确保幼儿能够在其能力允许的情况下，尽可能容易且快速地进行语言发展。成人可以起到榜样的作用，为儿童提供语言环境，与儿童进行互动交流。根据 Tough 的研究（1982b），教师和儿童之间进行有意义的对话可

照片 11.1　成人的支架作用支持儿童的语言使用。

照片 11.2　读书给儿童听，使得儿童将口语与书本联系起来。

以促进儿童思考。通过使用发散性问题——这类问题没有正确答案——成人鼓励儿童通过自己的语言体验构建概念。成人需要让儿童知道，成人对他们在想什么非常感兴趣。成人和儿童之间的互动一直是研究的焦点，研究者们从不同的角度、不同年龄及不同的婴儿和童年早期阶段来探究成人对儿童的影响作用。

这些关键作用开始于婴儿期。从出生那天起，婴儿便对说话有反应。他们的身体活动可以与成人说话的节奏同步。另外，有些婴儿的母亲总是对婴儿早期的发声进行反应，在孩子2岁的时候，他们的词汇发展较有优势（McElroy，2014）。当儿童处于1—4岁的阶段时，成人会使用**宝宝语**或父母语（parentese）。宝宝语是一种在儿童的经验范围内，被简化了的言语形式，它包含了短的、简单的句和词。这种宝宝语音调较高，并且由许多问题和命令构成。研究发现，相较于常规的成人的说话方式，这种宝宝语有助于儿童的言语发展。在儿童发展期间，成人的倾听行为有助于强化儿童使用言语的行为。Newport、Gleitman和Gleitman（1997）发现，像"嗨嗨"这样的反应对于儿童说话是强有力的强化物。"嗨嗨"向儿童表明，他的话值得听，因此他们值得把话讲出来。

儿童学习语言的方式各不相同，每个群体也有自己的期望和习俗。Shirley Brice Heath（1983）的经典研究探究了两个社区内儿童的语言发展环境。生活在加利福尼亚州罗斯维尔市（Roseville）的父母认为，婴儿拥有自己的房间非常重要。第一年，婴儿会待在一个多彩的环境，有许多玩具以及许多获得语言和读写体验的机会。婴儿可以听儿歌，玩弄不同颜色、形状和材质的物品。成人经常与婴儿进行对话，常常使用宝宝语。妈妈们非常谨慎，不会太快或者太多地抱起孩子。她们学会留神听那些传递着婴儿真正需要某些东西的声音。婴儿有自己的独处时间，能够探索并和声音互动。妈妈们仔细地听婴儿发出的任何接近第一个单词的声音。她们有大量的时间在家照顾自己的孩子，只要成人听到任何与单词相近的声音，便会出声回应婴儿使用的这些单词。他们也开始给物品贴标签，比如，"牛奶，说'牛奶'。"学步儿会发展出自己的词汇用语，随后成人会帮他们扩充词汇量。婴儿的自言自语会受到成人的鼓励，成人会扩展并且延伸他们所听到的宝宝语。成人会使用儿童使用的名词作为较长对话的主题。成人认为自己是孩子的语言老师，充分利用每次机会教孩子们称呼、提问并扩充儿童的词汇。

从2岁开始，罗斯维尔的男孩和女孩就分开玩了，这些孩子玩着带有性别刻板印象的玩具。成人和年龄稍大的儿童玩一些社交游戏，像拍手游戏和躲猫猫。大多数成人与孩子之间的娱乐活动是看书或者是玩玩具（照片11.3）。到4岁时，这类娱乐活动就没有了，大多数儿童去上幼儿园了，参与教育活动。道德教育在家庭中占据主要位置，儿童了解到每件事都有正确之道，而考虑其他方式可能会被成人劝阻。

相较于罗斯维尔的婴儿，生活在特雷克顿（Trackton）的婴儿则日日夜夜被成人或者年龄稍长的儿童环绕着。他们几乎没有独处的时间，没有咕咕发声或者自己吐泡泡的时候。这里的婴儿一直被抱着，周围都是别人交谈的声音或者是做家务产生的噪声，只有当大家入睡后，环境才会安静下来。婴儿一直在交流谈话中，但很少是与他们直接进行交流的。他们是谈话的中心，但不是谈话的对象。成人认为婴儿的这种发声没有意义，不需要对这些声音进行回应。他们还认为当一个孩子准备好了就能走路，不需要教他们怎么走路。就连当婴儿采用有意义的声音表达自己的需求时，成人也会忽略这些声音，他们认为自己就

照片 11.3 这个小女孩在玩动物表演游戏,她手中的动物玩具与书上的图案是一致的。

能断定婴儿的需要。当学步儿探索周围环境时,会受到成人的看护。成人经常发出警告的声音。处于学步期的男孩有着特殊的地位,他们成为成人谈话中的一员,因为对于男性来说,交流技巧有一种特殊的价值。男孩们受到成人的嘲笑和奚落,而在16—24 个月时,学步儿学会用一个特殊的短语或词语回应嘲笑他的人。例如,16 个月大的泰吉会用"继续啊!朋友(Go on,man)"表示"不""把它给我"等含义。在年龄很小的时候,特雷克顿的孩子通过判断非言语的行为判断他们应该扮演什么样的角色。手势和姿势都是非常重要的交流方式,因为这些手势和姿势能向儿童提供有价值的信息,根据这些信息,儿童能够确定自己是否应当做出嘲笑、违抗、命令、撒娇、斥责等行为。在问题情境中,他们会被问,"如果……你将会怎么做?"并且被迫去想解决办法。

在特雷克顿,幼儿没有被当作谈话对象。儿童不会给出信息,他们知道信息,也就是说,他们在注意并获知信息。学步儿的发声通常是重复周围人的谈话。最终,儿童的这些声音发展成独白式发声,这些独白发声与他们听到的谈话很相似,这些孩子终于能够进入成人的谈话,成为健谈的人。特雷克顿地区的父母会改正孩子的发音,从不使用简化的语言或者说明,比如讲话慢一些或者使用宝宝语。女孩讲话也会经历与男孩一样的阶段,但是相对来说,时间会更晚一些。男孩在 14—18 个月大时开始试图加入谈话,然而女孩们大约到 22 个月大时才会加入谈话。女孩们不会被这些挑战,但是她们会参与女性的各种叽叽喳喳的**唠叨**,她们也会和年龄较大的孩子一起玩猜歌游戏。

猜歌(playsong)游戏是一种自发的、有节奏地唱歌,它更像是儿歌和中产阶级主流家庭中的成人与婴儿或学步儿玩的猜谜游戏。成人不期望幼儿提出问题,相反,成人会问他们问题。最常见的问题基本类似,通常是看孩子能否将信息从一种环境迁移到另一种环境:"那个是什么?"生活在特雷克顿的孩子会关注他们的经历中最细微的地方。例如,在分类物品时,他们倾向于关注非常细小的细节,像轻微的瑕疵,而不是颜色、形状和尺寸。他们无法解释自己为什么这样分类。成人几乎不问他们"为什么"的问题。大多数孩子询问成人的问题与情境有关:"这是谁的?""你买了这个吗?"

在这两个社区中,儿童都学会了说话,但是他们所处的语言环境存在巨大差异。特雷克顿的孩子"自主成长",而罗斯维尔的孩子是被扶养长大的。特雷克顿的孩子一直被其他人围绕,没有特殊的日程;而罗斯维尔的婴儿有很长时间是独处的，或者与他们的妈妈在一起，形成可预测的日程。罗斯维尔的父母使用直接的指导与婴儿、学步儿进行交谈；特雷克顿的父母会谈论他们的孩子，并期待婴儿自己学习说话。

这两个社区的孩子在进入学前班的时候都出现了与语言相关的问题。他们都讲方言，而这并不是教师要求的标准说话方式。然而，无论是方言，还是孩子使用语言的方式，都会给教师带来些许困扰。教师可以理解孩子使用的词汇，但不明白这些词汇的意义。特雷克顿的孩子不回答问题，而罗斯维尔的孩子给出了最少的答案。从孩子的角度看，这两组儿童都难以理解教师对间接表达的规定，比如，"这是剪子应该放的地方吗？"他们难以理解，他们能理解"剪子应该放在这个篮子里。"在小组讨论中，特雷克顿的孩子经常打断别人讲话，并与隔壁的小朋友聊天。教师认识到，要想实现成功的教学，他们必须采用一些新方法。比如，教师学会以直接的方式向孩子发出指令，而且所发出的指令必须非常具体。他们基于孩子的个人经历以及社区中的事务提出问题。当教师改变的时候，孩子们也在改变。每个人在学校中都感到更满意，孩子们的参与度也提高了。

Heath 的研究显示，如果教师能够理解孩子所在社区的语言环境对孩子语言发展的重要性，他们就能基于孩子所处的语言环境而在学校中调整自己的行为，这就是卓有成效的教学（照片11.4）。有些家庭的价值观和教养方法也许与当前的社会主流，或者说中产阶级，所期待的价值观不相符。在 Heath（1982）的另一项研究中，研究者观察了教师在家中与自己的孩子进行互动的场景。她发现，在他们与自己的学龄前孩子的交谈中，很多谈话都是以提问为主的。作为家长，教师认为这是他们从自己的孩子那里得到反馈的唯一途径。于是，我们可以顺理成章地认为，教师在教室中也会采用同样的策略。

照片 11.4　教师和儿童进行对话。

Snow、Dubber 和 DeBlauw（1982）建议，非主流的儿童缺乏学校所要求的语言准备水平，这些孩子的父母可能对口语表达的重要性有不同看法：有些父母对帮助儿童发展语言的重视程度不足；有的家长在儿童早期语言发展阶段缺少时间和精力来参与儿童的语言发展；有的家长做不到使用不同的策略来教孩子说话；在另一些家长身上，以上三种情况是同时存在的。已有研究证实，亲子互动以帮助孩子发展语言是协助儿童做好入学准备的最佳方式。父母的作用就是轮流与孩子进行互动，这也是 Snow 及其同事提到的**日常活动**。他们描述了三种日常活动：（1）由母亲和婴儿共同参与的正式游戏，像躲猫猫；（2）指导性游戏，它指的是在第二年，母亲和婴儿共同参与的一种游戏形式，比如，成人指向身体部位并问，"这是什么？"；（3）亲子共读，在第三年，母亲会询问孩子某些问题。Snow 和助手们认为，最重要的语言价值源于这些日常活动，孩子一遍遍地进行这些常规活动，直到他们逐渐掌握并能够主导这些游戏。

在一项最新的研究中，Cristofaro 和 Tamis-Lamonda（2011）观察了 75 对低收入母亲与她们的学龄前孩子在玩耍过程中的互动。母亲语言的多样性以及使用"wh-"类问题（什么、哪里……）能够预测儿童在入学时的语言准备水平。母子之间的对话有利于提高儿童进入学校时的语言准备水平。

如果母亲不知道用什么方法帮助孩子发展语言，那么有些训练可以帮助母亲训练，让她们学会和孩子进行能够促进语言发展的互动活动。例如，在一项研究中，McQueen 和 Washington（1988）为一组母亲提供了各种训练，这些母亲的孩子的年龄都处在青春期，这些训练包含以下活动：

- 妈妈们参与数学、英语、儿童发展以及父母教育的课程；她们也学到怎么与自己的孩子相处。同时，她们在最近发展区担任自家孩子所在班级的助教。
- 妈妈们和孩子在亲子中心见面，一起制作玩具，比如拼图、毛毡板和乐器。这些活动激发了亲子之间的口头交流。
- 在亲子中心，妈妈们给孩子讲故事，随后会提出问题并且倾听孩子给出的回答，他们一起讨论这个故事，随后让孩子向同学们复述这个故事。

这个强化父母教育的项目对于儿童在语言测试上的表现具有较为积极的效果，这些儿童的表现好于妈妈没有参加或者参加较少的关于怎样帮助儿童的语言发展训练的孩子，这些策略都是鼓励孩子成为一个谈话者，鼓励他们参与到你来我往的对话中。

正如第 10 章所讲的，成人可以通过多种方式促进幼儿的语言发展。在儿童语言学习中，交谈起到了非常重要的作用（Genishi & Dyson, 2009；Koralek, 2002）。在学术期刊《幼儿》（*Young Children*）关于语言学习的特别关注板块的引言中，Koralek（2002, p.8）指出，这个特别板块的文章关注"语言纯粹的快乐……表明语言怎样与儿童发展领域联系起来，这些领域包括儿童健康的社会性发展和情绪发展、阅读和写作能力、创造力以及学习内容领域发展，像科学和社交学习等。"在和一个孩子讲话时，成人可以告知、解释、谈论感觉、设想未知的事物、谈论未来、假装或想象。成人可以在他们的孩子还是婴儿时就进行你来我往的交谈，并且这种谈话形式贯穿整个童年早期。成人也会带孩子见其他人，以此锻炼并拓展孩子的口语技能。最后，成人可以提供许多社交机会，使得孩子可以在当前场景下进行讨论，比如社会性戏剧游戏，与成人或其他小朋友进行对话，学校讨论场景包括展示和讲述。幼儿一定要学会根据不同的目的使用语言。成人可以帮助孩子变得愿意思考，并且能够进行内部的对话。他们可以帮助孩子将想法外化，并通过语言扩展他们的想象游戏。成人可以为孩子提供机会，让他们进行报告，让他们使用想象的方式摆脱现实场景的束缚，让他们推理并解决问题（照片 11.5）。成人会评估孩子正处在语用发展的哪个阶段，也就是最近发展区，并以此为基础为孩

照片 11.5　工人在排查破裂的水管，这提供了观察和交流的场景。

子提供支架式指导,确保孩子能够达到当前最近发展区的上限。

Bodrova 和 Leong(2007)提到,通过使用维果茨基的方法,成人可以在课堂中用多种方式使用语言,包括:

- **将你的行为以及孩子的行为用口语表达出来。**表达出你的行为和孩子的行为。例如,"用手给我一个小的红积木。"或者"当你注意力集中时,你的腿就像扭结咸饼一样扭在一起,你的眼睛会看向这本书。"
- **大声讲出你的想法和你使用的策略。**例如,如果成人说"这个包里有什么",儿童不会有反应;但如果成人说"我怎样才能知道包里面有什么呢?我知道了,我可以用手摸这个包;也许这样会得到线索。"这时候,孩子会做出反应。
- **当你介绍一个新概念时,一定要把它与动作结合起来。**你打算介绍温度计,使用了一个很大的纸板模型。"温度计可以测量温度;当红色柱上去时,意味着更加暖和;当它下降时,意味着天气更冷。"
- **在检查孩子的概念和策略理解时,一边讲一边想。**鼓励孩子直接将想法讲出来,把它告诉你和同伴们。
- **当你检查孩子是否理解一个概念或者策略时,采用不同的背景和任务。**孩子们或许只能在一个场景中完成任务。例如,让他们数不同物体和人的数量,以达到不同的目的。
- **鼓励他们采用自言自语的方式**(就如第 7 章所提到的)。
- **采用中介方式促进自言自语。**例如,告诉孩子,如果要把一些东西放进他们的"记忆银行",他们需要大声复述至少三次。
- **鼓励边讲边想。**讨论问题解决的方法能帮助孩子发现错误。

参考第 10 章提到的,将口语与书面语连接的策略。

Jeffrey Trawick-Smith(1994)提到了与儿童进行真实对话的重要性,也就是"儿童与成人就感兴趣和相关的事物进行交谈"的对话(p.10)。Trawick-Smith 认为,这些谈话给成人提供了机会,让他们可以较为自然地展现略微超出孩子当前能力的表达方式。他描述了这种所谓"教师语"的关键特征。成人的回应是非常关键的,这种回应只需要符合孩子讲话的内容,未必需要符合形式(如正确的语法)。成人应该拓展孩子评论的主题,而不是更正或者改变他们的评论。仔细进行的口语阐述也是非常重要的。成人应该针对孩子的活动进行评论或者询问,以引发他们的反应,不要陈述或者问一些企图控制整个活动的问题。问题也可以促进语言发展,尤其是当问题是开放式的,而非限定的、单一答案的。给孩子留有一定的时间思考他们的答案是非常有必要的。**成人-儿童语言**(adult-to-child language,ACL)是成人对孩子讲话时采用的特殊的言语方式,这种方式更慢、更详细,比成人之间的句式更简短。同时,这种语言的复杂程度应略高于孩子目前的语言复杂水平。

另外一个成人控制下的关键因素就是建立教室的方式,比如房间的安排、材料和可用活动。在幼儿园的各类活动中心里,Pellegrini(1984)观察了 2 岁、3 岁、4 岁的孩子们的言语行为。他采用语言学家 Michael Halliday 的分类方法(在本书的第 6 章有举例说明),将孩子们的谈话进行分类。家务中心和积木能激发孩子富有想象力的语言。在家务中心,孩子会出现许多社交互动性和多功能的语言,这有助于小组形式的社会戏剧想象。相反,在艺术和水上活动中心,当孩子独立活动时,交流就不再是必需的了。

> **思考时间**
> 考虑一下,你会提供什么样的建议使得家长或教师可以帮助儿童发展和使用语言?

Perllegrni 也注意到了父母在场的作用。虽然父母在场增加了幼儿讲话的次数,但是年龄稍大的儿童在父母在场时讲话的次数减少了。这可能是因为年龄稍大的儿童已经能够自己独立玩耍了,不再需要成人的帮助。对于 2 岁和 3 岁的孩子来说,成人在场是非常有必要的。研究结果表明,戏剧扮演是非常必要的,因为这种方式可以为儿童提供充分地使用语言的机会;在参与年龄较大的儿童的社会戏剧扮演时,教师应该更加谨慎。如果戏剧进行得非常顺利,孩子能够采用富有想象力的、多功能的语言,成人也就不应该参与其中了。

有一些聚焦于父母支架作用的研究支持 Pellegrini 关于课堂的结论。Behrend、Rosengran 和 Perlmutter(1989)发现,在研究者设计的场景中,父母的互动模式会对孩子产生很大影响。虽然更强势的父母控制似乎对 3 岁孩子更有帮助,但是这种控制会使得 5 岁孩子的表现更差。

成人可以评估儿童的语言使用情况。成人可以通过观察获得儿童语言的样本,随后发现儿童是否可以根据不同目的使用语言。Genishi 和 Dyson(2009)给出了几条建议,关于成人如何记录、评估幼儿的语言发展:在卡片、便利贴、记事本上记笔记,或者采用照相机和其他电子设备、核查单、商业评估工具以及孩子们作品的轮廓图。

Lane 和 Bergan(1998)探究了"开端计划"所使用的不同的教学方法对学龄前儿童语言能力的影响。如果学生接受的是更直接的语言教学,并且他们的教师能够很好地在制定教学计划时评估学生的需求,那么这样的学生将会展现出最好的语言能力(照片 11.6)。

照片 11.6　这名教师在指导孩子写名字。

通过评估孩子的强项与弱项,为孩子提供与成人、同龄人进行口语交流的机会,成人能够提升幼儿的口语能力。

11.3 语言的文化多元性与发展

成人如何提升来自不同文化和语言背景的幼儿的口语使用情况,我们在本书的第 10 章中提到了一些办法。为所有孩子提供不同的口语机会是非常关键的,尊重并支持所有孩子的家庭语言也是非常必要的(Macrina, Hoover, & Becker,

2009）。然而，关于如何发展口语使用仍旧存在异议，主要的问题会在后面的部分提出来。

11.3a 支持第二语言学习者

成功的双语教学方法已经在第10章中提过了。最常用的方法是过渡模式、维持/发展模式、双向双语模式。过渡方法最初采用学习者的母语进行教学，随后尽快采用英语进行指导。维持/发展方法在学习者母语的基础上构建技能，与此同时，逐渐掌握英语。双向双语模式是为使用少数民族语言和大语种语言的人设计的，以期在理论上这两组人能够成为双语者。总的来讲，评估双语教学项目的研究表明，参与这一类旨在提升双语熟练度项目的孩子在双语的学业成就、发散性思维和认知灵活性上占有优势。

De Melendez 和 Berk（2013）讨论了激发儿童学习另一门语言的环境因素。除了教室所需的基础材料之外，语言材料也应该是能通过第一语言和第二语言获得的。他们建议包括：

- 符合孩子年龄的英文书和家庭语言的书籍。
- 大量的多语言打印材料。
- 其他语言的海报和标识。
- 多语言的材料和活动中心。
- 来自不同文化的音乐。
- 以英语和其他语言为听力材料的听力活动中心。
- 英语和其他语言的软件。
- 反映多元文化的服装。

尽管遭到只说英文者的反对，Genishi（2002）、Macrina、Hoover 和 Becker（2009）均赞同双语教育。如果孩子接受的是双语教育，他们的母语和文

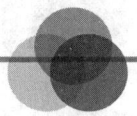

大脑发育

双语能力和大脑发育

Marian 及其同事（2009）回顾了关于双语能力重要性的研究。在神经组织领域（大脑是如何组织的），早期研究关注的是大脑半球的支配性（被一半大脑所支配）。早期的双语使用者的两个大脑半球都处于活跃状态，但是在最初的语言习得时期只说一种语言的孩子表现出了左半球优势，在其进行第二种语言学习的过程中依旧如此。然而，近期采用神经影像学的研究没有发现两半球在偏侧性上的差异；也就是说，大脑两个半球并没有什么不同。但是，在特殊的语言任务上，如句法、词汇、发音过程（在第10章曾定义过），不同脑区的激活情况存在差异，但是在文字加工（书面语言）任务并没有激活程度上的差异。采用高分辨率的磁共振成像（MRI）扫描技术的研究表明，正如我们在第4章提到的，对于能够熟练使用第二语言或者在早期进行第二语言学习的人来说，他们的左侧顶叶（位于头的后部和顶部）灰质的密度更大。因此，单语使用者和双语使用者在学习第二种语言时存在神经差异。

Marian, V., Faroqi-Shah, Y., Kaushanskaya, M., Blumenfeld, H. K., & Sheng, L. (2009, October 13). Bilingualism: Consequences for language, cognition, development, and the brain. *ASHA Leader*.

化在家庭中、社区中以及学校里能够得到保留，那么他们在智力发展上就会占有很大的优势。成人需要同时帮助以英语为母语的孩子和以英语为第二语言的孩子。这是当今成人的首要责任。

在多语言环境中，学习英语变得更复杂起来——也就是说，在这样一个环境中，孩子会讲好几种语言（照片 11.7）。在这种情况下，教师在教学时采用孩子的母语和英语通常是不可能的。例如，Solorzano（1986）提到了在弗吉尼亚州的一所学校，在这所学校中，有 55 种不同的语言。在这样的环境里，教师要开展如第 10 章所提及的双语教学就显得不切实际了。在这类情境中，**英语作为第二语言**（English as a second language，ESL），或英语沉浸式教学项目是唯一的可能。如果能够保证学生有足够的时间用英语进行日常对话，而不仅仅是死记硬背和做教师指挥的活动，这样的教学方法就会取得成功。如果学生所在的环境不断鼓励他们使用英语和同伴交流、和教师交流，并且在交流时使用高质量的语言，那么在满足这些条件的多语种和双语种教室中，学生使用英语交流的熟练度会得到迅速提升（McCabe et al., 2013）。

照片 11.7　教师在给说不同母语的学生讲一本字母书。

来自中国的 Zheng He 对于观察 ESL 班级非常感兴趣，在这个班级中，有一个小女孩的母语是汉语。他有点担忧，因为这个女孩的英文能力没有得到快速提升。以下是他观察记录的节选：

这个班级中有 10 个孩子，他们来自 10 个国家。课堂上有一位教师和一位助教，他们采用浸入式的教学方法，这种方法包含了小组活动以及一对一指导活动。小组活动是以教师为主导进行的，是包含六步骤的 ESL 项目。这个项目以芝麻街为主题，孩子们观看照片，命名照片，读书，听磁带，集体回答问题，角色扮演，做游戏，做练习册。孩子们在小组游戏中花了 50 分钟，随后在一对一游戏、角色扮演、艺术活动中花了 30 分钟。课程中没有设置孩子与某个具体材料玩的环节，也没有给孩子促进学习第二语言的自发谈话的时间。

有些时候，一个教师可能会有一两个在家讲非英语的学生。正如在双语和多语种小组中一样，教师需要为学生提供大量的进行日常对话的时间，让学生不断尝试，鼓励他们成为一个良好的倾听者。作者曾经观察到，一个越南籍的孩子从来没有说过英文，这个孩子在 1 月份去了幼儿园，到 5 月份，她就能够用英语给大家读故事了。教师和其他学生非常包容，也非常接受她，支持她学习英语，所以她可以成功地学习英文。将孩子纳入有讲英语同伴参与的有组织的活动（如，重复的童谣、歌曲、手指游戏、绘本阅读）中去以及成人持续使用语言参与孩子的操作活动（如，拼图、建筑玩具、黏土），都是非常好的学习方法。

Genishi（2002）指出，孩子与父母一起做事是非常必要的。我们在前面的章节中提到过，教师需要了解各个学生的家庭的语言和文化背景。通过调查问卷或者访谈，教师们能够了解到学生们的语言和文化习俗、饮食习惯、孩子的看护安排和父母的期待。反过来，父母可能很愿意在课堂上分享他们的习俗和语言。

11.3b 教授第二语言的学习者

McGee 和 Richgels（2002）指出，当第二语言学习的发生期与第一语言的学习期相似时，实际的熟练度可以分成以下两种类型：

- **基本人际交流技能**：在每天的社交活动中使用的语言，例如，玩游戏和交流。
- **认知学术语言能力**：学术语言，例如，阅读、写作、科学和社交学习。

据估计，基本人际交流技能在 2 年内可以达到熟练，然后认知学术语言能力则需要 7 年才能达到熟练。支持双语教学的人基于基本的人际交流技能/认知学术语言能力模型提出了他们的观点：如果儿童首先以母语学习学术知识，他们可以在之后迁移到英语再进行学习。但是，对于 ELL，关于采用双语教育还是英语沉浸式方法，效用尚存在争议。

正如先前提到的，如果在学校环境中，有大量学生讲的都是同一种小语种，假设教师也能够使用这些学生的语言进行教学，那么双语教学法能够起到较好的效果。另一方面，Necochea 和 Cline（1993）指出，如果将双语教学作为提升学生口语的唯一途径，这种方式是存在缺陷的：首先，没有足够的教师数量可以满足讲少数语言的学生的需求；其次，这样的学生在数量上是少数的，在这些学生中，很多都是讲使用率较低的语言，如苗语、越南语、老挝语。Necochea 和 Cline 认为，许多讲英语的教师在双语理念的影响下会觉得非常无助，觉得他们自己不会起作用。另一方面，

他们也介绍了教师如何采用有创意且有效果的操作方法与小语种学生开展学习活动。在这些方法中，最突出的地方在于它强调了融合和包容，"教师为小语种学生在说明指令上进行调整，这种方式为学生提供了可理解的信息输入，因此可以使得学生有机会参与核心教学主流课程"（Necochea & Cline，1993，p.407）。Mari Rojas-Cortez（2000）提到了阿尔玛·佩瑞兹所在的幼儿园课堂，她采用建构主义的方法教墨西哥裔的美国双语学生。阿尔玛评估了学生的强项与弱项，按照他们的需求教导他们。她采用孩子们的语言与他们进行交流，于是学生们在她的班级中有大量对话的机会，这种方式同时增加了词汇量。在语言发展过程中，以娱乐为主的课程能够为学生提供所需的支持。孩子们学习英语不是通过训练和实践，而是通过戏剧表演、音乐、手指游戏和谈话等方式。

11.3c 对于 ELL 来说的英语能力关键期

Halle、Hair、Wandner、McNamara 和 Chien（2012）的研究表明，在进入幼儿园时，英语水平就达到熟练的 ELL 儿童在未来上学时会与讲英语的同伴达到同样的学业成就。当到一年级的春季时，英语能够达到熟练水平的孩子会比同期没有达到熟练水平的孩子有更好的学业成绩。结论就是，学龄前阶段是发展英语能力的关键期。实际上，在学前班前参加学前项目的孩子在进入幼儿园之后，英语会更熟练。其他的重要因素则包括了有趣的家庭环境以及父母在学校中的参与程度。

11.4 幼儿如何学习书面语言

幼儿不需要印刷出的文字，因为他们被这样环境包围了，这些文字是触手可及的。阅读和

写作是需要学习的，因为它们有助于达到要求的目标。在能够促进儿童语言发展的社会学习环境中，在孩子们的身上会发生什么？印刷字作为家人与朋友之间的连接，体现在许多方面：

- 列出朋友的名单。
- 写便条和信给朋友和家人。
- 制作柠檬汁摊位的标志。

11.4a　在家阅读和写字

　　Heath（1980，1983）研究了一组专业人士的家庭。他们采用前面提到的方法教这些家庭中的孩子们阅读，以达到增长知识的目的。在读书时，他们会对故事阅读活动进行拓展，将读到的故事与孩子们过去的活动联系起来。成人也会评论正在阅读的故事，鼓励孩子，让他们在年龄足够大的时候做同样的事情。其他研究者们发现，一般而言，父母会通过鼓励孩子进行书写活动、培养对书本和书面语言的兴趣，提高孩子们的读写能力。通过与家人、朋友进行的支持性读写活动，幼儿可以了解到书面知识（MaGee et al., 1986）。回顾图10.4中的字母，这些字母是孩子们通过班级的邮件系统寄出并送达的，这是在回到幼儿园之前的夏天完成的。孩子们感到非常激动，通过交换字母的方式写字。收到其他小朋友的信让他们非常激动，其他小朋友能收到来自他们的信，同样也让他们非常激动。这项写作活动实现了与朋友保持联系的目的。

　　当儿童进行写作时，他们也发展出了关于写作的策略。儿童通常在写作前、中、后进行讨论。他们可能会通过谈话的方式获取写作中需要的信息，或者在写作过程中进行评论，或者在他们写好之后念出来。儿童似乎会通过互相谈论作品以及将自己的创作读给对方来强化自己的写作。他们能够将在其他语言环境中学到的口语或书面语，继而运用到写作中。最重要的是，为了让幼儿写字，成人要愿意冒险与尝试。毕竟，大多数成人不认为写作是学龄前儿童和幼儿园儿童应该做的，也不鼓励进行这样的尝试。应该注意的是，较早开始写作和阅读的孩子身边通常有一位鼓励他们进行读写的家人。如果成人对于新创造的拼写和非惯用句子的接受度与他们对于口语的接受度一样，那么儿童将自己学习如何控制书面语言（Bissex, 1985；MaGee, Richgels, & Charlesworth, 1986）。

　　研究者们试图发现成人与儿童之间的互动的特点，这对于鼓励读写能力的发展非常重要。这篇研究的综述指出以下几个因素是能够对孩子起到支持作用的（McGee et al., 1986）：

- 在读书之前，问一些热身问题。
- 在读故事的过程中，提供一些语言互动。将故事内容与孩子以往的经历联系起来。
- 积极强化孩子的反应。
- 在读完故事之后，问一些评价性问题。
- 在婴儿期，在读书过程中开始进行对话，在孩子能够回应之前，将孩子的前语言反应当作正常反应，然后奖励类似的词，最后婴儿会使用传统的词语进行命名。
- 在与婴儿对话的过程中，妈妈们可以对说明中的重要部分进行标记。
- 鼓励婴儿模仿成人的反应。

　　这类互动似乎能够奠定良好基础，儿童可以在日后的学校读写活动中较为成功。上述行为更可能见于专业阶层和中上阶层的父母与孩子的互动中，而在蓝领阶层或者低收入阶层家庭中更少看到这种亲子互动。相较于中产阶层的母亲，低阶层的母亲很少采用讲话这种方式，在阅读故事的时候使用的词汇也更加有限。家庭读写项目通过为家庭成员提供更好的图书分享经验，帮助丰富 ELL 孩子的读写技能（Harper, Platt, & Pelletier, 2011）。如果互动模式是相互的，强化孩子使用口语和书面语言，并且鼓励孩子进行尝试，而非采用成人的指导以及批评的方式，那么故事阅读和写作任务对儿童来说是最有价值的。词汇拓展是读写能力中非常关键的部分。Dail 和 McGee（2011）为学前教师开创了一个职业发展项目，用于课堂词汇教学。教学目标是让幼儿使用更高水平的词汇。

前面提到，提出问题是读写能力发展中的关键因素。读者向非读者提出的问题很重要，同样重要的是孩子们向其他读者提出的问题。儿童会提出许多关于印刷文字方面的问题（McGee et al., 1986）：

- 字母："这是什么字母？"
- 单词："这个单词是什么意思？"
- 信息："人们也是从鸡蛋里长出来的吗？"
- 印刷文字："哪里写到……？"

有些推测是关于为什么孩子在被问到这些问题之后，其读写能力会有提升。一个可能的原因是，在婴儿期和学步期教孩子进行阅读时，孩子会模仿成人的行为。而且，书籍插画在印刷品上通常都是非常显眼的，比如说，一个路标或者一个建筑标记，都可能会吸引孩子的注意。另外，随着他们学到了一些字母，可能会被书本中的这些字母吸引，想要知道包含这些已知字母的单词是什么意思。

在家写字可以从多个方面进行，Strasser 和 Koeppel（2008）提出以下建议：

- 在一个专门的地方展示孩子的作品。
- 在你的孩子面前写东西，并且谈论你所写的内容。
- 请你的孩子讲故事。
- 为特别的时刻写贺卡。
- 为孩子创建一个"办公"空间。
- 要去购物时，让孩子列一份购物清单。
- 在家里的几个地方，放一些写作材料，在篮子或者其他容器中放一些铅笔、蜡笔和笔记本。
- 让孩子接触到计算机或者平板电脑。

科技也为孩子获得有关早期阅读与写作的知识提供了途径。计算机软件提供了最初的阅读和写作程序。电视提供了许多针对儿童的电视节目，教他们字母表、字母发音、常用词和文学作品。美国公共电视网的教师资源频道提供了若干项针对读写能力的活动，这些活动均基于一些儿童项目，像《亚瑟、巴尼和朋友们》（Arthur, Barney & Friends）、《大红狗克里弗》（Clifford the Big Red Dog）、《卡由》（Caillou）、《罗杰斯先生的邻居》（Mr. Rogers' Neighborhood）、《龙的传说》（Dragon Tales）、《杰杰喷射机》（JayJay the Jet Plane）、《芝麻街》（Sesame Street）和《野生动物》（Zoboomafoo）。除此之外，美国公共电视网拍摄了《我们一家都是狮子》（Betweenthe Lions），这是专门为 3—7 岁儿童的早期阅读能力设计的系列动画片（Rath, 2002; St. Clair, 2002; Moses, 2009）。《阅读彩虹》（Reading Rainbow）节目有自己的网站和客户端，旨在为孩子介绍经典文学作品。从 Moses（2009）的综述来看，她认为观看一定量的教育节目有助于儿童发展持续且积极的读写习惯与技能。

电子书有助于读写能力的发展（Hoffman & Paciga, 2014; Salmon, 2014）。电子书可以涵盖经典的或较新的儿童故事，同时也包含了其他内容，比如在线动画和互动内容（Hoffman &

Paciga，2014）。书籍可以下载到电子阅读器和平板电脑中。当使用电子书时，这种分享阅读的经历会非常令人激动。

电子书也能让幼儿接触科技，提供试验的平台。正如前面提到的，儿童在2岁前不应该接触数字媒体。对于2—5岁的儿童，成人在采用电子书进行分享阅读时，应该采用与阅读纸质书一样的形式。Salmon（2014）回顾了关于电子书有助于3—7岁儿童的语言能力发展的研究。电子书可能包含许多软件，也可能以CD、DVD、电脑书、互动图书和数字图书的形式出现。以上形式的媒体资源统称为电子书（electric book/e-book）。电子书与传统书籍最大的不同在于，孩子们能够控制听故事、翻书、通过移动鼠标或者按按钮看情节。儿童与成人一起看电子书或纸质书的受益是相似的（照片11.8）。综述指出，电子书分享的获益程度取决于"软件质量、交互特征、反复阅读、成人的互动支持"（Salmon，2014，p.90）。

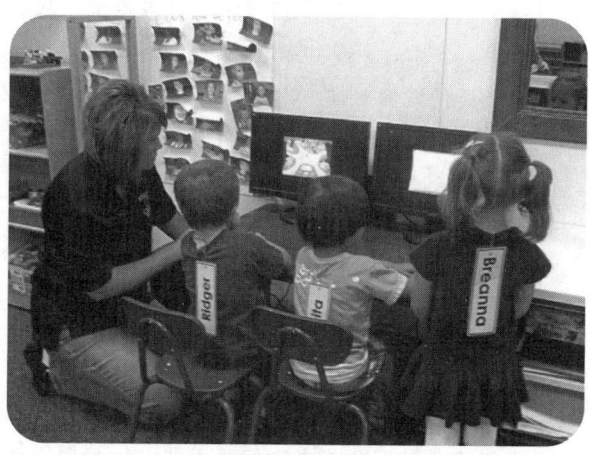

照片11.8　当孩子使用电脑时，教师提供支架支持作用。

11.4b　在学校阅读和写字

传统的幼儿园课程关注**字母名**和**字母音**。了解孩子如何学习字母名称和字母音，并安排年龄适宜的活动，这是极其重要的。Treiman、Tincooff、Rodrigues、Mouzaki和Francis（1998）探究了幼儿如何学习字母发音。他们的研究主要聚焦于学龄前和幼儿园学生。幼儿在他们能做出特殊的声音联系之前，已经学习了字母名。然而，McBride-Chang（1998）的研究表明，儿童会在初次进行拼写时，将自己已知的字母名应用起来。Treiman及其同事（1998）记录了儿童使用他们已知的字母名称来学习字母发音的过程。最容易学习到的声音-符号联系是孩子名字中最开始发音的那些字母，像字母b。其次容易学到的是名字最末尾发音的那些字母，像字母l。像字母f这样，含有声音线索的字母会比那些不包含声音线索的字母容易学，如字母w。作者推论道："儿童……不会死记硬背声音-字母之间的联系，他们会基于自己已知的、名字中包含的字母名和声音之间的联系进行理解"（Treiman et al.，1998，p.1537）。作者们提到，根据他们的研究结果，美国幼儿园的常见做法是在每一个字母上花同样多的时间学习，这种教学方法没有任何意义。容易学的字母音应该用较少的时间进行学习，而将更多的时间放在更难的字母音上。

我们在第9章曾提到，学习字母的很重要的动力就是孩子的名字（Kirk & Clark，2005；Schickedanz & Collins，2013）。一个孩子的第一个常见词就是其名字：

萨默坐在奶奶的电脑前，正在"写一本书"。这本书以"萨默"开头，随后是几行随机写上去的字母和数字。

孩子对自己名字的表现出了极大的喜爱，最终也会对朋友的名字产生喜爱之情。Kirk和Clark提出，在有意义的场景中使用名字，像小房间上的名字、孩子作品上名字、工作表的名字以及每天在教室签到时写的名字。在学前班，工作表鼓励孩子认识同学们的名字，并且记住其中的相似与差别，如当班级里有叫约翰（John）、简（Jane）、吉姆（Jim）、乔恩（Jon）的同学。

Jolongo（1998b）对只采用**语音**教学法进行阅读教学提出了批评，这种方法注重学习声音－符号之间的关系，认为这是学习阅读的关键。这种教学通常涉及大量抽示卡训练和练习题任务。除了有听力障碍的孩子，语音教学法有助于解读新单词。然而，正如 Jalongo 指出，着重于语音教学不能实现真正的阅读目的，即理解。同时，这也会降低孩子们读书的兴趣以及获取信息的动力。孩子们需要学习阅读和阅读的基础；随后，他们能了解到，语音是读写能力中的重要工具。阅读的第一步就是将孩子放到书籍和其他印刷媒介中（照片 11.9）。正如前文提到的，这也是 NCLB 项目中的一个主要的担忧。

照片 11.9　孩子喜欢独自或者与朋友一起选书看。

我们已经了解到**绘画**与**写字**是密切相关的。Oken-Wright（1998）提到了几点，在提高孩子的绘画水平的同时，可指导他们进行创意写作。第一，问关于绘画的正确的问题。Oken-Wright 认为"这幅画中发生了什么？"这样的问题是扩展孩子口语能力的最好的问题。教师需要以口述开头，随后让孩子进行复述，最后进行独立写作。可以参考 Thompson（2015）。

11.4c　成人在早期阅读和写作发展中的作用

通过回顾早期关于阅读和写作学习的研究，McGee 和同事们（1986）得出这样的结论，儿童需要大量的纸媒经验以支持初期的读写能力发展。他们需要的不仅是认识和区别声音和字母、学习押韵、发展口语技能。儿童早期教育者需要研发用于家庭和学校的课程，这些课程需要包含各种纸媒经验（Rosenkoetter, 2001a, 2001b; McGee & Morrow, 2005; McGee & Richgels, 2012; Genishi & Dyson, 2009）。McGee 和同事们（1986, pp.63-65）提议如下：

- 记录孩子听写的故事、信件或信息，引起他们对于传统印刷文本的注意。
- 当孩子使用材料进行戏剧表演时，指出所使用的纸质材料，比如电话号码簿、故事书、购物清单、贺卡、菜单和杂志。
- 当孩子阅读的时候，比如在图书馆或者休息时，成人以阅读的方式塑造孩子的阅读行为。
- 让孩子在进行实地考察旅行时读出标识。
- 读出孩子的听写文章，他们阅读自己听写出的文章。
- 鼓励写作和绘画，让孩子命名自己的作品。
- 注意到语境中的字母，比如在写名字、为绘画命名、做听写练习时。
- 提供大量的写作工具和写作材料，比如印有横线和没有印横线的纸、大纸张和小纸张、钢笔、铅笔、粉笔和黑板、颜料和画刷（照片 11.10）。
- 鼓励孩子写字，接受他们所写的，不论多么偏离常规的文字。

- 提供道具和纸质材料能够激发儿童进行角色扮演或者情景再现。
- 在玩耍和写作活动中，鼓励合作性社会互动。
- 提供可移动的字母，鼓励他们进行尝试（比如，配对、分类、排序）。
- 鼓励孩子写那些对于他们很重要的单词，从而激发孩子的兴趣（比如，自己的名字、朋友和家人的名字、宠物的名字或者喜欢的玩具材料）。
- 为他们提供机会练习写字、制作贺卡、列清单、做标签、写说明以及写故事。
- 用手指指向孩子正在读的单词，让他们注意到这些熟悉的故事中的文字。
- 给孩子写留言（比如，"我喜欢你""你真是一个好帮手""谢谢你，今天玩得很开心""该洗手了"）。
- 让孩子们看到成人使用书面语言（如，列清单、写文字说明、做笔记）。
- 鼓励在读故事期间进行提问与讨论，特别是将故事内容与孩子的以往经历联系起来。
- 寻求父母、志愿者、年龄稍大的孩子的帮助，经过训练能够读故事，可以让他们独自阅读故事。
- 通过模仿易掌握的故事，如在那些可预料情节的图案书中翻到的故事，为孩子提供机会，鼓励假装阅读。
- 提供丰富的阅读材料，包括儿童文学、无字绘本书、报纸、电话号码簿、目录、动画片、菜单、优惠券、广告宣传品和儿童杂志（照片 11.11）。

这些材料和活动为幼儿提供了充满印刷品的环境。将本章中的信息用在这样的纸质环境中，成人可以通过鼓励儿童构建自己对于纸质印刷文本的概念、发展自己的阅读和读写技能，从而加强他们的读写能力的发展。

照片 11.10 老师帮助孩子在写作中心选择写作工具。

照片 11.11 听力中心提供了一个听故事和跟随书中叙述的机会。

> **思考时间**
>
> 想想你为什么同意或者不同意下面的观点："成人在儿童阅读和写作发展中的主要角色是给儿童提供丰富的印刷文本环境，鼓励他们的阅读和书写尝试，接受他们现有的程度并不断地鼓励，适当地退后以观察他们的读写能力发展进程。

11.5 为游戏提供机会

游戏是幼儿学习的主要媒介（见本书第 2

章)。在游戏的过程中,儿童能够与印刷文字相互作用,这样的机会不可或缺(McGee & Richgels, 2012)。除了教室里的阅读和写字中心(正如第10章所描述),其他的游戏中心都包含纸质材料。家里应该有杂志、电视导览、电话簿和儿童绘本。也应该有足够的便利贴、空白记事本、铅笔、钢笔,以便记下电话留言和购物清单。厨房架子上应该放上硬纸盒。其他的戏剧扮演中心应该提供类似的印刷材料。

游戏不仅仅是幼儿园中的主要活动,也应该是学前班的主要活动。假想游戏在幼儿园和学前班儿童身上的(Leong & Bodrova, 2015)发展水平最高,学前班儿童记笔记、列清单、制作标牌甚至变得更加重要。在策划和创作戏剧扮演角色中,语言是必不可少的。将故事戏剧化非常重要,这项活动可以延伸到小学阶段。West 和 Cox(2004)提出了许多关于戏剧扮演中心的想法,其中包括了读写能力的道具。以往,戏剧扮演游戏主要发生在邻里之间,年龄稍长的孩子指导年龄较小的孩子。在幼儿园或者学前班,戏剧扮演通常只有 1~2 小时,Leong 和 Bodrova 指出了成人提供在戏剧扮演中

的某些要求的重要性。教师可以询问孩子是否想要进行扮演,哪些角色需要纳入进来,他们需要什么样的道具。

儿童可以通过发展适宜的活动来学习阅读和写作,这样的活动可以激发他们的创造力,发挥他们对于书面语言的理解。更多的指导守则,请参见 Greenberg 关于阅读、写作和拼写的讨论(1988a, 1998b, 1998c),McGee 和 Morrow(2005)也为学前班儿童的读写教育提出了一些建议。多语言环境中的双语学习者(Duall-Language learners, DLLs)也可以从尝试写作中获益(Shagoury, 2009)。他们可以画画,用一些英语和家庭语言的拼写体系写字(即怎样使用字母)。DLL 学生学习任何语言的书写过程都是相似的(Shagoury, 2009)。

11.6 成人如何培养幼儿概念、语言和读写能力发展中的创造性

音乐、艺术、戏剧、舞蹈以及写作这类表达性艺术应该纳入儿童的课程体系当中。表达性艺术可以培养**反思性学习**(比如,从内至外地学

早期儿童教育技术

孩子的经历能够激发他们进行绘画、写作和阅读的热情。实地考察旅行非常具有激励性,但并不总能实现。虚拟实地考察旅行(Virtual field trips)可以作为教育旅行的一种方式。通过互联网,孩子们能看到博物馆、乡村地区、城市和其他名胜古迹(甚至其他国家)。有些旅行可以在线获得,但是教师和学生也可以建立自己的旅行。例如,他们能用视频记录下自己的动物园或者农庄之旅,以便日后观看。Kirchen(2011)为虚拟实地考察旅行提供了一些信息,包括其中的利弊。

Kirchen, D. J. (2011). Making and Taking Virtual Field Trips in Pre-K and the Primary Grades. *Young Children*, 66(6), 22-26.

习）。这能促进象征发展，使其在发展的各领域有所提升，孩子被认为是能建构意义、创造意义的人。表达性艺术可以整合到所有内容领域之中，让孩子可以进行创作。成人的作用是提供材料，促使孩子不受拘束地使用材料（图 11.1）。

图 11.1　合作：萨默让她的奶奶画了一个萨默的图，萨默给这个小人画上了手臂和腿；随后，萨默画出了奶奶和妈妈。

Mayesky（2012，pp.10-12）列出八项可以鼓励孩子表达他们天生的创造力的方式：

- 帮助孩子接受变化。
- 帮助孩意识到，有些问题没有简单的答案。
- 帮助孩子知道，有些问题可以有很多答案。
- 帮助孩子判断并且接受他们自己的感觉。
- 当孩子表现出创造性时给予奖励。
- 在自己做出创造性产品或者解决难题时，帮助孩子感受到快乐。
- 帮助孩子欣赏自己的不同。
- 帮助孩子培养坚持不懈的精神——"不屈不挠"。

Mayesky 提出，"创造是一种思考、执行或者创作的方式，产生于个人，受他人重视"（p.4）。

当孩子进入表征阶段，大约是在 5 岁左右，教师可以将美术整合到单元主题和项目中，以此作为学生展示所学、所经历的方式，同时也让学生能够产生灵感。Nancy Smith（1982，1983）提出了一个方法：成人提供一个主题，留给学生足够的空间进行创作。Smith 认为，随着孩子逐渐掌握写实绘画，并且接触了各类媒介，教师不再需要待在后方。她的方法是在儿童足够大的时候（也就是，儿童达到 5 岁以上），提高儿童观察艺术的能力。她发现，如果孩子被鼓励去观察所绘画的物品，而不是通过回忆完成绘画，他们可以创作出细节更多的艺术作品。图 11.2 和图 11.3 是学前班儿童通过观察创作的绘画作品（Koenig，1986）。观察的对象是在幼儿园和学前班能看到的塑料动物以及一只活虾。在孩子们进行绘画之前，成人与孩子讨论了关于这些动物的视觉特征：轮廓、形状、身体部位。孩子们最终的作品非常精细写实。与 Smith 收集的数据相比，这些孩子发展得较好，可以在绘画作品中包含许多年龄稍大的孩子才能画出的细节。

创造力在后天会受到社会互动的影响。最初想法的萌芽通常源自与同伴和成人的互动（Mayesky，2012）。Mosley（1992）观察到，学前班儿童会分享关于基本绘画元素的想法，比如鸟、彩虹、房屋、人，将这些元素纳入最初的绘画中。Thompson（1990）回顾了儿童说话和绘画发展的理论与研究。在儿童 3 岁之前，了解书写工具可以做什么的行为通常能够吸引所有儿童的

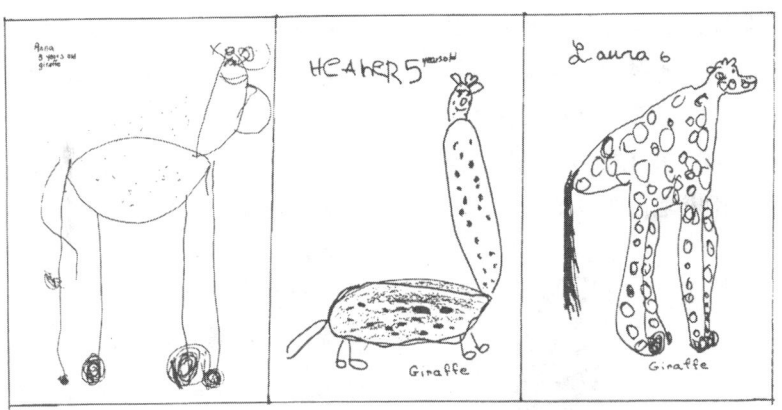

图 11.2　上面三幅长颈鹿图是三个学前班孩子的观察绘画，这三幅图展示了儿童发展的三个水平，从线条画到形状、轮廓、图案绘画。

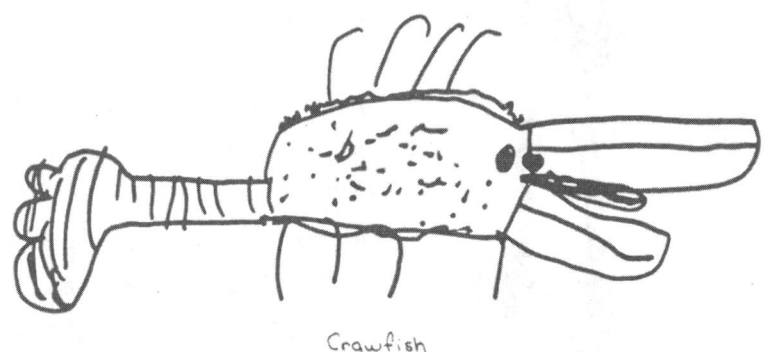

图 11.3　上面这幅虾是一个学前班孩子的观察绘画，展示出这个孩子对于细节的注意力超出同龄孩子。

注意力。大约3岁，儿童能够讨论他们的绘画作品，在这一点上，成人和孩子能够围绕艺术作品进行讨论。这种成人的帮助促进了儿童作为艺术家的发展，将我们再次带回维果茨基的支架理论。成人的评论应该是对儿童评论的反应，应该关注的是形状、颜色、材质等，而不是关于主题的询问或者让他们讲一个故事。合适的评论就像这样，"你一定喜欢明亮的颜色"，或者"你一定喜欢画圆圈。"

问孩子关于促进创造性思维的问题，比如：

- 一头大象如果没有象鼻，会怎么样？
- 如果早上你看向窗外，院子里有一只恐龙，你会怎么做？

鼓励孩子进行想象。当孩子说，"我的房间里有一只短吻鳄"，就继续讲下去。问孩子这样的问题，比如"它在做什么？它饿了吗？它叫什么名字？"这类游戏可以发掘孩子的创造潜能，鼓励孩子使用想象力。让孩子保持好奇心，让他们自由探索，引导他们自己发现答案。每个孩子都有创造的潜能；成人会从孩子的身上发现这些。有许多可以利用的资源能提升创造力，像Koraled（2004）、Mayesky（2012），以及Fox和Schirrmacher（2012）。

评估学生的创造力。选择学生的一件作品，如绘画、故事、积木建筑。写下孩子在这项活动中所做的事情。采用下面的量表评估每个孩子的创造力水平。

名字_____ 活动_____ 日期_____

创造力量表				
1	2	3	4	5

低创造力	中等创造力	高创造力
（缺乏独创性、灵活性、好奇心、探索精神——可能会看别人在做什么，直接照着做。）	（具有某些创造力的特性，但不是全部）	（表现出独创性、灵活性、好奇心、乐于探索——会做他想做的事情——不会受他人的影响）

图 11.4 评估创造力

`专业资源下载`

本 章 总 结

11.1 解释发展适宜性教学怎样支持概念和语言发展。
有意识的教学（Epstein, 2014）强调了以儿童为导向和以教师为导向的指导之间的平衡。以儿童为主的活动是由儿童选择控制的，但是活动材料通常是由成人选择的，并且会有一个目标。概念词汇对于儿童来说是必要的，需要解释他们怎么解决问题以及描述他们发现的问题。进行讨论、开展对话、读书、写字和讲故事都提供了读写的经历，有助于语言发展。成人作为儿童学习语言的对象，提供语言经验与互动。与适合的成人、同伴进行互动对话是儿童早期语言成功发展的最关键的因素。在婴儿期和学步儿期与成人进行丰富的语言互动的学前儿童会有更高的语言水平。

11.2 描述成人拓展儿童口语发展的方法。 成人在儿童参与讲话的发展中起到了关键作用。成人提供了促进说话机会、最初的对话经历的环境。对于婴儿、学步儿、2岁孩子和3岁孩子，成人需要有意识地参与对话，并且增加互动对话。对于4岁和5岁孩子，成人会减少自己的介入，会观察儿童，让他们自己掌握自己的谈话。然而，如果儿童的谈话中没有体现出多种功能性语言，成人可能要介入谈话，并为谈话提供一些想法。鼓励幼儿进行自言自语也非常重要，2—5岁的孩子以此为指导控制他们的活动。自言自语在儿童早期的口语尝试与后期的言语思考中起到了桥梁作用。

11.3 选择重要的成人责任，以支持语言的多样性。 来自不同文化的孩子可以通过大量的对话经历拓展自己的口语使用机会。然而，关于双语经历或者沉浸式经历是否是掌握标准英语的最好方式依旧存在争议。最重要的一点就是，成人尊重并支持儿童的英语学习和家庭语言学习。在学校环境中，理想的状态是有会讲双语的成人或是两个各讲一种语言的人。然而，许多班级都是多语种的。这取决于教师学习每种语言的基础词汇的多少以及教师怎样鼓励家长或者社区成员在班级中的时间。ELL学生所接受的语言教学取决于班级中的族群构成。口音不标准的讲话者不应该在讲话过程中一直被指正：这将打消他们讲话的积极性。当他们在低年级开始写作时，他们可以通过改正作业的方式，学习标准英语。

11.4 讨论在家庭和学校中，成人在儿童读写能力发展的学习和支持中起到的作用。 上学之后，儿童已经知道许多书面语言，教师可以充分利用。正如他们可以充分利用孩子所知道的口语知识。童年早期的教室应该是充满印刷文字的环境，儿童在此可以通过阅读和写作建构知识。家中有较多纸质印刷品的儿童在入学后能认识周围环境中的文字，知道怎么看书，认识全部或者部分字母表，能够写下自己的名字或者一些单词，知道信件、便签、清单和其他纸质材料的形式和使用方法。他们需要在家拥有较多的读故事的任务，在这一过程中，他们会被问到许多问题，并且受到鼓励去提出问题。科技在语言和读写能力的发展中也非常有用。

充满印刷文字的教室可以促使儿童朝传统阅读和写作方向发展。对于那些很少有文字经历的儿童，这种充满印刷文字的教室可以用其他孩子在家经历的自然的方式，将他们带到阅读和写作的世界。本节描述了22条有助于阅读和写作学习的经验。

11.5 **提供游戏的机会。游戏是儿童学习的主要媒介。**社会戏剧扮演有助于概念、语言和读写能力的发展。纸质材料和使用语言对于戏剧扮演来说必不可少。儿童能够谈论自己的涂鸦、绘画及其他创作作品。

11.6 **解释成人如何为儿童的语言、读写能力和概念发展提供创造性体验。**与幼儿相处的成人为儿童提供可以坚持独创的、不寻常想法的环境，鼓励他们的创造性行为。绘画和写作应该给予儿童的兴趣和想法。想象力应该得到鼓励。

第12章 情感发展

本章涉及的标准

naeyc
美国幼儿教育协会项目标准
1a：了解并理解0—8岁儿童的特点和需求

DAP
儿童发展适宜性实践指导方针
1：为学习者构建一个充满关爱的社区
1C：社区的每个成员都礼貌而负责任
3A 1：教师熟悉并理解各年龄段的关键技能
5：和家庭建立互惠关系

学习目标

在阅读本章之后，你应该能够：

12.1 确定情感的含义和主要的理论家对情感发展的观点。

12.2 探讨六种具体情绪和幼儿阶段的情绪发展。

12.3 识别对人格发展有影响的因素。

12.4 识别儿童在性态理解的六个发展阶段。

12.5 识别影响自我概念和自尊发展的因素。

12.6 描述社会性发展的理论观点。

12.7 确定童年早期社会关系的价值。

12.8 多角度描述同伴关系。

12.9 描述幼儿道德发展的影响因素和皮亚杰的道德发展理论。

12.10 阐述融合与社会化对于残疾幼儿的价值。

12.1 主要的理论家对情感发展的观点

在心理学中，**情感**通常被界定并划分为一个专门的研究领域，该领域主要关注个体的社会性、情绪、人格特征和自我概念的发展。几位主要的心理学理论家都对情感发展产生过浓厚的兴趣，如弗洛伊德、埃里克森、罗杰斯和马斯洛曾经一直把情感发展作为他们关注的中心。弗洛伊德的理论聚焦于人格的发展。埃里克森的理论关注社会环境对人格发展的影响。罗杰斯和马斯洛的理论都强调了自我概念的发展。只是与罗杰斯不同，马斯洛认为自我概念的发展是借助于自我实现完成的。班杜拉的社会学习理论聚焦于个体思维的情绪与动机层面（Miller，2011）。皮亚杰的社会性理论主要关注个体与社会道德、情感和智力发展中的社会性之间的关系（DeVries，1997，p.4）。维果茨基则认为认知就是一种社会活动，个体在活动中获得社会经验并借助这些经验逐步获得了对人们如何思考的认知（Berk & Winsler，1995）（照片 12.1）。

正如前面讨论的那样，在婴儿期就形成的某种情感纽带正是个体依恋和未来独立性发展的基础。处在 1—3 岁的学步儿童能够靠他们自己的力量独立行动。3 岁以后，当儿童与他人进行交往互动时，他就会对社会活动表现出兴趣，并表现出发展积极自尊的需求，有些孩子甚至对那些处于困境或痛苦中的他人表示出了友好。因此，到学龄期，儿童已经经历过两个阶段的情感发展了。

12.1a 弗洛伊德

弗洛伊德（Miller，2011；Newman & Newman，2007）描述了孩子从出生到青春期的五个发展阶段。如前所述，婴儿处于口唇期，学步儿处于肛门期，3—6 岁的幼儿处于**性器期**，7—13 岁的儿童处于潜伏期。

表 12.1 分别列出了这四个阶段及各阶段发展的关注焦点。弗洛伊德认为，在整个性器期儿童开始逐步意识到自己是男性还是女性。同时，儿童必须处理好性别认同过程。在完成性别认同加工后，儿童开始做出和同性别的父亲或母亲相似的行为。随着儿童超我的发展（关于超我的发展会在后面介绍埃里克森的理论时深入探讨，也可先参看照片 12.2），稍大一些的儿童的道德感也有所发展，即儿童开始具有是非感了。

表 12.1 弗洛伊德对童年早期人格发展的阶段划分

对年幼儿童来说，学会用积极的方式处理在各个阶段遇到的各种问题是非常重要的。

阶段	年龄	关注
口唇期	婴儿	进食体验中的情绪方面
肛门期	1.5—3 岁	如厕训练体验中的情绪方面
性器期	3—6 岁	性别角色认同和道德发展
潜伏期	7—13 岁	先前发展阶段的巩固

到达学前期的时候，儿童人格的三个主要结

照片 12.1 在快乐和悲伤的表情中，都能看到的情感行为。

照片 12.2 学前儿童越来越独立并开始承担某些具体的责任。

构——本我、自我和超我（见表12.2）——已经形成。**本我**在个体出生的时候就表现出来了，其中包括了个人无意识的动机和欲望。本我的运作遵循满足与快乐原则，即本我主要与儿童的舒适和快乐有关（在本我的引导下，儿童会更多地关注自己的舒适和愉快）。从孩子一出生，**自我**就开始发展，而且随着儿童发现他们自身可以与周围环境相分离的这一事实，自我都在持续发展中。自我的最大的特征是个体拥有了理性，具有了一定的常识，并（依据这些理性与常识）指引个体按照现实的原则去行动，即自我主要负责帮助儿童理解现实世界。在4岁左右，儿童的**超我**开始发展，超我也是个体的良心，它是人格中遵循社会道德价值原则的那部分。

本我、自我和超我常常相互冲突。本我指引儿童继续像婴儿一样去从事带来快乐与满足感的活动，例如在本我的驱使下，儿童会去拿妈妈已经说过不能再动的饼干；会从别的孩子那里夺过玩具，只是因为他现在就想玩。超我经常告诫儿童要做好人：不能愤怒，不能去拿那些饼干，绝不能拿走别人的东西。而自我必须在本我和超我之间起调节作用，以使儿童不至完全被超我或自我所控制。通过自我的作用，儿童逐步获得了一种自我感，以使他们能够充满信心地采取主动行为，而又不会逾越社会规则。在一种极端的情况下，那些完全被本我统治的儿童只会考虑自己的快乐与欲望，并会做出与他们的想法相应的行为。在另一种极端的情况下，那些完全被超我控制的儿童或许非常害怕做错事，以至他们常常不敢主动获取机会。结果，这些儿童最终并没有获得一种目标与主动感。

表 12.2 **人格结构：精神分析的观点**

人格结构	开始发展的年龄	特征举例	何时出现了控制
本我	出生	● 无意识动机 ● 快乐原则 ● 源于最原始欲望的行为，如饥饿和舒适	儿童处于饥饿状态。如果他想吃零食，他就去拿饼干，因为他更喜欢饼干，即使他被告知应该去吃水果。
自我	一出生就开始发展	● 理性与常识 ● 现实原则 ● 调节自我与超我；努力让二者处于控制之下	儿童处于饥饿状态。儿童想吃饼干，但被告知只能吃水果，于是儿童就选择了吃苹果。
超我	4岁左右时开始发展	● 良心；社会道德价值融合	儿童处于饥饿状态。在没有事先得到成人允许的情况下，儿童不敢去拿任何食物。如果成人不在场，儿童会继续忍受饥饿而不会主动去拿食物吃。

12.1b 埃里克森

埃里克森的理论包括了发展的八个阶段，每个人在从出生到衰老的发展过程中都会经历的八个阶段。

如前所述，在发展的前三个阶段，婴儿主要应对的危机是信任对不信任，学步儿遭遇的危机是自主对羞怯和怀疑，学龄前儿童需要面对的危机是**主动对愧疚**。而在小学阶段，儿童开始进入第四种危机：**勤奋对自卑**。每一个阶段的危机都会在上一个阶段或早期的危机中找到根源，而且这种根源会继续影响儿童下一阶段的进一步发展。埃里克森关于早期儿童发展的四个阶段内容详见表12.3。埃里克森认为，在所经历的所有危机中，没有哪一种危机会被完全化解。因此，（由这些未被化解的危机所带来的）内心冲突会伴随我们每个人生命的全过程。谁成功处理好了每一个发展阶段的危机，谁就能学会用一种积极而健康的方式去应对这些冲突。

学前儿童具有一种在这个年龄所特有的目标感，他们常常会为了一项活动去规划并随后着手完成一项任务。这个发展阶段的儿童喜欢深入了解事物，喜欢探索未知世界，但同时他们也必须了解自己积极主动（行为）的局限性。儿童必须开始学会不那么过度依恋父母或适当地与父母分离，并独立做一些事。儿童的独立性是成人逐步给予的，年幼儿童必须了解什么样的行为是负责任的行为，什么样的行为是不被大家接受的行为，儿童的良心或是非感在这一时期开始发展。自我或自我概念对儿童在精神动力、感知、人际交往和社会性方面的基本技能起到逐步完善的作用，儿童开始变得越来越独立，并能为自己做更多的事情，如化妆或收拾打扮，选择自己喜欢的零食，用木头、黏土和其他材料做一项工程。与此同时，他们开始表现出对自己的行为有了内部控制。

在整个学前期，儿童性别角色认同的基础得到了构建，在有关是男性还是女性的判断中，男孩和女孩都知道了自己是谁。游戏是年幼儿童的主要活动，它对儿童学习如何把幻想转化成现实以及如何化解冲突起到了预演的作用。通过游戏，儿童可以开展一项不需要借助其他实际可利用物品就能进行的活动，通过表演游戏和故事，儿童能够做成人做的事情。儿童这时也开始十分清晰地意识到了成人具有他们所没有的特权。在借助玩具、工具进行的活动中，或要求负责照看更年幼儿童的活动中，学前儿童实际上是对类似成人的行为进行了练习。那些成功度过这一阶段的儿童也就学会了如何在社会所限定的规则范围内采取了积极主动的行动。这个时期的儿童具有某种道德感，但这种道德感还不能战胜他们想去做成人能做而自己根本做不到的事情时心生的愧疚感。儿童获得新的控制感有助于让他们的活动始终保持在现实规则的范

表12.3 埃里克森的理论：早期儿童发展的四个阶段

埃里克森的理论主要关注人在毕生发展过程中所经历的八个发展阶段。每一个阶段都会出现新的矛盾与冲突，需要人们去化解。每一种冲突都始于人们的婴儿期并持续影响人的一生。下面列出的是儿童所经历的四个发展阶段。

阶段	所面临的冲突
1. 婴儿期	信任对不信任
2. 学步儿期	自主对羞怯与怀疑
3. 学前期	主动对内疚
4. 学龄期	勤奋对自卑

围内。

当儿童进入学龄阶段的时候，他们就进入了勤奋对自卑阶段。在这一阶段，对儿童来说，获取成功和让活动富有成效显得十分有必要，这样他们就不会形成自卑感。儿童对于丰富而有成效的活动的寻求不仅可以借助认知活动，如在校园情境中设置的活动，也可借助在做手工和收藏、身体活动（如体育和舞蹈）以及绘画和音乐等艺术方面的投入。

12.1c 罗杰斯和马斯洛

正如第 1 章讨论过的，罗杰斯和马斯洛并不是持阶段论的理论家，两人关注的都是个体积极自我概念的获得过程。他们认为，在父母的关爱和与同伴积极互动的支持下，儿童逐步趋向于自我实现，在 3—6 岁，儿童开始把关注点从父母那里移向同伴，因而与弗洛伊德和埃里克森相比，马斯洛和罗杰斯认为儿童与同伴的互动更重要。

罗杰斯强调了儿童关注个人体验的重要性，认为儿童需要充分利用自己的身体力量和智力从日常生活中最大限度的获取体验。在对儿童的培养方面，罗杰斯和他的追随者们强调采用商讨的方法，也就是强调通过成人与儿童一起讨论问题的方法来对儿童进行培养。对于情绪健康的人来说，其情绪能表露出来，同时他们也能看出别人的情绪，他们能形象化地表达自己的情绪，也能用语言说出情绪。在这个过程中，父母的立场十分关键，他们需要学会接纳自己，也需要学会接纳他们对于孩子的种种感情。他们必须接受这样一个现实：情况已经不错，不用太"完美"。他们也必须接受这样一种情况：孩子的所作所为就算偶尔会让你感觉消极和沮丧，也没关系，还是接受孩子所做的一切吧。

马斯洛也强调自我觉知。他提出了一个**需求层次**，认为每一个人都必须应对这些需求，并最终满足于自我实现。要想达到较高的需求层次，必须先满足较低层次的需求，从最低也最基本层次开始，这些需求包括：

1. 生理的 / 机体的
   - 生存——吃、呼吸和生活
   - 安全——可预测性，确保明天会到来
2. 归属 / 社会交往
   - 归属——成为群体中的一员
   - 尊严——感到有价值和不可替代
3. 成就 / 理智
   - 知识——想去了解各种事物、符号等
   - 理解——把小的知识点组织在一起，形成更大的知识面
4. 审美
   - 审美——追求秩序感、平衡感、美感；喜爱一切事物
5. 自我实现
   - 成为一个全能的人
   - 做真正的自己

由层次需求可知，情感需求是继生存需求之后最基本的需求。儿童进入学校后，在激励他们去探求知识、理解事物和获取重要动机之前，必须首先满足儿童的生存需求和情感需求。

12.1d 皮亚杰

尽管皮亚杰以其认知理论著称，但他也承认社会性发展的重要性，并构建了一个社会性发展的理论（DeVries, 1997）。皮亚杰认为，正如对

客观世界的知识进行构建一样，儿童也会对心理社会知识进行构建。进一步来说，他认为情感连接对儿童的社会性与道德发展起到了促进作用。总之，皮亚杰认为，和儿童认知发展所经历的过程一样，自我约束的进程在儿童的社会性与道德发展方面发挥了重要作用。

皮亚杰的社会性理论特别关注了**社会道德发展**（DeVries，1997），儿童的社会道德发展过程将经历如下阶段：

1. **混沌状态**：行为不受自我与他人的约束。
2. **他律**：行为受他人约束。
3. **自律**：自我约束。

对第三个阶段的研究需要在儿童与成人之间建立一种合作关系。在这一关系范围内，成人鼓励儿童在充分考虑到每一个人的利益之后，做出自己的决定，并对儿童本人及其他想法和行动表示尊重。成人为儿童提供了道德规则，并培养他们把这些规则谨慎地用到具体情境当中。在成人与儿童的这种合作关系中，儿童有机会练习自主决策。这些决策能在获取他人的观点或偏离他人的观点时，为他们提供支持。皮亚杰的社会性发展理论与他的情感和人格发展理论是一个不可分割的整体（DeVries，1997）。皮亚杰认为，**情感活动**是智力活动的动力，随着儿童在社会情境中的互动越来越多，儿童的人格也逐步得到了发展。情感与认知行为有关，也就是说，当我们依照客观或他人的规则行动，或在对客观事物和他人采取行动时，便形成了有关这一行动的积极或消极的情感。在儿童与成人的关系中，一个关键的因素是**社会性互惠**，通过这种互惠性互动，儿童学会了协调不同的观点，并学会了与他人合作。如果儿童与成人建立了合作性与互惠性关系，他们就能与同伴形成相似的关系。合作性社会关系的发展遵循与认知关系发展相同的模式，例如守恒，正如儿童能习得数量守恒或物质守恒一样，儿童也会在游戏中习得角色守恒。比如，在游戏中，吉米对杰尼说，"我们玩太空探险家游戏吧？"如果杰尼回答"好呀"，并在随后的游戏中一直扮演探险家这个角色，这就表明杰尼已经遵守（守恒）了他和吉米的（游戏）协定。

DeVries（1997）认为，皮亚杰关于儿童思维发展的理论观点表明，在教育中应该重视创造一个具有合作性社会交换特征的社会性互动课堂。DeVries和Zan（2012）声称，建构主义教育的首要原则就是"营造一个社会道德氛围，在这一氛围中，教育者与受教育者之间的相互尊重得以持续践行"。DeVries（1997，p.14）认同**合作教学**的五原则：

- 以合作的方式认同儿童。
- 促进同伴间的友谊与合作，包括冲突解决。
- 培养对所处群体的情感，构建集体主义价值。
- 迎合儿童的兴趣，参与到他们的目标实现中。
- 适应儿童对事物的理解方式。

对于所有儿童来说，教育的目标就是培养他们的自我约束或内部控制能力，因此应该尽量避免采用强制性的管制措施，同时最大限度地给予儿童尊重与合作。在儿童的情感发展领域，尽管阐述时所使用的术语不尽相同，但维果茨基的理论也关注了这个目标。

12.1e 维果茨基

如本书最初的几章所述，维果茨基关注了学习的社会因素。语言是行为规则的重要工具，这是他关注的焦点（Bodrova & Leong，2007）。成人用语言对儿童表达愿望，比如说"到听故事的时间了""把障碍物堆砌到刚好高过你的肩""用语言告诉你的朋友你很生气"等，儿童会把所听到的话转化成行为和与同伴的互动。通过**共享活动**，如为完成一个任务而一起工作，或通过互惠性语言交流，儿童分享了他们的心理活动。共享活动为有意义的学习提供了一个场景，通过游戏的互动和对问题解决方案的解释，儿童能清楚地阐述从所听到的话语中了解的内容。在共享活动的整个互惠性互动过程中，他人约束者与自我约束者的角色得到了互换，在3岁的时候，儿童通常是他人约束者，认为规则只适用于他人。当成长到6岁时，他们逐渐成了自我约束者，认为规则既适用于他人，也适用于自己。

12.1f 斯金纳

B. F. 斯金纳的操作性条件反射理论一直被作为对年幼儿童的行为进行矫正的方式，用来终止不受欢迎的行为（如乱发脾气、攻击他人）和增加积极的行为（如分享、合作）。斯金纳的这些理论一直都极为有用。

斯金纳的众多理论鼓励人们把行为矫正的方法用于对儿童的引导，用于对学步儿行为的矫正尤为有效，它也经常用于对年龄较大儿童的行为进行矫正。

Fields、Perry和Fields（2010）解释了如何建立人为奖励系统，来控制儿童的外部行为。作为一种在学校用来控制大群体儿童外部行为的手段，行为矫正一直以来都十分普遍。行为矫正基于这样一个假设：任何（口头的和实物的）奖励都会有效地让儿童按照学校希望的方式去行动。然而，Fields、Perry和Fields并不建议人们使用这种方法。

12.1g 班杜拉

班杜拉的理论为儿童的情感适宜行为的获得提供了一个框架。观察他人能让儿童知道他人对他们适宜的情绪、人格和社会行为是有所期待的（Miller，2001；Newman & Newman，2007）。儿童通过他们的行为和活动选择创造出了自己的环境，对人友善和慷慨的儿童通常会获得他人互惠性的回应，而不友好和自私的儿童通常会被别忽视或者会得到别人消极的对待。和那些喜欢把更多时间花在与其他儿童待在一起的儿童相比，有更多时间看电视的儿童会观察到不同的行为榜样，当儿童在认知上趋于成熟并能够对符号系统进行操纵运用的时候，也就能够在心理上对他们所观察到的社会角色进行操纵，并且能够把所观察到的他人的多种行为整合到自己的特定行为当中。

模仿并不一定是对观察结果的一一对应的反应，儿童会把他们自己看作所要应对的环境的组成部分，认知在这一过程中也起到了一定的作用。儿童不仅必须具备完成某些具体任务的技能，也必须认为自己能够使用这些技能获得成功。

12.1h 结论

这些理论家都对情感发展有兴趣。情感领域的内容涵盖了儿童诸多方面的发展，如自我概念、自我和超我、性别角色认同、攻击、依赖、道德判断、与同伴的社会行为等方面的发展，也包括儿童游戏活动的内容。心理学家Selma Fraiberg（1959）认为，早期儿童发展的中心是有关"我"的发展。对于那些心智发育良好的儿童来说，长到6岁的时候，他们必须有一个明确的自我，这个自我要能应对冲突、忍耐挫折和适应环境，还要能找到一种既能满足自己内心需求又符合外部现实要求的问题解决方法。"自我的这些品质既是儿童与父母之间关系连接的产物，也是人性教化发展的产物"（Fraiberg, 1959, p.302）。

12.2 情绪发展

"在与他人的关系中，在与万事万物的联系中，我拥有什么样的感情？我该怎样表达这些感情？这些感情到底起到了什么作用？"这些问题会在有关情绪发展的研究中得到解答。情绪领域主要包括诸如焦虑、恐惧、悲伤、愤怒、愉快、友爱、喜爱等方面的体验。年幼儿童在学龄期就已经具有一套发展成熟的情绪反应了，这些情绪反应来自儿童自己在生活情境中与他人交往时的体验，也来自他们对所接触的事物以及所经历的事件的感受。儿童有机会并用恰当的方式表达自己的感受对于儿童的心理健康来说是十分重要的。他们也需要知道拥有不同的感受是很正常的。在我们的文化中，成人经常忽视这些感受，这种做法很可能导致儿童也用相似的方式抑制自己的感情而不表达出来。正如Fraiberg所说的那样，年幼儿童"有权利去感受"（1959, p.273）。

比如，Fraiberg描述了这么一件事：一个母亲想赶在她的儿子发现他所饲养的小仓鼠死了之前另买一只仓鼠来替换死了的那只。Fraiberg（1959, p.274）认为，这个男孩有权利体验那种失去了心爱之物的感受，"在我们努力让儿童免于感受痛苦情绪的过程中，我们或许剥夺了他们自己用最好的方式征服痛苦的体验"。Fraiberg认为，如果孩子能够体验为一只死去的仓鼠哀悼的感受，对他在今后面对朋友或家庭成员去世是有帮助的。进一步说，抑制感受不去表达是不利于心理健康的。让孩子体验和表达为小仓鼠死亡的哀悼有助于他们在今后从有关死亡与濒死的情感创伤中走出来。

情绪性行为和感受可以被看作一种认知加工，本书第9章呈现的认知功能模型可应用于情绪发展。依据该模型，内部或外部事件可被认为是一种信息输入，这些信息经过内部的加工形成了一种内部反应或感受，之后以面部表情、发声、姿势或手势、动作行为或上述任何几种方式的组合形式输出，内部和外部信息反馈会导致一系列行动的重复。

下面以愤怒为例进一步解释：

1. 詹森无意中撞倒了他花了20分钟才搭建起来的积木。（外部事件）
2. 詹森感觉到他的肘部碰到了积木，并看到它倒塌了。（触觉和视觉感知）
3. 詹森心想，"哦，不要倒啊，完了，要倒了"。（信息加工与处理）
4. 詹森感觉浑身燥热，身体僵硬。（内部反应）
5. 然后，詹森瘫倒在地上，捶胸顿足地哭喊不停（输出，外部反应，动作和发声）

在与幼儿打交道时，处理好情绪是一个很重要的方面。成人必须意识到儿童已经具有多种不同的体验了，正是这些体验形成了个人独特的情绪反应和行为，而人会依据这些体验随时做出相应的动作（Kostelnik, Gregory, Soderman, & Whiren, 2012）。

从以往的历史来看，情绪发展是幼儿课程的主要关注焦点："在传统习惯上，对幼儿的教学计划已经强调了教师与儿童关系的情绪本质，活动的选择要满足儿童情绪的需求，教师和儿童要开放式地表达心理感受，注重积极情绪管理的发展以及成人对儿童情绪反应的意识"（Hyson，1996，p.5）。Hyson指出，早期的儿童教育强烈地受到弗洛伊德、埃里克森和人本主义者的理论的影响。近年来，以情绪为教育中心的理论已渐渐淡出了人们的视野。然而观察显示，"在儿童照料计划中，照料者中存在普遍性的感觉迟钝、分离、严厉等现象"（Hyson，1996，p.5）。进一步来说，课堂教学出现了情绪匮乏的现象，因为课堂中并没有培养儿童去谈论感受。因遭受性虐待而引起的恐惧和越来越关注学业或许为这一变化起到了推波助澜的作用。不幸的是，更多的孩子是"带着高度的焦虑、紧张和脆弱敏感的情绪"入学的（Hyson，1996，p.6），因此他们非常需要情绪方面的支持和照顾。健康的情绪发展是入学准备中的一个关键部分（Bowman & Moore，2006）。

Daniel Goleman（Daniel Goleman talks，1999；Goleman，2005；DeAngelis，2010）在他有关**情绪智力**的著作中重新把情绪作为关注的焦点。情绪智力的提出过程很像本书在第9章所探讨的加德纳建立多元智力的过程。Goleman（Daniel Goleman talks，1999，p.29）认为，情绪智力由下面五方面组成：

- **能感知到自己的情绪**：有自我意识，并在情绪出现时识别出是哪种情绪。
- **管理情绪**：用恰当的方式处理情绪感受。
- **积极的自我激发**：控制自己的情绪——延迟满足并抑制冲动。
- **识别别人的情绪**：共情——最基本的人际技能。
- **关系处理**：处理与他人的人际关系的技能。

Goleman（Daniel Goleman talks，1999，p.29）认为，"这些能力的培养需要与自尊、领导力和人际效能的培养相结合。"在生命头3年，当大脑正以极快的速度发育时，儿童就必须学习发展情

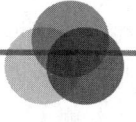

大脑发育

情绪智力

在幼儿期，我们试着教导孩子不要失去自我控制。当我们感到一场情绪风暴即将来临时，我们会有意识或无意识地要求我们的神经生理纠正我们的观点，纠正错误。大脑中有四个杏仁状的腺体，称为杏仁核。它们通过释放肾上腺素或皮质醇来消除我们的坏想法，使我们免受伤害。杏仁核也会提醒我们在遭遇危险时采取行动。我们的大脑中还有镜像神经元，它们能提醒我们周围发生了什么，让我们模仿积极或消极的感觉，以及周围的行动。幸运的是，前额叶皮层的发育让我们逐渐有能力激活大脑中较为平静的部分，这便支持了情商理论。我们发展了情商，使我们能够管理自己的感情。执行功能与情商有关，它使我们在遇到涉及恐惧、愤怒、内疚、羞愧、喜悦或悲伤等情绪的情况时，能够理性地进行推理。

Bruno, H. E. (2011). The neurobiology of emotional intelligence: Using our brain to stay cool under pressure. Young Children, 66 (1), 22-27.

绪智力。成人通过对儿童的需求做出积极的回应来提供积极的支持。孩子必须学习的一课是："我们可有拥有所有这些感受，然而仅有一部分反应是可接受的"（p.30）。"社会情绪学习"课程的效果是许多关于K-12课堂的研究的主题（Durlak, Weisberg, Dymnicki, Taylor, & Schellinger, 2011）。整体上来说，Durlak及其同事通过大量研究回顾所得的结果表明，社会情绪学习对儿童的社会与情绪技能、态度与行为以及学业成绩等方面都有积极的促进作用。学习情绪语言对儿童来说是非常关键的（Novick, 2002）。Sullivan和Strang（2002, 2003）认为，阅读疗法可能对帮助儿童发展情绪智力非常有效。文学作品常被作为儿童学习有效社交技能的基础。情绪健康和社会性发展也是儿童入学准备的基础（Bowman & Moore, 2006）。

本章讨论了年幼儿童所具有的不同情绪以及每种情绪的发展，这些情绪包括依恋、依赖、恐惧与焦虑、紧张、敌意与愤怒、开心与幽默。同时，本章也讨论了教师的情绪信念、情绪识别和情绪调节。

12.2a 依恋

依恋是儿童与照料者建立的一生的承诺。这种情感一出生就开始形成，明显的依恋特征大概出现在婴儿6个月大时，这时的婴儿能够把照料者当作一个特殊的人去感知（Stroufe, 1991）（这部分内容可参见第6章和第7章）。那些在婴儿期和学步儿期通过安全依恋而内化了信任感的儿童有能力独自行动（Riley, San, Juan, Klinkner, & Ramminger, 2008）。Terri Smith（1991）指出，缺乏安全依恋可能会对儿童的社会行为产生一些不良影响。研究发现，与没有和母亲形成安全依恋关系的儿童相比，当两个与各自的母亲建立了安全依恋的4岁儿童在一起相处时，会更愉快，人际关系更和谐。对男孩的研究发现，与建立了安全依恋的儿童相比，没有形成安全依恋的6岁儿童会被教师和同伴评价为低能的，也不受同伴喜欢，还会被认为有更多的行为问题。其他研究者（Barnett, Kidwell, & Leung, 1998; Chisholm, 1998; Verschueren & Marcoen, 1999）也支持了儿童的依恋关系对其行为十分重要这一观点。在同属一个家族的儿童当中，与没有建立安全依恋的儿童相比，形成了安全依恋的儿童通常有更好的人际关系。因此，幼儿教育从业者必须帮助儿童的父母与其孩子形成安全的依恋关系。父亲对儿童的情绪、学业和发展的重要性也是一个关注焦点（Gadsden & Ray, 2002）。接下来，我们所探讨的有关情绪发展的各个方面都是同等重要的，而且这些方面与本章先前提到的认知发展因素是一个密不可分的整体。

12.2b 依赖

新生儿完全依赖他人来满足自己在所处环境中的所有需要。在这个过程中，新生儿会形成两种类型的依赖：**情绪依赖**（源于依恋的发展）和**生理依赖**。

生理依赖涉及基本需求，如提供食物、舒适的环境以及消除对身体不利的因素等。新生儿是完全依赖于他人来满足这些需求的，但这种生理上的依赖随着年龄的增长会迅速发生变化：儿童首先进入一个无助阶段，之后进入与他人合作和接受帮助阶段，最后他们能独立地做事。学龄前儿童在进食、如厕、站立和行走等方面都能够独立了，自己也开始能在没有帮助的情况下穿好衣服。在整个幼儿园阶段，儿童在游戏和社会行为方面的独立性会逐渐增强。

相对于身体依赖性的发展，情绪依赖的发展方式有所不同（照片12.3）。但尽管如此，对于婴儿和学步儿来说，拥抱、亲吻和黏人等都是可接受的行为。随着在幼儿园阶段的发展，儿童表达和接受情感与爱的方式也会发生变化，他们越来越不会在公开的场合表达自己了，黏人的行为也骤减。比如，当儿童从幼儿园回到家后，他们从最初想要被搂抱，逐步发展成只需要言语问候、微笑或象征性地迅速拥抱一下，搂抱最终只会作为家庭私密的行为被保存下来。幼儿园阶段的儿童的情感发展目标不是让儿童在情绪依赖方面变得独立，而是要改变他们对爱的表达方式。此外，应该鼓励儿童对更多的人（如同伴、老师、其他亲戚等）建立情感依赖与依恋。为了确信自己依然被他人爱着，幼儿园儿童逐步开始更多地寻求言语注意，如：

- "看，我能做这个！"（儿童尝试着翻了一个跟头。）
- "看我画的画！"（儿童举着自己画的一幅画。）
- "请帮我一下。"（儿童努力想把他卧室里的家具重新摆放一下。）
- "这条裙子不漂亮吗？"（儿童穿着新套装跑进来。）

一些成人认为，强化儿童的依赖行为不是一件好事。然而，儿童在情绪情感上的需求应获得持续满足，而这种满足的获得需借助当儿童独立完成一个身体动作或之类的行为表现时成人所给予的关注来实现。相反，对儿童依赖性的惩罚或许只会增加他们对"依赖"的渴望。由于在一些儿童看护中心发生过儿童性虐待案件，因此儿童照料者和教师在触碰幼儿时会表现出忧虑（Carlson, 2006）。出现这种情况实属不幸，因为幼儿本

照片12.3　学前儿童在身体上变得越来越独立，但在情感上依然依赖成人。

身就需要大人的搂抱、骑坐在成人的腿上、被抱着走、背部按摩、轻拍和其他恰当的触摸（Carlson, 2006）。触摸有助于情感和认知的发展。

尽管幼儿园儿童依然有情感依赖的需求，但请记住，他们也正渐渐学会了积极主动。成人应该在幼儿期开始培养他们的独立性（McGhee, 2015）。一个无能且完全依赖他人的儿童的心理是不健康的。成人需要帮助儿童培养获得成功的信心，同时要让他们确信，不管在什么时候，只要他们需要帮助，成人都会给予帮助。

12.2c　恐惧与焦虑

在学前期的发展过程中，幼儿会发展出两种典型的情绪：恐惧与焦虑（LoBue, 2013）。LoBue研究发现，鬼和妖怪作为一种恐惧对象在早期就被提到了，而像蛇、蜘蛛等动物之类的恐惧对象直到学前期才会被提到。年幼儿童会担心屋里的小隔间里藏着魔鬼，床底下藏着妖怪。他们或许会害怕掉进浴缸的排水管道中被冲走，或者害怕被抽到马桶里。他们或许害怕身处新的环

境，见到新的面孔。刮风、打雷和闪电都会惊吓到他们。成功的经历并战胜这些恐惧能确保儿童在心理上是健康的，经历这些恐惧可以增强儿童自己在与现实世界角力中的力量感。儿童会习得某种心理机制来应对危险，如果成人教会儿童使用这些机制应对妖怪和巫师，那么他们在后来遇到真实的危险时，就会应用这些技巧。儿童也将学会如何应对在现实生活中富有挑战性的焦虑与恐惧，如补牙、到医生的诊所打针，或是想知道当一个动物或一个人死亡时会发生什么。

恐惧极有可能是通过先天的遗传因素与后天的学习因素共同作用而形成的。已有研究表明，恐惧是通过体验、感知和观察学习而获得的（LoBue, 2013）。随着儿童的成长和发展，他们对于什么是恐惧和什么不是恐惧的观点也在发生变化。Sayfan 和 Lagattuta（2008）采用了两种人物图片（真实的和想象的）对3岁、5岁、7岁的儿童以及成人进行了访谈，问他们故事中的哪个人物更让人恐惧或更不恐惧。研究者感兴趣的是儿童有关恐惧源的知识，以及儿童在对真实与想象人物的恐惧之间的知识差异方面的发展变化。相对于年龄较小的儿童，大一点的儿童会更多地提及故事中人物的心理，而这也决定了该人物是否让人感到害怕，尤其是当面对想象的人物时。因为大一点的儿童开始发展心理理论了。

对于年幼儿童的正常恐惧，可以通过正视恐惧本身而不是假装它们不存在来应对的（Hyson, 1979；Smith, Allen, & Whitem, 1990；Kosten-lnik et al., 2012）。对于具体该如何应对，Hyson（1979）给出了如下建议：

- 谈论恐惧。帮助儿童把恐惧转化为语言或图片（照片12.4）。

- 提供戏剧表演的机会。有时，通过扮演令儿童感到恐惧的人物角色（如医生、大灰狼、巫师等），儿童能够缓解焦虑感受。

- 使用脱敏法或让恐惧体验或恐惧物逐级升级。如果儿童害怕成年的大狗，就让他先和一只小狗崽玩耍；如果儿童害怕到大游泳池游泳，就先让他在一个小游泳池里戏水。

- 如果儿童的恐惧主要集中于个人的需求，那么针对他的需求做工作或许是最好的方式。例如，害怕魔鬼的儿童的真正的问题或许在于他有被攻击的需要。

- 帮助儿童学习应对恐惧的技巧。例如，可以通过领悟和游戏表演来为去医院看病做好准备。真的要看病打针时，不要骗儿童"一点都不疼"。

照片 12.4 和儿童谈论他们的恐惧。

恐惧或许也会伴随着焦虑（Kerns & Brumianru，2014）。如果年幼儿童与他们的父母或其他照料者建立了安全依恋的基础，他们的焦虑就是可以缓解。而缺乏安全依恋基础可能会导致儿童不能调节自己的情绪，也不会发展形成（与他人）良好互动的技能。练习可以减少与紧张有关的焦虑（Reynolds，2013）。练习可以引起许多与情绪加工有关的神经元的生长，进而消除焦虑。

对于幼儿来说，死亡是一个特别难以理解的概念。大多数儿童是以某种形式接触死亡这个概念的，这些形式要么是一只死虫子或死去的宠物，要么是去世的亲人。这些经验是儿童理解和体会有关死亡的概念的组成部分。Guitierrez、Miler、Rosengren和Schein（2014）以美国一个城市的中产家庭为对象做了一项的深度研究，旨在考察父母和儿童对于与死亡有关的概念与感受。研究报告指出，父母们会以一种安慰和理解的方法回应儿童有关死亡问题的提问，以便儿童获得情感上的理解。一些父母面对孩子与有关死亡的提问时，能给予详细的解释，而另外一些父母只是给出了简单的解释，并且这些解释还经常不切实际。当问及儿童关于死亡知道些什么的时候，即便是年龄最小的儿童也会把死亡与悲伤相联系。另外一方面，至于父母应该怎样处理儿童有关悲伤的感受，他们并没有提供任何回应。总的来说，父母都在竭尽所能地保护孩子免于接触来自生活中、书籍里、电影里和电视里的死亡。

一些年幼的儿童不得不面对自己的死亡。此时，最重要的一点是，成人不要把自己的恐惧传递给患绝症的儿童。他们应该把死亡当作生命中的一部分。幼儿园儿童通常不能理解死亡是不可逆转的，他们会认为死亡就像在卡通片中看到的那样，死去的人还可以起死回生。他们或许会把疾病当作对他们曾经的所为和所想的惩罚，并且会需要别人反复地保证情况不是那样的（Lucile Packard Children'Hospital，n.d.）。

在五六岁之前，儿童对于死亡的观念是模糊的，直到5—7岁时，在儿童向具体运算阶段过渡的过程中，更加清晰的有关死亡的概念才得以形成。在小学阶段，儿童才开始理解每一个人最终都会死亡，但他们并不认为死亡与其个人有什么相关。儿童对死亡的理解包含如下四个基本的发展成分：

- **终结**：死亡是不可逆转的。幼儿园儿童经常认为魔法或药物可以逆转这一过程。
- **必然性**：一切生物最终都会死亡。年幼儿童倾向于认为死亡是可以避免的。
- **身体功能的终止**：死亡会让活动、情感和思维停止。幼儿园儿童认为死亡是一种睡眠。
- **因果**：理解死亡是怎么发生的。幼儿园儿童更多地关注了死亡的外在因素，如枪击或事故。而稍大一些的儿童了解到内在因素（如疾病、衰老等）也会导致死亡。

5—7岁的儿童通常能理解前面三个因素，因果关系似乎是一个比较难以理解的概念，但随后还是能够被儿童理解。

除了认知发展外，其他需要考虑的因素是文化、经历和环境。电视剧中死而复生的人物可能会扭曲年幼儿童对死亡的理解。不同文化中人关于死亡的观念也不尽相同，比如一些文化把死亡等同于"死人"。那些生活在备受战争折磨和暴力侵扰的居住环境中的儿童会对死亡有最真实而直接的体验（Alat，2002）。对于许多儿童来说，死亡在他们的邻居中是一件极为普通的事。在2010年，美国有2694个儿童和青少年死于火灾，15 576名儿童受到了各类伤害（Children's

Defense Fund，2014）。

在情绪层面，哀痛和悲伤是正常的反应，但也是一种焦虑和恐惧。随着儿童年龄的增长，这些情绪所带来的焦虑并不是一件寻常的事。亲近的朋友或亲人去世会诱发儿童深度的情绪反应，他们甚至会回避或否认朋友或亲人离世的事实，此时成人有责任以某种巧妙而积极的方式帮助儿童应对这些情况（Hogan & Graham，2002；Levin & Zugelder，2009）。

自然灾难也会引起焦虑和恐惧，对于儿童来说，海啸、飓风和火灾都是极其恐怖的。2005年夏天，飓风卡特里娜和飓风丽塔几乎摧毁了美国墨西哥湾沿岸，新奥尔良市几乎荡然无存，沿岸数公里一派哀鸿遍野的景象。Aghayan、Schellhaas、Wayne、Burts、Buchanan和Benedict（2005）描述了一群幼儿园儿童（包括一些来自新奥尔良市和巴吞鲁日市的难民）在飓风卡特里娜肆虐之后是如何在游戏中表达出他们的体验和恐惧的。他们在表演游戏和绘画中戏剧化地表达了他们的体验。他们的老师为他们提供了情绪情感上的支持，告知了他们相关的信息，关注他们的恐惧情绪。灾难发生的5年后，"卡特里娜"儿童依然需要更多的医疗和心理健康方面的服务（Brito，2011），灾难对他们的情绪、生理和社会性的影响依旧挥之不去。

恐怖主义威胁也会给幼儿带来困惑和恐惧。自2011年的"9·11"恐怖袭击事件发生后，恐怖主义已成为更让人们忧虑的问题（Greenman，2001）。讲述恐怖主义核威胁的电视新闻和节目可能会让儿童受到惊吓。对核威胁的理解似乎与对死亡的理解是同时发展的。4—6岁的儿童在没有真正理解这些现象的情况下会受到惊吓，直到小学三四年级的时候，儿童才开始理解这些，并会对他们所关心的问题主动寻求更

确切的信息。幼儿可以确信成人提供的信息，但过多的信息只会给他们带来困扰（Greenman，2001）。

在当今世界中，战争可以通过现场直播和实时报道的方式出现在人们起居室中，写作这本书时，中东、北非和其他地区正战火纷飞，许多儿童和家庭的也正受到战争的影响。成人必须诚实地告诉儿童这些危险，并向他们保证他们会被好好照顾，也是安全的。与对儿童进行会令其困扰、害怕的解释相比，去倾听儿童的感受并帮助他们消除对那些危险的误解更为重要。通过讨论和表演游戏，儿童对于战争危险的恐惧可以得到平复。最后，应当尽量少观看电视和收听广播，以免儿童的生活中充斥如此近距离的冲突。就儿童面对悲剧性事件时可能会有哪些反应以及建议成人帮助他们应对的问题，Hongan和Graham（2011）从压力、敌意与愤怒、情绪识别与调节等方面进行了综合性概述，下面我们将分别进行介绍。

> **思考时间**
>
> 凯拉今年3.5岁了。大人让她去地下室取一条洗碗巾。刚开始，她欣然接受了任务，并走到了地下室的楼梯口。但很快，她跑了回来，并拒绝去地下室拿东西。"好恐怖啊！"凯拉对姨妈说。"如果让哥哥陪你一起去，你愿意吗？"姨妈问。几分钟后，两个孩子空着手回来了。"太恐怖了，你能和我们一起去吗？"凯拉说。读完上面的内容，反思一下什么是焦虑与恐惧？对于这一事件，你怎么看？

12.2d 压力

压力被定义为"干扰个体正常、良好状态

的机体内部或外部的影响"（Middlebrooks & Audage, 2008）。压力可能会引起情绪痛苦，而后者会导致心跳加快、血压升高以及体内激素水平升高。压力可能源自生病、对失败的恐惧、外表被嘲笑、害怕失去爱、贫穷、住院治疗、灾难（如风暴、地震等）、核威胁、战争、恐怖主义、弟弟妹妹的降生、死亡、分别和父母离异以及进入继父/继母的家庭。每一个儿童面对同一个压力源时的反应不尽相同，这取决于压力源对于每个儿童而言的个体化含义。目前能被确认的压力有以下三种（Middlebrooks & Audage, 2008, pp.3-4）：

- 来自短暂敌对体验的积极压力，如夺走儿童的玩具。遭遇这些情况时，成人要帮助儿童处理好其中的压力，这些都是日常生活中经常发生的事，对于孩子来说，处理好这些事是十分重要的。
- 可忍受的压力更加剧烈，但相对短暂，如家人的亡故或一次自然灾害。儿童可忍受的压力通常可以通过成人照料者的帮助加以克服，从而转变为积极压力。如果给予儿童的支持不充分，则可能转变成一种消极的压力。
- 消极压力源于剧烈而痛苦的体验，这种压力或许会持续数日、数周甚至数年，儿童遭受虐待是一个典型的例子。有给予支持的成年照料者可以减少儿童的消极压力。

消极压力可以某些消极的方式影响大脑的功能。它会损坏大脑回路连接，导致脑容量相对变小。记忆和学习也会受到消极压力的影响，高压力激素水平会损伤身体的免疫系统，而且这些因素可以延伸至成年期。成人可以通过给儿童提供保护的方式帮助儿童应对消极压力的影响（例如，减少儿童所处环境的压力），也可以通过教他们应对压力的方式来帮助他们（详见前面有关情绪智力的讨论）（Middlebrooks & Audage, 2008；Swick, Knopf, Willianma, & Fields, 2013）。

从全球范围来看，今天的年幼儿童正暴露在大量的压力源之中，这些压力源有些来自家里，有些来自儿童所在的社区和学校（Swick et al., 2013）。由于压力具有积累效应，因而此成人需要努力帮助儿童消除尽可能多的压力源。贫穷是一个主要的压力源，包括简陋的住房与嘈杂无序的居住环境等物理性压力刺激，又如家庭动荡等因素导致的心理社会压力刺激（Evans & Kim, 2013）。学校压力尤其会对年幼儿童的情绪造成损伤。有研究表明（Burts, Hart, Charlesworth, & Kirk, 1990；Burt, Hart, Charlesworth, Fleege, Mosley, & Thomasson, 1992；Hart, Burts, Duland, Charlesworth, DeWolf, & Fleege, 1998），相对于在发展适宜性指导下的实践而言，在发展不适宜性指导（其定义见 Bredekamp, 1987；Bredekamp & Cpple, 1997；Cpple & Bredekamp, 2009）下的学前班中，可观察到儿童的紧张行为（例如，趴在课桌上，玩弄身体或衣物，摆弄物品等）明显增多。相对于手工或其他具体体验类的课程，练习簿或学业手册上的课程通常会让儿童感到更多的压力。此外，施加在儿童身上的压力还来自对儿童采用不恰当的评价操作，这些评价操作包括要求儿童参加集体性标准化纸笔测验等（Fleege, Charlesworth, Burts, & Hart, 1992）。这一研究表明，消除发展不适宜性指导与评价操作可以为年幼儿童大大减少来自学校的压力。

以儿童为工作对象的成人要能帮助儿童培养面对生活中的压力和重大不幸时的顺应与自我修

复能力。通常，能在痛苦的童年或灾难性事件中幸存下来的儿童要么还拥有家人，要么有其他成人（如老师）可以为他们提供必要的支持和理解（McCormick, 1994；Zimmerman & Arunkumar, 1994；Melson, Windecker-Nelson, & Schwarz, 1998；Novick, 199d；Swick et al., 2013）。

12.2e 敌意与愤怒

敌意或**愤怒**是指一种隐藏在攻击行为背后的情绪。当婴儿大声的哭闹，挥舞他们的手臂或腿脚，脸变得通红，呼吸急促时，或许看上去非常愤怒。虽然我们还不能确切地知道婴儿感知愤怒情绪的方式是否和比他们稍大一些的儿童或成人相同，但我们至少能确定婴儿的确表现出了愤怒。这种行为模仿了后来的发脾气的行为。对于年幼儿童来说，要面对的问题是学会控制他们对这些愤怒、敌意情绪感受的表达。儿童有权利去感受愤怒，但他们有必要学会以社会认可的方式去表达。应对愤怒与敌意的方式将在第13章进一步讨论。

1993年，美国幼儿教育协会发表了一篇有关儿童生活中的暴力的意见性文章（NAEYC, 1993b）。文中指出，在童年早期，成人就应该尽一切努力让孩子明白，面对暴力，总可以找到和平的问题解决方式（Bernat, 1993；Parry, 1993；Boyatzis, 1997；Cain & Boher, 1997；Jackson, 1997；Marion, 1997）。

有关愤怒的研究目前已经关注了那些当儿童的敌意情绪被唤醒后使一些儿童做出消极反应的因素，也有一些研究关注了引起积极反应方式的因素。其中，情绪和行为的情绪性与可控性强度是各研究一直关注的。有研究者（Eisenber, Fabe, Nyinan Bernazweig, & Pinuelas, 1994）在幼儿园中班的儿童中考察了愤怒行为中的建设性（积极）与非建设性（消极）因素，发现那些整体上用积极应对方式来解决问题的儿童和那些在行为反应中有较少情绪带入的儿童更有可能用言语处理他们的愤怒。相反，那些使用消极应对策略的儿童和在反应中带有强烈情绪的儿童更有可能采用攻击性方式处理他们的愤怒。研究也发现，那些已遭受过虐待或长期生活在成人暴力中的或二者兼而有之的儿童，他们的情绪调节模式更有可能很糟糕，也更有可能出现焦虑和抑郁的症状（Maughaan & Cicchetti, 2002）。

12.2f 愉快和幽默

愉快是一种积极情绪的表达，如快乐、高兴和喜悦。微笑是愉快情绪最普遍的线索之一。在第6章，我们已经讨论了微笑的发展，虽然我们不清楚儿童早期的微笑是不是他们愉快情绪的真实反映，但这些微笑的的确给其照料者传递了积极信号。在第一次微笑出现之后的1—12个月后，婴儿就能出声地笑了。相对于更小的孩子，19个月大之后，幼儿会表现出更多的愉快情绪。Hestenes、Kontos和Bryan（1993）研究发现，与低质量幼儿照料中心相比，在较高质量的照料中心，与有更多的笑容和笑声的教师在一起时，幼儿会露出更开怀而持久的笑容。我们在第7章中探讨过愉悦欢快的重要性（Ward & Dahlmeier, 2011）。在教室里，快乐之情会表现在孩子们满足感、参与了有意义的活动和内心宁静的愉悦中（如照片12.5），这与在充满压力和紧张氛围中的情况截然不同。

相对于通过动作诱发婴儿发笑，理解**幽默**（如笑话、谜语等）需要儿童具有更高的认知发展水平。挠痒痒、助力弹跳和躲猫猫游戏等活动可以诱发婴儿微笑和出声笑（Poole, 2005）。学步儿

照片 12.5 当与老师一起做游戏时，儿童显得很高兴。

也喜欢躲猫猫和追逐打闹，还爱不明就里地机械模仿成人做的事，3—4岁的儿童还爱表现得傻里傻气（Miller, 2005a）。他们喜欢发出一些奇怪的声音，编造滑稽的故事和做一些愚蠢的事情。4岁的幼儿或许会喜欢"敲敲门"类的笑话*，这些笑话都是他们从其他大孩子那里学来的，他们或许会反反复复地讲同一个笑话，进入学前班时，儿童通常能讲一套敲门类笑话（Church, 2005b）。这些笑话可预测的模式使得儿童很容易记住这些笑话并复述它们。不断增加的词汇量使得儿童能够用不同的方式使用语言，对于儿童来说，正是这些语言表达方式让他们感受到了幽默。学前班的孩子喜欢用看上去有些愚蠢的活动和滑稽地摔倒来逗乐其他人，他们也喜欢和亲近的朋友分享厕所幽默。聚在一起做傻事并大笑是一项重要的社会性活动。大笑可以加快人体血液循环从而滋养大脑，被滋养的大脑通过为心理活动提供能量和提高觉醒性来增强个体学习的感受性。Loizou（2006）考察了学前班儿童对卡通幽默的解释能力，卡通画中有

---

* 敲门笑话（Knock-knock jokes）是欧美国家的小孩经常讲的一种英语笑话，以双关语作为笑点，一般由两人对答而组成。——译者注

一个男人，他穿着衣服和几只青蛙坐在浴缸里，淋浴花洒的水开着，而浴缸里早已注满了水。研究发现，大多数儿童觉察到了图画中的不协调，也能够描述出其中的冲突所在，并认为这个图片很滑稽。

12.2g 教师的信念

Hyson 和 Lee（1996）的重点关注了早期儿童教育实践者有关情绪的信念。这些实践者就是4—6岁儿童的老师，研究被试是来自美国和韩国教师，他们回答了一份有关情绪信念的调查问卷。研究表明，受教育水平是影响教师情绪信念的一个重要因素。受过更多教育的教师坚定地认为，成人和儿童之间应该建立一种牢固的情绪纽带，也就是说成人应该和儿童谈论情绪，这样儿童才有能力控制自己的情绪。这些教师还认为，没有太多必要保护儿童不受不愉快或强烈情绪的干扰。具有早期儿童教育学学位的教师更坚定地认为，教师应该具有情绪表达能力，儿童也应该用被别人认可的方式表达他们的情绪。相对于美国的教师而言，韩国教师更倾向于认为教师应该避免情绪性示范，而学生应该受到保护，免受情绪性压力事件的伤害。

12.2h 识别情绪与情绪调节

从发展的角度看，儿童在解读他人的情绪之前，应该先学会识别自己的情绪，同样，在识别消极情绪之前也应该先能够识别积极情绪。自我意识包含熟悉自己和他人的情感和想法（Morin, 2014）。儿童既需要去理解和谈论他们自己的情感，也需要识别其他人的想法和情感。

Carroll 和 Steward（1984）考察了儿童在理解自己的情感的过程中认知发展的作用，研究以4—5岁和8—9岁的儿童为被试，具体考察了

他们在分类和守恒任务中的成绩与情感理解成绩之间的关系。在研究中，儿童被要求回答一些问题，例如："当你感到高兴时，你是怎么知道（自己是高兴）的？""当你感到高兴时，我是如何知道（你是高兴）的？"研究结果发现，处在前运算阶段的儿童是依据情境而不是更具普遍性的术语来解释他们的情感的。也就是说，处在前运算阶段的儿童认为，开心就是吃到一个甜筒冰激凌，而处在具体运算阶段的儿童会更多地把开心理解为情境和内心的感受。在研究中，年龄稍小但言语智力较高的儿童也给出了显得成熟老练的答案。

除了学会识别情绪，儿童还需要学会如何调节情绪。Karz和McClellen把情绪调节定义为用一系列社会认可的情绪满足个体（情绪）体验的需求，并在必要时做到延迟反应。在问题解决和其他活动中，情绪起到了动机或推动性作用。儿童的情绪模式在幼儿园阶段就已经牢固地形成了，并对儿童今后的社会性成功具有预示作用（Eisenberg et al., 1997）。儿童总是从依赖父母管理过渡到自我管理，一些儿童过度管理了自己的情绪，因此他们不能融入可能会唤起情绪的社会情境，而那些有高质量社会活动能力的儿童往往也有高水平的自我管理能力；反之亦然，自我管理能力低的儿童的社会活动能力也不高。

低水平自我管理并伴有不良适应行为是美国国家精神健康机构（National Institute of Mental Health，HIMH）所关注的一项主要研究课题（DeICarmenWiggins，2008）。精神健康工作者专注于研究缺乏情绪和行为控制的人以及过度控制自己的情绪和行为的人，并从中发展出了一套可以提高其自我管理技能的治疗模型。就像一个思维简单的儿童逐渐发展成了一个思维复杂而缜密的思考者一样，通过应用多种内部管理工具，缺乏情绪和行为控制的人或可能过度控制者最终能够改善自我管理（Thompson，Lewis，& Calkins，2008）。情绪调节的背后有多个因素在共同起作用，这些因素包括基因、脑结构与功能、发展可塑性等。非典型性情绪发展是一个让人饶有兴趣研究领域。Cole、Luby和Sullivan（2008）对早期儿童抑郁情绪进行了研究。在通常情况下，尽管在一年级的时候，大多数儿童能很好地管理自己的情绪以适应学习、交往和维系友谊以及遵守班级规则（Cole，Luby，& Sullivan，2008），但他们依然缺乏必要的方式方法来处理好冲突和压力。那些淘气的幼儿园儿童或许会表现出一些过于极端的消极情绪，如愤怒、焦虑、愧疚和羞耻等情绪，同时缺乏诸如快乐、好奇和骄傲等积极情绪。今后的研究有必要致力于对抑郁的年幼儿童做出诊断与治疗。

自我管理与学业成功和智商（IQ）的关系是一个重要的研究领域。McClelland及其同事（McClelland & Tominey，2011，Tominey & McClelland，2013；Schmitt，McClellandl，Tominey，& Acock，2015）研究发现，学业成功最好的预测指标不单是智力水平，还需考虑自我管理的多个方面，包括冲动和情绪控制、专注、提前做出计划、记忆和遵从指导。McClelland及其同事已经开发了一套旨在改善儿童自我管理能力的游戏课程。

12.3 人格发展

像聪慧、有趣、快乐、适应良好、自信、攻击性、害羞、女性化、男性化等特征就是我们通常所认为的**人格特质**。在第4章和第6章中，我们对婴儿的气质进行过讨论。研究表明，婴儿天生具有特定的气质，但父母对孩子的后天教养实践可能会改变这些气质特征。尽管气质对最极端人格的发展方式有所限制，但在成长过程中，儿童的人格还是倾向于向中间发展。人格或许能比单纯用智力更好地预测学业成功（Rivas，2015）。对学业成功最具有预测性的两个人格因素是尽责性（与自我管理有关）和开放性。

本章接下来的部分将会考察几个影响人格发展的性格特征和领域，包含性别角色和性别特征形成、性态、自我概念和人格发展中的文化差异。

12.3a　性别特征形成和性别角色

个体人格的一个重要方面反映在个体感知自己是男性还是女性的方式上。关于性别感知方式的问题，Maier（1978）有这样一段陈述："年幼个体开始注意到环境中的性别差异和其他角色差异，这些差异影响着他们对自我的定义，也影响着他们根据社会的要求所追寻的道路。"小女孩必须具有明显的女性特征，小男孩必须具有明显的男性特征，无论是男孩还是女孩，每个人都必须依照社会认为适合男性或女性的方式呈现自己的言行举止。为了明确与性别有关的信念是如何随着年龄增长而发展变化的，Ruble及其同事（2007）对3—7岁的儿童进行了访谈，他们考察了"性别恒常性"，这是一种信念，性别特征形成是该信念中的一个重要成分，即"我一直都是一个女孩"或"我一直都是一个男孩"。尽管在3—5岁，儿童的这一信念越来越坚定，但在5岁之后，该信念的灵活性开始增加。

有关先天与后天以及它们对人格发展有何影响的问题至今都还有研究在探讨。其中，性别特征形成和性别角色一直都是众多研究关注的焦点。Lehman（1997）描述了性别角色这一问题的复杂性，并质疑了先天和后天的影响。Lehman界定了生理与解剖学意义上的**性**和社会与文化层面上的**性别**（p.47），其定义如下：

性（sex）描述的是生物学，即在解剖和生理学特征上将人分为男性（male）和女性（female）；性别（gender）表示社会和文化层面的意义，这些意义要求男人应有"男子气（masculine）"，女人应有"女子气（feminine）"。

除了通过外科手术或激素方式的改变，解剖和生理上的性别是一个固定的特征，然而社会与文化意义上的性别却是由个体所处的文化和社会来界定的。社会与文化意义上的性别"gender"是指在一定时间内和一定文化背景下与解剖和生理上的男性和女性相联系的角色和特征。自古以来，西方文化一直认为相同的特征适用于每一个男人和女人（Lehman，1997，p.49；How to understand，n.d.）：

男子气特质依然包括力量、勇气、独立、竞争、抱负和攻击性。女子气特质包括情绪敏感、耐性、谨慎、有教养、被动和依赖。在价值观上，男人得到的教育是应该更看重权力，女人则应更加看重人际关系。

先天或生物学观点认为，男性和女性的角色差异是由遗传因素决定的；而后天或文化观点则认为，这些差异更多地受到了文化和社会信念的影响。当然，有些男性在基因和文化上更偏向女性，有些女性在基因和文化上更偏向男性。他们是女同性恋、男同性恋、双性恋和跨性别恋群体的成员，他们的性别角色的发展会经历一个复杂的过程。

> **思考时间**
>
> 回想一下你的童年早期，你觉得在那之前，谁对你的性别角色的发展影响最大？是你的父母、兄弟姐妹、同辈同伴还是其他什么人？如果你有另一性别的同胞，你会因此受到不同的对待吗？

12.3b 性别角色标准

性别标准是指那些对于男性和女性来说社会认为恰当的行为。自20世纪70年代，人们越来越担心对男性和女性的期待会成为刻板印象。也就是说，人们一直担心社会事先已给男性和女性树立了形象，但这些形象不一定是真实、公平或必要的。在20世纪末，女性发起了一场运动，以瓦解这些刻板印象，并开发了更多的职业选择，并把这些职业与她们为人母的身份联系在一起。然而，在2007年的一项研究中，Freeman发现，即使3—5岁的儿童的父母没有以符合性别刻板印象的方式为孩子选择玩具，儿童依然以一种符合性别刻板印象的方式做出了反应，因此在没有刻板印象暗示的情况下，儿童依然获得了有关玩具的刻板印象。与性别中性化的传统乐高积木（LEGO®）形成鲜明对比的是，乐高公司设计了一套充满女性化刻板印象的场景，该场景主要关注女性在海边的购物、美发和闲逛（Knox，2012），这是一套限量版场景，很快被销售一空（Abrams，2014）。2014年，乐高公司建立了一个由三位女性科学家组成的研究机构，年底的时候，该研究机构的设计者发布了另外一款场景，场景中的科学家在外表上都是中性的，儿童能够依据他们自己的需要去分配性别（MaNally，2014）。

Jalongo（1980）对职业教育与性别角色刻板印象方面的研究进行了回顾，发现职业意识中的性别刻板印象产生于童年早期，而且随着儿童年龄的增加，这种带有性别刻板印象的意识会逐渐增强。研究也发现，与女孩相比，到二年级的时候，男孩对于与自己父亲的职业有关的信息知道得更多，能辨认的职业选择的数量也比女孩的多一倍。尽管年龄稍大的女孩知道许多职业选项，但她们倾向于认为自己会从事更符合性别刻板印象的职业。母亲的职业会影响女性对职业选择的感知，一个对自己的职业很满意的母亲往往能养育出对自己的职业有较高期待的女儿。父亲对儿童职业感知的影响也是存在的，在初中毕业的时候，男孩和女孩都会倾向于认同父亲的职业态度。Brookings（1985）研究发现，与母亲没有工作的儿童相比，母亲有工作的非裔美国儿童对性别角色持有更多平等主义的观点。类似的，与母亲从事较低层次职业的儿童相比，母亲从事较高层次职业的儿童表达了更宽的职业选择范围。Jalongo（1989）得出结论认为，职业教育应该从幼儿园儿童就开始，并把它贯穿在孩子的整个教育过程当中。我们需要付出更多的努力，以消除男孩和女孩刻板的职业观念，并鼓励他们审视多样化的选择。我们不仅在职业教育方面需要努力这样做，在如兴趣爱好和活动方面也应该如此。同时，正如我们应该给女孩提供传统上属于男性的职业选择一样，我们也建议给男孩提供更多的机会从事传统上属于女性的职业，如护士和教学等（Sparks，2011a）。

考虑到性别角色是教室里的一个重要元素，Evan（1998）基于在早期儿童班级的教室里所做的观察研究指出了一些与性别有关的因素。该研究表明，在早期儿童班级的教室里展现了大量的性别不平等，Evan也概括了一些指导原则来促进儿童的**性别平等**意识。在校园里，女孩更有可能因为外表、善于配合和顺从而受到夸奖，男孩会因为成就受到表扬。具体而言，男孩会因为搭积木而受到表扬，女孩则会因为玩娃娃和在家庭管理中心做烹饪而受到夸奖。男孩倾向于把充满活力的操场上的游戏设施和更多的操场活动空间作为首选。无论是儿童文学、故事书还是绘本，都被认为在宣扬性别不平等，因为它们通常会把男性描述为坚强自信的人，女性则是被动和彬彬有礼的。Evan 建议遵照下面的指导原则来共同抵制性别不平等：

- 选择没有性别偏见的文学读物，读物能反映多样性，不促进刻板印象的形成。
- 多开展公平的游戏活动，鼓励男孩扮演养育者的角色，鼓励女孩扮演果决的角色。表演游戏的道具应该包含足够的促进多样性角色扮演的材料，并且是男孩和女孩都可以使用的。
- 课程设置应该是没有偏见的，并且能够为男孩和女孩提供多样性的体验。

Trepanier-Street 和 Romatowski（1990）重新考察了儿童文学对儿童性别角色感知的影响。先前的研究表明，无偏见的儿童文学对减少性别角色的刻板影响具有短期效用，Trepanier-Street 和 Romatowski 具体考察了年幼儿童对职业角色的看法和选择，样本包括从幼儿园到一年级的男孩和女孩，研究选择 6 本不带性别偏见的图书，并把它们作为与课堂活动有关的材料。研究结果表明，通过这样的教学，对于传统典型的男性职业和女性职业，儿童的性别选择偏见有所减少，同时对于男性和女性都适合的职业的选择明显增多。

也有研究（Signorielli, 1998；Witt, 2000）考察了电视是如何影响性别角色社会化和刻板印象保持的。Signorielli 指出，电视中的女性一直有代表性不足的问题，而且往往比男性年轻，总是在强调女性姣好的容貌。Witt（2000，p.322）指出了其他的性别偏见问题：

- 男人通常统治女人。
- 男人常被刻画成强壮、精明和暴力的，并具有其他权力性特征。
- 女人常被描绘成敏感、迷人和顺从的，并具有其他非权力性特征。
- 强调女性的婚姻，不强调男性的婚姻。

在职业上，男人被描绘成精通某一专业的人，而女人主要从事低薪和毫无技巧的工作。Hall（2006）分析了一档名为《建筑师巴布》（*Bob the Builder*）的儿童电视节目。Hall 注意到节目中巴布负责建造房屋，而他的搭档温蒂（女孩）负责用油漆粉刷和清洁办公室。Hall 也发现，节目中的人物缺乏多样性，并且节目定位面向的是居住在郊区的中产阶级。在节目中，男孩的所有机器都有一个很酷的名字，而温蒂的机器只有一个普通的名字——"齐迪"。巴布似乎掌控了整个世界，Hall 注意到一个关于美国的刻板印象正在全世界的观众中形成。当然，这档节目也有积极的地方，如注重团队协作、关注环境问题等。Lee（2008）指出，电影也会给人们提供刻板印象，迪士尼的女性角色就因展现了柔弱、被动、受害者和缺乏独立行动的能力而广受批评。Lee 考察了韩国移民中的女孩（5.5—8.5 岁）是如何解释大众流行文化和迪士尼电影中所描述的婚姻的。研究发现，她们已经能够识别这样一个事实：虽然男性可以选择迎娶他们想要的任何女性，但女性没有像男性那样的选择自由。而且他们把这一知识应用到了现实生活的文化原型中。男性角色统治了儿童电视节目。与没有看电视的儿童相比，看电视的儿童会有更多的性别刻板印象。

有一种流行的刻板印象认为，在与数学和技术有关的技能方面，女孩的能力不如男孩。为了检验这个观点是否正确，Yelland（1999）设计了这样一个实验来加以验证。实验将多名约6岁的儿童被试进行分组配对，形成了男孩-男孩、女孩-女孩和女孩-男孩三组，每一个配对组都要参加一个名为"获取玩具"的游戏，这是一款迷宫活动电脑游戏，被试必须引导一只乌龟捡玩具。为了能捡到更多的玩具，游戏需要儿童画出一个效率最高的路线图。结果显示，在解决这一问题时"女孩-女孩"配对组大获成功。在寻找问题解决方案和评估每一个步骤时，女孩展示出了更多的深谋远虑和规划能力。另一方面，男孩组表现出了更多冲动和不安，他们在电脑上不择手段地抢占位置，他们不爱反思自己的每一步移动，通常会一直坚持所走的每一步而不去做出修改和调整，而事实上修改和调整可能会让乌龟处在一个更好的位置。至于"女孩-男孩"组，在完成任务的过程中，女孩子经常扮演领导者的角色。

12.3c 性别差异

研究者们一直都在从不同的方面对**性别差异**进行探究，以确定性别差异中的哪些方面是由生物因素决定的，哪些是由社会因素决定的。Shapiro（1990）对多位研究者就他们在这方面的研究发现进行了访谈。研究者认为，在言语行为（女孩占优势）和数学（男孩占优势）方面，这一长期存在的性别差异一直在缩小，而其他方面的差异是否真的存在似乎有待进一步确定。比如说，有人认为，相对而言，男孩更加积极主动，

但这种差异在幼儿园教育阶段非常小。而到4—5岁的时候，无论他们的父母付出多大的努力试图让所有的大门都对他们敞开，儿童似乎还是要依照刻板的性别角色行事。因此，男孩会通过激烈的枪战来发泄他们的攻击性冲动，女孩则采用言语攻击，或在处理社交问题时变得残忍（如说："我不想和你玩"）来达到同样的目的。当儿童到达小学阶段的时候，他们通常会选择同性别的玩伴。男孩和女孩之间可能会出现一些竞赛，从而使他们做出一些污秽性活动或仪式（例如，一种性别受到了另一性别的玷污），或者参与一些攻击性活动或仪式（例如，一种性别取笑或干扰另一种性别的游戏）。总之，男孩偏爱参与带有动作的游戏，喜欢让游戏中包含较多的冲突，而女孩则倾向于用更低调的方式去解决她们的问题。

要把社会力量对男性和女性的行为的影响分离出来是很困难的。比如，当发生攻击性行为时，女孩更有可能得到言语上的规劝解释，而男孩们更有可能招致没有任何解释的惩罚。这个因素或许可以解释这样一个事实：男孩比女孩更可能出现不当行为。性别差异甚至在图书阅读方面也能观察到。父母对女孩所使用的情绪词多于对男孩所使用的情绪词。最近的一项主要研究表明，父母的教养模式可能是一个关键因素。如果父亲和母亲平等分担教育责任，甚至父亲承担起全职的养育职责，那么男孩会变得更有教养，女孩则对自己今后的角色有更开阔的视野。

12.3d 性别特征形成

性别特征形成受来自环境因素和经验的持续一生的影响。已有多项研究确定，性别标签经常影响成人对待婴儿的方式（Honig, 1983）。成人会依据婴儿是否有男性化或女性化的名字，或是

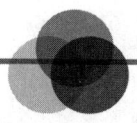
大脑发育

性别差异

其他性别差异（Hales，1998）已经在女性和男性的大脑中被发现了。神经科学研究表明，男性和女性的大脑在大小、结构和敏感度上是不同的。当女性从事任何活动时，她们的神经元活动都是广泛的，而男性的大脑活动集中在特定区域。女性可能会同时监控几项活动，但男性会屏蔽其他活动，只关注当前的任务。女性的大脑对情感的反应更加强烈和准确。当大脑处于静息状态时，男性大脑中与情感表达（比如攻击和暴力）相关的区域会得到放松。女性大脑得到放松的是与手势和语言等象征性表达形式有关的区域。男人在感情上似乎很原始。情绪被唤起时，男性更容易进行攻击，而女人更可能说出"我生你的气了"。女孩比男孩更早说话，比男孩更早学会阅读，更少发生学习障碍。这可能是因为女孩会使用左脑和右脑的神经元，而男孩在交流时主要使用左脑。女孩可以同时利用大脑中负责逻辑和创造性的部分。女性有比男性更敏锐的视觉、听觉和更好的记忆力。这可能是因为女性可以通过附加情感因素来更清晰地进行分类，因为她们左右脑是同时工作的。最后，女性的大脑有更强的直觉力。频繁的左右脑神经元的交叉可能会让女性建立起男性从未有过的神经连接。因此，女性更善于解读他人的行为可能意味着什么。

Hales, D. (1998, May). The female brain. Ladies Home Journal, 128, 173, 176. 184.

否穿着刻板的男性化或女性化的衣服而有区别地对待他们（Honig，1983）。在一项研究中，同一个婴儿先是穿上了粉色衣服并叫一个典型的女孩名字，之后又换上蓝色衣服并叫一个典型的男孩名字。结果，每一个和这个婴儿在一起玩耍的成人都会依据婴儿的名字和衣服而十分肯定地认为该婴儿表现出了典型的男性或女性的特征。当成人认为婴儿是女孩时，他们会拿玩偶娃娃给婴儿当玩具，并评价该婴儿有"女性气质"、长得甜美可爱和更有教养。当成人认为婴儿是男性时，他们会评价婴儿的力量和体格，并没有提供玩偶娃娃给婴儿当玩具，而是鼓励婴儿多进行身体活动。经观察发现，那些在儿童看护中心以幼儿园儿童为工作对象的成人对待儿童的行为方式与在实验室里被观察的成人如出一辙，例如他们会给女孩提供更多的教养，并更多地鼓励男孩从事体育活动。

> **思考时间**
>
> 回想一下你的童年。你认为谁对你的性别角色发展影响最大？是你的父母、兄弟姐妹、同伴还是其他人？如果你有异性的兄弟姐妹，你受到了与他们不同的对待吗？

已有研究证明，当儿童逐步发展到上小学的时候，教师会依据学生是男孩还是女孩而有区别地对待他们。渐渐地，男孩的自尊水平开始提升，女孩的自尊水平则有所下降。女孩似乎的确受到了教师的亏待。例如，男孩的功课得到了教师更具体而有建设性的评价，教师会鼓励男孩去使用计算机，女孩的情况却不是这样的。同时，男孩要求在课堂上得到老师更多的关注，而且他们最终也确实得到了，女孩往往被要求安静地坐在教室的后排（Chira，1994）。

作为男性或女性的自我意识，即展现在男子气或女子气的活动和行为中的兴趣，在很早的时候就能观察到。一个2岁的女孩或许开始想要使用妈妈的香水和唇膏，想穿带蕾丝边的裙子。上幼儿园的女孩或许会把自己当作迪士尼公主，而同龄的男孩则把他们摆弄的玩具限定在了卡车、小汽车和积木上。在这段时期内，儿童的兴趣会表现出反反复复的不确定性，但总是在逐渐向前发展。在六七岁时，他们已表现出了社会期待的行为。对幼儿园儿童的研究（Hyum & Choi, 2004）和对学前班儿童（Blaise, 2005）的研究已充分证明，在六七岁时，儿童已深深地进入了社会构建的性别角色当中。众多的力量塑造着儿童的性别角色行为，这些力量来自家庭、电视、教师和同伴。从男孩穿上蓝色短靴，女孩穿上粉色短靴的那一刻起，他们就已被成人区别对待了，而且这种区别性对待还受到了来自对同性别榜样模仿的强化。

事实上，儿童最终是习得了性别偏见还是性别平等的观念取决于教育者实际的教学实践。Keener(1999)研究了童年早期课堂中性别公平教学实践的差异，以及性别公平教学实践与其他表明教育项目质量的变量之间的关系。研究发现，与班级教室内部布置、个人看护常规和教学互动相关的环境因素的评分等级越高，课堂教学实现性别公平的可能性越高（照片12.6）。高质量的教学计划更有可能采用性别公平的教学实践。

12.4 性态

儿童逐步变成一个对自己作为男性或女性角色感到舒适和满意的成人的发展始于婴儿期。性态包括了一个人的生物性本质、性关系中的

照片12.6 女孩快乐地摆弄建造材料。

生理层面和与性相关行为的其他方面（Lively & Lively, 1991, p.21）。学习生理解剖和生殖方面的知识是儿童形成**性态**的重要一环。Lively 和 Lively 强调成人在支持儿童性态发展方面的主要重点应该是采取一种积极而自然的方式向儿童展示爱和接受，而不是对性做具体的指导和说明。

生理解剖通常是在家里学的，比如当孩子看到其他家庭成员不穿衣服的时候，就可以了解到。也可以在托儿所或者从邻居那里学习。在幼儿园，通常会有一些非常好奇的孩子，他们总是跟着他们的同龄人去洗手间观察。在一群2岁的孩子中，每当某个孩子尿湿裤子后需要换衣服时，一群孩子就会聚在一起观看。这是这一时期正常而自然的行为，基于孩子的好奇心。Thackeray 和 Readdick（2003/2004）调查了4岁儿童对与性有关的解剖部位的名称的了解情况。他们发现，大多数孩子不知道性器官正确的名字。因此，他们建议，为了培养对这些身体部位的积极态度，应该把准确的名称教给孩子，而不是用俚语称呼或没有名字。在婴幼儿时期与父母和其他照护者建立的信任为幼儿在幼儿园阶段接受健康的性教育做好了准备（The development of sexual,

2006）。儿童的性态是逐渐发展的，每个人都会以自己的步调发展。

3岁左右的儿童开始对生殖感兴趣，也正是在这个时候他们会问："我是从哪儿来的"或"人们是怎么生小孩的"。Anne Bernstein（1976）询问了60个男孩和女孩一个问题："人们是怎么有小孩的？"在这些孩子当中，1/3的孩子处于3—4岁的前运算阶段，1/3的孩子处于7—8岁的具体运算阶段，另外1/3的孩子处于11—12岁，刚进入形式运算阶段。回答问题的孩子都处于六个发展水平当中的某一个水平（如表12.4所示）。大多数幼儿园儿童都处于第一水平（地理定向）或第二水平（制造定向）阶段。

处在第一水平的孩子回答这个问题时就像在回答地理问题一样，会根据他认为小宝宝所在的位置来解释这一问题。处在第一水平的孩子相信每个小宝宝始终都在某个地方。孩子们知道婴儿是在母亲的肚子里长大的，但似乎认为小宝宝在需要时会从胃移动到另一个地方。

处在第二水平的孩子认为，婴儿是被制造出来的，就像造汽车、造炉子或造玩具一样。孩子已经意识到，小宝宝并不是始终存在的。处在自我中心阶段的他们，只能根据自己的经验来解决问题。他们知道一颗"种子"进入母亲的胃里，生长，最后变成婴儿出生。他们经常犯这种"消化谬误"；也就是说，他们认为婴儿是被吞进了妈妈的肚里，并在母亲的胃里发育，然后被排出体外——这个过程就像他们吃下的食物所经历的一样。在这一水平上，孩子可能会开始把父亲纳入理解，但无法理解他是如何把种子放进母亲的胃里，让它与卵子结合的。

在第三水平，儿童正处于从前运算思维到具体运算思维的过渡阶段。他们可能在5岁时达到这个水平，但更有可能在6岁或7岁左右达到这个水平。在这一水平上，他们意识到了"社会关系，如爱情和婚姻；性交；以及精子和卵子的结

表12.4 儿童对性与生育的理解的六个发展阶段

年龄/岁	阶段	等同于皮亚杰的阶段	特征
3—4	地理定向（第一水平）	前运算	小宝宝在某个地方，如商店里或妈妈的胃里。小孩始终是存在着的。
3—5	制造定向（第二水平）	前运算	小宝宝是像电器、汽车和玩具一样被组装或制造出来的，或许被理解成是爸爸放置在妈妈胃里的。
5—7	生理和技术过渡（第三水平）	过渡	意识到了爱与结婚、性交，也知道其中涉及精子和卵子结合，但尚不能把整个的过程组合在一起。
8—12	具体生理（第四水平）	具体运算	能够解释怀孕的过程，但还不能理解为什么会以那样的方式发生。
8—12	预成（第五水平）	具体运算	努力去解释怀孕，但依然相信小宝宝来自一个预先形成的受精卵（小宝宝被认为就是精子本身，而精子是由卵子供养和保护起来的）。
12+	生理因果（第六水平）	形式运算	儿童能把一切都联系起来了。开始认识到父母双方在遗传上都对小宝宝的孕育起作用，开始意识到没结婚也是可以怀孕的。

Adapted from Bernstein, A. C. (1976, January). How children learn about sex and birth. Psychology Today, 9. 31-35.

合"（Bernstein, 1976, p.33）都参与其中，但他们尚不能把所有信息连贯地联系起来。

虽然幼儿园儿童和学前班儿童都对生殖表现出了好奇，但受前运算思维的影响，他们对生殖的理解十分有限。正因如此，成人必须当心不能给予儿童过多信息而超出了他们的处理能力。另外，太多的细节只会让儿童感到困惑，信息过多也会使他们对信息产生曲解。Bernstein 建议，面对儿童的提问，成人的第一反应可以是找到儿童对问题的理解能力处在哪一个水平：

- 人们是怎样有小宝宝的？
- 妈妈们是怎样变成妈妈的？
- 你的爸爸是怎么成为你的爸爸的？

Bernstein 认为，在对问题的理解水平的把握之上，成人给儿童的解释可以高出他们现有的理解能力一个水平。但有一点很重要，就是当儿童给出了混淆多种意思的解释时，一定不要嘲笑他们或让他们感觉自己很愚蠢。因为他们正处在前运算阶段，每个孩子所说的从他的视角来看其逻辑都是完美无缺的。

同时，Bernstein 对当前针对前运算阶段儿童所使用的一些有关性教育的书籍发出警告，因为他发现，儿童经常对书籍中所呈现的大量细节感到困惑。

有关生殖的知识，儿童也可以通过宠物获得直接的经验。在家或学校，所饲养的小鼠、沙鼠、猫、狗、兔子和金鱼都可以为儿童提供有关受孕、怀孕和生产过程的直接经验。回答幼儿提问的一个重要方面就是诚实和简单，并且要能接受在他所处的年龄，他们对所问问题的理解是正常的。就性别角色、性别差异、生理解剖和繁殖等问题与儿童进行诚实的讨论有助于培养他们对于自己作为男性或女性的健康情感。

当然，有一些话题很难表述清楚，如与儿童做有关手淫、性话题和性游戏等主题的交流就不是一件容易的事（Lively & Lively, 1991；Kostelnik et al., 2012；The development of sexuality, 2006）。父母理应是主要的性教育者，学校教师也必须参与处理这些问题，成人必须诚实而开放地与儿童交流这些问题。因为手淫而惩罚和责骂儿童会让他们感到焦虑和恐惧。手淫本身并不会导致身体伤害，但如果使用过度，或用在不恰当的场合，或以不恰当的方式进行，可能会给儿童造成心理伤害。偶尔的手淫可以不用在意，但频繁的手淫可能是出现情绪情感问题的先兆，情绪情感问题必须保证得到专业人士的帮助。成人也会涉及"性话题"和"性游戏"（Lively & Lively, 1991），对这两个问题，成人可以用一种诚实、直接和非惩罚的方式向儿童明确指出，某些话语在学校是不被认可的。尽管在 3 岁的时候，儿童对他人生理解剖结构的兴趣是出于一种天然的好奇，并可以开放地表达这种好奇，但到五六岁时，儿童会感觉到成人对于他们和他人比较身体解剖结构的兴趣是不认可的，并会尽力掩藏这些行为（Lively & Lively, 1991）。如果成人正好碰到孩子们在探究彼此的身体，不应该让他们为此感到愧疚，最佳的处理方式就是建议他们去从事其他活动。这种情况或许也是一个教育儿童的好机会，可以借此机会给他们解释身体的某些部位是很私密的，不应该给他人看或不能给他人触碰。家长们需要完成的一项任务是，在学校里有必要时或学校已提供了健康与合理环境的情况下，父母们应该通过给孩子提供帮助或给出建议的方式来促进他们健康性态的发展，教师可以协助家长们完成这项任务。

Ryan（2009）研究发现，由于害怕遭到朋友和家人的排斥，通常情况下，年幼的 LGBT 儿童直到他们发育成青少年或更大一些的时候其性取向才会表现出来。在通常情况下，儿童在约 2 岁或 3 岁时会通过选择衣物、玩具、其他物品和活动的方式来表达他们的性别认同。在一般情况下，10 岁左右的儿童会第一次受到另一个同性别的人的吸引，但他们或许早在 7 岁时就已经明白了自己不同于别人。来自家人和朋友的支持对 LGBT 年轻人的心理健康至关重要。

12.5 幼儿的自我概念

Shirley C. Samuels（1977）指出，童年早期是自我概念发展的一个关键期。年幼儿童对于自己的情感依然是开放的，照料他们的成年工作者更容易评估儿童的感受。但随着年龄的增长，儿童开始掩盖自己的感情，因此要了解在他们身上到底发生了什么，会变得比较困难。成人能够帮助年幼儿童形成积极的**自我概念**，也就是说，成人能够帮助儿童对自己形成良好的感觉。

儿童处理其情绪和人格方面发展的方式会一点一滴地构建其自我概念。Samuels 把自我概念分成了以下几个维度：

- **身体形象**：儿童是如何看待自己的；是如何看待自己的身体的；身体是如何反应和行动的。
- **社会的自我**：种族、族群、文化和宗教自我。
- **认知的自我**：儿童心理发展与能力视角下的自我。
- **自尊**：儿童如何评价自我概念；在多大程度上尊重了自己。

Curry 和 Johnson（1991）拓展了**自尊**的视角，把自尊看作一个毕生发展的过程。"儿童如何感知和认为他们自己与他们的生理、社会性、道德、情绪、认知和人格的发展密不可分"（Curry & Johnson, 1991, p5）。正如儿童被认为是自己认知一面的建构者一样，他们也正在积极地参与到自我感的构建之中。儿童对自己的观念会以某种方式影响他们的行为。儿童的行为是对环境的反应，反过来环境又被儿童以及融合了其自我概念的行为所解释，在整个婴儿期和学步儿期，儿童都有牢固的自我意识，这个时期也正是他们在努力争取接纳、力量与控制、道德价值观、效率与能力时检验和评价他们心目中的那个自我的时期。学前班和小学阶段的学生在认知发展上正逐步进入具体运算阶段，在人格发展上也正处在勤奋对自卑的时期。当他们冒险融入邻居之中，当他们卷入体育运动、童子军活动、露营、兴趣小组和课堂时，他们与团体和他人的关系开始变得复杂。当儿童努力去满足正式的学校教育的众多要求时，他们对力量、能力、接纳和道德价值的探求也开始变得复杂。在第 14 章，我们会更加密切地关注小学阶段的儿童。

自我评价是自尊的基础。儿童如何感知自己的能力会影响他们的成就动机。Stipek、Tecchia 和 McClintic（1992）开展了一系列研究，旨在考察 1—5 岁儿童的自我成就评价的发展，研究者们感兴趣的是找到儿童评价自己的能力以及形成相应情绪反应（即感受好或不好）的确切起点。

研究发现，1—5 岁儿童的自我评价似乎经历三个阶段的发展。在第一阶段，儿童还不能任自己进行反思，也不会期待别人对自己的表现的反应。当他们成功之后，他们可能会微笑，但不会表现出表明骄傲的反应。在临近 2 岁的时候，儿童进入第二阶段，在这一阶段，儿童开始期待成人对他们的表现给予反应，并且渴求源于成功的表扬，同时也会尽量避免源于失败的消极反应。在第三阶段（该阶段有时候在 3 岁后才出现），儿童渐渐地内化了成功和失败的外部反应，他们开始评价自己的行为表现，并在独立于行为的情绪层面做出了反应，这种反应或许是在成人那里期待的。Stipek及其同事的研究表明，在2岁的时候，儿童似乎具有一些有关成功和失败的概念，因此成人不应该给他们强加生硬刻板的标准，因为这些标准可能会导致儿童形成低自我评价，低自我评价反过来又会导致儿童缺乏成就动机。

当前，学校十分注重增强儿童的自尊，目前旨在建立儿童自尊的正式的学校计划已经形成。但Kats（1993）认为，这些计划倾向于向儿童提供了一些不切实际的、脱离具体情境的自我概念，因为它们只向儿童提供了肤浅的表扬和奖励，如奖励五角星和笑脸等。Kats（1993，p.1）认为，真正的自尊是在成人或同伴尊重地对待儿童时，主动询问他们的想法和喜好时，在关乎他们自己的事情上让他们有机会做出决定和选择时，传递给儿童的。换言之，儿童的自尊是积累起来的，通过为儿童提供可以让他们处理成功和失败的机会的建设性活动来建立。在学校的经验对于那些在家里没有形成积极自尊的儿童来说至关重要。

12.5a 有特殊需求的儿童

有特殊需求的儿童或许需要额外的帮助才能增强他们的自我概念（照片12.7）。具有学习困难的儿童进入学校时特别容易遭受挫折（Elbaun & Vaughn，1999）。然而，他们的这种缺陷（学习困难）通常直到进入学前班或小学时才会表现出来。作为一个群体，既应该让天资聪颖的儿童自我感觉良好，也应该让没有太多天赋的儿童同样对自己有良好的感觉（Hoge & Renzulli，1991）。把有天赋的孩子"赶出"主流课堂可能会降低他们的自尊。让有各类残疾的儿童对自己

照片12.7 瞧，一个身体残疾的女孩开心地融入了一个常规班级。

建立积极的观念，让他们的能力得到承认是十分重要的。

12.5b 种族和社会阶级因素与自我概念

Samuels（1997）的研究发现，到2.5岁的时候，儿童具有了一种种族意识和种族身份感。在家里所获得的积极自尊能给那些来自少数族群或较低社会阶层的儿童带来力量，以便对抗他们在家庭之外可能遭受的偏见。教师可以通过给予支持和维持儿童对自己的积极情感来帮助这些儿童获得这种潜能。在自我概念中，社会阶层或许是比族群更重要的因素。比如，研究发现，相对于中产阶级的非裔美国儿童，来自低社会阶层的非裔美国儿童的自尊似乎更高。这是为什么呢？

情况或许是这样的：当儿童逐渐融入主流社会时，他会开始比较，发现他并没有机会可以争取，而是被隔离于主流社会之外。也有可能是：他的种族文化被淡化或被忽视。无论是哪一种情

况，这都意味着对在统一社会背景下的少数群体儿童给予支持是一种特殊而强烈的需求。对于少数民族的儿童来说，如果他们的文化自豪感在所生活的社会背景中得到强化，成了最重要的事情，那么这些儿童在群体中容易变得迷茫。McAdoo（1997）以非裔美国人为对象考察了中等收入家庭中父亲与其孩子的互动模式。研究发现，如果在家庭中，父亲是情感温暖的，能给予孩子支持，参与教养孩子，那么孩子就会有积极的自尊。McAdoo（1997）认为，若非裔美国孩子想要保持自尊和发掘潜能，他们的父亲在儿童的幼儿园教育中就应该有更多的投入。

对儿童族群文化的尊重不仅必须包含对语言和习俗的尊重，也包含对其文化意义上的自我概念的尊重。自我是群体观念的一部分。比如，从非洲人的视角来看自我，非裔美国人有他们自己的根。正如北美主流文化那样，这种文化并没有强调其个体特征。

在测量有关族群身份的儿童的自我概念时，还有一个需要考虑的因素，即儿童的认知发展水平（Semaj, 1985；Spencer, 1985）。当前，研究者普遍认为来自早期针对非裔美国儿童自我形象研究的负面结果是由于忽略了儿童认知发展因素所导致的，也就是说，早期研究并没有考虑前运算阶段儿童的思维方式。在这些早期研究中，儿童通常被问是否喜欢和深色或浅色皮肤的玩偶娃娃一起玩，由于儿童的回答只能是"是"或"否"，因而研究并没有考虑儿童对他所做选择的推理过程。

种族刻板印象（有积极的，也有消极的）已深深嵌入欧裔美国幼儿园儿童的思维当中。Bigler和Liben（1993）研究发现，当给幼儿园儿童呈现反刻板印象的材料时，他们会曲解所看到的材料以适应他们之前感知过的原型。Bigler和Liben得出结论认为，仅仅给儿童呈现非刻板印象材料不足以瓦解他们头脑中的刻板印象，甚至会巩固儿童心目中对某些事物的刻板印象。他们的研究支持了一种反偏见的需求，正如第3章描述的，在整个童年早期，所有的照料者都要避免让儿童对事物形成某些消极的刻板印象。

学习第二语言对社会性情绪发展有积极的影响。Halle及其同事（2014）对有关双语学习者社会性情绪发展的研究进行了回顾。该研究发现，与母语为英语的单语使用者相比，双语学习者的社会性情绪发展水平并不低。有两个因素似乎促进了双语学习者的社会性情绪发展，一个是他们的母语是否纳入了幼儿园教育计划中，另一个是他们的父母是否在家强化了他们的读写能力。

12.6 社会性发展

年幼儿童不但善于社会交往而且在发展的过程中逐步适应了社会。他们会花尽可能多的时间和其他儿童在一起，整个幼儿园阶段，儿童的口头语言技巧获得了强化，这些技巧能够促进他们的社会互动。他们越来越有能力让别人遵从他们的意愿了。儿童与家人和同伴之间形成的复杂关系会影响儿童社会能力的强弱。在这一部分，我们要了解儿童社会化过程中所涉及的复杂性，内容包括：理论观点、总的社会关系、社会能力、同伴关系和道德发展。同时，本部分会在一个融合性情境中考察人际关系。

12.6a 理论家们的观点

埃里克森、皮亚杰、班杜拉、维果茨基、马斯洛和罗杰斯都从某一方面或多个方面关注过早期儿童的社会性发展（Miller, 2001；Newman & Newman, 2007），处在第三发展阶段的儿童会把他的活动集中于游戏上。埃里克森认为，对于儿童来说，游戏在他们完成对生活的体验的过程中起到了载体的作用。幼儿园儿童主要的社会任务就是建立起与他人的关系。儿童在社交能力方面的强弱取决于他们的家人，也取决于他们是否走出了家门，融入了邻里关系，和是否加入幼儿园中的某个群体。皮亚杰也认为（Miller，2011），游戏对早期儿童的学习起到了重要的工具性作用，游戏也是幼儿园儿童同化和顺应的主要方式。与其他儿童的观点冲突对于儿童的认知发展来说十分重要，因为它有助于跳出自我为中心，了解到看待同一事物的不同观点。也正是这种冲突迫使儿童去关注他人的观点。本章在前面已对皮亚杰的社会性理论做过描述。皮亚杰承认儿童与他人的情感纽带和社会互动的重要性（DeBries，1997）。

维果茨基认为（Musatti，1986；Newman & Newman，2007），在年幼儿童学习的过程中，社会互动起到了关键的作用。但维果茨基的关注点在于能为儿童提供知识与文化的成人，而没具体涉及同伴的作用。但他也认为，游戏与儿童的表征能力的发展有关，并能创造出最近发展区。最近发展区能促进儿童克服认知极限（Musatti，1986）。由于有如此多的游戏时间需要与同伴在一起，因此他们之间的关系中必然存在社会互动，互动中包含了与同伴的游戏和认知的发展。Wenner（2009）注意到，大量游戏有助于儿童发展成为一个快乐和适应良好的成人。游戏也培养了儿童的创造力和合作能力。皮亚杰也把儿童的道德发展看作一个至关重要的问题。他的社会性理论主要关注儿童在向自主和自我管理发展变化的过程中的社会道德的发展（DeVries，1997）。儿童对于好与坏、对与错的观念形成于前运算期，尽管儿童有时也会做一些连他们自己都知道是错误的事，但他们依然把成人看作外在的权威，并尊重这种权威。

与埃里克森一样，马斯洛和罗杰斯（Mead，1975）也认为童年早期是儿童努力获取自主性但在放弃依赖性方面存在困难的一个时期。他们依然需要得到来自成人的关爱、接纳和安全保护，社会互动对于年幼儿童经历健康的自我概念发展十分重要（如照片12.8）。一旦儿童学会了适应和其他人相处，他们就开始意识到在这个世界上不是只有他们自己：其他人的想法也需要考虑。班杜拉的社会学习理论为社会行为如何习得提供了一个理解的视角（Miller，2011）。社会认知的观点认为，儿童通过强化或通过观察和模仿榜样而习得了社会行为。他们会被他们认为有魅力或有力量或两者兼而有之的榜样所吸引，尽管父母是他们最早观察到的榜样，但随着年龄的增长，同伴和老师会更吸引他们的注意。

照片12.8 社会互动对年幼儿童来说是不可或缺的。

来自发展心理学、社会心理学、人类学和社会学等学科的研究者已经试图把认知理论应用于儿童的社会性发展中了。这一研究兴趣目前已发展形成了一个研究领域，即所谓的"社会认知"，该领域的研究者们都对儿童如何理解社会事件感兴趣（Ruble，Higgins，& Hartup，1983）。用皮亚杰的术语来说，社会认知的观点是建构主义的，也就是说，儿童在他们自己的社会性发展过程中起到了积极主动的作用。社会认知试图把社会情境与社会理解（认知）以及作为结果的社会行为联系起来，儿童对社会情境的理解和导致他们做出行为反应的推理过程是社会认知关注的焦点。例如，Porath（2003）考察了4岁和5岁儿童如何理解自己和他人的意图、角色、关系和在童年早期的课堂活动的（p.469），这一研究源于加德纳的人际智力概念（详见第9章）。该研究表明，能理解他人意图和角色的儿童更善于分析教室里的人际关系，学前班儿童比幼儿园儿童更擅长理解他人。

12.7 关系

从 Willard W. Hartup 开创性的研究开始，"从持续的行为相互依赖的角度"来考虑关系就成了社会发展领域的研究前沿（Kolins, 1999），而不是仅仅去关注（社会性发展）的内部加工机制或只关注儿童，发展性变化被看作包括儿童和与儿童联系最密切的人的关系的复杂化。就本质上说，儿童身上所发生的变化会影响他们与他人的互动，这些变化也会受到儿童与他人互动的影响。社会性发展是在生物性发展影响和众多环境性因素中的一个持续不断地"给予-获取"的过程，尽管我通常只是关注某些具体的方面，但我们不得不考虑众多因素的相互作用，因为它们在儿童成长与发展的过程中如影随形。例如，来自家庭和同伴的复杂关系的影响与相互作用已经得到了证实。然而，每一个个体的关系都是一对一的关系，这一关系会在以下四个维度上发生变化：（1）专业知识的相似性或差异性；（2）力量；（3）信任或不信任；（4）目标方向的相似或相对性（van Lieshout, & Haselager, 1999）。关系如何向前发展取决于关系双方的相互支持，父母-孩子型关系、普通的友谊关系和欺凌-受害型关系等所有类型的关系都有其自身的运作方式。群内关系（如家庭或学校内的人际关系）也有其复杂性。因此，当我们在考察某个儿童的时候，我们应该把他所活动的社会人际关系背景考虑进去。

12.7a 社会能力

社会能力是源自和伴随儿童与他人关系而产生的一种特征。在童年早期发展与他人积极的人际关系的重要性和价值得到了相关研究的支持（本章后面会对这一研究进行讨论）。儿童与他人相处得越好，就越有可能积极健康而富有建设性地适应成人的生活。Katz 和 McClellan（1997）对社会能力做出了如下界定（p.1）：

有能力的个体是这样一类人：他们能利用环境和人际资源获得一个良好而具有发展性的结果，这一结果能产生最大可能的满足感和参与的胜任感，同时也能为他所属的群体、社区和更大的社会团体做出贡献。

社会能力被看作构成儿童整体能力的必要的组成部分，他包括多种基本方面，如社会价值、个人认同、情绪智力、人际关系技巧、自我约束、规划能力、组织与决策能力、文化素养等。有社会能力的人通常能与别人融洽地相处。

12.7b 自我约束

自我约束是社会能力的一个重要方面。Bodrova 和 Leong（2008）把自我约束定义为"一种深层的内部机制，该机制能让儿童和成人做出谨慎的、具有目的性的和深思熟虑的行为"（p.56）。通过练习控制自己的动作、思维和情绪，儿童在情感

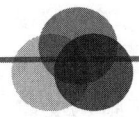

大脑发育

大脑生物学与自我控制

大约 40 年前，斯坦福大学以幼儿园儿童为被试展开了一项有关延迟满足的研究。在研究中，儿童会得到一种美食，但他们要面临两个选择：如果选择立刻吃掉到手中的美食，他们就只能得到 1 份美食；如果他们选择在 15 分钟之后再吃，他们会得到 2 份美食。如今，这项研究有许多版本，也有人做了后续研究。总的研究结果是，自我控制力比智商能更好地预测儿童的学业成绩。我们所想的正是大脑中所发生的，但近来已有研究者对当年参加实验的斯坦福幼儿园儿童的大脑差异进行了研究。研究发现，在做选择决策时，大脑的左右两个半球都有激活。中立性决策诱发了前额叶皮层的活动。有难度或不可预期结果的决策激活了腹内侧纹状体，这一区域是大脑中最为原始的部分，主要负责对与欲望和奖赏相关的信息进行加工。那些像幼儿园儿童一样做不到延迟满足的成人也表现出了与儿童相同的控制缺乏，那些缺乏自我控制的人更有可能因受到外界环境线索的影响而分心。目前，研究者们正致力于让人们学会延迟满足。

Sparks, S D.（2011，September 20）Study reveals brain biology behind self-control. *Education Week*, 31(4).

和认知方面都会逐渐变得能够自我约束（Riley, San Juan, Klinkner, & Ranmminger, 2008）。能很好地控制自己的儿童通常更受他人欢迎，也更讨人喜欢。社会戏剧游戏可以作为培养儿童自我约束能力的主要方式（Elias & Berk, 2002）。

社会关系和社会能力一直以来都是众多研究关注的焦点（Collins & Laursen, 1991）。在接下来的部分，我们会具体描述从这些研究中了解到了什么。

12.8 同伴关系

同伴指那些与我们具有同等地位（如年龄、年级和整体发展水平等），且与我们有经常性互动的人。对于学校里的孩子来说，他们的同伴通常就是与他们年龄、年级相同的一群儿童。在家庭或邻居中，孩子的同伴在年龄上或许会和他有些差距。同伴通常充当着玩伴、求助者、榜样和朋友。能学会如何融入同伴群体，如何被同伴接纳，如何保持受同伴欢迎，这些都是儿童从幼儿园到小学阶段需要开发的重要技能。同伴可以起到被大家认可的榜样作用，也可以是一个社会行为不被认可的人。同伴对于年幼儿童十分重要（如照片 12.9），如果一个孩子不被同伴喜欢或遭

照片 12.9 同伴是关于社会行为可接受或不可接受的提示者。

到了社会孤立，成人通常要关注造成这一情况的原因。兄弟姐妹在儿童社会性发展方面也可起到类似于同伴的作用。

同伴曾经一度被认为只是指年龄相仿的人。近来，同伴已经被定义为在儿童游戏中能以几乎相同的发展水平与其进行互动的儿童。相对于学龄儿童（其同伴主要是在校的同龄人）而言，幼儿园儿童（其同伴通常被限定于他的邻居）的同伴的范围会更广一些。

对于儿童同伴关系的重要性及其对儿童发展的影响，Hartup 和 Moore（1990）对其基本原理进行了阐述。与成人间的关系不同，儿童间的关系非常具有平等性。也就是说，即便是在成人与儿童的关系中，也总是可能存在统治与服从的关系，因为成人总是有最后的话语权。但儿童间的互动在处理各类社会行为和情境（如合作、竞争、侵犯、分歧和协商）时会为同伴提供更广泛的机会，而这样的机会或许在成人与儿童之间的关系中是不存在的。在出生后的头两年里，儿童的时间主要花在学会与成人建立关系上，但从 2 岁开始，同伴作为一种资源其重要性变得越来越明显，儿童利用这些资源不仅仅是为了开心玩耍，也是为了学习如何在社会性的世界中与他人相处。多项纵向研究表明，童年期的友谊和良好的同伴关系对于儿童今后的心理健康与心理适应具有比较好的预测作用。

Eggem-Wilkins、Fabes、Castle、Zhang、Hanish 和 Martin（2014）研究发现，在开端计划中，具有最高同伴接触频率的儿童的能力水平在幼儿园中也是最高的。同伴游戏可能对儿童正式入学时的适应力有影响。

12.8a 同伴强化与同伴声望

同伴强化在儿童的社会行为中起到了关键性作用。给予儿童积极的强化不仅可以塑造他人的行为，还与**同伴声望**有关。由 Charlesworth 和 Hartup（1967）以及 Hartup、Glazer 和 Charlesworth（1967）所做的两项相关研究都对社会强化进行了界定，并收集了有关社会强化的频率与强度的信息。这两项研究也对正强化和负强化的分类进行了界定和应用（The Hartup Charlesworth System, 1973），具体内容如下：

- 积极关注并许可（包括微笑或大笑，伴有或不伴有言语）。
- 给予情感和人际接纳（身体接纳和言语上赋予身份）。
- 顺从（接受他人的观点，模仿和合作）。
- 给予象征性标志（例如，自愿和主动给予另一儿童一个玩具）。

研究发现，相对于 3 岁儿童，4 岁儿童会给予更多的正强化（Charlesworth & Hartup, 1967）。其实这一发现并不奇怪，因为相对于 4 岁的儿童，3 岁儿童更少参与同伴的游戏（如照片 12.10）。相对于年龄较小的儿童，年龄稍大一些的儿童会对更多不同年龄的儿童给予强化，女孩倾向于给予女孩强化，男孩也倾向于给予男孩强化。那些

照片 12.10　同伴共享一辆自行车。

给予同伴最多正强化的儿童得到的同伴强化也最多。和其他类型的活动过程相比，在戏剧表演过程中，儿童获得的正强化更多。而在桌面活动中，如画画或玩需要动手操作的玩具，儿童得到的强化最少。另外，如果一个儿童老是在屋里漫无目的地闲逛，所获得的强化也是最少的。

研究发现，给予正强化与受欢迎程度相联系（Hartup et al., 1967）。也就是说，给予他人最多正强化的儿童很有可能会受到同伴的极度喜爱。整体来看，与正强化的数量相比，负强化相对来说可以忽略不计。这一研究表明，到幼儿园阶段，来自同伴的强化成了一个很有影响力的社会因素。

除了教室，一些研究者认为操场为研究儿童的社会行为提供了一个更自然和更少限制的场景（Hart, 1993）。Ladd 和 Price（1993）描述了大量考察在操场上被接受和被拒绝的儿童的游戏风格的研究，发现受欢迎的学前儿童正是那些从一开始就表现出了技能娴熟又善于合作的游戏者。而那些长期处于争吵环境中的儿童更有可能遭到长期的拒绝。大一点的儿童会遵循相似的模式。被同伴基于社会经济衡量方式而选为最受欢迎的儿童通常会在操场上表现出更多富有合作性和社交性的玩法。相反，那些被同伴基于社会经济衡量的方式而拒绝的儿童会用看上去无所事事的行为在操场上打发多余的时间。

受欢迎的儿童更擅长与同伴对所产生的分歧进行协商。Black（1989）研究发现，在实验室的游戏环节，被频繁选出作为最受同伴喜欢的儿童在与同伴的社会性互动的过程中使用了正强化策略。强化策略包括如下行为：同意并拓展了同伴的想法，以询问的方式明确同伴所提出的建议，给新来的同伴解释正在进行的游戏。受欢迎的儿童会通过把自己的想法以附和同伴观点的方式植入自己的观点，而不是直截了当地驳斥同伴的观点，并维护他们自己的想法。

Ladd（1990）对入学头两个月的学前班内的同伴关系进行了考察，考察内容包括对学校的态度和年度期末时学业成功的程度。这项研究发现，同伴关系满意度最佳的儿童的学业也更加成功，对学校也有更积极的态度。相反，那些早期受到同伴拒绝的儿童更有可能对学校持有消极观念，也较少体验学业上的成功。这一研究结果表明，如果儿童能被与他的幼儿园朋友安排在同一个学前班，他们就有更好的机会留住老朋友，也会获得良好的学校适应性。研究结果也指出了社会技能发展的重要性，同时这也是学前班课程中不可或缺的一部分。

12.8b 友谊

友谊是与和你的非亲属之间形成的一种特殊关系。友谊对年幼儿童起着特殊的作用，开心、娱乐和满足是儿童友谊关注的中心，其目的是通过高水平的幻想游戏获得刺激和兴奋。在游戏中，儿童一次又一次的重复着诸如危险营救之类主题，乐此不疲。他们在表演游戏中学会了获得与他人沟通、冲突管理、协商和采纳他人观点的方式（Hart, McGee, & Hernandez, 1993）。友谊具有四个主要的功能（Hartup, 1991, pp.1-2）：

- 用于获得快乐和调节适应压力的情绪资源。
- 用于问题解决和知识获取的认知资源。
- 为基本的社会技能获得或提升提供情境。
- 预示将来的人际关系（详见 Ladd 在 1990 年的报告）。

可以基于儿童的友谊观、伴随年龄的发展性变化、冲突解决和对同伴地位的影响等方面来看待友谊。

Selman和Selman（1979）探讨了儿童有关友谊的观念的发展。研究发现，年幼儿童倾向于以自我为中心，还不能理解他人的观点。在分离身体动作和动作背后的意图上存在困难。当有人从年幼儿童那里抢走了玩具时，儿童不能理解其他人可以感到他是有权利拿走玩具的。

朋友很看重他们本质和身体上的属性或特质，并用亲近的距离加以界定（如照片12.11）。正如一个儿童告诉我的那样（Selman & Selman，1979，p.71））："他是我的朋友。"孩子说。"为什么？"老师问。"她有巨大的超人玩偶，还有一整套的秋千。"孩子回答。

照片12.11　朋友喜欢待在一起。

这个阶段的儿童在决定选谁作为朋友时似乎会像成人那样考察最明显的具有自然规律的特征：

- 长头发的女孩漂亮。
- 我的老师人很好，因为她有一只猫。
- 他是我的朋友，因为他给我糖果吃。

当儿童发展到较高的水平后，他们开始能够区分自己的观点和他人的观点，但是依旧不能理解相互谦让。所谓好朋友通常都与一个人做着另一个人想要他做的事有关（Selman & Selman，1979，p.71-72）：

"她不再是我的朋友了。"一个孩子说。"为什么？"另一个问。"在我想要她和我一起走时，她老是不和我走。"第一个孩子回答。

考虑到幼儿园儿童正处于友谊形成的初期阶段，因此在发现年幼儿童的友谊表现出如下特征时，不必大惊小怪：

- 一方处于主导地位，另一方处于次要或随从的地位，并不存在真正的相互谦让的关系。
- 当原先处于随从的一方决定不再跟随时，双方的关系就崩溃了。
- 年龄较小的一方在理解另一方的观点时存在困难

社会认知——或者说儿童看待友情的方式——和社会行为对于儿童与他人成功建立友谊而言十分关键（Kostelnik et al., 2012）。那些能感知他人的思维的儿童具有更强的社会技能，在区分友谊和非友谊方面分享和帮助行为似乎是两个重要的因素，因为它们使关系变得特殊。年幼儿童倾向于和朋友竞争，但随着年龄增长，帮助和分享行为开始增多。在与他人互动的过程中，儿童一方面想保持自己的独立，另一方面为了维持友谊又想去做朋友让他做的事，这两种欲望之间的冲突在童年早期就已开始出现了。总之，友谊只有让双方都满意，才能长存。

化解冲突的方式会受到交往双方友情层次的影响。Hartup、Laursen和Stewart（1988）以幼儿园儿童为研究对象比较了他们在朋友与非朋友两种情况下的冲突处理方式，研究发现，相对于非朋友之间的冲突,朋友之间的冲突更倾向于不升级。此外,不是朋友的儿童发生冲突时,更多地选择坚定立场和协商的方式解决问题;朋友之间更可能选择以不再纠缠或回避的方式来结束冲突。朋友会以避免强硬坚持的方式,而不是用最终必须分出个胜负结的方式来化解冲突,他们也更可能在冲突后依然与彼此靠近。

在 3 岁这个阶段,越是能较成熟地处理与朋友的冲突的儿童,在 6 岁时越能成熟(Dunn, 1999)。

12.8c 兄弟姐妹

兄弟姐妹为年幼儿童构筑了另一套重要的社会网络。已有研究分析了兄弟姐妹的关系并把它与同伴关系进行了比较(Bjorklund & Blasi, 2012)。消极行为和积极行为是兄弟姐妹间的互动行为的组成部分,兄弟姐妹间可以相互宽慰,可以频繁地互助、合作和影响。另外一方面,在兄弟姐妹间,客观上也存在争斗、言语侮辱和身体侵犯,但在整体上,在兄弟姐妹间观察到的积极行为是消极行为的 2 倍。年龄较大的哥哥姐姐通常比弟弟妹妹表现出了更多的亲社会行为,但也表现出了很多的消极行为。哥哥姐姐通常会对弟弟妹妹的攻击行为进行报复,而弟弟妹妹更有可能表现出先对哥哥姐姐屈服。只要家里有第二个孩子出生,兄弟姐妹间的对抗很快就会浮出水面。弟弟妹妹会更频繁地表现出模仿行为,可见哥哥姐姐的榜样和指导作用有多重要。与性别不同的两兄弟姐妹间的关系相比,在同性的兄弟或姐妹间,会出现更多的模仿行为,在以积极的方式对年龄较大的哥哥姐姐做出回应以维持相互间的关系方面,年龄较小的弟弟妹妹起到了重要作用。

在对年幼儿童的同伴关系与兄弟姐妹关系的比较中发现,混合年龄同伴间的互动与兄弟姐妹间的互动十分相似,在互动中,年龄大一些的儿童会主导社会性活动,这就为年龄较小的儿童提供了一个模仿能力更强的玩伴的机会。兄弟姐妹间的互动为积极的和消极的互动提供了机会,进而为儿童提供了一个可以在其中进行更复杂的社会交换的情境。性别差异在兄弟姐妹间的互动中并不明显,但在同伴间的互动比较明显。其原因可能是兄弟姐妹间的关系通常亲近到可以在互动中忽略彼此性别差异。兄弟姐妹间的互动为儿童提供了一个独特的体验,这种体验是同伴关系不可能与之比拟的。兄弟姐妹关系为儿童提供了一个可以学习怎样与他人互动和怎样处理他人观点的情境(Howe & Recchia, 2014)。

Downey 和 Condron(2004)对有兄弟姐妹的儿童和独生子女在社会性与人际关系技能方面的差异进行了研究,研究对象均参与了"1998—1999 年童年早期纵向研究——学前班(Early Childhood Longitudinal Study—Kindergarten Class of 1998 through 1999)"。研究者发现,当由学前班的老师对儿童进行评价时,相对于独生子女,那些有一个或更多兄弟姐妹的儿童被认为在社会性和人际关系技能方面拥有更多优势,在自我控制能力方面的得分也较高。这表明,拥有兄弟姐妹的儿童从与兄弟姐妹的互动中习得了一些重要的社会技能。

Dunn(1999)围绕儿童与朋友和兄弟姐妹的关系进行了研究,她的研究主要关注冲突情境中的儿童对他人的观点和情绪的理解。她和同事在美国宾夕法尼亚州追踪了一群 2—4.5 岁的儿童,在英格兰追踪研究了从童年早期到青少年期的儿童。研究发现,儿童与哥哥或姐姐玩的高质量游戏或者角色扮演游戏对儿童理解他人想法和情绪的能力有很大影响。DeHart(1999)也特别关注了在冲突情境中儿童与兄弟姐妹-同伴关系的比较,与 Dunn 一样,DeHart 注意到在兄弟姐妹-同伴关系中能观察到质的连续性。在冲突发生后,相对于兄弟姐妹,儿童倾向于对朋友有更多的积极情感,但同伴关系更有可能遭到频繁冲突的损害。兄弟姐妹间频繁的冲突通常与低品质的友谊相联系。在 DeHart 自己的研究中,她对兄弟姐妹间的冲突、同伴冲突以及冲突转移(即避免发生冲突)进行了研究。她发现,和兄弟姐妹相比,在朋友之间,儿童有更频繁的社会性卷入;儿童与朋友和兄弟姐妹间的冲突及冲突转移的频次相同。但当只考虑社会参与这个变量时,研究发现相对于朋友,兄弟姐妹间每分钟有更多次的冲突和冲突转移,兄弟姐妹间的冲突也更有可能包括攻击。在兄弟姐妹-朋友互动之间,唯一直接的关系就是每次冲突中好或坏的举动的数量和实际攻击行为的数量。对于这些研究和发现,DeHart (1999,p.299) 给出了如下结论:

> 兄弟姐妹间的关系和友谊为年幼儿童提供了一种社会互动的情境,这种情境在本质上有别于其他类型的互动情境,它要求儿童学会使用不同的社会技能和策略去管理冲突。相对于朋友之间,兄弟姐妹间主动维持互动的动机更弱,并且在互动中也包含更多的对立,互助和互惠行为也更少。

> **思考时间**
> 5 岁的乔安妮邀请 3 岁的妹妹凯拉一起去玩耍。乔安妮创设了一个富有想象又引人入胜的游戏情境。在邻居场景中,她扮演了几个不同的角色。在乔安妮的邀请下,凯拉开始像姐姐那样扮演情境中的不同人物。基于本节所学的有关兄弟姐妹间互动的知识,请分析上述两姐妹的游戏场景。

整体看来,和同伴间的冲突相比,在兄弟姐妹间的冲突中包含了更多的攻击和更少的积极冲突解决策略。

12.8d 社会性孤立者与不受欢迎的人

如前所述,当儿童身处一个群体时,在入学早期,每个儿童受大家欢迎的程度存在明显差异。那些不受欢迎的儿童或许就成了所谓的**社会性孤立者**。社会性孤立者指的是很少与同伴互动或者试图与他人互动却遭到拒绝的人(Roopnarine & Honig, 1985)。一个不受欢迎的儿童或许会表现得很害羞和沉默寡言,或者显得爱找麻烦和具有攻击性。不受欢迎的儿童是其他儿童往往不会选择他作为伙伴一起玩耍的人。儿童不受欢迎或遭到孤立的现象已成为一个重要的研究领域,因为有研究已发现,小学阶段的同伴拒绝预测儿童在青少年和成年早期的辍学、反社会行为、违法犯罪、性行为混乱和精神障碍等(Rubin, 1982)。如果遭受孤立和不受欢迎的孩子能被及早发现,他们或许能在习得社交技能方面获得帮助。然而,尽管我们可能坚信我们对那些具有攻击倾向或有入园困难的儿童所做的工作是有效的,但我们必须特别留意那些表现出羞怯的儿童,因为据估计,大约有 15% 的儿童具有先天性羞怯易感特质(Bullock, 1993)。成人必须对这些儿童进行监管,因为如果这些儿童被强迫进入一个新的情境,他们更有可能表现出退缩行为(Bullock, 1993)。

在一篇有关儿童不受欢迎现象的研究综述中,Roopnarine 和 Honig(1985)发现受欢迎的儿童倾向于和其他同样受欢迎的儿童在一起玩,不受欢迎的儿童也倾向于喜欢和不受欢迎的儿童在一起玩,因而不受欢迎的儿童几乎没有机会去观察受欢迎儿童的行为。相对于受欢迎的儿童,不受欢迎的儿童会把更多的时间花在不同类型的活动上。遭到拒绝的儿童会把时间花在言语和身体攻击上。当他们尽力建立社会联系时，他们又会被拒绝。那些被同伴拒绝的儿童也会在别人的活动区域周围游荡、观望和徘徊。他们即便进入了一个群体，也经常被忽视。和不受欢迎的儿童相比，受欢迎的儿童通常给予了他人更多的正强化，同时也会收到更多的来自他人的正强化。

研究表明，早期具有良好家庭关系的儿童在托儿所里往往更受欢迎，他们会频繁进行更多的社会接触，也能更积极有效地给他人提供指导，给他人提出建议等。而早期家庭关系不良的儿童也会伴有对教师的依赖和较弱的冲动控制力（Hartup & Moore, 1990, p.10）。那些遭到排斥的儿童由于采用了不恰当的互动模式而会遭遇持续的、周而复始的社交失败，进而减少了他们获得更多积极的社交技能的机会。

Rubin（1982）以孤立的幼儿园儿童为研究对象，观察了他们的游戏行为，发现他们所玩的游戏在认知成熟方面显得不足，他们玩的社会性游戏较少，较少参与戏剧表演，而这两类游戏都与较高水平的认知功能相关。在这群孩子中，形成鲜明对比的是，他们对同伴有更多的攻击行为，社交孤立者更加不受欢迎。而当把他们放到另外一群孩子当中时，这些社会性孤立者更有可能与他们自己对话，他们的言语更多停留在自我中心的层面上。同时研究者也发现，社会性孤立者和不具有生命的物体的交谈多于与社交良好儿童的交谈。相对于社会性孤立的儿童群体，社会性更高的群体有更高的心理年龄。社会性游戏经验能够促进儿童的认知发展，而社会性孤立儿童的心理年龄低或许正是由于他们缺少这种社会性游戏经验，而使其社会性发展受到了抑制。

Coplan、Rubin、Fox、Calkins 和 Stewart（1994）对大多数时间是自己一个人度过的儿童进行了更多细节性探究，研究者们描述了沉默寡言行为的三种类型：

- **孤立的被动游戏**：包括安静地与物品玩耍，或一个人玩耍时从事有建设性的活动，或两种玩耍方式兼而有之。这种类型的游戏在童年早期会受到成人的强化和同伴赞许性的接受。
- **孤立的主动游戏**：包括独自或与物品做重复性的机械活动和独自一人玩表演游戏，或二者兼而有之。对于这种类型的游戏，成人通常会把它们与富有攻击性、冲动和不成熟相联系，也与同伴拒绝有关。
- **谨小慎微的行为**：无人陪伴只是独自一人在旁边观看他人的玩耍，即只看但不参与。这种类型的行为似乎表明，儿童或许害怕被他人拒绝或缺乏加入群体的自信。

Coplan 和其同事（1994）通过设置四个游戏组而对幼儿园儿童开展了一项观察研究，旨在考察是否真的存在已被其他研究确认的三种类型的孤立行为，研究结果证实了社会性沉默寡言的表现形式不止一种。令研究者担忧的是，如果让这些孩子继续在孤立的活动中度过他们的大多数时间，等到童年中期，他们可能会遭到同伴的拒绝和排斥。

近来，Nelson、Hart 和 Evans（2008）更加密切地关注了孤立的主动行为。他们在幼儿园的操场上对儿童的行为进行了观察，具体考察了孤立的机能游戏和孤立的假装游戏出现的频率。孤立的机能游戏是一种诸如荡秋千、滑滑梯、滑冰、单腿跳跃和爬山等可以反复进行的游戏，这种游戏方式通常是不需要同伴参与的。而孤立的假装游戏包括扮演一个超级英雄角色，或假装自己是一只脱离同伴的动物。社会测量学也可用来开展这方面的研究。有研究让儿童用喜欢与谁长时间地在一起玩、很少在一起玩和不是经常在一起玩的方式来区分自己的同学。结果发现，这两种游戏并不具有相关性。孤立的机能游戏反映的是对社会互动的回避，而孤立的假装游戏似乎反映的是不成熟、攻击性和同伴拒绝。孤立的假装游戏组儿童往往是被同伴欺凌和拒绝的，而孤立的技能游戏组儿童则会被忽略。

Nelson、Hart、Yang、Wu 和 Jin（2012）考察了中国的幼儿园儿童的非社会性游戏。他们发现，孤立的被动游戏与亲社会行为、果决性和令教师高兴（如服从指挥、正确地完成家庭作业等）呈负相关，与感情宣泄、适应不良、分心行为、恐惧和抑郁呈正相关。孤立的主动游戏与亲社会行为、果决性呈负相关，其他被调查行为均与孤立的被动游戏呈负相关。孤立的主动游戏与身体攻击和其他行为呈正相关。孤立的游戏与奉行集体主义的中国文化不相容，进而与年幼儿童的适应不良有关。孤立的游戏与攻击行为的关系与在美国发现的情况一致。

12.9 道德发展

道德没有一个被普遍认可的定义（Damon，1988），因为道德一直处于不断发展与变化之中。尽管如此，Damon（1988, p.5）还是列出了道德概念中通常包含的几个方面：

- 某种针对行为和事件的评价导向，这种评价导向能区分好与坏，并对好行为的规定具有一致性。
- 对社会集体共有准则的责任感。
- 关注他人的福祉。
- 通过关心、善良、友好和仁慈的行动来显示为他人着想的责任感。
- 关心他人的权利；热衷于公平正义。
- 在人际交往中把诚实作为准则，当意识到违背准则时，可能导致诸如羞耻、内疚、愤怒、害怕、鄙视之类的情绪反应。

儿童的道德价值观是从父母、看护人、同伴、教师和电视上习得的。道德推理是道德中的认知方面，它引导着人们做出道德判断。也就是说，人们在一个问题情境中会仔细考虑他的价值，然后判断在那个情境中应该做什么。例如，一个5岁的男孩拿走了另一个5岁男孩的玩具，而后者一直都被教育要注重自我控制和表现得慷慨大方，但他又想把自己的玩具拿回来。同时，这个男孩也一直被教育顺从的重要性，因此他抑制住了夺回玩具的冲动（自我控制）。他遍寻自己的价值观体系，想起了诚实的重要性。于是，他跑去妈妈那里说另一个男孩偷了他的玩具。因为他已经被教育过偷窃是错误的了，因此他把告诉妈妈某人"偷"了他的玩具当作摆脱困境的方式。但他尚不能区分偷与借的性质。奔向母亲属于道德的第三个方面：行动。行动是年幼儿童基于理性判断而做出的最终表现。

道德发展也有一个情绪元素：**良心**。这种情绪元素包括内疚感和焦虑感。例如，在上面的例子中，那个儿童对夺回玩具或者攻击另一个儿童感到焦虑，原因是他害怕那样做会遭到惩罚并且也不会得到母亲的赞许。这导致他开始寻找其他方法来拿回他的玩具。如果他那时攻击了另一个儿童，又侥幸逃脱了惩罚，他也很有可能感觉到内疚。换言之，他之所以感觉到不安，是因为他没有做与他曾经被教育的价值观相一致的事情。

在整个幼儿园阶段，良心的培养或内在控制的发展是道德训练的主要目标（Berkowitz & Grynch，1998）。

许多关于道德发展的研究集中于发展**道德推理**和做**道德判断**两个方面。皮亚杰（Piaget，1965）和劳伦斯·科尔伯格（Lawrence Kohlberg，1968）的研究经过了反复的检验。大体说来，皮亚杰和科尔伯格认为，当人们变得不那么以自我为中心时，他的道德判断会更加成熟。幼儿园儿童依然处于前运算阶段，因此他们很容易形成以自我为中心的感知。3—5岁的儿童会有如下行为表现：

- 相对的享乐主义，即儿童对自己的利益和快乐最感兴趣。
- 被外在的惩罚约束，即儿童非常害怕被惩罚和失去认可。
- 价值判断具有情境性，即儿童在一个具体情境中的对与错不一定可迁移到另外一个情境中。
- 能说出什么是好的行为，但对好行为的判断是依据对获得认可的需求和惩罚威胁。

说起年幼儿童，经常会听到大人说这样的话："我知道他心里知道得很清楚！"大人的说法是对的，这些儿童的确"知道得很清楚"，但是他们还不会推理并让自己的行为与脑中知识保持统一。直到快6岁，儿童才开始形成行为准则或规则意识，推而广之，以及将惩罚内化，从而使得他们按照心中的道德律行事，因为他们认为自己就应该这么做，而不仅仅是为了避免惩罚。

皮亚杰构建了道德推理的两阶段理论（见表12.5）。在第一阶段（4—7岁）——道德现实主义——儿童的评价关注的是行为导致的破坏程度，而不是行为的意图。在前面的例子中，5岁的儿童正是以这种方式做出反应的。在7—10岁，儿童会经历一个过渡期，其明显的表现就是他们会考虑其他孩子的意图，这时在做道德判断时，他们会同时考虑行为的破坏程度和意图这两个因素。除了考虑行为的后果，幼儿园儿童还表现出了这样一个特征：他们认为规则是不可更改的，一旦违反，就会自动受到惩罚。他们还认为，规则总是存在的，而不是由人发明的。如果不用考虑行为的意图，儿童会认为所有违反规则的行为一定会受到惩罚。在此阶段，原谅或宽恕尚未进入儿童的认知范畴。正是在皮亚杰所认为的这个渐进发展的过渡期内（相当于具体运算阶段），儿童才慢慢开始明白规则是人为规定和可以改变

表12.5　皮亚杰的道德发展两阶段理论

年龄	阶段	特征
4—7岁	道德现实主义（前运算阶段）	以行为的结果作为关注中心 规则是不可改变的 违反规则所受到的惩罚是自动发生的
7—10岁	过渡期（具体运算阶段）	逐渐向第二阶段的思维方式转变
11岁以上	道德自主、现实主义和互惠性（形式运算阶段）	开始考虑行为的意图 意识到规则是约定俗成的 惩罚是社会建构的结果，不是必然的

的，而惩罚也不是自动发生的，而是社会建构的结果。

在早些年，儿童在他所生活的环境中习得了人们的价值观，但还没有学会像成人那样推理和行动。因此，大人需要帮助幼儿园儿童理解（这些价值的）意向性。通过儿童与成人的共同努力和责任心培养，儿童终能进入下一个发展阶段。

皮亚杰认为，单纯的道德服从无法令儿童实现对道德判断的自主规则的内化（DeVries & Kohlberg，1990；DeVries & Zan，2012；DeVries，Hildebrandt，& Zan，2000；DeVries，Zan，& Hildebrandt，2002）。和其他概念一样，儿童需要自由地通过自己的认知行动去发展获得道德规则，也需要自己弄明白如何在不同的情境中运用这些规则。

DeVries 和 Zan（2012）提出了一个支持儿童锻炼自主性的课堂模式。使用他们的方法，教师需要掌握很多技巧：教师要成为理解、公平以及坚守承诺的榜样。DeVries 和 Zan（2012）描述了如何为幼儿组建一个课堂社区。DeVri 及其同事（DeVries，Halcyon，& Morgan，1991；DeVries，Haney，& Zan，1991）以及 Schmidt 及其同事（2007）对比了儿童在更民主和更专制的课堂中的行为（民主化课堂用积极的指导策略来支持学生构建他们自己的问题解决方案，而专制化课堂通过使学生感到恐惧的消极指导策略促使儿童顺从）。这些研究的结果真实地表明了在越是民主化课堂，儿童的高级社会道德行为就越多。

由于有如此多的年幼儿童要在幼儿园度过他们大部分的时间，因此有一个问题显得十分重要，那就是尽力揭示这种经历会对儿童的道德观念与社会规则产生（如果有的话）什么样的影响。Siegal 和 Storey（1985）做过一项对比研究，他们把在幼儿园待了至少 18 个月的幼儿园儿童的道德判断和新近刚来幼儿园的儿童的道德判断进行了比较。研究人员感兴趣的是，看看那些在处理社会规则方面有更多经验的儿童是否能够更好地区分道德规则和社会规则。道德规则是适用于每一种境况的规则，例如，分享、不打人、不推搡他人、不朝其他儿童扔东西和不拿走其他儿童的财物。社会规则是特定情况下的规则，例如，必须参与展示和讲述、在看新闻报道时必须坐在某个地方、把玩具放在正确的地方、把私人物品放在正确的地方。已经在幼儿园待了一段时间儿童和新近入园的儿童都认为违反道德规则是不可接受的。然而，在幼儿园待了更长时间的儿童对违反社会规则的情况有更高的容忍度。他们似乎觉得对这些社会规则的违反是人们所期许的，他们也认为儿童在没有成人干预的情况下也能找到问题解决办法。因此，儿童在幼儿园获得的经验似乎提高了儿童的理解水平，以至他们能够区分道德准则和约定俗成的规则。

儿童的价值观可以反映在他的道德推理和道德判断过程中。然而，同等重要的是，他们的价值观也可以反映在他们的行为上。儿童可能会谈论一个积极的道德解决方案，但当涉及行为时，儿童可能不会遵照他们的道德推理和道德判断去行动。对那些以年幼儿童为工作对象的人而言，亲社会行为和攻击性行为是他们需要关注的与行为相关的两个方面。

12.9a 亲社会行为

个体积极道德发展的外在表现可以在其亲社会行为中看到，**亲社会行为**可以表现为慷慨、有教养、同情、共情和助人等。它们包括尝试融入他人，与他人合作，为他人提供建议，遵从他人的领导和参与对话（见照片 12.12）。DeSousa 和

Radell（2011）描述了一群学龄前儿童如何学习在他们的戏剧游戏中塑造一个亲社会的超级英雄。他们的超级英雄表现出了善良、关爱和乐于助人的品质。另外一项研究支持了这样一个结论：年幼儿童有能力而且能够实际展示出他们对亲社会行为的应用（Warneken, 2015；Buzzelli, 2007）并且家长和老师可以通过亲社会课程促进亲社会行为（DeVries, Halcyon, & Morgan, 1991；DeVries, Haney, & Zan, 1991；Schmidt et al., 2007）。例如，Schmidt 分别询问了来自积极引导组和消极引导组的学前班儿童："如果你的朋友在操场上受伤了，你会怎么做？"积极引导组的儿童一致地回答会通过帮他拿创可贴的方式尽力帮助朋友、安慰朋友，或者陪着他们的朋友直到他们感觉好一些。而消极引导组的儿童都一致地回答会去叫老师。积极引导组的儿童显示出了成熟的社会道德发展水平；消极引导组儿童的反应则显示他们缺乏道德责任意识。

图 12.12 这些男孩在共享一个平板电脑。

共情或同理心是道德发展的一个重要方面（Berkowitz & GryCh, 1998；Flatter et al., 2006）。**共情**是当个体把自己放在他人的位置上时所产生的感受。这时，个体能体验到和他人相同的感受。尽管儿童直到六七岁时才能真正理解别人心里在想什么，但年幼儿童的确能注意到别人的感受。对于成人来说，留意儿童的共情行为非常重要，因为一旦儿童出现了共情行为，成人就可以告诉他们那样的行为是非常重要的。对于成人来说，在高兴、生气、伤心或不安的时候，公开表达自己的感受也很重要。简要地说（Flatter et al., 2006, p.5），从 2 岁到 6 岁：

- 学龄前儿童能通过共情获得快乐、悲伤或者愤怒等感受。但他们还不能共情更复杂的情绪，如挫败或者尴尬等，因为他们还不能从自己的感受当中识别那些情绪。
- 成人应该通过表扬孩子分享或关心他人的方式来强化儿童的共情行为。

如今的许多儿童在社会关系、学会体面（decenter）和学会向他人表示同情方面存在问题，这种情况被称为**同情缺失症（CDD）**（Levin, 2015）

12.9b 暴力与攻击

标题为"青少年过失杀人日趋盛行"（Bayles, 1993）的新闻头条讲述了这样一个故事。一名学前班女童在她的日记里画了一幅画，画的是女童曾经目睹的一个凶杀场景，女童看到姨妈开枪射杀了女童的母亲。有大量儿童是犯罪和暴力的受害者。进一步说，一些貌似生活在安全和富足环境中的孩子开始变得愤怒，以致会在初中或高中校园里向自己的老师和同伴开枪。根据儿童保护基金会（Children's Defense Fund, 2014）的统计，在美国，每天会有 50 名儿童或青少年被枪杀或遭到伤害，会有 4 名儿童因为受到虐待或疏于照料而死亡。与他们的同班同学相比，暴露在这种**暴力**环境下的儿童更可能产生抑郁、低自尊的体验，会有过多的哭泣，也会更加担心死亡和受到伤害。由于过多地暴露在暴力环境中，许多在内地城市生活的学生会形成心理防御机制，而这种防御机制会抑制他们在学校的学习能力，且很可能导致他们变得具有攻击性。贫困是预测犯罪活动最具显著效应的指标。据统计，39.6%的非裔美国儿童处于生活贫困状态，因此，非裔美国男性既是最大的犯罪群体也是最大的被害者群体的事实就不足为奇了。儿童很容易得到武器，而且他们有暴力经验，这些经验不仅来自社区，还可能源于电视和电子游戏。

作为对暴力传播的回应，美国幼儿教育协会于1993年发表了一项关于儿童生活中的暴力的公报，指出："学校和儿童保育计划是一个至关重要的支持系统，这个系统通过两种方式发挥作用：一是增强儿童的心理弹性；二是为家长提供资源，以助其成为保护子女的心理缓冲带"（NAEYC position statement, 1993b, p.81）。本书的第13章会探讨父母与其他成人用来保护年幼儿童的举措。本部分只紧紧围绕一些有关攻击行为及其对儿童当前和将来的社会性发展的影响进行描述。

攻击行为和亲社会行为就像一枚硬币的正反面。对于照看儿童的成人来说，最大的挑战是要帮助幼儿用积极的方式处理好他们的敌意性情感，同时还要培养更多的亲社会行为。对于幼儿而言，攻击行为可以被定义为个体以伤害他人为目的而实施的行为（Lightfoot, Cole, & Cole, 2013）。下面是攻击行为的两个主要类型：

- **工具性攻击行为**：旨在去除实现某个目标的阻碍而实施的攻击行为。如夺回一样东西、收回领地或特权等。
- **敌意性攻击行为**：指向某人的攻击行为，是在身体上或心理上（例如，批评、嘲笑、挑拨或口头反对）故意对某人实施伤害行为。

最近有一项研究在关注关系性攻击。**关系性攻击**是敌意性攻击的一部分，其表现为不让他人参与游戏、威胁恐吓不服从指令的伙伴，还会教唆其他人拒绝想一起玩的伙伴（Ostrov & Crick, 2005）。Nelson、Robinson和Hart（2015）研究发现，幼儿园里具有关系攻击性的儿童也同样会受欢迎，而且他们特别善于交际，但是具有身体攻击性的儿童在社会交往中并不被他人接受，特别是女孩。因此女孩会表现出更频繁的关系攻击行为。已有研究表明，关系性攻击是边缘性人格障碍的前兆（Nelson, Coyne, Swanson, Hart, & Olsen, 2014）。

针对欺凌行为的人们一直以来都把注意点集中在年龄稍大一些的儿童身上，但是目前在幼儿园和学前班中的欺凌行为也成了一个问题（Garterll & Gartrell, 2008）。儿童欺凌者是指对他人反复实施身体攻击行为的儿童，他们通常会使用诸如拒绝、辱骂或身体威胁之类的伤害行为，以行使对他人的掌控权（Kostelnik et al., 2012）。欺凌者倾向于使用工具性和敌意性两种攻击方式，他们还倾向于采用选择特定对象进行持续攻击的方式。

幼儿需要学习和发展积极的社交技能，这些技能将会抑制他们产生过分攻击的需求。有时，许多事件会导致儿童感到愤怒，对于幼儿而言，这些事件很可能是有人拿走了他们的东西，没有给他想要的东西，没有让他们参加活动，没有其他儿童和他们一起分享资料，伤害了他们的感情，或伤害了他们的身体。儿童必须逐渐学会如何通过控制和妥协来解决这些问题。在第13章，我们会探讨一些帮助儿童发展非暴力的处理问题的方法，这些方法目前正被广泛使用。本节其余部分将讨论一些与暴力和攻击有关的领域：社会经济地位和行为、课堂冲突、打闹游戏以及幼儿对权威的看法。

12.9c 社会经济地位和行为

Dodge、Pettit 和 Bates（1994）跟踪了 585 名儿童的成长，从幼儿园阶段直到小学三年级，其中 51 名儿童来自社会经济地位最底层。该研究是为了找到儿童社会化的过程，这也许可以解释早期社会经济地位和后期的儿童行为问题之间的关系。研究结果表明，学龄前儿童的社会经济地位越低，他们在小学阶段就越有可能被老师和同龄人认为具有攻击性。在童年早期，与贫困有关的因素可以预测日后的行为问题，包括严厉的训导、邻里和家庭中的暴力、更不稳定的同辈群体（因此没有稳定的友谊），以及家庭中较少的认知刺激。此外，他们的母亲往往不那么亲切，儿童经历了较高水平的家庭压力，因此认为他们有较少的社会支持和容易感觉到相对孤立，并有可能赞成使用攻击性行为作为一种解决问题的方式。并不是说这些儿童的父母希望他们的孩子具有攻击性，而是他们认为攻击性是在暴力环境中生存的唯一手段。另一方面，严厉的管教与儿童日后的行为问题有最密切的关系，这表明着儿童的攻击性行为是从好斗的模式中习得的。作者总结说，这些因素使得贫困环境成了"攻击性行为发展的温床"。（p.662）

Campbell、Pierce、March、Ewing 和 Szumowski（1994）对 4 岁和 6 岁的来自中产阶级和中上层阶级的男孩进行了一项研究。研究结果表明，被教师、家长或双方认定为"有问题"的儿童在控制活动、执行力、不服从和任何情况下产生的攻击性等多方面都有基本的困难。最极端的病例是跟踪到 6 岁时仍有问题。

12.9d 课堂冲突

研究主要关注的另一个方面是同伴冲突。在一篇关于课堂同伴冲突的研究综述中，Wheeler（1994）发现，同伴冲突问题已经引起了人们对如何教儿童在不依赖成人帮助的情况下解决冲突的兴趣。Wheeler（1994，p.269）注意到，同伴冲突有一种可以识别的结构，所示如下：

- 问题是有争议的事件并有最初的反对立场。
- 策略是儿童处理相互对立情境的方式。
- 冲突总是终止于结果。

在通常情况下，问题涉及对身体或社会环境的控制。对年龄最小的儿童来说，他们最常见的争议都集中在领地或拥有物上。随着幼儿年龄的增长，冲突转而集中在道德（身体伤害、心理伤害、玩具和权利的分配）和社会秩序（关于如何做事的规则）上。他们解决冲突的策略可能是身体上的或言语上的，可能是带有攻击性的或非攻击性的。冲突的结果可能是冲突本身并没有被化解，可能是成人强加给他们的解决方案，可能是一个幼儿向另一个幼儿屈服，也可能是通过讨论双方最终达成的妥协。

Wheeler（1994）的综述中还出现了一些其他兴趣点。考察冲突情境的研究发现，参与合作或联合游戏的儿童比玩旁观游戏、单独或平行游戏的儿童更少使用攻击行为。与非朋友相比，朋友之间的冲突更频繁，但没有那么激烈。如果成人不干涉，儿童能够找到自己的冲突解决方案。当有成人介入时，儿童通常会表现出言行不一致和带有偏见。如果他们解决问题的第一步带有攻击性，那么随后的反应也是具有攻击性的。如果第一步是倾向于和解，则更有可能达成和平的解决方案。从冲突的结果来看，似乎大多数冲突都没有得到解决，也就是说，它们只是被放弃了。

12.9e 打闹游戏

打闹游戏或激烈的身体碰撞游戏是一种表面上或许具有攻击性但实际上对幼儿具有积极意义的游戏（MacDonald, 1992；Jarvis, 2006；Carlson, 2011a, 2011b）。打闹游戏的整体特征是剧烈而真实，其内容包括游戏性搏斗、追逐以及模拟攻击。这种游戏因为在小学阶段的儿童中最为流行，因而受到了研究者最为广泛的探究。但实际上，这种游戏在幼儿园阶段就已经出现（McBride-Chang&Jacklin, 1993）。McBride-Chang 和 Jacklin（1993）研究发现，父亲与其孩子间进行打闹游戏的多少与孩子和其他孩子间游戏的多少存在某种联系。MacDonald（1992）关注到，随着对儿童课余活动监管力度的加大，如今的儿童越来越没有机会去参与过去的儿童所拥有的充满乐趣与激情的打闹游戏了。

Jarvis（2006）在一个幼儿园作为参与者和观察者，在为期18个月的时间里，记录了三种不同的打闹游戏，分别是参与者全部为男孩的打闹游戏、全部为女孩的打闹游戏以及男孩和女孩都参与了的打闹游戏。同性之间的打闹游戏大多数是男孩参与的。女孩之间的打闹游戏非常罕见，但她们间的打闹游戏的情节错综复杂。男孩的游戏情节主要基于当前媒体塑造的人物形象。男孩表现得非常精力旺盛，经常摆出手刀动作，因为这是硬汉角色的一个重要元素。女孩在她们的打闹游戏中更多地体现出同情心和母性，例如，假装从女巫的魔爪中救出婴儿的游戏。两性之间的打闹游戏经常出现，这种包括男孩和女孩的游戏大多是由女孩发起的追逐游戏。通常，一小群女孩会邀请一两个男孩追她们。游戏中的男孩扮演一个力大无比和让人恐惧的怪物，女孩则扮演从这种怪物身边逃走的人。孩子们对于每种打闹游戏似乎都有明确而又不言而喻的规则。

Tannock（2008）调查了教育工作者和学龄前儿童对于打闹游戏的认识，发现他们都认识到了打闹游戏是幼儿之间常见的游戏形式。但成人往往认为这是不合适的，大一点的儿童也认为这种游戏是不被允许的。然而，只要没有人在游戏中受伤，孩子们会乐此不疲地参与打闹游戏，成人也容许孩子们这样玩耍。无人受伤似乎是人们接受打闹游戏的关键。对于成人而言，玩耍时的表情至关重要，孩子们应该表现出开心快乐，而不是显得生气或富于攻击性。然而，即使成人认为打闹游戏是不该被允许的，他们也看到了这种游戏对于儿童在锻炼身体、释放能量以及社交能力发展方面的价值。因此，Tannock 认为，应该有一个针对性的操作指南来告诉教育工作者何种打闹游戏是可接受的。

12.9f 权威者的观点

考虑到儿童越来越具有攻击性，越来越少受到控制，所以探讨儿童和权威者之间的关系是十分重要的。Laupa（1994）的研究发现，幼儿园儿童不仅会根据特定的情境考虑成人的身份，还会考虑权威者的社会地位。换言之，孩子们觉得他们并不需要顺从于所有成人。举例来说，相对于对待其他成人，儿童会给老师赋予更多的权威。在游戏情境中，他们也愿意认可自己的同伴作为权威。尽管幼儿园儿童依然把他们的老师看作主要的权威，但是在这个阶段，他们开始能够基于某人的身份和所处情境来对权威人物进行区分了。

随着我们的世界变得愈加暴力，儿童会被暴露于更多的攻击行为之中，他们也会表现出更多的攻击和暴力行为。因此无须推定他们会依照被成人告诫的行为标准去学习道德行为。

和过去相比,现在要教会儿童平和地生活已变得更加复杂。本书将在第13章进一步探讨成人角色的问题。

12.10 融合性的环境与社会行为

在第2章中,我们阐述了优质的融合性学习环境对有特殊需求的儿童是有好处的。在2009年,美国幼儿教育协会和早期儿童发展部(Division for Early Childhood)就童年早期室内陈设物发表了一份公告,这份公告的目的在于对童年早期的融合性环境做出界定,并且为高质量的融合性环境的关键组成要素的鉴别提供一个蓝本。童年早期的融合性环境的界定如下(DEC/NAEYC,2009,p.2):

> 作为家庭、社区和社会的正式成员,每一个婴儿、幼儿及其家庭,无论能力大小,都有权广泛参与活动和享受环境,童年早期的融合性环境创设正具体体现了对上述所有成员及其权利维护的价值、政策和实践操作。

高质量的融合性环境应该能够提供尽可能多样化的活动体验,无论有什么需求,都能确保其成员能够参与,同时能够提供一个强有力的支持架构。Odom、Zercher、Li、Marquart和Sandall(1998)考察了一个跨国的融合性幼儿园环境设计样本。研究发现,相对于正常发育发展的儿童,有残疾的儿童参与同伴积极互动的频率更低。只有大约70%的残疾儿童在积极的社会互动的社会接纳标准方面被评定为合格,大约30%的残疾儿童在积极社会互动中遭到了拒绝,其原因是这些儿童表现出了消极的行为,如与同伴发生冲突和扰乱课堂。Okagaki、Diamond、Kontos和Hestenes(1998)的一个研究支持了上述结论,认为一个融合性的幼儿园课堂有助于正常儿童对多样化的他人的接纳。与参与的社会性游戏相比,尽管残疾儿童参与的多为类似社会性游戏的游戏,但该研究报告的作者认为,这些类似的游戏的确为残疾儿童融入正常的社会生活提供了一个通道。Hunder、Mahoney、Mundy和Vernon(1998)考察了融合性幼儿园中严重残疾儿童的社会性互动。他们发现,无论是被隔离的还是要融入正常群体的带有严重残疾的儿童,在社会性发展方面几乎没有什么收获,但在综合一体化的场所中,他们的社会性发展更好。总的来说,不断有证据支持融合性室内布置,因为它在场所的实用性最大化方面给予了周全的关注(Hanline & Daley,2002)。Odom(2002)建议我们更加密切地关注在儿童室内陈设物中受益的类型,这些不同的受益类型可能会让不同类型的残疾儿童受益。融合性是一个全球性问题(Szecsi & Giambo,2007)。儿童、父母和教育者在信息共享和融合性的支持上的价值,越来越受到国际关注。

本 章 总 结

12.1 确定情感的含义和主要的理论家对情感发展的观点。 本书中的情感被界定为一个特定的领域,其关注的中心是社会性、情绪、人格特征和自我概念的发展。每个主要的理论家对情感发展都有一定的兴趣。情感发展可以通过研究几位心理学家的理论来界定,这些心理学家是弗洛伊德、埃里克森、罗杰斯、马斯洛、皮亚杰、维果茨基、斯金纳和班杜拉。在早期阶段,情感发展主要集中在儿童的自我形象上。到6岁时,由于自我的发展,儿童会开始考虑自己与他人和社会以及彼此的关系。

12.2 **讨论六种具体的情绪和幼儿阶段的情绪发展。** 童年早期是情绪发展的关键时期。在这个时期，幼儿正在学习感受自己的情绪，并识别他人的情绪，如焦虑、恐惧、悲伤、愤怒、幸福和爱。幼儿对他人的依恋是他们获得主动和走向独立的基础。儿童会体验到很多种类型的恐惧，例如对怪物和妖精、死亡、恐怖主义、自然灾害和战争的恐惧。应对想象中的恐惧有助于他们获得应对现实中存在的恐惧时所需要的技能。在 7 岁左右，他们开始意识到所谓恐惧只是在自己头脑中被定义的恐惧。幼儿不得不学习如何用社会所接受的方式处理他们的情绪。压力是产生强烈情绪的另一种因素。敌意和愤怒是攻击性行为的基础。在积极情感方面，快乐和幽默表达了让人感觉良好的情绪。研究表明，在儿童发展的整个阶段，儿童逐渐学会了如何标记、界定和理解自己及他人的情绪行为。

12.3 **识别对人格发展有影响的因素。** 幼儿的人格反映在他们的性别、性别角色学习经验和自我概念方面。尽管婴儿一出生就有可识别的气质特征，但后天的经验对于他们未来的行为有很大的影响。童年早期是性别角色行为发展的关键期。在 3—5 岁，儿童对于性别恒常性的信念开始变得僵化，但在 7 岁的时候，这种信念开始变得更加灵活。性别角色的标准就是社会所期望的与性别有关的行为。性别分类始于婴儿期。公正的教育要能给儿童提供可选择的观念与行为，以替换刻板化的观念和行为期待。

12.4 **识别儿童对性态理解的六个发展阶段。** 性教育包括让儿童习得可接受的（尽管没有刻板印象）性别角色行为、性别角色标准和获得作为男性或女性的自我意识。年龄儿童也会获得解剖学和生殖方面的知识。成人的责任则是采用积极和自然的解释方法给儿童做出解释。与宠物相处的亲身经历可以为儿童提供有关生殖方面的重要信息。

12.5 **识别影响自我概念和自尊发展的因素。** 幼儿园儿童的自我概念是持续发展的。他们的族群和社会阶层的成员关系会影响他们认识自己方式。以幼儿园儿童为工作对象的成人要表现出对儿童独特的族群和文化特征的尊重。随着儿童能够评价他们自我概念的各个方面（身体意象、认知能力和社会性），儿童的自尊也在发展。对儿童的评价应该基于成人诚实的评估。成人应该关注儿童的特长，尤其对残障儿童更应如此。为了表示对文化和人格因素的尊重，教师需要了解学生的家庭观念。教学应该与儿童的学习方式以及他们对成人的反应方式相适宜。

12.6 **描述社会性发展的理论观点。** 埃里克森、皮亚杰、维果茨基、班杜拉、马斯洛和罗杰斯等理论家都毫不例外地在他们的理论中关注了社会性发展。皮亚杰和维果茨基强调了把游戏作为儿童社会性、情绪和认知发展的主要载体。马斯洛和罗杰斯指出，尽管儿童在成长、发展和获得自主性，但他们依然需要来自成人的爱、接纳和安全感。儿童在社会认知方面也在发展，也就是说儿童开始理解他人的观点，开始学会在理解他人的角色和意图的基础上对有关行为该怎样做出决策而进行推理。

12.7 **确定童年早期社会关系的价值。** 从学步儿期到学龄期，儿童在社会性发展上有很大的进步。社会关系的很多方面一直是研究的焦点。儿童的发展会影响那些与他们交往的人，儿童也会受他们的影响。社会性发展是生理成长因素和众多环境因素不断相互作用的过程。社会能力的发展是幼儿园儿童的一项重要任务，儿童与他人相处得越好，就越有可能以健康、积极的方式适应成人的生活。作为一种深思熟虑的控制思想和行为的能力，自我调节是与他人和睦相处的必要条件。

12.8 **多角度描述同伴关系。** 在幼儿园和学前班，儿童学会了与他们的同伴发展出更加复杂的关系，这些同伴可以扮演玩伴、强化物、榜样和朋友的角色。儿童的同伴关系是在与具有平等关系的同伴之间形成的，这些同伴在一起能以一种平等的方式共同解决所面临的问题。与之形成鲜明对比的是，在成人间的关系中，解决问题的一方总是权威者。友谊由同伴关系发展而来，是一种以享受、娱乐、满足为中心的特殊关系。对前运算阶段的儿童而言，友谊的价值更倾向基于身体和物质的属性而形成。友谊通过合作得以维持。兄弟姐妹也是儿童社会互动的一个重要来源。兄弟姐妹之间既有积极互动，也有消极互动。有兄弟姐妹的儿童往往在社交和人际行为方面受到了老师更高的评价。不受欢迎的儿童可能是孤立的或存在他人不接受的行为，这些儿童需要成人对他们的特别关注，以帮助他们发展适当的社交技能。

12.9 **描述幼儿道德发展的影响因素和皮亚杰的道德发展理论。** 幼儿开始获得道德价值观，开始学会对正确与错误的问题进行推理和形成道德判断，而且他们开始学会依据这些道德判断行动。他们知道积极的行为是"对的"，攻击行为是"错的"。幼儿从父母、照料者、同龄人、老师和电视上学到道德价值观。道德推理是道德的认知成分，它会引导个体做出道德判断。随着越来越不以自我为中心，儿童的道德判断会变得愈加成熟。学龄前儿童还处于前运算阶段，因此还存在很多以自我为中心的认识。

3—5岁的儿童处在相对享乐主义阶段，他们的行为受控于外在的惩罚（换言之，他们害怕受到惩罚和失去认可），儿童拥有的价值观具有情境特异性，尽管他们的行动没有表现出来，但是他们能够用语言说出什么是好行为。他们的积极道德发展的外化表现可以通过亲社会行为表现出来，这些亲社会行为可以反映他们的慷慨、有教养、同情心、共情能力和助人行为。

如今，以儿童为工作对象的成人不得不经常应对更多的攻击行为和严重的行为与情绪问题。帮助儿童发展积极的行为模式成了一个前所未有的重大挑战。打闹游戏看上去似乎是一种可能让儿童表现出攻击性的行为，但事实上，这种游戏对幼儿具有积极作用。打闹游戏通常充满活力而且真实，它包括游戏性摔跤、追逐和模拟攻击活动。打闹游戏为幼儿提供了重要的社会学习体验。

12.10 **阐述融合和社会化对残疾儿童的价值。** 残疾的年幼儿童需要有一个被接纳成为正式社会成员的机会，他们要能够从为非残疾儿童创设的环境中的社会性方面受益。当他们完全融入非残疾儿童的环境中时，他们的社会性发展也会更快。

第13章 成人如何支持儿童的情感发展

本章涉及的标准

naeyc
美国幼儿教育协会项目标准
1a：了解并理解0—8岁儿童的特点和需求
4a：明白积极的关系和支持性的互动是开展儿童相关工作的基础
4c：使用广泛地与儿童发展相适宜的教学或者学习方法

DAP
儿童发展适宜性实践指导方针
1：为学习者构建一个充满关爱的社区
1C：社区的每个成员都礼貌而负责任
3A 1：教师熟悉并理解各年龄段的关键技能

学习目标

在阅读本章之后，你应该能够：

13.1 描述为成人决策而制订的美国幼儿教育协会的发展适宜性实践操作。

13.2 解释对幼儿表达爱和情感的重要性。

13.3 明确发展适宜性引导技术的优势。

13.4 描述推动民主、非暴力和道德自主性发展的教学方法。

13.5 解释在危机时刻成人该如何给予儿童支持。

正如在第12章中描述的那样，儿童在情感领域的发展是非常复杂的，并且情感发展与认知和精神运动发育融为一体，密不可分。许多儿童被迫面对非传统的生活方式和日益增多的暴力。儿童被要求应对一个不可预知的世界，幼儿工作者为了履行他们支持儿童情感发展的工作职责也要面临前所未有的挑战。

13.1 美国幼儿教育协会决策指南

为成人的决策而编写的儿童发展适宜性实践指导方针（Bredekamp & Copple, 1997；Copple & Bredekamp, 2009）包括如下方面：

- 创建一个关爱学习者社区。在社会区中，所有儿童在学习和发展上都能得到支持。"儿童与成人之间、儿童与儿童之间、教师与教师之间以及教师与家庭之间始终如一、积极向上和充满关爱的关系是社区的基石，实践者要确保让社区的所有成员在心理上感觉安全，整体的社会氛围与情绪氛围是积极的"（Copple & Bredekamp, 2009, pp.16-17）。
- 以强化发展和学习为目的，同时又强调"教师要尊重、珍爱与接纳儿童，并有尊严地对待儿童"的教学：教师要对他们的学生了如指掌，要聆听他们的心声，给学生做个性化规划，教师还要对儿童存在心理压力和创伤的迹象保持警觉，要有意识地采用一些策略来缓解他们的压力并培养他们的顺应能力。教师要为培养儿童的自我约束和责任能力而工作。"教师要在成人的约束与儿童的自我指导体验中找到最佳的平衡"（Copple & Bredekamp, 2009, p.17）（照片13.1）

美国幼儿教育协会指南是为促进年幼儿童能力发展而设计的。能力受到基因、依恋类型和父母养育风格等诸多因素的影响（Shneider, 2000）。（第12章已经深入地讨论过能力问题了。）Jambunathan、Burts和Pierce（1999）坚信，儿童发展适宜性实践指导方针将会增强年幼儿童对其自身能力的感知。Jambunathan及其同事对学龄前儿童就他们自我能力的感知进行了访谈，同时还观察了他们的课堂表现。从这些观察和访谈中可以看出，他们达到了儿童发展适宜性实践指导方针所要求的水平。这些研究者发现，恰当的课程、教学、指导策略以及内在驱动力的提升都与高水平的同伴接纳感知能力相关。考虑到年幼儿童与同伴关系的重要性，此项研究支持了如下结论：发展适宜性课堂实践使儿童对他们自己与同伴的关系产生了更多的满足感。

照片 13.1　由教师提供一些小道具后，这个小女孩扮演起了一个快乐而充满自豪感的母亲。

当依照美国幼儿教育协会指南进行实践时，成人还需要牢记的另一个重要方面是，要与儿童的家庭建立互惠的联系。这项指导方针的一个重要方面是"教师要承认一个家庭为其子女做出的选择以及设立的目标，对家长各自的偏好和关注点要给予尊重并做出灵敏的回应，但是无论如何，你都不能放弃你的职责，即作为早期儿童教育的从业者，你必须通过儿童发展适宜性实践指导方针来为儿童的学习与发展提供支持"（Copple & Bredekamp, 2009, p.23）。

成人还需牢记儿童特定的经验和文化背景（见第 3 章）。儿童成长的背景因素，如经济困难（McLoyd, 1990）、家庭生态学（Harrison, Wilson, Pine, Chan, & Buriel, 1990）以及种族社会化（Lin & Fu, 1990; Thornton, Chatters, Taylor & Allen, 1990）都会影响年幼儿童的情感发展。例如，一些文化群体，如墨西哥裔美国人，比其他文化群体更强调情感，这就导致了一些儿童入学时对他们自己和他人的情感更为敏感。而另一些文化群体，如美国原住民可能比其他群体更加注重自力更生和独立自主。在指导方针和训练策略选择、可接受行为的界定以及对权威人物的重视程度等方面，不同的族群、文化以及社会经济地位群体可能会持有不同的观点（Gonzalez-Mena & Shareef, 2005）。从事年幼儿童教育工作的成人需要全面考虑孩子和家长的文化习俗，当在一些问题上出现不同见解时，还要与家长进行沟通（Copple & Bredekamp, 2009）。强化社会性情绪对于所有准备入学的孩子都是至关重要的（Bowman & Moore, 2006）。从事年幼儿童教育工作的成人还需意识到这样一个事实：在一些家庭中，儿童的父亲是男同性恋者，或者母亲是女同性恋者，或者父母中有一方是变性者的情况越来越多。有研究证据表明，生活在这些家庭中的儿童，无论是社会性发展还是在情感健康方面，和普通家庭中的儿童相比并没有什么差异（Cianciotto & Cahill, 2003; Child Welfare League of America, 2014）。生活在非普通家庭中的这些孩子在社会性和情感方面所经历的任何问题通常都源自家庭之外的人的嘲笑和欺凌，而不是源自家庭内部。

13.2 爱和感情

所有的孩子都需要感受到被爱和被关心。年幼儿童感受到的爱是通过他们在婴儿期发展形成的依恋以及作为依恋基础的信任感来实现的（Watson, 2003）。作为良好训导的基础，无条件的爱至关重要（Miller, 2010）。孩子们需要知道无论他们是否达到了某些特定的目标或者像大人所期望的那样去表现，大人都爱着他们。那些具有不安全依恋感的孩子可能会表现出某些行为问题。成人需要以一种关爱和支持的方式与他们相处（如照片 13.2）。向年幼儿童表达**爱与感情**的过程可能会比我们最初所认为的复杂。Alan Fogel（1980）指出了这种情感给予的复杂性。他认为，感情给予的情绪方面（即每个人所感受到的情绪）和被观察到的行为（比如挠痒痒、拥抱和亲吻）一样重要，甚至可能更重要。

Fogel 确定了情感给予的三个主要方面。儿童需要来自一个温暖而又具有接纳性的成人的爱。爱有助于儿童感觉自己是能干的，并且具有安全感。成人过去的经历会影响他们对儿童对爱的需求的回应。一个成人或许可以热情地接受另一个成人所无法忍受的儿童。有时，一些成人会对儿童所表达的爱感到矛盾或者不确定。为了有效地表达，成人必须感受到儿童需要爱，同时也必须感受到儿童对爱的需求。

照片 13.2 成人的认可和关注是至关重要的。

最有效方式就是不介入和保持低调，只要他感到舒服就第一时间让他去活动。过分热心和情感泛滥的成人常常会吓跑和过分约束小孩。对幼儿园儿童的抚摸是很重要的，但一定得尊重他的意愿并在建立了良好关系的基础上才能进行。一些幼儿园儿童需要被拥抱，一些则喜欢坐在成人的大腿上。其他儿童通过成人轻拍他们的肩，或花上几分钟跟儿童的谈话，以及在活动中不间断地关注儿童，也可以获得积极情感。

尽管研究表明亲密关系和通过身体表达情感对于儿童的健康情感发展是十分必要的，但用肢体接触表达情感的方式却有一个问题：会引发人们对儿童性虐待的担忧（Carlson, 2006）。Hyson、Whitehead 和 Prudoe（1988, p.55）有这样一段陈述："有关性虐待的公开或宣传可能正使人们对正常的用身体表达爱意产生无端的消极态度。"他们用实验研究证明和解释了他们的观点。他们的研究表明，有关性虐待的普遍知识和影响能够降低成人对给予年幼儿童爱抚的认可程度。另一方面，研究也发现，有关亲密需求和用身体表达情感方面的知识能够提高人们对后者的认可程度。他们的研究表明，我们需要向成人明确地澄清性虐待与有益的接触之间的区别。Carlson（2006）已经描述过人们对"必要的接触"的需求。

Fogel 继续指出，虽然年幼儿童需要获得自主，并最终指向独立，但他们也需要学会相信在有需求时，成人将会给予他们支持和帮助。儿童需要可以依靠其获得爱和尊重的成人，即使在他们任性和蛮不讲理的时候，也能得到爱和尊重。同时，成人必须和其他同事交流他们的感受，因为对于成人来说，他们做的未必是儿童所需要的。

在爱的价值上，成人需要小心谨慎。爱是一种无法随意志出现或停止的自发而又自然的情感。接纳和尊重是首要的，但对于特定的儿童或者成人而言，爱不一定会随之而来。成人与儿童之间拥有积极的情感，但不一定非要去（对儿童）表达爱和情感。在一段良好的关系中，接纳和尊重才是最不可或缺的要素。

在通常情况下，和一个孩子开始建立关系的

> **思考时间**
>
> 当你还是个孩子的时候，你的家人是怎样表达情感的？你的家人会通过外在的表现来表达爱和情感吗？对于表达和接受情感，你今天是用什么方式去感受的？假设你是一名教师，如果有个孩子紧紧拉着你，要求你给予他持续的关注，你会怎么做？如果你真心喜欢的一个孩子在你每次靠近他时似乎会突然间愣住，你会有怎样的感受？

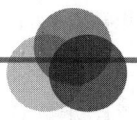
大脑发育

早期养育的作用

处理情绪的脑区是我们熟悉的哺乳动物脑（处理情绪的脑，2011—2012）。神经科学家把这部脑区称作边缘系统。母亲有对孩子进行养育和哺育的本能需要、孩子需要与自己的母亲紧密相依才能存活下来的意识等（心理活动）都来自这个情绪脑区。我们具有情绪性依恋的能力也与这部分脑区的活动有关。我们接收的感觉被称为感情，即我们所感受到的开心或难过，喜欢或不喜欢等。美国华盛顿大学圣·路易斯医学院的研究人员研究发现，和没有被关爱和良好养育的儿童相比，在6岁之前被父母疼爱和良好养育的儿童的海马体会更大，海马体是大脑中对学习、记忆和压力应对反应起重要作用的结构（Goodwin, 2012；Nauert, 2012）。海马在调节压力激素释放过程中起到了关键作用。这一研究证明了关爱和养育对大脑发育的重要性。父母和孩子需要一起讨论应对压力情境的方式，父母需要在压力情境中为孩子提供关爱和情绪支持。

Emotional Coping Brain & For Parents and Educators(2011-2012); Goodwein, J. (2012, January 30) Nurturing norms may help their child's brain develop. HealthDay; Nauert, R.M.(2012, January31). Early nurturing aids in brain development. Psych Central News.

13.3 发展适宜性引导技术

什么是训导？**训导**一词经常与惩罚相联系，对于成人而言，它们互为同义词。然而，训导一词的含义要广泛得多，惩罚只是其含义中的一部分。教导儿童让他们明白什么是恰当的社会行为也可以称为训导。具有指导性的训导就是发展适宜性实践（Elkind, 2015）。

其实训导这个词已经失去了多数原有的含义，而且已经演变成了一个相当负面的词。训导一词的拉丁语词根有"值得尊敬"之意，这使得它与学习和教育之间建立起了联系。在词典中，该词依然保持着和教育的联系："培养自控力、性格、秩序和效率的训练"。然而，该词如今经常被作为"惩罚"的同义词，最典型的是指身体上的惩罚（Gartrell, 2014）。我们可以用各种各样的技术教儿童成为一个守纪律、能自控的人。今天，我们用"**引导**"一词把"训导"从积极的技术和消极的含义中区分开来。Hyson和Christiansen（1997）认为，在童年早期教育中，"引导"的观点最初脱胎于弗洛伊德和埃里克森的精神分析理论、罗杰斯的人本主义观点和阿诺德·格塞尔的成熟论。在这些理论中，"引导"是这样定义的："术语'引导'反映的是一种信念，这种信念认为儿童的冲动是自然而健康的，成人的作用就是温柔地把那些冲动指引或'引导'到可以被社会认可的和有利于健康发展的出口"（Hyson & Christiansen, 1997, p.288）。事实上，那些理论都受到了皮亚杰的认知发生论观点的影响。皮亚杰的理论"已经把'引导'看作某种过程的一部分，在这一过程中，儿童积极地构建了课堂场景中有恰当性和成效性的行为方式"（p.288）。一些人使用"课堂管理"和"行为管理"等术语。这些术语"表明了对于特定任务的具有多重导向性的方法,而这些方法更多地关注了成人选择的目标"(p.288)。同时,这些术语也包括了环境管理技术、榜样技术和系统性强化技术。我们实施发展适宜性实践也正是基于这一引导的观点。

13.3a 引导和训导技术

表13.1概括了最常见的引导和训导技术,这些技术分为以下两个主要类别:

- 抑制儿童的行为;
- 引导儿童的行为。

表13.1 引导和训导技巧

儿童的行为	实践
被抑制的	权力专断 ● 身体上的惩罚 ● 吼叫 ● 威胁 ● 身体上的管束 心理上 ● 剥夺关爱并引发内疚 ● 引导(讲道理,强调后果)
被引导的	示范 ● 观察学习 ● 榜样示范 强化

抑制技术

抑制技术主要有两种:权力专断技术与心理技术。这两种技术都可以抑制或阻止儿童不再继续做出他们正在进行但不被接受的活动。权力专断技术包括身体上的惩罚(如打屁股)、言语惩罚(如对儿童吼叫和威胁)以及身体上的约束(如阻止儿童或其活动)。另外还有两种心理上技术,一种技术包括剥夺关爱与使儿童产生内疚感的策略,例如,让儿童感觉羞愧或者让儿童感到失去了成人的爱与支持。第二种心理技术是使用引导,包括讲道理和强调后果(见照片13.3、照片13.4和照片13.5)。也就是说,使用引导策略时,成人应该告诉儿童为什么他正在做的事情是不被允许的,并把任何可能的不良后果都要告诉儿童。引导策略的另一方面是要让儿童参与决策与问题解决(MacNaughton, Hughes, & Smith, 2007),发现儿童的观点并提供问题解决的想法。

照片13.3 教师介入帮助两个愤怒的女孩。

照片13.4 教师通过引导帮助女孩们找到了解决问题的方法。

照片 13.5 两个女孩握手言和。

引导技巧

引导技术包括树立榜样和强化的行为主义方法。树立榜样包括观察学习和榜样描述。通过观察学习，儿童观察其他儿童所做的事情，然后做同样的事情以获得正强化和自我满足。成人使用榜样描述来准确地为儿童阐明哪些榜样反映了适当的行为：

- "干得不错杰森，你把这些木块都放回底部的架子上了。"
- "我看到卡洛斯已经穿好了外套，准备好外出了。"
- "伊莎贝尔和特蕾莎，你们正在一起玩洋娃娃。"

成人的强化作用应该是强有力的，这些强化不仅对所直接引导的儿童的行为方式起作用，而且对于观察到这一强化的其他儿童也起作用，他们会把所观察到的那个儿童当作榜样。在引导儿童的行为方面，榜样描述是一种功能强大的技术。在回顾了关于引导目标的研究后，Hyson 和 Christiansen（1997，p.301）建议遵照如下四个主要的引导目标：

- **自我调节**：这一目标有助于儿童控制和调节他们的冲动，并把这些调节方式作为工具应用到他们所生活的社会和文化世界中。
- **自我效能和自尊心**：这个目标帮助儿童们感到自己有能力、有价值，并且随时准备应对困难和具有挑战性的问题。
- **情绪理解**：这个目标有助于培养儿童对自己和他人的感受的敏感性（参见第 12 章有关情绪智力的讨论）。
- **社会文化能力**：这一目标帮助儿童在班级群体中朝着共同的群体目标努力奋斗，这种能力会让儿童以一种富有成效的方式去解决冲突。

13.3b 父母教养技术对儿童行为的影响

成人面临着许多种儿童挑战行为。最常见的行为问题包括"高水平的消极和愤怒情绪、不愿服从、与父母和其他成人对抗、与其他可能会卷入身体攻击的孩子频繁争执，不服从指示和与同龄人相处的问题"（Campbell，2005，pp.7-8）。决定用什么方法教育一个独特的孩子并不是一件容易的事，但这里有许多方式可供家长选择。在养育孩子的过程中，家长、教师以及其他成人都会面临许多挑战。

那父母的训导方式是如何影响孩子的行为的呢？戴安娜·鲍姆林德（Diana Baumrind，1975，1978）及其同事已经做了一些关于父母**教养方式**的著名研究，鲍姆林德明确了四种父母教养方式，如表 13.2 所示。其中三种最常见的方式是专制型教养方式、权威型教养方式的和放任型教养方式，一小部分父母用第四种方式，即和谐型教养方式。

专制型父母缺少对孩子的培养和认同，与采用其他教养方式相比，他们采用更多带有威胁和不理性的控制方法。这类父母的孩子会更多地表现出不满足、退缩和多疑的特点。使用权威型教

表 13.2 鲍姆林德的四种父母教养方式

方式	父母行为	孩子的表现
专制型	低培养和低认同；与其他方式相比，采用更多威胁和不理性的控制方法	难以满足、退缩、多疑
权威型	管控，但是给予温暖，并能与孩子进行良好地沟通	成熟，独立自主，有责任心，坚定而自信
放任型	不加组织，不进行管理；不给予爱或进行嘲讽	不成熟
和谐型	鼓励独立自主和个性发展	女孩：非常有能力 男孩：能力不足

养方式的父母虽然也采用了控制手段，但同时能给予孩子温暖，能与孩子进行清晰明了的沟通。这类父母的孩子被认为是最成熟的。使用权威型教养方式的父母强调成熟和服从的行为，而他们的孩子会表现出独立自主、有责任心且坚定而自信。放任型父母教育出来的孩子往往是最不成熟的。这种类型的父母倾向于用剥夺关爱或进行嘲弄作为对孩子惩罚的方式，放任型父母对孩子所采用的管理与控制方式并不比其他方式好。

和谐型父母是不墨守成规的。他们并不表现出对孩子行为方式的控制，但他们的孩子似乎知道父母对他们的期望是什么，也能始终如一地坚持到底。通常情况下，这种类型的父母是接受过良好教育的，给孩子提供了丰富的环境，鼓励他们独立自主和发展独特个性。当孩子不听话时，这些父母更多地将其视作彼此意见的分歧，而不是孩子有不良行为；在这种教养方式下，女孩通常会很能干，而男孩会出现能力不足的问题。

权威型教养方式似乎在整体上对孩子的行为有最积极的影响（照片 13.6）。权威型父母的孩子往往也是最成熟和适应良好的。这些父母对孩子有着高期待，但作为平衡，他们同时也会用与孩子进行清晰沟通的方式关注孩子的期望，并会与孩子建立牢固、温暖的关系。他们主要采用引导的方式来管控孩子。当父母与孩子产生分歧时，他们会听取孩子的观点，并给出他们所做决定的明确理由。

正如鲍姆林德所界定的那样，父母的训导到底是如何影响儿童行为的呢？研究者们对进一步探究这一问题的兴趣越来越浓厚。权力专断或专制型母亲往往会培养出这样一种类型的幼儿

照片 13.6　父亲支持其儿子对水进行探索。

园儿童：这些儿童在解决他们与同伴之间的冲突时，会把具有敌意的方法作为成功解决问题的手段，并且在他们的游戏中会使用更多的反社会行为（Hart, DeWolf, & Burts, 1992）。而引导型或权威型母亲培养出来的孩子相信积极的策略在解决冲突时会取得成功，并且在运动场上的游戏过程中显示出了更多的亲社会和积极的行为（Hart, DeWolf, & Burts, 1992）。引导型母亲教育出的孩子更受同龄人的欢迎（Hart, DeWolf, Wozniak, & Burts, 1992）。这两项研究的结果支持这样一个观点：采用引导或权威型教养方式以及训导的方式养育的孩子更具有优势。

13.3c 教学风格对儿童行为的影响

显然，Jambunathan、Burts 和 Pierce（1999）的研究结果表明，**教学风格**可能也会影响儿童的行为。其他多项研究也支持如下观点：引导导向的教学法会形成一种积极的社会氛围，而相对于权威型班级氛围里的儿童来说，积极环境氛围中的儿童能够更好地遵守纪律和进行自我约束（Marcon, 1993; Hart, Burts, & Charlesworth, 1997; Pfannenstiel & Schattgen, 1997; Stipek, Feiler, Byler, Ryan, Milburn, & Salmon, 1998）。McMullen（1990）研究发现，那些相信儿童发展适宜性实践指导方针并在他们所教班级里运用该思想体系的教师往往相信自己的能力，并相信自己有能力控制班级里发生的事情（照片13.7）。更多地应用发展适宜性指导方针的教师往往拥有早期儿童教育专业的学位，参加过儿童发展方面的课程，拥有在幼儿园教学的经验，而不是小学教育专业的学位。

13.3d 惩罚

惩罚是管教领域一个值得关注的方面。使

照片13.7 老师发出一个保持安静的信号去提醒孩子们注意。

用体罚一直是一个有争议的问题（Richardson & Evans, 1993; Ispa & Halgunseth, 2004）。目前，美国有19个州允许在学校里对儿童进行体罚（Adwar, 2014）。美国儿科学会（American Academy of Pediatrics, 2000/2006）和美国儿童与青少年精神病学学会（American Academy of Child and Adolescent Psychiatry, AACAP, 1998）都发表了公报，呼吁学校停止体罚。美国幼儿教育协会（NAEYC, 1993）在《儿童生活中的暴力》（*Violence in the Lives of Children*）一书中发表了一项声明，其中包括禁止在学校和其他所有儿童节目中对孩子进行体罚。然而，体罚仍然被许多学校和父母使用，尽管研究表明，它没有长期的积极作用，如果频繁和严厉使用，还会与许多负面作用相联系（Niolon, 2010）。受到体罚的孩子可能会欺负其他孩子，具有攻击性，有行为问题，害怕父母，缺乏自尊，认为打人是可以的（AACAP, 2012）。相对而言，比较可接受的惩罚形式包括：

- 暂停活动，指把儿童从他们期望从事的活动中隔离出来，但同时让儿童有机会考虑和与其讨论当前的问题。
- 撤销特权（如邀请朋友来玩）或奖励（如新玩

具或零用钱)。
- 始终坚持按照合理的结果进行惩罚,例如,不参加某一项活动或取消去公园的行程。

在实施惩罚之前,应尝试更积极的建设性权威式方法,具体操作在稍后关于积极引导技术的部分有详述。

一项对学前班儿童及其父母的研究结果表明,在家受到体罚的儿童会更多地在学校把他们受到的体罚行为表现出来或直接付诸行动(Michels、Pianta, & Reeve, 1993)。而那些没有受到身体上惩罚(例如,只是被暂停活动,让其注意家长的不良行为示范等)的学前班儿童在学校表现出的体罚行为相对较少。Weiss、Dodge、Bathe和Pettit(1992)研究发现,父母使用的管教严厉程度["严厉,严格,经常涉及体罚"(p.1324)]与孩子在学校表现出的攻击性行为的数量直接相关;也就是说,管教越严,老师对孩子在课堂上的攻击性行为的等级评价越高。在西非私立学校进行的一项研究发现,在使用体罚的学校里学习的儿童在需要执行功能参与的任务上表现不佳,体罚对儿童的言语智力有不利影响(Thomas, 2011)。

儿童照料者的管教方式也是值得关注的。Scott-Little和Holloway(1992)研究发现,相对于将儿童的不良行为归咎于超出儿童本身可控范围的外部因素的照料者来说,那些把儿童的不良行为归咎于内部因素的照料者会更多地采用权力专断型管教方式。这些研究者指出,儿童照料者需要更深入地研究儿童不当行为的原因。

最近的研究表明,在低收入和中等收入家庭中,轻微或温和的体罚对儿童不会造成伤害。尽管儿童发展专家强调避免使用体罚,但大多数父母仍然在使用它。Ispa和Halgunseth(2004)深入研究了9位低收入的非裔美国母亲对体罚的看法,他们关注的焦点在于试图找到母亲持续使用体罚的原因。研究结果发现,在管教孩子的过程中,即使母亲们将所有积极的指导技巧都列入她们的管教手段当中,她们也没有放弃体罚。尽管负责她们早期开端计划的家访者在鼓励她们采用其他管教方式,但她们还是会那么做。下面是从研究者和这些非裔母亲的对话中抽取出的几个原因:

- 母亲们发现,她们对积极引导技术的效果并不满意,孩子们似乎并不把温和的管教方式当回事儿。
- 其他家庭成员施加压力,要求使用体罚。
- 母亲们认为体罚只在孩子的童年阶段起过作用。
- 虽然母亲们认为学步儿测试父母底线的行为是很正常的,但是没有体罚,学步儿是不会改变他们的行为的。
- 这些家庭住在危险的社区环境中,母亲们认为孩子们不得不尽早学会避免性、毒品和犯罪的诱惑。
- 母亲们也坚信她们的孩子需要为自我保护做些准备,即准备还击别人,因此某种带有攻击性的教养模式还是有必要的。

非体罚的惩罚方式可能并不是在所有文化中都能够被接受,尽管儿童发展专家也认为,从长久发展来看,非体罚的惩罚方式更有效。2007年,儿童教育国际协会发布了一份国际性立场声明文件,呼吁禁止对儿童实施体罚(Paintal, 2007)。

儿童发展的专家们认为,一些非体罚的惩罚方式,例如剥夺特权或孤立,比体罚更可取。但是,伴随着一些解释和讨论(诱导法)的惩罚,效果是最好的。那些具有预防性的训导方法才是

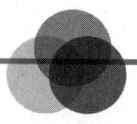

现实世界中的儿童发展

虎妈

2011年，蔡美儿（Amy Chua）的书《虎妈战歌》（*Battle Hymn of the Tiger Mother*）在家长和教育专家当中掀起了轩然大波（Chua, 2011a, 2011b; Kohler, Aldridge, Christensen, & Kilgo, 2012）。蔡美儿记录了她独裁主义的育儿方式，这种方式是她从自己所成长的中美文化背景中学到的。她的孩子从不可以像其他普通的美国孩子一样参与活动，比如，参加睡衣聚会（到别的朋友家过夜），参加家长与孩子一起参与的玩耍聚会，参演校园剧，看电视，玩电子游戏，或是选择他们自己的课余活动。蔡美儿期望她的孩子除了体育成绩之外，其他所有科目的学习成绩都不低于A，要在所有学科中成为第一名，要去学习拉小提琴或弹钢琴。她说，中国母亲绝不是唯一遵循这种严厉的父母教养计划的群体。

西方国家的母亲们普遍认为孩子应该快乐地学习，对在学业上取得成功也不应该有过多的压力。蔡美儿把虎妈与西方国家的母亲们做了比较，发现中国的父母们每天花在孩子学习科目训练上的时间是西方父母的10倍，而西方孩子更有可能把大量的时间投在团体活动中。中国家长会公开批评他们的孩子，对他们说，"你太胖了"或"你太懒了"。他们只在孩子做得完美无缺的时候才给予表扬，即便成绩为A，也还是不够好。家长们相信他们的孩子可以做到最好，他们将不断训练孩子，直到做到最好为止。

她举了女儿完美地演奏了一段高难度钢琴曲的例子。而西方的孩子则追随他们独特的爱好，并得到父母的强化和培养。"中国父母相信他们可以通过为孩子的将来做准备的方式来最好地保护他们的孩子，让孩子们看到自己有多能干，并用他们认为谁都拿不走的各种技能、工作习惯和内心的自信来武装孩子"（Chua, 2011a, p.6）。蔡美儿最小的妹妹患有唐氏综合征，她的母亲花了大量时间训练她的自理技能，以便她能找到工作并独立生活。她认为严厉和爱可以并存，且各司其职。Kohler，Aldridge、Christensen和Kilgo（2012）发现，那些关于蔡美儿的教养方式的文章只从虎妈育儿方式要么错、要么对的角度来讨论，因此他们给出了五个观点：

- 蔡美儿指出，文化和家庭的期望决定了她的价值观和对孩子期待。
- 蔡美儿的家庭实际上是中国妈妈和犹太人爸爸组成的混合家庭。所以再一次强调，文化很重要。
- 这些作者推断蔡美儿在育儿方式上有"一种模式打天下"的心态（虽然如果你考虑到她最小的妹妹的情况，但是这也有一个现实，一些孩子不可能是全优生，这并没有什么错）。
- 有些做法是否被滥用了？必须考虑该把这些做法的好与环、对与错的界线划在什么地方。
- 最后一个要考虑的问题是，到底哪些教养方式是恰当的，哪些是不恰当的。

在父母对儿童的教养方式和儿童的发展方面，虎妈带给了我们一些思考。在儿童发展过程中，我们倾向于学习权威型教养方式，但那是最好的方法吗？

Chua, A(2011a, January 8), Why Chinese mothers are superior. *The wall Street Journal*; Chua, A(2011b, January13). The Tiger Mother responds to readers. *Wall Street Journal*; Kohler, M., Aldridge, J., Christensen, L. M., & Kilgo, J. (2012). Tiger moms: Five questions that need to be answered. *Childhood Education*, 88(1), 52-53.

最好和最有效的训导方式。这些都是**积极引导技术**，这些技术教导儿童让他们明白什么样的行为是人们所期待的，以及该如何用语言而不是武力去解决他们的冲突。诱导法使用积极的陈述，确切地告诉儿童应该做什么以及为什么这样做。正是这个原因，这些积极引导技术才有可能被支持并长期推广。这一点在第 12 章有所讨论。一种流行的积极引导方法是吉姆·费伊（Jim Fay）的《爱与逻辑》（Love and Logic）。可访问《爱与逻辑》一书的网站以获取更多信息。

临时中断技术是一种为了减少儿童不被认可的行为而经常使用的方法。这种方法包括"短暂的社会孤立和常规活动的暂停"（Readdick & Chapman, 2000, p.81）。临时中断技术是为了帮助孩子学会停止使用不恰当的行为并学会恰当的行为。然而，在一项考察临时中断法对 2—4 岁儿童的作用效果的研究中，Readdick 和 Chapman（2000）发现，儿童对不恰当行为几乎没有什么领悟。相反，在活动被终止的过程中，儿童还感受到了孤独、不被老师喜欢、被同伴忽视、悲伤和害怕。因此，临时中断技术常常被看作一种惩罚，而不是一种学习体验。也就是说，它是对诸如咬人、吐痰、泼水以及在听故事期间不能坚持坐在座位上等行为的最常见反应。而且在活动临时中断期间，儿童并没有仔细考虑行为不当的原因。因此，Readdick 和 Chapman（2000, p.87）建议，只有当儿童"严重失控或对其他儿童构成紧急威胁"时，才可以使用临时中断技术。

Fields、Perry 和 Fields（2010）提供了一些例子来说明在不太紧急的情况下使用临时中断技术的操作程序。在这个程序中，儿童可以自己决定去房间的另一区域平静下来，并在他们准备好适当行为时，再返回小组。在其中一个例子中，教师让学生选择并装饰一个私人空间，并告诉学生，当他们觉得自己需要冷静下来的时候就可以去那里。一张桌子和两把椅子就可以构成一个"和平谈判桌"。在那里，儿童可以讨论他们的纠纷并试图就他们的问题达成解决的方法（Stomfay-Stitz, 2012）。

临时中断技术是几种行为矫正方法当中的一种（Fields, Perry, & Fields, 2012）。如第 12 章所述，行为矫正源自斯金纳的操作性条件反射理论。奖励是被用来矫正（或改变）行为的。Alfie Kohn（2005）是行为矫正的主要批评者之一。Kohn 认为儿童应该接受我们无条件的爱。他们不应该只有在取悦我们的时候才赢得我们的爱。他的观点是，成人需要问自己："我的孩子需要什么，我怎样才能满足他们的需要？"（p.118）。孩子的每一项需要不可能得到满足，但可以得到尊重。Kohn 认为儿童应该被认真对待，可以通过三种具体方法来实现（p.199）：

- 表达对孩子们无条件的爱。
- 给孩子们做决定的机会。
- 从孩子的角度想象事物的样子。

我们接下来将会关注积极引导技术的一些观点，这些引导技术已被应用于早期儿童的课堂中。

13.4 民主、非暴力与道德发展教育

民主、非暴力与道德发展教育始于积极的引导。积极引导的概念可以追溯到 1950 年首次出版的凯瑟琳·雷德·贝克（Katherine Read Baker）的教材《幼儿园：一个人类关系的实验室》（The Nursery School: A Human Relationships Laboratory）。贝克在书中提出了她的观点，即认为幼儿园是

人类关系的实验室，幼儿园的人际关系只需引导或者简单的规则就能维持（Read，1992）。用这样的方法，成人扮演着一个低调、积极和一致的引导者的角色，而不是一个主导者。在引导的过程中，重点是要告诉儿童应该做什么，而不是他不应该做什么。下面是应用引导方法的两个案例：

乔希正在乱扔积木。引导型教师不会对乔希大吼"不要扔这些积木"，而是把他带到一边并说，"这里有点不对劲，这些积木是用来做什么的？"乔希说，"这些积木是用来搭建筑的。"

伊莎贝尔正在盆里用肥皂水洗玩具娃娃，弄得地板上都是水。引导型教师没有说"伊莎贝尔！不要弄得这么脏，地板上到处都是水。"她说，"对于地板上有水，我们可以做什么呢？"伊莎贝尔回答："我可以把水擦干，尽量不把水泼到地上"。

成人和儿童的情绪是什么样的呢？有时，成人和儿童都会表现出强烈的情绪，当展现出愤怒时，这些情绪就很难对付，我们认可儿童愤怒的权利，但是儿童不可以损害财产和伤害他人。儿童需要知道成人也有情绪。因此，儿童需要知道什么时候成人不支持他的行为并会生气。不支持必须是公开的，并且直接了当地让儿童知道他做错了事情。但是成人可以从要求儿童确定问题并建议一个解决方法开始。儿童正是从一个备受尊敬的成人那里感知到了不被许可，才会形成与愧疚感有关的多种情绪，而这些情绪是在儿童进行自我控制时所必需的。成人没有必要对儿童大喊大叫，并贬损他们，但可以用一种坚定而建设性的方式让儿童知道成人的感受是怎样的。下面的案例展示的是这些建设性方式的应用：

伊莎贝尔拒绝帮忙清理她一直在使用的材料。她对桑切斯太太说："你是个笨蛋！"桑切斯太太坚定地说："伊莎贝尔，我不喜欢被称作笨蛋，这句话伤害了我的感情。在你和你的朋友玩耍之前，你必须做点什么？"

在这个案例中，桑切斯太太是直接而又中肯的，所以她让伊莎贝尔知道自己虽然不允许她叫别人笨蛋，但并没有断然排斥伊莎贝尔这个人。Gartrell（2014b）解释性地认为，儿童需要学会民主化的生活技能，其中一个技能就是，他们必须学会用机智与道德的方式思考问题。终极目标是，他们必须能够确定问题，并找出一个公平的解决方法。

13.4a 民主教学

Joanne Hendrick（1992）、Polly Greenberg（1992a，1992b）和 Suzanne Miller（2005a）的文章提醒我们，我们生活在一个民主的国家。Hendrick 和 Greenberg 都指出，民主参与的准备应该从童年早期开始。Hendrick（1992，p.51）建议我们在学龄前阶段就开始把成人的一些权力转移给儿童，转移的方式是鼓励他们做出决定（选择的权力）、建立自主权（尝试的权力）和培养能力（做事的权力）。这并不意味着成人应该后退并让儿童毫无控制，而是意味着成人要为儿童提供具有现实意义的选择，例如让孩子选择去哪个幼儿园，鼓励孩子尝试新事物（在最近发展区范围），并在孩子解决困难问题时支持他们（提供支架）。在这种氛围中，儿童可以学会重视自己和他人，信任成人，并且信任他们的同龄人。

在 Greenberg（1992a）的第一篇文章中，她描述了如何在课堂上组织一些能够形成民主性人格的简单而又有民主性的实践操作。她的建议包括使用预防性训练、提供积极引导和从不羞辱或贬低孩子（例如，通过制造威胁，给孩子贴上"坏"的标签，忽略帮助需要）以及全天候灌输个人和社会责任。在第二篇文章中，Greenberg（1992b）描述了儿童发展适宜性实践指导方针是如何基于John Dewey的想法支持民主生活的。就像养育子女一样，专制或者过于宽容的教学不利于儿童发展。她还支持一种在儿童中发展民主人格的民主方法。Greenberg（1992b）指出，"民主性人格是个体所表现出来的一系列特征、兴趣和动机，这些加起来就会以既达成自我实现又有利于群体的方式形成个体的行为习惯"（p.59）。Miller（2013）也建议课堂应该是一个民主的团体。她建议支持合作而不是竞争，使用非暴力冲突解决技能，提供亲社会模式，促进服务学习项目和指导儿童欣赏多样性。

民主教育涉及对自由和责任做出选择（Garrison, 2008）。它包括让学生选择和自我指导一些学习体验。"学校教育的主要任务不应该是为下一年级做好准备，而是要帮助学生理解他们所认知的今天和明天，帮助他们把今天和明天过得成功而又有意义"（p.348）。

13.4b 为非暴力而教学

幼教工作者有机会消除发生在家庭和社区里的暴力对儿童的一部分消极影响（Osofsky, 1996；Quick, Botkin, & Quick 1990）。Wallach（1993，p.7）建议，"儿童看护中心、娱乐项目和学校可以成为儿童可利用的资源，为他们提供多样化的、可替换的自我感知，并教给他们相应的技能。在这些场所中工作的专业人士可以消除由暴力带来的负面影响（照片13.8）。Wallach（1993，p.7-8）为专业人士提供了以下几方面的指导：

- 确保你的项目能为儿童提供机会，让他们能与有爱心、又有见识的成人发展有意义的人际关系。
- 为了尽可能保持一致，和孩子们一起做计划和安排时间。
- 提供清晰的结构、期望和限制。
- 给孩子们提供更多的机会让他们表达自己。

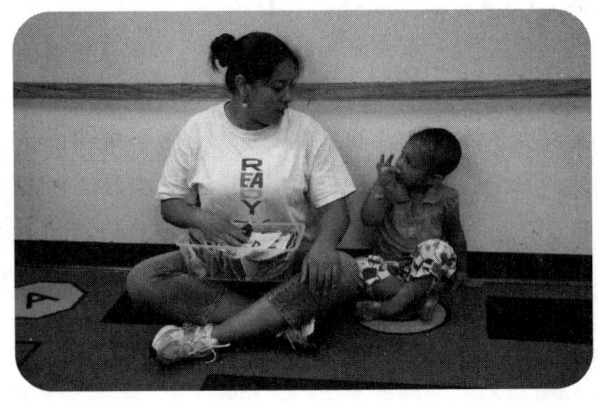

照片13.8 教师和儿童正一起参与一个轻松的非暴力活动。

通过参与戏剧表演、艺术活动和讲故事等活动的机会来表达感情是有益健康的。Hirsh-Pasek和Golinkoff（2015）与他们的合作者共同阐述了游戏性学习和引导式游戏是如何促进学习的。

Parry（1993）描述了"选择非暴力"，这是一个"彩虹之家教育项目"，该项目旨在帮助孩子们在充满暴力的世界中生存下来。开端计划、儿童看护中心和小学课堂中已经使用了该项目。这种教育方法让儿童知道面对暴力时，他们是有选择的。该项目中有三个关键概念（p.14）：

- 理解什么是暴力，并能够在他们的生活中、玩具中、选择中等活动和事物中说出这些暴力的名称。
- 意识到他们有能力选择和控制自己的行为方式和将来存在的方式。
- 了解语言的力量，以便他们可以用语言表达自己的感受和保护自己免于被施以暴力。他们学会说出并找到可以代替暴力的方式以解决冲突。

Wallach（1993）和Parry（1993）认为，以儿童为工作对象的成人可以为那些生活在暴力环境中的儿童提供一个有益健康的避难所，同时向他们提供了一些良好行为来替换暴力行为。

有些孩子会来自这样的家庭和社区：在那里，暴力是他们学到的唯一的解决问题的工具。Lourdes和Ballestereos-Barron在她当老师的第一年发现，自己在一个有30个一年级学生的班级里居然击打、推搡和辱骂班上的学生（Teaching Tolerance Project, 1997）。她很快发现自己会对这些学生大喊大叫，指出他们错误的行为，在黑板上写下他们的名字，给他们分发"皱眉头的脸"表示惩罚，并开始让学生留堂。她后来意识到，这不是教书育人的方法。她用和平教育基金在佛罗里达州的迈阿密学习了一门课程，并改变了她的教学方法。她学会了完全不同的教学方法。她从那之后说话温和，在她的教室里安排进行合作活动。并贴出"我喜欢"的规则。她开始留意积极的行为并给予具体的表扬。房间里有一张"和平桌"，当孩子们需要协商分歧时，可以去那里谈判。她的班级已经变成了一个安全的地方，学生们都很快乐，他们已经学会了用其他方式来代替暴力行为。

13.4c 道德发展教育

基于皮亚杰的理论，道德发展采用的是一种构建主义的方法。因对实践具有指导意义，Kamii（1984b）对建构主义的基本思想体系进行了阐述。Kamii认为，从皮亚杰的观点来看，奖励和惩罚只能在短时间内产生影响，惩罚只是在儿童对不被认可的行为还没有卷入、盲从和反抗的情况下找到一种使他们侥幸成功远离不好的行为的方式。奖励使成人处于统治地位，并且从不给孩子独立思考的机会。皮亚杰的方法的关键在于互惠性（即儿童与成人交换观点）和给予儿童自己做决定的机会。这两个要素使儿童能够发展个人价值观和获得道德自主性。儿童只有通过自己做决策并承担决定的后果的方式才能学会如何做决策。对儿童来说，他们做的决策都是一些简单的决策，比如今天出门穿什么衣服或选择在学校做什么活动。如果儿童在5岁之前的几年里得到过很多次自己做决定的尝试与犯错误的机会，那么在5岁时，他们就能自己做出许多决策。5岁时，即使老师离开教室几分钟也不会出现混乱，儿童可以做到自我管理。如果教师开始着手处理问题时问"我们应该怎么做？"儿童很快会表现出自我管理的行为。儿童在小决策上表现出的自我管理可以被概化到他们做大决策时的情形。Kamii认为，在通常情况下，这种方法能促进道德和智力的发展，因为它促使儿童对不同的观点进行思考。

Devries和Zan（2012）对建构主义的方法做了详细的阐述，他们为"道德课堂"制定了指南和计划。他们将**道德课堂**定义为"能使某一特定的社会道德氛围对儿童学习和发展的各个方面起到支持和促进作用的课堂"。这样的课堂不再是通过一些人物特殊的经验教训来给儿童灌输价值观的课堂；相反，在这样的课堂中盛行一种**班级共同体**的感觉，课堂中的教师就是一位和蔼的良师益友。课堂的基本氛围之一就是尊重，教师尊重儿童的想法，当儿童在课堂中有什么问题时，教师会给他们提供咨询。教师用积极的策略参与儿童的学习，这样就使得威胁和惩罚变得没有必要。在道德课堂中，教师使用Devries和Zan所说的"说服策略"，例如提出建议、详细阐述儿童的想法、提示儿童注意制定各种规则的原因、为儿童提供选择、鼓励儿童给出新颖的想法以及鼓励儿童维护公平的价值。在这样的道德课堂中，儿童都是"道德儿童"，他们能够处理与日常活动相关的对与错、好与坏的问题。他们担心人们被对待的方式，担心攻击与侵犯以及公平问题。他们从日常生活的经验中构建道德。在研究中，Devries 和 Zan 详细记录了这类课堂的成功之处（参见第 12 章中与之相关的部分）。

建构主义方法的实施可以从幼儿园和学前班延伸到小学。Castle 和 Roger（1993/1994）解释了儿童是如何通过建构他们自己的课堂规则来学习的。对关于规则制定的讨论为儿童提供了许多学习和体验的机会，如积极参与、反思、建立有意义的联系、培养对规则的尊重、形成集体意识、体验通过协商解决问题、体验合作、拥有归纳思维以及规则形成的主人翁意识等（照片 13.9）。参见《幼儿》(*Young Children*; Classroom community building, 1998) 了解各种班级团体建设的观点。

在第 12 章中，我们提到，和过去几年相比，欺凌现象开始出现在年龄更小的儿童群体当中。

照片 13.9　孩子们按照规则依次过桥。

教师在受害者生活中的角色是欺凌现象的一个重要方面（Troop-Gordon, 2015）。教师关于同伴伤害的观念很重要。有些教师将同伴受伤害视作一个严肃的问题，而另一些教师将之视作一种无需特别关注的正常现象。持后一种观点的教师很可能不会对欺凌现象加以干涉，这样就使得被欺凌的儿童面临更多被攻击的风险。除此以外，一些教师认为身体上的攻击是危险的，而忽视了社交、人际关系以及其他类型的间接攻击行为，尽管这些只会给受害者造成精神上的痛苦。如果教师知道哪些儿童是受害者，则可以通过给予温暖和支持来缓解他们的痛苦。教师应该找出侵犯行为的实施者，与他们交流并且让他们停止对同伴的攻击行为。教师还可以在改善受害者与欺凌者的关系方面做些工作。班集体的整体氛围同样重要。如果教师鼓励孩子之间和谐友爱，那么班级的氛围将是积极的，这样欺凌现象就更不可能发生。当班级是一个团结的集体时，也会减小欺凌现象出现的可能性（Dillon, 2013）。

所有为民主、非暴力的以及道德课堂所进行的教学都是一种积极的过程，旨在培养全面发展的儿童。其他在帮助儿童情绪、人格以及社会性发展方面所采用的方法更多侧重于具体行为和行为的变化，这些方法在需要时也是可以采用的。

父母通常将诚实这一品质作为对孩子的首要期望，然而所有孩子都会说谎（Bronson & Merryman, 2009）。研究者们已证明，3 岁的孩子就能开始会说谎了。研究表明，孩子们说谎是想让他们的父母开心，所以当孩子们撒了谎，父母应该说，"即使你这么做了，我也不会对你感到不满，但如果你跟我说实话，我会很开心的"（Bronson & Merryman, 2009, p.86）。父母不仅应该告诫孩子撒谎是不正确的，同时还要告诉孩子诚实的重要性。此外，家长必须做出诚实的表率。

13.4d 其他教学情感发展策略

许多早期儿童教育工作者发现，行为矫正方法并不是发展适宜性的。Copple 和 Bredekamp（2000.p.35）认为，

只有当教师帮助儿童学会下次如何做出更好的决定时，才能显示出引导是有效的。优秀的幼儿教师将儿童的冲突和所谓的"不良行为"视为一个学习的机会。

换句话说，诱导性的方法更可取。一些教育工作者，如 Alfie Kohn（2005）以及 Reineke、Sonsteng 和 Gartrell（2008）认为，参与一项有趣的活动对儿童本身来说就是一种奖励和激励。其他研究也发现，有形的奖励，如排行榜和贴纸对矫正儿童的一些行为是必需的（Shiller & O'Flynn, 2008）。

几种行为矫正策略已经被成功地用在了儿童特定技能的教学当中（Asher, Oden, & Gottman, 1997）。这些方法包括塑造、示范和教练技术。如前所述，为了增加儿童再次做出同样的行为的可能性，每当儿童表现出接近所期待的任何行为时，运用塑造技术就是要给予积极的强化。例如，当采用孤立法时，教师首先观察并发现儿童与另一个儿童互动的频率，然后教师必须确保有人不间断地一直在观察这个儿童，这样才可以做到每当这个儿童与另一个儿童互动时，就立即给予强化。首先，儿童可能会因为只是在另一个儿童的旁边或附近而得到强化。之后，一旦两个儿童开始接触，就只有在他们之间有互动时，才给予强化。已发现，一般强化是最有效的。例如，四个男孩正在沙盒中玩。成人说，"你们玩得很好。"这个方法避免了只特别提到某个儿童而让他感到尴尬。

当被隔离的儿童与其他儿童玩得近时，他需要培养一些互动技能。示范和教练技术就是直接给予指导的方式。有时，通过观看电影中例子，儿童可以学到无法通过在教室里观察他们的同龄人而学到的持久技能。为了使儿童关注那些最相关和最基本的行为，或许那些把儿童的注意力指引到必要的技能上的电影是必要的。

Eva Essa（2008）在她的著作《那时该做些什么：幼儿园教育中挑战性行为的实践指导策略》（*Practical Guidance Strategies for Challenging Behaviors in the Preschool*）中详细描述了塑造和示范以及行为主义方法的其他方面。尽管这种方法通常没有长期效果，但是可以通过获得外部控制行为改变的方式让儿童开始走上正轨。通过循序渐进地采用外部控制行为改变法和同时辅之以诱导的方法，一旦儿童能够成功地应用外部控制改变行为，诱导法最终可以被用来解决儿童的行为问题。有些儿童在使用不恰当的行为方面过于极端，以致无法在一开始就用诱导的方式对待他们。对于那些非常具有攻击性、反社会、扰乱性、破坏性、过度情绪化或过分孤立的儿童，成人可以首先塑造他们更多恰当的行为，然后逐步采取诱导互惠和讨论的方式。

成人可以直接教儿童如何与他人互动。也就是说，成人可以训练儿童如何与其他人一起玩耍。儿童已经被传授了各种亲社会行为，例如，分享和轮流排队。许多训练都是通过使用诱导控制方法来实现的，因为这些方法已经非常清楚地界定了社会规则。教练法已经帮助那些具有攻击性的儿童转变成更具有亲社会性的儿童，也帮助那些孤立的儿童变得更受他人欢迎。

文学作品熏陶是已在社会性发展的各个方面被广泛使用的另一种方法，它借助文献作品帮助

儿童学会以适当的方式解决问题。例如，Krogh 和 Lamme（1983）描述了一种发展性的教学方法，即通过文学作品让儿童学会了分享。正如第 12 章所指出的，分享是年幼儿童界定友谊的一个重要方面。Krogh 和 Lamume 将文学作品视为一种载体，通过这一载体可以帮助儿童理解分享这一抽象的概念，并且把这一概念巧妙地植入一个更加具体的情境当中。儿童会听到其他人有关分享的经验，可以讨论他们自己会如何解决这个问题，并就书中的人物着手解决问题的方式发表他们的意见。Krogh 和 Lamme（1983，p.191）建议教师可以问儿童如下问题：

- 你有你不喜欢和别人分享的玩具（或其他任何适合这个故事物品）吗？
- 如果和别人分享，你有怎样的体会？
- 你认为故事中的那个男孩决定分享后会有怎样的感受？
- 人们在分享时的感受会是怎样的？

在情感方面有特殊需要的儿童可能需要他人特别的关注才能实现行为改变。例如（在第 2 章中有描述）患有注意缺陷/多动障碍的儿童可能会在小学阶段表现出许多不被社会许可的行为，如多动和冲动行为，但这些儿童在幼儿园阶段可能很难被识别出来（Phillips, Greenson, Collette, Gimpel, 2002）。在对学龄前儿童的注意缺陷/多动障碍症状识别的研究中，Phillips 及其同事（2002）发现，父母比教师更有可能将孩子识别为具有注意缺陷/多动障碍症状，并且男孩比起女孩被评定为具有更严重的注意缺陷/多动障碍。在幼儿园儿童中，识别出注意缺陷/多动障碍的一个主要问题是，许多在小学阶段被认为是有问题的行为（如，高水平的身体活动、短暂的注意时间等）是幼儿园儿童的典型行为。因此，当我们把注意力集中在通过发展适宜性指南来强化儿童的自我调节行为时，应该警惕给正常的幼儿园儿童贴上注意缺陷/多动障碍的标签。

13.5 在危机时刻提供支持

在儿童的情感发展方面，成人的一个重要责任是帮助儿童度过他们的危机。在第 12 章中，我们关注了儿童的情绪发展。在儿童情绪的诸多方面，我们主要关注了恐惧、焦虑和压力。然而，适度的恐惧、焦虑和压力具有积极作用，过度了就会对儿童的机能产生不良影响。儿童对于与战争有关的死亡和恐惧的理解在第 12 章也有所讨论。在现代化快节奏的文化环境下，儿童也不得不去应对许多变化，这些变化都是围绕家庭这个中心的变化而发生的。这些变化包括搬家、父母离异、全职工作的母亲和其他瞬时的社会性变化，这些事件会对幼儿造成创伤（Pizzolongo & Hunter, 2011）。幼儿或许难以理解和参与讨论这类创伤性事件。他们或许会表现出创伤性后应激障碍的症状，症状具体表现如下（NIMH, n.d.）：

- 尿床（即使他们已经学会使用马桶了）。
- 不能与人交谈。
- 在表演游戏中还原出恐怖事件（出现和恐怖事件中相同的行为）。
- 对同伴或成人表现出不同寻常的依恋。

专注于危机处理的相关书籍可以帮助儿童度过这些危机（Crawford, 2008），正是因为这些书籍也可以用作社会技能的教学支持，所以这些资源也可以从网络获取。罗杰斯提出了一个有关帮助儿童应对恐惧性情感和全国性悲剧的建议，他的建议能在罗杰斯公司的网站上找到。美国心理卫生研究所（NIMH, n.d.）提供了帮助儿童和青少年如何应对暴力和灾难的信息。成人可以通过提高幼儿的适应能力来帮助他们为应对创伤和压力做好准备（Pizzolongo & Hunter, 2011）。

13.5a 倾听儿童的心声

在儿童情感发展过程中，成人至关重要的一个任务就是倾听儿童的心声。成人需要善于观察并体贴入微。在《倾听孩子》（Listen to the Children; Zavitkovsky, Baker, Berlfein, & Almy, 1986）一书中，作者呈现了一系列附带照片和分析的趣闻逸事，这些故事主要关注了有关倾听的五个方面：（1）当他们（儿童）相信成人时才会理解成人（所说的话）；（2）发展自我控制能力；（3）明白事理；（4）与他人互动；（5）听父母的话。每一个趣闻逸事及其附带的评论和需要考虑的问题都为从事幼教工作的成人提供了富有能量的思想食粮。

例如，在"揍他！"（Zavitkovsky, Baker, Berlfein, & Almy, 1986, p.16）这个故事中，教师解释说，即使凯文对格里戈感到很愤怒，但他也必须用言语而不是拳头来表达他的愤怒。然后老师问凯文想做什么；他回答说，"揍他！"并且他就是这么做的。这个故事提醒我们，在做什么和说什么时，必须小心谨慎。这篇评论的作者建议，教师本应该再多想一步，让凯文想出一个代替打人的办法，而不是问他想做什么。她指出，儿童在解决自己的问题方面会表现得非常聪明和具有创造力，并且更有可能接受他们自己想出来的解决方案。在"我只是帮她哭"（p.38）这个故事中，一个小男孩向他的妈妈解释说，他朋友的洋娃娃坏了，他不能修理它，但他可以帮助她哭。这一事件反映了这个男孩在理解他人的感受以及该如何帮助他人方面的能力已得到发展。正如这一系列令人愉快和感动的逸事集中反映的那样，大多数情感课程是基于自然发生的而非计划性事件，也基于成人对儿童所要表达的意思和对他们的感受的敏感性，以及基于成人以一种灵敏的方式做出反应的能力。

教师也要花费更多的时间去倾听自己内心的想法和反思自己的行为（Bowman & Stott, 1989）。幼儿很容易受到情感伤害和感到难堪，因为他们会遭受来自他人的嘲讽，不顾及他们感受的评论，尤其是当他们在同龄人面前或在其他成人面前时，更容易感到羞愧。对以儿童为工作对象的教师和其他成人来说，成为会反思的实践者是非常重要的。

本章总结

13.1 描述为成人决策而制订的美国幼教协会的发展适宜性实践。 成人在儿童的情感发展中有着各式各样的任务。美国幼儿教育协会有关成人对儿童情感发展支持的指南中包括两个要素：（1）创建一个充满爱心的学习者社区；（2）以教学促进儿童的发展和学习。这个指南为培养有能力的幼儿而设计，同时强调学校与家庭要建立相互的关系。工作时考虑每个家庭的文化习俗同样重要。

13.2 解释对幼儿表达爱和情感的重要性。 爱和关爱的给予、早期经验、训导和传授社会技能与价值观，这些在情感发展中都是非常重要的方面，这些方面可以成为情感发展的一部分。爱是在认可和尊重的基础上建立起来的。内心的情感比外显的行为更加重要。一旦内心的情感被建立，可见的爱的表达就会自然而然地发生。幼儿需要诸如轻轻拍打、拥抱和坐在腿上等外在的情感表达方式。

13.3 **明确发展适宜性引导技术的优势。**在童年早期，来自他人的积极回应对于儿童正常的情感发展是必要的。这些反应必须在儿童出生时就开始，以便获得最佳的发育。由于儿童的发展不再像婴儿期那样，儿童必须学会自我控制或者自我约束。自我控制源于训导技术，这一技术被成人用于帮助儿童区分恰当和不恰当行为之间的差异。一个权威的训导方法似乎是最有效的，这个方法要求高，却充满温暖和对于独立行为的强化。惩罚也许在终止不期待的行为上有立竿见影的效果，但它没有长期的积极影响。严厉的惩罚甚至有害，因为它在问题解决上为儿童展示了一个可供模仿的攻击性行为模式。和我们通常认为的伤害程度相比，临时中断技术可能会造成更多的心理伤害。如要使用临时中断技术，只有当儿童学会了解释自己的需要和情感而做出他们自己的选择时，这种方法才是最有效的。

13.4 **描述民主、非暴力和道德自主性发展的教学方法。**为了与社会日益增多的暴力类型做斗争，我们倡议使用积极引导的方法进行预防性教育，例如民主教学、榜样示范并鼓励使用非暴力的技巧解决问题、创建道德课题。这些技巧包括讨论、反思、谈判技巧以及其他解决冲突的积极方法。具有积极社交技能的儿童更容易产生良好的自我感觉。尽管使用诸如物质奖励、塑造具体行为、示范、教练技术等行为矫正技术有利于引导儿童向积极的方向发展，但人们对使用行为矫正技术的合理性仍然存在分歧。民主教学需要为儿童提供自我决策并为自己的学习承担责任的机会。儿童的道德发展是在一个充满温暖和具有爱心的氛围中逐步建立起来的。道德课堂的基础是尊重，在这里，每一个儿童都是关爱团体的成员。

13.5 **解释在危机时刻成人该如何给予儿童支持。**在面临危机时，儿童必须应对恐惧、焦虑和压力，在此期间对于儿童的行为，成人需要敏于观察。一些专门探讨危机处理的文献是非常有用的，它可以帮助儿童成功地处理好他们的情绪。在和儿童讨论问题时，要耐心倾听并且谨慎地向他们表达你的想法，这一点非常重要。自然发生和非计划性事件、成人对儿童所要表达的意思和对他们内心感受的敏感性，以及成人以敏锐的方式做出反应的能力，这三者是绝大多数的情感课程开展的基础。

第六部分 幼小衔接

第 14 章 从幼儿园到小学：与小学低年级的衔接

本章涉及的标准

naeyc

美国幼儿教育协会项目标准

1a：了解并理解 0—8 岁儿童的特点和需求

3a：理解幼儿教育的目标、收益以及评价

3b：了解并会使用观察法、档案法和其他恰当的评价工具及手段

3c：理解和实践可靠的评估，来促进在每个儿童身上获得积极的效果

6b：了解和践行伦理标准以及其他职业指导方针

DAP

儿童发展适宜性实践指导方针

1E 4：重视和尊重母语

3：规划课程从而实现重要的发展目标

3A 1：教师熟悉并理解各年龄段的关键技能

4A 1：教师在计划、执行和评价课堂体验时，对发展和学习的评价至关重要

学习目标

在阅读本章之后，你应该能够：

14.1 解释为什么在从幼儿园到小学的教育计划中必需有连续性。

14.2 明确影响入学准备状态的基本因素和判定入学准备状态所面临的挑战。

14.3 明确各种幼儿评价实践的利弊。

14.4 明确儿童应对未来世界所需的技能。

14.5 描述影响学业成就和学校适应的各种因素。

14.6 描述小学关怀课程中影响发展适宜性学校教育的因素。

1990年1月20日，美国总统乔治·H. W. 布什在联会演讲的第二次声明中正式宣布了国家教育目标的标准（Boyer, 1993）。在比尔·克林顿的第一个任期内，美国的教育目标被修改并且冠以"目标2000计划"的标签。依照尚未发展成形的标准，每个州都被迫进行了改变以满足2000年目标。2002年1月8日，乔治·W. 布什签署生效了"不让一个孩子落后（No Child Left Behind Act，NCLB）"的2001法案（Friendrih, 2002；NCLB, 2002）。和之前立法生效的目标一样，NCLB随后规定所有儿童在四年级之前要能够阅读。NCLB也主要关注了儿童的阅读，而且从学前班学龄前就开始关注。然而，NCLB包括了四个基本教育改革的原则：更严格的结果问责制、增强地方控制和灵活性、扩大家长的选择范围和重视已被证明有效的教学方法。这一立法已引起了人们对两个问题的担忧：（1）是否会增加以问责为关注焦点的考试；（2）如何界定基于研究的教学方法（St.Pierre, 2002；Popham, 2005；Jennings & Rentner, 2006；Lewis, 2009）。在奥巴马政府执政期间，为了让各州和地区有更多的灵活性，NCLB被逐步进行过重新设计，但方案中依然包括大量考试（McNeil, 2011）。

入学准备状态的概念依然是大家关注的焦点。美国的目标声明建立在以往传统的准备状态的概念上，你将在本章看到这种传统的定义已经完全过时了（Kagan, 1990；NAEYC position statement on school readiness, 1995；Willer & Bredekamp, 1990）。准备状态这一概念的错误之一在于它容易增强这样一种观念：幼儿园教育、学前班教育和小学教育是彼此独立的客观存在，每一个阶段的客观存在都是为下一个发展阶段做准备，这就是儿童发展过程中的三个阶段的唯一关系。正是这种已经让人们更容易相信在幼儿园、学前和小学的每一个阶段之间都存在假想的差距。为了缩小人们观念中假想的差距，本章将重新考察这一问题，我们将通过把早期儿童看作一个成长和发展的连续体，而不是一个只与所谓的"准备状态"这一模糊概念相关的离散阶段的思想来具体考察。

从认知发展或建构主义的视角来看，童年早期是儿童发展过程中的一个独特时期，这一观点的价值是传统的"准备状态"观念不可企及的。我们应该特别记住的是，5—7岁是儿童发展的一个重要时期。在这一时期，由于儿童刚好经历了从前运算到具体运算的思维加工阶段的发展，因此他们的认知（能力和方式）发生了巨大转变。现在，早期儿童的教育者们越来越担心儿童的这一发展变化规律是否适用于公共教育中更多学前班学龄前（prekindergarten）的儿童，同时他们也担心幼儿已承受的不恰当的学业压力是否会增加（Kagan, 1990；NAEYC position statement on school readiness, 1995；Willer & Bredekamp, 1990）。

14.1 从学前班学龄前到小学的连续性

在学校教育早期，即学前班和小学阶段，幼儿正经历第二个过渡期。在此阶段，儿童经历了从对纯粹具体活动的认知到把具体活动与抽象活动相联系的认知发展过程，象征性游戏作为一种载体对儿童的这个认知发展过程有促进作用（照片14.1和照片14.2）。由于课程已开始叠加开设，现在的学前班更像以往的一年级（Sparks, 2014）。不幸的是，如今，游戏不再是许多学前班教育规划大纲中的一部分，游戏也很少被纳入小学教育的各个阶段（Wasserman,

照片 14.1 具体材料促进了抽象符号使用的转换。

照片 14.2 一年级的儿童沉浸在更抽象的活动（如写作）当中。

1990；Mille & Almon，2009；Bohart、Charner、& Koralek，2015）。缺少游戏机会是造成幼儿园、学前班和小学之间存在差距的主要因素之一（回顾游戏如何成为幼儿学习的主要工具，可参见第 2 章相关内容）。Chafel（1997）认为，从幼儿进入学前班开始，学前班里便存在着所谓的隐形课程，它们将娱乐和学习割裂开来了。到五年级时，儿童认为游戏是令人愉快的，而学习是令人不愉快的。对于从一年级到五年级的儿童来说，游戏就是一项活动，它能够消除学校必修课程学习的单调。也正是在那个阶段，老师或学生们不再把游戏当作学习的载体。学习活动则被设计成一种职业，并且是不具有创造性、不令人享受的职业。Bobart、Charner 和 Koralek（2015）以从幼儿园到三年级的儿童为被试，就游戏的价值进行了个案研究。他们认为，需包括以教师为导向和以儿童为导向的活动，并且这些活动不仅充满了乐趣，还能为儿童提供了多种学习和发展的机会，比如，能够锻炼儿童的想象力，发展儿童的语言技能，让儿童学习数学、科学以及社会学等。此外，这些活动也能促进儿童学会如何学习，如何集中注意力，如何解决问题，以及如何进行创作。

建立从学前班到小学的过渡广受关注（Cruz，2006；Gullo Hughes，2011；Jacobson，2014）。**连续性**问题绝不是新出现的问题。例如，Dorothy H. Cohen（1972）表达过对从幼儿园到学前班的连续性的关注；此外，Betty Caldwell（1978）关注过学前班与小学之间的断层。Cohen 得出的结论是"4 岁、5 岁、6 岁和 7 岁的儿童本身就是一个连续体"。这一结论在今天的重要性堪比它在 1972 年被提出时。针对上述观点，我们给出了一个案例，请重点思考凯特在不同年龄和不同阶段对到动物园旅行的不同反应：

- 3 岁：凯特去动物园。回到儿童发展中心后，她画了一只老虎（其实是黄黑相间的墨渍），来展现她对此次旅行的反应。她还卓有兴趣地翻阅了一本有关动物分类的书籍，并指出了她最喜欢的动物们。此外，老师发现她在一个木制的包装箱中咆哮着乞求食物，这一行为就像动物园里的老虎在喂食期间的行为一样。老师让她讲一个关于动物园之旅的故事，她回答，"我喜欢动物园里的老虎。他吃肉、咆哮。就是这样。"

- **4岁**：凯特再次参观了动物园。第二天，她在幼儿园她画了一幅类似笼子的图案，图案黄黑相间，类似某种动物。她告诉我们，她在图片上写了字，写的是一只饥饿的老虎，并要求给她讲述几则动物故事。教师们观察到她和其他两个孩子扮演动物园里的动物，其中一个孩子是饲养员，另外两个孩子是正被喂养的动物。后来，他们用许多积木搭建了一些方形建筑物，并且把所有的用橡胶制成的小动物模型都放进了由那些方形建筑物所围成的区域中。当被要求描述一个关于动物园的故事时，凯特回答道："我们乘坐着黄色的小公交车来到了动物园。首先，我们看见了许多野生动物。我最喜欢老虎。然后我们去了宠物动物园。我最喜欢马和兔子。后来我们吃了一个野餐似的午餐。我们乘坐着公交车回家了。"

- **5岁**：凯特再次参观了这个动物园。回到学校后。她画了一幅画，上面画的是一只关在笼子里的老虎，成人能轻松辨认出她画的是什么。她还索要了一张大画纸，用马克笔和蜡笔画了一个更大的动物园轮廓图，图画中有几个笼子，每个笼子里都有一只她最喜欢的动物。在每个笼子上，她都画了一个矩形，并且询问老师如何拼写每个动物的名字，以便给每个笼子贴上标签。在老师的帮助下，她制作了一本动物园图书，并配上了标题，如，"这是一只老虎""这只兔子在扭动它的鼻子"。她翻阅着所有有关动物园的故事书，很快就记住了她最喜欢的故事。教师们注意到，她正假装给一个同学读一则故事。凯特和其他三名儿童用小积木搭建出了一个相当精致的动物园。他们每个人负责不同的角色，例如，喂养动物的动物园管理员、负责清洁的动物园管理员、动物医生以及小吃摊营业员。凯特还用一些后续的关于动物的的问题展现了她的好奇心。

- **6岁**：凯特又一次参观了动物园。在一年级的班级里，她重温着这个经历。她写着并阐述着自己的故事书。她阅读了一些关于动物园以及动物的书籍。她让老师为同学们朗读一些介绍性书籍。从这些书里，他们了解了每个动物一天内吃的食物量，进而推出它们每周的食物摄入量。这些书也包含数据，如每只动物的体重和身长，于是孩子们可以比较它们的大小。她和其他孩子一起建造了一个小型动物园，他们用盒子来制作笼子，用黏土捏制动物。在她的发展性课堂上，有一个戏剧表演中心。班级成员使用大型盒子制作笼子，重温他们在动物园的经历。他们为每个笼子制作了标签，在上面标有动物的名字以及有关它的习惯和生活方式的简短介绍。

凯特的行为表明，随着她的成长和成熟，她对相同的经历以及相同原材料的反应也在发展和成熟。她在各年龄阶段对相同的问题所做出的不同反应反映了她在好奇心、感知运动能力（如绘画和建筑）、语言以及社会剧表演能力方面的发展。

Cohen 曾警告，将儿童早年分割为数个小的、不相关的碎片阶段只会对其造成伤害。如今他的警告成了现实。只有当儿童在其自身的发展水平引导下，在恰当的时候得到成人辅助性支持的时候，他们才真正地开始了学习。20 世纪 70 年代，对于将一年级的课程移入学前班，将学前班的课程移入幼儿园阶段产生了一些忧虑。现如今，一些忧虑已经成为现实。幸运的是，人们已经付出了极大的努力来提升各年龄段教育间的连续性（Edson，1994；Kohler，Chapman，& Smith，1994；Vail & Scott，1994；Barbour & Seefeldt，

1993；Firlik，2003；LaParo，Kraft-Sayre，& Pianta，2003；Gullo & Hughes，2011；Steen，2011；Jacobson，2014），并消除了影响各阶段间平稳过渡的种种障碍（Ahtola，Silinskas，Poikonen，Kontoniemi，Niemi，& Nurmi，2011；Jacobson，2014）。前面几个章节已经描述过影响平稳过渡和连续性的一些障碍。这些障碍包括与儿童发展原则不一致的教学策略，如需要静坐来完成功课或练习册以及大班教学。还包括不恰当的安排步骤，如上学前班之前还要额外学习一年的准备性课程，以及学前班之后的衔接性课程（Bredekamp，1990；Brewer，1990；Uphoff，1990；Patton & Wortham，1993）；常见的评估程序不恰当（Kamii，1990；Charlesworth，Fleege，& Weitman，1994；Fleege，1997）；让儿童留级以及其他注定会造成儿童失败的行为（Smith & Shepard，1988；McGill-Franzen & Allington，1993）；缺乏合格的教师和管理人员，或在儿童发展阶段和儿童教育早期缺乏合格的和经过认证的教师以及学校管理者（Burts，Campbell，Hart，Charlesworth，DeWolf，& Fleege，1991）。

14.1a 旨在获得连续性的计划

旨在增进从幼儿园到小学教育期间连续性的程序目前已经被开发出来了，并且无论是在过去还是现在，该程序都一直在经受着考验。

持续跟进计划

如上所述，支持从学前班到小学教育期间连续性的程序早已经被开发出来，该程序是专为参与开端计划、义务制学前班教育和小学教育的儿童而开发的。而持续跟进计划是自1967—1995年的国家级成就，该项计划试图扩展上述程序的类型（Maccoby & Zellner，1970；Hodges & Sheehan，1978）。"持续跟进计划（Project Follow Through）"的目标是向一些学校系统宣传该计划的模式，因为在那些学校里的儿童面临发展失败的风险（Walgren，1990）。许多用作儿童发展连续性基础的程序模式正是这些努力的结果（Roopnarine & Johnson，2008）。

美国幼儿教育协会的发展适宜性实践

自从1987年第一版为发展适宜性实践而编写的美国幼儿教育协会指南发表之后，虽然先后历经1997年的第二次修订和2009年的第三次修订，但人们对开发能为儿童提供发展连续性的项目的兴趣一直没有减退。专为发展适宜性实践和发展适宜性课程与评估（NAEYC & NAECS/SDE，2003）而编写的美国幼儿教育协会指南，其合理性在全美范围内是经得起检验的，它把儿童从出生开始到8岁期间的教育连成一个持续性发展的序列。美国幼儿教育协会的众多文件可以为希望尝试对早期教育实践进行改革的人士提供支持。

开端计划过渡项目

"开端计划过渡项目"是1990年在"开端计划再授权立法修正案"中由美国国会创立的（Santa Clara County Head Start Transition Project：Bridge to the future，1992）。"开端计划过渡项目既是一项研究，也是一个验证性项目，其目的是想检验这样一个假设：提供连续而综合的服务、发展适宜性课程和让父母参与将会使参与开端计划儿童在离开开端计划后依然可以'持续获益'"（Santa Clara County Head Start Transition Project：Bridge to the future，1992，p.2）。用发展适宜性实践来分解小学低年级的任务困难重重，甚至在某些情况下是不可能完成的。

14.1b 成功的过渡方法

最通常的过渡方法是在儿童入学后进行一项全体成员都参与的集体活动,给儿童的家人写信也是常用的方法。与儿童或家长单独会面(如家访)的方式极少使用。目前已确认有几个障碍会阻碍教师成功地实施过渡方案,例如,太晚收到班级学生的名单,暑假加班而没有得到额外的报酬,没有一个综合性的规划和时间紧迫等。

学校需要为儿童从幼儿园向学前班的过渡做好准备,Pianta、Tayloe 和 Cox(2001)最早关注了这个问题。成功的过渡包括旨在为儿童提供连续性活动,同时还要防止活动对学生的学习和发展的干扰。一项关于过渡实践操作的全国性调查显示,大多数过渡包括开展某种形式的群体活动,很少有教师会在入学前一天与家长和儿童一对一接触,即使这种类型的过渡操作对于身体有残疾的儿童非常有好处(对其他非残疾儿童也很有好处)。

大多数的研究和报告都考察了儿童从幼儿园到学前班的过渡情况(e.g., Cruz, 2006;Witherspoon & Hannibal, 2006;LoCasale-Crouch, Mashburn, Downer, & Pianta, 2008;McGann & Clarkm, 2007)。一些报告详细记录了更多细心规划过和个性化的过渡活动,比如开展暑假准备项目和进行家访。Finland、Ahtola 及其同事(2011)发现,学前机构和小学之间的信息和支持性活动的交流能够最好地预测儿童在小学一年级时的技能水平。LaParo、Rimm-Kaufman 和 Pianta(2006)详细记录了儿童从学前班到小学一年的变化,学前班儿童更多的时间是在看护中心,有较多空闲时间用来过渡。而一年级儿童更多的时间在听教师讲课和坐在座位上做功课。因此,从学前班到小学一年级,儿童会体验到学习形式的巨大变化。相对于一年级,教师更加相信儿童在学前班时会管理好自己的学习(照片 14.3)。

照片 14.3 由于这个孩子在做自己选择的任务,因此他的注意力和坚持性是显而易见的。

以教师为主导的学习破坏了儿童与生俱来的学习兴趣,LaParo、Rimm-Kaufman 和 Pianta(2006)表达了他对儿童在学校没有机会去讨论这一现象的担忧。事实上,教师与儿童的讨论可以有多种形式,包括开展头脑风暴,让儿童给出对问题结果的预测,拓展学习的机会等。Downer 和 Pianta(2006)概要地介绍了一些有关帮助儿童过渡的方法,这些方法可以用来帮助儿童完成从学前班到小学一年级的平稳过渡。Lewis(2009)提出建议,为了让儿童教育有更佳的连续性,幼儿园教师、学前班、小学低年级儿童、地方学校行政管理者以及州教育人事部门之间需要开展更多的合作。

Valeski 和 Stipek（2001）对学前班和小学一年级的学生进行了访谈，询问他们对学校的感受如何。结果发现，一年级学生和老师之间的关系与学生的学业表现相关，这表明，那些事实上还不具备条件进入一年级的儿童会有双重劣势，因为相对而言，他们起步时就落后了，并且或许永远赶不上那些已真正进入一年级学习的儿童。相对于在学校有更多自由和选择的儿童，在高度结构化的学前班中的儿童和以教师为主导的课堂里的儿童会对学校有更多的不满。学前班的儿童依然需要有机会在教室里自由活动，一年级的儿童只能接受更多更严格的课堂组织结构。一个阻碍幼儿园儿童向发展适宜性儿童过渡的最大障碍是园长或机构的主要负责人是否具有儿童发展方面的知识（Zorhorchak，Dichter，& Hugges，2010）。因为这些幼教机构的园长或负责人通常会认为让儿童做游戏或玩耍是浪费时间，而且把纸笔测验当作一种适宜的评价工具。Jacobson（2014）描述了一个在美国马里兰州蒙哥马利县和新泽西州联合城市都成功运行并起作用的儿童连续性教育方案。该计划整合了儿童从出生到9岁期间的教育计划、家庭参与、社会以及其他外延性服务。最终的评估结果表明，这两个城市的学前班儿童在学业成功、社会性和情绪发展方面都得到了很大的提升。因此，发展适宜性课堂结构（随后的部分会进行描述）似乎能为儿童提供最好的学前班过渡，也会让儿童对学校形成积极的态度。

14.1c 发展适宜性课堂

发展适宜性课堂包含一些常见的因素，这些因素能够确保教学指导适应不同学生的发展水平。Constance Kamii（1985）提醒我们，皮亚杰的阶段概念并不是他为教育发展观所做贡献的核心事实，皮亚杰认为，教育的目标应当是实现知识和道德的自主。自主指的是一个人管理自我的能力。道德自主是个体通过与他人就有关道德问题的观点进行交换而获得的，而不是通过外部起决定性作用的奖赏和惩罚获得的（这个问题在第13章讨论过）。知识的自主形成于建构性知识，而这些知识只源于内部（建构）而不是源于对外界知识直接的内化（参见第9章）。发展适宜性课堂不会强迫儿童得出"正确"答案；相反，它会鼓励儿童独立思考，靠他们自己发现事物之间的联系。Kamii 指出，大多数美国教育并不基于发展性的自主学习，而是基于这样一种信念：所有知识都来自教师。在智力自主发展中，社会互动是一个极其重要的过程。比较各种答案、判断和假说能够促使儿童对他们正在做的事情产生质疑、进行评价和思考。他们会记住自己的结论，同时会去了解问题解决的过程。游戏是年幼儿童学习活动中的重要组成部分，并且在儿童进入学前班后，游戏也不应该被终止。当儿童进入具体运算阶段，他们自然会对那些有规则的游戏感兴趣。这些游戏对于教学是非常有帮助的，并且比起让儿童完成活页册上的练习题来说，采用游戏的方法更加自然，也更具有发展适宜性。例如，有研究发现，通过使用卡片和骰子的群体游戏，可以成功地完成一年级的算术教学。她还发现，练习题不利于一年级学生算术能力的发展，而游戏大有裨益（Kamii，1985，p.6）。上面的这些发现对于学前阶段的儿童的学习同样适用。

如前所述，在发展适宜性课堂中的教师们需要理解儿童发展方面的理论，并且能够将这些理论付诸实践。教师们会考虑个体适宜性和年龄适宜性的问题，因为它们与发展和文化息息相关（New，1994；Williams，1994；Copple & Bredekamp，2009）。举例而言，教师们会温和、亲切地对待儿童，使用积极的引导策略，鼓励儿童探索和独立。他们还会敏锐地回应学生家庭的要求。当孩子们独立活动时，教师会花时间进行观察和记录。课堂被安排在各种兴趣中心，在那里学生可以获得独立学习和集体学习的体验；每个中心都有各种各样的实体材料以及一块场地，可供孩子们自由玩耍；教室里家具的大小适合孩子使用，而且可以移动。中心可以适应以下用途：写作、藏书、数学运算、动手操作和游戏、艺术创作、戏剧表演、搭积木、音乐活动、科学研究、社会研究以及全身运动。和学前课堂一样，小学课堂也应当包括积木区和沙盘（Edwin & Eddowes，1994；Harris，1994；Bohart，Charner，& Koralek，2014）。不同的中心可以合并和整合，以支持课题研究。

发展适宜性实践有建构主义的理论支撑。以下模型符合发展适宜性课堂的标准：道德课堂（Devires & Zan，2012）、建构主义课堂（DeVires，Zan，Hildebrandt，Edmiaston，& Sales，2002）、高瞻（high/scope）认知取向课程以及银行街模式（Bank Street Model）（详细阐述参见 Roopnarine & Johnson，2008）。

14.2 准备状态概念中的主要因素

准备状态这一术语被普遍用于描述在某个年龄点或年龄阶段儿童所到达的一个终点，它使儿童能够继续发展进入下一个阶段。在20世纪80年代，这个术语的使用受到人们的极大质疑（Charlesworth，1985），因为这个术语的含义从"让儿童在成人适当的支持与指导下通过常规发展课程做好准备"，变成了"让儿童做好准备"。Graue（1992，2006）的研究表明，这个术语中包含某些必然的技能和性情，都与学校中的成功有关。DiBello 和 Neuharth Prichett（2008）认为，这些技能和性情可以分为五个方面（p.257）：

- 身体健康与运动发展。
- 社会性和情绪的发展。
- 语言的发展。
- 学习的方法。
- 认知和一般知识。

然而，问题远不止这些一般的方面，就具体问题而言，目前对入学准备状态的具体界定和衡量依旧是模糊和多样的（Scott-Little，Kagan，& Frelow，2006）。更进一步说，许多有关准备状态的观点都来源于欧裔美国人和中产阶级，所以这些观点可能不能适用于所有的文化和社会经济地位（Browman & Moore，2006；Graue，2006）。Britto（2012）创建了一个全面的对入学准备状态的描述。她对准备状态的界定与 Graue 的界定很接近，她关注儿童与其所处的环境与文化经验之间的契合度。向小学的过渡取决于定义准备状态的三个维度：

- 让儿童做好准备，关注儿童的学习和发展。
- 让学校做好准备，关注学校环境和具体实践，二者可以支持儿童从学前向小学平缓过渡，还能提升和促进所有儿童的学习。
- 让家庭做好准备，关注父母和照顾者的态度和他们对儿童早期学习与发展以及向学校过渡的参与程度。

除此之外，这些维度也依赖文化和国家的公共政策（见第一部分尤里·布朗芬布伦纳所做的阐述）。

14.2a 测量入学准备状态所面临的挑战

一个具有挑战性的问题是不能准确地测量"准备状态",并且若仅依据测验结果来判断儿童的准备状态,可能会将儿童置于错误的年级、错误的教育项目中。Graue 的观点是,准备状态是一个应该从文化方面来界定的术语。每一个成人社群对于准备状态都有特定的理解,这些观点决定了儿童在什么时候可以准备好进入学校,什么时候可以进入下一年级。在这个观点下,准备状态是一种社会建构而不是儿童的特征。也就是说,每个成人社群的都以自己的方法去定义准备状态。但是 Graue 认为,我们不能抛开准备状态这个想法,它已经深深融入我们的文化。无论如何,所有相关的方面,如学术、政策和父母共同体的观点都必须达成一致。尽管对目前仍然处于发展中的标准存在担忧,但大部分州政府已经为儿童应该知道什么和进入学前班后能做什么建立了指导方针(或标准)(Kagan & Scott-Little,2004;Scott-Little,Kagan,& Frelow,2006)。Kagan 和 Scott-Little 提出了需要对此加以关注的三个原因:

- 幼儿的发展不是标准化的,而是不均衡的和存在个体差异的。
- 个体经验极大地影响发展。
- 标准的内容可能太偏学术导向。

州政府所感受到的压力来自两个方面:一方面是当地对学前早期教育投资的关注;另一方面是 NCLB 的立法及其他对可靠性的要求。而 Kagan 和 Scott-Little 担心州政府的指南可能被用来做出高风险的决策,而不是作为提升教育的指导。这使我们形成了这样一个观点:对于每个儿童、家庭和社区来说,准备状态是多样化与个性化的,学校应该做好迎接儿童的准备。

把发展中的可变性与未做好准备视为儿童的缺陷都是错误的(Graue, 1998)。Graue 认为,"在旁观者眼中,准备状态无非是我们所认为的那些技能、成熟和能力"(p.14)。更进一步说,通过把没有完全准备好的学生排除在外来让课堂具有同质性是对要求降低课程(难度)施加了压力。

早期教育工作者面临的一个主要问题是父母们会对他们的幼儿在更正式的学习上施加压力。家长们正在聘请家教,教孩子们数字和字母,以便让他们在学前班有一个良好的开端(Zernike, 2011)。针对 2—5 岁儿童的家教公司正在蓬勃发展,然而幼儿教师们经常很难在发展适宜性方面为这些公司的家教训练项目找到合理的依据。一项全国性的调查结果(Lewit & Baker, 1995a)表明,虽然学前班教师认为身体健康、休息和良好的营养是入学准备的最重要因素(其次是具有一些社会特征),但父母更有可能认为诸如了解字母表之类的学术技能最为重要。

Willer 和 Bredekamp(1990)提出,重新定义准备状态是教育改革的必要条件。他们担心准备状态会被用作一种排他的策略;也就是说,通过设置某些入学的先决条件,准备状态也就成了一个用于"关卡"的概念。此外,把"未准备好"的责任归咎于儿童,而不是归咎于对儿童的期望或许不太恰当。因此 Willer 和 Bredemp 建议,学校需要做好准备,帮助儿童获得学习上的成功。他们描述了许多假设(表14.1),这些假设突显了"关卡"的观点。同时他们解释了为什么这些假设是不准确的,以及它们如何阻碍了为教育改革所做的努力(pp.22-24)。他们还提出了四项确保儿童做好准备获得成功的改革策略（p.24）：

- 通过消除童年期贫困为教育的成功奠定基础。
- 让学校和教师做好应对个体差异化需求的准备，而不是试图把每一个儿童都塑造成一样的，就像儿童被推下了教育的装配线一样。
- 让学校成为主导发展适宜性实践的地方。
- 投入实现这些目标所需的资源。

正如 Sharon L. Kagan（1990，p.276）所述："我们应该采取同质化入学和个性化服务，而不是个性化入学和同质化服务。"需要重新定义准备状态，以包括儿童发展和儿童在校内和校外生活的每个方面。

由于明确了解准备状态对于富有建设性的幼儿工作至关重要，因此美国幼儿教育协会关于学校准备的立场声明（NAEYC, 1995）总结了适用于学校教育术语的几个基本方面，从事幼儿工作的人士应该去阅读，并且值得反复阅读。无论是从儿童的内在还是从他们所处的外在社区的社会环境（或者二者兼而有之）来定义儿童的准备状态，有一个重要的方面需要记住，那就是儿童一出生就开始学习了。因而他们需要被放到一个已为培养他们的学习做好准备的环境当中（Children are born learning, 1993）。

14.2b　族群与文化的考虑

在学校准备方面的一个重要因素是考虑族群和文化差异。Rouse、Brooks-gunn 和 McLanahan（2005）描述了他们对学前班期间欧裔、非裔和西班牙裔儿童之间学业成就差距的担忧。2005年春季的《儿童未来》（The Future of Children）对各种幼儿园因素，包括学业、社会情感、健康、遗传、神经学等方面问题进行了关注，因为这些因素会影响儿童进入学前班时的技能。在20世纪后期，一项针对3500多名学前班教师进行的

表 14.1　抵制"关卡"的观点

不准确的假设	不准确的原理阐述
学习只发生在学校。	学习发生在儿童进入学校之前，无论是在家里还是在家庭以外的各种早期儿童场所。许多条件，如贫困、毒品和不良的医疗保健都不利于儿童自然萌生学习欲望。
准备状态是儿童与生俱来的特殊的内在条件。	环境因素和个体固有的多样性相互作用，在儿童中产生各种发展模式。
准备状态是一种易于测量的状态。	由于缺乏有效可靠的评估工具和评估情境的性质等多种因素，入学准备情况难以衡量。
准备状态主要是时间的函数；有些孩子比其他孩子需要更多的时间。	成人不能只是等待儿童自己发展，而是需要通过为儿童提供可以建构知识的环境来促进其发展。
当孩子们可以安静地坐在桌子旁听老师讲话时，他们就为学习做好准备了。	儿童是积极的学习者，他们通过具体的活动以及与同龄人和成人的互动来建构知识。
没有准备好的孩子不属于学校。	那些被标记为未准备好的孩子正是最有可能也最需要发挥发展适宜性学校教育的优势的对象。这种假设会导致课堂同质化，认为只有那些符合特定准备状态的儿童才被允许进入课堂。但用不恰当课程和不适宜的实践作为教育指导时，这些儿童会被置于压力状态之中。

Adapted from Willer, S, & Bredekamp, S.(1990) Public Policy Report. Redefining readiness: An essential requisite for educational reform. *Young Children*, 45（5），22-24。Used with permission of NAEYC.

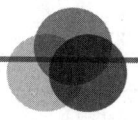

大脑发育

大脑什么时候准备学习？

麦戈文研究所（McGovern Institute）的神经科学家发现，大脑活动可以预测一幅图像的记忆效果，当大脑准备吸收新信息时，记忆效果会更好。海马旁皮层（parahippocampal cortex，PHC）的活动可以预测一个视觉场景被记住的程度。当该区域在图像显示之前处于繁忙状态时，图像被记住的可能性较小。因此，大脑还没有准备好学习。脑活动是用功能性磁共振成像（functional magnetic resonance imaging，fMRI）扫描测量的。科学家正致力于研究如何用脑电图（electroencephalogram，EEG）仪来测量学习的准备状态，这种机器比 fMRI 扫描仪更便携，后者体积庞大且笨重。这个方法可用于测量学生是否准备好了去学习新材料。

Trafton, A.（2011, August 19）. *Ready to learn? Brain scans can tell you.* The McGovern Institute for Brain Research at MIT.

全国性调查发现，46%的教师认为，至少有一半的学生"在听从指导上有困难，其原因是有些学生缺乏学业技能，而其他学生则是因为不擅于团体合作"（Rouse，Brooks-Gunn，& Mclanahan，2005，p.6）。在非裔和西班牙裔儿童中，这些问题比在欧裔儿童中更常见。Winsler 和他的同事（2008）研究了一群由多样化人口构成的低收入家庭的 4 岁儿童。他们对公立学校的儿童在幼儿园教育结束时的入学准备状态进行了比较（公立学校是冠以 I 字符号的幼儿园、基于社区和针对享有补贴的儿童的儿童看护中心以及受公共教育费资助的学前幼儿项目）。研究发现，所有的儿童都从上幼儿园的经验当中获得了认知和语言技能的发展，但是那些参加公立学校项目的儿童表现得最好，因为学校为他们开设了专门针对认知和语言技能培养的课程。Rouse、Brooks-Gunn 和 Mclanahan（2005，p.12）得出的结论是，"为缩小族群和文化方面的差距，对于所有低收入的 3—4 岁儿童来说，最有希望的策略或者最令人满意的做法是增加他们进入高质量儿童教育发展中心的机会和途径，因为这些教育中心都是基于儿童早期教育计划而设立的。除了提供高质量的教育外，这些计划还应该提供训练有素的教师去鉴别那些有严重学习和行为问题的儿童。同时，家长培训、医疗健康保健以及对儿童将进入的学前班计划进行整合等，作为高质量教育的必要组成部分，都是儿童早期教育计划项目应该提供的。

14.2c 学前班结束后的发展性预期

虽然发展性基准或预期不应该作为一道控制关卡，但是它们在制定长远的教育目标和具体教学指导目标，进而为儿童提供个性化指导方面，是有帮助的。在前面的章节中提到的发展性核查表正包含在这一目的当中。表 14.2 中的核查表中包含了一些儿童在学前班结束时能达到的主要发展性标志。

14.2d 共同核心州立标准

在学前班和小学阶段，教师、学生和家长或

表 14.2　学前班结束时的发展预期

行为	是否观察到		评语
	是	否	

认知
- 阅读与写作能力标准检查程序参见第 10 章
- 根据颜色、形状或功能将物品分类
- 能命名大多数的数字和字母
- 机械地从 1 数到 20 或更多
- 合理地数出 10 个或更多物体
- 辨认 1~5 个分组
- 画出由头、躯干、腿、胳膊和五官构成的人物画像，还会给所画的人穿些衣服
- 遵守一种简单的棋盘游戏规则
- 用乐高积木或其他建筑材料搭建可明显被辨识的结构
- 完成一个有 15 块拼图的游戏拼图
- 良好的口语交流

情感
- 轮流玩一个简单的棋盘游戏
- 轮流玩一个积极的运动游戏
- 与其他孩子合作游戏
- 分享物品
- 表现出同情与移情
- 依据对与错的知识采取行动
- 独自做出决定
- 与另一个孩子合作完成任务
- 在言语上表达敌意与愤怒，而不是用身体

大动作和精细动作
- 走过平衡木
- 双脚交替跳跃
- 单脚跳几秒钟
- 将运动机能融入游戏
- 能够攀爬
- 能剪出简单的形状
- 写出可识别的名字
- 确定优势手
- 会使用电脑键盘
- 穿衣服时会拉拉链、扣纽扣、系鞋带

来源：Previous chapters and Marotz & Allen(2016); and Bredekamp & Copple (1997, pp. 102, 105, 109, 117).

许都了解数学和英语/语言艺术的共同核心州立标准[*The Common Core State Standards for Mathematics (SSM)*]*and English/Language Arts*, National Governor Association, 2010；Conley, 2014）。为了有一套适合所有州的共同标准，国内各州教育委员成员和州长共同制定了这些标准，该标准将在全美范围内引导学生为大学和今后的职业生涯做好准备，并为全美的课程开设提供共同的公共

指南。数学和英语/语言艺术的共同核心州立标准一经公布立刻就得到了43个州的支持并采用。但很快，随着批评家们的出现，认为该标准是谬论的说法也开始形成。这些说法包括以下方面：

- 如前所述，这些共同核心州立标准之前是由联邦政府制定的。而当前的这些标准是由州教育委员和州长制定的。同时，这些标准也只是由教师、各州教育机构群体和家长群体审查的。
- 要求一个共同的评估系统。每个州/学校系统都可以设计自己的评估系统，已有两个团体得到了联邦政府的资助来建立评估标准，他们都是自发组成的团体。
- 共同核心州立标准指定了教学方法和课程，要求教师们必须遵照执行。就连结果也被指定。
- 学校被要求必须彻底重新设计他们的教学系统。而事实上，他们可以通过修改完善现有的成功的教学方法来满足这些标准。

在一些州中，这些说法很盛行，于是这个共同核心州立标准在一些州被抛弃了。与此同时，个别教师和学校开始研究这些标准，并认为这个标准存在结果暗示性。目前，自然科学领域的NSTA（NGSS Lead States, 2013）和社会学领域的NCSS（NCSS, 2010）这两个专业组织已经开发了一套标准，这些标准可供各州和地方学校系统选择性采用。

> **思考时间**
> 查看表14.2中的发展预期核查表。注意你认为同样重要的任何其他期望，以及你认为在一年级不重要的期望。

14.3 儿童早期的评估选择

Kamii（1990）描述了当时被包含在教学方法里的幼儿早期评估实践的方式，那些教学实践方式对儿童的成长和发展是十分危险的。现在，这一问题再次成为一个首先要考虑的重要问题。联邦政府的"争夺优质早期学习"竞赛、"共同核心评估"的创建以及NCLB法案的修订，都引起了人们对不恰当的幼儿测验的担忧（Kelleher, 2011; Strauss & Berliner, 2011; Bidwell, 2015）。为儿童开发适当和有效的评估工具和方法是值得怀疑的。对年幼儿童不恰当的群体管理、让儿童进行纸笔或计算机标准化成就测验对儿童来说都是一种压力；它不是对儿童成就的有效或可靠的测量；它鼓励"应试教学"，这些做法缩小了课程的范围。而且，用于考试准备和花费在考试上的时间以及从考试体验中恢复过来等都占用了宝贵的教学时间。此外，这些测试结果经常被用来做各种关于儿童本身和他们未来教育方面的决策，如：

- 决定年级安排、教学水平和需要特殊帮助或改进计划的资格。
- 评估教学的有效性。
- 评价教师效能。
- 进行学校和地区间比较。
- 满足公共与行政管理问责的要求。

已经提到的另一种做法涉及测验结果的滥用问题，如对来自团体成绩和准备状态测验结果的错误使用，对来自个体化的成就和准备状态的滥用，以及为了单独确定有关儿童安置的重要决策的标准而筛选测验工具等。有关儿童安置方面的决策可能包括决定把儿童安置在常规学前班还是所谓发展性学前班,是安置在过渡类班级还是在需要特殊教育的班级,是留级还是提供 Chapter 1/Title I(一种特殊课程)或者提供其他特殊服务。这些不恰当的评估工具的使用对于残疾儿童和英语学习者尤其不利(Fleege & Charlesworth, 1993;Wolf, Herman, Bachman, Bailey, & Griffin, 2008)。美国幼儿教育协会提供了评估指南的立场声明(Snow, 2011;NAEYC, 2005;NAEYC & NAECS/SDE, 2003)。早期儿童学部(the Division of Early Childhood, 2007)就残疾儿童的评估发表了一项立场声明。

关于考试和考试成绩的滥用有几点需要考虑。首先,如前所述,纸笔或计算机测试对幼儿来说是非常有压力的,会让学前班的学生表现出更频繁的应激行为,如对在其他情况下能够正确回答的问题做出错误的回答,从其他学生的考试小册子中抄袭答案(Fleege, Charlesworth, burts, & Hart 1992;Fleege & Charlesworth, 1993;Wolf, Charlesworth, Fleege, & Weitman, 1994)。

让儿童在考试中表现良好的压力迫使儿童接受应试教学。这种做法其本质是通过把教学的范围缩小到只针对考试所包含的特定技能来"简化"教学活动。在这种操作模式下,方法学或教学法完全被反复操练与大量练习、作业本或练习册、识字卡片和大班化辅导所代替。在这种情况下,儿童的阅读与数学技能得到了重视,而留给自然与社会科学习、艺术、音乐和游戏玩耍的时间被挤占得所剩无几(Madaus, 1988;Charlesworth et al., 1994)。Burts、Charlesworth 和 Fleege(1991)的一项研究结果表明,和那些来自更具有发展适宜性课堂的学生相比,来自以应试为目的的教学课堂的学生在加州成就测验上获得的成绩并没有显著提高。

通过将表面上能力相似的学生安置在同一个班的方式,以及越来越多的准备状态和筛查性量表的使用,已经使得班级变得同质化。然而,筛选和准备状态量表并不是为做儿童安置决策而设计的(Meisels & Atkins-burnett, 2005)。筛查工具的目的是识别可能需要深入诊断的儿童。准备状态测查工具的目的是为教师提供有助于教师规划教学信息服务的信息(NASBE, 1990;NAEYC/NAECS/SDE, 2003)。准备状态量表测查的结果对学业成功的预测是不可靠的,也是无效的(参见 Graue & Shepard, 1989;Lichtenstein, 1990)。

不幸的是,随着 NCLB 的标准运动和问责制要求,发展不适宜性的测试实践再次出现(Meisels 2000;High stakes testing position statement, 2001;Kohn, 2001a;Wesson, 2001;Hyson, 2002;Nichols & Berliner, 2008;Strauss & Berliner, 2011)。国家报告系统(National Reporting System, NRS)是不恰当评估的一个典型例子,该系统为 40 万名参与了开端计划的学生开发了一项测试(Childrens Defense Fund, 2005b)。这项包含了不恰当项目的测试并没有显示出其测试的可靠性和有效性。相反,使用这种测试还会导致做出高风险决策的危险(result, n.d;Meisels, 2006)。它也可能导致课程范围的缩小和对幼儿园儿童的应试教学。幸运的是,在 2007 年,开端计划教育法案被重新修订后,国家报告系统被暂

> **思考时间**
>
> 想想你过去和最近所经历的一些考试,请重点注意你在接受评估时的感受,和在你接到评估结果时的反应。基于你所参加的标准化测试结果,他人对你做过什么样的高风险的决策?

时终止了（H.R.1429，2007）。接下来，我们将细致探讨影响发展适宜性评估界定的各种因素。

14.3a 发展适宜性评价

20世纪90年代，在全美范围内发起了一项运动，要求废除对幼儿使用的**非适宜性评价程序**，特别是对准备状态测试结果的滥用、纸笔测验的使用和针对4岁以内儿童的团体成就测验。以此同时，作为替代的**发展适宜性评价程序**一直处于发展当中（Meisels，1993，1994；Schweinhart，1993；Krechevsky，1998）。这类评估被称为"真实性评价"。"对教育成就真实性评价即是对学习者在特定主题或科目方面的实际表现进行直接测量。另一方面，标准化的多项选择是对应试技巧的直接测量，除此之外的任何测量要么是间接测量，要么根本就算不上是对特定主题的测量"（Pett，1990，p.8）。绩效、契合度和可替换性或直接评价，也被认为是真正的评价。为了做到真正的评价，各种各样的技术或许会被用到，如教师对儿童的逸事或核查表上的行为进行观察和记录，学生的作品集（Vavrus，1990；Grace & Shores，1992；Shores & Grace，1998；McAfee，Leong，& Bodroba，2004）；记录学生在研究一个科学或数学问题时的表现（Shavelson，Carey，& Webb，1990；Helm，Beneke，& Steinheimer，1998）；评价学生的写作与报告、绘画与着色、建筑、视听记录等（如照片14.4和照片14.5）。儿童所掌握的技能可以在儿童进行典型的发展适应性活动时被观察到，我们也可以通过直接面对面交流，使用具体的材料而非纸笔测验的方式，来了解儿童的技能掌握情况。正如Fleege等人（1992，1993）在研究中所描述的那样，儿童也许能够在某一具体的情境中应用某些概念，而当他们在集体化管理、纸笔测验和多项选择测验情境中时，又不会处理这些概念了。为了向主管部门报告，这些各种形式的真实性评价可以被放置在某个量表上，或者以数字化总结的方式对有关儿童行为表现的数据进行组合报告。

在对特殊的美国大学优秀生全国性荣誉组织（*Phi Delta Kappa*）介绍部分的评估中，Eisner（1999）陈述了他关于表现性评价的观点。他指出，任何一个相同年龄的群体中都存在着发展的多样性。优化教学可以通过支持每个儿童的个体天赋来增强这种多样性。不幸的是，由于学生被植入为达到某一既定目标的年级模式当中，标准化、

照片14.4 当自我评估时，这个学生记录了她已完成的任务。

照片14.5 当儿童在剪纸和粘贴各类形状时，教师能对他们的动作技能进行评价。

统一化和同质化是传统教学方法的基础。与此形成鲜明对比的是，真实性评价的客观性在于它给学生一个证明自己的个人才能的机会。然而，完全接受更多的真实性评价才会让公众（对评估的）态度发生大转变，我们评价儿童的方法才会真正改变。

在为教师提供课程和教学指导方面，发展适应性准备状态测查工具应该是非常有帮助的。这些工具应该遵循下列标准，慎重选用：

- 所用的测查工具是为个体化管理而设计的，凡是为群体管理而设计并已标准化的测试都是不恰当的。测查时需要儿童做的反应应该主要是运动方面的（例如，用手指、搭建、分类等）或言语方面的（例如，命名一个对象或描绘一个物体，回答问题等），或应要求对听觉刺激做出反应（例如，遵循指令、辨别声音）。纸笔测验应该只用来检查感知运动能力（例如，临摹一个图形，写下自己的名字，画出一个人等）。具体的材料和图片应该是为获得反应而制作的重要介质。
- 该工具应该涵盖范围宽广。发展领域的取样具有多样性：表达和接受性的语言、推理、听觉感受、精细或粗大动作发展、知觉发展和一般行为。
- 工具应该相对简短，每次使用的时间不超过30分钟。
- 这种工具应该提供可以用于进一步诊断和进行课程规划的信息。
- 这种工具应该是大致经过标准化或规范化的，选用儿童群体的有代表性的样本。
- 关于效度和信度的信息应该写在工具使用手册中。
- 操作的指导应该清晰而具体，以便教师、家长或者助理教师使用该工具。
- 一份依照工具而形成的课程指导会是该工具的一个有价值的特征。
- 其他有价值的特征也包括一份家长问卷和合理的费用。

很多评估可以通过观察学生平常的活动来完成，但有些必须通过对个人深入的访谈来完成。

在来自第一目标评估资源小组的报告中，Shepard、Kagan 和 Wurtz（1998）以及 Shepard（2000）的研究表明，对幼儿的评估应该是教学的一个有机组成部分。该资源明确了以下四种评估的理由（Shepard，Kagan，& Wurtz，1998，p.52）：

- 促进儿童的学习和发展。
- 辨别需要健康和特殊的学习服务的儿童。
- 监控趋势并评估计划和服务项目。
- 评估学生的学业成绩并让每个学生、教师和学校都认为是可信的。

但在 8 岁之前，这些评估不应该被用于做任何高风险的决策。"任何以责任追究为目的高风险评估应该推迟到三年级结束（或最好到四年级结束）"（Shepard，Kagan，& Wurtz，1998，p.53）。作者得出结论认为："评估的最终的目标是为儿童早期学习和发展确立高预期，以确认没有因落后而被忽视的儿童，同时去帮助家长和公众了解儿童在早期学习之中取得成功有多种多样的途径，这些成功取决于发展的速度、语言和文化经验以及社区环境"（Shepard，Kagan，& Wurtz，1998，p.54）。

评估需要有目的性（Snow & Van Hemel, 2008）。换言之，在设计一个评估前，我们应该明确评估的目的。"发展适宜性评价系统可以为教育者和父母提供有关儿童怎样成长和发展的有价值的信息"（Snow & Van Hemel, 2008, p.27）。非适应性测验给测试者提供了无用的信息，还会给儿童带来压力并浪费他们的时间。每年的标准化测试或许是最缺乏目的性的评估。

春季考试每年都会如期而至，给教师和学生带来压力。Branham 和 Hiltz（2015）提出了通过减压的方式"度过考试季的七种方式"：

- 接受命令。吃好、锻炼身体、保证充足的睡眠。测试结束后和你的学生一起做一些减压活动，特别是让学生做些手部的活动。
- 设定限制。不要进行与考试无关的其他活动或者新任务。
- 相信自己，相信你的学生。
- 明白你的角色。进入训练环节，提前一周安排好桌椅，以便你知道你可以方便地在教室中走动。
- 建立双向沟通。给学生在考前问问题的时间，还可以让他们在考试后表达他们的感受。
- 团结协助。与你的同事谈心，相互帮助。
- 优化你的工作环境。学生的学习环境就是你的工作环境。如果有学生久坐难受，让他们坐在后面，并用手示意他们可以站起来和伸展身体。

测试前几天不要过度的复习，并保证所有人能有足够的体育锻炼。

14.4 为儿童准备未来所需要的技能

1997 年，Karen Hartman 当时还是一名 4 岁儿童的教师，也正在思考她自己和她之前的同行们对 4 岁儿童一直都在做的事情，然后她问了自己下面这个问题：

对于最终要应对未来打击的儿童，由卡罗琳·普拉特（Caroline Pratt）于 1914 年发起的这项常规活动和这个哲学体制的内在和外在到底有怎样的相关性？（Hartman, 1997, p.32）

然后，她针对幼儿园儿童的教学方式进行了自我评估，评估了这种方式是否赋予了儿童在未来所需要的技能。她发现，自己教授的技能应该可以帮助儿童在逐步走向成人世界的成长过程中应对日益复杂的世界：

- 通过教会儿童一次用很少的资源专注于一项任务，她试图帮助儿童培养应对外部高度刺激的世界所必需的专注技能。
- 通过在课堂上提供精心挑选的、供给有限的材料，她试图帮助儿童培养在未来面临许多选择时的决策能力。
- 通过有效应用被提供给他们的环境，她让儿童学会了独立。
- 通过提供第一手而不是可替代的经验，她试图保持儿童的好奇心和个人内在品质的活力。

早期儿童教育技术

展望未来，为了帮助儿童在走向成年的过程中应对当今世界日益复杂的技术，在儿童早期，他们可以获得什么样的技能和知识呢？目前，本科学历可以在网上获得。然而，在线教育在教育领域正在走下坡路。学前、小学和中学教育课程在网上越来越容易获得。中学正在使用数字游戏和模拟来帮助学生理解概念（Ash, 2009），平板电脑也越来越多地用于学校场景。我们怎样才能使我们的幼儿为这些新的教学要素做好准备呢？探索互联网，看看什么样的在线项目适合儿童。

显然，Karen 的学生正在为学前班和小学做准备。

正如在第 2 章中讨论的那样，当前技术发展突飞猛进。几年前，本书的一位作者观察到几个二年级的女孩把折叠的长方形纸片放在耳朵旁边并说着话，然后用食指敲打纸片。当被问及折叠的纸张是什么时，她们回答，"苹果手机。"今天，一些二年级学生已经有了真正的手机，这可能会占用他们大量的注意资源。我们希望在发展适宜性课堂上，儿童能够学会专注于一项任务、做出独立的决定、保持好奇心和创造力，这些将使他们能够应对当今和未来日益复杂的和技术无处不在的环境。

14.5 小学阶段的学业成就和适应能力

我们将通过对两个小学课堂的深入观察来开始了解小学阶段的学校教育情况：

在马科斯老师的课堂上，我们观察到儿童正在不同的学习中心。当他们专注于自己的活动或项目时，教室里会有轻柔的嗡嗡声。这个班级似乎包含了大大小小的儿童。马科斯老师解释说，在这所学校的小学，儿童被随机分配到不同的班级，这些班级跨越了传统的年级水平。今年，他的学生中只有大约 1/3 的孩子是新来的，其他的学生他已经教过一两年了。当我们环顾教室时，我们注意到一些儿童正在用干青豆来解决他们自己的数学问题。另一组儿童正在测量豆科植物的生长情况，并将结果记录到图表上。还有一组儿童正在用积木块建造各种能容纳小型农场动物和农具的小屋。马科斯老师正在和一个小组一起工作，这个小组正在画画、写作或者口述他们自己版本的《杰克与豆茎》（该书被作为班级的教科书）。还有一些儿童在图书角，正在查阅各种关于植物的科幻或非科幻书籍。我们也注意到在所有的学习中心，儿童都在互相帮助。

接着，我们去了同一地区的另一所学校：

当我们进入布朗老师的课堂时，我们立刻被这里的课堂气氛所震撼，它与马科斯老师的课堂完全不同。首先，我们注意到，当儿童坐在各自的课桌前学习时，教室里很安静。一组人正在填写几页练习册，另一组人要完成几份复印的活页练习册，第三组人和布朗老师坐在一起，轮流从基础读物开始阅读。我们注意到，一些正在做练习册和活页上的练习题的儿童似乎不知道自己应该做什么，但似乎在努力让自己看起来很忙。和布朗老师坐在一起正在等着轮到他们读书的儿童似乎很焦躁不安和感到无聊。她解释说，在这所学校，儿童在进入学前班时要接受准备状态测试，然后根据他们的测试分数进行同质性分组。今年，她所带的组整体"分数最低"。

你认为哪个课堂是发展适宜性实践的例子？哪一个似乎属于发展不适宜的例子？

学校是小学儿童生活的一个主要方面。正如美国幼儿教育协会指南所建议的那样，对小学儿童的指导应符合他们的发展特点（Bredekamp & Copple, 1997；Copple & Bredekamp, 2009）。例如，小学阶段的儿童身体都很活跃，他们很难长时间坐着。他们仍然需要积极主动地学习，而不是被动地参与一些活动。从认知的角度看来，小学儿童正处于进入具体运算阶段的过程中。他们开始能够对事物进行心理操作，但他们仍然需要具体的体验，通过这些体验，他们可以把事物和符号联系起来（照片 14.6）。

照片 14.6　儿童正在为一个科学项目绘制云图。

他们对学校的喜欢与迷恋还反映在他们所表演的戏剧中。请阅读和思考下面的趣闻逸事：

姨妈珍妮回到家，发现她的两个侄女（7 岁的戴安娜和 5 岁的安）正在马克板上写字。珍妮一走进来，戴安娜就问她是否想玩学校角色扮演的游戏。珍妮说她很乐意，于是戴安娜就开始接着教她如何数数，如何做加法和画画。当她让珍妮数她的数字时，她低声对珍妮说："假装你不知道数字，好吗？"当珍妮回答错误时，戴安娜说："没关系。让我们来数一数这个数字吧。"在游戏扮演过程中，她完全就是一名小老师。选择当老师的人经常会说他们之所以会做这样的选择，是因为在小学的时候，受到了一些特殊的老师的影响（White, Buchanan, Hinson, & Bruts; 2001）。

14.5a　关注学业成就和学校适应

学业成就和学校适应是教育工作者和父母们最为关注的两个问题。已有一项研究关注了族群、学业成绩和教育不平等（Wiggan, 2007）。遗传缺陷、社会阶层、文化、贫穷、教师期望以及学生对抗性认同一直都是该研究的重要主题。这些主题的所有观点都将低成就归咎于学生。然而，提高教学质量可以提升低成就学校中学生的学业成绩。而学生是学业成就研究中所遗漏的元素：学生如何定义成就？他们是怎么看待和感受学校的？Wiggan 建议，应该让学生在研究设计中有一定的发言权。对低年级的学校适应性的研究支持了社区、父母和孩子都会影响适应的观点（Nettles, Caughy, & O'Campo, 2008）。贫穷和贫困的生活条件以及低收入社区存在的危险都能预测不良的学校适应。然而，在社区环境中，有些孩子适应得很好。一些家长提供了更高质量的养育，这对儿童在小学低年级阶段获得更高水平的学术技能具有促进作用。

14.5b　文化因素

在所有教育发展水平当中，教育工作者关注的一个重要问题是来自不同族群和社会经济地位的儿童在学业成就方面的差异程度。在同一个学校的同一个班级内，文化的多样性在不断增加。在学校里，年幼儿童之间文化与语言的多样性越来越普遍，而教师们的语言与文化背景不具有多样性。Amaro-Jimenez（2014）描述了 P 老师（一个背景和生活经验都不同于她所教的在语言与社会经济地位方面具有多样性的三年级学生的教师）在教学上是如何取得成功的。她尊重她的学生以及他们的家庭。基于她在这个多样化的课堂里的教学经历，研究者获得了五点有关教学的经验：

- 给儿童时间，让他们以自己的方式去思考和反思。P 老师的每一节课都会以"现在是思考的时间"开始，她提出了三个问题让学生去思考。她鼓励学生深入挖掘自己的经验和文化，鼓励他们同时运用英语和他们的母语进行交流。

- 鼓励学生重视他们所知道的东西。他鼓励学生参与活动并且接纳由学生贡献的任何想法。
- 帮助学生运用他们自己的知识去融合同伴的经验。如果要写日记，她要求所写的内容要包括他们从其他同学那里学到的想法和经验。
- 花时间倾听儿童，要仔细地倾听。每堂课结束时，P老师都要一边巡视班级，一边提问，然后对问题和学生的回答给出富有启发意义的评价。帮助儿童将新的信息和已经学会的知识联系起来去理解新的知识。让他们制作图表来展示他们所学到的知识，是在哪儿以及如何学到的，打算将来如何运用这些信息，以及他们已经如何运用了这些信息。

在这种班级里，学生们学习彼此的文化，同时又拓展他们的语言能力。

目前关注儿童发展领域的研究者们对学业成就的跨文化比较越来越感兴趣。近来有研究表明，文化差异是与学业成功相关的一个因素。Yeung和Conley（2008）探讨了家庭富裕程度与非裔人和欧裔人的学业成就差异间的关系。他们研究发现，将富裕程度看作一个常量时，非裔和欧裔的学龄儿童间的学业成就差异消失了。Moon、Kang和An（2009）关注了韩国移民儿童和墨西哥移民儿童的学业成就。以韩国移民儿童为例的研究发现，父母的受教育程度、家庭收入、文化适应和父母的教养方式都与儿童的学业成就有关。以墨西哥移民儿童为例发现，父母受教育程度和居住在美国的时间长短与儿童的学业成就有关。这个结果表明，儿童的学业成就水平与文化差异中的不同因素有关。Moon和Lee（2009）发表了一份关于亚裔美国儿童学业成就预测的研究报告。研究表明，父母的受教育水平、家庭收入和父母的心理幸福感都与学生的学业成就有显著性相关。适应不良的父母需要通过心理咨询来更好地适应一个新的国家。这一研究似乎表明，不管来自什么样的族群背景，那些生活在有经济支付能力的家庭中的儿童会有最好的机会去获得学业上的成功。高收入家庭和低收入家庭的差距正在扩大，这种差距同样反映在来自这两种家庭的儿童的学业成就的差距上（Maaxwell, 2012）。

有关如何对学习英语语言的学生进行教学的问题，在本书开始的部分有过讨论。Dixon和他的同事（2012）进行了一项回顾性研究，在有关第二语言习得方面明确了如下观点：

- 如果家庭环境具有浓厚的文化氛围，第二语言是在非正式场合使用，同时教育计划又是精心设计并单独为读写能力教学提供时间保障，那么沉浸在第二语言环境中的第二语言学习者会受益最多。最成功的第二语言学习者是那些有强烈的学习动机、具有一定天赋和母语使用技能娴熟的人。
- 高效合格的语言教师既要精通第一语言（母语），还要精通第二语言。
- 第二语言的学习者通常需要用3～7年的时间才能达到精通的程度。那些较早开始学习第二语言的人花的时间更长，但他们更有可能只达到接近母语的熟练程度。

儿童体验的课堂或课程类型是一个通常需要考虑方面。美国路易斯安纳州立大学的研究结果（Charlesworth, Hart, Burts, & DeWolf, 1993）在这方面能给我们带来一些启发。Charlesworth及其同事（1993）以非裔美国儿童为考察对象的研究发现，在更多发展适宜性学前班学习的儿童比在发展不适宜性学前班的儿童表现得好。发展不适宜性实践后来被称为对比性实践（Copple &

Bredekamp, 2009）。有研究观察发现，在发展不适宜性学前班的儿童的压力是发展适宜性学前班儿童的2倍（Bruts Hart, Charlesworth, & Kirk, 1990；Burt et al., 1992）。Burts等人（1993）对一部分在学前班中接受了观察的一年级儿童进行跟踪调查，以便确定他们的学业状况。跟踪研究的结果表明，与发展适宜性学前班的儿童相比，那些发展不适宜性学前班的儿童的阅读成绩更低。而两类学前班中，高社会经济地位的儿童在成绩单中的等级和低社会经济地位儿童没有显著差异。然而，和社会经济地位较高的儿童相比，如果社会经济地位较低的儿童选择进入发展不适宜性学前班而非发展适宜性学前班，那么他们在各方面会更不占优势。相似的结果也反映在两类儿童的成绩测验上。进一步来说，和曾就读于发展适宜性学前班的一年级儿童相比，入学前在发展不适宜性学前班的儿童会被一年级的教师评价为更具敌意和攻击性，有更多的焦虑和恐惧，还表现出了更多的过分活跃和注意力不集中（Charlesworth et. al, 1993）。一项从一年级开始的为期3年的追踪研究（Hart, Yang, Charlesworth, & Burts, 2003）表明，相对于发展适宜性学前班的儿童，经历过发展不适宜性学前班的儿童的敌对性和攻击性在3年间处于上升趋势，而在数学理解方面的能力发展更慢。就读于发展不适宜性学前班的男孩在阅读、语言艺术能力发展方面会受到最多的伤害。这些研究结果表明，在发展适宜性学前班的学习经历会对儿童小学阶段的学业成就和社交活动产生积极的影响。

14.6 发展适宜性学校教育

自儿童进入小学起，他们就进入了一个备受批评的正式的教育系统中。Nel Noddings（2005）有一个著名论断认为，在初等教育阶段，教育和教育者都应该更加注重对儿童的**关怀**。Nodding定义了三种教师关怀的类型：第一种是严酷无情型教师；第二种是出于良知而表现出关怀并尽心尽责地帮助学生学习的教师；第三种是关爱型教师，也是最受推崇的，是那些以和学生建立信任关系的方式关怀学生的教师。关怀或关怀关系的含义是："在一段持久关怀或短暂的接触关系中，被关怀者意识到了他人的关怀，并以某种可被对方察觉的方式予以回应，如果没有从被关怀者那里得到积极肯定的反馈，我们就不能称这种关系或短暂的接触是一种关怀"（Nodding, 2005, p.3）。关怀关系包括关怀者与被关怀者彼此之间的给予与接受。教师与学生在教育活动体验过程中是一种伙伴关系，世界太复杂，教师并非无所不知。尽管有一些人人都应该懂得的基本技能和观念，但关怀型教师也支持学生达成他们自己的个人目标。有信任做基础，学生更有可能对学习保持一种开放的态度，关怀型教师会关注他们的学生，并了解学生们对什么感兴趣（照片14.7）。关怀关系能培养学生的道德品质和学习动机。她认为，如果过去的教育充满关怀，那么学生就可能学到更多，并且不再需要那么多

照片14.7　教师和小组成员一同解决一道分数题。

正式的考试。"如今，越来越强调测试，甚至对幼儿也是如此——这主要是人际隔离和信任缺失造成的……恐惧与竞争替代了学生对学习本身热切的期望和分享学习的乐趣"（Noddings, 2005, p.7）。

除缺乏真正的关怀关系外，学校的特点是存在一种**隐性课程**，包括学生在校内规定的课程以外所学的东西（Yen, 2005）。学生从这些隐性课程中获得的知识具有社会、政治和文化基础，这些也是许多对教育活动的重要批判的出发点。John Gatto 是隐形课程的主要批判者。Duen His Yen（2005）汇编了他的一些著述。Gatto 认为，我们目前的学校教育制度被设计来让人们保持尽可能的无知。由 Yen 所整理出的 Gatto 的论文集名为《降低对我们的要求：义务教育中的隐性课程》（*Dumbing Us Down: The Hidden Curriculum of Compulsory Education*）。Gatto 认为，公共学校教育设计的初衷就是通过强制（受教育者）服从权威的方式达到约束穷人的目的，在这种方式中，受教育者没有任何独立思考和创造的空间。当你在本章看到这一部分对相关研究的阐述时，你会发现，有证据表明，从长远来看，那些被给予独立选择和创造机会的儿童会做得更好。然而，目前这种类型的教育尚未得到强有力的效果和持续性测量结果的支持。

让我们回顾一下前面对马科斯老师和布朗老师的课堂的描述。我们注意到在马科斯老师的课堂中，孩子们积极参与，设有单人和小组活动，学生之间有交流，这种课堂对小学生来说是适宜的。而布朗老师的课堂却大不一样，课堂完全不适合这个发展阶段的孩子，如孩子们各自安静地做着老师布置的抽象作业。不同年龄或年级组合而成的团体已经被推荐给了学前班和小学。这些组合方式包括多年龄段的分组（Charlesworth, 1989; Stone, 1998）, 循环或者保持同一组学生在一起 2 年或更久（Bellis, 1999; Chapman, 1999; Kuball, 1999），持续性发展（Charlesworth, 1989）。Connell（1987）对她不分年级的小学班级进行了愉快的描述，这个班级是由学前班、一年级和二年级的学生组合而成，她还为学生设计了适合所有学生需求和发展水平的课程。

Sylvia farnham-diggory 在《学校教育》（*Schooling*, 1990）一书中对学校教育的方式进行了概述。她认为，今天我们的学校是建立在旧的学习理论基础上的，而这些旧的学习理论并没有把我们当前有关儿童如何成长和发展以及他们如何学习的知识纳入在内。她指出，20 世纪 80 年代的学校改革（在 21 世纪再次流行）是多么官僚主义：较强硬的标准、过多的考试、同质化的分组以及过于碎片化的技能与训练课程。只有在少数几所学校关注到了儿童发展并有意识地开展了与学生所学课程更契合的实践。在这样的教育改革背景下，教室再次成为儿童被迫适应非儿童模式的地方。为此，她提出了一个方案，旨在让学校成为一个"认知学徒"的地方，即"一个培养学习技能、问题解决技能和创造性应用想法技能的地方"（Farnham-Diggory, 1990, p.56）。下面是学徒制模式运作的几个原则：

- 人类的心智生来适合复杂和情境式学习。人类的心智是为了处理丰富的环境而设计的，这些环境为大脑提供了许多可以探究和组织的具体经验。
- 教育必须从学生的客观实际情况出发。
- 人类学习是一项社会事业。

在这个计划中，教师使用了多种教学技术：

建模、指导、搭建、表达（摘要、评论或对话）、反思和探索。这些都是促进性技巧，而不是说教性或知识灌输技巧。他们开放课堂，让学生建构自己的知识。个别教师、小团体教师，有时甚至是整个学校都采用了发展适宜性实践并使其发挥作用。

在这个方案中，教师使用多种教学技术：模式化、教练技术、支架式教学、清晰表达法（总结、评论或对话）、反思和探讨。这些都是促进性技巧，而不是说教或知识灌输技巧。这些教育技术使得教室成了一个开放课堂，让学生在其中建构自己的知识。随处可见的个体化教师、小团体教师，有时甚至是所有的学校都采用了发展适宜性实践并使其发挥作用。另一个被研究的问题是，为什么一些教师设法建立发展适宜性实践而另一些却没有。Mary McMullen（1999）的一项相关研究在第13章中有所描述。Buchanan、Burts、Bidner、White和Charlesworth（1998）研究了一年级、二年级和三年级教师的信念和实践。许多变量被发现可以用来预测发展适宜性实践和发展不适宜性实践。用来预测发展不适宜性实践的班级变量包括获得免费或低价午餐成本的学生人数、所教年级的水平（一年级教师使用的发展适宜性实践更多）以及班级中的学生人数。在班上有残疾儿童也可以预示发展适宜性实践。最具预测性的教师变量是他们认为自己对相关计划和课程实施的影响程度。使用发展不适宜性实践的教师认为，外在的力量，比如校长和家长对教室里该发生什么有更大的控制权。相对于持有早期儿童教育资格证的教师来说，持证的小学教师更倾向于使用发展不适宜性实践。针对问责制要求下教师如何作为的问题，Amos Hatch采访了从学前班到三年级的三位教师（McDaniel, Isaac, Brooks, & Hatch, 2005）。这三位老师都是用发展适宜性实践的方式来教学的，但仍然要满足学校对学业成就的要求。这三名教师都接受过早期儿童教育项目的培训，其中还有两名教师同时接受过特殊教育项目的培训。这些受训背景为他们找到满足儿童个体化需要的方法提供了理性化依据。进一步的研究需要准确地找出是哪些因素造就了发展适宜性教师。

肯塔基州教育部报告了一项研究结果，该研究旨在评估通过立法在小学阶段采用更多发展适宜性实践这一改革的成功程度（McCormick et al., 2001）。根据四年级学生的成就测试结果，选择表现优秀、有待提高和表现很差三类学校作为评估单位。评估过程对138名教师进行了问卷调查，然后对这些教师进行了采访，并对他们的课堂进行了观察。研究发现，表现优秀的学校的教师使用了更多的发展适宜性实践，他们的教学过程中有更多开放总结式讨论和使用便利性材料（照片14.8），学生直接参与决策，房间布置为学生提供了更多的自主和自我管理的机会，课程更加个性化。而在表现差的学校的课堂中，训导策略往往更倾向于惩罚性，校舍的房屋条件较差，

照片14.8　这个班的宠物是一只鬃狮蜥，提供了一个鲜活的动物供学生观察和研究。

缺乏艺术和人文方面教育，大多数教师使用能力分组。总的来说，这项研究支持了发展适宜实践的有效性。

Carol Anne Wein（2008）展示了一幅在小学一年级开设"自然发生课程（emergent curricula）"的规划图。自然发生课程源于学生的兴趣，是一种在意大利流行的教学方法。教学过程中的学生和教师之间是互动、互惠与合作的关系。兴趣和动机是这种方法的核心。教师向学生提出问题，并遵循他们各自的兴趣。Wein 的书中还包括了教师们如何培养学生兴趣的故事。例如，一个学前班老师，她注意到学生对乐器感兴趣，一小群二年级学生关注运动物理学，三年级的学生设计了自己的有关城市的研究。这些教师在规定的课程教学范围内还单独留出时间让学生做他们感兴趣的项目。

14.6a 课堂引导与管理

在第 13 章我们讨论了影响成人与儿童关系的主要因素讨论，阐述了训导类型，包括父母的教养方式。这些内容表明，从长远来看，引导的观念和权威型的教养方式优越于训导的观念，因为训导已几乎被人们等同于惩罚。在第 13 章中，相关主题还包括挑战性行为、身体上的惩罚、临时中断技术和在班级形成可以促进道德发展的民主团体。回顾这些观点时，我们必须思考的一个问题是，前面所描述的引导法是否适用于小学阶段年龄稍大一些的儿童？专家们给出的答案是肯定的（Fields, Perry, & Fields, 2010；Gartrell, 2004）。他们认为，儿童的年龄越大，他们应该有更多的责任去应对问题，就越能清晰地表达他们的观点，应该能够使用与他人协商的策略来解决问题。Gartrell（2004）认为，在小学应该使用积极的引导而不是规则。规则倾向于被消极地表述，然而引导强调的是用积极的方法去告诉学生要做什么而不是不能做什么。Gartrell（2004，p.71）建议以下几种引导方案可以适用于小学课堂：

- 只使用友好地接触。
- 有时我们需要停下来、去听和去看。
- 我们所有人都需要爱护我们的教室。
- 我们应当和他人彼此友好，同时也要友好地善待我们自己。
- 犯错误也是有益处的，我们应当从错误中吸取教训。

Gartrell 也指出激励计划的重要性，设计激励计划旨在满足学生的需求和发展。激励计划可以将冲突减少至最小，因为教室里的布置与活动是发展适宜性的，也照顾和回应了班里同学文化背景的多样性。学生们每天的作息安排是固定不变的，过渡性安排也是以学生能够应对的方式来组织的。上课的教室被安排在各类学习中心，学生在一个小组中学习。大型的集体活动通常会把每个学生都包含进去，活动中的每个人都会依次有一点时间去展示自己。Gartrell 所阐述的引导法能够为每个儿童营造一个积极的学习环境。

14.6b 融合学校

前面已对融合教育对残疾学生的重要性进行过讨论。融合的成功有赖于以下几个因素（McLeskey & Waldron, 2002）：

- 任何旨在增加更多融合的改变都必须得到教师和行政管理者们的支持。
- 学校必须被赋予管理他们自身相关变革的权利，

成功的变革不可能是强制执行的。
- 为了融合教育能够进行下去，整个学校必须经受住重大改变。
- 变革不应该只是"追加或补丁"式的，还应该把变革与学校的整个计划融为一体。学生之间的差异应当是班级生活中一个寻常的部分。
- 如果一个改变已经进行，那么其他的改变必须及时跟进。
- 变革的设计应当适用于每一所学校，不应当有例外的情况。
- 必须提供专业的发展来保证教师能够承担新的责任。
- 变革总是存在一些阻力。持反对意见的教师所提出的问题可能会给变革中存在的问题带来重要的转机。
- 创立一所融合学校的事业是一个永远在进行中的工程。

建成一所真正的融合学校是不可能在短时期内完成的，但是为了每一个人——儿童、教师和家庭的权益——这都是一份值得追求的事业。

14.6c 促进发展的学校教育

著名的精神科医生 James P. Comer（2001，2004，2005）主张，学校应当使儿童得到发展，学校不仅要关注学生的社会性和心理发展，也应当关注学业的发展。Comer 强调了把儿童发展的知识应用于教育的重要性。我们希望学校是儿童的一个大家庭，也是一个让他们感觉安全的无忧之地（Rogoff, Turkanis, & Barrtlett, 2001；Stone, 2001；Vance & Weaver, 2002；Copple & Bredekamp, 2009）。

本 章 总 结

14.1 解释为什么从幼儿园到小学的教育计划必需有连续性。 从幼儿园到小学应被视为一个连续的发展时期，基于这一观点，当儿童从一个水平发展到另一个水平时，只要使用儿童熟悉的材料和活动就可以实现从幼儿园到学前班再到小学教育计划的平稳过渡。当前关注的问题就是在幼儿园到学前班再到小学教育之间建立起桥梁。儿童本身就是一个连续体，为了保证儿童发展的连续性，目前已做出了许多努力，尽管许多项目被证明是成功的，但这些项目并不是随处可见，还需要在幼儿园、学前班和小学教师、行政管理人员和国家教育人事部门之间开展更多的合作。应该保证每个年幼儿童都有机会在发展适宜性课堂中学习。

14.2 明确影响入学准备状态的基本因素和判定入学装备状态所面临的挑战。 作为对下一阶段的准备，准备状态这一概念往往隐藏于这样一种观念当中：人们倾向于认为幼儿园教育、学前教育和小学教育是彼此分离的不同教育阶段。这一概念在由美国前总统布什和国家管理者提出的目标中也有所反映，该目标是到 2000 年，美国所有儿童都将进入学校准备学习。现在是重新定义"准备状态"这一概念的时候了。这一概念不应该类似于"关卡"，用来把所谓的"没有准备好"的儿童排除在课堂之外，而应用来使我们必须帮助儿童为他们在学校取得成功做好准备，而这个学校正是准备接纳作为真实客观存在的他们的学校。在入学前，儿童应在身体健康、运动发展、社会性和情感发展、学习方法、语言、认知和常识等方面得到支持和引导。为入学而对儿童的准备状态进行定义并进行测量是一件困难的事，因为对于每一个儿童、每一个家庭和社区来说，入学准备状态具有多样性和个体特异性。因此，学校需要为所有儿童做好准备。

14.3 明确各种幼儿评价实践的利弊。 如何评估儿童入学准备状态的问题正是重新界定准备状态时需要考虑的问题的一部分。准备状态评估应该被作为一种手段，以确定从哪里开始教学，而不是作为一个"关卡"来决定谁该进入教室学习，谁该被拒之门外。除了改革对准备状态的评估之外，整个幼儿评估领域确实需要做一些改变。纸笔测验、多项选择、分组管理的标准化成就测验等不应该再作为对幼儿评价的手段。从自然发生的学习经验中获取信息的真实性评价程序更适当。标准化运动已经把学校推到了过度测试的境地。应该用头脑中设定的目标去规划评估，例如，要促进儿童的学习和发展，要坚定儿童的健康状况并提供特殊学习服务，要监控变化趋势和评估项目与服务，要评估学业成就，并让学生、教师和学校都负起责任。

14.4 **明确儿童应对未来世界所需的技能。**未来的科技世界所需要的劳动者是有创造力的思考者和能创造性解决问题的人，而不是考试者，因此需要培养能够专注于一项任务、做出独立决策、保持好奇心和创造力的劳动者。

14.5 **描述影响学业成就和学校适应的各种因素。**学校适应和学业成就长期以来一直都是教育研究的焦点。这两个方面都受到社区、家庭、儿童本身和学校等多种因素的影响。研究者们对来自不同文化群体的儿童的学业成就和学校适应给予了更多关注，这些不同文化群体构成了多样性的人口。父母受教育程度和社会经济地位是影响儿童学业成功的两个关键因素。优质教育计划可以缓解一些问题。小学阶段的儿童都普遍为不能达到预期的学业成就目标而感到恐惧。

14.6 **描述小学关怀课程中影响发展适宜性学校教育的因素。**越来越多的研究支持了权威型训导方式对儿童发展的价值。国家需要对小学儿童的学校教育方式进行改革。发展适宜性教学实践逐渐得到广泛重视，但随着NCLB的到来，传统需要作业本或练习册的基础课程再次主导了我们的学校。学校的课程应该关心和支持学习，而不是阻碍学习。应该让年幼儿童积极参与到他们亲手设计的项目，来对他们自己选择的问题进行研究并找到答案。

术 语 表

第1章

年幼儿童（young children）：从出生到8岁的儿童。

婴儿（infant）：从出生到大约1岁的孩子。

学步儿（toddler）：1岁到3岁的幼儿。

幼儿园儿童（preschoolers）：3岁、4岁和一些5岁的还没有进入小学的孩子。

学前班儿童（kindergartners）：进入学前班的孩子，通常在4.5岁到6岁之间。

小学低年级（primary period）：一至三年级的6—8岁儿童。

发展适宜性实践（developmentally appropriate practice，DAP）：根据美国幼儿教育协会的定义，在年龄、个人和文化上适当的教学实践。

理论（theories）：用来呈现一个计划或一组规则的设想，这些规则用来解释、描述或预测发生了什么，以及随着儿童的成长和学习将会发生什么。

发展与文化适宜性实践（developmentally and culturally appropriate practice，DCAP）：对发展适宜性实践的阐述，更加强调文化的适宜性。

学习（learning）：由经验引起的行为变化。

发育（growth）：在儿童成长为成人的过程中所经历的一系列步骤或阶段。

发展理论（developmental theories）：解释孩子因成长和学习之间的相互作用而发生变化的设想。

行为主义理论（behaviorist theories）：强调通过学习产生于环境中的变化的思想。

标准论/成熟论（normative/maturational view）：一种看待发展的方法，强调某些规范。

标准（norms）：大多数孩子在一定年龄会做出的行为。

建构主义（constructivist）：儿童通过与环境的互动来构建自己的知识。

批判性理论（critical theory）：鼓励教师检视课堂上的权力关系。

认知发展（cognitive growth）：聚焦心智，以及在孩子成长和学习的过程中，心智是如何运作的

情感发展（affective growth）：以自我概念和社会、情感和个性特征的发展为中心。

生理发育（physical growth）：身体及其各部分的发育。

动作发展（motor development）：对身体及其各部分的使用技能的发展。

支架（scaffolding）：支持儿童学习的过程，当孩子从目前的发展水平上升到更高的水平时提供支持。

婴儿生活事件记录（baby biographies）：日记记录了一个孩子每天做的有趣的事情。

生态学研究模型（ecological research model）：观察儿童在他们所处环境的各个领域中扮演的所有角色。

微系统（microsystem）：儿童与家庭、学校、邻居和同伴的关系。

中系统（mesosystem）：家庭、学校、社区和同伴团体之间的互动和关系。

外系统（exosystem）：儿童与当地政府、父母工作场所、大众媒体和当地产业的互动和关系。

宏观系统（macrosystem）：儿童与主流文化信仰和意识形态的互动和关系。

时间系统（chronosystem）：生态系统的时间维度。

档案（portfolio）：对一个儿童的持续记录，包括老师和学生收集的信息。

连续记录（running record）：由外界人士所做的自然观察，以事实的方式详细地描述儿童所做的事；也叫标本记录。

标本记录（specimen record）：见连续记录。

评价准则（rubrics）：用于评估学生表现和学生产品的量表。

真实性评价（authentic assessment）：需要表现出所期望的学习效果的评价。
准则（principles）：帮助解决道德问题的行为指南。
理念（ideals）：从业人员的目标。

第 2 章

学习（learning）：由经验引起的行为变化。
神经元（neurons）：构成脑的微小细胞。
轴突（axon）：向其他神经元发送信息的输出纤维。
树突（dendrites）：接收信息的短的毛发状纤维。
髓鞘（myelin）：一种保护轴突的白色脂肪物质。
突触（synapses）：神经细胞之间的连接。
可塑性（plasticity）：丰富的突触解释了为什么小孩子的大脑能快速学习新技能。
建构主义（constructivist）：相信儿童通过与环境的互动来构建自己的知识。
注意（attention）：知觉的一个重要方面，包括忽略不相关的信息和寻找相关的信息。
注意缺失紊乱（attention deficit disorder, ADD）：可能伴随也可能不伴随多动的状态。
感觉卷入（sensory involvement）：用所有的感官作为桥梁，从具体到抽象。
感觉统合失调（sensory integrative dysfunction）：感官不能提供准确或清晰信息的状态。
记忆（memory）：保留和恢复印象的心理能力。
元记忆（metamemory）：思考一个人的记忆过程的能力。
泛化（generalization）：发现事物之间相似性的过程。
辨别（discrimination）：辨别感知差异的过程。
塑造（shaping）：逐渐习得行为。
逐次趋近法（successive approximation）：循序渐进的学习。
消退（extinction）：忘却；如果一个行为没有得到奖励，它就会逐渐被否定。
习惯化（habituation）：习惯某事的特征。
同化（assimilation）：将新思想和概念与旧思想或概念相结合的过程。
顺应（accommodation）：改变旧观念以适应新知识的方法。
平衡状态（equilibration）：通过同化和顺应之间的平衡而达到的状态。
经典条件反射（classical conditioning）：学习是通过刺激和反应的联系而发生的。
操作性条件反射（operant conditioning）：行为是通过对适当行为的强化(奖励)的谨慎使用而形成的，与此同时，通过忽视不适当的行为而使其得不到注意的奖励。
学习风格（learning styles）：儿童获取知识的方法。
戏剧游戏（dramatic play）：戏剧以社会世界为中心，包括人物、戏剧主题和故事情节。
游戏情境（context of play）：在游戏场景中与同伴进行互动。
辅助技术（assistive technology）：任何可以被残疾儿童用来提高他们能力的东西，例如一件设备或另一件物品。
存在风险（at-risk）：描述有特殊需要的儿童。
融合（inclusion）：承诺在儿童本应就读的学校和教室内，在最大限度上适当地教育每一个儿童；包括为儿童提供支持服务，只要求儿童能从上课中受益。
完全融合（full inclusion）：儿童所需要的所有服务和支持都在他们通常就读的学校提供。

第 3 章

观察（observation）：儿童获取关于社会性行为信息的一种方法。
建构主义（constructivism）：认为学习是基于儿童构建知识时所引起的阶段改变的过程而发生的一种理念。
自主性（autonomy）：儿童能够通过解决问题进行探索和思考，并且通过自己的行为构建知识。
扩大化（amplification）：在最近发展区范围内提供更大的挑战。
奖励与强化（rewards and reinforcements）：有可能增加期望行为的积极结果。
外在奖赏（extrinsic rewards）：实物奖励或者社会方面的奖励。
内在奖赏（intrinsic rewards）：驱动儿童学习的内在动力；自我激励。
外部干预（outside intervention）：成人处在游戏环节之外，但是会提出问题、给予建议、提供指导和说明，这将会帮助儿童强化在戏剧性游戏中的角色。
内部干预（outside intervention）：在社会戏剧性游戏中，成人参与到游戏活动中。
主题型（thematic）：采取设置游戏中心的方法，暗含明确可供选用的角色，游戏中心如：一个日用杂货店、一个医疗中心或者一个消防站。

非主题型（nonthematic）：指的是采用开放性的材料和各种类型的真实道具。

软件（software）：在计算机上安装的单个的可使用的程序。

应用程序（apps）：应用的简称，通常是一种很小的专门的程序，可以通过移动设备下载。

互联网（internet）：一个拥有互相连通的网络的全球系统，连接了全球数10亿台计算机以及其他电子设备。

网站（websites）：互联网站点，提供很多的活动机会。

触觉（haptic）：通过触摸进行感受。

任务分析（task analysis）：为有学习障碍的儿童将学习任务拆解到更小步骤的程序。

父亲（father）：儿童生命中主要的成年男性角色；可能有法律上的关联，也可能没有。

移民（immigrants）：从一个国家来的个人在另一个国家安家。

直接参与（direct engagement）：通过游戏、照料和休闲活动进行的直接接触。

可及性（accessibility）：对孩子来说，父亲的可得性。

职责（responsibility）：满足情感的、社交的以及经济的需求的程度。

个性化家庭服务计划（individualized family service plan，IFSP）：为所有的出生至3岁已加入特殊教育计划的婴儿家庭设置的必须完成的具有专门目标的计划。

家庭为中心的实践（family-centered practice）：从家庭的立场提出的教育的计划和实践（与专业人士的立场相对的）。

第4章

遗传（hereditary）：描述在怀孕时决定的发育因素的术语。

环境因素（environmental）：一怀孕就开始起作用的一种影响发育的因素。

同卵后代 [monozygotic (MZ) siblings]：从一个卵子发育而来的兄弟姐妹，在受精后分裂成两个或更多的部分；因此，相同的遗传特征存在于每一个同胞身上。

异卵后代 [dizygotic (DZ) siblings]：由同时受精的不同卵子发育而来的兄弟姐妹。

天性对教养（nature versus nurture）：遗传和环境对儿童发展的相对影响。

行为遗传学家（behavioral geneticists）：认为遗传和环境是双向互动和影响的人。

遗传学（genetics）：研究遗传特性向生物体传递过程中所涉及的因素的学科。

生殖系基因治疗（germ-line gene therapy）：一种可以用来改变女性卵子、男性精子或只有几天大的胚胎的基因的手术。

基因（gene）：遗传的生物学基本单位。

染色体（chromosomes）：控制遗传的主要单位。

脱氧核糖核酸（DNA）：包含遗传信息的复杂分子。

基因型（genotype）：一个人在怀孕时所接受的一组使其与众不同的基因。

表型（phenotype）：反映基因型的个体的外在的、可测量的特征。

羊膜穿刺术（amniocentesis）：一种通过抽取羊水样本来获取产前信息的方法。

绒毛膜绒毛取样（chorionic villus sampling，CVS）：一种通过从绒毛膜绒毛中切取细胞来获得产前信息的方法。

超声波/超声波扫描法（ultrasound/sonography）：一种通过把高频音转换成电脉冲来获取信息的方法

获得性免疫缺陷综合征/艾滋病（acquired immunodeficiency syndrome，AIDS）：艾滋病毒引起的一种传染病，会攻击免疫系统。

Rh因子（Rh factor）：一种在85%的人类体内发现的物质；当出现这种物质时，称为Rh阳性；缺少这种物质时，称为Rh阴性。

缺氧症（anoxia）：血液中氧供应低于安全水平的阶段。

萨力多胺（thalidomide）：早在20世纪60年代初，孕妇为缓解晨吐而服用的一种药物，会导致胎儿在胚胎期发育迟缓。

胎儿酒精综合征（fetal alcohol syndrome，FAS）：与孕妇在胎儿期饮酒有关的一组儿童行为。

胎儿酒精效应（fetal alcohol effects，FAE）：与胎儿酒精综合征有关的一种情况，儿童通常不具有胎儿酒精综合征的可识别的身体特征，但可能在婴儿期过度活跃。

遗传学咨询（genetic counseling）：评估母本和父本的基因组成及其对后代可能产生的影响。

儿科医生（pediatrician）：专门治疗从出生到21岁的儿

童和青少年的医生。
围产期医生（perinatologist）：专门治疗高危孕妇的医生。
卵子（ovum）：女性生殖细胞。
卵泡（follicle）：充满液体的卵囊，容纳卵子
精液（semen）：从男性生殖器官射出的液体。
精子（sperm）：男性生殖细胞。
受精（fertilization）：精子和卵子结合。
怀孕（conception）：受精的那一刻。
受精卵（zygote）：由卵子和精子结合而成的细胞。
生育力（fertility）：为受精或受孕做出成功贡献的能力。
试管内授精（In vitro fertilization，IVF）：卵子和精子在实验室无菌培养基中结合并植入子宫的过程。
卵母细胞胞浆内单精子注射（intracytoplasmic sperm injection）：精子被直接注入卵子的过程。
自然避孕法（natural family planning）：在排卵期避孕的一种避孕方法，在此期间夫妻记录排卵期并避免性交。
妊娠阶段（gestation period）：怀孕期，通常持续九个半月左右。
胚胎阶段（embryo）：妊娠期的第二阶段，通常持续3—8周。
胎儿阶段（fetus）：胎儿妊娠期的第三阶段，通常从9周持续到出生。
胎盘（placenta）：保护发育中的婴儿并作为食物和氧气交换的媒介。
脐带（umbilical cord）：连接发育中的孩子和母亲的管。
羊膜（amnion）：子宫内膜的囊。
羊水（amniotic fluid）：羊膜中的液体
Hox基因（Hox gene）：从头到尾形成轴的基因。
婴儿（newborn）：刚出生的孩子。
新生儿（neonate）：从出生到2周大的孩子。
新生儿阶段（neonatal period）：新生儿出生后的前2周。
水中分娩（water birth）：一种分娩方法，母亲浸入水中，婴儿从子宫的液体环境中出来，进入水中。
剖宫产（cesarean sections）：将婴儿从子宫中取出的外科方法。
自然分娩法（natural childbirth）：分娩时不使用止痛药物。
正常的生理性黄疸（normal physiological jaundice）：肝功能不平衡引起的皮肤微黄。
囟门（fontanels）：新生儿头顶上的六个软点。
阿普加量表（Apgar scale）：监测新生儿生命体征的常用方法。

唤起状态（states of arousal）：婴儿醒着或睡着的程度。
纽带（bonding）：父母和孩子决定彼此是否特殊的过程。
新生儿行为评定量表（Neonatal Behavior Assessment Scale，NBAS）：互动行为的动态评估，用来表明新生儿对感官能力的控制程度。
早产婴儿（premature infant）：妊娠期未满40周的婴儿。
内稳态（homeostasis）：有机体保持内部稳定的倾向。
Surfaxin：一种药物，可以帮助婴儿形成表面活性剂，覆盖在肺的内层，防止空气空间塌陷
易养型儿童（easy child）：一个容易陷入常规的孩子是快乐的，适应能力强。
困难型儿童（difficult child）：有日常生活困难，不容易适应新生活的孩子。
慢热型儿童（slow-to-warm-up child）：不活跃、对环境刺激反应温和、情绪消极、难以适应新经历的孩子。

第5章

信任（trust）：对他人行为的有信心。
不信任（mistrust）：对他人的行为缺乏信心。
感知运动阶段（sensorimotor period）：皮亚杰提出的认知发展的第一个阶段，从出生到2岁，在这个阶段，孩子们学会用他们的感官来发现新事物。
婴儿照料者（baby tender）：斯金纳设计的环境，为孩子提供最佳的成长条件。
知觉（perception）：我们知道身体外部发生了什么。
本体感觉（proprioception）：它告诉我们身体的各个部分与整体的关系。
早期干预（early intervention）：家庭以外的代理人为维持或改善儿童从出生前至入学期间的生活质量所付出的正式努力。
保育（child care）：当成年家庭成员在工作、学校或其他地方时，把孩子安置在家庭或儿童看护中心的一种安排。
家长教育（parent education）：为孩子的父母提供信息和材料。
《环境评估家庭观察量表》（Home Observation for Measurement of the Environment，HOME）：用于评价家庭环境的量表。
文化多样性（cultural diversity）：一个术语，指不同文化群体成员之间的差异。
低出生体重婴儿（low-birth-weight infant，LBW）：婴

儿是产前营养不良的受害者。

肥胖症（obesity）：体重超过一个人的身高。

免疫（immunization）：通过接种疫苗预防疾病。

呼吸道合胞体病毒（respiratory syncytial virus，RSV）：呼吸道和肺部的病毒感染。

婴儿猝死综合征（sudden infant death syndrome，SIDS）：婴儿的死亡，通常发生在夜间睡眠期间。

头尾律（cephalocaudal）：描述从头到脚地生长和发育的术语。

近远律（proximodistal）：描述从中心向外地生长和发育的术语。

分化（differentiation）：当孩子获得对身体特定部位的控制时所经历的过程。

整合的动作（integrated movements）：结合特定的动作来完成更复杂的活动，如散步、爬山、搭积木或画画。

顺序发育（sequential growth）：增长的既定顺序。

关键期（critical periods）：某些领域的增长在特定时期可能更为重要。

反射（reflexes）：出生时出现的无意识运动，包括眨眼、吮吸、吞咽、摩罗反射、巴宾斯基反射、爬行反射、觅食反射和踏步反射。

第6章

发展生物动力学（developmental biodynamics）：旨在详细考虑与感觉和运动发育有关的过程的研究。

认知发展（cognitive development）：随着时间的推移，认知结构和功能可能会发生变化。

感觉运动发展子阶段（substages of sensorimotor development）：从反射性行为到在心理解决问题的六个阶段。

物体恒存（object permanence）：即使没有看见、听到或感觉到物体，也知道物体仍然存在的知识。

物体识别（object recognition）：婴儿用来识别物体的特征。

分类（categorization）：根据相似的属性对物体进行排序和分组。

计划（planning）：这是一种重要的高级人类认知能力，它使我们能够在真正着手解决问题之前就考虑解决问题的方法，从而减少在反复试验中所浪费的时间。

物体操纵（object manipulation）：用手指触摸物体的表面，看着它，并把它从一只手移到另一只手来探索它。

阅读（literacy）：书面语言知识。

阅读初学者（literacy beginners）：从出生到3岁的孩子。

脑研究（brain research）：研究大脑是如何运作的。

大脑的偏侧性（brain lateralization）：左脑和右脑功能的发展以及两者之间的交流。

社会参照（social referencing）：婴儿从他人那里获得信息，以理解和评估事件，并在某种情况下以适当的方式行事。

情感发展（affective development）：发展的领域，包括情感、个性和社会行为。

初始能力（emerging competencies）：新兴的能力新发展的技能或能力。

注意的延伸（prolonging attention）：延长注意力，保持沟通和互动。

有限测试阶段（limit-testing）：当婴儿和成人测试他们的沟通能力和影响彼此行为的能力。

自主性的出现（emergence of autonomy）：婴儿开始在与成人的互动中起带头作用。

节律（rhythm）：处于一种促进成人和儿童之间交流的相互交流模式。

互惠（reciprocity）：交流以平等、互谅互让的方式进行。

依恋（attachment）：幼儿与照顾者之间的归属感关系。

陌生人焦虑（stranger anxiety）：害怕不熟悉的人。

陌生情境（strange-situation）：婴儿被放在一个不熟悉的房间里，可以和母亲或陌生人一起玩一些玩具。

皮质醇（cortisol）：在压力下释放的一种类固醇激素。

模仿（imitation）：做一个人观察到另一个人在做的事情。

气质（temperament）：与环境中的人和物有关的一种持久的情绪和情绪调节模式。

宝宝忧郁（baby blues）：产后情绪低落的正常时期。

产后（postpartum）：出生后。

产后抑郁（postpartum depression，PPD）：母亲的抑郁症发生在婴儿出生后不久。

产后精神病（postpartum psychosis，PPP）：婴儿出生后发生的母亲的精神病。

第7章

可怕的2岁（terrible twos）：儿童在这段时间积极地探索，努力获得独立的行为，使得成人需要花费大量精力指引他们。

自主对羞怯和怀疑（autonomy versus shame and doubt）：埃里克森定义的第二阶段，学步儿必须处理平衡自信与依从的危机。

肛门期（anal stage）：弗洛伊德定义的第二个阶段，与学步儿期一致，独立使用厕所是主要的关注点和目标。

前运算阶段（preoperational period）：儿童2—7岁，主要发展语言与言语。

食品无保障（food insecurity）：很难得到足够的食物。

膳食营养参考摄入量（Dietary Reference Intakes，DRIs）：每天身体所需的营养物质的最低摄入量，主要来源于四种基本食物：奶制品、蛋白质、水果和蔬菜，还有谷物。

检查（examining）：儿童用手指拨弄和翻转物体，同时专心致志地观察物体。

预防（prevention）：包括为儿童建立健康安全的环境，将过度约束最小化，并为学步儿提供探索的空间。

行为矫正（behavior modification）：斯金纳的理论。将言语与非言语动作相结合，以此帮助学步儿学习期望行为，并放弃不良行为。

干涉（intervention）：当情况看上去危险的时候，或者当儿童需要帮助指导解决问题的时候进行干涉。

表征思考（representational thinking）：皮亚杰理论的第六个阶段，在这个阶段，儿童开始在行动前思考。

物体操作（manipulation of objects）：学步儿通过触摸、移动、敲击以及翻转物体来学习。

延迟模仿（deferred imitation）：12—18个月大的学步儿可以记住他们看到的东西，并在之后重复。

单词句期（holophrastic stage）：语言发展的一个阶段，儿童在这个阶段说一个词的句子。

单词句（holophrases）：一个词的句子。

指示型说话者（referential speakers）：说话者主要使用名词，一些动词、专有名词以及形容词。

表达型说话者（expressive speakers）：说话者会使用很多不同的言语，包括大量的组合，例如"Stop it（停下来）"和"I want it（我想要这个）"。

强名词（strong nominal）：用来持续表达至少两种指代物的名词。

强关联词（strong relationals）：用来持续表达可能可以反转的关系的词。

电报句（telegraphic sentences）：在18个月大到2.5岁期间，学步儿会开始将两个或三个词放在一起组成句子。用成人的标准来说，这些短句还不够完整。

自语（private speech）：自己跟自己说话。

特定语言损伤（specifically language impaired，SLI）：儿童语言能力未达到其年龄标准。

最近发展区（zone of proximal development，ZPD）：在任意特定时间里，真实发展和潜在发展之间的距离。

合作游戏（coordinated play）：两个儿童一起做一个游戏。

有指导参与（guided participation）：儿童掌握如何在一个特定文化下正常进行社会活动的方法

创伤后应激障碍（post-traumatic stress disorder，PTSD）：通过记忆和做梦，而再次经历暴力或紧张事件所带来的压力和紧张。

道德（morality）：道德行为；对是非对错的理解。

羞怯（shame）：当儿童觉得自己没有到达一个特定行为准则的时候，可能会感受到的一种难堪的感情。

族群身份（ethnic socialization）：儿童获得族群内行为、认知、价值观和态度，以及将自己和其他人视为这个群体中一员的发展过程。

第8章

营养不良儿童（misnourished children）：虽然儿童有足够的食物，但是他们的饮食不足以提供所需的必要营养素。

大身体游戏（big body play）：儿童喜欢的猛烈的大运动的身体活动。

打闹游戏（rough-and-tumble play）：快乐的活动，没有攻击性和敌意；包括打闹、微笑和跳跃。

关系（relationship）：教师提供培育式的关系和氛围。

营养（nutrition）：关于食物的信息，以及身体如何需要和使用食物。

基本动作技能（fundamental motor skills）：儿童长大时所要学习的更专业化运动技能的基础。

专业化运动（specialized movements）：根据每个人的特殊需要和兴趣所发展处的个人技能。

双手交叉前进（brachiating）：通过使用高架器材，发展上半身力量。

利手（handedness）：决定主要使用右手还是左手，还是没有偏好。

随意涂鸦（random scribble）：艺术发展的第一个阶段，幼儿喜欢探索他们手臂和肩部的运动，以及这些运动所能在纸上带来的图案。

萌发绘图形状（emergent diagram shapes）：在规定区域内进行有控制的涂鸦。

绘图（diagram）：主要特点是使用单线画出交叉，以及圆形、三角形和其他图形的轮廓。

聚合（aggregates）：两个或多个绘图的组合。

发展适宜（development appropriate）：对于每个儿童来说，在个体、教学以及文化上，都适宜的活动。

辅助科技（assistive technology）：任何用来加强、保持和改善残疾儿童能力的器材。

第9章

认知的（cognitive）：从属于思维以及思维如何工作。

认知功能（cognitive functioning）：描述认知系统如何工作。

认知结构（cognitive structure）：包括所有的认知系统部分；还有儿童思维的内容以及这些内容是如何被组织起来的。

认知发展（cognitive development）：代表认知结构和功能可能在很长一段时间里的改变。

形式运算阶段（formal operations period）：皮亚杰的理论中的第四个阶段；出现在11或12岁，早期青少年阶段。

过渡期（transition period）：5—7岁这段时期，儿童的思考方式从前运算转变为具体运算。

具体运算阶段（concrete operational period）：当一个儿童使用语言来指导他自己的活动以及他人的活动时；当儿童可以看到别人的观点，并且结合他自己的观点进行思考时；当一个儿童不再像以前那样，容易被事物的外在所迷惑时。

图式（schema）：婴儿真正看到和体验的东西的一部分，包括婴儿感觉到的亮点。

过度概括（overgeneralizations）：一个儿童遇到了一个新的事物，把它储存在有相似事物的思维中。

过度区别（overdiscriminations）：一个儿童不能在思维中找到一个地方，存放一个和他期待的不同的事物。

前概念（preconcepts）：不成熟的概念。

心理理论（theory of mind）：思考自己的思维的行为。

元认知（metacognition）：认知相关的思考和知识。

错误的信念（false beliefs）：和现实不符的信念。

信念（belief）：一个观点。

输入（input）：在认知功能中，代表刺激。

输出（output）：在认知功能中，代表反应。

加工（processing）：在认知功能中，代表中间活动。

中心化（centering）：在认知功能中，被问题或者情况的一个方面压倒的过程。

概念（concepts）：认知结构的基础。

自我中心（egocentric）：将知觉集中在最明显的东西上，并受限于可以看到的东西。

操作（operations）：是一种内在活动，是组织认知结构的一部分。

分类（classification）：在环境中分类和归类物品的能力。

守恒（conservation）：理解材料转化，不被事物的外在所迷惑的能力。

一一对应（one-to-one correspondence）：理解等量的基础。

顺序（seriation）：把物品按一定标准排序，比如大小、年龄或颜色。

空间概念（spatial concepts）：包括以下概念：之内、上面、上方、下面、进入、一起、旁边、两者中间、最上方、里面、外面和下方。

因果关系（causality）：当儿童做事情的时候，为什么事情会发生；"为什么"问题。

万物有灵论（animism）：给非人类事物，比如车、树、风或者太阳，赋予人类特性。

人为主义（artificialism）：幼儿感觉世界上所有的东西都是为了人类。

智力（intelligence）：受益于经历的一种能力；也就是说，一个人在什么程度上可以利用自己的能力和机会在人生中不断前进。

心理测量方法（psychometric approach）：强调个体差异的测量方法；也就是说，一个人和其他人比较。同时，这种方法也强调知识和语言技能上所展现出的行为是否达到个人智力的预估水平。

信息加工理论方法（information-processing approach）：强调个体在解决问题时所使用的过程步骤。

认知发展方法（cognitive-developmental approach）：强调以逻辑思维、推理和问题解决为指标的智力增长的发展阶段。

习性学方法（ethological approach）：认为智力是指个体处理和适宜生活的程度。

成功智力理论方法（theory of successful intelligence）：个体在社会中使用分析、创造和实际能力的能力。

多元智能理论（theory of multiple intelligences）：由加德纳提出，认为智商可能被分为八种不同的类型。

三元教学（triarchic instruction）：通过分析，创造和实际能力应用的教学方法。

创造力（creativity）：反映出独创性、实验性、想象力和探索精神的行为的一个方面。

独创性（originality）：反映出一种不太可能发生的新想法或多种想法的新结合方式的行为。

适宜且相关（appropriate and relevant）：和儿童的目标相关的创造力行为标准。

流畅性（fluency）：很轻易的从之前的知识发展出新想法

灵活性（flexibility）：看到一个新的使用这个想法或材料的方法，别人没有想到过。

超常的人（gifted person）：一个至少可以在一个领域展示出或者有潜力展示出超高水平的人

第10章

语言（language）：语言通常被定义为说、写和手势（比如挥手、微笑、皱眉和畏缩）符号系统，使得我们可以和彼此沟通。

音素（phonemes）：语言的最小单位；语言中的语音。

词素（morphemes）：语言中最小的有意义的单位，一串有意义的发音。

语法（syntax）：词语摆放的顺序，使其变成合意的句子或短语。

语义学（semantics）：是研究意思的，即用在正确情景下的词，与合适的指代物相关。

语用学（pragmatics）：合理使用语言，最大化其优势的规则。

学习理论（learning theory）：语言习得的一种观点，包括经典条件、自发反应条件和模仿。

结构固有观点（structural-innatist theory）：语言获得是人类与生俱来的生理需求，用来发展语言规则系统，训练和模仿可以提供反馈，增加词汇。

相互作用理论（social-interactionist theory）：言语发展的顺序和时间是生理决定的，儿童学习的特定的语言是由他生长的环境决定的。

方言（dialect）：一种标准言语的变种。

英语语言学习者（English language learners，ELL）：主要语言不是英语，但是正在学习英语的人。

双语（bilingual）：说两种语言。

英语语言教室（English-language classrooms）：英语作为教学用语的课堂。

谈话（talk）：语言的口语层面。

内部言语（private speech）：维果茨基认为，这是语言发展和使用的核心。

功能（function）：儿童通过使用语言达到某些目的的方法。

读写能力（literate）：可以读和写。

不让一个孩子落后（No Child Left Behind，NCLB）：美国2001年通过的一项联邦法律，意在要求每个孩子在三年级结束之前应该可以阅读。

早期阅读优先（Early Reading First）：美国联邦设计的学前班儿童阅读项目。

新手阅读和写作（novice reading and writing）：注意到印刷品的沟通含义。

尝试阅读和写作（experimenting reading and writing）：过度阶段，儿童知道字母，尝试拼写和读简单的词。

传统读和写（conventional reading and writing）：参与社会认可的"真正的"阅读和写作。

全语方法（whole-language approach）：全语观点认为儿童和他们的需求是课程的核心；符合认知发展或者建构主义观点。

权衡阅读指导方法（balanced approach to reading instruction）：一种融合语音和全语指导方法的教学。

音位意识（phonemic awareness）：有能力听和指出单个发音以及口头词句。

流利（fluency）：阅读文字准确且快速的能力。

词汇（vocabulary）：学生有效沟通所必须知道的单词。

理解（comprehension）：理解和获得已经说过的话的意义的能力。

过渡拼写（transitional spellings）：在他们过渡到拼写的过程中，儿童发明的拼写，通常基于他们熟悉的字母发音。

第11章

婴儿语言（baby talk）：儿童经历范围内的一种简单的言语形式。短的简单句和简单词。

烦躁（fussing）：女性交流。

日常活动（routine）：正式游戏，指导性游戏，一起读书。

成人—儿童语言（Adult-to-child language，ACL）：成人对孩子讲话时采用的特殊的言语方式，这种方式更慢、更详细，比成人对话时使用的句式更简短。

英语为第二语言（English as a second language，ESL）：

一种特殊的教授英语为非母语的人的英语教学方法。

基本人际交流技能（basic interpersonal communication skills）：用以完成基本人际交流技能的语言；使用在每天的社会活动中。

认知学术语言能力（cognitive academic language proficiency）：学术语言。

字母名（letter names）：字母符号的名称。

字母音（letter sounds）：字母符号的发音。

语音（phonics）：关注语音和字母符号之间的关系。

绘图（drawing）：使用工具作画。

写字（handwriting）：使用工具写字母，或类似字母的形状。

玩耍（play）：一类动作和活动，儿童可以借此建构知识。

反思性学习（reflective learning）：由内至外地学习。

第 12 章

情感（affective）：作为心理学的一个分支领域，主要关注个体的社会性、情绪、个性特征和自我概念的发展。

性器期（phallic stage）：弗洛伊德认为 3—6 岁的儿童正处于性器期，在此阶段的儿童的关注中心是性别角色认同和良心的发展。

本我（id）：弗洛伊德认为，本我从一出生就会表现出来，包含了人们的无意识动机和欲望，本我的运作遵循快乐原则。

自我（ego）：弗洛伊德认为，自我的明显特征是理性和常识，它的运作遵循现实原则。

超我（super ego）：弗洛伊德认为，4 岁左右的时候，儿童的超我开始发展，超我即人们所说的良心，或者说是人格组成中遵循社会道德价值的那部分。

危机三：主动对内疚（Crisis III: Initiative Versus Guilt）：这是埃里克森的发展理论中儿童发展的一个阶段，这一阶段从 3 岁持续到 6 岁。在这一阶段，儿童需要应对的危机是：有愿望做出自己的选择，但这种愿望又要符合他们逐步形成的良心的要求。

危机四：勤奋对自卑（Crisis IV: Industry Versus Inferiority）：这是埃里克森发展理论中儿童发展的一个阶段，这一阶段将贯穿整个童年中期。在这一阶段，儿童需要应对的危机是：获得成效和成功的需要与避免失败和自卑的困扰。

需求层次（hierarchy of needs）：马斯洛认为，这是一个有序列关系的需求层次，每个人都必须逐级满足每一个层次的需求，直到获得自我实现。

社会道德发展（sociomoral development）：道德原则与社会规则的发展。

混沌状态（anomy）：不被约束的行为。

他律（heteronomy）：来自他人的行为规则。

情感活动（affectivity）：皮亚杰认为，情感与认知发展密切相关，情感是智力活动的动力。

社会互惠（social reciprocity）：社会关系的给予与索取。

共享活动（shared activities）：学生通过协同和一起讨论来解决问题或完成项目。

情绪智力（emotional intelligence）：丹尼尔·戈尔曼关于理解和管理情绪的能力的观点。

情绪依赖（emotional dependency）：有想与其他人亲近的需求，形成于早期的情感纽带和依恋。

生理依赖（physical dependency）：依赖他人满足自己的基本需要，如提供食物和舒适的环境以及消除对身体不利的因素。

恐惧（fear）：是先天遗传与后天学习因素的共同作用，而后天学习因素则是通过条件作用和观察学习而获得。

敌意（hostility）：隐藏在攻击行为背后的情绪。

愤怒（anger）：隐藏在攻击行为背后的情绪。

愉快（happiness）：一种积极情绪的表达，如快乐、高兴和喜悦。

幽默（humor）：一种（对笑话、谜语等的）理解和领悟，相对于需要用逗乐反应和诱发婴儿发出笑声的躲猫猫游戏，这种理解和领悟需要（儿童）具有更高的认知发展水平。

人格特质（personality traits）：在儿童体验环境的过程中由天生气质特质发展形成的特质。

性（sex）：解剖学和生理学特征，人被分为男性和女性两类。

性别（gender）：社会和文化层面的特征，该特征要求男人具有"男子气"，女人具有"女子气"。

性别角色标准（sex-roles standard）：社会认为对于男性和女性来说恰当的行为。

性别平等（gender equity）：公平地对待男性和女性。

性别差异（sex difference）：可能由生物或社会因素所决定的两性间差异。

性态（sexuality）：包括了一个人的生物性本质、性关系中的生理层面和与性相关行为的其他方面。

自我概念（self-concept）：一个人关于自己是谁的观念。

自尊（self-esteem）：一个人评价自己的自我概念的方式；或一个人在多大程度上尊重了自己。

社会能力（social competence）：一种源自和伴随儿童与他人的关系而产生的特征。

自我约束（self-regulation）：能控制个人情绪、用积极的方式与他人互动、避免不当或具有攻击性行为和能成为自我指导型学习者的能力。

同伴（peers）：指与我们具有同等地位（如年龄、年级和整体发展水平等），且与我们有经常性互动的人。

同伴强化（peer reinforcement）：在儿童行为中由同伴的积极或消极的强化所决定的一种关键性作用。

同伴声望（peer popularity）：带来最多正强化的儿童可能会受到来自他们同伴的极度喜爱。

友谊（friendships）：指在和你无关的他人之间形成的一种特殊关系。

同胞（siblings）：亲兄弟姐妹。

社交孤立者（social isolation）：指那些很少与同伴互动或者他们或许试图与他人互动但遭受拒绝的人。

道德（morality）：指伦理行为，人们对是非理解的发展。

亲社会行为（prosocial behavior）：指个体积极道德发展的外在表现，可以表现为慷慨、教养、同情、共情和助人等。

共情（empathy）：指当个体把自己置身于他人位置时，产生的一种感受。

同情心缺失症（Compassion Deficit Disorder，CDD）：指亲社会行为习得无能。

暴力（violence）：施以身体的力量以达到伤害或虐待的目的，是一种破坏性力量和行为，暴露于环境中的儿童会导致其抑郁、低自尊、过度哭泣和对死亡与被伤害的焦虑。

攻击（aggressive）：与亲社会行为相对，以伤害他人为目的。

关系攻击（relational aggression）：敌意性攻击的一部分，包括敌意行为，如排斥其他儿童参加游戏，如果其他儿童不听从指令就进行威胁，让其他儿童拒绝那些想参加游戏的儿童。

第13章

爱和感情（love and affection）：喜爱或关心另一个人。

训导（discipline）：一个术语，其原意是"教"；当前的意思是传授社会适宜行为技术。

引导（guidance）：成年人用来教导孩子的适当社交行为的技巧。

教养方式（parental styles）：即父母的训导技术，包括四种父母教养方式：专制型、权威型、放任型与和谐型。

教学风格（teaching styles）：可能会影响儿童的行为，引导导向、权威型训练方式和发展适宜性实践都是各类教学风格的例子。

惩罚（punishment）：作为对某种不可接受的行为的回应，通过施加一个消极的结果来管教儿童。

积极的引导技术（positive guidance techniques）：教导孩子，让他们明白什么样的行为是人们所期待的，以及如何用语言而不是武力去解决所面临的冲突。

临时终止（time-out）：一种惩罚方式，包括把儿童从他们渴望参与的活动中隔离。

道德课堂（moral classroom）：一种在社会道德氛围中支持和促进儿童发展的课堂。

班级共同体（community in the classroom）：一种师生间充满相互尊重氛围的互动。

第14章

连续性（continuity）：发展是一个连续的过程，需要认识到这一点，因为计划的项目是针对从一个年级到另一个年级的儿童。

障碍（barriers）：不符合儿童发展规律的指导策略；不恰当的安排程序。

发展不适宜性实践（developmentally inappropriate practice，DIP）：不符合学生多项发展水平的教育实践。

准备状态/成熟度（readiness）：在某个年龄点或年龄阶段儿童所到达的终点，它能使儿童继续进入到下一个阶段。

不恰当评估规程（inappropriate assessment procedures）：利用纸笔和团体测验形式通过间接分数对学业成就进行评价以及对准备性测验结果的错误使用。

恰当评估规程（appropriate assessment procedures）：能对教育成果在特定领域的绩效进行直接而精确测量的真实评价。

关怀（caring）：基于教与学的互惠关系。

隐性课程（hidden curriculum）：学生在学校明文规定的课程之外学的内容。

参考文献

About pregnancy/birth: Pregnancy by month.

Abrams, R. (2014, August 21). Short-lived science line from LEGO for Girls. New York Times.

Abramson, R., Breedlove, G. K., & Isaacs, B. (2007). Birthing support and the community-based doula. Zero to Three, 27(4), 55–59.

Adams, A. (2011). What is genetic counseling? Genetic Health. 4 Adams. E. J. (2011). Teaching children to name their feelings. Young Children, 66(3), 66–67.

Adaptations for physical activities. (2006).

Adler, M. (2008). Immigration study: "Second generation" has edge. NPR, September 12, 2008.

Adrian, J. E., Clemente, R. A., & Villanueva, L. (2007). Mothers' use of cognitive state verbs in picture-book reading and children's understanding of mind: A longitudinal study. Child Development, 78(4), 1052–1067.

Administration for Community Living (ACL). Program and project contacts (2014).

Adolf, K. E., & Tamis-LeMonda, C. S. (2014). The costs and benefits of development: The transition from crawling to walking. Child Development Perspectives, 8(4), 187–192.

Adwar, C. (2014, March 28). These are the 19 states that still let public schools hit kids. Business Insider.

Affordable Care Act (ACA). (2010).

Aghayan, C., Schellhaas, A., Wayne, A, Burts, D. C., Buchanan, T. K., & Benedict, J. (2005). Project Katrina. Early Childhood Research and Practice, 7(2).

Agnew, S. (2014). Parents, listen next time your baby babbles.

Ahtola, A., Salinskas, P. -L., Poikonen, M., Kontoniemi, P., Niemi, P., & Nurmi, J.-E. (2011). Transition to formal schooling: Do transition practices matter for academic performance? Early Childhood Research Quarterly, 26(3), 295–302.

Ainsworth, M. D. S., Blehar, M. D., Waters, E., & Wall, S. (1978). Patterns of attachment. Hillsdale, NJ: Erlbaum.

Ajose, S. A., & Joyner, V. G. (1990). Cooperative learning: The birth of an effective teaching strategy. Educational Horizons, 68, 197–207.

Akers, A. L., Boyce, G., Mabey, V., & Boyce, L. (2007). In reach: Connecting NICU infants and their parents wih community early intervention services. Zero to Three, 27(3), 43–48.

Alat, K. (2002). Traumatic events and children: How early childhood educators can help. Childhood Edu-

---

* 为了环保，也为了减少您的购书开支，本书参考文献不在此一一列出。如需要完整参考文献，请登录www.wqedu.com下载。您在下载中遇到什么问题，可拨打010-65181109咨询。

cation, 79(1), 2–7.

Albrecht, K. M., Hunter, K., Jackson, L. & Miller, B. (2012, Fall). Implementing continuity for infants and toddlers. The Director's Link, McCormick Center for Early Childhood Leadership at National Louis University.

Albrecht, K., & Miller, L. G. (2001). Infant & toddler development. Beltsville, MD: Gryphon House.

Alexander, M. (2001). Best-seller, co-authored by Stipek, helps parents encourage children's learning. Stanford Report.

Al-Hazza, T., & Lucking, B. (2007, Spring). Celebrating diversity through explorations of Arab children's literature. Childhood Education, 83(3), 132–135.

Allen, K. E., & Cowdery, G. E. (2015). The exceptional child: Inclusion in early childhood education (8th ed.). Stamford, CT: Cengage Learning.

Alliance for Childhood. (n.d.). Fool's gold: A critical look at computers in childhood.

Allington, R. L. (2002a). Big Brother and the National Reading Curriculum. Portsmouth, NH: Heinemann.

Allington, R. L. (2002b). What I've learned about effective reading instruction from a decade of studying exemplary elementary classroom teachers. Phi Delta Kappan, 83(10), 740–747.

Allvin, R. E. (2014). Technology in the early childhood classroom. Young Children, 69(4), 62, 64.

Almon. J. (2013). Let them play!

Alloway, T. P., Williams, S., Jones, B., & Cochrane, F. (2014). Exploring the impact of television watching on vocabulary skills in toddlers. Early Childhood Education Journal, 42(5), 343–350.

Allvin, R. E. (2014). Technology in the early childhood classroom. Young Children, 69(4), 62–64.

Althouse, R., Johnson, M. H., & Mitchell, S. T. (2003). The colors of learning. Washington, DC: NAEYC.

Ambinder, M. (2010). Beating obesity. The Atlantic.

Amaro-Jimenez, C. (2014). Lessons learned from a teacher working with culturally and linguistically diverse children. Young Children, 69(1), 32–37.

American Academy of Child and Adolescent Psychiatry. (2012, August). Facts for Families: #105—Physical Punishment. Retrieved April 4, 2015.

American Academy of Pediatrics. (2000/2006). Policy statement: Corporal punishment in schools.

American Academy of Pediatrics. (2002, August 1). State children's health insurance program turns five-years old.

American Academy of Pediatrics. (2013). Policy statement: The crucial role of recess in school. Pediatrics, 131(1), 183–188.

American College of Obstetricians and Gynecologists (ACOG). (2002, July 31). Home births double risk of newborn death.

American College of Obstetricians and Gynecologists (ACOG). (2005, August 1). ACOG news release: Evening deliveries have worse outcomes for newborns.

American College of Obstetricians and Gynecologists (ACOG). (2008, March). NIDA InfoFacts: Drug abuse and the link to HIV/AIDS and other infectious diseases.

American College of Obstetricians and Gynecologists (ACOG). (2011a). Air travel safe for most pregnant women.

American College of Obstetricians and Gynecologists (ACOG). (2011b). Exercise during pregnancy.

American College of Obstetricians and Gynecologists (ACOG). (2011c). Planned home birth.

American Pregnancy Association. (2011a). Home birth.

American Pregnancy Association. (2011b). In vitro fertilization: IVF.

American Pregnancy Association. (2011c). Using illegal street drugs during pregnancy.